eXamen.press

eXamen.press ist eine Reihe, die Theorie und Praxis aus allen Bereichen der Informatik für die Hochschulausbildung vermittelt.

Uwe Brinkschulte · Theo Ungerer

Mikrocontroller und Mikroprozessoren

3. Auflage

Prof. Dr. Uwe Brinkschulte
Universität Frankfurt
FB 12 - Informatik und
Mathematik
Inst. Informatik
Robert-Mayer-Str. 11-15
60325 Frankfurt
Deutschland
brinks@es.cs.uni-frankfurt.de

Prof. Dr. Theo Ungerer
Universität Augsburg
Inst. Informatik
Eichleitnerstr. 30
86135 Augsburg
Deutschland
theo.ungerer@informatik.uni-augsburg.de

ISSN 1614-5216
ISBN 978-3-642-05397-9 e-ISBN 978-3-642-05398-6
DOI 10.1007/978-3-642-05398-6
Springer Heidelberg Dordrecht London New York

Die Deutsche Nationalbibliothek verzeichnet diese Publikation in der Deutschen Nationalbibliografie; detaillierte bibliografische Daten sind im Internet über http://dnb.d-nb.de abrufbar.

Einbandentwurf: KuenkelLopka GmbH

Gedruckt auf säurefreiem Papier

Springer ist Teil der Fachverlagsgruppe Springer Science+Business Media (www.springer.com)

Für meine Frau Angelika und unsere Tochter Melanie
Uwe Brinkschulte

Vorwort

Kaum eine technische Entwicklung hat unser Leben und unsere Umwelt nachhaltiger beeinflusst als Mikrocontroller und Mikroprozessoren. Das vorliegende Buch vermittelt einen Einblick in die Welt dieser Bausteine. Von elementaren Grundlagen bis hin zu Zukunftstechnologien und Forschungstrends werden Konzepte, Funktionsprinzipien und Aufbau allgemein erläutert und anhand von Beispielen näher dargestellt.

Nach allgemeinen Definitionen und Grundlagen in Kapitel 1 führt Kapitel 2 die elementaren Techniken und Prinzipien von einfachen Mikroprozessoren ein. Darauf aufbauend erläutert Kapitel 3 Strukturen, Konzepte und Funktionsweisen von Mikrocontrollern. Es werden weiterhin industrielle Mikrocontrollerfamilien und aktuelle Forschungstrends vorgestellt. Kapitel 4 behandelt die für einen Mikrocontroller typischen Komponenten im Detail. Konkrete Beispiele aus Industrie und Forschung vertiefen in Kapitel 5 diese Betrachtungen und schließen den Themenkreis Mikrocontroller ab.

Kapitel 6 führt dann in die Techniken moderner Hochleistungsmikroprozessoren ein. Die Vertiefung erfolgt in Kapitel 7, das sich den Techniken der Superskalarprozessoren im Detail widmet. Kapitel 8 behandelt die Speicherhierarchie eines Mikrorechnersystems und legt dabei den Schwerpunkt auf Cache-Speicher und virtuelle Speicherverwaltung. Kapitel 9 zeigt einige aktuelle Beispiel-Mikroprozessoren. Kapitel 10 rundet dieses Themenkreis durch einen Blick auf zukünftige Mikroprozessortechnologien ab. Kapitel 11 beendet schließlich das Buch mit einer kurzen Zusammenfassung.

Zielgruppe dieses Buchs sind Studierende der Informatik und Elektrotechnik mittleren und höheren Semesters sowie in der Praxis stehende Computerexperten, die mit der Entwicklung, der Planung und dem Einsatz von eingebetteten Systemen und von Mikrorechnersystemen befasst sind. Das Buch soll helfen, die Leistungsfähigkeit und Grenzen der eingesetzten Mikrocontroller und Mikroprozessoren beurteilen zu können. Darüber hinaus gibt das Buch einen Einblick in den Stand der Forschung und ermöglicht es, zukünftige Entwicklungen im Voraus zu erkennen.

Unseren Frauen, Angelika Brinkschulte und Dr. phil. Gertraud Ungerer, danken wir herzlich für das sorgfältige Korrekturlesen und die vielen stilistischen Verbesserungen. Weiterer Dank geht an unsere Lektoren beim Springer-Verlag, Frau Gabriele Fischer sowie die Herren Hermann Engesser und Frank Schmidt.

Ergänzungen, Korrekturen, Vortrags- und Vorlesungsmaterialien finden sich auf den Homepages des Buchs (siehe nächste Seite), die auch über die Homepages der Autoren zu erreichen sind.

Für Ergänzungen, Anregungen und Korrekturen der Leserinnen und Leser sind wir immer dankbar. Zu erreichen sind wir unter brinks@ira.uka.de und ungerer@informatik.uni-augsburg.de.

Karlsruhe und Augsburg, Juni 2002 Uwe Brinkschulte und Theo Ungerer

Buch-Homepages:
http://www.es.cs.uni-frankfurt.de/mikrocontroller/
http://www.informatik.uni-augsburg.de/~ungerer/books/microcontroller/

Homepages der Autoren:
http://www.es.cs.uni-frankfurt.de
http://www.informatik.uni-augsburg.de/~ungerer/

Vorwort zur 2. Auflage

Fast fünf Jahre nach Erscheinen der ersten Auflage war es Zeit, einige Kapitel des Buches zu überarbeiten. Gemäß Moore's Law, welches sich immer noch als zutreffend erweist, ist in diesem Zeitraum die Anzahl der Transistoren auf einen Chip um mehr als den Faktor fünf angewachsen. Dies hat natürlich vielfältige Auswirkungen auf die heutigen Mikrocontroller und Mikroprozessoren sowie künftige Forschungstrends.

In Kapitel 1 wurde der Abschnitt über PC-Systeme aktualisiert und dem heutigen Stand der Technik angepasst. Des Weiteren wurden neueste Benchmarks zur Leistungsmessung berücksichtigt. Kapitel 2 ist im Wesentlichen unverändert geblieben, da es sich mit grundlegenden Prozessortechniken befasst, die nach wie vor ihre Gültigkeit besitzen. In Kapitel 3 wurde zum einen die Übersicht industrieller Mikrocontroller auf den neuesten Stand gebracht. Veraltete Typen wurden entfernt, die Kenndaten der bestehenden aktualisiert und neue aufgenommen. Zum anderen hat der Abschnitt über Forschungstrends eine starke Überarbeitung erfahren. Es ist uns ein Anliegen, hier die neuesten Entwicklungen vorzustellen. In Kapitel 4 waren nur wenige Veränderungen notwendig, da die grundlegenden in Mikrocontrollern anzutreffenden Komponenten nahezu gleich geblieben sind. Kapitel 5 wurde deutlich aktualisiert. Zwei neue industrielle Mikrocontroller haben veraltete Typen als Beispiele ersetzt. Die Beschreibungen der beibehaltenen Mikrocontroller wurden auf den neuesten Stand gebracht. Insbesondere die Darstellung des Komodo Forschungs-Mikrocontroller wurde um neueste Forschungsergebnisse erweitert.

In Kapitel 6 wurde der Stand der Technik bei heutigen Superskalarprozessoren aktualisiert. Kapitel 7 und 8 sind als Grundlagenkapitel weitgehend gleich geblieben. Das Kapitel 9 – Beispiele für Mikroprozessoren – wurde um die neuesten Intel- und AMD-Prozessoren erweitert. Kapitel 10 – Zukunftstechniken für Mikroprozessoren – benötigte ebenfalls einige Überarbeitungen insbesondere in den Bereichen der Technologieprognosen und bei den Chip-Multiprozessoren. Im Frühjahr 2005 stellte die Fachwelt überrascht fest, dass beim Trend zu höheren Taktraten bei den Hochleistungsmikroprozessoren ein Einbruch zu verzeichnen ist. Neuere Prozessoren zeichnen sich seither durch eine immer höhere Zahl der Transistoren pro Chip bei etwa gleichbleibender Taktrate aus. Der Architekturtrend geht mittlerweile eindeutig hin zu Multi-Core-Chips mit zunächst zwei bis vier Prozessoren und in Zukunft potentiell bis hin zu mehreren Hundert Prozessoren pro Chip. Diese Trendwende war im Jahre 2002 noch nicht vorherzusehen.

Wir hoffen, mit der 2. Auflage diese Buches wieder ein ansprechendes und nützliches Werk zum Verstehen, Lernen und Nachschlagen neuester Prinzipien und Konzepte im Bereich Mikrocontroller und Mikroprozessoren geschaffen zu haben. Unser Dank gilt nach wie vor unseren Frauen, den Lektoren des Springer Verlages sowie unseren Mitarbeitern für zahlreiche Anmerkungen, Verbesserungsvorschläge und unermüdliches Korrekturlesen. Sie haben wesentlich zum Enstehen dieser neuen Auflage beigetragen.

Karlsruhe und Augsburg, Dezember 2006 Uwe Brinkschulte und Theo Ungerer

Vorwort zur 3. Auflage

Vier Jahre nach der zweiten Auflage war diese auch bereits vergriffen und Anlass zu einer Neuauflage auf Basis einer umfassenden Überarbeitung.

Wieder wurden in Kapitel 1 der Abschnitt über PC Systeme auf den heutigen Stand der Technik gebracht sowie die Benchmarks zur Leistungsmessung aktualisiert. In Kapitel 3 wurden die Übersicht industrieller Mikrocontroller überarbeitet, veraltete Typen entfernt und neue aufgenommen. Der Abschnitt über Forschungstrends wurde ebenfalls überarbeitet und z.B. neuste Erkenntnisse im Bereich Organic Computing aufgenommen. In Kapitel 5 wurden zwei nicht mehr verfügbarer Mikrocontroller durch ihre Nachfolger ersetzt.

Im Teil der Prozessorarchitekturen zeigte sich, dass viele der in der vorherigen Auflage vorgestellten „Zukunftstechniken“ entweder bereits Stand der Technik sind oder in den letzten Jahren als Zukunfttechniken in den Hintergrund getreten sind. Insofern wurden die beiden letzten Kapitel neu geliedert. Nach einem Kapitel „Mehrfädige und Mehrkernprozessoren“ folgt ein Kapitel „Beispiele für Mikroprozessoren“, das auch die aktuellen Mehrkernprozessoren umfasst. Die früheren Abschnitte über vielfach superskalare Prozessoren, über Prozessor-Speicher-Integration und über Kontrollfadenspekulation wurden mangels einer aus heutiger Sicht bestehenden Zukunftsperspektive ersatzlos gestrichen.

Unser Dank gilt auch diesmal wieder all denen, die unser Buchprojekt unterstützt und zum Gelingen der neuen Auflage beigetragen haben.

Frankfurt und Augsburg, April 2010 Uwe Brinkschulte und Theo Ungerer

Inhaltsverzeichnis

1 Grundlagen

1.1 Mikroprozessoren, Mikrocontroller, Signalprozessoren und SoC

Zunächst wollen wir einige grundlegende Begriffe genauer definieren. Ein **Mikroprozessor** ist die Zentraleinheit (CPU, *Central Processing Unit*) eines Datenverarbeitungssystems, die heute meist mit weiteren Komponenten auf einem einzigen Chip untergebracht ist. Er besteht in der Regel aus einem Steuerwerk und einem Rechenwerk, zusammen auch **Prozessorkern** genannt, sowie einer Schnittstelle zur Außenwelt. Je nach Komplexität und Leistungsfähigkeit können weitere Verarbeitungskomponenten wie z.B. Cache-Speicher und virtuelle Speicherverwaltung hinzukommen. Die Aufgabe eines Mikroprozessors ist die Ausführung eines Programms, welches aus einer Abfolge von Befehlen zur Bearbeitung einer Anwendung besteht. Hierzu muss der Mikroprozessor auch alle weiteren Bestandteile der Datenverarbeitungsanlage wie Speicher und Ein-/Ausgabeschnittstellen steuern.

Ein **Mikroprozessorsystem** ist ein technisches System, welches einen Mikroprozessor enthält. Dies muss kein Rechner oder Computer sein, auch eine Kaffeemaschine, die von einem Mikroprozessor gesteuert wird, ist ein Mikroprozessorsystem.

Ein **Mikrorechner** oder **Mikrocomputer** ist ein Rechner oder Computer, dessen Zentraleinheit aus einem oder mehreren Mikroprozessoren besteht. Neben dem oder den Mikroprozessor(en) enthält ein Mikrorechner Speicher, Ein-/Ausgabeschnittstellen sowie ein Verbindungssystem.

Ein **Mikrorechnersystem** oder **Mikrocomputersystem** ist ein Mikrorechner bzw. Mikrocomputer mit an die Ein-/Ausgabeschnittstellen angeschlossenen Peripherie-Geräten, also z.B. Tastatur, Maus, Bildschirm, Drucker oder Ähnliches. Abbildung 1.1 verdeutlicht diese Begriffsdefinitionen.

Ein **Mikrocontroller** stellt im Prinzip einen Mikrorechner auf einem Chip dar. Ziel ist es, eine Steuerungs- oder Kommunikationsaufgabe mit möglichst wenigen Bausteinen zu lösen. Prozessorkern, Speicher und Ein-/Ausgabeschnittstellen eines Mikrocontrollers sind auf die Lösung solcher Aufgaben zugeschnitten. Durch die große Vielfalt möglicher Aufgabenstellungen existieren daher eine Vielzahl verschiedener Mikrocontroller, welche die Zahl verfügbarer Mikroprozessoren um ein Weites übertrifft. Mikrocontroller sind hierbei meist in sogenannten **Mikro-**

U. Brinkschulte, T. Ungerer, *Mikrocontroller und Mikroprozessoren*, eXamen.press, 3rd ed.,
DOI 10.1007/978-3-642-05398-6_1, © Springer-Verlag Berlin Heidelberg 2010

controllerfamilien organisiert. Die Mitglieder einer Familie besitzen in der Regel den gleichen Prozessorkern, jedoch unterschiedliche Speicher und Ein-/Ausgabe-schnittstellen.

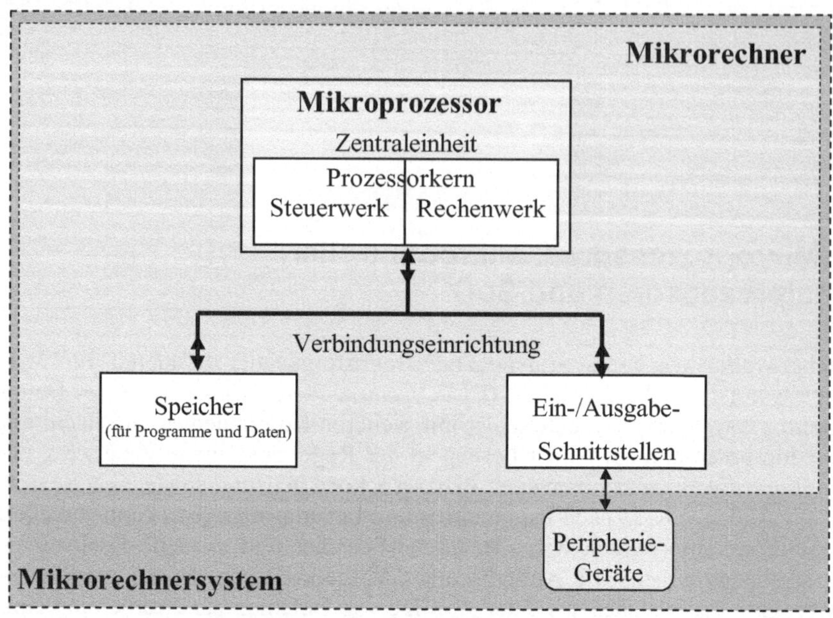

Abb. 1.1. Abgrenzung der Begriffe Mikroprozessor, Mikrorechner und Mikrorechnersystem

Systems-on-Chip (**SoC**) stellen eine konsequente Weiterentwicklung der Idee von Mikrocontrollern dar, nämlich Anwendungen mit möglichst wenig Hardware-Komponenten aufzubauen. Während Mikrocontroller im Wesentlichen standardisierte Rechnerbausteine sind, die mit wenigen anderen Bausteinen zu einem anwendungsspezifischen System verbunden werden, sollen SoC ein vollständiges System auf einem einzigen Chip realisieren. SoC werden als ASICs realisiert; dafür werden verschiedene Hardware-Komponenten (sogenannte IP-Cores, *Intellectual Property*-Cores) in ASIC-Bibliotheken zur Verfügung gestellt, die dann auf einem Chip eventuell gemeinsam mit anwenderspezifischen Hardware-Komponenten integriert werden. Falls mehrere Prozessoren als IP-Cores vorgesehen sind, spricht man von MPSoC (*Multiprocessor Systems-on-Chip*). Als ASIPs (*Application Specific Integrated Processors*) bezeichnet man anwenderspezifisch modifizierte Prozessor-IP-Cores. Eine besondere Herausforderung besteht für SoC oft darin, digitale und analoge Bestandteile auf einem Chip kombinieren zu müssen. SoPC (*System-on-Programmable-Chip*) bezeichnet die Technologie, ein SoC nicht auf einem ASIC sondern mittels eines programmierbaren Hardwarebausteins (z.B. ein FPGA, *Field Programmable Gate Array*) zu realisieren. Eine weitere Möglichkeit ist der Einsatz von **rekonfigurierbarer Hardware**, die auf einem

Chip, meist einem ASIC oder FPGA, neben einem festen Prozessorkern und Speicher über konfigurierbare Komponenten verfügt und so die Realisierung unterschiedlichster Anwendungen erlaubt.

Signalprozessoren sind spezielle, für die Verarbeitung analoger Signale optimierte Prozessorarchitekturen. Sie sind nicht Gegenstand dieses Buches, sollen aber der Vollständigkeit halber hier kurz angesprochen werden. Kernbestandteil eines Signalprozessors ist i.A. eine Hochleistungsarithmetik, die insbesondere sehr schnelle, fortgesetzte Multiplikationen und Additionen ermöglicht. Dadurch können die bei der Signalverarbeitung häufig auftretenden Polynome (z.B. $a_1x_1 + a_2x_2 + a_3x_3 + ...$) sehr effizient berechnet werden. Auch ist sowohl das Steuerwerk wie das Rechenwerk auf möglichst große Parallelität ausgelegt, die in weiten Teilen durch den Anwender gesteuert werden kann. Bei Mikroprozessoren und Mikrocontrollern hingegen wird diese Parallelität durch das Steuerwerk kontrolliert und bleibt dem Anwender daher meist verborgen. Bedingt durch ihre Aufgabe verfügen Signalprozessoren oft auch über spezielle Schnittstellen zum Anschluss von Wandlern zwischen analogen und digitalen Signalen.

1.2 PC-Systeme

PCs (*Personal Computers*) sind die heute verbreitetste Form von Mikrorechnern. Ursprünglich von der Firma IBM Anfang der 80er Jahre eingeführt, haben sie sich unter ständiger Weiterentwicklung zu einem Quasi-Standard etabliert.

Typisch für einen PC ist der Aufbau aller wesentlichen Komponenten auf einer zentralen Platine, dem sog. *Motherboard* oder *Mainboard*. Dieses Board bietet die Möglichkeit, zusätzliche Komponenten in Form von Steckkarten hinzuzufügen. Um die Struktur eines PCs näher zu betrachten, wollen wir hier exemplarisch das Motherboard P7H55D-M Pro von Asus [2010] sowie den dort verwendeten Chipsatz H55 [Intel 2010] beschreiben, welcher für die Intel Core i3/i5/i7 Prozessoren (s. Abschn. 10.2) entwickelt wurde. In Abb. 1.2 ist die Verknüpfung des Prozessors über den Chipsatz mit der Peripherie dargestellt.

Ein PC-System besteht grundlegend aus einem Mikroprozessor und einem Cache-Speicher, der als *North Bridge* bezeichneten Brücke zwischen Prozessor, Hauptspeicher und Grafikkarte, sowie der als *South Bridge* bezeichneten Brücke zu den peripheren Bussen und Ein-/Ausgabeeinheiten.

Die **North Bridge** ist bei den Intel Core i3/i5/i7 Prozessoren bereits im Prozessorchip integriert, bei älteren Modellen (z.B. Pentium 4) war hierfür ein extra Chip notwendig. Hier sind alle die Komponenten angeschlossen, die eine schnelle Verbindung zum Prozessor benötigen. Das sind im Wesentlichen der Speicher und die Grafikkarte. Der Speicher (*DDR3-RAM, Double Data Rate Version 3 Dynamic RAM*) ist über den Speicherbus (*Memory Bus*) angebunden. Die Intel Core i3/i5/i7 Prozessoren sehen hierfür zwei 64 Bit breite Parallelbusse vor, die mit doppelter Datenrate (*Double Data Rate*, 2 Datenpakete pro Taktzyklus) und einem Prefetch (Vorabholen von Datenpaketen) arbeiten. An jeden Bus kann eine separate Speicherbank angeschlossen werden. Bei einer Taktfrequenz von 667 MHz ermöglicht jeder dieser Busse eine Übertragungsrate von 10,6 GByte pro Sekunde.

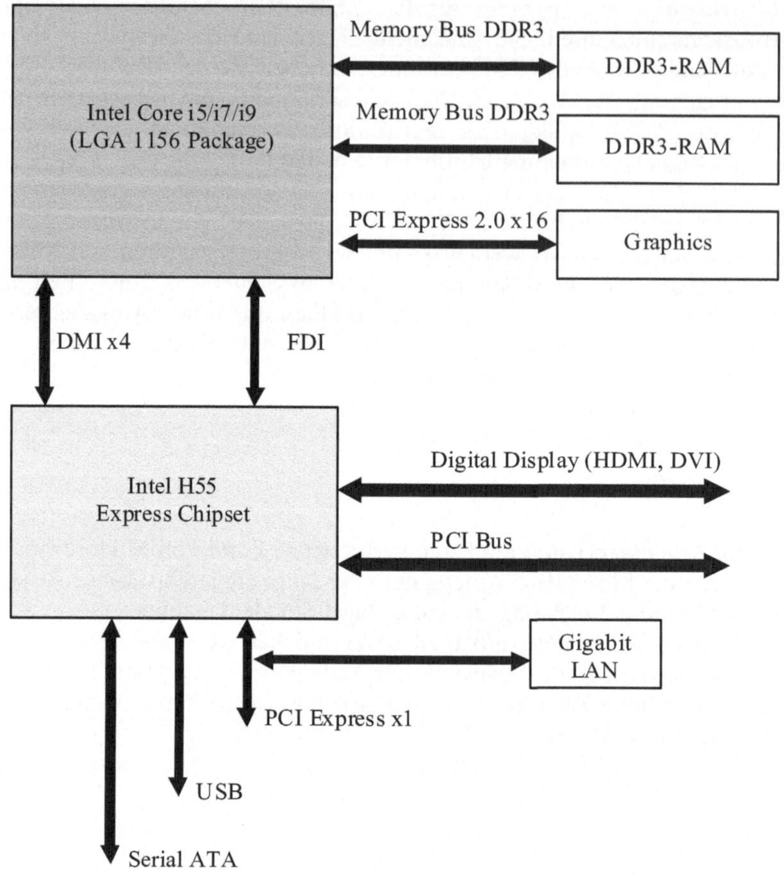

Abb. 1.2. Aufbau des Mainboards P7H55D-M Pro von Asus

Da die Grafikkarte ebenfalls eine hohe Datenrate benötigt, ist auch sie direkt mit dem Prozessor verbunden. Hierfür steht ein PCI Express x16 Bus in der Version 2.0 zur Verfügung. PCI Express ist der Nachfolger des PCI Standards. Softwareseitig sind beide Bussysteme kompatibel, der Hardwareaufbau ist jedoch völlig unterschiedlich. Während der PCI Bus ein paralleler Bus ist, besteht PCI Express aus einzelnen bit-seriellen Vollduplex-Kanälen (*Lanes*). Vollduplex bedeutet hierbei, dass auf jedem Kanal gleichzeitig gesendet und empfangen werden kann. Die Anzahl der Kanäle unterscheidet sich je nach Variante des PCI Express Bus. PCI Express x16 verfügt über 16 Kanäle, PCI Express x1 besitzt nur einen

Kanal. Zur Datenübertragung wird mit doppelter Datenrate sowie einer 8B10B-Kodierung gearbeitet. Dabei werden 8 Bit Daten mit 10 Bit kodiert, was eine Taktrückgewinnung aus dem Datensignal ermöglicht. Die effektive Übertragungsrate wird hierdurch auf den Faktor 0,8 reduziert. Die Taktfrequenz hängt von der Version des PCI Express Bus ab. Version 1.1 nutzt eine Taktfrequenz von 1250 MHz. PCI Express x1 in Version 1.1 erreicht somit unter Berücksichtigung von doppelter Datenrate und Vollduplex-Betrieb eine effektive Übertragungsrate von 1250 ·2 ·2 ·0,8 / 8 = 500 MByte pro Sekunde. PCI Express x16 erreicht entsprechend eine 16-fach höhere Übertragungsrate von 8 GByte pro Sekunde. In Version 2.0 wurde die Taktfrequenz auf 2500 MHz verdoppelt. PCI Express x16 in der Version 2.0 erlaubt somit eine Übertragungsrate von 16 GByte pro Sekunde.

Prozessor und South Bridge sind zum einen über das *Direct Media Interface* (DMI) verbunden. Dieses ist eng an das PCI Express Konzept angelehnt und erreicht bei 4 Kanälen (DMI x4) eine Übertragungsrate von 2 GByte pro Sekunde. Des weiteren besteht eine Verbindung über das *Flexible Display Interface* (FDI). Dies ist eine proprietäre Schnittstelle von Intel, welche sich an der DisplayPort-Schnittstelle [Vesa 2010] orientiert und zur Anbindung digitaler Bildschirme in unterschiedlichen Formaten dient.

Die **South Bridge** H55 ist für die Steuerung der Peripherie zuständig. Dazu stehen verschiedene Busse und Schnittstellen zur Verfügung. Zum Anschluss digitaler Bildschirme existieren ein *Digital Visual Interface* (DVI) sowie ein *High Definition Multimedia Interface* (HDMI). Beide Schnittstellen werden von der Southbridge aus der FDI-Verbindung zum Prozessor abgeleitet. Sie nutzen zur digitalen Übertragung von Bildinformationen den *Transition-Minimized Differential Signaling* (TMDS) Standard, welcher zur Reduzierung von Störeinflüssen eine differentielle Datenübertragung vorsieht. Wie bei PCI Express kommt auch hier die 8B10B Kodierung zum Einsatz. Unter Verwendung von 3 (*Single Link*) oder 6 (*Dual Link*) differentiellen Leitungen können Datenraten von 462 MByte/sec bzw. 924 MByte/sec erreicht werden. Mehrere PCI Express x1 Anschlüsse erlauben die Anbindung mittelschneller Peripherie. Aus Kompatibilitätsgründen gibt es weiterhin einen klassischen PCI Bus, welcher bei 32 Bit Breite und einer Taktrate von 33 MHz eine Übertragungsrate von 133 MByte pro Sekunde ermöglicht. Zum Anschluss von Festplatten, CD-ROM-, DVD-, Band- und Diskettenlaufwerken stehen mehrere Serial ATA (*Advanced Technology Attachement)* Schnittstellen zur Verfügung, welche bei 1500 MHz Taktrate und 8B10B Kodierung eine Übertragungsrate von 150 MByte pro Sekunde besitzen. Schließlich ist der *Universal Serial Bus* (USB) als standardisierte serielle Schnittstelle mit der South Bridge verbunden. Bei einer Taktfrequenz von 480 MHz, einfacher Datenrate und NRZI-Kodierung (*Non Return to Zero Inverted*) besitzt er eine Übertragungsrate von 60 MByte pro Sekunde.

In Tabelle 1.1 sind die soeben vorgestellten Busse, sowie deren Übertragungstechniken, Taktraten und Übertragungsraten zusammengefasst (Stand 2010). Grundsätzlich geben die hier genannten Übertragungsraten die theoretischen Höchstwerte an, die erreicht werden können. Die im laufenden Betrieb erreichten Werte liegen deutlich darunter.

Tabelle 1.1. Vergleich der verschiedenen Busse

Bus	Übertragungsart	Taktrate	Übertragungsrate
Memory Bus	64 Bit parallel, 2-fache Datenrate, DDR3 Protokoll	667 MHz	10,6 GByte/s
PCI Express 2.0 x 16	16 x 1 Bit seriell, vollduplex, 2-fache Datenrate, 8B10B Kode	2500 MHz	16 GByte/s
PCI Express x 16	16 x 1 Bit seriell, vollduplex, 2-fache Datenrate, 8B10B Kode	1250 MHz	8 GByte/s
PCI Express x1	1 x 1 Bit seriell, vollduplex, 2-fache Datenrate, 8B10B Kode	1250 MHz	500 MByte/s
DMI x4	4 x 1 Bit seriell, vollduplex, 2-fache Datenrate, 8B10B Kode	1250 MHz	2 GByte/s
PCI Bus	32 Bit parallel, Adress/Daten-Multiplex	33 MHz	133 MByte/s
USB	1 Bit seriell, halbduplex, 1-fache Datenrate, NRZI Kode	480 MHz	60 MByte/s
Serial ATA	1 Bit seriell, halbduplex, 1-fache Datenrate, 8B10B Kode	1500 MHz	150 MByte/sec
DVI / HDMI Single Link	3 differentielle Leitungen, 8B10B Kode , TMDS	165 MHz (Pixeltakt)	462 MByte/sec
DVI / HDMI Dual Link	6 differentielle Leitungen, 8B10B Kode , TMDS	165 MHz (Pixeltakt)	924 MByte/sec
FDI	Basierend auf DisplayPort mit max. 4 Leitungen	5,4 GHz	2,1 GBit/sec

Das Layout des Motherboards ist in Abb. 1.3 skizziert. Das Board ist für die Core i3/i5i7-Prozessoren von Intel (s. Abschn. 9) in der Sockelvariante LGA 1156 ausgelegt. Der Prozessor wird auf das Board in den CPU-Sockel gesteckt und bekommt über 1156 Pins Verbindung zum Board. Relativ nah am Prozessor sind die Steckplätze für den Arbeitsspeicher. Auf dem beschriebenen Board stehen vier DIMM-Steckplätze (*Dual Inline Memory Module*) zur Verfügung. Weitere Steckplätze sind der PCI Express 2.0 x16-Anschluss für die Grafikkarte, die PCI Express x1 und die PCI-Slots. Laufwerke werden über die Serial-ATA-Ports angeschlossen. Nach außen führende Anschlüsse des Boards sind die Anschlüsse für den USB-Port und die Schnittstellen der Soundkarte (Ein- und Ausgang von Audiosignalen). Weitere Anschlüsse auf dem Board sind die Spannungsversorgung, sowie Verbindungen für Lüfter, Reset-Taster etc.

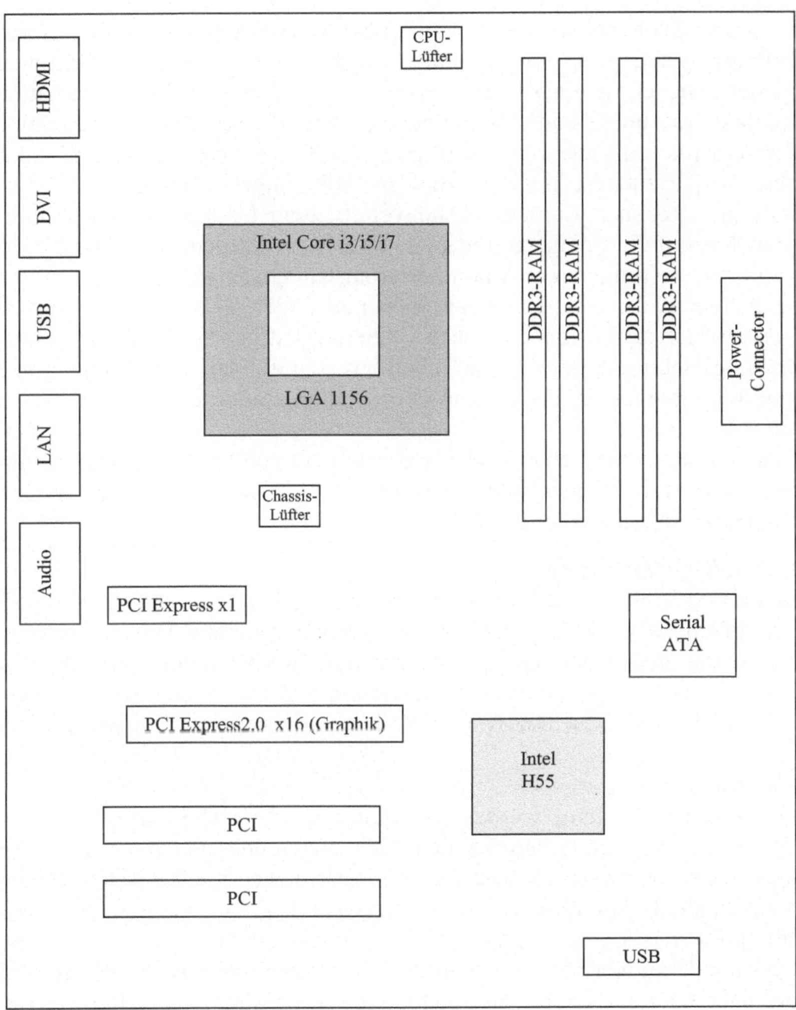

Abb. 1.3. Layout-Skizze des Motherboards P7H55D-M Pro von Asus

1.3 Eingebettete und ubiquitäre Systeme

Ein weiteres wesentliches Anwendungsfeld von Mikroprozessoren und insbesondere Mikrocontrollern sind die sogenannten **eingebetteten Systeme** (*Embedded Systems*). Hierunter versteht man Datenverarbeitungssysteme, die in ein technisches Umfeld eingebettet sind. Dort stellen sie ihre Datenverarbeitungsleistung zur Steuerung und Überwachung dieses Umfeldes zur Verfügung. Ein Beispiel für ein eingebettetes System wäre etwa die mit einem Mikrocontroller oder Mikroprozessor realisierte Steuerung einer Kaffeemaschine. Hier dient die Datenverarbeitungsleistung dazu, die umgebenden Komponenten wie Wasserbehälter, Heizelemente und Ventile zu koordinieren, um einen guten Kaffee zu bereiten. Der PC auf dem Schreibtisch zu Hause ist hingegen zunächst kein eingebettetes System. Er wirkt dort als reines Rechnersystem zur Datenverarbeitung für den Menschen. Ein PC kann jedoch ebenfalls zu einem eingebetteten System werden, sobald er z.B. in einer Fabrik zur Steuerung einer Automatisierungsanlage eingesetzt wird.

Eingebettete Systeme sind weit zahlreicher zu finden als reine Rechnersysteme. Ihr Einsatzgebiet reicht von einfachen Steuerungsaufgaben für Haushaltsgeräte, Unterhaltungselektronik oder Kommunikationstechnik über Anwendungen in Medizin und Kraftfahrzeugen bis hin zur Koordination komplexer Automatisierungssysteme in Fabriken.

In unserem täglichen Leben sind wir zunehmend von solchen Systemen umgeben. Gegenüber reinen Rechnersystemen werden an eingebettete Systeme einige zusätzliche Anforderungen gestellt:

- *Schnittstellenanforderungen*
  Umfang und Vielfalt von Ein-/Ausgabeschnittstellen ist bei eingebetteten Systemen üblicherweise höher als bei reinen Rechnersystemen. Dies ergibt sich aus der Aufgabe, eine Umgebung zu steuern und zu überwachen. Hierzu müssen die verschiedensten Sensoren und Aktuatoren bedient werden, welche über unterschiedliche Schnittstellentypen mit dem eingebetteten System verbunden sind.
- *Mechanische Anforderungen*
  An eingebettete Systeme werden oft erhöhte mechanische Anforderungen gestellt. Für den Einsatz in Fabrikhallen, Fahrzeugen oder anderen rauhen Umgebungen muss das System robust sein und zahlreichen mechanischen Belastungen standhalten. Aus diesem Grund werden z.B. gerne spezielle, mechanisch stabile Industrie-PCs eingesetzt, wenn wie oben erwähnt ein PC als eingebettetes System dient. Normale PCs würden den mechanischen Anforderungen einer Fabrikhalle oder eines Fahrzeugs nicht lange standhalten. Weiterhin werden der zur Verfügung stehende Raum und die geometrische Form für ein eingebettetes System in vielen Fällen vom Umfeld diktiert, wenn dieses System in das Gehäuse eines kleinen Gerätes wie z.B. eines Telefons untergebracht werden muss.
- *Elektrische Anforderungen*
  Die elektrischen Anforderungen an eingebettete Systeme beziehen sich meist auf Energieverbrauch und Versorgungsspannung. Diese können aus verschie-

denen Gründen limitiert sein. Wird das System in eine vorhandene Umgebung integriert, so muss es aus der dortigen Energieversorgung mit gespeist werden. Versorgungsspannung und maximaler Strom sind somit vorgegebene Größen. In mobilen Systemen werden diese Größen von einer Batterie oder einem Akkumulator diktiert. Um eine möglichst lange Betriebszeit zu erzielen, sollte hier der Energieverbrauch so niedrig wie möglich sein. Ein niedriger Energiebedarf ist auch in Systemen wichtig, bei denen die Abwärme gering gehalten werden muss. Dies kann erforderlich sein, wenn spezielle isolierende Gehäuse (wasser- oder gasdicht, explosionsgeschützt etc.) den Abtransport der Abwärme erschweren oder die Umgebungstemperatur sehr hoch ist.

- *Zuverlässigkeitsanforderungen*
  Bestimmte Anwendungsfelder stellen hohe Anforderungen an die Zuverlässigkeit eines eingebetteten Systems. Fällt z.B. die Bremsanlage eines Kraftfahrzeugs oder die Steuerung eines Kernreaktors aus, können die Folgen katastrophal sein. In diesen Bereichen muss durch spezielle Maßnahmen sichergestellt werden, dass das eingebettete System so zuverlässig wie möglich arbeitet und für das verbleibende Restrisiko des Ausfalls ein sicherer Notbetrieb möglich ist.
- *Zeitanforderungen*
  Eingebettete Systeme müssen oft in der Lage sein, bestimmte Tätigkeiten innerhalb einer vorgegebenen Zeit auszuführen. Solche Systeme nennt man **Echtzeitsysteme**. Reagiert z.B. ein automatisch gesteuertes Fahrzeug nicht rechtzeitig auf ein Hindernis, so ist eine Kollision unvermeidlich. Erkennt es eine Abzweigung zu spät, wird es einen falschen Weg einschlagen.

Der Echtzeit-Aspekt bedarf einiger zusätzlicher Erläuterungen. Allgemein betrachtet unterscheidet sich ein Echtzeitsystem von einem Nicht-Echtzeitsystem dadurch, dass zur **logischen Korrektheit** die **zeitliche Korrektheit** hinzukommt. Das Ergebnis eines Nicht-Echtzeitsystems ist korrekt, wenn es den logischen Anforderungen genügt, d.h. z.B. ein richtiges Resultat einer Berechnung liefert. Das Ergebnis eines Echtzeitsystems ist nur dann korrekt, wenn es logisch korrekt ist und zusätzlich zur rechten Zeit zur Verfügung steht.

Anhand der Zeitbedingungen können drei Klassen von Echtzeitsystemen unterschieden werden:

- **Harte Echtzeitsysteme** sind dadurch gekennzeichnet, dass die Zeitbedingungen unter allen Umständen eingehalten werden müssen. Man spricht auch von harten Zeitschranken. Das Verpassen einer Zeitschranke hat katastrophale Folgen und kann nicht toleriert werden. Ein Beispiel für ein hartes Echtzeitsystem ist die bereits oben angesprochene Kollisionserkennung bei einem automatisch gesteuerten Fahrzeug. Eine zu späte Reaktion auf ein Hindernis führt zu einem Unfall.
- **Feste Echtzeitsysteme** definieren sich durch sog. feste Zeitschranken. Hier wird das Ergebnis einer Berechnung wertlos und kann verworfen werden, wenn es nach der Zeitschranke geliefert wird. Die Folgen sind jedoch nicht unmittelbar katastrophal. Ein Beispiel ist die Positionserkennung eines automatischen Fahrzeugs. Eine zu spät gelieferte Position ist wertlos, da sich das Fahrzeug mittlerweile weiterbewegt hat. Dies kann zu einer falschen Fahrstrecke führen,

die jedoch gegebenenfalls später korrigierbar ist. Allgemein sind feste Echtzeitsysteme oft durch Ergebnisse oder Werte mit Verfallsdatum gekennzeichnet.

- **Weiche Echtzeitsysteme** besitzen weiche Zeitschranken. Diese Zeitschranken stellen eher eine Richtlinie denn eine harte Grenze dar. Ein Überschreiten um einen gewissen Wert kann toleriert werden. Ein Beispiel wäre die Beobachtung eines Temperatursensors in regelmäßigen Abständen für eine Temperaturanzeige. Wird die Anzeige einmal etwas später aktualisiert, so ist dies meist nicht weiter schlimm.

Die **zeitliche Vorhersagbarkeit** des Verhaltens spielt für ein Echtzeitsystem die dominierende Rolle. Eine hohe Verarbeitungsgeschwindigkeit ist eine nette Beigabe, jedoch bedeutungslos, wenn sie nicht genau bestimmbar und vorhersagbar ist. Benötigt beispielsweise eine Berechnung in den meisten Fällen nur eine Zehntelsekunde, jedoch in wenigen Ausnahmefällen eine ganze Sekunde, so ist für ein Echtzeitsystem nur der größere Wert ausschlaggebend. Wichtig ist immer der schlimmste Fall der Ausführungszeit (WCET, *Worst Case Execution Time*). Aus diesem Grund sind z.B. moderne Mikroprozessoren für Echtzeitsysteme nicht unproblematisch, da ihr Zeitverhalten durch die im weiteren Verlauf dieses Buches näher beschriebenen Techniken wie Caches oder spekulative Programmausführung schwer vorhersagbar ist. Einfache Mikrocontroller ohne diese Techniken besitzen zwar eine weitaus geringere Verarbeitungsleistung, ihr Zeitverhalten ist jedoch sehr genau zu bestimmen.

Eine weitere Anforderung an Echtzeitsysteme ist die **längerfristige Verfügbarkeit**. Dies bedeutet, dass ein solches System seine Leistung über einen langen Zeitraum hinweg unterbrechungsfrei erbringen muss. Betriebspausen, z.B. zur Reorganisation interner Datenstrukturen, sind nicht zulässig.

Der Begriff **Ubiquitous Computing** wurde bereits Anfang der 90er Jahre von Mark Weiser [1991] am Xerox Park geprägt und bezeichnet eine Zukunftsvision: Mit Mikroelektronik angereicherte Gegenstände sollen so alltäglich werden, dass die enthaltenen Rechner als solche nicht mehr wahrgenommen werden. Die Übersetzung von „ubiquitous“ ist „allgegenwärtig“ oder „ubiquitär“, synonym dazu wird oft der Begriff „pervasive“ im Sinne von „durchdringend“ benutzt.

Ubiquitäre Systeme sind eine Erweiterung der eingebetteten Systeme. Als ubiquitäre (allgegenwärtige) Systeme bezeichnet man eingebettete Rechnersysteme, die selbstständig auf ihre Umwelt reagieren. Bei einem ubiquitären System [Müller-Schloer 2001] kommt zusätzlich zu einem eingebetteten System noch Umgebungswissen hinzu, das es diesem System erlaubt, sich in hohem Maße auf den Menschen einzustellen. Die Benutzer sollen nicht in eine virtuelle Welt gezogen werden, sondern die gewohnte Umgebung soll mit Computerleistung angereichert werden, so dass neue Dienste entstehen, die den Menschen entlasten und ihn von Routineaufgaben befreien.

Betrachten wir das Beispiel des Fahrkartenautomaten: Während bis vor einigen Jahren rein mechanische Geräte nur Münzen annehmen konnten, diese gewogen, geprüft und die Summe mechanisch berechnet haben, so ist der Stand der Technik durch eingebettete Rechnersysteme charakterisiert. Heutige Fahrkartenautomaten lassen eine Vielzahl von Einstellungen zu und arbeiten mit recht guter computergesteuerter Geldscheinprüfung. Leider muss der häufig überforderte Benutzer aus einer Vielzahl möglicher Eingabemöglichkeiten auswählen. In der Vision des Ubiquitous Computing würde beim Herantreten an den Fahrkartenautomaten der in der Tasche getragene portable Rechner (Notebook, Netbook oder Handy) über eine drahtlose Netzverbindung mit dem Fahrkartenautomaten Funkkontakt aufnehmen und diesem unter Zuhilfenahme des auf dem portablen Rechner gespeicherten Terminkalenders mitteilen, wohin die Reise voraussichtlich gehen soll. Der Fahrkartenautomat würde dann sofort unter Nennung des voraussichtlichen Fahrziels eine Verbindung und eine Fahrkarte mit Preis vorschlagen, und der Benutzer könnte wählen, ob per Bargeldeinwurf gezahlt oder der Fahrpreis von der Geldkarte oder dem Bankkonto abgebucht werden soll.

In diesem Sinne wird der Rechner in einer dienenden und nicht in einer beherrschenden Rolle gesehen. Man soll nicht mehr gezwungen sein, sich mit der Bedienung des Geräts, sei es ein Fahrkartenautomat oder ein heutiger PC, auseinander setzen zu müssen. Statt dessen soll sich das Gerät auf den Menschen einstellen, d.h. mit ihm in möglichst natürlicher Weise kommunizieren, Routinetätigkeiten automatisiert durchführen und ihm lästige Tätigkeiten, soweit machbar, abnehmen. Daraus ergeben sich grundlegende Änderungen in der Beziehung zwischen Mensch und Maschine.

Ubiquitous Computing wird deshalb als die dritte Phase der Computernutzung gesehen: Phase I war demnach die Zeit der Großrechner, in der wegen seines hohen Preises *ein* Rechner von *vielen* Menschen benutzt wurde, die Phase II ist durch Mikrorechner geprägt. Diese sind preiswert genug, dass sich im Prinzip *jeder* Mensch *einen* Rechner leisten kann. Auch das Betriebssystem eines Mikrorechners ist üblicherweise für einen einzelnen Benutzer konfiguriert. Technische Geräte arbeiten heute meist schon mit integrierten Rechnern. Diese können jedoch nicht miteinander kommunizieren und sind nicht dafür ausgelegt, mittels Sensoren Umgebungswissen zu sammeln und für ihre Aktionen zu nutzen. Phase III der Computernutzung wird durch eine weitere Miniaturisierung und einen weiteren Preisverfall mikroelektronischer Bausteine ermöglicht. Diese Phase der ubiquitären Systeme ermöglicht es, den Menschen mit einer Vielzahl nicht sichtbarer, in Alltagsgegenstände eingebetteter Computer zu umgeben, die drahtlos miteinander kommunizieren und sich auf den Menschen einstellen.

Technisch gesehen sind für ein ubiquitäres System viele kleine, oftmals tragbare, in Geräten oder sogar am und im menschlichen Körper versteckte Mikroprozessoren und Mikrocontroller notwendig, die über Sensoren mit der Umwelt verbunden sind und bisweilen auch über Aktuatoren aktiv in diese eingreifen. Verbunden sind diese Rechner untereinander und mit dem Internet über drahtgebundene oder drahtlose Netzwerke, die oftmals im Falle von tragbaren Rechnern spontan Netzwerke bilden. Die Rechnerinfrastruktur besteht aus einer Vielzahl unterschiedlicher Hardware und Software: kleine tragbare Endgeräte, leistungsfähige Server im Hintergrund und eine Kommunikationsinfrastruktur, die überall und zu jeder Zeit eine Verbindung mit dem „Netz" erlaubt. Ein wesentliches Problem für die Endgeräte stellt die elektrische Leistungsaufnahme und damit eingeschränkte Nutzdauer dar. Ein weiteres Problem ist die Bereitstellung geeigneter Benutzerschnittstellen. Die Benutzer erwarten auf ihre Bedürfnisse zugeschnittene und einfach zu bedienende, aber leistungsfähige Dienste.

Die Einbeziehung von Informationen aus der natürlichen Umgebung der Geräte stellt ein wesentliches Kennzeichen ubiquitärer Systeme dar. Die Berücksichtigung der Umgebung, des Kontexts, geschieht über die Erfassung, Interpretation, Speicherung und Verbindung von Sensorendaten. Oftmals kommen Systeme zur orts- und richtungsabhängigen Informationsinterpretation auf mobilen Geräten hinzu. Verfügt ein Gerät über die Information, wo es sich gerade befindet, so kann es bestimmte Informationen in Abhängigkeit vom jeweiligen Aufenthaltsort auswählen und anzeigen. Das Gerät passt sich in seinem Verhalten der jeweiligen Umgebung an und wird damit ortssensitiv. Beispiele für ortssensitive Geräte sind die GPS-gesteuerten Kfz-Navigationssysteme, die je nach Ort und Bewegungsrichtung angepasste Fahrhinweise geben. Die GPS (*Global Positioning System*)-Infrastruktur stellt an jeder Position die geografischen Koordinaten zur Verfügung und das Navigationssystem errechnet daraus die jeweilige Fahranweisung.

Eine Mobilfunkortung ermöglicht lokalisierte Informationsdienste, die je nach Mobilfunkregion einem Autofahrer Verkehrsmeldungen nur für die aktuelle Region geben oder nahe gelegene Hotels und Restaurants anzeigen. Viele Arten von Informationen lassen sich in Abhängigkeit von Zeit und Ort gezielt filtern und sehr stark einschränken. Der tragbare Rechner entwickelt so ein regelrecht intelligentes oder kooperatives Verhalten.

1.4 Leistungsmessung und Leistungsvergleich

Eine Leistungsmessung und ein Leistungsvergleich von Mikroprozessoren und Microcontrollern können durch analytische Berechnungen oder durch Messungen von Benchmark-Programmen vorgenommen werden. Der Vergleich kann die reine Verarbeitungsleistung, die besonders für mobile Systeme wichtige Energieaufnahme oder eine Kombination aus beidem betreffen. Die im Folgenden aufgeführten Methoden betreffen zunächst die reine Ausführungsleistung in der Anzahl von Befehlen pro Sekunde.

Zu den analytischen Methoden gehört die Anwendung von Maßzahlen für die Operationsgeschwindigkeit. Diesen liegen keine Messungen zu Grunde, sondern lediglich Berechnungen einer hypothetischen maximalen Leistung aus den Angaben des Herstellers.

Eine der Maßzahlen ist die MIPS-Zahl (MIPS: *Millions of Instructions Per Second*), die die Anzahl der pro Sekunde ausgeführten Befehle angibt. Mikrocontroller besitzen meist sehr einfache Prozessorkerne, die mehrere Taktzyklen zur Ausführung eines Befehls benötigen. Bei RISC-Prozessoren und -Prozessorkernen stimmt die MIPS-Zahl häufig mit der Anzahl der Taktzyklen pro Sekunde überein, da diese die Ausführung (oder genauer: die Beendigung) von einem Maschinenbefehl pro Taktzyklus anstreben: 200 MHz entsprechen dann 200 MIPS. Falls wie bei den Superskalarprozessoren mehrere parallel arbeitende Ausführungseinheiten existieren, wird diese MHz-Zahl oft mit der Zahl der internen parallel arbeitenden

Ausführungseinheiten oder der superskalaren Zuordnungsbandbreite multipliziert. Dabei entsteht eine „theoretische“ MIPS-Zahl, die keine allgemein gültige Aussage über die reale Leistung bringt. Diese ist vom Anwenderprogramm, vom Compiler und von der Ausgewogenheit des Gesamtsystems abhängig. Die Aussagekraft von MIPS-Werten ist nicht besonders groß.

Eine ähnliche Maßzahl zum Vergleich der theoretischen Rechenleistung für numerische Anwendungen ist die MFLOPS-Angabe (*Millions of Floating-Point Operations Per Second*). In der Regel wird dafür die maximale Anzahl von Gleitkommaoperationen genommen, die pro Sekunde ausgeführt werden können. Da Ein-/Ausgabevorgänge, die Wortbreite oder Probleme der Datenzuführung dabei vernachlässigt werden, ist auch diese Angabe nur von begrenzter Aussagekraft.

Die Vorteile der Betrachtung dieser Maßzahlen liegen in der Einfachheit ihrer Berechnung, denn es muss kein großer Aufwand betrieben werden, um sie zu bestimmen. Die Nachteile liegen darin, dass die interne Organisation eines Prozessors nicht berücksichtigt wird und dass die Anforderungen eines speziellen Programmablaufs und die Einflüsse des Betriebssystems gar nicht erfasst werden.

Eine weitere analytische Methode ist die Anwendung von Befehls-Mixen. Bei einem Mix wird für jeden einzelnen Befehl die mittlere Ausführungszeit bestimmt, die zusätzlich durch charakteristische Gewichtungen bewertet wird. Ähnliches gilt für die Anwendung von Kernprogrammen. Diese sind typische Anwendungsprogramme, die für einen zu bewertenden Rechner geschrieben werden. Auch in diesem Fall werden keine Messungen am Rechner vorgenommen, sondern die Gesamtausführungszeit wird anhand der Ausführungszeiten für die einzelnen benötigten Maschinenbefehle berechnet. Mixe und Kernprogramme werden heute kaum noch eingesetzt.

Im Gegensatz zu den oben genannten Verfahren beruhen die folgenden Methoden zur Rechnerbewertung auf Messungen, die im praktischen Umgang mit diesen Rechnern durchgeführt werden, d.h. der Zugriff auf die zu vergleichenden Rechner wird als gegeben vorausgesetzt oder es werden Simulationen durchgeführt.

Ein Benchmark besteht aus einem oder mehreren Programmen im Quellcode. Diese werden für die zu vergleichenden Rechner übersetzt, danach werden die Ausführungszeiten gemessen und verglichen. Somit geht in jeden Fall nicht nur die reine Rechenleistung eines Prozessors, sondern immer auch der gesamte Rechneraufbau aus Cache-Speicher, Hauptspeicher und Bussystem sowie die Güte des verwendeten Compilers und der Betriebssoftware mit ein.

Benchmarks können Pakete von echten Benutzerprogrammen sein. Beispielsweise können Rechenzentren für die Rechnerbeschaffung eine typische Zusammensetzung von bisher eingesetzten Benutzer- und Systemprogrammen verwenden. Dieses Verfahren ist sinnvoll und aussagekräftig. Es wird wegen des hohen Aufwandes insbesondere für den Rechneranbieter, auf dessen Kooperation der Käufer in diesem Falle angewiesen ist, nur bei Großaufträgen angewandt.

Im Folgenden werden die wichtigsten standardisierten Benchmarks, die speziell zum Leistungsvergleich von Rechnersystemen entwickelt wurden, kurz vorgestellt.

Die SPEC-Benchmarks sind das heute meist verwendete Mittel, um Leistungsangaben von Mikroprozessoren zu vergleichen. Das 1988 gegründete SPEC-Konsortium *(Standard Performance Evaluation Corporation,* s. http://www.spec.org) ist ein Zusammenschluss mehrerer Computerfirmen, mit dem Ziel, eine gemeinsame Leistungsbewertung festzulegen. Die SPEC-Maßzahlen ergeben sich aus der Geschwindigkeitssteigerung (SPEC Ratio) gegenüber einer Referenzmaschine. Das geometrische Mittel der Maßzahlen ergibt die Leistungszahl für Integer-Programme (SPECint) und Gleitkommaprogramme (SPECfp). Die einzelnen Programme sind große Anwenderprogramme, die in C, C++ und FORTRAN geschrieben sind. Der Vorteil der großen Benchmark-Programme liegt vor allem darin, dass die Programme nicht nur aus dem Cache-Speicher ausgeführt werden und dass Compiler die Codeerzeugung und die Codeoptimierung nicht speziell auf bestimmte Benchmarks „abstimmen" können. Das begründet jedoch die Notwendigkeit, immer wieder neue Benchmark-Suites mit umfangreicheren Programmen zu definieren. Eine aktuelle neue Herausforderung für den Entwurf von Benchmark-Suites sind die Multi-Core-Prozessoren, da die volle Leistungsfähigkeit dieser Prozessoren nur durch parallele Programme erreicht wird.

Nach der 89er-, der 92er, der 95er und der 2000er-SPEC-Benchnmark-„Suite" wurde zuletzt (Stand April 2010) im August 2006 ein neuer Satz von Programmen als SPEC2006 definiert. Referenzrechner der SPEC-CPU2006-Benchmarks ist eine Sun-Ultra-Enterprise-2-Workstation mit einem 296-MHz UltraSPARC-II-Prozessor. Alle Benchmark-Resultate werden ins Verhältnis zu dieser Referenzmaschine gesetzt. SPEC CPU2006 besteht aus 12 Integer-intensiven, in C und C++ geschriebenen Benchmarks, den sogenannten CINT2006 (siehe Tabelle 1.2), und 17 Gleitkomma-intensiven, in C, C++ und FORTRAN geschriebenen Benchmarks, die CFP2006 (siehe Tabelle 1.3) genannt werden.

Tabelle 1.2. SPEC CINT2006-Benchmarkprogramme

Bezeichnung	Beschreibung
perlbench	PERL-Interpreter
bzip2	bzip-Kompressionsprogramm
gcc	GNU-C-Compiler Version 3.2
mcf	Simplex-Algorithmus für die Verkehrsplanung
gobmk	KI-Implementierung des Go-Spiels
hmmer	Protein-Sequenzanalyse basierend auf einem Hidden Markov-Modell
sjeng	Schachprogramm
libquantum	Simulator eines Quantencomputers
h264ref	H.264-Codierprogramm für Videoströme
omnetpp	OMNET++ Discrete Event Simulator
astar	Wegefindungsalgorithmus für 2-dimensionale Karten
xalancbmk	Xalan-C++ Übersetzer für XML-Dokumente

Speziell zur Leistungsmessung von Java-Anwendungen gibt es die SPEC JVM2008-, die SPEC JBB2000-Benchmark-Suites und deren Nachfoger. Weitere Benchmark-Sammlungen existieren für Datenbank- und Transaktionssysteme, für Multimediaprogramme (*mediabench*) und für Betriebssysteminteraktionen. Von der Zeitschrift c't werden oft auch aktuelle Computerspiele als Benchmarks zum Vergleich von PC-Prozessoren verwendet.

Tabelle 1.3. SPEC CFP2006-Benchmarkprogramme

Bezeichnung	Beschreibung
bwaves	Algorithmus aus der Strömungsdynamik
gamess	Berechnungen aus der Quantenchemie
milc	Berechnung aus der Physik
zeusmp	Algorithmus aus der Strömungsdynamik
gromacs	Newtons Bewegungsgleichungen
cactusADM	Gleichungslöser für Einsteins Evolutionsgleichung
leslie3d	Algorithmus aus der Strömungsdynamik
namd	Simuliert biomolekulare Systeme
dealll	Finite-Elemente-Berechnung
soplex	Simplexalgorithmus
povray	Image rendering
calculix	Finite-Elemente-Berechnung
GemsFDTD	Maxwell-Gleichungslöser
tonto	Quantenchemie
lbm	Lattice-Bolzmann-Simulator
wrf	Wettermodellierung
Shinx3	Spracherkennung

Um große Parallelrechner bezüglich ihrer Leistungsfähigkeit bei der Verarbeitung überwiegend numerischer Programme zu vergleichen, werden oft auch die sogenannten Basic Linear Algebra Subprograms (BLAS) verwendet, die den Kern des LINPACK-Softwarepakets zur Lösung von Systemen linearer Gleichungen darstellen. LINPACK-Programme arbeiten in einer FORTRAN-Umgebung und sind oft auf Großrechnern vorhanden. Sie enthalten Programmschleifen zum Zugriff auf Vektoren und besitzen einen hohen Anteil von Gleitkommaoperationen. Umfangreiche Vergleichstests von Großrechnern und Supercomputern auf der Basis des LINPACK-Softwarepakets werden in der TOP-500-Liste der größten Parallelrechner veröffentlicht.

Nur noch von geringer Bedeutung und Aussagekraft sind der Whetstone- und der Dhrystone-Benchmark. Der Whetstone-Benchmark [Curnow und Wichman 1976] wurde in den siebziger Jahren entwickelt und besteht aus einem einzigen Programm, das in erheblichem Maße Gleitkommaoperationen, aber auch Ganzzahloperationen, Array-Index-Operationen, Prozeduraufrufe, bedingte Sprünge und Aufrufe von mathematischen Standardfunktionen verwendet. Der Dhrystone-Benchmark [Weicker 1984] stellt ein weiteres synthetisches Benchmark-Programm dar, das aus einer Anzahl von Anweisungen besteht, die aufgrund statistischer Analysen über die tatsächliche Verwendung von Sprachkonstrukten ausgewählt wurden. Sowohl Whetstone- wie Dhrystone-Benchmark sind allerdings Bestandteil der Powerstone-Benchmark-Suite [Scott et al. 1998]. Diese Suite wurde entwickelt, um den Energieverbrauch verschiedener Mikrocontroller zu vergleichen. Tabelle 1.4 gibt einen Überblick.

Tabelle 1.4. Powerstone-Benchmarkprogramme

Bezeichnung	Beschreibung
auto	Fahrzeugsteuerungen
bilv	logische Operationen und Schieben
bilt	grafische Anwendung
compress	UNIX-Kompressions-Programm
crc	CRC-Fehlererkennung
des	Datenverschlüsselung
dhry	Dhrystone
engine	Motor-Steuerung
fir_int	ganzzahlige FIR-Filter
g3fax	FAX Gruppe 3
g721	Audio-Kompression
jpeg	JPEG-24-Bit-Kompression
pocsag	Kommunikationsprotokoll für Pager
servo	Festplattensteuerung
summin	Handschriftenerkennung
ucbqsort	Quick Sort
v42bits	Modem-Betrieb
whet	Whetstone

Für eingebettete Systeme existieren weiterhin die frei verfügbaren MiBench-Programme (siehe: http://www.eecs.umich.edu/mibench/) und die kommerziellen EEMBC-Benchmarks (siehe: http://www.eembc.org/) des Embedded Microprocessor Benchmark Consortium. Die letzteren definieren Benchmark-Suites für Automotive-, Consumer-, Digital Entwetainment-, Java-, Networking-, Networking Storage-, Office Automation- und Telecom-Anwendungen.

Inwieweit Benchmarks für den einzelnen Benutzer aussagekräftig sind, hängt natürlich vom Anwendungsprofil seiner speziellen Programme ab. Die einzelnen Sprachkonstrukte können hier verschieden oft verwendet werden; z.B. kommen in Büro- und Verwaltungsprogrammen eher Ein-/Ausgabeoperationen, in numerischen Programmen dagegen mehr Gleitkommaoperationen vor. Das Gleiche gilt für die Abhängigkeit von der verwendeten Programmiersprache. In FORTRAN werden numerische Datentypen, in COBOL Ein-/Ausgabeoperationen, in C Zeigertypen und in objektorientierten Programmiersprachen Methodenaufrufe bevorzugt. Falls ein Rechnersystem für verschiedenartige Anwendungsklassen gedacht ist, sollten deshalb auch verschiedene darauf zugeschnittene Benchmarks angewandt werden.

2 Grundlegende Prozessortechniken

2.1 Befehlssatzarchitekturen

2.1.1 Prozessorarchitektur, Mikroarchitektur und Programmiermodell

Eine **Prozessorarchitektur** definiert die Grenze zwischen Hardware und Software. Sie umfasst den für den Systemprogrammierer und für den Compiler sichtbaren Teil des Prozessors. Synonym wird deshalb oft auch von der **Befehlssatz-Architektur** (ISA – *Instruction Set Architecture*) oder dem **Programmiermodell** eines Prozessors gesprochen. Dazu gehören neben dem Befehlssatz, das Befehlsformat, die Adressierungsarten, das System der Unterbrechungen und das Speichermodell, das sind die Register und der Adressraumaufbau. Eine Prozessorarchitektur betrifft jedoch keine Details der Hardware und der technischen Ausführung eines Prozessors, sondern nur sein äußeres Erscheinungsbild. Die internen Vorgänge werden ausgeklammert.

Eine **Mikroarchitektur** (entsprechend dem englischen Begriff *microarchitecture*) bezeichnet die Implementierung einer Prozessorarchitektur in einer speziellen Verkörperung der Architektur – also in einem Mikroprozessor. Dazu gehören die Hardware-Struktur und der Entwurf der Kontroll- und Datenpfade. Die Art und Stufenzahl des Befehls-Pipelining, der Grad der Verwendung der Superskalartechnik, Art und Anzahl der internen Ausführungseinheiten eines Mikroprozessors sowie Einsatz und Organisation von Primär-Cache-Speichern zählen zu den Mikroarchitekturtechniken. Diese Eigenschaften werden von der Prozessorarchitektur nicht erfasst. Systemprogrammierer und optimierende Compiler benötigen jedoch auch die Kenntnis von Mikroarchitektureigenschaften, um effizienten Code für einen speziellen Mikroprozessor zu erzeugen.

Architektur- und Implementierungstechniken werden beide im Folgenden als **Prozessortechniken** bezeichnet. Die Architektur macht die Benutzerprogramme von den Mikroprozessoren, auf denen sie ausgeführt werden, unabhängig. Alle Mikroprozessoren, die derselben Architekturspezifikation folgen, sind binärkompatibel zueinander. Die Implementierungstechniken zeigen sich bei den unterschiedlichen Verarbeitungsgeschwindigkeiten.

Die Vorteile einer solchen Trennung von Architektur und Mikroarchitektur liegen auf der Hand: Die Hardware-Technologie (z.B. eine höhere Taktrate) und die Implementierungstechniken von Prozessoren können sich schnell ändern, wobei aus der Sicht der Architektur keine Änderungen der Funktion sichtbar sein dürfen.

Der Architekturbegriff geht in dieser Form zurück auf Amdahl, Blaauw und Brooks, die Architekten des IBM-Systems /360 [Amdahl et al. 67]:

U. Brinkschulte, T. Ungerer, *Mikrocontroller und Mikroprozessoren*, eXamen.press, 3rd ed.,
DOI 10.1007/978-3-642-05398-6_2, © Springer-Verlag Berlin Heidelberg 2010

„Computer architecture is defined as the attributes and behavior of a computer as seen by a machine-language programmer. This definition includes the instruction set, instruction formats, operation codes, addressing modes, and all registers and memory locations that may be directly manipulated by a machine language programmer. Implementation is defined as the actual hardware structure, logic design, and data path organization of a particular embodiment of the architecture."

Eine klare Trennung von Prozessorarchitektur und Mikroarchitektur wurde bei der Entwicklung der PowerPC-Architektur und ihrer Implementierungen in den PowerPC-Prozessoren vorgenommen [Diefendorf et al. 1994]. Eine ähnliche Auffassung zeigten auch die Architekten der DEC Alpha AXP-Mikroprozessorarchitektur, die ausführen [Sites 1992]:

„Thus, the architecture is a document that describes the behavior of all possible implementations; an implementation is typically a single computer chip. The architecture and software written to the architecture are intended to last several decades, while individual implementations will have much shorter lifetimes. The architecture must therefore carefully describe the behavior that a machine-language programmer sees, but must not describe the means by which a particular implementation achieves that behavior."

Man spricht von einer **Prozessorfamilie**, wenn alle Prozessoren die gleiche Basisarchitektur haben, wobei häufig die neueren oder die komplexeren Prozessoren der Familie die Architekturspezifikation erweitern. In einem solchen Fall ist nur eine Abwärtskompatibilität mit den älteren bzw. einfacheren Prozessoren der Familie gegeben, d.h. der Objektcode der älteren läuft auf den neueren Prozessoren, doch nicht umgekehrt.

Die Programmierersicht eines Prozessors lässt sich durch Beantworten der folgenden fünf Fragen einführen:

- Wie werden Daten repräsentiert?
- Wo werden die Daten gespeichert?
- Welche Operationen können auf den Daten ausgeführt werden?
- Wie werden die Befehle codiert?
- Wie wird auf die Daten zugegriffen?

Die Antworten auf diese Fragen definieren die Prozessorarchitektur bzw. das Programmiermodell. Im Folgenden werden diese Eigenschaften im Einzelnen kurz vorgestellt.

2.1.2 Datenformate

Wie in den höheren Programmiersprachen können auch in maschinennahen Sprachen die Daten verschiedenen Datenformaten zugeordnet werden. Diese bestimmen, wie die Daten repräsentiert werden.

Bei der Datenübertragung zwischen Speicher und Register kann die Größe der übertragenen Datenportion mit dem Maschinenbefehl festgelegt werden. Übliche Datenlängen sind Byte (8 Bits), Halbwort (16 Bits), Wort (32 Bits) und Doppelwort (64 Bits). In der Assemblerschreibweise werden diese Datengrößen oft durch die Buchstaben `B`, `H`, `W` und `D` abgekürzt, wie z.B. `MOVB`, um ein Byte zu übertragen. Bei Mikrocontrollern werden auch die Definitionen Wort (16 Bits), Doppelwort (32 Bits) und Quadwort (64 Bits) angewandt.

Ein 32-Bit-Datenwort reflektiert dabei die Sicht eines 32-Bit-Prozessors bzw. ein 16-Bit-Datenwort diejenige eines 16-Bit-Prozessors oder -Mikrocontrollers. Man spricht von einem 32-Bit-Prozessor, wenn die allgemeinen Register 32 Bit breit sind. Da diese Register häufig auch für die Speicheradressierung verwendet werden, ist dann meist auch die Breite der effektiven Adresse 32 Bit. Dies ist heute insbesondere bei den PC-Prozessoren der Intel Pentium-Familie der Fall. Workstation-Prozessoren wie die Sun UltraSPARC-, Compaq/Intel Alpha-, HP PA RISC-, MIPS R10000- und Intel Itanium-Prozessoren sind 64-Bit-Prozessoren. Auf der Mikrocontrollerseite sind oft auch 8-Bit- und 16-Bit-Prozessorkerne üblich.

Die Befehlssätze unterstützen jedoch auch Datenformate wie zum Beispiel Einzelbit-, Ganzzahl- (*integer*), Gleitkomma- und Multimediaformate, die mit den Datenformaten in Hochsprachen enger verwandt sind.

Die Einzelbitdatenformate können alle Datenlängen von 8 Bit bis hin zu 256 Bit aufweisen. Das Besondere ist dabei, dass einzelne Bits eines solchen Worts manipuliert werden können.

Ganzzahldatenformate (s. Abb. 2.1) sind unterschiedlich lang und können mit Vorzeichen (*signed*) oder ohne Vorzeichen (*unsigned*) definiert sein. Gelegentlich findet man auch gepackte (*packed*) und ungepackte (*unpacked*) BCD-Zahlen (*Binary Coded Decimal*) und ASCII-Zeichen (*American Standard Code for Information Interchange*). Eine BCD-Zahl codiert die Ziffern 0 bis 9 als Dualzahlen in vier Bits. Das gepackte BCD-Format codiert zwei BCD-Zahlen pro Byte, also acht BCD-Zahlen pro 32-Bit-Wort. Das ungepackte BCD-Format codiert eine BCD-Zahl an den vier niederwertigen Bitpositionen eines Bytes, also vier BCD-Zahlen pro 32-Bit-Wort. Der ASCII-Code belegt ein Byte pro Zeichen, so dass vier ASCII-codierte Zeichen in einem 32-Bit-Wort untergebracht werden.

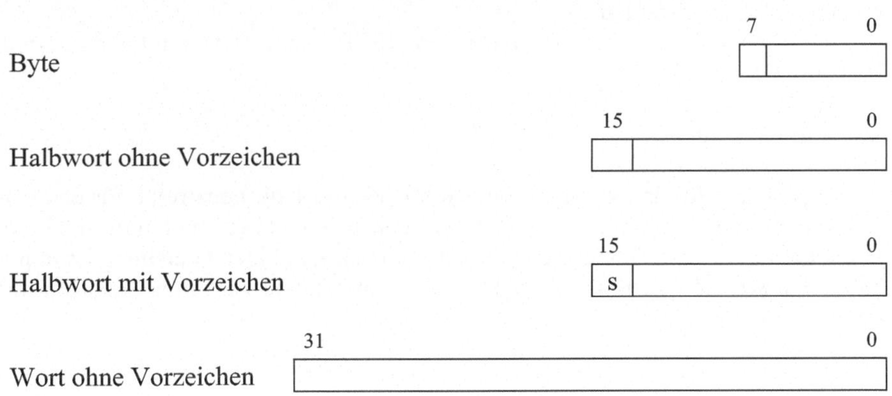

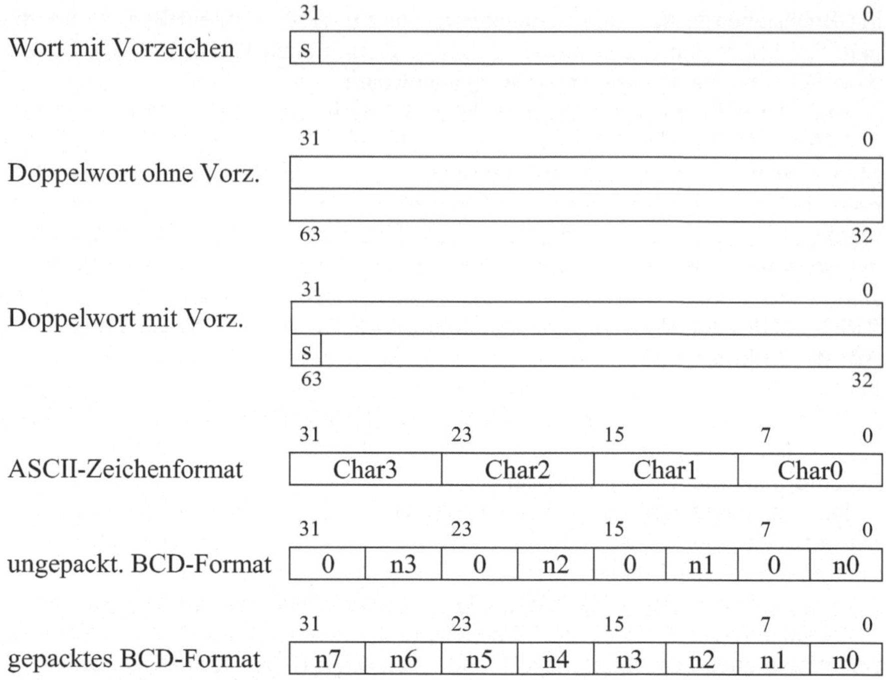

Wort mit Vorzeichen

31	0
s	

Doppelwort ohne Vorz.

31	0
63	32

Doppelwort mit Vorz.

31	0
s	
63	32

ASCII-Zeichenformat

31	23	15	7 0
Char3	Char2	Char1	Char0

ungepackt. BCD-Format

31		23		15		7	0
0	n3	0	n2	0	n1	0	n0

gepacktes BCD-Format

31		23		15		7	0
n7	n6	n5	n4	n3	n2	n1	n0

Abb. 2.1. Ganzzahldatenformate

Die Gleitkommadatenformate (s. Abb. 2.2) wurden mit dem ANSI/IEEE 754-1985-Standard definiert und unterscheiden Gleitkommazahlen mit einfacher (32 Bit) oder doppelter (64 Bit) Genauigkeit. Das Format mit erweiterter Genauigkeit umfasst 80 Bit und kann herstellergebunden variieren. Beispielsweise verwenden die Intel Pentium-Prozessoren intern ein solches erweitertes Format mit 80 Bit breiten Gleitkommazahlen.

Eine Gleitkommazahl f wird nach dem IEEE-Standard wie folgt dargestellt [Tabak 1995]:

$$f = (-1)^{s} \cdot 1.m \cdot 2^{e-b}$$

Dabei steht s für das Vorzeichenbit (0 für positiv, 1 für negativ), e für den verschobenen (*biased*) Exponenten, b für die Verschiebung (*bias*) und m für die Mantisse oder den Signifikanten. Die führende Eins in der obigen Gleichung ist implizit vorhanden und benötigt kein Bit im Mantissenfeld (s. Abb. 2.2). Für die Mantisse m gilt:

$m = .m_1 \ldots m_p$ mit
$p = 23$ für die einfache,
$p = 52$ für die doppelte und
$p = 63$ für die erweiterte Genauigkeit (in diesem Fall wird die führende Eins mit dargestellt)

Die Verschiebung b ist definiert als:

$$b = 2^{ne-1} - 1$$

wobei ne die Anzahl der Exponentenbits (8 bei einfacher, 11 bei doppelter und 15 bei erweiterter Genauigkeit) bedeutet.

Den richtigen Exponenten E erhält man aus der Gleichung:

$$E = e - b = e - (2^{ne-1} - 1)$$

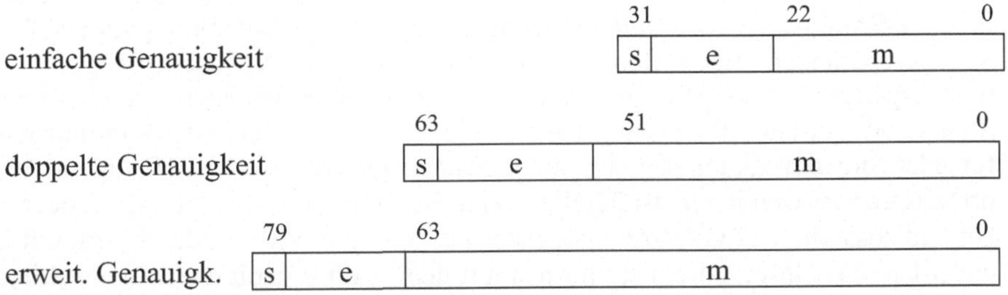

einfache Genauigkeit: 31 | s | e | 22 | m | 0

doppelte Genauigkeit: 63 | s | e | 51 | m | 0

erweit. Genauigk.: 79 | s | e | 63 | m | 0

Abb. 2.2. Gleitkomma-Datenformate

Multimediadatenformate definieren 64 oder 128 Bit breite Wörter. Man unterscheidet zwei Arten von Multimediadatenformaten (s. Abb. 2.3): Die bitfolgenorientierten Formate unterstützen Operationen auf Pixeldarstellungen wie sie für die Videocodierung oder -decodierung benötigt werden. Die grafikorientierten Formate unterstützen komplexe grafische Datenverarbeitungsoperationen. Die Multimediadatenformate für die bitfolgenorientierten Formate sind in 8 oder 16 Bit breite Teilfelder zur Repräsentation jeweils eines Pixels aufgeteilt. Die grafikorientierten Formate beinhalten zwei bis vier einfach genaue Gleitkommazahlen.

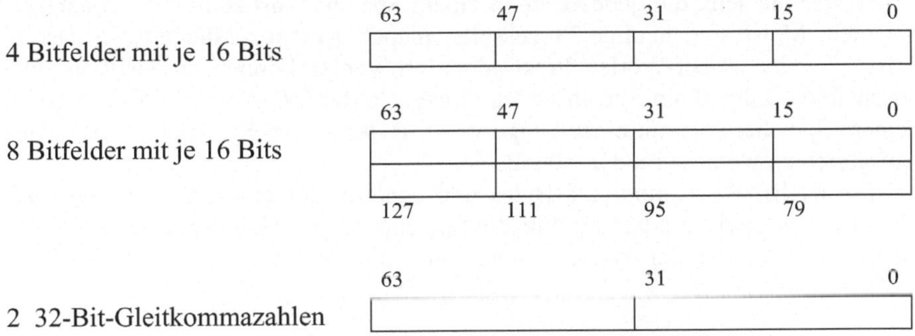

4 Bitfelder mit je 16 Bits: 63 | 47 | 31 | 15 | 0

8 Bitfelder mit je 16 Bits: 63 | 47 | 31 | 15 | 0 / 127 | 111 | 95 | 79

2 32-Bit-Gleitkommazahlen: 63 | 31 | 0

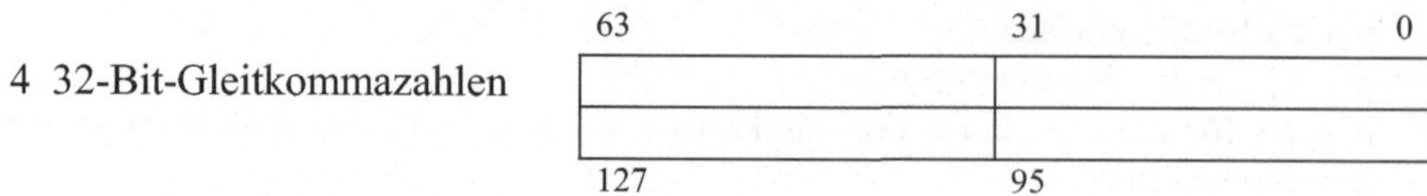

Abb. 2.3. Beispiele bitfolgen- und grafikorientierter Multimediadatenformate mit 64- und 128-Bitformaten

2.1.3 Adressraumorganisation

Die Adressraumorganisation bestimmt, wo die Daten gespeichert werden. Jeder Prozessor enthält eine kleine Anzahl von **Registern**, d.h. schnellen Speicherplätzen, auf die in einem Taktzyklus zugegriffen werden kann. Bei den heute üblichen Pipeline-Prozessoren wird in der Operandenholphase der Befehls-Pipeline auf die Registeroperanden zugegriffen und in der Resultatspeicherphase in Register zurückgespeichert. Diese Register können **allgemeine Register** (auch Universalregister oder Allzweckregister genannt), **Multimediaregister**, **Gleitkommaregister** oder **Spezialregister** (Befehlszähler, Statusregister, etc.) sein. Heutige Mikroprozessoren verwenden meist 32 allgemeine Register `R0` – `R31` von je 32 oder 64 Bit und zusätzlich 32 Gleitkommaregister `F0` – `F31` von je 64 oder 80 Bit. Oft ist außerdem das Universalregister `R0` fest mit dem Wert 0 verdrahtet. Die Multimediaregister stehen für sich oder sind mit den Gleitkommaregistern identisch. All diese für den Programmierer sichtbaren Register werden als **Architekturregister** bezeichnet, da sie in der „Architektur" sichtbar sind. Im Gegensatz dazu sind die auf heutigen Mikroprozessoren oft vorhandenen physikalischen Register oder Umbenennungspufferregister nicht in der Architektur sichtbar.

Um Daten zu speichern werden mehrere Adressräume unterschieden. Diese sind neben den Registern und Spezialregistern insbesondere Speicheradressräume für den Laufzeitkeller (*run-time stack*), den *Heap*, Ein-/Ausgabedaten und Steuerdaten.

Abgesehen von den Registern werden alle anderen Adressräume meist auf einen einzigen, durchgehend adressierten Adressraum abgebildet. Dieser kann **byteadressierbar** sein, d.h. jedes Byte in einem Speicherwort kann einzeln adressiert werden. Meist sind heutige Prozessoren jedoch **wortadressierbar**, so dass nur 16-, 32- oder 64-Bit-Wörter direkt adressiert werden können. In der Regel muss deshalb der Zugriff auf Speicherwörter **ausgerichtet** (*aligned*) sein. Ein Zugriff zu einem Speicherwort mit einer Länge von n Bytes ab der Speicheradresse A heißt ausgerichtet, wenn $A \bmod n = 0$ gilt.

Ein 64-Bit-Wort umfasst 8 Bytes und benötigt auf einem byteadressierbaren Prozessor 8 Speicheradressen. Für die Speicherung im Hauptspeicher unterscheidet man zwei Arten der Byteanordnung innerhalb eines Wortes (s. Abb. 2.4):

- Das **Big-endian-Format** („*most significant byte first*") speichert von links nach rechts, d.h. die Adresse des Speicherwortes ist die Adresse des höchstwertigen Bytes des Speicherwortes.
- Das **Little-endian-Format** („*least significant byte first*") speichert von rechts nach links, d.h., die Adresse eines Speicherwortes ist die Adresse des niedrigstwertigen Bytes des Speicherwortes.

Wortadresse:	x0				x4			
Bytestelle im Wort:	7	6	5	4	3	2	1	0

Wortadresse:	x0				x4			
Bytestelle im Wort:	0	1	2	3	4	5	6	7

Abb. 2.4. Big-endian- (oben) und Little-endian- (unten) Formate.

Für die Assemblerprogrammierung ist diese Unterscheidung häufig irrelevant, da beim Laden eines Operanden in ein Register die Maschine den zu ladenden Wert so anordnet, wie man es erwartet, nämlich die höchstwertigen Stellen links (Big-endian-Format). Dies geschieht auch für das Little-endian-Format, das bei einigen Prozessorarchitekturen, insbesondere den Intel-Prozessoren, aus Kompatibilitätsgründen mit älteren Prozessoren weiter angewandt wird. Beachten muss man das Byteanordnungsformat eines Prozessors insbesondere beim direkten Zugriff auf einen Speicherplatz als Byte oder Wort oder bei der Arbeit mit einem Debugger. Die Bytereihenfolge wird ein Problem, wenn Daten zwischen zwei Rechnern verschiedener Architektur ausgetauscht werden. Heute setzt sich insbesondere durch die Bedeutung von Rechnernetzen das Big-endian-Format durch, das häufig auch als Netzwerk-Format bezeichnet wird.

2.1.4 Befehlssatz

Der **Befehlssatz** (*instruction set*) definiert, welche Operationen auf den Daten ausgeführt werden können. Er legt die Grundoperationen eines Prozessors fest. Man kann die folgenden **Befehlsarten** unterscheiden:

- **Datenbewegungsbefehle** (*data movement*) übertragen Daten von einer Speicherstelle zu einer anderen. Falls es einen separaten Ein-/Ausgabeadressraum gibt, so gehören hierzu auch die Ein-/Ausgabebefehle. Auch die Kellerspeicherbefehle *Push* und *Pop* fallen, sofern vorhanden, in diese Kategorie.
- **Arithmetisch-logische Befehle** (*Integer arithmetic and logical*) können Ein-, Zwei- oder Dreioperandenbefehle sein. Prozessoren nutzen meist verschiedene Befehle für verschiedene Datenformate ihrer Operanden. Meist werden durch den Befehlsopcode arithmetische Befehle mit oder ohne Vorzeichen unterschieden. Beispiele arithmetischer Operationen sind Addieren ohne/mit Über-

trag, Subtrahieren ohne/mit Übertrag, Inkrementieren und Dekrementieren, Multiplizieren ohne/mit Vorzeichen, Dividieren ohne/mit Vorzeichen und Komplementieren (Zweierkomplement). Beispiele logischer Operationen sind die bitweise Negation-, UND-, ODER- und Antivalenz-Operationen.

- **Schiebe- und Rotationsbefehle** (*shift and rotate*) schieben die Bits eines Wortes um eine Anzahl von Stellen entweder nach links oder nach rechts bzw. rotieren die Bits nach links oder rechts (s. Abb. 2.5). Beim Schieben gehen die herausfallenden Bits verloren, beim Rotieren werden diese auf der anderen Seite wieder eingefügt. Beispiele von Schiebe- und Rotationsoperationen sind das Linksschieben, Rechtsschieben, Linksrotieren ohne Übertragsbit, Linksrotieren durchs Übertragsbit, Rechtsrotieren ohne Übertragsbit und das Rechtsrotieren durchs Übertragsbit. Dem logischen Linksschieben entspricht die Multiplikation mit 2. Dem logischen Rechtsschieben entspricht die Division durch 2. Dies gilt jedoch nur für positive Zahlen. Bei negativen Zahlen im Zweierkomplement muss zur Vorzeichenerhaltung das höchstwertige Bit in sich selbst zurückgeführt werden. Daraus ergibt sich der Unterschied des logischen und arithmetischen Rechtsschiebens. Beim Rotieren wird ein Register als geschlossene Bitkette betrachtet. Ein sogenanntes Übertragsbit (*carry flag*) im Prozessorstatusregister kann wahlweise mitbenutzt oder als zusätzliches Bit einbezogen werden.

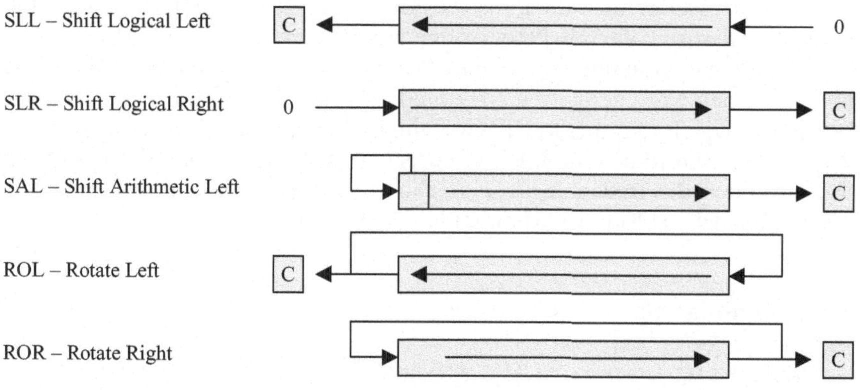

Abb. 2.5. Einige Schiebe- und Rotationsbefehle

- **Multimediabefehle** (*multimedia instructions*) führen taktsynchron dieselbe Operation auf mehreren Teiloperanden innerhalb eines Operanden aus (s. Abb. 2.6). Man unterscheidet zwei Arten von Multimediabefehlen: bitfolgenorientierte und grafikorientierte Multimediabefehle.
  Bei den *bitfolgenorientierten Multimediabefehlen* repräsentieren die Teiloperanden Pixel. Typische Operationen sind Vergleiche, logische Operationen, Schiebe- und Rotationsoperationen, Packen und Entpacken von Teiloperanden in oder aus Gesamtoperanden sowie arithmetische Operationen auf den Teiloperanden entsprechend einer Saturationsarithmetik. Bei eine solchen Arithme-

tik werden Zahlbereichsüberschreitungen auf die höchstwertige bzw. niederwertigste Zahl abgebildet.

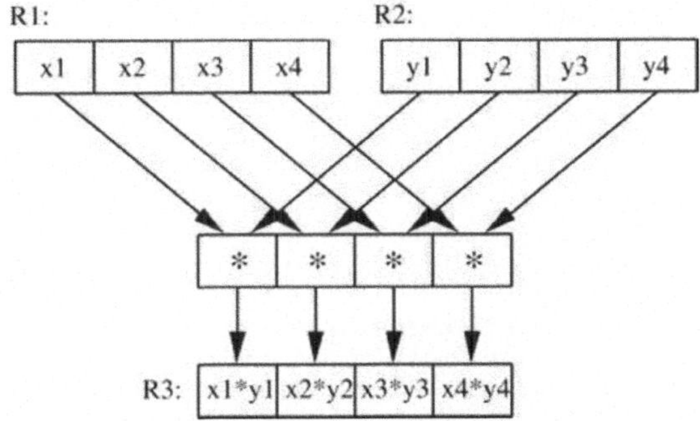

Abb. 2.6. Grundprinzip einer Multimediaoperation

Bei den *grafikorientierten Multimediabefehlen* repräsentieren die Teiloperanden einfach genaue Gleitkommazahlen, also zwei 32-Bit-Gleitkommazahlen in einem 64-Bit-Wort bzw. vier 32-Bit-Gleitkommazahlen in einem 128-Bit-Wort. Die Multimediaoperationen führen dieselbe Gleitkommaoperation auf allen Teiloperanden aus.

- **Gleitkommabefehle** (*floating-point instructions*) repräsentieren arithmetische Operationen und Vergleichsoperationen, aber auch zum Teil komplexe Operationen wie Quadratwurzelbildung oder transzendente Funktionen auf Gleitkommazahlen.
- **Programmsteuerbefehle** (*control transfer instructions*) sind alle Befehle, die den Programmablauf direkt ändern, also die bedingten und unbedingten Sprungbefehle, Unterprogrammaufruf und -rückkehr sowie Unterbrechungsaufruf und -rückkehr.
- **Systemsteuerbefehle** (*system control instructions*) erlauben es in manchen Befehlssätzen direkten Einfluss auf Prozessor- oder Systemkomponenten wie z.B. den Daten-Cache-Speicher oder die Speicherverwaltungseinheit zu nehmen. Weiterhin gehören der `HALT`-Befehl zum Anhalten des Prozessors und Befehle zur Verwaltung der elektrischen Leistungsaufnahme zu dieser Befehlsgruppe, die üblicherweise nur vom Betriebssystem genutzt werden darf.
- **Synchronisationsbefehle** ermöglichen es, Synchronisationsoperationen zur Prozess-, Thread- und Ausnahmebehandlung durch das Betriebssystem zu implementieren. Wesentlich ist dabei, dass bestimmte, eigentlich sonst nur durch mehrere Befehle implementierbare Synchronisationsoperationen ohne Unterbrechung (auch als „atomar" bezeichnet) ablaufen müssen. Ein Beispiel ist der `swap`-Befehl, der als atomare Operation einen Speicherwert mit einem Registerwert vertauscht. Noch komplexer ist der `TAS`-Befehl (*test and set*), der als atomare Operation einen Speicherwert liest, diesen auf Null oder Eins testet, ein Bedingungsbit im Prozessorstatuswort setzt und einen Semaphorwert zurückspeichert. Das folgende Programmbeispiel zeigt, wie die Synchronisationsope-

rationen *lock* und *unlock* (s. [Ungerer 1997]) mit Hilfe des `swap`-Befehls implementiert werden können:

```
; Speicherzelle 4712 enthält die Mutex-Variable, die mit
; 1 (Mutex offen) initialisiert sein muss

... vor Eintritt in den kritischen Bereich (lock-Operation)
    ld Ri,0          ; lade 0 ins Register Ri
m:  swap Ri,[4712]   ; vertausche Inhalt Ri mit Inhalt der
                     ; Speicherzelle 4712, die die
                     ; Mutex-Variable enthält
    bz Ri,m          ; falls die Speicherzelle mit 0 belegt;
war (Mutex geschlossen),
                     ; dann springe nach Marke m
                     ; und wiederhole die Aktion
; Speicherzelle war mit 1 belegt (Mutex offen)

... Eintritt in den kritischen Bereich

... am Ende des kritischen Bereichs (unlock-Operation)
    ld Ri,1          ; lade 1 ins Register Ri
    st Ri,[4712]     ; speichere Inhalt Ri in die
                     ; Speicherzelle 4712,
                     ; d.h. der Mutex ist wieder offen
```

2.1.5 Befehlsformate

Das **Befehlsformat** (*instruction format*) definiert, wie die Befehle codiert sind. Eine Befehlscodierung beginnt mit dem Opcode, der den Befehl selbst festlegt. In Abhängigkeit vom Opcode werden weitere Felder im Befehlsformat benötigt. Diese sind für die arithmetisch-logischen Befehle die Adressfelder, um Quell- und Zieloperanden zu spezifizieren, und für die Lade-/Speicherbefehle die Quell- und Zieladressangaben. Bei Programmsteuerbefehlen wird der als nächstes auszuführende Befehl adressiert.

Je nach Art, wie die arithmetisch-logischen Befehle ihre Operanden adressieren, unterscheidet man vier Klassen von Befehlssätzen:

- Das **Dreiadressformat** *(3-address instruction format*) besteht aus dem Opcode, zwei Quell- (im Folgenden `Src1, Scr2`) und einem Zieloperandenbezeichner (`Dest`):

Opcode	Dest	Src1	Scr2

- Das **Zweiadressformat** *(2-address instruction format*) besteht aus dem Opcode, einem Quell- und einem Quell-/Zieloperandenbezeichner, d.h. ein Operandenbezeichner bezeichnet einen Quell- und gleichzeitig den Zieloperanden:

Opcode	Dest/Src1	Src2

- Das **Einadressformat** *(1-address instruction format)* besteht aus dem Opcode und einem Quelloperandenbezeichner:

Opcode	Src

  Dabei wird ein im Prozessor ausgezeichnetes Register, das sogenannte Akkumulatorregister, implizit adressiert. Dieses Register enthält immer einen Quelloperanden und nimmt das Ergebnis auf.
- Das **Nulladressformat** *(0-address instruction format)* besteht nur aus dem Opcode:

Opcode

  Voraussetzung für die Verwendung eines Nulladressformats ist eine Kellerarchitektur (s.u.).

Die Adressformate hängen eng mit folgender Klassifizierung von Befehlssatz-Architekturen zusammen:

- Arithmetisch-logische Befehle sind meist **Dreiadressbefehle**, die zwei Operandenregister und ein Zielregister angeben. Falls nur die Lade- und Speicherbefehle Daten zwischen dem Hauptspeicher (bzw. Cache-Speicher) und den Registern transportieren, spricht man von einer **Lade-/Speicherarchitektur** (*load/store architecture*) oder **Register-Register-Architektur**.
- Analog kann man von einer **Register-Speicher-Architektur** sprechen, wenn in arithmetisch-logischen Befehlen mindestens einer der Operandenbezeichner ein Register bzw. einen Speicherplatz im Hauptspeicher adressiert. Falls gar keine Register existieren würden – ein Prozessor mit einer solchen Architektur ist uns nicht bekannt –, so muss jeder Operandenbezeichner eine Speicheradresse sein und man würde von einer **Speicher-Speicher-Architektur** sprechen.
- In ganz frühen Mikroprozessoren war ein **Akkumulatorregister** vorhanden, das bei arithmetisch-logischen Befehlen immer implizit eine Quelle und das Ziel darstellte, so dass **Einadressbefehle** genügten.
- Man kann sogar mit **Nulladressbefehlen** auskommen: Dies geschieht bei den sogenannten **Kellerarchitekturen**, welche ihre Operandenregister als Keller (*stack*) verwalten. Eine zweistellige Operation verknüpft die beiden obersten Register miteinander, löscht beide Inhalte vom Registerkeller und speichert das Resultat auf dem obersten Register des Kellers wieder ab.

Tabelle 2.1 zeigt, wie ein Zweizeilenprogramm in Pseudo-Assemblerbefehle für die vier Befehlssatz-Architekturen übersetzt werden kann. Die Syntax der Assemblerbefehle schreibt vor, dass nach dem Opcode erst der Zieloperandenbezeichner und dann der oder die Quelloperandenbezeichner stehen. Manche andere Assemblernotationen verfahren genau umgekehrt und verlangen, dass der oder die Quelloperandenbezeichner vor dem Zieloperandenbezeichner stehen müssen.

Tabelle 2.1. Programm `C=A+B; D=C-B;` in den vier Befehlsformatsarten codiert

Register-Register	Register-Speicher	Akkumulator	Keller
`load Reg1,A`	`load Reg1,A`	`load A`	`push B`
`load Reg2,B`	`add Reg1,B`	`add B`	`push A`
`add Reg3,Reg1,Reg2`	`store C,Reg1`	`store C`	`add`
`store C,Reg3`	`load Reg1,C`	`load C`	`pop C`
`load Reg1,C`	`sub Reg1,B`	`sub B`	`push B`
`load Reg2,B`	`store D,Reg1`	`store D`	`push C`
`sub Reg3,Reg1,Reg2`			`sub`
`store D,Reg3`			`pop D`

In der Regel kann bei heutigen Mikroprozessoren jeder Registerbefehl auf jedes beliebige Register gleichermaßen zugreifen. Bei älteren Prozessoren war dies jedoch keineswegs der Fall. Noch beim 8086 gibt es beliebig viele Anomalien beim Registerzugriff.

Beispiele für Kellerarchitekturen sind die von der Java Virtual Machine hergeleiteten Java-Prozessoren, die Verwaltung der allgemeinen Register der Transputer T414 und T800 sowie die Gleitkommaregister der Intel 8087- bis 80387-Gleitkomma-Coprozessoren.

Akkumulatorarchitekturen sind gelegentlich noch bei einfachen Mikrocontrollern zu finden.

Die Befehlscodierung kann eine feste oder eine variable Befehlslänge festlegen. RISC-Befehlssätze nutzen meist ein Dreiadressformat mit einer festen Befehlslänge von 32 Bit. CISC-Befehlssätze dagegen nutzen Register-Speicher-Befehle und benötigen dafür meist variable Befehlslängen. Variable Befehlslängen finden sich auch in Kellermaschinen wie beispielsweise bei den Java-Prozessoren.

2.1.6 Adressierungsarten

Die **Adressierungsarten** definieren, wie auf die Daten zugegriffen wird. Die Adressierungsarten eines Prozessors bestimmen die verschiedenen Möglichkeiten, wie eine Operanden- oder eine Sprungzieladresse in dem Prozessor berechnet werden kann. Eine Adressierungsart kann eine im Befehlswort stehende Konstante, ein Register oder einen Speicherplatz im Hauptspeicher spezifizieren.

Wenn ein Speicherplatz im Hauptspeicher bezeichnet wird, so heißt die durch die Adressierungsart spezifizierte Speicheradresse die **effektive Adresse**. Eine effektive Adresse entsteht im Prozessor nach Ausführung der Adressrechnung. In modernen Prozessoren, die eine virtuelle Speicherverwaltung anwenden, wird die effektive Adresse als sogenannte logische Adresse weiteren Speicherverwaltungsoperationen in einer Speicherverwaltungseinheit (*Memory Management Unit MMU*) unterworfen, um letztendlich eine physikalische Adresse zu erzeugen, mit der dann auf den Hauptspeicher zugegriffen wird. Im Folgenden betrachten wir zunächst nur die Erzeugung einer effektiven Adresse aus den Angaben in einem Maschinenbefehl.

Neben den „expliziten“ Adressierungsarten kann die Operandenadressierung auch „implizit“ bereits in der Architektur oder durch den Opcode des Befehls festgelegt sein. In einer Kellerarchitektur sind die beiden Quelloperanden und der Zieloperand einer arithmetisch-logischen Operation implizit als die beiden bzw. das oberste Kellerregister festgelegt. Ähnlich ist bei einer Akkumulatorarchitektur das Akkumulatorregister bereits implizit als ein Quell- und als Zielregister der arithmetisch-logischen Operationen fest vorgegeben. Bei einer Register-Speicher-Architektur ist meist das eine Operandenregister fest vorgegeben, während der zweite Operand und das Ziel explizit adressiert werden müssen.

Durch den Opcode eines Befehls wird bei Spezialbefehlen häufig ein Spezialregister als Quelle und/oder Ziel adressiert. Weiterhin wird in vielen Befehlssätzen im Opcode festgelegt, ob ein Bit des Prozessorstatusregisters mitverwendet wird.

Bei den im Folgenden aufgeführten expliziten Adressierungsarten können drei Klassen unterschieden werden:

- die Klasse der Register- und unmittelbaren Adressierung,
- die Klasse der einstufigen und
- der Klasse der zweistufigen Speicheradressierungen.

Bei der Registeradressierung steht der Operand in einem Register und bei der unmittelbaren Adressierung steht der Operand direkt im Befehlswort. In beiden Fällen sind keine Adressrechnung und kein Speicherzugriff nötig.

Bei der einstufigen Speicheradressierung steht der Operand im Speicher, und für die effektive Adresse ist nur *eine* Adressrechnung notwendig. Diese Adressrechnung kann einen oder mehrere Registerinhalte sowie einen im Befehl stehenden Verschiebewert oder einen Skalierungsfaktor, jedoch keinen weiteren Speicherinhalt betreffen.

Wenig gebräuchlich sind die zweistufigen Speicheradressierungen, bei denen mit einem Teilergebnis der Adressrechnung wiederum auf den Speicher zugegriffen wird, um einen weiteren Datenwert für die Adressrechnung zu holen. Es ist somit ein doppelter Speicherzugriff notwendig, bevor der Operand zur Verfügung steht.

Im Folgenden zeigen wir eine Auswahl von **Datenadressierungsarten**, die in heutigen Mikroprozessoren und Mikrocontrollern Verwendung finden. Abgesehen von der Register- und der unmittelbaren Adressierung sind dies allesamt einstufige Speicheradressierungsarten.

- Bei der **Registeradressierung** (*register*) steht der Operand direkt in einem Register (s. Abb. 2.7).

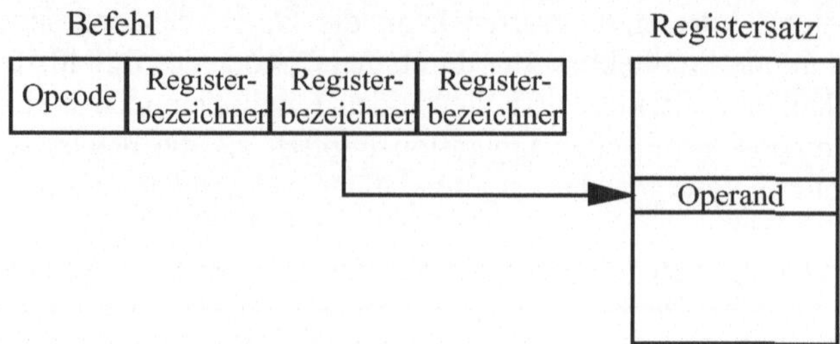

Abb. 2.7. Registeradressierung

- Bei der **unmittelbaren Adressierung** (*immediate* oder *literal*) steht der Operand als Konstante direkt im Befehlswort (s. Abb. 2.8).

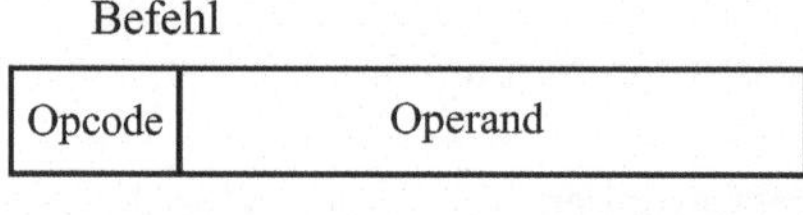

Abb. 2.8. Unmittelbare Adressierung

- Bei der **direkten** oder **absoluten Adressierung** (*direct* oder *absolute*) steht die Adresse eines Speicheroperanden im Befehlswort (s. Abb. 2.9).

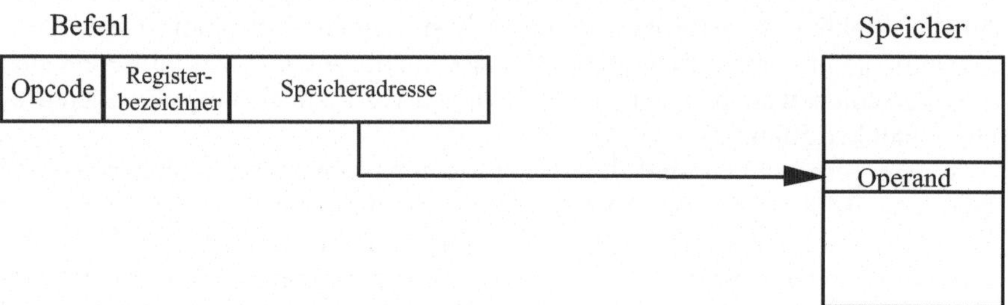

Abb. 2.9. Direkte Adressierung

- Bei der **registerindirekten Adressierung** (*register indirect* oder *register deferred*) steht die Operandenadresse in einem Register. Das Register dient als Zeiger auf eine Speicheradresse (s. Abb. 1.10).

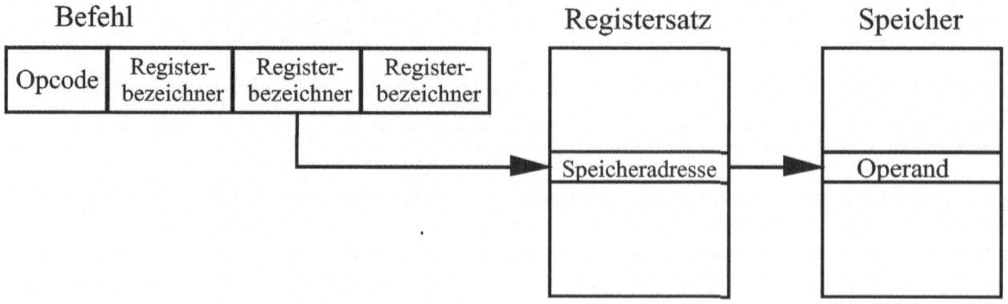

Abb. 2.10. Registerindirekte Adressierung

- Als Spezialfälle der registerindirekten Adressierung können die **registerindirekten Adressierungen mit Autoinkrement/Autodekrement** (*autoincrement/autodecrement*) betrachtet werden. Diese arbeiten wie die registerindirekte Adressierung, aber inkrementieren bzw. dekrementieren den Registerinhalt, in Abb. 2.10 die „Speicheradresse", vor oder nach dem Benutzen dieser Adresse um die Länge des adressierten Operanden. Dementsprechend unterscheidet man die registerindirekte Adressierung mit **Präinkrement**, mit **Postinkrement,** mit **Prädekrement** und mit **Postdekrement** (üblich sind Postinkrement und Prädekrement, z.B. bei der Motorola 68000er Prozessorfamilie). Diese Adressierungsarten sind für den Zugriff zu Feldern (*arrays*) in Schleifen nützlich. Der Registerinhalt zeigt auf den Anfang oder das letzte Element eines Feldes und jeder Zugriff erhöht oder erniedrigt den Registerinhalt um die Länge eines Feldelements.
- Die **registerindirekte Adressierung mit Verschiebung** (*displacement, register indirect with displacement* oder *based*) errechnet die effektive Adresse eines Operanden als Summe eines Registerwerts und des Verschiebewerts (*displacement*), d.h. eines konstanten Werts, der im Befehl steht. Diese Adressierungsart kombiniert die registerindirekte Adressierung mit der absoluten Adressierung, d.h. wird der Verschiebewert auf Null gesetzt, so erhält man die registerindirekte Adressierung, wird dagegen der Registerwert auf Null gesetzt, so erhält man die absolute Adressierung (s. Abb. 2.11).

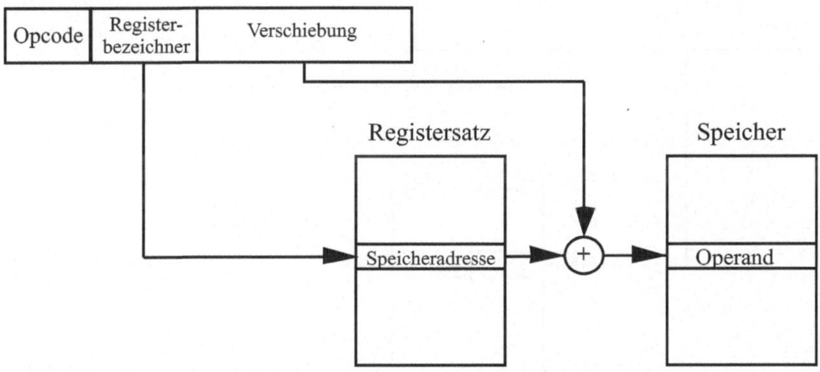

Abb. 2.11. Registerindirekte Adressierung mit Verschiebung

- Die **indizierte Adressierung** (*indirect indexed*) errechnet die effektive Adresse als Summe eines Registerinhalts und eines weiteren Registers, das bei manchen Prozessoren als spezielles Indexregister vorliegt. Damit können Datenstrukturen beliebiger Größe und mit beliebigem Abstand durchlaufen werden. Angewendet wird die indizierte Adressierung auch beim Zugriff auf Tabellen, wobei der Index erst zur Laufzeit ermittelt wird (s. Abb. 2.12).

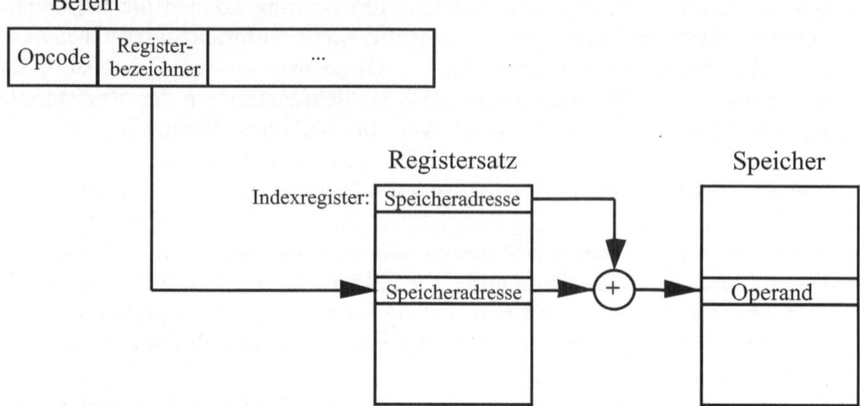

Abb. 2.12. Indizierte Adressierung

- Die **indizierte Adressierung mit Verschiebung** (*indirect indexed with displacement*) ähnelt der indizierten Adressierung, allerdings wird zur Summe der beiden Registerwerte noch ein im Befehl stehender Verschiebewert (*displacement*) hinzuaddiert (s. Abb. 2.13).

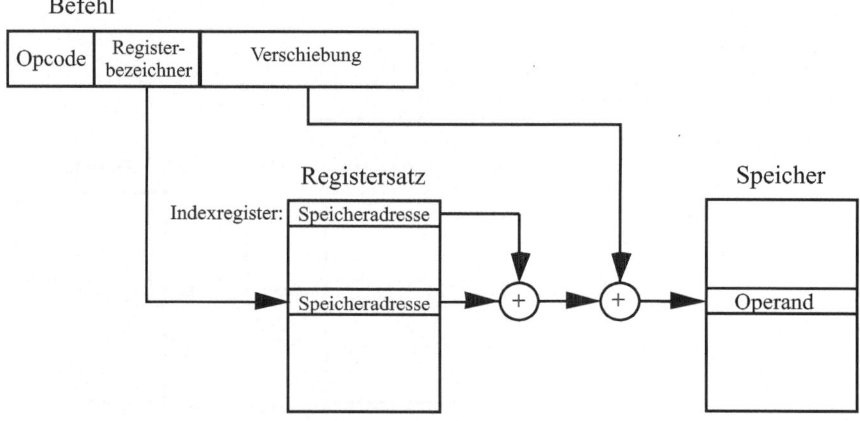

Abb. 2.13. Indizierte Adressierung mit Verschiebung

Zur Änderung des Befehlszählregister (*Program Counter PC*) durch Programmsteuerbefehle (bedingte oder unbedingte Sprünge sowie Unterprogrammaufruf und -rücksprung) sind nur zwei **Befehlsadressierungsarten** üblich:

- Der **befehlszählerrelative Modus** (*PC-relative*) addiert einen Verschiebewert (*displacement*, *PC-offset*) zum Inhalt des Befehlszählerregisters bzw. häufig auch zum Inhalt des inkrementierten Befehlszählers PC + 4, denn dieser wird bei Architekturen mit 32-Bit-Befehlsformat meist automatisch um vier erhöht. Die Sprungzieladressen sind häufig in der Nähe des augenblicklichen Befehlszählerwertes, so dass nur wenige Bits für den Verschiebewert im Befehl benötigt werden (s. Abb. 2.14).

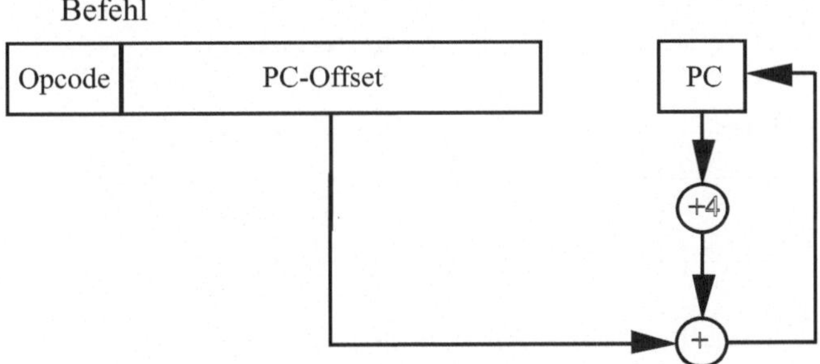

Abb. 2.14. Befehlszählerrelative Adressierung

- Der **befehlszählerindirekte Modus** (*PC-indirect*) lädt den neuen Befehlszähler aus einem allgemeinen Register. Das Register dient als Zeiger auf eine Speicheradresse, bei der im Programmablauf fortgefahren wird (s. Abb. 2.15).

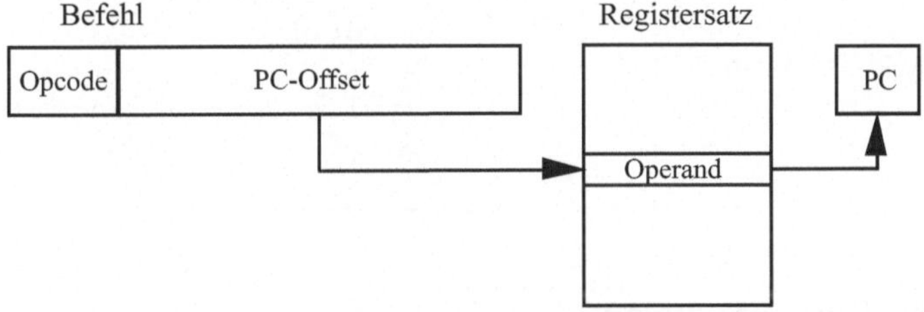

Abb. 2.15. Befehlszählerindirekte Adressierung

Tabelle 2.2 fasst die verschiedenen Adressierungsarten nochmals zusammen. In der Tabelle bezeichnet `Mem[R2]` den Inhalt des Speicherplatzes, dessen Adresse durch den Inhalt des Registers `R2` gegeben ist; `const`, `displ` können Dezimal-, Hexadezimal-, Oktal- oder Binärzahlen sein; `step` bezeichnet die Feldelementbreite und `inst_step` bezeichnet die Befehlsschrittweite in Abhängigkeit von der Befehlswortbreite, z.B. vier bei Vierbyte-Befehlswörtern.

Es gibt darüberhinaus eine ganze Anzahl weiterer Adressierungsarten, die beispielsweise in [Bähring 1991], [Beierlein und Hagenbruch 2001] und [Flik 2001] beschrieben sind.

Tabelle 2.2. Adressierungsarten

Adressierungsart	Beispielbefehl	Bedeutung
Register	`load R1,R2`	`R1 ← R2`
unmittelbar	`load R1,const`	`R1 ← const`
direkt, absolut	`load R1,(const)`	`R1 ← Mem[const]`
registerindirekt	`load R1,(R2)`	`R1 ← Mem[R2]`
Postinkrement	`load R1,(R2)+`	`R1 ← Mem[R2]` `R2 ← R2 + step`
Prädekrement	`load R1, -(R2)`	`R2 ← R2 - step` `R1 ← Mem[R2]`
registerindirekt mit Verschiebung	`load R1,displ(R2)`	`R1 ← Mem[displ + R2]`
indiziert	`load R1,(R2,R3)`	`R1 ← Mem[R2 + R3]`
indiziert mit Verschiebung	`load R1,displ(R2,R3)`	`R1 ← Mem[displ+R2+R3]`
befehlszählerrelativ	`branch displ`	`PC ← PC+inst_step+displ (falls Sprung genommen)` `PC ← PC+inst_step (sonst)`
befehlszählerindirekt	`branch R2`	`PC ← R2 (falls Sprung genommen)` `PC ← PC+inst_step (sonst)`

2.1.7 CISC- und RISC-Prinzipien

Bei der Entwicklung der Großrechner in den 60er und 70er Jahren hatten technologische Bedingungen wie der teure und langsame Hauptspeicher (es gab noch keine Cache-Speicher) zu einer immer größeren Komplexität der Rechnerarchitekturen geführt. Um den teuren Hauptspeicher optimal zu nutzen, wurden komplexe Maschinenbefehle entworfen, die mehrere Operationen mit einem Opcode codieren. Damit konnte auch der im Verhältnis zum Prozessor langsame Speicherzugriff überbrückt werden, denn ein Maschinenbefehl umfasste genügend Operationen, um die Zentraleinheit für mehrere, eventuell sogar mehrere Dutzend Prozessortakte zu beschäftigen.

Eine auch heute noch übliche Implementierungstechnik, um den Ablauf komplexer Maschinenbefehle zu steuern, ist die **Mikroprogrammierung,** bei der ein Maschinenbefehl durch eine Folge von Mikrobefehlen implementiert wird. Diese Mikrobefehle stehen in einem Mikroprogrammspeicher innerhalb des Prozessors und werden von einer Mikroprogrammsteuereinheit interpretiert.

Die Komplexität der Großrechner zeigte sich in mächtigen Maschinenbefehlen, umfangreichen Befehlssätzen, vielen Befehlsformaten, Adressierungsarten und spezialisierten Registern. Rechner mit diesen Architekturcharakteristika wurden später mit dem Akronym **CISC** (*Complex Instruction Set Computers*) bezeichnet.

Ähnliche Architekturcharakteristika zeigten sich auch bei den Intel-80x86- und den Motorola-680x0-Mikroprozessoren, die ab Ende der 70er Jahre entstanden. Etwa 1980 entwickelte sich ein gegenläufiger Trend, der die Prozessorarchitekturen bis heute maßgeblich beeinflusst hat: das **RISC** (*Reduced Instruction Set Computer*) genannte Architekturkonzept.

Bei der Untersuchung von Maschinenprogrammen war beobachtet worden, dass manche Maschinenbefehle fast nie verwendet wurden. Komplexe Befehle lassen sich durch eine Folge einfacher Befehle ersetzen. Die vielen unterschiedlichen Adressierungsarten, Befehlsformate und -längen von CISC-Architekturen erschwerten die Codegenerierung durch den Compiler. Das komplexe Steuerwerk, das notwendig war, um einen großen Befehlssatz in Hardware zu implementieren, benötigte viel Chip-Fläche und führte zu langen Entwicklungszeiten.

Das RISC-Architekturkonzept wurde Ende der 70er Jahre mit dem Ziel entwickelt, durch vereinfachte Architekturen Rechner schneller und preisgünstiger zu machen. Die Speichertechnologie war billiger geworden, erste Mikroprozessoren konnten auf Silizium-Chips implementiert werden. Einfache Maschinenbefehle ermöglichten es, das Steuerwerk eines Prozessors klein zu halten und bei der Befehlsausführung das Pipelining-Prinzip (s. Abschn. 2.3.4) anzuwenden. Möglichst alle Befehle sollten dabei so implementierbar sein, dass pro Prozessortakt die Ausführung eines Maschinenbefehls in der Pipeline beendet wird. Als Konsequenz wurde bei der Implementierung auf Mikroprogrammierung zugunsten einer vollständigen Implementierung des Steuerwerks in Hardware verzichtet.

Dies war natürlich nur durch eine konsequente Verschlankung der Prozessorarchitektur möglich. Folgende Eigenschaften charakterisieren frühe RISC-Architekturen:

- Der Befehlssatz besteht aus wenigen, unbedingt notwendigen Befehlen (Anzahl ≤ 128) und Befehlsformaten (Anzahl ≤ 4) mit einer einheitlichen Befehlslänge von 32 Bit und mit nur wenigen Adressierungsarten (Anzahl ≤ 4). Damit wird die Implementierung des Steuerwerks erheblich vereinfacht und auf dem Prozessor-Chip Platz für weitere begleitende Maßnahmen geschaffen.
- Eine große Registerzahl von mindestens 32 allgemein verwendbaren Registern ist vorhanden.
- Der Zugriff auf den Speicher erfolgt nur über Lade-/Speicherbefehle. Alle anderen Befehle, d.h. insbesondere auch die arithmetischen Befehle, beziehen ihre Operanden aus den Registern und speichern ihre Resultate in Registern. Dieses Prinzip der Register-Register-Architektur ist für RISC-Rechner kennzeichnend und hat sich heute bei allen neu entwickelten Prozessorarchitekturen durchgesetzt.

Weiterhin wurde bei den frühen RISC-Rechnern die Überwachung der Befehls-Pipeline von der Hardware in die Software verlegt, d.h., Abhängigkeiten zwischen den Befehlen und bei der Benutzung der Ressourcen des Prozessors mussten bei der Codeerzeugung bedacht werden. Die Implementierungstechnik des Befehls-Pipelining wurde damals zur Architektur hin offen gelegt. Eine klare Trennung von Architektur und Mikroarchitektur war für diese Rechner nicht möglich. Das gilt für heutige Mikroprozessoren – abgesehen von wenigen Ausnahmen – nicht mehr, jedoch ist die Beachtung der Mikroarchitektur für Compiler-Optimierungen auch weiterhin notwendig.

Die RISC-Charakteristika galten zunächst nur für den Entwurf von Prozessorarchitekturen, die keine Gleitkomma- und Multimediabefehle umfassten, da die Chip-Fläche einfach noch zu klein war, um solch komplexe Einheiten aufzunehmen. Inzwischen können natürlich auch Gleitkomma- und Multimediaeinheiten auf dem Prozessor-Chip untergebracht werden. Gleitkommabefehle benötigen nach heutiger Implementierungstechnik üblicherweise drei Takte in der Ausführungsstufe einer Befehls-Pipeline. Da die Gleitkommaeinheiten intern als Pipelines aufgebaut sind, können sie jedoch ebenfalls pro Takt ein Resultat liefern.

RISC-Prozessoren, die das Entwurfsziel von durchschnittlich *einer* Befehlsausführung pro Takt erreichen, werden als **skalare RISC-Prozessoren** bezeichnet. Doch gibt es heute keinen Grund, bei der Forderung nach *einer* Befehlsausführung pro Takt stehen zu bleiben. Die Superskalartechnik ermöglicht es heute, pro Takt bis zu sechs Befehle den Ausführungseinheiten zuzuordnen und eine gleiche Anzahl von Befehlsausführungen pro Takt zu beenden. Solche Prozessoren werden als **superskalare (RISC)-Prozessoren** bezeichnet, da die oben definierten RISC-Charakteristika auch heute noch weitgehend beibehalten werden.

2.2 Befehlssatzbeispiele

2.2.1 Frühe RISC-Rechner

Dieser Abschnitt soll einen kurzen Überblick über die historische Entwicklung der RISC-Rechner gegeben. Der Begriff RISC wurde erstmals von Patterson und Dietzel [1980] verwendet.

Als erste RISC-Entwicklung gilt jedoch das IBM-801-Projekt, das bereits 1975 unter Leitung von Cocke am IBM-Forschungszentrum in Yorktown Heights begann und 1979 zu einem lauffähigen Hardware-Prototypen in ECL-MSI-Technik führte [Radin 1982]. Aufbauend auf der IBM-801-Architektur wurde von IBM etwa Mitte der 80er Jahre der wenig bekannte IBM RT PC 6150 entwickelt. Bekannter sind die superskalaren RISC-Prozessoren des IBM RISC System/6000 (ab etwa Anfang 1990) mit den Nachfolgeprozessoren Power 3, Power 4 und Power 5 sowie seit 1993 die superskalaren PowerPC-Prozessoren 601, 603, 604, 620, G3 und G4, die auf der PowerPC-Architektur beruhen.

Das MIPS-Projekt wurde 1981 von Hennessy an der Universität von Stanford begonnen. Der erste funktionsfähige Chip in NMOS-VLSI-Technik wurde 1983 fertig [Hennessy et al. 1982]. Aus dem Stanford-MIPS-Projekt ging die Firma MIPS hervor, zu deren Gründern Hennessy gehörte. Als Weiterentwicklung des Stanford-MIPS-Prozessors brachte die Firma MIPS zunächst etwa Mitte der 80er Jahre die RISC-Prozessoren MIPS R2000 und R3000 auf den Markt. Daraus wurde der Superpipelining-Prozessor R4000 und die vierfach superskalaren Prozessoren MIPS R 10 000 und R 12 000 entwickelt. Die MIPS-Prozessorentwicklung wurde eingestellt.

2.2.2 Das Berkeley RISC-Projekt

Das 1980 an der Universität in Berkeley begonnene RISC-Projekt ging von der Beobachtung aus, dass Compiler den umfangreichen Befehlssatz eines CISC-Rechners nicht optimal nutzen können. Daher wurden anhand von compilierten Pascal- und C-Programmen für VAX-, PDP-11- und Motorola-68000-Prozessoren zunächst die Häufigkeiten einzelner Befehle, Adressierungsmodi, lokaler Variablen, Verschachtelungstiefen usw. untersucht. Es zeigten sich zwei wesentliche Ergebnisse:

Ein hoher Aufwand entsteht bei häufigen Prozeduraufrufen oder Kontextwechseln durch Sicherung von Registern und Prozessorstatus und durch Parameterübergabe. Diese geschieht über den Laufzeitkeller im Haupt- bzw. Cache-Speicher und ist dementsprechend langsam. Sinnvoller ist eine Parameterübergabe in den Registern, was jedoch durch die Gesamtzahl der Register begrenzt ist. Für die Berkeley RISC-Architektur wurde eine neue Registerorganisation – die Technik der überlappenden Registerfenster – entwickelt, die sich heute noch in den SPARC-, SuperSPARC- und UltraSPARC-Prozessoren von Sun findet und den Datentransfer zwischen Prozessor und Speicher bei einem Prozeduraufruf minimiert. Der Registersatz mit 78 Registern ist durch seine Fensterstruktur (*windowed register organization*) gekennzeichnet, wobei zu jedem Zeitpunkt jeweils nur eine Teilmenge der Registerdatei sichtbar ist. Als Konsequenz ergibt sich eine effiziente Parameterübergabe für eine kleine Anzahl von Unterprogrammaufrufen. Das Prinzip der überlappenden Registerfenster wird in Abschn. 8.2 ausführlich beschrieben.

Der RISC-I-Prozessor wurde als 32-Bit-Architektur konzipiert; eine Unterstützung von Gleitkommaarithmetik und Betriebssystemfunktionen war nicht vorgesehen. Der Befehlssatz bestand aus nur 31 Befehlen mit einer einheitlichen Länge von 32 Bit und nur zwei Befehlsformaten. Die Befehle lassen sich folgendermaßen einteilen:

- 12 arithmetisch-logische Operationen,
- 9 Lade-/Speicheroperationen und
- 10 Programmsteuerbefehle.

Der RISC I verfügt nur über drei Adressierungsarten:

- Registeradressierung `Rx`: Der Operand befindet sich im Register `x`.
- Unmittelbare Adressierung `#num`: Der Operand `#num` ist als 13-Bit-Zahl unmittelbar im Befehlswort angegeben.
- Registerindirekte Adressierung mit Verschiebung `Rx + #displ`: Der Inhalt eines Registers `Rx` wird als Adresse interpretiert, zu der eine 13-Bit-Zahl `#displ` addiert wird. Das Ergebnis der Addition ist die Speicheradresse, in der der Operand zu finden ist.

Durch die Verwendung von `R0 + #displ` (Register `R0` enthält immer den Wert Null und kann nicht überschrieben werden) wird die direkte oder absolute Adressierung einer Speicherstelle gebildet. Setzt man die Verschiebung `#displ` zu Null, erhält man eine registerindirekte Adressierung.

Im Oktober 1982 war der erste Prototyp des RISC I in 2-µm-NMOS-Technologie fertig. Der Prozessor bestand aus etwa 44 500 Transistoren. Auffällig war der stark verminderte Aufwand von nur 6% Chip-Flächenanteil für die Steuerung gegenüber etwa 50% bei CISC-Architekturen. Der mit einer Taktfrequenz von 1,5 MHz schnellste RISC-I-Chip, der gefertigt wurde, erreichte die Leistung kommerzieller Mikroprozessoren.

Die Entwicklung des Nachfolgemodells RISC II wurde 1983 abgeschlossen, die Realisierung erfolgte zunächst wiederum über einen 2-µm-NMOS-Prozess. Die Zahl der Transistoren wurde auf 41 000 und die Chip-Fläche sogar um 25% verringert. Die beiden Prozessoren RISC I und II waren natürlich keineswegs ausgereift.

Die wesentliche Weiterentwicklung der RISC-I- und RISC-II-Rechner geschah jedoch durch die Firma Sun, die Mitte der 80er Jahre die SPARC-Architektur definierte, welche mit den SuperSPARC- und heute den UltraSPARC-Prozessoren fortgeführt wird.

2.2.3 Die DLX-Architektur

In diesem Abschnitt wird die Architektur des DLX-Prozessors (DLX steht für „Deluxe“) eingeführt. Dieser ist ein hypothetischer Prozessor, der von Hennessy und Patterson [1996] für Lehrzwecke entwickelt wurde und auch im vorliegenden Kapitel als Referenzprozessor dient. Der DLX kann als idealer, einfacher RISC-Prozessor charakterisiert werden, der sehr eng mit dem MIPS-Prozessor verwandt ist.

Die Architektur enthält 32 jeweils 32 Bit breite Universalregister (*General-Purpose Registers, GPRs*) `R0`, ..., `R31`, wobei der Wert von Register `R0` immer Null ist. Dazu gibt es einen Satz von Gleitkommaregistern (*Floating-Point Registers FPRs*), die als 32 Register einfacher (32 Bit breiter) Genauigkeit (`F0`, `F1`, ..., `F31`) oder als 16 Register doppelter (64 Bit breiter) Genauigkeit (`F0`, `F2`, ..., `F30`) nach IEEE 754-Format genutzt werden können. Es gibt einen Satz von Spezialregistern für den Zugriff auf Statusinformationen. Das Gleitkomma-Statusregister wird für Vergleiche und zum Anzeigen von Ausnahmesituationen verwendet. Alle Datentransporte zum bzw. vom Gleitkomma-Statusregister erfolgen über die Universalregister.

Der Speicher ist byteadressierbar im Big-endian-Format mit 32-Bit-Adressen. Alle Speicherzugriffe müssen ausgerichtet sein und erfolgen mittels der Lade-/Speicherbefehle zwischen Speicher und Universalregistern oder Speicher und Gleitkommaregistern. Weitere Transportbefehle erlauben, Daten zwischen Universalregistern und Gleitkommaregistern zu verschieben. Der Zugriff auf die Universalregister kann byte-, halbwort- (16 Bit) oder wortweise (32 Bit) erfolgen. Auf die Gleitkommaregister kann mit einfacher oder doppelter Genauigkeit zugegriffen werden.

Alle Befehle sind 32 Bit lang und müssen im Speicher ausgerichtet sein. Dabei ist das `Opcode`-Feld 6 Bit breit; die Quell- (`rs1`, `rs2`) und Zielregisterangaben (`rd`) benötigen 5 Bit, um die 32 Register eines Registersatzes zu adressieren. Für

Verschiebewerte (*displacement*) und unmittelbare Konstanten (`immediate`) sind 16-Bit-Felder vorgesehen. Befehlszählerrelative Verzweigungsadressen (`PC-offset`) können 26 Bits lang sein. Ein Befehl ist in einem der folgenden drei Befehlsformate codiert:

- I-Typ (zum Laden und Speichern von Bytes, Halbworten und Worten, für alle Operationen mit unmittelbaren Operanden, bedingte Verzweigungsbefehle sowie *Jump-Register-* und *Jump-and-Link-Register*-Befehle):

6 Bits	5	5	16
`Opcode`	`rs1`	`rd`	`immediate`

- R-Typ (für Register-Register-ALU-Operationen, wobei das 11 Bit `func`-Feld die Operation codiert, und für die Transportbefehle):

6 Bits	5	5	5	11
`Opcode`	`rs1`	`rs2`	`rd`	`func`

- J-Typ (für Jump-, Jump-and-Link-, Trap- und `RFE`-Befehle):

6 Bits	26
`Opcode`	`PC-offset`

Es gibt vier Klassen von Befehlen: Transportbefehle, arithmetisch-logische Befehle, Verzweigungen und Gleitkommabefehle.

Für die Transportbefehle, also die Lade-/Speicherbefehle (s. Tabelle 2.3) gibt es nur die Adressierungsart „registerindirekt mit Verschiebung“ in der Form Universalregister + 16-Bit-Verschiebewert mit Vorzeichen, doch können daraus die registerindirekten (Verschiebewert = 0) und die absoluten (Basisregister = R0) Adressierungsarten erzeugt werden.

Tabelle 2.3. Transportbefehle

Opcode	Bedeutung
`LB, LBU,`	Laden eines Bytes, Laden eines Bytes vorzeichenlos,
`SB`	Speichern eines Bytes
`LH, LHU,`	Laden eines Halbwortes, Laden eines Halbwortes vorzeichenlos,
`SH`	Speichern eines Halbwortes
`LW, SW`	Laden eines Wortes, Speichern eines Wortes (von/zu Universalregistern)
`LF, LD,`	Laden eines einfach/doppelt genauen Gleitkommaregisters,
`SF, SD`	Speichern eines einfach/doppelt genauen Gleitkommaregisters
`MOVI2S,`	Transport von einem Universalregister zu einem Spezialregister
`MOVS2I`	bzw. umgekehrt
`MOVF,`	Transport von einem Gleitkommaregister bzw. Gleitkommaregisterpaar
`MOVD`	zu einem anderen Register bzw. Registerpaar
`MOVFP2I,`	Transport von einem Gleitkommaregister zu einem Universalregister
`MOVI2FP`	bzw. umgekehrt

Alle arithmetisch-logischen Befehle (s. Tabelle 2.4) sind Dreiadressbefehle mit zwei Quellregistern (oder einem Quellregister und einem vorzeichenerweiterten unmittelbaren Operanden) und einem Zielregister. Nur die einfachen arithmetischen und logischen Operationen Addition, Subtraktion, AND, OR, XOR und Schiebeoperationen sind vorhanden. Vergleichsbefehle vergleichen zwei Register auf Gleichheit, Ungleichheit, größer, größergleich, kleiner und kleinergleich. Wenn die Bedingung erfüllt ist, wird das Zielregister auf Eins gesetzt, andernfalls auf Null.

Tabelle 2.4. Arithmetisch-logische Befehle

Opcode	Bedeutung
ADD, ADDI, ADDU, ADDUI	Addiere, Addiere mit unmittelbarem (16-Bit-)Operanden mit und ohne Vorzeichen (U bedeutet *unsigned*)
SUB, SUBI, SUBU, SUBUI	Subtrahiere, Subtrahiere mit unmittelbarem (16-Bit-)Operanden mit und ohne Vorzeichen
MULT,MULTU, DIV, DIVU	Multiplikation und Division mit und ohne Vorzeichen; alle Operanden sind Gleitkommaregister-Operanden und nehmen bzw. ergeben 32-Bit-Werte
AND, ANDI	Logisches UND, logisches UND mit unmittelbaren Operanden
OR, ORI,	Logisches ODER, logisches ODER mit unmittelbaren Operanden;
XOR, XORI,	Exklusiv-ODER, Exklusiv-ODER mit unmittelbaren Operanden
LHI	*Load High Immediate*-Operation: Laden der oberen Registerhälfte mit einem unmittelbaren Operanden, niedrige Hälfte wird auf Null gesetzt
SLL, SRL, SRA, SRAI SLLI, SRLI	Schiebeoperationen: links-logisch (LL), rechts-logisch (RL), rechts-arithmetisch (RA) ohne und mit (_I) unmittelbaren Operanden links-logisch und rechts-logisch mit unmittelbaren Operanden
S_, S_I	*Set conditional*-Vergleichsoperation: _ kann sein: LT, GT, LE, GE, EQ, NE

Alle Verzweigungsbefehle (s. Tabelle 2.5) sind bedingt. Die Verzweigungsbedingung ist durch den Opcode des Befehls spezifiziert, wobei das Quellregister auf Null oder auf verschieden von Null getestet wird. Die Zieladresse der bedingten Sprungbefehle ist durch eine vorzeichenerweiterte 16-Bit-Verschiebung gegeben, die zum Inhalt des Befehlszählerregisters (PC + 4) addiert wird. Man beachte, dass der Befehlszähler immer automatisch um 4 erhöht wird, auch im Falle der Verzweigungsbefehle.

Tabelle 2.5. Verzweigungsbefehle

Opcode	Bedeutung
BEQZ, BNEZ	Verzweigen, falls das angegebene Universalregister gleich (EQZ) bzw. ungleich (NEZ) Null ist; befehlszählerrelative Adressierung (16-Bit-Verschiebung + Befehlszähler + 4)
BFPT, BFPF	Testen des Vergleichsbits im Gleitkommastatusregister und Verzweigen, falls Wert gleich „*true*“ (T) oder „*false*“ (F); befehlszählerrelative Adressierung (16-Bit-Verschiebung + Befehlszähler + 4)

J,	Unbedingter Sprung mit befehlszählerrelativer Adressierung (26-Bit-Verschiebung + Befehlszähler + 4)
JR	oder mit befehlszählerindirekter Adressierung (Zieladresse in einem Universalregister)
JAL,	Speichert PC+4 in R31, Ziel ist befehlszählerrelativ adressiert (JAL)
JALR	oder ein Register (JALR)
TRAP	Ausnahmebefehl: Übergang zum Betriebssystem bei einer vektorisierten Adresse
RFE	Rückkehr zum Nutzercode von einer Ausnahme; Wiederherstellen des Nutzermodus

Alle Gleitkommabefehle (s. Tabelle 2.6) sind Dreiadressbefehle mit zwei Quell- und einem Zielregister. Bei jedem Befehl wird angegeben, ob es sich um einfach oder doppelt genaue Gleitkommaoperationen handelt. Die letzteren können nur auf ein Registerpaar F0–F1, ..., F30–F31 angewendet werden.

Tabelle 2.6. Gleitkommabefehle

Opcode	Bedeutung
ADDF, ADDD	Addition von einfach (_F) bzw. doppelt (_D) genauen Gleitkommazahlen
SUBF, SUBD	Subtraktion von einfach bzw. doppelt genauen Gleitkommazahlen
MULTF, MULTD	Multiplikation von einfach bzw. doppelt genauen Gleitkommazahlen
DIVF, DIVD	Division von einfach bzw. doppelt genauen Gleitkommazahlen
CVTF2D, CVTF2I, CVTD2F, CVTD2I, CVTI2F, CVTI2D	Konvertierungsbefehle: CVTx2y konvertiert von Typ x nach Typ y, wobei x und y einer der Grundtypen I (Integer), F (einfach genaue Gleitkommazahl) oder D (doppelt genaue Gleitkommazahl) ist.
_F, _D	Vergleichsoperation auf einfach genauen (F) bzw. doppelt genauen (D) Gleitkommazahlen: _ kann sein: LT, GT, LE, GE, EQ, NE; Es wird jeweils ein Vergleichsbit im Gleitkommastatusregister gesetzt.

2.3 Einfache Prozessoren und Prozessorkerne

2.3.1 Von-Neumann-Prinzip

Historisch gesehen wurde das **von-Neumann-Prinzip** in den vierziger Jahren von Burks, Goldstine und John von Neumann entwickelt [Burks et al. 1946]. Das von-Neumann-Prinzip, oft auch als von-Neumann-Architektur oder als von-Neumann-Rechner bezeichnet, definiert Grundsätze für die Architektur und für die Mikroarchitektur eines Rechners. Zu dem Zeitpunkt, als der Begriff „von-Neumann-Architektur“ oder „von-Neumann-Rechner“ geprägt wurde, gab es jedoch noch keine so klare Unterscheidung von Architektur und Mikroarchitektur wie heute.

Das von-Neumann-Prinzip stellt auch heute noch das Grundprinzip der meisten Mikroprozessoren, Mikrocontroller und Mikrorechner dar. Obwohl der Begriff „von-Neumann-Architektur“ unter Informatikern heute allgemein verstanden wird, gibt es keine klare Abgrenzung, ab wann eine Architektur nicht mehr als von-Neumann-Architektur zu betrachten ist [Ungerer 1995].

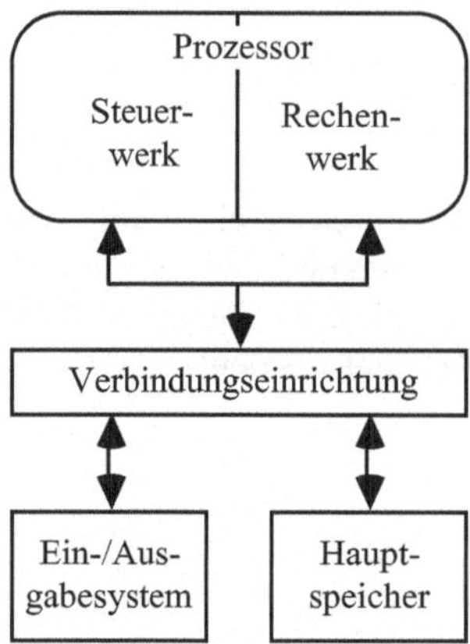

Abb. 2.16. Prinzipielle Struktur eines von-Neumann-Rechners

Die prinzipielle Struktur eines **von-Neumann-Rechners** besteht aus heutiger Sicht aus folgenden Komponenten (vgl. Abb. 2.16):

- Der Prozessor (oft auch *Central Processing Unit CPU* genannt) übernimmt die Ablaufsteuerung und die Ausführung der Befehle. Er besteht aus einem Steuerwerk und einem Rechenwerk. Das Steuerwerk interpretiert die Maschinenbefehle und setzt sie unter Berücksichtigung der Statusinformation in Steuerkommandos für andere Komponenten um. Ein Befehlszähler (*Program Counter PC*) genanntes Statusregister im Steuerwerk enthält die Speicheradresse des als nächstes auszuführenden Maschinenbefehls, sofern der vorangegangene Befehl kein Sprungbefehl ist. Das Rechenwerk führt die Befehle aus, sofern es sich nicht um Ein-/Ausgabe-, Sprung- oder Speicherbefehle handelt.
- Das Ein-/Ausgabesystem stellt die Schnittstelle des Rechners nach außen dar. Über diese Schnittstelle können Programme und Daten ein- und ausgegeben werden.
- Der Hauptspeicher dient zur Ablage der Daten und der Programme in Form von Bitfolgen. Er besteht aus Speicherzellen fester Wortlänge, die über eine Adresse jeweils einzeln angesprochen werden können.
- Die Verbindungseinrichtung dient der Übertragung einzelner Speicherwörter zwischen dem Prozessor und dem Speicher sowie zwischen dem Prozessor und dem Ein-/Ausgabesystem.

Die meisten Maschinenbefehle bestehen aus zwei Teilen, einem Op(erations)code und einem oder mehreren Operanden. Das Operationsprinzip einer von-

Neumann-Architektur legt fest, dass der Operationscode eines Maschinenbefehls immer auf die Operanden angewandt wird. Je nach Operationscode werden die Operanden entweder direkt als Daten oder als Speicheradressen von Daten interpretiert. Im letzten Fall wird der Maschinenbefehl auf den Inhalt der adressierten Speicherzelle angewandt. Ein Operand kann auch als Sprungadresse auf einen Maschinenbefehl interpretiert werden. Code und Daten stehen im selben Speicher. Eine Speicherzelle kann somit einen Datenwert oder einen Maschinenbefehl enthalten. Wie der Inhalt der Speicherzelle interpretiert wird, hängt allein vom Operationscode des Maschinenbefehls ab.

Das Operationsprinzip der von-Neumann-Architektur besagt weiterhin, dass die Befehle in einer sequentiellen Reihenfolge ausgeführt werden müssen, wobei die Befehlsausführung eines Befehls vollständig abgeschlossen sein muss, bevor der nächste Befehl ausgeführt werden kann. Ein Rechner mit von-Neumann-Prinzip arbeitet in zwei Phasen:

- In der Befehlsbereitstellungs- und Decodierphase wird, adressiert durch den Befehlszähler, der Inhalt einer Speicherzelle geholt und als Befehl interpretiert.
- In der Ausführungsphase werden die Inhalte von einer oder zwei Speicherzellen bereitgestellt und entsprechend der Vorschrift verarbeitet, die durch den Operationscode des Befehls gegeben ist. Dabei wird angenommen, dass die Inhalte der Speicherzellen Daten sind, welche vom Datentyp her den im Befehl getroffenen Voraussetzungen entsprechen.

Ein von-Neumann-Rechner zeichnet sich in seiner Hardware-Struktur durch einen minimalen Hardware-Aufwand aus. Dieses Entwurfsprinzip fand so lange seine Rechtfertigung, als die Hardware-Bauteile den größten Kostenfaktor eines Rechners darstellten und insbesondere die optimale Hauptspeicherauslastung das wichtigste Entwurfsziel war. In den letzten beiden Jahrzehnten hat sich jedoch die Kostensituation durch die Entwicklung der Halbleitertechnologie grundlegend geändert.

Insbesondere die Verbindungseinrichtung zwischen Hauptspeicher und Prozessor erweist sich in von-Neumann-Rechnern als Engpass (deshalb oft als **„von-Neumann-Flaschenhals“** bezeichnet), weil durch ihn alle Daten und Maschinenbefehle transportiert werden müssen. Verschärft wird dieser Engpass dadurch, dass die Befehlsausführung durch den Prozessor wesentlich schneller vor sich geht als der Zugriff auf den Hauptspeicher mit heutiger RAM-Speichertechnologie. Insbesondere Prozessortechniken wie das Befehls-Pipelining und das Superskalarprinzip haben den Datenhunger heutiger Mikroprozessoren noch wesentlich erhöht.

Eine Variante des von-Neumann-Rechners, bei der Code und Daten nicht im selben Speicher stehen, wird als **Harvard-Architektur** bezeichnet. Bei der Harvard-Architektur gibt es für Code und Daten getrennte Speicher und getrennte Zugriffswege zum Prozessorkern. Damit wird der Engpass durch die zentrale Verbindungseinrichtung beim von-Neumann-Rechner vermieden oder zumindest erweitert. Das Harvard-Architekturprinzip findet sich heute insbesondere bei digitalen Signalprozessoren (DSPs). Doch auch bei fast allen heutigen Mikroprozessoren ist der auf dem Prozessor-Chip befindliche Primär-Cache-Speicher als

Harvard-Cache-Architektur organisiert. Code- und Daten-Cache-Speicher sind getrennt und mit eigenen Speicherverwaltungseinheiten und Zugriffspfaden versehen. Ansonsten wird das Operationsprinzip der von-Neumann-Architektur beibehalten.

Heutige superskalare Mikroprozessoren sind von ihrer Architektur her durch das von-Neumann-Prinzip geprägt, auch wenn in ihren Mikroarchitekturen Konzepte angewandt werden, die weit über das von-Neumann-Prinzip hinausgehen. Größtes Hemmnis ist das Operationsprinzip der von-Neumann-Architektur, das eine sequentielle Ausführungsreihenfolge vorschreibt und außerdem festlegt, dass jede Befehlsausführung abgeschlossen sein muss, bevor der nächste Befehl ausgeführt werden kann. Das erzwingt eine nach außen sequentielle Semantik beizubehalten, obwohl heutige Superskalarprozessoren intern die Befehle hoch parallel und vielfach überlappt ausführen.

2.3.2 Grundlegender Aufbau eines Mikroprozessors

Ein **Mikroprozessor** ist ein Prozessor, der auf einem, manchmal auch auf mehreren VLSI-Chips implementiert ist. Heutige Mikroprozessoren haben meist auch Cache-Speicher und verschiedene Steuerfunktionen auf dem Prozessor-Chip untergebracht.

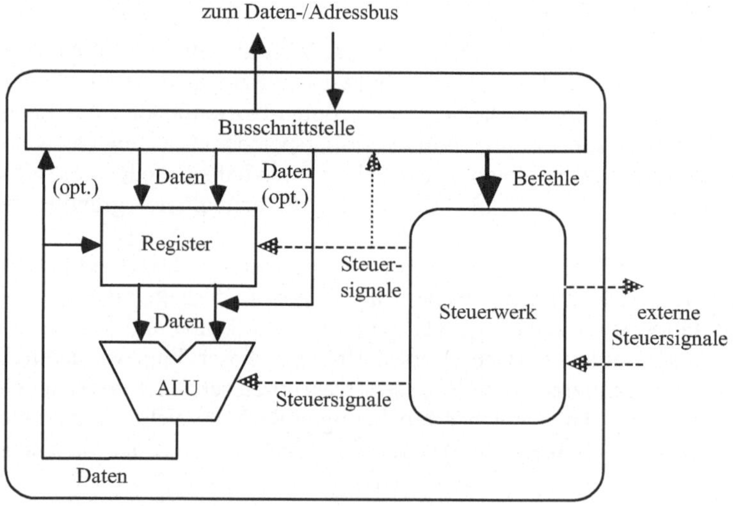

Abb. 2.17. Struktur eines einfachen Mikroprozessors

Abbildung 2.17 zeigt einen Mikroprozessor einfachster Bauart, wie er heute noch als Kern von einfachen Mikrocontrollern (Prozessoren zur Steuerung technischer Geräte) vorkommt. Er enthält ein Rechenwerk (oder arithmetisch-logische Einheit – *Arithmetic Logic Unit ALU*), das seine Daten aus internen Speicherplätzen, den Registern, oder über die Busschnittstelle direkt aus dem Hauptspeicher empfängt. Das Rechenwerk führt auf den Eingabedaten eine arithmetisch-logische Operation aus. Der Resultatwert wird wieder in einem Register abgelegt oder über die Busschnittstelle in den Hauptspeicher transportiert. Die Rechenwerksoperationen werden durch Steuersignale vom Steuerwerk bestimmt. Das Steuerwerk erhält seine Befehle, adressiert durch das interne Befehlszählerregister, ebenfalls über die Busschnittstelle aus dem Hauptspeicher. Es setzt die Befehle in Abhängigkeit vom Prozessorzustand, der in einem internen Prozessorstatusregister gespeichert ist, und eventuell auch abhängig von externen Steuersignalen in Steuersignale für das Rechenwerk, die Registerauswahl und die Busschnittstelle um.

2.3.3 Einfache Implementierungen

Ein Rechner mit von-Neumann-Prinzip benötigt zum Ausführen eines Befehls zwei grundlegende Phasen: eine Befehlsbereitstellungs-/Decodierphase und eine Ausführungsphase (s. Abschn. 2.3.1). In der Ausführungsphase werden die Operanden bereitgestellt, in der arithmetisch-logischen Einheit (ALU) verarbeitet und schließlich wird das Resultat gespeichert.

Vom Prinzip her muss jede Befehlsausführung beendet sein, bevor die nächste Befehlsausführung beginnen kann. In der einfachsten Implementierung ist jede der beiden Phasen abwechselnd aktiv – die beiden Phasen werden sequentiell zueinander ausgeführt. Jede dieser Phasen kann je nach Implementierung und Komplexität des Befehls wiederum eine oder mehrere Takte in Anspruch nehmen. Für die Ausführung eines Programms mit n Befehlsausführungen von je k Takten werden $n*k$ Takte benötigt.

Jedoch können die beiden Phasen auch überlappend zueinander ausgeführt werden (s. Abb. 2.18). Während der eine Befehl sich in seiner Ausführungsphase befindet, wird bereits der nach Ausführungsreihenfolge nächste Befehl aus dem Speicher geholt und decodiert. Diese Art der Befehlsausführung ist erheblich komplizierter als diejenige ohne Überlappung, denn nun müssen Ressourcenkonflikte bedacht und gelöst werden.

Ein Ressourcenkonflikt tritt ein, wenn beide Phasen gleichzeitig dieselbe Ressource benötigen. Zum Beispiel muss in der Befehlsbereitstellungsphase über die Verbindungseinrichtung auf den Speicher zugegriffen werden, um den Befehl zu holen. Gleichzeitig kann jedoch auch in der Ausführungsphase ein Speicherzugriff zum Operandenholen notwendig sein. Falls Daten und Befehle im gleichen Speicher stehen (von Neumann-Architektur im Gegensatz zur Harvard-Architektur) und zu einem Zeitpunkt nur ein Speicherzugriff erfolgen kann, so muss dieser Zugriffskonflikt hardwaremäßig erkannt und gelöst werden.

Ein weiteres Problem entsteht bei Programmsteuerbefehlen, die den Programmfluss ändern. In der Ausführungsphase eines Sprungbefehls, in der die Sprungzieladresse berechnet werden muss, wird bereits der im Speicher an der nachfolgenden Adresse stehende Befehl geholt. Dies ist im Falle eines unbedingten Sprungs jedoch nicht der richtige Befehl. Dieser Fall muss von der Hardware erkannt werden und entweder das Holen des nachfolgenden Befehls zurückgestellt oder der bereits geholte Befehl wieder gelöscht werden.

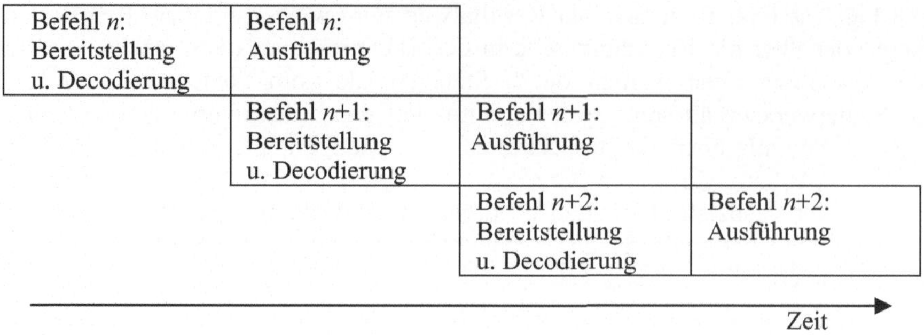

Befehl *n*: Bereitstellung u. Decodierung	Befehl *n*: Ausführung		
	Befehl *n*+1: Bereitstellung u. Decodierung	Befehl *n*+1: Ausführung	
		Befehl *n*+2: Bereitstellung u. Decodierung	Befehl *n*+2: Ausführung

Zeit →

Abb. 2.18. Überlappende Befehlsausführung

Idealerweise sollten beide Phasen etwa gleich viele Takte benötigen und keinerlei Konflikte hervorrufen. Dann kann unter Vernachlässigung der Start- und der Endphase der Verarbeitung die Verarbeitungsgeschwindigkeit gegenüber der Implementierung ohne Überlappung verdoppelt werden.

2.3.4 Pipeline-Prinzip

Die konsequente Fortführung der im letzten Abschnitt beschriebenen überlappenden Verarbeitung ist bei heutigen Mikroprozessoren das **Pipelining** – die „Fließband-Bearbeitung".

Peter Wayner [1992] meinte dazu: „Pipelines beschleunigen die Ausführungsgeschwindigkeit in gleicher Weise, wie Henry Ford die Autoproduktion mit der Einführung des Fließbandes revolutionierte."

Unter dem Begriff **Pipelining** versteht man die Zerlegung eines Verarbeitungsauftrages (im Folgenden eine Maschinenoperation) in mehrere Teilverarbeitungsschritte, die dann von hintereinander geschalteten Verarbeitungseinheiten taktsynchron bearbeitet werden, wobei jede Verarbeitungseinheit genau einen speziellen Teilverarbeitungsschritt ausführt. Die Gesamtheit dieser Verarbeitungseinheiten nennt man eine **Pipeline**. Pipelining ist eine Implementierungstechnik, bei der mehrere Befehle überlappt ausgeführt werden. Jede Stufe der Pipeline heißt **Pipeline-Stufe** oder **Pipeline-Segment**. Die einzelnen Pipeline-Stufen sind aus Schaltnetzen (kombinatorischen Schaltkreisen) aufgebaut, die die Funktion der Stufe implementieren.

Die Pipeline-Stufen werden durch getaktete **Pipeline-Register** (auch *latches* genannt) getrennt, welche die jeweiligen Zwischenergebnisse aufnehmen (s. Abb. 2.19). Dabei werden alle Register vom selben Taktsignal gesteuert, sie arbeiten also synchron. Ein Pipeline-Register sollte nicht mit den Registern des Registersatzes des Prozessors verwechselt werden. Pipeline-Register sind pipeline-interne Pufferspeicher, die das Schaltnetz, durch das eine Pipeline-Stufe realisiert wird, von der nächsten Pipeline-Stufe trennen. Erst wenn alle Signale die Gatter einer Pipeline-Stufe durchlaufen haben und sich in den Pipeline-Registern, die das

Schaltnetz von den Schaltnetzen weiterer Pipeline-Stufen trennen, ein stabiler Zustand eingestellt hat, kann der nächste Takt der Pipeline erfolgen.

Die Schaltnetze in den Pipeline-Stufen S_j besitzen Verzögerungszeiten

τ_j (j = 1, ..., k)

und die Pipeline-Register eine Verzögerungszeit τ_{reg}.

Die **Länge eines Taktzyklus** (**Taktperiode**) τ eines Pipeline-Prozessors ist definiert als

$$\tau = \max\{\tau_1, \tau_2, ..., \tau_k\} + \tau_{reg} .$$

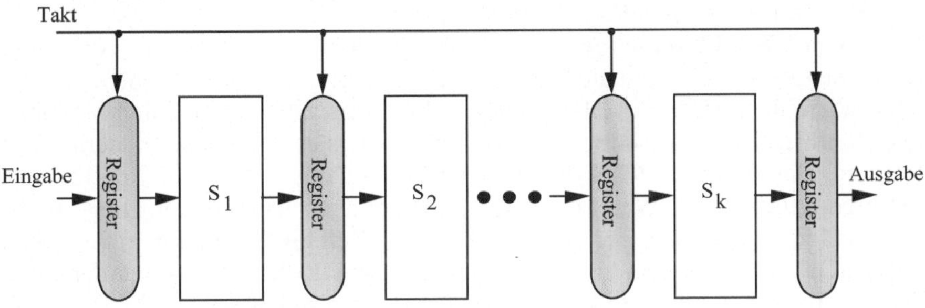

Abb. 2.19. Pipeline-Stufen und Pipeline-Register

Ein **Pipeline-Maschinentakt** ist die Zeit, die benötigt wird, um einen Befehl eine Stufe weiter durch die Pipeline zu schieben.

Sobald die Pipeline „aufgefüllt“ ist, kann unabhängig von der Stufenzahl des Pipeline-Prozessors ein Ergebnis pro Taktzyklus berechnet werden. Idealerweise wird ein Befehl in einer ***k*-stufigen Pipeline** in *k* Takten ausgeführt. Wird in jedem Takt ein neuer Befehl geladen, dann werden zu jedem Zeitpunkt unter idealen Bedingungen *k* Befehle gleichzeitig behandelt und jeder Befehl benötigt *k* Takte bis zum Verlassen der Pipeline.

Man definiert die **Latenz** als die Zeit, die ein Befehl benötigt, um alle *k* Pipeline-Stufen zu durchlaufen.

Der **Durchsatz** einer Pipeline wird definiert als die Anzahl der Befehle, die eine Pipeline pro Takt verlassen können. Dieser Wert spiegelt die Rechenleistung einer Pipeline wider. Im Gegensatz zu $n*k$ Takten eines hypothetischen Prozessors ohne Pipeline dauert die Ausführung von n Befehlen in einer k-stufigen Pipeline $k+n-1$ Takte (unter der Annahme idealer Bedingungen mit einer Latenz von k Takten und einem Durchsatz von 1). Dabei werden k Taktzyklen benötigt, um die Pipeline aufzufüllen bzw. den ersten Verarbeitungsauftrag auszuführen, und n-1 Taktzyklen, um die restlichen n - 1 Verarbeitungsaufträge (Befehlsausführungen) durchzuführen.

Daraus ergibt sich eine **Beschleunigung** (*Speedup S*) von

$$S = n \cdot k / (k+n-1) = k / (k/n + 1 - 1/n).$$

Ist die Anzahl der in die Pipeline gegebenen Befehle unendlich, so ist die Beschleunigung gleich der Anzahl k der Pipeline-Stufen.

Durch die mittels der überlappten Verarbeitung gewonnene Parallelität kann die Verarbeitungsgeschwindigkeit eines Prozessors beschleunigt werden, wenn die Anzahl der Pipeline-Stufen erhöht wird. Außerdem wird durch eine höhere Stufenzahl jede einzelne Pipeline-Stufe weniger komplex, so dass die Gattertiefe des Schaltnetzes, welches die Pipeline-Stufe implementiert, geringer wird und die Signale früher an den Pipeline-Registern ankommen. Vom Prinzip her kann deshalb eine lange Pipeline schneller getaktet werden als eine kurze. Dem steht jedoch die erheblich komplexere Verwaltung gegenüber, die durch die zahlreicher auftretenden Pipeline-Konflikte benötigt wird.

Bei einer **Befehls-Pipeline** (*instruction pipeline*) wird die Ausführung eines Maschinenbefehls in verschiedene Phasen unterteilt. Aufeinanderfolgende Maschinenbefehle werden jeweils um einen Takt versetzt im Pipelining-Verfahren ausgeführt. Befehls-Pipelining ist eines der wichtigsten Merkmale moderner Prozessoren. Bei einfachen RISC-Prozessoren bestand das Entwurfsziel darin, einen durchschnittlichen CPI-Wert zu erhalten, der möglichst nahe bei Eins liegt. Heutige Hochleistungsprozessoren kombinieren das Befehls-Pipelining mit weiteren Mikroarchitekturtechniken wie der Superskalartechnik, der VLIW- und der EPIC-Technik, um bis zu sechs Befehle pro Takt ausführen zu können.

2.4 Befehls-Pipelining

2.4.1 Grundlegende Stufen einer Befehls-Pipeline

Wie teilt sich die Verarbeitung eines Befehls in Phasen auf? Als Erweiterung des zweistufigen Konzepts aus Abschn. 2.3.3 kann man eine Befehlsverarbeitung folgendermaßen feiner unterteilen:

- Befehl bereitstellen,
- Befehl decodieren,
- Operanden (in den Pipeline-Registern) vor der ALU bereitstellen,
- Operation auf der ALU ausführen und
- das Resultat zurückschreiben.

Da alle diese Phasen als Pipeline-Stufen etwa gleich lang dauern sollten, gelten die folgenden Randbedingungen:

- Die Befehlsbereitstellung sollte möglichst immer in einem Takt erfolgen. Das kann nur unter der Annahme eines Code-Cache-Speichers auf dem Prozessor-Chip geschehen. Falls der Befehl aus dem Speicher geholt werden muss, wird die Pipeline-Verarbeitung für einige Takte unterbrochen.
- Vorteilhaft für die Befehlsdecodierung ist ein einheitliches Befehlsformat und eine geringe Komplexität der Befehle. Das sind Eigenschaften, die für die RISC-Architekturen als Ziele formuliert wurden. Falls die Befehle unterschied-

lich lang sind, muss erst die Länge des Befehls erkannt werden. Bei komplexen Befehlen muss ein Mikroprogramm aufgerufen werden. Beides erschwert die Pipeline-Steuerung.

- Vorteilhaft für die Operandenbereitstellung ist eine Register-Register-Architektur (ebenfalls eine RISC-Eigenschaft), d.h. die Operanden der arithmetisch-logischen Befehle müssen nur aus den Registern des Registersatzes in die Pipeline-Register übertragen werden. Falls Speicheroperanden ebenfalls zugelassen sind, wie es für CISC-Architekturen der Fall ist, so dauert das Operandenladen eventuell mehrere Takte und der Pipeline-Fluss muss unterbrochen werden.
- Die Befehlsdecodierung ist für Befehlsformate einheitlicher Länge und Befehle mit geringer Komplexität so einfach, dass sie mit der Operandenbereitstellung aus den Registern eines Registersatzes zu einer Stufe zusammengefasst werden kann. In der ersten Takthälfte wird decodiert und die (Universal-)Register der Operanden angesprochen. In der zweiten Takthälfte werden die Operanden aus den (Universal-)Registern in die Pipeline-Register übertragen.
- Die Ausführungsphase kann für einfache arithmetisch-logische Operationen in einem Takt durchlaufen werden. Komplexere Operationen wie die Division oder die Gleitkommaoperationen benötigen mehrere Takte, was die Organisation der Pipeline erschwert.
- Bei Lade- und Speicheroperationen muss erst die effektive Adresse berechnet werden, bevor auf den Speicher zugegriffen werden kann. Der Speicherzugriff ist wiederum besonders schnell, wenn das Speicherwort aus dem Daten-Cache-Speicher gelesen oder dorthin geschrieben werden kann. Im Falle eines Daten-Cache-Fehlzugriffs oder bei Prozessoren ohne Daten-Cache dauert der Speicherzugriff mehrere Takte, in denen die anderen Pipeline-Stufen leer laufen. In der nachfolgend betrachteten DLX-Pipeline wird deshalb nach der Ausführungsphase, in der die effektive Adresse berechnet wird, eine zusätzliche Speicherzugriffsphase eingeführt, in der der Zugriff auf den Daten-Cache-Speicher durchgeführt wird.
- Das Rückschreiben des Resultatwerts in ein Register des Registersatzes kann in einem Takt oder sogar einem Halbtakt der Pipeline geschehen. Das Rückschreiben in den Speicher nach einer arithmetisch-logischen Operation, wie es durch Speicheradressierungen von CISC-Prozessoren möglich ist, dauert länger und erschwert die Pipeline-Organisation.

2.4.2 Die DLX-Pipeline

Als Beispiel einer Befehlsausführung mit Pipelining betrachten wir eine einfache Befehls-Pipeline mit den in Abb. 2.20 dargestellten Stufen. Eine überlappte Ausführung dieser fünf Stufen führt zu einer fünfstufigen Pipeline mit den folgenden Phasen der Befehlsausführung:

- **Befehlsbereitstellungs-** oder **IF-Phase** (*Instruction Fetch*): Der Befehl, der durch den Befehlszähler adressiert ist, wird aus dem Hauptspeicher oder dem

Cache-Speicher in einen Befehlspuffer geladen. Der Befehlszähler wird weitergeschaltet.

- **Decodier- und Operandenbereitstellungsphase** oder **ID-Phase** (*Instruction Decode/Register Fetch*): Aus dem Operationscode des Maschinenbefehls werden prozessorinterne Steuersignale erzeugt. Die Operanden werden aus Registern bereit gestellt.
- **Ausführungs-** oder **EX-Phase** (*Execute/Address Calculation*): Die Operation wird von der ALU auf den Operanden ausgeführt. Bei Lade-/Speicherbefehlen berechnet die ALU die effektive Adresse.
- **Speicherzugriffs-** oder **MEM-Phase** (*Memory Access*): Der Speicherzugriff wird durchgeführt.
- **Resultatspeicher-** oder **WB-Phase** (*Write Back*): Das Ergebnis wird in ein Register geschrieben.

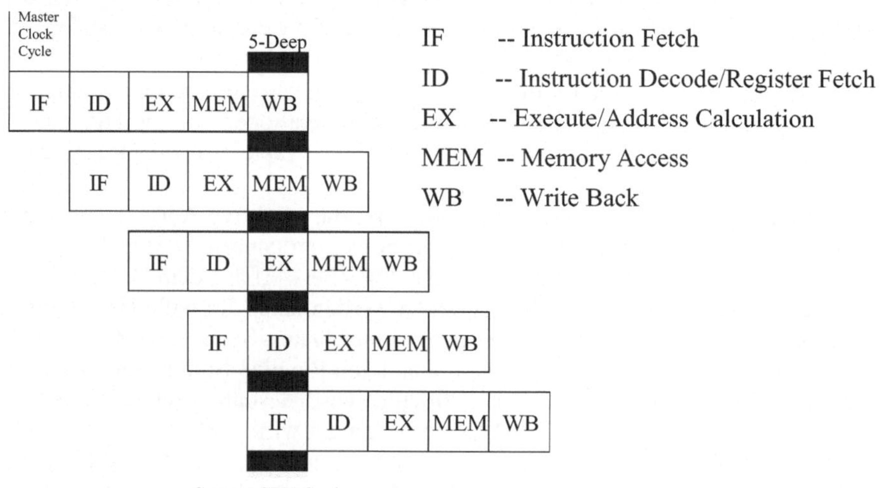

Abb. 2.20. Grundlegendes Pipelining

In der ersten Phase wird ein Befehl von einer Befehlsbereitstellungseinheit geladen. Wenn dieser Vorgang beendet ist, wird der Befehl zur Decodiereinheit weitergereicht. Während die zweite Einheit mit ihrer Aufgabe beschäftigt ist, wird von der ersten Einheit bereits der nächste Befehl geladen.

Im Idealfall bearbeitet diese fünfstufige Pipeline fünf aufeinander folgende Befehle gleichzeitig, jedoch befinden sich die Befehle jeweils in einer unterschiedlichen Phase der Befehlsausführung. Die RISC-Architektur des DLX-Prozessors führt die meisten Befehle in einem Takt aus. Ausnahmen sind die Gleitkommabefehle. Somit beendet im Idealfall jede Pipeline-Stufe ihre Ausführung innerhalb eines Takts und es wird auch nach jedem Taktzyklus ein Resultat erzeugt.

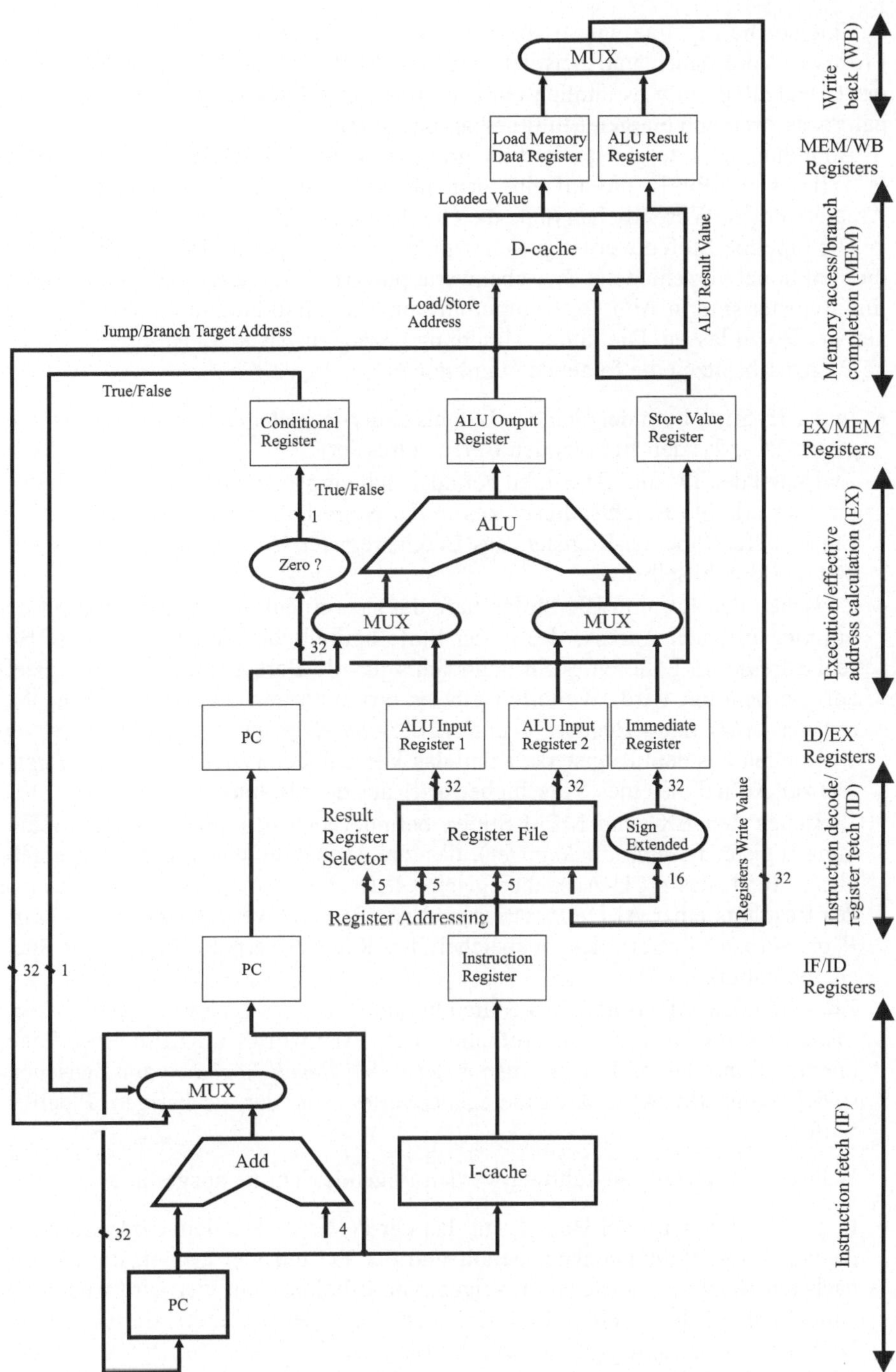

Abb. 2.21. Implementierung einer DLX-Pipeline (ohne Gleitkommabefehle)

Eine solche Pipeline wurde von Hennessy und Patterson [1996] für den DLX-Prozessor vorgesehen und beispielsweise im MIPS R3000-Prozessor implementiert. Heutzutage gibt es ähnlich einfache RISC-Pipelines noch als Kerne in Signalprozessoren und einigen Multimediaprozessoren.

Abbildung 2.21 zeigt detailliert die grundsätzlichen Stufen der Befehls-Pipeline (s. [Šilc et al. 1999]), die auf eine gegenüber Abschn. 2.2.3 vereinfachte DLX-Architektur (im Wesentlichen ohne die Gleitkommabefehle) angepasst ist.

Die Pipeline-Stufen werden jeweils von mehreren **Pipeline-Registern** getrennt, die funktional verschiedene Zwischenwerte puffern. Nicht alle notwendigen Pipeline-Register sind in Abb. 2.21 aufgeführt, um die Abbildung nicht noch komplexer werden zu lassen. Die in der Abbildung gezeigten, meist 32 Bit breiten Pipeline-Register besitzen die folgenden Funktionen:

- In der IF-Stufe befindet sich das Befehlszähler-Register (*Program Counter Register,* PC), das den zu holenden Befehl adressiert.
- Zwischen den IF- und ID-Stufen befindet sich ein weiteres PC-Register, das die um vier erhöhte Befehlsadresse des in der Stufe befindlichen Befehls puffert. Ein weiteres Pipeline-Register, das Befehlsregister (*Instruction Register*), enthält den Befehl selbst.
- Zwischen den ID- und EX-Stufen befindet sich erneut ein PC-Register mit der um vier erhöhten Adresse des in der Stufe befindlichen Befehls, da diese Befehlsadresse im Falle eines Sprungbefehls für die Berechnung der Sprungzieladresse benötigt wird. Weiterhin gibt es das erste und zweite ALU-Eingaberegister (*ALU Input Register 1* und *ALU Input Register 2*) zur Pufferung von Operanden aus dem Registersatz und das Verschieberegister (*Immediate Register*) zur Aufnahme eines Verschiebewertes aus dem Befehl.
- Zwischen den EX- und MEM-Stufen befindet sich das ein Bit breite Bedingungsregister (*Condition Register*), das zur Aufnahme eines Vergleichsergebnisses dient, das ALU-Ausgaberegister (*ALU Output Register*) zur Aufnahme des Resultats einer ALU-Operation und das Speicherwertregister (*Store Value Register*) zum Puffern des zu speichernden Registerwerts im Falle einer Speicheroperation.
- Zwischen den MEM- und WB-Stufen befindet sich das Ladewertregister (*Load Memory Data Register*) zur Aufnahme des Datenwortes im Falle einer Ladeoperation und das ALU-Ergebnisregister (*ALU Result Register*) zur Zwischenspeicherung des ALU-Ausgaberegisterwertes aus der vorherigen Pipeline-Stufe.

Während der Befehlsausführung werden folgende Schritte ausgeführt:

- In der *IF-Stufe* wird der Befehl, auf den der PC zeigt, aus dem Code-Cache (*I-cache*) in das Befehlsregister geholt und der PC um vier erhöht, um auf den nächsten Befehl im Speicher zu zeigen. Die Erhöhung um vier wird wegen des einheitlich 32 Bit breiten Befehlsformats und der Byteadressierbarkeit des DLX-Prozessors durchgeführt, um die Befehlsadresse um vier Bytes weiterzuschalten. Im Fall eines vorangegangenen Sprungbefehls kann die Zieladresse aus der MEM-Stufe benutzt werden, um den PC auf die im nächsten Takt zu holende Anweisung zu setzen.

- In der *ID-Stufe* wird der im Befehlsregister stehende Befehl in der ersten Takthälfte decodiert. In der zweiten Hälfte der Stufe wird abhängig vom Opcode eine der folgenden Aktionen ausgeführt:
  a) *Register-Register* (bei arithmetisch-logischen Befehlen): Die Operandenwerte werden von den (Universal-)Registern in das erste und das zweite ALU-Eingaberegister verschoben.
  b) *Speicherreferenz* (bei Lade- und Speicherbefehlen): Ein Registerwert wird von einem (Universal-)Register in das erste ALU-Eingaberegister übertragen, der Verschiebewert (*displacement*) aus dem Befehl wird vorzeichenerweitert und in das Verschieberegister transferiert. Da die „registerindirekte Adressierung mit Verschiebung" die komplexeste Adressierungsart des DLX-Prozessors ist, kann im nachfolgenden Pipeline-Schritt der Registeranteil mit dem Verschiebewert addiert werden, um die effektive Adresse zu berechnen. Im Falle der direkten oder absoluten Adressierung wird der Registerwert Null aus Register R0 in das erste ALU-Eingaberegister geladen. Im Falle der registerindirekten Adressierung (ohne Verschiebung) wird statt des vorzeichenerweiterten Verschiebewertes der Wert Null erzeugt und in das Verschieberegister geladen (eigentlich wird dafür ein weiterer MUX benötigt, der in der Abbildung nicht gezeigt ist). Im Fall eines Speicherbefehls wird der zu speichernde Registerwert in das zweite ALU-Eingaberegister transferiert.
  c) *Steuerungstransfer* (bei Sprungbefehlen): Der Verschiebewert innerhalb des Befehls wird vorzeichenerweitert und zur Berechnung der Sprungadresse in das Verschieberegister transferiert (wir erlauben nur den befehlszählerrelativen Adressierungsmodus mit 16 Bit breiten Verschiebewerten abweichend von den 26 Bit PC-Offset-Werten aus Abschn. 2.2.3). Im Falle eines bedingten Sprungs wird der *true-/false*-Registerwert, der die Sprungrichtung angibt, zum zweiten ALU-Eingaberegister transferiert. Eine vorangegangene Vergleichoperation muss diesen Wert produziert und im Universalregister gespeichert haben.

- In der *EX-Stufe* erhält die arithmetisch-logische Einheit ihre Operanden je nach Befehl aus den ALU-Eingaberegistern, aus dem (ID/EX-)PC-Register oder aus dem Verschieberegister und legt das Ergebnis der arithmetisch-logischen Operation in dem ALU-Ausgaberegister ab. Die Inhalte dieses Registers hängen vom Befehlstyp ab, welcher die MUX-Eingänge auswählt und die Operation der ALU bestimmt. Je nach Befehl können folgende Operationen durchgeführt werden:
  a) *Register-Register* (bei arithmetisch-logischen Befehlen): Die ALU führt die arithmetische oder logische Operation auf den Operanden aus dem ersten und dem zweiten ALU-Eingaberegister durch und legt das Ergebnis im ALU-Ausgaberegister ab.
  b) *Speicherreferenz* (bei Lade- und Speicherbefehlen): Von der ALU wird die Berechnung der effektiven Adresse durchgeführt und das Ergebnis im ALU-

Ausgaberegister abgelegt. Die Eingabeoperanden erhält die ALU aus dem ersten ALU-Eingaberegister und dem Verschieberegister. Im Fall eines Speicherbefehls wird der Inhalt des zweiten ALU-Eingaberegisters (das den zu speichernden Wert beinhaltet) ungeändert in das Speicherwertregister verschoben.

c) *Steuerungstransfer* (bei Sprungbefehlen): Die ALU berechnet die Zieladresse des Sprungs aus dem (ID/EX-)PC-Register und dem Verschieberegister und legt die Sprungzieladresse im ALU-Ausgaberegister ab. Gleichzeitig wird die Sprungrichtung (die feststellt, ob der Sprung ausgeführt wird oder nicht) aus dem zweiten ALU-Eingaberegister auf Null getestet und das Boolesche Ergebnis im Bedingungsregister gespeichert.

- Die *MEM-Stufe* wird nur für Lade-, Speicher- und bedingte Sprungbefehle benötigt. Folgende Operationen werden abhängig von den Befehlen unterschieden:
  a) *Register-Register*: Das ALU-Ausgaberegister wird in das ALU-Ergebnisregister übertragen.
  b) *Laden*: Das Speicherwort wird so, wie es vom ALU-Ausgaberegister adressiert wird, aus dem Daten-Cache gelesen und im Ladewertregister platziert.
  c) *Speichern*: Der Inhalt des Speicherregisters wird in den Daten-Cache geschrieben, wobei der Inhalt des ALU-Ausgaberegisters als Adresse benutzt wird.
  d) *Steuerungstransfer*: Für genommene Sprünge wird das Befehlszähler-Register (PC) der IF-Stufe durch den Inhalt des ALU-Ausgaberegisters ersetzt. Für nicht genommene Sprünge bleibt der PC unverändert (das Bedingungsregister trifft die MUX-Auswahl in der IF-Stufe).
- In der *WB-Stufe* wird während der ersten Takthälfte der Inhalt des Ladewertregisters (im Falle eines Ladebefehls) oder des ALU-Ergebnisregisters (in allen anderen Fällen) in das (Universal-)Register gespeichert. Der Resultatregisterselektor (*Result Register Selector*) aus dem Befehl, der das (Universal-)Register als Resultatregister bezeichnet, wird ebenfalls durch die Pipeline weitergegeben. Diese Weitergabe der Registerselektoren ist in Abb. 2.21 jedoch nur angedeutet.

In Abb. 2.21 wird nur der Datenfluss durch die Pipeline-Stufen gezeigt. Die Steuerungsinformation, die während der ID-Stufe aus dem Opcode generiert wurde, fließt durch die nachfolgenden Pipeline-Stufen und steuert die Multiplexer und die Operation der ALU.

Dabei benutzen alle Pipeline-Stufen unterschiedliche Ressourcen. Deshalb werden zum Beispiel, nachdem ein Befehl zur ID geliefert wurde, die von der IF genutzten Ressourcen frei und zum Holen des nächsten Befehls benutzt. Idealerweise wird in jedem Takt ein neuer Befehl geholt und an die ID-Stufe weiter geleitet. Die Taktzeit wird durch den „kritischen Pfad“ vorgegeben, das bedeutet durch die langsamste Pipeline-Stufe. Ideale Bedingungen bedeuten, dass die Pipeline immer mit aufeinander folgenden Befehlsausführungen gefüllt sein muss.

Es gibt leider mehrere potentielle Probleme, die eine reibungslose Befehlsausführung in der Pipeline stören können. Wenn zum Beispiel nur ein Speicherkanal (*memory port*) existiert und ein Ladebefehl in der MEM-Stufe ist, dann tritt ein Speicher-Lesekonflikt zwischen der IF- und der MEM-Stufe auf. In diesem Fall muss die Pipeline einen der Befehle anhalten, bis der benötigte Speicherkanal wieder verfügbar ist. Auch gehen wir davon aus, dass der Registersatz mit zwei Lesekanälen und einem Schreibkanal ausgestattet ist, so dass gleichzeitig sowohl in der ID-Stufe zwei Operanden aus den Registern gelesen werden können als auch in der WB-Stufe ein Resultat in ein Register geschrieben werden kann. Trotzdem können bestimmte Hemmnisse die reibungslose Ausführung in einer Pipeline stören und zu sogenannten Pipeline-Konflikten führen.

2.4.3 Pipeline-Konflikte

Als **Pipeline-Konflikt** bezeichnet man die Unterbrechung des taktsynchronen Durchlaufs der Befehle durch die einzelnen Stufen einer Befehls-Pipeline. Pipeline-Konflikte werden durch Daten- und Steuerflussabhängigkeiten im Programm oder durch die Nichtverfügbarkeit von Ressourcen (Ausführungseinheiten, Registern etc.) hervorgerufen. Diese Abhängigkeiten können, falls sie nicht erkannt und behandelt werden, zu fehlerhaften Datenzuweisungen führen. Die Situationen, die zu Pipeline-Konflikten führen können, werden auch als **Pipeline-Hemmnisse** (*pipeline hazards*) bezeichnet.

Es werden drei Arten von Pipeline-Konflikten unterschieden:

- **Datenkonflikte** treten auf, wenn ein Operand in der Pipeline (noch) nicht verfügbar ist oder das Register bzw. der Speicherplatz, in den ein Resultat geschrieben werden soll, noch nicht zur Verfügung steht. Datenkonflikte werden durch Datenabhängigkeiten im Befehlsstrom erzeugt.
- **Struktur-** oder **Ressourcenkonflikte** treten auf, wenn zwei Pipeline-Stufen dieselbe Ressource benötigen, auf diese aber nur einmal zugegriffen werden kann.
- **Steuerflusskonflikte** treten bei Programmsteuerbefehlen auf, wenn in der Befehlsbereitstellungsphase die Zieladresse des als nächstes auszuführenden Befehls noch nicht berechnet ist bzw. im Falle eines bedingten Sprunges noch nicht klar ist, ob überhaupt gesprungen wird.

In den nächsten Abschnitten werden die Pipeline-Konflikte und Möglichkeiten, wie man sie eliminiert oder zumindest ihre Auswirkung mindert, diskutiert.

2.4.4 Datenkonflikte und deren Lösungsmöglichkeiten

Man betrachte zwei aufeinander folgende Befehle $Inst_1$ und $Inst_2$, wobei $Inst_1$ vor $Inst_2$ ausgeführt werden muss. Zwischen diesen Befehlen können verschiedene Arten von Datenabhängigkeiten bestehen:

- Es besteht eine **echte Datenabhängigkeit** (*true dependence*) σ^t von $Inst_1$ zu $Inst_2$, wenn $Inst_1$ seine Ausgabe in ein Register *Reg* (oder in den Speicher) schreibt, das von $Inst_2$ als Eingabe gelesen wird.
- Es besteht eine **Gegenabhängigkeit** (*antidependence)* σ^a von $Inst_1$ zu $Inst_2$, falls $Inst_1$ Daten von einem Register *Reg* (oder einer Speicherstelle) liest, das anschließend von $Inst_2$ überschrieben wird.
- Es besteht eine **Ausgabeabhängigkeit** (*output dependence*) σ^o von $Inst_2$ zu $Inst_1$, wenn beide in das gleiche Register *Reg* (oder eine Speicherstelle) schreiben und $Inst_2$ sein Ergebnis nach $Inst_1$ schreibt.

Als Beispiel betrachte man die folgende Befehlsfolge, deren Abhängigkeitsgraph in Abb. 2.22 dargestellt ist [Ungerer 1995]:

```
S1:  ADD  R1,R2,2  ;    R1 = R2+2
S2:  ADD  R4,R1,R3 ;    R4 = R1+R3
S3:  MULT R3,R5,3  ;    R3 = R5*3
S4:  MULT R3,R6,3  ;    R3 = R6*3
```

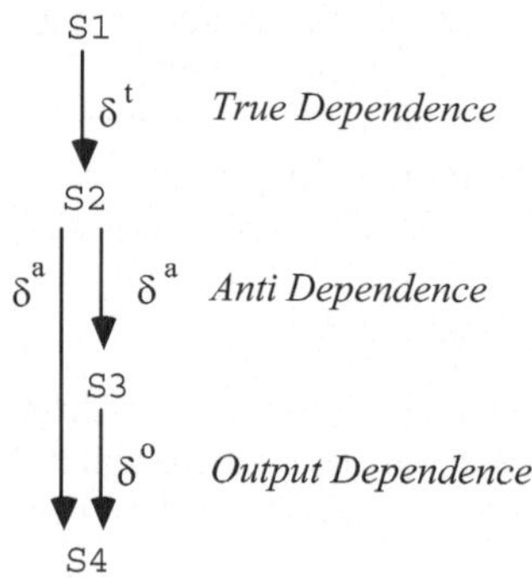

Abb. 2.22. Abhängigkeitsgraph

In diesem Fall besteht:

- eine echte Datenabhängigkeit von `S1` nach `S2`, da `S2` den Wert von Register `R1` benutzt, der erst in `S1` berechnet wird;
- eine Gegenabhängigkeit von `S2` nach `S3`, da `S2` den Wert von Register `R3` benutzt, bevor `R3` in `S3` einen neuen Wert zugewiesen bekommt; eine weitere Gegenabhängigkeit besteht von `S2` nach `S4`;
- eine Ausgabeabhängigkeit von `S3` nach `S4`, da `S3` und `S4` beide dem Register `R3` neue Werte zuweisen.

Gegenabhängigkeiten und Ausgabeabhängigkeiten werden häufig auch **falsche Datenabhängigkeiten** oder entsprechend dem englischen Begriff *Name Dependency* **Namensabhängigkeiten** genannt. Diese Arten von Datenabhängigkeiten sind nicht problemimmanent, sondern werden durch die Mehrfachnutzung von

Speicherplätzen (in Registern oder im Arbeitsspeicher) hervorgerufen. Sie können durch Variablenumbenennungen entfernt werden.

Echte oder wahre Datenabhängigkeiten werden häufig auch einfach als Datenabhängigkeiten bezeichnet. Echte Datenabhängigkeiten repräsentieren den Datenfluss durch ein Programm.

Datenabhängigkeiten zwischen zwei Befehlen können **Datenkonflikte** verursachen, wenn die beiden Befehle so nahe beieinander sind, dass ihre Überlappung innerhalb der Pipeline ihre Zugriffsreihenfolge auf ein Register oder einen Speicherplatz im Hauptspeicher verändern würde. Die ersten drei Datenabhängigkeiten in Abb. 2.22 erzeugen die folgenden drei Arten von Datenkonflikten:

- Ein **Lese-nach-Schreibe-Konflikt** *(Read After Write,* RAW) wird durch eine echte Datenabhängigkeit verursacht.
- Ein **Schreibe-nach-Lese-Konflikt** *(Write After Read,* WAR) wird durch eine Gegenabhängigkeit verursacht.
- Ein **Schreibe-nach-Schreibe-Konflikt** *(Write After Write, WAW)* wird durch eine Ausgabeabhängigkeit verursacht.

Datenkonflikte werden durch Datenabhängigkeiten hervorgerufen, sind jedoch auch wesentlich von der Pipeline-Struktur bestimmt. Wenn die datenabhängigen Befehle weit genug voneinander entfernt sind, so wird kein Datenkonflikt ausgelöst. Wie weit die Befehle voneinander entfernt sein müssen, hängt jedoch von der Pipeline-Struktur ab. Dies gilt für einfache Pipelines wie unsere DLX-Pipeline, für Superskalarprozessoren müssen noch weitere Gesichtspunkte beachtet werden.

Schreibe-nach-Schreibe-Konflikte treten nur in Pipelines auf, die in mehr als einer Stufe auf ein Register (oder einen Speicherplatz) schreiben können, oder die es einem Befehl erlauben in der Pipeline-Verarbeitung fortzufahren, obwohl ein vorhergehender Befehl angehalten worden ist. In der einfachen DLX-Pipeline ist das erstere nicht möglich, da nur in der WB-Stufe auf die Register geschrieben werden kann. Das „Überholen" von Befehlen ist in dieser Pipeline ebenfalls nicht möglich.

Schreibe-nach-Lese-Konflikte können nur dann in einer Pipeline auftreten, wenn die Befehle einander bereits *vor* der Operandenbereitstellung überholen können. Das heißt, ein Schreibe-nach-Lese-Konflikt tritt auf, wenn ein nachfolgender Befehl bereits sein Resultat in ein Register schreibt, bevor der in Programmreihenfolge vorherige Befehl den Registerinhalt als Operanden liest. Dieser Fall ist in unserer einfachen Pipeline ausgeschlossen, er muss jedoch für die Pipelines heutiger Superskalarprozessoren bedacht sein.

Deshalb können in unserer einfachen Pipeline nur Lese-nach-Schreibe-Konflikte auftreten, die sich wie folgt auswirken können: Betrachten wir eine Folge von Register-Register-Befehlen $Inst_1$ und $Inst_2$, bei denen $Inst_2$ von $Inst_1$ datenabhängig ist und $Inst_1$ vor $Inst_2$ in der Pipeline ausgeführt wird. Nehmen wir an, dass das Ergebnis von $Inst_1$ zu $Inst_2$ über das Register *Reg* transferiert wird. Es tritt kein Problem auf, wenn die beiden Befehle ohne Pipeline ausgeführt werden. In einer Ausführung mit Pipelining liest $Inst_2$ jedoch während der ID-Stufe den Inhalt von *Reg*. Falls $Inst_2$ unmittelbar nach $Inst_1$ in der Pipeline ausgeführt wird, dann ist zu diesem Zeitpunkt $Inst_1$ immer noch in der EX-Stufe und wird das Ergebnis nach *Reg* in seiner WB-Stufe zwei Takte später schreiben. Deshalb liest, wenn nichts unternommen wird, $Inst_2$ den alten Wert von *Reg* in seiner ID-Stufe.

Lese-nach-Schreibe-Konflikte werden in Abb. 2.23 für das Beispiel einer Befehlsfolge der Register-Register-Architektur DLX dargestellt.

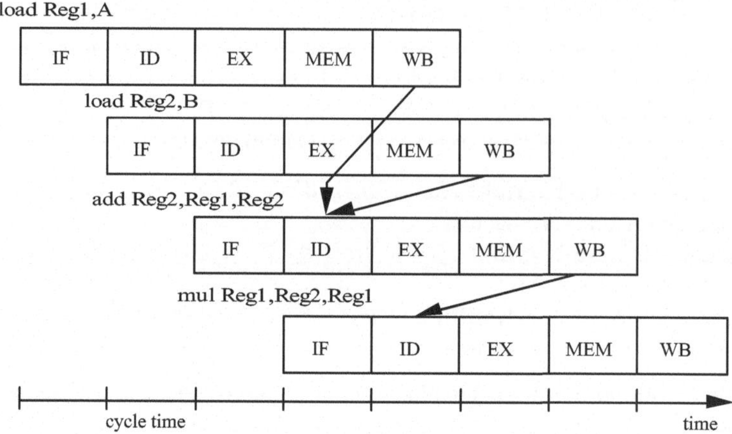

Abb. 2.23. Datenkonflikte in einer Befehls-Pipeline

Vor der Addition müssen beide Operanden des `add`-Befehls erst in Register geladen werden und nach der Addition wird das Ergebnis vom `mul`-Befehl als Operand benötigt. Die auftretenden (echten) Datenabhängigkeiten sind in der Abbildung so eingezeichnet, wie sie in der Pipeline-Verarbeitung der Befehle auftreten würden (scheinbare Datenabhängigkeiten sind in dieser Pipeline ohne Auswirkungen und werden deshalb weggelassen). Die Tatsache, dass die Pfeile in die Rückrichtung der Zeitachse deuten, demonstriert, dass durch die Datenabhängigkeiten Datenkonflikte hervorgerufen werden, die bei Nichtbehandlung zu falschen Ergebnissen führen würden. Dieser Fall ist in Abb. 2.24 für die letzten beiden Befehlsausführungen nochmals aufgezeigt.

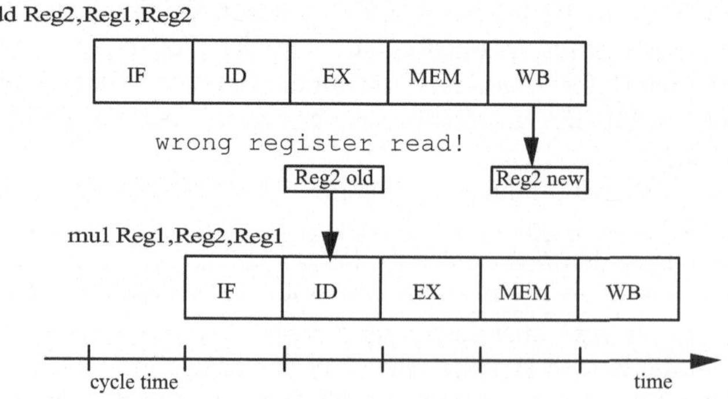

Abb. 2.24. Durch einen nicht behandelten Datenkonflikt ausgelöste Fehlzuweisung

Datenkonflikte müssen erkannt und behandelt werden, sonst wird keine korrekte Programmausführung erzielt. Zur Behandlung der Datenkonflikte in der Pipeline gibt es zwei grundsätzliche Möglichkeiten:

- *Die Software-Lösung*: Die Nichtbehandlung der Datenkonflikte durch die Hardware hat zur Folge, dass die Pipeline-Organisation in der Architektur offen gelegt und die Datenkonflikte durch Software (durch den Compiler oder den Assemblerprogrammierer) behandelt werden müssen. Dieser Fall trifft für unsere einfache DLX-Pipeline zu. Eine korrekte Ausführung direkt aufeinander folgender und voneinander datenabhängiger Befehle ist nicht gewährleistet, sondern muss im Maschinenprogrammablauf bedacht werden. Diese einfachste Form einer Pipeline-Organisation war in den ersten RISC-Prozessoren üblich, ist jedoch wegen der höchst fehleranfälligen Programmierung heute obsolet.
- *Die Hardware-Lösung* erfordert das Erkennen der Datenkonflikte durch die Hardware und deren automatisches Behandeln. Dies ist heute Standard.

Doch zunächst zum ersten Fall: Falls die Pipeline nicht in der Lage ist, Konflikte mittels Hardware zu erkennen, muss der Compiler die Ausführung der Pipeline steuern. Das kann durch Einstreuen von Leerbefehlen (zum Beispiel `noop`-Befehle) nach jedem datenabhängigen Befehl geschehen, der einen Pipeline-Konflikt verursachen würde. Die Anzahl der notwendigen Leerbefehle, deren Ausführung einem Stillstand der Pipeline gleichkommt, kann häufig durch den Compiler reduziert werden. Der Compiler kann den Programmcode mit dem Ziel neu anordnen, solche Leerbefehle möglichst zu eliminieren.

Im Beispiel aus Abb. 2.23 sollten, wenn möglich, zwei Befehle, die keine neuen Datenkonflikte hervorrufen, zwischen dem `add`- und dem `mul`-Befehl eingefügt werden. Diese Methode wird **Befehlsanordnung** (*instruction scheduling* oder *pipeline scheduling*) genannt. Eine solche compilerbasierte Befehlsanordnung wurde bereits bei den ersten RISC-Prozessoren angewandt.

An Hardware-Lösungen für das Datenkonflikt-Problem unterscheiden wir die folgenden:

- *Leerlauf der Pipeline*: Die einfachste Art, mit solchen Datenkonflikten umzugehen ist es, $Inst_2$ in der Pipeline für zwei Takte anzuhalten. Hardware-Erkennung von Pipeline-Konflikten und deren Behandlung durch Anhalten der Pipeline wird als **Pipeline-Sperrung** (*interlocking*) oder **Pipeline-Leerlauf** (*stalling*) bezeichnet. Durch das Stoppen der Befehlsausführungen entstehen sogenannte **Pipeline-Blasen** (*pipeline bubbles*), die den gleichen Effekt wie Leerbefehle hervorrufen, nämlich, die Ausführungsgeschwindigkeit deutlich herabzusetzen. Im Beispiel in Abb. 2.23 erzeugt das Anhalten zwei Pipeline-Blasen (s. Abb. 2.25). Dabei nehmen wir für unsere DLX-Pipeline an, dass das Zurückschreiben in die Register in der ersten Hälfte der WB-Stufe abgeschlossen wird und derselbe Registerwert bereits wieder während der Operandenholephase in der zweiten Hälfte der ID-Stufe gelesen werden kann.

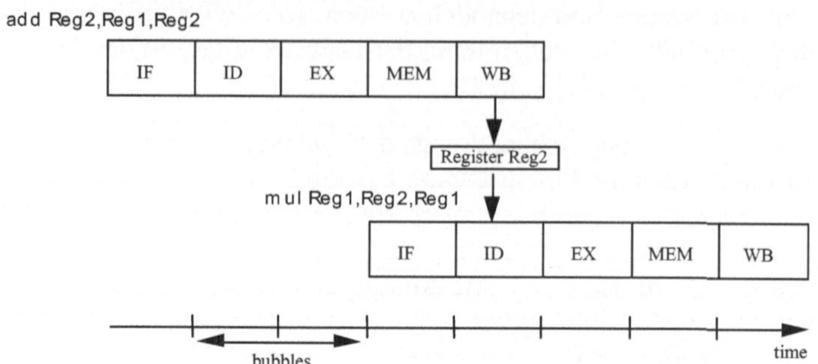

Abb. 2.25. Datenkonflikt: Hardware-Lösung durch Interlocking

- *Forwarding*: Es gibt eine bessere Lösung, die allerdings etwas mehr Hardware-Aufwand erfordert und *Forwarding* genannt wird. Wenn ein Datenkonflikt erkannt wird, so sorgt eine Hardware-Schaltung dafür, dass der betreffende Operand nicht aus dem Universalregister, sondern direkt aus dem ALU-Ausgaberegister der vorherigen Operation in das ALU-Eingaberegister übertragen wird. Übertragen auf unsere DLX-Pipeline und das Beispiel aus Abb. 2.23 bedeutet dies, dass der `mul`-Befehl nicht warten muss, bis das Ergebnis des davor stehenden `add`-Befehls während der WB-Phase in das Universalregister *Reg* geschrieben wird. Das Ergebnis des `add`-Befehls im ALU-Ausgaberegister der EX-Stufe wird sofort zurück zur Eingabe der ALU in der EX-Stufe als Operand für den `mul`-Befehl weitergeleitet. In unserem Beispiel, in dem beide Befehle vom Register-Register-Typ sind, beseitigt das Forwarding alle Leertakte (s. Abb. 2.26).

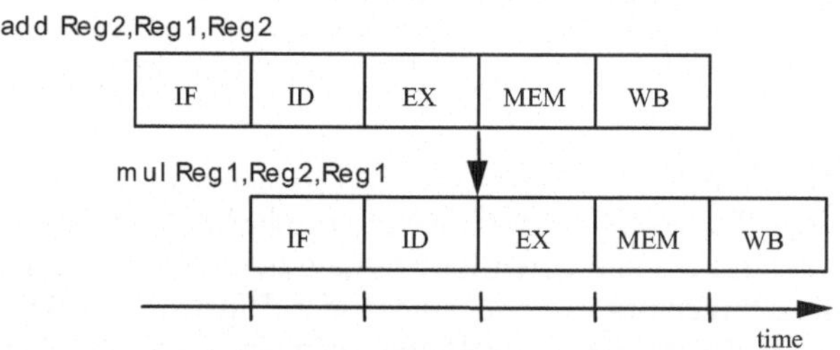

Abb. 2.26. Datenkonflikt: Hardware-Lösung durch Forwarding

- *Forwarding mit Interlocking*: Leider löst Forwarding nicht alle möglichen Datenkonflikte auf. Wenn $Inst_1$ ein Ladebefehl ist, dann wäre ein Forwarding vom ALU-Ausgaberegister der EX-Stufe falsch, da die EX-Stufe nicht den zu ladenden Wert erzeugt, sondern nur die effektive Speicheradresse ins ALU-Ausgaberegister schreibt. Angenommen, $Inst_2$ sei vom Ladebefehl $Inst_1$ datenabhängig, dann muss $Inst_2$ angehalten werden, bis die von $Inst_1$ geladenen Daten im Ladewertregister der MEM-Stufe verfügbar werden. Eine Lösung ist das Forwarding vom Ladewertregister der MEM-Stufe zum ALU-Eingaberegister der EX-Stufe. Dies beseitigt einen der zwei Leertakte, der zweite Leertakt kann jedoch nicht vermieden werden (s. Abb. 2.27 für den Konflikt und Abb. 2.28 für den verbleibenden Leertakt).

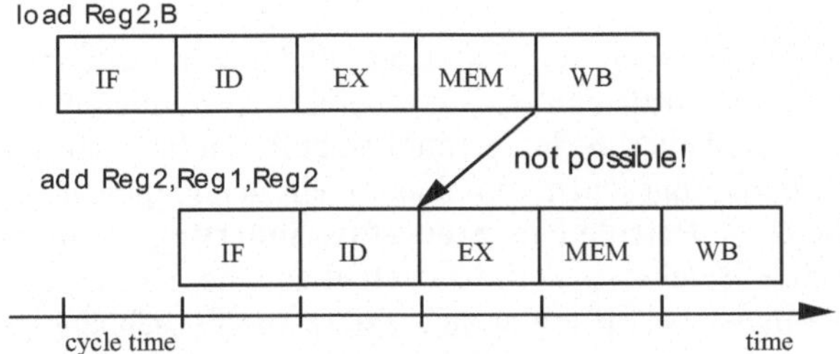

Abb. 2.27. Pipeline-Konflikt durch eine Datenabhängigkeit, der nicht durch Forwarding verhindert werden kann

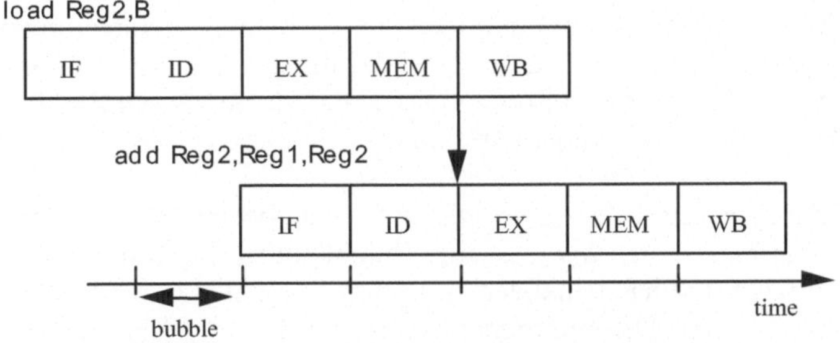

Abb. 2.28. Leertakt aufgrund einer Datenabhängigkeit

Wie kann Forwarding implementiert weder? In unserer einfachen DLX-Pipeline genügt es, die zwei Resultatregisterselektoren der beiden Befehle, die sich gerade in der EX- und in der MEM-Phase befinden, mit den beiden Operandenregisterselektoren des Befehls, der sich gerade in der ID-Phase befindet, zu vergleichen. Ist eine Übereinstimmung vorhanden, so wird ein Pfad geschaltet, der nicht den Wert aus dem Universalregister, sondern den Wert, der in der betreffenden Stufe (EX oder MEM) berechnet wird, direkt in das ALU-Eingaberegister übernimmt.

Man spricht von **statischer** Befehlsanordnung, wenn der Compiler die Befehle, die Datenkonflikte erzeugen, durch Umordnung oder Leerbefehle trennt, und von **dynamischer** Anordnung der Befehle, wenn dies zur Laufzeit in Hardware geschieht. Unser einfacher Pipeline-Prozessor kann Befehle natürlich nicht zur Laufzeit umordnen, sondern nur bei geeigneter Hardware-Erweiterung, wenn nötig, in ihrer Ausführung verzögern. Dynamisches Umordnen der Befehle ist jedoch in heutigen Superskalarprozessoren möglich. Trotzdem kann eine geeignete statische

Befehlsanordnung die Programmausführung beschleunigen, wenn die Pipeline-Struktur, die eigentlich zur Mikroarchitektur gehört, von einem optimierenden Compiler bedacht wird.

2.4.5 Steuerflusskonflikte und deren Lösungsmöglichkeiten

Zu den Programmsteuerbefehlen gehören die bedingten und die unbedingten Sprungbefehle, die Unterprogrammaufruf- und -rückkehrbefehle sowie die Unterbrechungsbefehle, die per Software Unterbrechungsroutinen aufrufen bzw. aus einer solchen Routine zurückkehren. Abgesehen von einem nicht genommenen bedingten Sprung, erzeugen alle diese Befehle eine **Steuerflussänderung**, da nicht der nächste im Speicher stehende Befehl, sondern ein Befehl an einer Zieladresse geholt und ausgeführt werden muss. Damit ergibt sich eine Steuerflussabhängigkeit zu dem in der Speicheranordnung nächsten Befehl des Programms. Steuerflussabhängigkeiten verursachen **Steuerflusskonflikte** in der DLX-Pipeline, da der Programmsteuerbefehl erst in der ID-Stufe als solcher erkannt und damit bereits ein Befehl des falschen Programmpfades in die Pipeline geladen wurde. Darüber hinaus muss erst die Sprungzieladresse in der ALU berechnet werden, so dass weitere Befehle des falschen Programmpfades in die Pipeline geraten, bevor der richtige Befehl vom PC adressiert und in die Pipeline geladen werden kann. Eine Besonderheit stellen die bedingten Sprungbefehle dar, da bei diesen Befehlen die Änderung des Programmflusses außerdem von der Auswertung der Sprungbedingung abhängt.

Steuerflusskonflikte werden in unserer DLX-Pipeline beispielsweise durch Sprünge verursacht. Sei $Inst_1$, $Inst_2$, $Inst_3$, ... eine Befehlsfolge, die in dieser Reihenfolge im Speicher steht und nacheinander in die Pipeline geladen wird. Angenommen, $Inst_1$ sei ein Sprung. Die Sprungzieladresse wird in der EX-Stufe berechnet und ersetzt den PC in der MEM-Stufe, während $Inst_2$ in der EX-Stufe, $Inst_3$ in der ID-Stufe und $Inst_4$ in der IF-Stufe ist. Unter der Annahme, dass die Sprungadresse nicht auf $Inst_2$, $Inst_3$ oder $Inst_4$ zeigt, sollten die vorher geladenen Befehle $Inst_2$, $Inst_3$ und $Inst_4$ gelöscht werden und der Befehl an der Sprungadresse geladen werden.

Steuerflusskonflikte treten außerdem auf, wenn $Inst_1$ ein bedingter Sprung ist, da die Sprungrichtung und die Zieladresse des Sprungs, die erforderlich ist, wenn der Sprung vollzogen wird, beide in der EX-Stufe berechnet werden (die Zieladresse des Sprungs ersetzt den PC in der MEM-Stufe). Wenn gesprungen wird, kann die korrekte Befehlsfolge mit einer Verzögerung von drei Takten gestartet werden, da drei Befehle des falschen Befehlspfads bereits in die verschiedenen Pipeline-Stufen geladen wurden (s. Abb. 2.29).

Um die Anzahl der Wartezyklen zu mindern, sollten die Sprungrichtung und die Sprungadresse in der Pipeline so früh wie möglich berechnet werden. Das könnte in der ID-Stufe geschehen, nachdem der Befehl als Sprungbefehl erkannt worden ist. Jedoch kann die ALU dann nicht länger für die Berechnung der Zieladresse benutzt werden, da sie noch von dem vorhergehenden Befehl benötigt wird. Dies wäre sonst ein Strukturkonflikt, den man allerdings durch eine zusätzliche ALU zur Berechnung des Sprungziels in der ID-Stufe vermeiden kann. Angenommen, man habe eine zusätzliche Adressberechnungs-ALU und das Zurückschreiben der Zieladresse zum PC findet schon in der ID-Stufe statt (falls der Sprung genommen wird), so ergibt sich nur *ein* Wartezyklus.

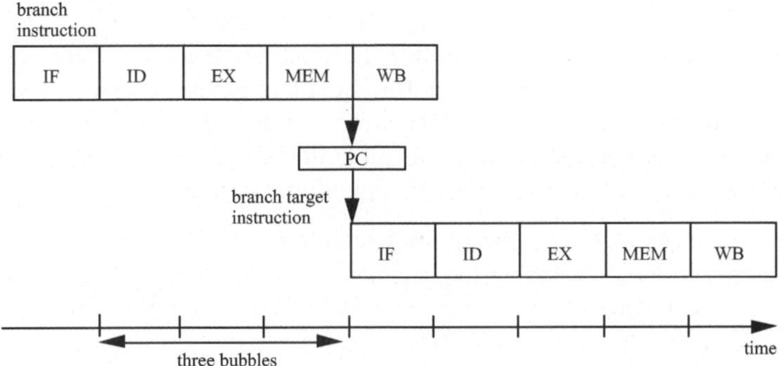

Abb. 2.29. Leertakte nach einem genommenen bedingten Sprung

Obwohl dies die Verzögerung auf einen einzelnen Takt verringert, kann nun ein neuer nicht behebbarer Pipeline-Konflikt entstehen. Ein ALU-Befehl gefolgt von einem bedingten Sprung, der vom Ergebnis dieses Befehls abhängt, wird einen Konflikt mit Verzögerung verursachen, auch wenn das Ergebnis von der EX- in die ID-Stufe weitergeleitet wird (ähnlich dem in Abb. 2.27 dargestellten Datenkonflikt eines Ladebefehls mit einer nachfolgenden ALU-Operation, die den geladenen Wert benötigt).

Das Hauptproblem bei dieser Reorganisation der Pipeline ist jedoch, dass die Decodierung, die Sprungberechnung und das Rückschreiben des PC sequenziell in einer einzigen Pipeline-Stufe ausgeführt werden müssen. Das kann zu einem kritischen Pfad in der Decodierstufe führen, der die Taktfrequenz der gesamten Pipeline reduziert.

Gehen wir jedoch zurück zu unserer einfachen DLX-Pipeline. Steuerflusskonflikte werden per Hardware weder erkannt noch behandelt. Die drei Befehle, die auf einen Sprungbefehl folgen, werden in unsere Pipeline immer ausgeführt. Sie bilden die sogenannten **Verzögerungszeitschlitze** (*delay slots*). Auch hier wird, wie beim Nichterkennen von Datenkonflikte, die Pipeline-Implementierung von Programmsteuerbefehlen zur Architektur hin offen gelegt. Compiler oder Assemblerprogrammierer müssen die Steuerflusskonflikte beheben, damit eine korrekte Programmausführung gewährleistet bleibt.

Diese Steuerflusskonflikte können mit Hilfe von verschiedenen softwarebasierten Techniken behandelt werden:

- *Verzögerte Sprungtechnik* (*delayed branch technique*): Eine einfache Methode, eine korrekte Programmausführung ohne Hardware-Änderungen herzustellen, ist das Ausfüllen der Verzögerungszeitschlitze mit Leerbefehlen. Im Falle der DLX Pipeline müssen nach jedem Programmsteuerbefehl drei Leerbefehle eingefügt werden.

- *Statische Befehlsanordnung*: Der Compiler füllt den/die Verzögerungszeitschlitz(e) mit Befehlen, die in der logischen Programmreihenfolge vor dem Sprung liegen. Natürlich ist das nur möglich, wenn diese Befehle keinen Einfluss auf die Sprungrichtung haben (es wird angenommen, dass die Sprungadresse nicht auf einen der Befehle in den Verzögerungszeitschlitzen zeigt). In diesem Fall werden die Befehle, die in die Schlitze verschoben wurden, ohne Rücksicht auf das Sprungergebnis ausgeführt. Dies ist aus Hardware-Sicht die einfachste Lösung. Dadurch, dass geladene Befehle nicht gelöscht werden müssen, verringert sich die Komplexität der Hardware (unsere einfache Pipeline ist von diesem Typ). Wenn es keine Befehle gibt, die in die Zeitschlitze verschoben werden können, müssen Leerbefehle eingefügt werden.

Entsprechend der Ergebnisse von Programmtestläufen ist die Wahrscheinlichkeit, dass *ein* Befehls in einen Verzögerungszeitschlitz verschoben werden kann, größer als 60%, die Wahrscheinlichkeit für zwei Befehle bei ungefähr 20% und die Wahrscheinlichkeit für drei kleiner als 10%.

Die verzögerte Sprungtechnik mit einem Zeitschlitz wurde bei den ersten Generationen skalarer RISC-Prozessoren angewandt wie dem IBM801, dem Berkeley RISC I und dem Stanford MIPS. In superskalaren Prozessoren, die mehr als einen Befehl holen und gleichzeitig verarbeiten können, erschwert die verzögerte Sprungtechnik die Befehlszuordnungslogik und die Implementierung präziser Unterbrechungen. Aus Kompatibilitätsgründen gibt es sie aber immer noch in den Architekturen einiger heutiger Mikroprozessoren, z.B. in den SPARC- oder MIPS-basierten Prozessoren.

Praktisch alle heutigen Prozessoren behandeln Steuerflusskonflikte durch die Hardware. Dies kann schon durch die folgenden einfachen Hardware-Techniken geschehen:

- *Pipeline-Leerlauf:* Dies ist wieder die einfachste, aber ineffizienteste Methode, um mit Steuerflusskonflikten umzugehen. Die Hardware erkennt in der ID-Stufe, dass der decodierte Befehl ein bedingter Sprung ist und lädt keine weiteren Befehle in die Pipeline, bis die Sprungzieladresse berechnet und im Falle bedingter Sprungbefehle die Sprungentscheidung getroffen ist. Außerdem muss der eine Befehl, der durch die IF-Stufe bereits in den Befehlspuffer geladen wurde, wieder gelöscht werden.
- *Spekulation auf nicht genommene bedingte Sprünge*: Eine kleine Erweiterung des Pipeline-Leerlaufverfahrens besteht darin, darauf zu spekulieren, dass bedingte Sprünge *nicht* genommen werden. Damit können einfach die direkt nach dem Sprungbefehl stehenden drei (im Falle der DLX-Pipeline) Befehle in die Pipeline geladen werden. Falls die Sprungbedingung zu *true*, also als „genommen“ ausgewertet wird, müssen die drei Befehle wieder gelöscht werden und wir erhalten die üblichen drei Pipeline-Blasen. Falls der Sprung nicht genommen wird, so können die drei Befehle als Befehle auf dem gültigen Pfad weiterverarbeitet werden, ohne dass ein Leertakt entsteht. Diese Technik stellt die einfachste der sogenannten statischen Sprungvorhersagen dar. Leider ist sie auch die ineffizienteste, da bedingt durch die in Programmen häufig auftretenden Schleifen die Mehrzahl der Sprünge genommen wird.

Eine Verbesserung der Sprungbehandlung ist nur dann möglich, wenn auch als „genommen" angenommene bedingte Sprünge und damit auch alle anderen Programmsteuerbefehle, die immer zu Steuerflussänderungen führen, unterstützt werden. Das ist jedoch nur möglich, wenn die Sprungzieladresse nicht (erneut) berechnet werden muss, sondern bereits in der IF-Stufe der richtige Nachfolgebefehl geladen werden kann. Dafür wird ein kleiner Pufferspeicher in der IF-Stufe benötigt, der nach dem ersten Durchlauf der Befehlsfolge die Adresse und die Sprungzieladresse eines Programmsteuerbefehls puffert, um beim nächsten Auftreten desselben Programmsteuerbefehls sofort an der Zieladresse weiterladen zu können.

2.4.6 Sprungzieladress-Cache

Die Sprungzieladresse wird zur gleichen Zeit gebraucht wie die Vorhersage des Sprungziels selbst. Insbesondere sollte sie bereits in der IF-Stufe bekannt sein, damit nach einem geladenen Sprungbefehl schon im nächsten Takt von der Zieladresse geladen werden kann.

Der **Sprungzieladress-Cache** (*Branch-target Address Cache, BTAC*) oder **Sprungzielpuffer** (*Branch-target Buffer, BTB*) ist ein kleiner Cache-Speicher, auf den in der IF-Stufe der Pipeline zugegriffen wird. Der Sprungzieladress-Cache umfasst eine Menge von Tupeln, von denen jedes die folgenden Elemente enthält (s. Abb. 2.30):

- Feld 1: die Adresse (*branch address*) eines Sprungbefehls, der in der Vergangenheit ausgeführt wurde,
- Feld 2: die Zieladresse (*target address*) dieses Sprungs,
- Feld 3 (optional): Vorhersagebits (*prediction bits*), die steuern, ob im Falle eines bedingten Sprungs dieser als „genommen" oder „nicht genommen" vorhergesagt wird, oder ob es sich um einen unbedingten Sprung handelt.

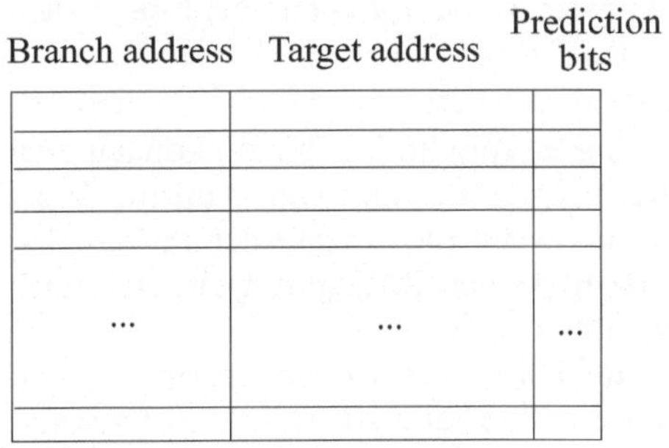

Branch address	Target address	Prediction bits
...	...	...

Abb. 2.30. Sprungzieladress-Cache

Der Sprungzieladress-Cache funktioniert wie folgt: Die IF-Stufe vergleicht den Inhalt des Befehlszählerregisters (PC) mit den Adressen der Sprungbefehle im Sprungzieladress-Cache (Feld 1). Falls ein passender Eintrag gefunden wird, wird die zugehörige Zieladresse als neuer PC benutzt und der Befehl am Sprungziel als nächstes geholt.

Falls kein Eintrag vorhanden ist, so wird ein Eintrag erzeugt, sobald die Sprungadresse berechnet ist, und dafür eventuell ein anderer Eintrag überschrieben. Der Sprungzieladress-Cache ist meist als vollassoziativer Cache-Speicher (siehe Abschnitt 8.4.2) organisiert. Er benötigt wie alle Cache-Speicher eine gewisse Aufwärmzeit, in der beim erstmaligen Ausführen der Sprungbefehle die Einträge erzeugt werden.

Der Sprungzieladress-Cache speichert die Adressen von bedingten wie auch von unbedingten Sprüngen. Bei bedingten Sprüngen handelt es sich daher immer um eine spekulierte Sprungzieladresse, wohingegen bei unbedingten Sprüngen die Adresse fest ist.

Wenn der geholte Befehl ein bedingter Sprung ist, wird eine Vorhersage, ob der Sprung genommen wird oder nicht, auf Basis der Vorhersagebits in Feld 3 getroffen. Wird er als „genommen" vorhergesagt, so wird die zugehörige Sprungzieladresse (Feld 2) in den PC übertragen und mit ihrer Hilfe der Zielbefehl geholt.

Natürlich kann eine falsche Vorhersage auftreten. Dann muss der Sprungzieladress-Cache die Vorhersagebits korrigieren sobald die Sprungrichtung in der MEM-Stufe bekannt ist. Da die Hardware die Vorhersagerichtung aufgrund der Sprungverläufe während der Programmausführung modifiziert, ist diese Art der Sprungvorhersage ein Beispiel einer einfachen **dynamischen Sprungvorhersage**.

Um die Größe des Sprungzieladress-Cache klein zu halten, kann die Implementierung so geschehen, dass von den bedingten Sprüngen nur diejenigen, die als „genommen" vorhergesagt werden, gespeichert werden.

Das Laden der Befehle ab einer Zieladresse geschieht ohne Verzögerung, wenn die Befehle schon im Code-Cache vorhanden sind. Eine Variante des Sprungzieladress-Cache war in älteren Prozessoren ohne On-Chip-Cache verbreitet: Der sogenannte **Sprungziel-Cache** (*Branch-target Cache, BTC*) speicherte pro Eintrag noch zusätzlich ein paar Befehle am Sprungziel ab.

Zusätzlich gibt es unabhängig vom Sprungzieladress-Cache häufig einen kleinen **Rücksprungadresskeller** (*Return Address Stack, RAS*) auf dem bei Unterprogrammaufrufen (`call`-Befehlen) die Rücksprungadressen abgelegt werden. Dieser Speicher ist meist als Kellerspeicher organisiert, was dem `call`- und `return`-Verhalten bei der Programmausführung entspricht. Im Prinzip können auch die Rücksprungadressen der viel seltener auftretenden Interrupt-Aufrufe darauf abgelegt werden. Problematisch wird es nur, wenn die Anzahl der Pufferplätze nicht ausreicht. Dann werden die zuunterst liegenden Rücksprungadressen überschrieben und müssen aus dem Speicher geholt werden.

Rücksprungadresskeller sind meist klein, beispielsweise nur zwölf Einträge beim Alpha 21164-Prozessor und sechzehn Einträge beim AMD-Athlon-Prozessor groß.

2.4.7 Statische Sprungvorhersagetechniken

Die statische Sprungvorhersage ist eine sehr einfache Vorhersagetechnik, bei der die Hardware jeden bedingten Sprung nach einem festen Muster vorhersagt. In manchen Architekturen kann der Compiler durch ein Bit die Spekulationsrichtung festlegen, indem er die hardwarebasierte Vorhersage umkehrt. In beiden Fällen kann die Vorhersage für einen speziellen Sprungbefehl sich nie ändern. Eine solche „dynamische" Änderung der Vorhersagerichtung ist jedoch bei den dynamischen Sprungvorhersagetechniken der Fall, die die Vorgeschichte des Sprungbefehls aus dem augenblicklichen Programmlauf zur Sprungvorhersage nutzen.

Nach einer Sprungvorhersage werden die Befehle auf dem spekulativen Pfad vom Prozessor in die Pipeline eingefüttert bis die Sprungrichtung entschieden ist. Falls richtig spekuliert wurde, so können die Befehle gültig gemacht werden und es treten keine Verzögerungen auf. Falls die Spekulation fehlgeschlagen ist, so müssen diese Befehle wieder aus der Pipeline gelöscht werden.

Einfache Muster für die statische Vorhersage in Hardware sind:

- *Predict always not taken*: Dies ist das einfachste Schema bei dem angenommen wird, dass kein Sprung genommen wird. Dies entspricht dem schon weiter vorne beschriebenen geradlinigen Durchlaufen eines Programms. Da die meisten Programme auf Schleifen basieren und bei jedem Schleifendurchlauf eine Fehlspekulation stattfindet, ist diese Technik nicht sehr effizient. Die Technik sollte nicht mit der verzögerten Sprungtechnik verwechselt werden, bei der die Befehle in den Verzögerungszeitschlitzen immer ausgeführt werden. Hier werden alle Befehle nach einem falsch spekulierten Sprung verworfen.
- *Predict always taken*: Hier wird angenommen, dass jeder Sprung genommen wird. Damit werden alle Rücksprünge während einer Schleife richtig vorhergesagt. Ein Sprungzieladress-Cache ist für ein verzögerungsfreies Befehlsladen nötig.
- *Predict backward taken, forward not taken*: Alle Sprünge, die in der Programmreihenfolge rückwärts springen, werden als „genommen" vorhergesagt und alle Vorwärtssprünge als „nicht genommen". Dahinter steckt die Idee, dass die Rückwärtssprünge am Ende einer Schleife fast immer genommen und alle anderen vorzugsweise nicht genommen werden.

Manche Befehlssätze ermöglichen es dem Compiler mit einem Bit im Befehlscode der Sprunganweisung die Vorhersage direkt zu steuern (z.B. gesetztes Bit bedeutet *predict taken*, Bit nicht gesetzt bedeutet *predict not taken*) oder, bei Anwendung einer der obigen statischen Vorhersagetechniken, die statische Vorhersage für den betreffenden Sprungbefehl umzukehren.

Um eine gute Vorhersage zu erzielen, kann der Compiler folgende Techniken anwenden:

- Analyse der Programmstrukturen hinsichtlich der Vorhersage (Sprünge zurück zum Anfang einer Schleife sollten als „genommen" vorhergesagt werden, Sprünge aus if-then-else-Konstrukten dagegen nicht).

- Der Programmierer kann über Compiler-Direktiven sein Wissen über bestimmte Abläufe in die Sprungvorhersage einbringen.
- Durch Profiling von früheren Programmabläufen kann das voraussichtliche Verhalten jedes Sprungs ermittelt werden.

Dabei ist die Technik des Profiling fast immer die Beste, aber auch die Aufwändigste.

2.4.8 Strukturkonflikte und deren Lösungsmöglichkeiten

Struktur- oder Ressourcenkonflikte treten in unserer einfachen DLX-Pipeline nicht auf. Schließlich ist es ein Ziel beim Pipeline-Entwurf, Strukturkonflikte möglichst zu vermeiden und da, wo sie nicht vermeidbar sind, zu erkennen und zu behandeln.

Einen Strukturkonflikt kann man demonstrieren, wenn man unsere DLX-Pipeline leicht verändert: Wir nehmen an, die Pipeline sei so konstruiert, dass die MEM-Stufe in der Lage ist ebenfalls auf den Registersatz zurückzuschreiben. Betrachten wir nun zwei Befehle $Inst_1$ und $Inst_2$, wobei $Inst_1$ vor $Inst_2$ geholt wird und nehmen an, dass $Inst_1$ ein Ladebefehl ist, während $Inst_2$ ein datenunabhängiger Register-Register-Befehl ist. Aufgrund der Speicheradressierung kommt die Datenanforderung von $Inst_1$ in den Registern zur gleichen Zeit an wie das Ergebnis von $Inst_2$, so dass ein Ressourcenkonflikt entsteht, sofern nur ein einzelner Schreibkanal auf die Register vorhanden ist (Abb. 2.31).

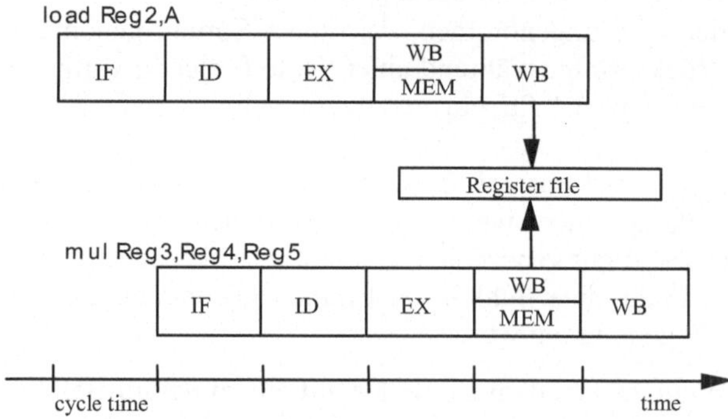

Abb. 2.31. Ein Strukturkonflikt, der durch eine veränderte Pipeline-Organisation verursacht wird

Zur Vermeidung von Strukturkonflikten gibt es folgende Hardware-Lösungen:

- *Arbitrierung mit Interlocking:* Strukturkonflikte können durch eine Arbitrierungslogik erkannt und aufgelöst werden. Die Arbitrierungslogik hält den im Programmfluss späteren der beiden um die Ressource konkurrierenden Befehle an. Wenn diese Technik dazu benutzt wird, um Strukturkonflikte zu lösen, kommt man nicht ohne Verzögerung aus. Im Beispiel in Abb. 2.31 darf der `load`-Befehl in das Register schreiben, während das Ergebnisrückschreiben des `mul`-Befehls verzögert wird.

- *Übertaktung*: Manchmal ist es möglich, die Ressource, die den Strukturkonflikt hervorruft, schneller zu takten als die übrigen Pipeline-Stufen. In diesem Fall könnte die Arbitrierungslogik zweimal auf die Ressource zugreifen und die Ressourcenanforderungen in der Ausführungsreihenfolge erfüllen.
- *Ressourcenreplizierung*: Die Auswirkungen von Strukturkonflikten können durch Vervielfachen von Hardware-Ressourcen gemindert werden. Auf diese Weise treten keine Verzögerungen mehr auf. Im obigen Beispiel würde ein Registersatz mit mehreren Schreibkanälen in der Lage sein, gleichzeitig in verschiedene Zielregister zu schreiben. Im Falle des Schreibzugriffs beider konkurrierender Befehle auf das *gleiche* Zielregister ist jedoch wieder eine Arbitrierung und Verzögerung des zweiten Zugriffs nötig. Alternativ kann jedoch beim Registerschreibzugriff zweier direkt hintereinander stehender Befehle der Wert, der vom ersten Befehl geschrieben werden soll, gestrichen und statt dessen nur der Wert des zweiten schreibenden Befehls ins Register zurückgeschrieben werden. Das heißt, übertragen auf unser Beispiel in Abb. 2.31, der Wert, der vom `load`-Befehl produziert wurde, wird gestrichen und der Wert des ALU-Ausgaberegisters des `mul`-Befehls wird ausgewählt und in das Zielregister geschrieben. Dieses sehr effiziente Verfahren beruht auf der Beobachtung, dass der erste Resultatwert ja im Programmablauf nie verwendet wird, da er ja vom zweiten Befehl sofort überschrieben wird.

2.4.9 Ausführung in mehreren Takten

Betrachten wir eine Folge von zwei Befehlen $Inst_1$ und $Inst_2$, bei der $Inst_1$ vor $Inst_2$ geholt wird, und nehmen an, dass $Inst_1$ ein lange rechnender Befehl (z.B. ein Gleitkommabefehl) sei. Weitere Beispiele für Befehle, deren Operationen nicht in einem Pipeline-Takt ausgeführt werden können, sind die Lade- und die Speicherbefehle. Ein solcher Befehl benötigt (mindestens) zwei Takte zur Ausführung: einen Takt zur Berechnung der effektiven Adresse und einen zweiten Takt für den Zugriff auf den Daten-Cache. Zur Verarbeitung eines lang laufenden Befehls $Inst_1$ wäre es unpraktisch zu fordern, dass alle Befehle ihre EX-Stufe in einem Takt beenden. Denn dann würde entweder eine geringe Taktfrequenz entstehen oder man müsste die Hardware-Logik stark vergrößern bzw. beides.

Stattdessen wird es der EX-Stufe erlaubt, so viele Takte zu verbrauchen, wie sie benötigt, um $Inst_1$ abzuschließen. Dies verursacht jedoch einen Strukturkonflikt in der EX-Stufe, weil der nachfolgende Befehl $Inst_2$ die ALU im nächsten Takt nicht nutzen kann. Einige mögliche Lösungen sind:

- *Pipeline anhalten*: Die einfachste Weise, mit einem solchen Strukturkonflikt umzugehen, ist es, $Inst_2$ in der Pipeline anzuhalten, bis $Inst_1$ die EX-Stufe verlässt.

- *Ressourcen-Pipelining*: Falls die EX-Stufe selbst aus einer Pipeline besteht, wird der Strukturkonflikt vermieden, weil die EX-Stufe zu jedem Takt einen neuen Befehl entgegen nehmen kann (der Durchsatz ist 1).
- *Ressourcenreplizierung*: Es kann mehrere Ausführungseinheiten geben, so dass $Inst_2$ in einer anderen Ausführungseinheit verarbeitet werden kann und eine EX-Stufe mit der EX-Stufe von $Inst_1$ überlappt.

Das Anhalten der Pipeline ist natürlich ineffizient, da es Leertakte erzeugt und so die Ausführungsgeschwindigkeit senkt. Die Unterteilung der EX-Stufe in zwei Pipeline-Stufen ist die Lösung, die für die Ausführung von `Lade-/Speicher`befehlen in unserer Beispiel-Pipeline durch separate EX- und MEM-Stufen (anstatt einer einzelnen kombinierten EX/MEM-Stufe) gewählt wurde. Das Streben nach einer einfachen Hardware-Implementierung unter Voraussetzung der zweitaktigen `Lade-/Speicher`befehle war der Grund dafür, die Ergebnisse von eintaktigen arithmetisch-logischen Befehlen durch die MEM-Stufe weiterzuleiten. Dies verzögert das Zurückschreiben der Ergebnisse um einen Takt, vermeidet aber Schreibe-nach-Schreibe-Konflikte in der Pipeline.

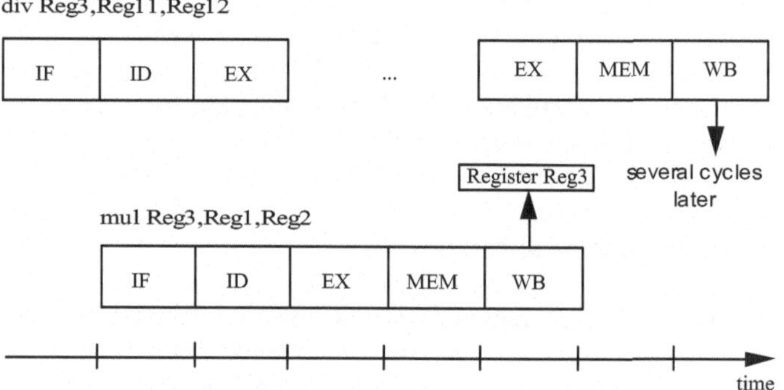

Abb. 2.32. Beispiel eines Schreibe-nach-Schreibe-Konflikts

Eine komplexere Lösung ist die Nutzung mehrerer Ausführungseinheiten und die gleichzeitige Ausführung. Diese Lösung beinhaltet jedoch, dass Befehle nicht in der ursprünglichen Reihenfolge abgeschlossen werden (s. Abb. 2.32). Da die EX-Stufen des `div`-Befehls von einige Takte dauern können, setzt der `mul`-Befehl mit der WB-Stufe vor dem `div`-Befehl fort. Leider kann eine solche Ausführung außerhalb der Reihenfolge dann einen Schreibe-nach-Schreibe-Konflikt verursachen, wenn es eine Ausgabeabhängigkeit zwischen den beiden Befehlen gibt. Es gibt zwei Lösungen, um den Schreibe-nach-Schreibe-Konflikt in Abb. 2.32 zu lösen:

- Der `mul`-Befehl wartet mit dem Zurückschreiben, bis der `div`-Befehl sein Ergebnis in das Register geschrieben hat, das anschließend überschrieben wird.
- Die elegantere Lösung ist das sofortige Zurückschreiben des Ergebnisses des `mul`-Befehls und das Verwerfen des Ergebnisses des `div`-Befehls, das im Beispiel in Abb. 2.32 von keinem anderen Befehl benutzt wird. Leider stellt sich

nun die Frage, wie man einen präzisen Interrupt implementiert, z.B. für eine Division durch Null.

Bisher haben wir einen einfachen Pipeline-Prozessor betrachtet, der nur eine Ausführung in Programmreihenfolge unterstützt, d.h. die Befehle werden an die Ausführungseinheit in genau der gleichen Reihenfolge wie im Programm zugewiesen und von dieser ausgeführt. Wenn mehrere Ausführungseinheiten vorhanden sind, so ist eine Ausführung außerhalb der Reihenfolge der nächste Schritt. Im Fall einer Ausführung außerhalb der Reihenfolge müssen Schreibe-nach-Schreibe-Konflikte gelöst werden. Sogar eine Gegenabhängigkeit kann einen Schreibe-nach-Lese-Konflikt verursachen, falls ein nachfolgender Befehl seine Ausführung beginnt und sein Ergebnis zurückschreibt, bevor ein vorhergehender Befehl seine Operanden bekommt. Lösungen zu diesem Problem sind die Scoreboarding-Technik (s. [Thornton 1961 oder 1970]), die 1993 im Control Data 6600 eingesetzt wurde, und „Tomasulos Algorithmus" [Tomasulo 1967] für den Großrechner IBM System /360 Model 91. Beide Techniken werden detailliert in [Hennessy und Patterson 1996] und in [Šilc et al. 1999] beschrieben.

2.5 Weitere Aspekte des Befehls-Pipelining

Eine Weiterentwicklung des Befehls-Pipelining ist das sogenannte **Super-Pipelining**, das heute meist mit dem Vorhandensein einer „langen" Befehls-Pipeline gleichgesetzt wird. Nach der ursprünglichen, im Rahmen des MIPS-R4000-Prozessors verwendeten Bedeutung des Begriffs „Super-Pipelining" wurden die Stufen einer Befehls-Pipeline in feinere Pipelinestufen unterteilt, um die Taktrate des Prozessors erhöhen zu können. Die Anzahl der Pipeline-Stufen erhöhte sich damit von fünf beim R3000- auf acht beim R4000. Der Zugriff auf den Primär-Cache-Speicher auf dem Prozessor-Chip geschieht dann mit der hohen Taktrate des Prozessors. Außerhalb des Prozessor-Chips wird ein niedrigerer Takt verwendet, der um ein Vielfaches langsamer als der Prozessortakt ist. Dies erlaubt eine sehr hohe Taktfrequenz für den Prozessor-Chip und niedrigere Taktfrequenzen (und damit billigere Chips) für das Gesamtsystem. Da mittlerweile die Taktraten heutiger Prozessoren so hoch sind, dass kein Bussystem und häufig nicht einmal der Sekundär-Cache-Speicher mithalten kann, ist die Technik, den Prozessor selbst mit einer wesentlich höheren Taktfrequenz als das Gesamtsystem zu betreiben, allgemein verbreitet.

Während noch zu Beginn der 80er Jahre Befehls-Pipelining praktisch ausschließlich Großrechnern und Supercomputern vorbehalten war, sind Befehls-Pipelines zunächst bei RISC-Prozessoren Anfang der 80er Jahre in die Mikroprozessortechnik eingeführt worden und heute in allen Mikroprozessoren Stand der Technik. Dabei gibt es zwei Trends: kurze Befehls-Pipelines von 4 – 6 Stufen (Bsp. PowerPC-Prozessoren) und lange Befehls-Pipelines von 7 – 20 Stufen (Bsp. MIPS-Prozessoren, Alpha-Prozessoren, SuperSPARC und UltraSPARC, Pentium III und Pentium 4).

Betrachtet man die Ausführungsphase einer Befehls-Pipeline genauer, stellt man fest, dass praktisch alle arithmetisch-logischen Befehle auf Festpunktoperanden (abgesehen von der Division) in einem Takt ausführbar sind, während Gleitkommaoperationen derart komplex sind, dass ihre Eingliederung als *eine* Phase einer Befehls-Pipeline das fein abgestimmte Gleichgewicht der einzelnen Pipelinestufen zerstören würde.

Eine komplexe Operation wie die Gleitkommamultiplikation oder die Gleitkommaaddition wird deshalb ebenfalls wieder in verschiedene Stufen zerlegt, die an der Stelle der Ausführungsstufe in eine Befehls-Pipeline eingegliedert werden. Derartige, meist dreistufige Pipelines für Gleitkommaoperationen werden **Gleitkommaeinheiten** genannt. Mit jedem Takt kann von der vorherigen Stufe der Befehls-Pipeline eine Gleitkommaoperation in eine solche Gleitkommaeinheit eingefüttert werden. Das Resultat steht jedoch erst nach drei Takten zur Verfügung.

Man darf die Gleitkommaeinheit eines Mikroprozessors nicht mit einer (Gleitkomma)-Vektor-Pipeline verwechseln. Die letztere findet sich heute ausschließlich in Vektorrechnern. **Vektor-Pipelines** zeichnen sich dadurch aus, dass mit *einem* Vektorbefehl eine *Anzahl* von Gleitkommaoperationen auf den Wertepaaren aus zwei Arrays („Vektoren") von Gleitkommazahlen ausgelöst wird, während bei einer Gleitkommaeinheit *ein* Gleitkommabefehl nur die Ausführung *einer* Gleitkommaoperation auf einem einzelnen Paar von Gleitkommazahlen steuert.

Wegen der andersartigen Ausführungsstufen für Festpunkt-, Gleitkomma-, Lade-/Speicher- und Verzweigungsbefehle existieren auf heutigen superskalaren Mikroprozessoren mehrere, funktional verschiedenartige Befehls-Pipelines, die nur noch die Befehlsbereitstellungs-, die Decodier-, eine sogenannte Befehlszuordnungs- und eine Rückordnungsstufe gemeinsam besitzen.

3 Mikrocontroller

Mikrocontroller sind spezielle Mikrorechner auf einem Chip, die auf spezifische Anwendungsfälle zugeschnitten sind. Meist sind dies Steuerungs- oder Kommunikationsaufgaben, die einmal programmiert und dann für die Lebensdauer des Mikrocontrollers auf diesem ausgeführt werden. Die Anwendungsfelder sind hierbei sehr breit gestreut. Mikrocontroller wirken meist unsichtbar in einer Vielzahl von Geräten und Anlagen, die uns im täglichen Leben umgeben. Typische Anwendungsbereiche sind etwa

- im Haushalt
  - die Steuerung der Kaffeemaschine,
  - der Waschmaschine,
  - des Telefons,
  - des Staubsaugers,
  - des Fernsehers, ...

- in der KFZ Technik
  - das Motormanagement,
  - das Antiblockiersystem,
  - das Stabilitätsprogramm,
  - die Traktionskontrolle,
  - diverse Assistenten, z.B. beim Bremsen, ...

- in der Automatisierung
  - das Steuern und Regeln von Prozessen,
  - das Überwachen von Prozessen,
  - das Regeln von Materialflüssen,
  - die Steuerung von Fertigungs- und Produktionsanlagen, ...

- in der Medizintechnik
  - das Steuern von Infusionsgeräten,
  - Herz-Kreislauf-Monitoren,
  - Beatmungsgeräten,
  - Dialysegeräten, ...

Diese Liste ließe sich beliebig erweitern und soll nur einen kurzen Eindruck davon vermitteln, in welcher Weise Mikrocontroller den Einzug in unser tägliches

U. Brinkschulte, T. Ungerer, *Mikrocontroller und Mikroprozessoren*, eXamen.press, 3rd ed.,
DOI 10.1007/978-3-642-05398-6_3, © Springer-Verlag Berlin Heidelberg 2010

Leben gefunden haben. Um die Aufgaben optimal erfüllen zu können, sind spezielle Architekturen erforderlich, die aus den bisher betrachteten Mikroprozessorarchitekturen abgeleitet sind. Je nach Aufgabengebiet sind jedoch mehr oder minder starke Spezialisierungen notwendig. Es muss gesagt werden, dass es *den* Mikrocontroller schlechthin nicht gibt. Es existiert ein Vielzahl von anwendungsspezifischen Typen. Selbst innerhalb einer Mikrocontrollerfamilie eines Herstellers existieren meist Unterklassen, die sich in Ihrem Aufbau deutlich unterscheiden. So ist es nicht selten, dass von einem bestimmten Mikrocontroller, z.B. 68HC11, zwanzig und mehr Varianten 68HC11A1 – 68HC11P9 existieren, die jeweils für einen bestimmten Zweck optimiert sind. Dieses Kapitel gibt eine Übersicht über die Mikrocontrollertechnik. In den folgenden Abschnitten werden zunächst die gemeinsamen Eigenschaften aller Mikrocontroller und ihre Unterschiede zu Mikroprozessoren herausgearbeitet. Weitere Zielsetzung ist es, noch einmal genauer auf Anwendungsfelder einzugehen und einen Überblick über die heute verfügbare Leistungsklassen und Mikrocontrollerfamilien sowie über die Auswahlkriterien für einen bestimmten Mikrocontroller zu geben. Schließlich werden Techniken zur Softwareentwicklung auf Mikrocontrollern sowie aktuelle Forschungstrends vorgestellt. Eine detaillierte Beschreibung der Komponenten eines Mikrocontrollers findet sich im nächsten Kapitel.

3.1 Abgrenzung zu Mikroprozessoren

Einfach gesagt kann ein Mikrocontroller als ein **Ein-Chip-Mikrorechner mit speziell für Steuerungs- oder Kommunikationsaufgaben zugeschnittener Peripherie** betrachtet werden. Abbildung 3.1 gibt einen Überblick.

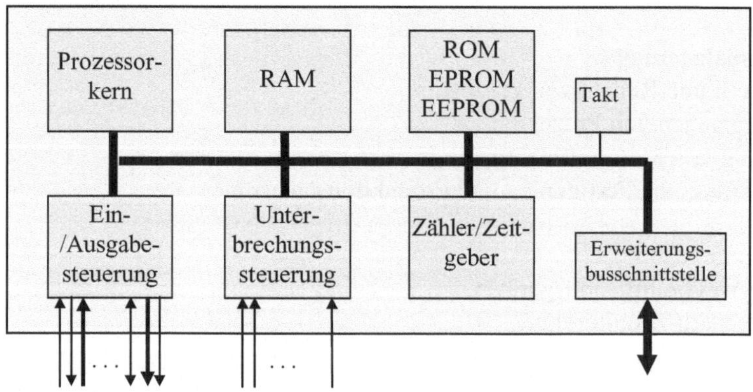

Abb. 3.1. Prinzipieller Aufbau eines Mikrocontrollers

Ziel dieses Aufbaus ist es, mit möglichst wenig externen Bausteinen eine Aufgabe lösen zu können. Im Idealfall genügt dafür der Mikrocontroller selbst, ein Quarzbaustein zur Taktgewinnung, die Stromversorgung sowie ggf. Treiberbausteine und ein Bedienfeld. Alle Komponenten werden mehr oder minder direkt vom Mikrocontroller gesteuert, wie in Abb. 3.2 am Beispiel der Fernbedienung eines Fernsehers dargestellt. Natürlich ist dies ein Idealfall, je nach Anwendung kommen verschiedene externe Bausteine hinzu. Jedoch steht der kostengünstige Einsatz von Rechen- und Steuerleistung bei Mikrocontrollern immer im Vordergrund.

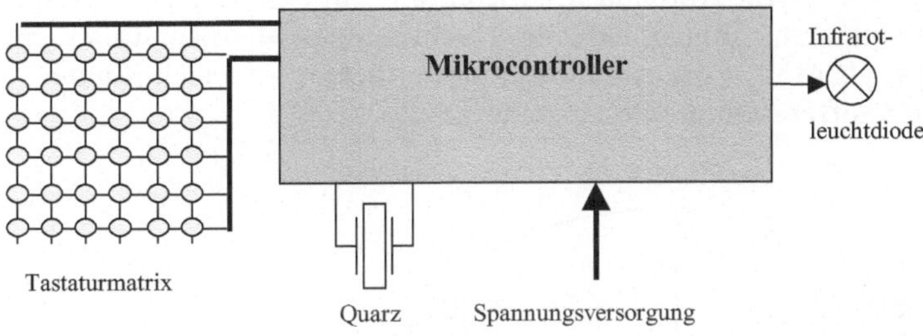

Abb. 3.2. Die Fernsteuerung eines Fernsehers auf einem Chip

Abbildung 3.3 stellt die wesentlichen Komponenten eines Mikrocontrollers im Schalenmodell dar. Dieses Modell gibt auch einen Überblick über die Komponentenhierarchie. Der Prozessorkern bildet das Herzstück eines Mikrocontrollers. Darum gruppieren sich die Speichereinheiten. An der äußeren Schale sind die verschiedenen Peripherie-Einheiten sichtbar.

Im Folgenden sollen die wesentlichen Komponenten kurz skizziert werden. Eine ausführliche Beschreibung der Eigenschaften und Funktionsweisen findet sich in Kapitel 4.

Prozessorkern

Der Prozessorkern eines Mikrocontrollers unterscheidet sich prinzipiell nicht von dem eines Mikroprozessors. Da beim Einsatz von Mikrocontrollern jedoch häufig die Kosten eine dominierende Rolle spielen und reine Rechenleistung nicht unbedingt das entscheidende Kriterium ist (z.B. zur Steuerung einer Kaffeemaschine), fällt der Prozessorkern eines Mikrocontrollers in der Regel deutlich einfacher aus als der eines Mikroprozessors. Hierbei sind zwei grundlegende Ansätze zu beobachten: einige Hersteller verwenden eigens für den jeweiligen Mikrocontroller entwickelte einfache Prozessorkernarchitekturen, die den im vorigen Kapitel beschriebenen grundlegenden Prozessortechniken folgen. Andere Hersteller benutzen mit geringfügigen Modifikationen die Prozessorkerne älterer Mikroprozessoren aus dem eigenen Haus. Dies schafft Kompatibilität und reduziert die Entwicklungskosten. Für viele Mikrocontroller-Anwendungen ist das Leistungsvermögen dieser Prozessorkerne völlig ausreichend. Die notwendigen Modifikationen betreffen meist den Stromverbrauch und das Echtzeitverhalten. So ist für Mikrocontroller in vielen Anwendungen ein Stromspar-Modus wünschenswert, der in Mikroprozessoren eher unbedeutend ist. Weiterhin wird im Allgemeinen auf die für das Echtzeitverhalten problematischen Caches verzichtet. Auch eine Speicherverwaltungseinheit wird bei Mikrocontrollern meist nicht benötigt, da keine virtuelle Speicherverwaltung eingesetzt wird. Diese verschiedenen Ansätze führen zu einer breiten Palette verfügbarer Prozessorkerne für Mikrocontroller, von sehr einfachen 8-Bit-Versionen über 16-Bit-Allround-Mikrocontroller hin zu sehr leistungsfähigen 32-Bit-Architekturen. Einige aktuelle Hochleistungs-Mikrocontroller sind mittlerweile sogar als Multi-Core Architekturen verfügbar (vgl. auch Kapitel 3.3 und 9.4), d.h. sie besitzen mehrere Prozessorkerne

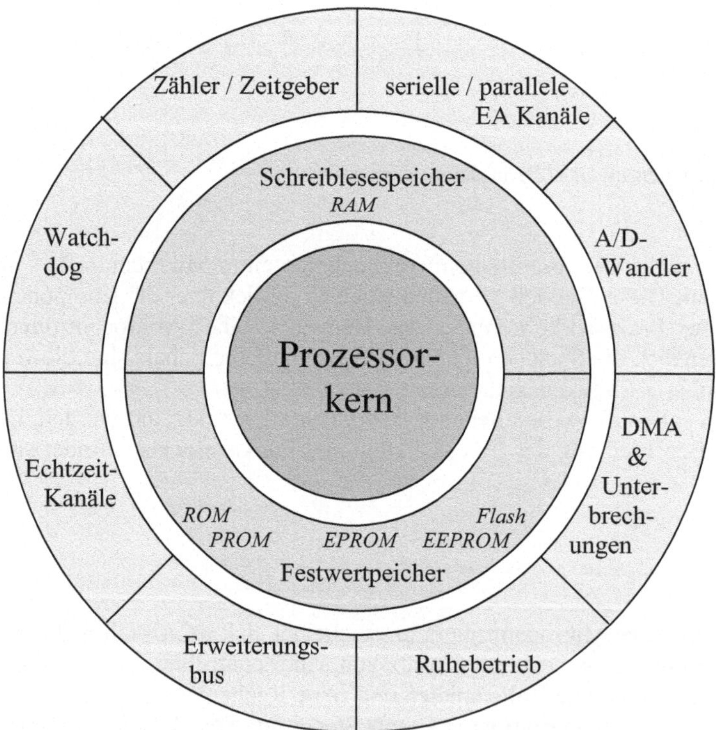

Abb. 3.3. Schalenmodell eines Mikrocontrollers

Speicher

Der integrierte Speicher ermöglicht das Ablegen von Programmen und Daten im Mikrocontroller-Chip. Gelingt dies vollständig, so erspart man sich die Kosten für externe Speicherkomponenten sowie zugehörige Dekodierlogik. Außerdem kann dann auch auf einen Speicher-Erweiterungsbus verzichtet werden, der durch seine Adress-, Daten- und Steuerleitungen wertvolle Gehäuseanschlüsse belegt. Gerade bei Mikrocontrollern sind Gehäuseanschlüsse eine knappe Ressource, da in der Regel die integrierten Peripherie-Einheiten um diese Anschlüsse konkurrieren. Dies führt oft zu Mehrfachbelegungen von Anschlüssen, insbesondere bei preisgünstigen, einfachen Mikrocontrollern mit kleinen Gehäusebauformen und weniger als 100 Anschlüssen. So können die Anschlüsse eines eingesparten Speicher-Erweiterungsbusses durch andere Einheiten des Mikrocontrollers genutzt werden.

Der integrierte Speicher ist aufgeteilt in einen nichtflüchtigen Festwertspeicher und einen flüchtigen Schreiblesespeicher. Größe und Typ dieser Speicher unterscheiden oft verschiedene Untertypen desselben Mikrocontrollers. So verfügt z.B. der Mikrocontroller 68HC11E1 über 512 Bytes Schreiblesespeicher und 512 Bytes Festwertspeicher, während sein Bruder 68HC11E2 bei gleicher CPU 256 Bytes Schreiblesespeicher und 2048 Bytes Festwertspeicher besitzt. Der flüchtige Schreiblesespeicher (*Random Access Memory, RAM*), der seinen Inhalt beim Abschalten der Spannungsversorgung verliert, dient meist als Datenspeicher. Der nichtflüchtige Festwertspeicher, der im normalen Betrieb nur gelesen werden kann und seinen Inhalt beim Abschalten der Spannungsversorgung bewahrt, dient als Programm- und Konstantenspeicher.

Je nach Schreibtechnik sind verschieden Typen von Festwertspeichern zu unterscheiden: ROMs (*Read Only Memory*) können nur vom Chip-Hersteller beim Herstellungsprozess einmalig mit Inhalt gefüllt werden und sind somit nur für den Serieneinsatz geeignet. PROMs (*Programmable Read Only Memory*) können von Anwender einmalig per Programmiergerät geschrieben werden. EPROMs (*Erasable Programmable Read Only Memory*) können vom Anwender mehrmals per Programmiergerät geschrieben und per UV-Licht wieder gelöscht werden. EEPROMs (*Electrically Erasable Programmable Read Only Memory*) und Flash-RAMs lassen sich elektrisch wieder löschen. Bei EEPROMs kann dies zellenweise geschehen, während Flash-Speicher sich nur im Block löschen lässt. Auch hier können verschiedene Untertypen desselben Mikrocontrollers über verschiedene Festwert-Speichertypen verfügen und sich somit für Prototypen (EPROM, EEPROM, Flash), Kleinserien- (PROM) oder Großserien-Fertigung (ROM) eignen.

Serielle und parallele Ein-/Ausgabekanäle

Serielle und parallele Ein-/Ausgabekanäle (*IO-Ports*) sind die grundlegenden digitalen Schnittstellen eines Mikrocontrollers. Über parallele Ausgabekanäle können eine bestimmte Anzahl digitaler Signale gleichzeitig gesetzt oder gelöscht werden, z.B. zum Ein- und Ausschalten von peripheren Komponenten. Parallele Eingabekanäle ermöglichen das gleichzeitige Lesen von digitalen Signalen, z.B. zur Erfassung der Zustände von digitalen Sensoren, etwa bei Lichtschranken. Serielle Ein-/Ausgabekanäle dienen der Kommunikation zwischen Mikrocontroller und Peripherie (oder anderen Mikrocontrollern) unter Verwendung möglichst weniger Leitungen. Die Daten werden hierzu nacheinander (seriell) über eine Leitung geschickt.

Je nach Art und Weise der Synchronisation zwischen Sender und Empfänger unterscheidet man synchrone und asynchrone serielle Kanäle. Bei einem asynchronen seriellen Kanal erfolgt die Synchronisation nach jedem übertragenen Zeichen durch spezielle Leitungszustände. Eine separate Taktleitung ist nicht erforderlich, Sender und Empfänger müssen sich lediglich über die Übertragungsgeschwindigkeit eines Zeichens, dessen Länge in Bits und über die speziellen Leitungszustände einig sein. So ist hier eine gleichzeitige bidirektionale Kommunikation mit nur drei Leitungen möglich. Synchrone serielle Kanäle benötigen entweder eine eigene Taktleitung, welche die Übertragungsgeschwindigkeit vorgibt, oder Daten werden in größeren Blöcken übertragen, wobei nur zu Beginn eines jeden Blockes synchronisiert wird. In diesem Fall müssen sowohl Sender wie Empfänger über hochgenaue Taktgeber verfügen, die während der Übertragung eines Blockes um nicht mehr als eine halbe Taktperiode voneinander abweichen dürfen.

Wie beim Speicher können verschiedene Untertypen desselben Mikrocontrollers über eine unterschiedliche Anzahl serieller oder paralleler Kanäle verfügen.

AD-Wandler

Analog/Digital-Wandler (AD-Wandler) bilden die grundlegenden analogen Schnittstellen eines Mikrocontrollers. Sie wandeln anliegende elektrische Analog-Signale, z.B. eine von einem Temperatur-Sensor erzeugte der Temperatur proportionale Spannung, in vom Mikrocontroller verarbeitbare digitale Werte um. Wesentliche Merkmale dieser Wandler sind *Auflösung* und *Wandlungszeit*. Die Auflösung wird in Bit angegeben. Ein 12-Bit-Wandler setzt den Analogwert in eine 12 Bit breite Zahl um, d.h., er kann theoretisch bis zu 2^{12} verschiedene Werte auflösen. Die effektive Auflösung wird jedoch durch eine Vielzahl von Fehlermöglichkeiten und Ungenauigkeiten weiter eingeschränkt. Die Wandlungszeit kann je nach eingesetzter Wandlungstechnik im Mikro- bis Millisekundenbereich liegen. Da mit abnehmender Wandlungszeit der Realisierungsaufwand stark ansteigt, sind in Mikrocontrollern meist eher langsame Wandler zu finden. Für eine ausführliche Diskussion sei auf Kapitel 4 verwiesen.

Interessanterweise findet man Digital/Analog-Wandler (DA-Wandler) sehr selten bei Mikrocontrollern. Diese Wandlungsrichtung ist einfacher, wird aber weniger oft benötigt. Sie kann leicht durch eine externe Komponente realisiert werden. Auch bei AD-Wandlern ist es manchmal notwendig, trotz eines im Mikrocontroller integrierten Wandlers auf einen externen Wandler zurückzugreifen, wenn Auflösung oder Wandlungszeit des integrierten Wandlers nicht ausreichen.

Zähler und Zeitgeber

Da Mikrocontroller sehr häufig im Echtzeitbereich eingesetzt werden, stellen Zähler und Zeitgeber wichtige Komponenten dar. Hiermit lässt sich eine Vielzahl von mehr oder minder umfangreichen Aufgaben lösen. Während beispielsweise das einfache Zählen von Ereignissen oder das Messen von Zeiten jeweils nur einen Zähler bzw. einen Zeitgeber erfordern, werden für komplexere Aufgaben wie Pulsweitenmodulationen, Schrittmotorsteuerungen und Frequenz- Drehzahl- oder Periodenmessungen mehrere dieser Einheiten gleichzeitig benötigt. Ein Mikrocontroller verfügt deshalb meist über mehrere Zähler und Zeitgeber.

Zähler besitzen in der Regel eine Breite von 16, 24 oder 32 Bit und können auf- oder abwärts zählen (*Up-/Downcounter*). Ein Zählereignis wird durch einen Spannungswechsel (eine positive oder negative Flanke) an einem externen Zähleingang ausgelöst. Wird ein Zähler an seinem Zähleingang mit einem bekannten Takt beschaltet, so wird aus ihm ein Zeitgeber. Dieser Takt kann entweder extern zugeführt werden oder aus einer internen Quelle, z.B. dem Prozessortakt, gewonnen werden. Zähler und Zeitgeber können darauf programmiert werden, bei Erreichen eines bestimmten Zählerstandes, etwa der 0, ein Ereignis im Prozessorkern auszulösen. Hierdurch kann sehr leicht die Behandlung periodische Ereignisse durch den Mikrocontroller realisiert werden.

Eine spezielle Realisierungsform der Zähler und Zeitgeber sind die sogenannten *Capture-und-Compare*-Einheiten. Wie der Name schon andeutet, erlauben diese Einheiten das Einfangen und das Vergleichen von Zählerständen. Sie können sehr flexibel für verschiedenste zeit- und ereignisbasierte Aufgaben eingesetzt werden.

Einige fortschrittliche Mikrocontroller verfügen über einen autonomen Coprozessor zur Zähler- und Zeitgeber-Steuerung. Dieser Coprozessor koordiniert selbsttätig mehrere Zähler und Zeitgeber und erledigt damit komplexe, zusammengesetzte Operationen wie z.B. die bereits oben genannten Frequenz- und Drehzahlmessungen oder Schrittmotorsteuerungen. Er entlastet die CPU des Mikrocontrollers von diesen Standardaufgaben.

Watchdogs

„Wachhunde" (*Watchdogs*) sind ebenfalls im Echtzeitbereich gerne eingesetzte Komponenten zur Überwachung der Programmaktivitäten eines Mikrocontrollers. Ihre Aufgabe besteht darin, Programmverklemmungen oder Abstürze zu erkennen und darauf zu reagieren. Hierzu muss das Programm in regelmäßigen Abständen ein ‚Lebenszeichen' an den Watchdog senden, z.B. durch Schreiben oder Lesen eines bestimmten Ein-/Ausgabekanals. Bleibt dieses Lebenszeichen über eine definierte Zeitspanne aus, so geht der Watchdog von einem abnormalen Zustand des Programms aus und leitet eine Gegenmaßnahme ein. Diese besteht im einfachsten Fall aus dem Rücksetzen des Mikrocontrollers und einem damit verbundenen Programm-Neustart. Ein Watchdog ist somit eine sehr spezielle Zeitgeber-Einheit, die einen Alarm auslöst, wenn sie nicht regelmäßig von einem aktiven Programm daran gehindert wird. Die Zeitspanne bis zum Auslösen des Watchdogs ist programmierbar und liegt je nach Anwendung und Mikrocontroller zwischen wenigen Millisekunden und Sekunden.

Die Nützlichkeit von Watchdogs hat sich z.B. bei der Sojourner Mars Mission der Nasa erwiesen. Hier hat ein Watchdog in der Steuerung des automatischen Sojourner Mars-Fahrzeugs mehrfach eine durch einen verborgenen Softwarefehler ausgelöste Verklemmung beseitigt und damit die Mission vor dem Scheitern bewahrt.

Echtzeitkanäle

Echtzeitkanäle (*Real-Time Ports*) sind eine für Echtzeitsysteme nützliche Erweiterung von parallelen Ein-/Ausgabekanälen. Hierbei wird ein paralleler Kanal mit einem Zeitgeber gekoppelt. Bei einem normalen Ein-/Ausgabekanal ist der Zeitpunkt einer Ein- oder Ausgabe durch das Programm bestimmt. Eine Ein- oder Ausgabe erfolgt, wenn der entsprechende Ein-/Ausgabebefehl im Programm ausgeführt wird. Da durch verschiedene Ereignisse die Ausführungszeit eines Programms verzögert werden kann, verzögert sich somit auch die Ein- oder Ausgabe. Bei periodischen Abläufen führt dies zu unregelmäßigem Ein-/Ausgabezeitverhalten, man spricht von einem *Jitter*. Bei Echtzeitkanälen wird der exakte Zeitpunkt der Ein- und Ausgabe nicht vom Programm, sondern von einem Zeitgeber gesteuert. Hierdurch lassen sich Unregelmäßigkeit innerhalb eines gewissen Rahmens beseitigen und Jitter vermeiden.

Unterbrechungen

Unterbrechungen (*Interrupts*) ermöglichen es dem Mikrocontroller, schnell und flexibel auf Ereignisse zu reagieren. Ein aufgetretenes Ereignis wird der CPU des Mikrocontrollers mittels eines Signals angezeigt. Dieses Signal bewirkt die Unterbrechung des normalen Programmablaufs und den Aufruf einer Behandlungs-Routine (*Interrupt Service Routine*). Nach Ablauf der Behandlungs-Routine nimmt der Mikrocontroller die normale Programmausführung an der unterbrochenen Stelle wieder auf. Unterbrechungen können sowohl von externen wie internen Ereignissen ausgelöst werden. Interne Unterbrechungsquellen sind in der Regel alle Peripherie-Komponenten des Mikrocontrollers wie Ein-/Ausgabekanäle, DA-Wandler, Zähler und Zeitgeber, Watchdogs etc. So lösen beispielsweise ein Zeitgeber nach einer vorgegeben Zeit oder ein serieller Eingabekanal bei Empfang eines Zeichens ein Unterbrechungssignal aus. Die aufgerufene Behandlungs-Routine kann dann das Ereignis bearbeiten, also im Beispiel des seriellen Kanals das empfangene Zeichen einlesen. Auch Fehler (z.B. Division durch 0) können eine Unterbrechung erzeugen. Externe Unterbrechungen werden über spezielle Anschlüsse, die *Interrupt-Eingänge* des Mikrocontrollers, signalisiert. Ein Spannungswechsel an diesen Eingängen löst eine Unterbrechung aus. Im Allgemeinen existieren mehrere externe und interne Unterbrechungsquellen. Jeder dieser Quellen kann eine eigene Behandlungs-Routine zugeordnet werden. Die Vergabe von Prioritäten löst das Problem mehrerer gleichzeitiger Unterbrechungen und regelt, ob eine Behandlungs-Routine ihrerseits wieder durch ein anderes Ereignis unterbrochen werden darf.

DMA

DMA (*Direct Memory Access*) bezeichnet die Möglichkeit, Daten direkt und ohne Beteiligung der CPU zwischen Peripherie und Speicher zu transportieren. Normalerweise ist die CPU für jeglichen Datentransport verantwortlich. Bei großem Datendurchsatz, etwa eines Datenstroms von einem schnellen AD-Wandler, kann dies die CPU erheblich belasten. Um hohe Datenraten zu gewährleisten, besitzen deshalb viele Mikrocontroller der höheren Leistungsklasse eine DMA-Komponente. Diese Komponente kann selbsttätig ankommende Daten zum Speicher oder ausgehende Daten zur Peripherie übertragen. Die CPU muss lediglich die Randbedingungen des Transfers (z.B. Speicheradresse, Peripherieadresse und Anzahl zu übertragender Zeichen) festlegen und kann dann während des Transfers andere Aufgaben bearbeiten. Das Ende einer Datenübertragung wird der CPU durch ein Unterbrechungs-Signal angezeigt. Je nach Mikrocontroller können eine oder mehrere DMA-Komponenten zur Verfügung stehen. Bei gleichzeitiger Anforderung entscheiden auch hier Prioritäten.

Ruhebetrieb

Mikrocontroller werden oft in Bereichen eingesetzt, in denen die Stromversorgung aus Batterien und Akkumulatoren erfolgt. Daher ist ein Ruhebetrieb (*Standby-Modus*) nützlich, in dem der Energieverbrauch und die Leistungsaufnahme des Mikrocontrollers auf ein Minimum reduziert werden. Diese Maßnahme verringert auch die Wärmeabgabe, die für manche Anwendungen, z.B. in stark isolierter Umgebung, kritisch ist. Im Standby-Modus sind die Peripherie-Komponenten abgeschaltet und der Schreiblesespeicher wird mit minimaler Spannung zur Aufrechterhaltung der gespeicherten Information versorgt. Weiterhin wird der Standby-Modus oft durch einen speziellen Aufbau des Prozessorkerns unterstützt: Konventionelle Mikroprozessoren besitzen normalerweise dynamische Steuerwerke. Diese Steuerwerke benutzen Kondensatoren zur Speicherung der Zustandsinformation. Kondensatoren verlieren jedoch die gespeicherte Information sehr schnell durch Selbstentladung. Daher müssen diese Mikroprozessoren mit einer Mindesttaktfrequenz betrieben werden. Mikrocontroller nutzen hingegen oft statische Steuerwerke, bei denen die Zustandsinformation dauerhaft in Flipflops gespeichert wird. Diese Steuerwerke können problemlos bis hin zur Taktfrequenz 0 verlangsamt werden. Da bei CMOS-Prozessoren die Leistungsaufnahme zumindest teilweise proportional zur Taktfrequenz ist, lässt sich so der Energie- und Leistungsbedarf des Prozessorkerns im Ruhebetrieb reduzieren.

Erweiterungsbus

Sind die im Mikrocontroller integrierten Komponenten nicht ausreichend, so ist ein Erweiterungsbus zur Anbindung externer Komponenten erforderlich. Da ein solcher Bus sehr viele Anschlüsse benötigt (z.B. 8-Bit-Daten, 16-Bit-Adressen und 4 Steuersignale = 28 Anschlüsse), werden Daten und Adressen oft nacheinander über die gleichen Leitungen übertragen (z.B. 16 Bit-Daten/Adressen und 4 Steuersignale = 20 Anschlüsse). Diese Betriebsart nennt man *Multiplexbetrieb*. Außerdem muss sich der Erweiterungsbus oft Anschlüsse mit internen Peripheriekomponenten teilen. Ist der Bus im Einsatz, so stehen diese Komponenten nicht mehr zur Verfügung. Daher erlauben viele Mikrocontroller eine Konfiguration des Erweiterungsbusses. Wird nicht der volle Adressraum von einer Anwendung benötigt, so kann die Anzahl der Adressleitungen stufenweise (z.B. von 16 auf 12) reduziert und es können damit Anschlüsse eingespart werden. Die freigewordenen Anschlüsse stehen dann wieder den internen Peripheriekomponenten zur Verfügung.

3.2 Anwendungsfelder

Wie bereits eingangs dieses Kapitels skizziert, ist der Einsatzbereich von Mikrocontrollern weit gefächert. Ein sehr interessanter Bereich ist die Automatisierungstechnik, da hier Anforderungen wie Schnittstellenvielfalt, Echtzeitverhalten, Zuverlässigkeit und Energieverbrauch eine bedeutende Rolle spielen. Alle im vorigen Abschnitt beschriebenen Komponenten werden somit benötigt. Die Automatisierungstechnik soll deshalb als Beispiel dienen, um verschiedenste Anwendungsfelder von Mikrocontrollern etwas genauer zu beleuchten.

Grundsätzlich ist der Einsatz von Mikrocontrollern immer dann interessant, wenn lokale Intelligenz mit möglichst geringem Aufwand (Kosten, Platzbedarf, Strombedarf, ...) realisiert werden muss. In der Automatisierungstechnik lassen sich die beiden folgenden grundlegenden Anwendungsfelder unterscheiden:

- Prozesssteuerung
- Steuerung von Bedienelementen

3.2.1 Prozesssteuerung

Bei der **Prozesssteuerung** muss ein zu automatisierendes System in vorgegebener Weise beeinflusst werden. Hierzu beobachtet man das System durch Sensoren, vergleicht gemessenes mit angestrebtem Verhalten und greift ggf. mit Aktoren ein. Dieser Vorgang lässt sich kurz durch die drei Begriffe **Messen**, **Stellen** und **Regeln** (MSR) beschreiben. Da heutige Automatisierungssysteme sehr komplex sein können, wird diese Aufgabe meist von mehreren kooperierenden Rechnersystemen erledigt. Man spricht von einem **verteilten Automatisierungssystem**. Abbildung 3.4 skizziert ein solches System. Die einzelnen Ebenen lassen sich deutlich unterscheiden. Zunächst müssen vor Ort, d.h. direkt beim zu automatisierenden System, die Sensoren gelesen und die Aktoren gesteuert werden. Im Sinne einer dezentralen, verteilten Intelligenz sind bereits hier erste Steuer- oder Regelentscheidungen zu treffen. Dies ist ein Hauptanwendungsfeld für Mikrocontroller. Durch ihre integrierte Peripherie sind sie ideal zur Ankopplung von Sensoren und Aktoren geeignet. Ihr Prozessorkern ist je nach Leistungsklasse in der Lage, mehr oder minder komplexe Steuer- und Regelalgorithmen zu bearbeiten. Auch ist es sinnvoll, hier vor Ort die kritischsten Echtzeitanforderungen zu erfüllen, da keine Verzögerungen durch längere Kommunikationswege anfallen.

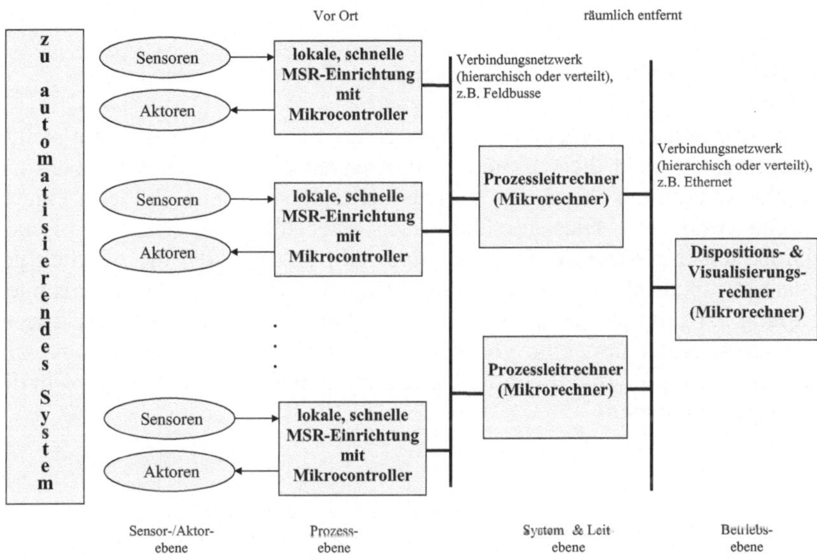

Abb. 3.4. Ein verteiltes Automatisierungssystem

Aufgaben, die für die Mikrocontroller vor Ort zu komplex sind, bilden das Einsatzfeld der *Prozessleitrechner*. Dies sind in der Regel mit Mikroprozessoren bestückte Rechnersysteme, die meist in robusten 19-Zoll-Einschubrahmen realisiert werden. So wird eine modulare, erweiterbare und mechanisch stabile Bauweise ermöglicht, die einen längeren Betrieb z.B. in einer Fabrikhalle übersteht. Auch auf dieser Ebene fallen noch zeitkritische Aufgaben an. Daher sind Prozessleitrechner vorzugsweise über echtzeitfähige Feldbusse untereinander und mit den Mikrocontrollern vor Ort verknüpft. In den höheren Ebenen finden schließlich normale PCs und Workstations Verwendung. Durch die größere räumliche Entfernung zur eigentlichen Produktionsstätte bestehen hier normalerweise keine erhöhten mechanischen Anforderungen mehr. Die anfallenden Aufgaben sind wenig zeitkritisch und betreffen die Planung, Disposition und Visualisierung der zu automatisierenden Abläufe.

Die höheren Ebenen sind jedoch im Rahmen dieses Buches nicht von Interesse, wir wollen uns vielmehr auf das Anwendungsfeld der Mikrocontroller konzentrieren: die Realisierung der Mess-, Stell- und Regeleinrichtungen vor Ort.

Die erste Kerntätigkeit ist das **Messen**. Hier fallen eine Reihe von Aufgaben an, die durch einen Mikrocontroller auf elegante Weise gelöst werden können:

- *Erfassen von analogen und digitalen Sensordaten*
  Dies ist der erste Schritt des Messens, der mit Hilfe der parallelen und seriellen Ein-/Ausgabekanälen sowie der AD-Wandler durchgeführt werden kann. Als Ergebnis liegen die gemessenen Werte in digitaler Form im Mikrocontroller vor.

- *Umrechnung von elektrischen in physikalische Werte nach vorgegebenen Kennlinien*
  Die von den Sensoren erzeugten und im ersten Schritt erfassten Werte stellen im Allgemeinen nicht die wirklich zu messenden physikalischen Größen dar. Vielmehr wandelt ein Sensor die zu messende physikalische Größe in eine elektrische Größe um. Dies geschieht nach einer für jeden Sensor typischen Funktion, seiner **Kennlinie**. Die Kennlinie gibt an, wie sich die wirklich gemessene physikalische Größe aus dem erzeugten elektrischen Wert berechnet. Abbildung 3.5 zeigt ein Beispiel für die Kennlinie eines Thermofühlers. Dieser Temperatursensor liefert eine von der Temperatur abhängige Ausgangsspannung. Die Kennlinie ermöglicht die Umrechnung eines Spannungswertes in die zugehörige Temperatur.

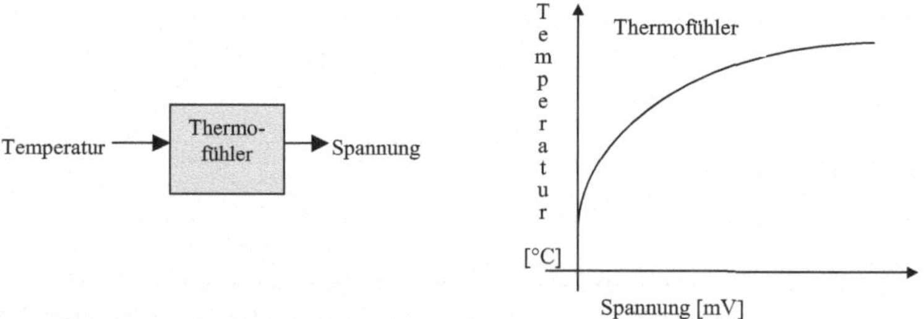

Abb. 3.5. Die Kennlinie eines Temperatursensors

Im zweiten Schritt des Messens kann deshalb der Mikrocontroller nach einer vorgegebenen Kennlinie aus den im ersten Schritt gemessenen elektrischen Werten die zugehörigen physikalischen Werte ermitteln.

- *Linearisierung von nichtlinearen Sensoren*
  Die Kennlinien von Sensoren sind oft nichtlinear, d.h. physikalische und elektrische Größe sind nicht direkt proportional zueinander. Vielmehr herrschen exponentielle, logarithmische oder noch komplexere Abhängigkeiten vor. Früher mussten diese Nichtlinearitäten durch aufwändige elektrische Beschaltungen der betroffenen Sensoren ausgeglichen werden. Mit Hilfe eines Mikrocontrollers können auch äußerst unregelmäßige Kennlinien bearbeitet und Nichtlinearitäten herausgerechnet werden. Die teure elektrische Kompensation kann entfallen.

- *Korrektur von Messfehlern, z.B. Nullpunktfehler, Temperatur-Drift, ...*
  Leider sind viele Sensoren anfällig für Fehler und parasitäre Effekte. Ein Beispiel für einen gängigen Fehler ist der sogenannte Nullpunktfehler. Dies bedeutet, der Nullpunkt der gemessenen physikalischen Größe ist nicht identisch mit dem Nullpunkt der elektrischen Größe, also z.B. 0 Volt Spannung entsprechen nicht 0 Grad Celsius. Dieser Fehler kann durch die Kennlinienberechnung im Mikrocontroller leicht ausgeglichen werden. Besonders unangenehm werden solche Fehler, wenn sie nicht konstant sind, sondern von einer anderen parasitären Größe abhängen. Ein Vertreter dieser Klasse ist der sogenannte Temperatur-Drift, d.h. die Kennlinie eines (eigentlich nicht die Temperatur messenden) Sensors ändert sich mit der Temperatur. Drucksensoren sind zum Beispiel sehr temperaturempfindlich.

- *Datenerfassung von multiplen Sensoren (z.B. Druck, Temperatur, ...)*
  Den genannten parasitären Effekten kann durch Datenerfassung von multiplen Sensoren begegnet werden. Neben der Nutzgröße werden auch die Störgrößen erfasst. Im Beispiel eines temperaturempfindlichen Drucksensors kann durch einen zusätzlichen Temperatursensor gleichzeitig die Temperatur am Drucksensor gemessen werden. Der Mikrocontroller ist dann in der Lage, den Temperaturfehler des Drucksensors herauszurechnen.

- *Auswerten der erfassten Daten*
  Nachdem die Messwerte erfasst und ggf. korrigiert wurden, kann der Mikrocontroller eine lokale Auswertung vornehmen. Im Beispiel einer Druckmessung könnte dies z.B. das Auslösen eines Alarms sein, wenn der Druck eine vorgegebene Schwelle überschreitet. Eine komplexere Auswertung wäre die Realisierung eines Regelkreises, wie er später in Abschnitt 3.2.1 noch beschrieben wird.

- *Datenkompression und -weiterleitung*
  Letzter Schritt des Messens ist schließlich die Weiterleitung der gemessenen, korrigierten und ausgewerteten Daten an eine übergeordnete Instanz, z.B. an einen Prozessleitrechner. Zur Reduktion des Datenvolumens können hier Kompressionsverfahren zur Anwendung kommen. Abbildung 3.6 zeigt das Beispiel einer temperaturkompensierten Druckmessung durch einen Mikrocontroller mit Daten-Weiterleitung an einen Leitrechner.

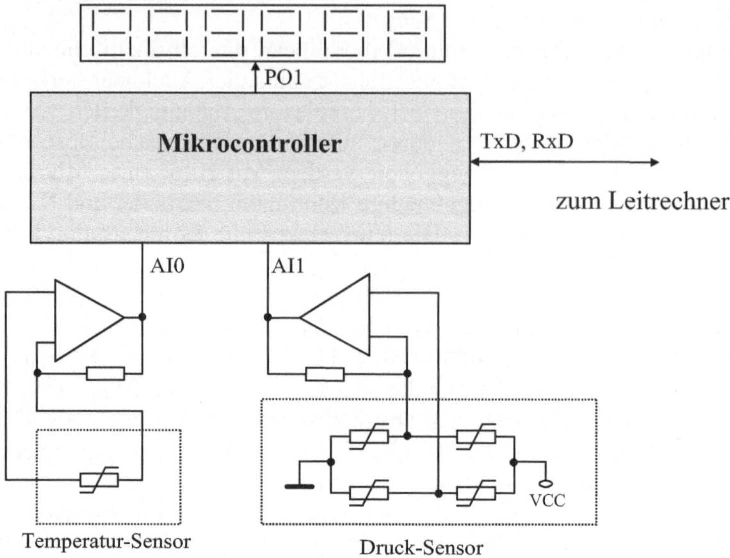

Abb. 3.6. Temperaturkompensierte Druckmessung

Das Gegenstück zum Messen ist das **Stellen**. Dabei müssen errechnete Werte in physikalische Größen umgewandelt werden, um einen zu automatisierenden Prozess zu beeinflussen. Auch hier fällt in der Regel eine mehrschrittige Abfolge von Aufgaben an, die durch einen Mikrocontroller gelöst werden können.

- *Umrechnung von physikalischen in elektrische Werte nach vorgegebenen Kennlinien*
  Wie Sensoren physikalische Größen in elektrische Größen umwandeln, so wandeln Aktoren in umgekehrter Richtung elektrische Größen in physikalische Größen um. Beispielsweise wird bei einem Heizelement ein elektrischer Strom in eine Temperatur umgewandelt. Beim Stellen muss also zunächst die zu der angestrebten physikalischen Ausgangsgröße gehörende elektrische Eingangsgröße ermittelt werden. Wie bei Sensoren geschieht dies mittels einer Kennlinie. Abbildung 3.7 zeigt als Beispiel die Kennlinie eines Heizelementes.

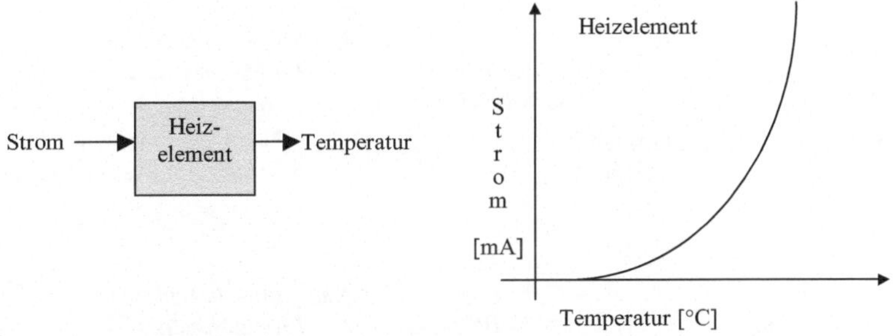

Abb. 3.7. : Die Kennlinie eines Heizelementes

- *Linearisierung nichtlinearer Aktoren*
  Auch Aktoren weisen häufig nichtlineare Kennlinien auf, so dass eine weitere Aufgabe des Mikrocontrollers in der Linearisierung der Kennlinie besteht, um ein gleichmäßiges Ausgabeverhalten zu erzielen.

- *Ausgabe digitaler und analoger Steuerdaten an Aktoren*
  Nach den ersten beiden Schritten liegt nun die erforderliche Eingangsgröße des Aktors als digitaler Wert vor. Dieser Wert kann nun an die den Aktor ansteuernde Peripherieeinheit übergeben werden. Für digitale Aktoren (also z.B. Lampe ein/aus, Weiche links/rechts) geschieht dies über einen parallelen Ausgabekanal. Analoge Aktoren (wie etwa das im Beispiel genannte Heizelement) werden mittels Digital-/Analogwandlern angesprochen. Abbildung 3.8 zeigt das Beispiel der Ansteuerung eines Heizelementes und eines Schiebers durch einen Mikrocontroller.

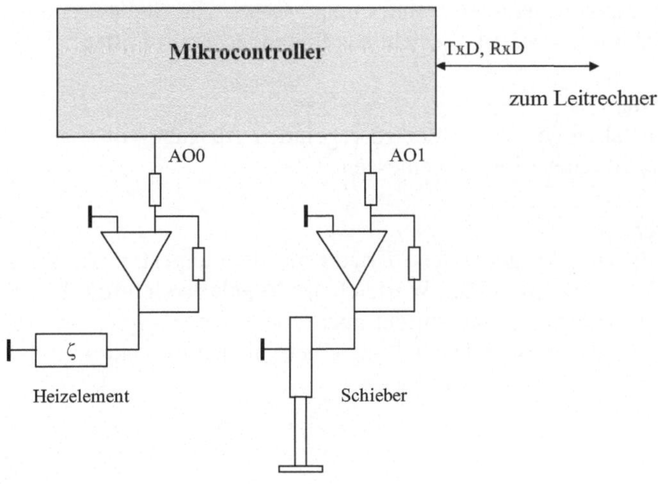

Abb. 3.8. Ansteuerung zweier analoger Aktoren

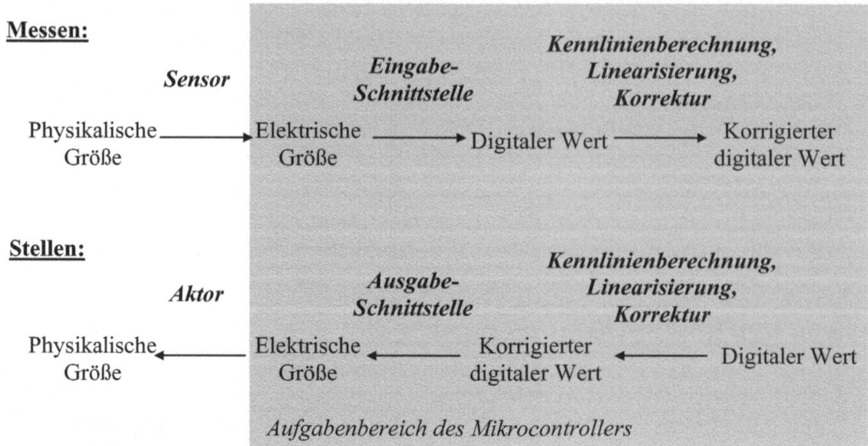

Abb. 3.9. Wandlungskette beim Messen und Stellen

Abbildung 3.9 fasst noch einmal die Kette der Umwandlungen und die Aufgaben des Mikrocontrollers beim Messen und beim Stellen zusammen.

Beim Stellen ergibt sich oft das Problem, dass ein fester Zusammenhang zwischen elektrischer Eingangsgröße und physikalischer Ausgabegröße des Aktors nicht ohne weiteres angegebenen werden kann. Der Einfluss von Störgrößen spielt hier eine bedeutende Rolle. So ist z.B. die Drehzahl eines Motors nicht nur von der Eingangsspannung, sondern auch in starkem Maße von der Last an der Motorachse abhängig. Dreht der Motor frei, so ergibt sich bei gleicher Eingangsspannung eine andere Drehzahl als z.B. beim Antreiben einer Pumpe. In diesen Fällen ist Stellen allein nicht ausreichend. Hier muss man Messen und Stellen zum sogenannten **Regeln** kombinieren. Regeln besteht aus folgenden Teilschritten:

- *Messen des Istwertes*
  Zunächst wird der aktuelle Istwert der zu regelnden Ausgabegröße, also z.B. die aktuelle Drehzahl eines Motors, gemessen.

- *Soll-/Istwert-Vergleich*
  Im zweiten Schritt wird der gemessene Istwert mit dem angestrebten Sollwert verglichen. Die Differenz aus beiden Werten heißt **Regelabweichung**. Es ergibt sich somit eine Rückführung, man spricht auch von einem **Regelkreis**. Abbildung 3.10 zeigt die schematische Darstellung eines solchen Regelkreises.

- *Ermittlung der Stellgröße*
  Aus der Regelabweichung kann nun die benötigte Stellgröße berechnet werden. Ziel ist, diese Regelabweichung zu minimieren, d.h. den Istwert möglichst nahe an den Sollwert heranzuführen. Dies ist Aufgabe des **Regelalgorithmus.**

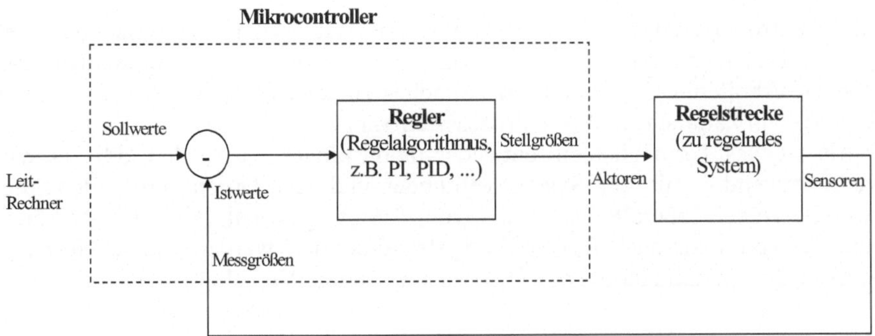

Abb. 3.10. Ein Regelkreis mit einem Mikrocontroller

Für den Regelalgorithmus existieren eine Vielzahl aus der Regelungstechnik bekannte Verfahren wie **P-Regler**, **PI-Regler**, **PID-Regler** oder **Fuzzy-Regler**, um nur einige Beispiel zu nennen. Je nach verwendetem Algorithmus gelingt die Minimierung der Regelabweichung besser oder schlechter. Der einfachste Regelalgorithmus ist der P-Regler. P steht hierbei für **Proportional**. Dieser Regler ermittelt die Stellgröße einfach dadurch, dass er die Regelabweichung mit einer Konstanten, dem **Proportionalfaktor**, multipliziert. Je größer dieser Faktor, desto geringer wird die Regelabweichung. Es gelingt bei diesem einfachen Regler jedoch nie, die Regelabweichung vollständig zu beseitigen. Außerdem tendiert der Regler mit steigendem P-Faktor zur Instabilität. Dieses Verhalten lässt sich durch Hinzufügen eines **Integralanteils** verbessern, wir erhalten den PI-Regler. Hierbei wird zur Ermittlung der Stellgröße über vergangene Regelabweichungen aufintegriert. Damit gelingt es, die Regelabweichung völlig zu beseitigen. Allerdings reagiert der Regler langsam, d.h., es dauert einige Zeit bis die Regelabweichung verschwindet. Durch Hinzufügen eines **Differentialanteils** kann der Regler beschleunigt werden, es entsteht der PID-Regler. Der Differentialanteil ermittelt die Veränderung der Regelabweichung in der Vergangenheit und erlaubt somit schnellere Reaktionen des Reglers in der Zukunft. Setzt man den Differentialanteil jedoch zu hoch an, so tendiert der Regler zum Überschwingen. Diese kurze Beschreibung soll nur einen Eindruck der Aufgaben vermitteln, die ein Mikrocontroller beim Regeln zu bewältigen hat. Je nach Regelalgorithmus sind hierfür mehr oder minder leistungsfähige Mikrocontroller erforderlich.

Für weiterführende Informationen sei der interessierte Leser auf die einschlägige Literatur der Regelungstechnik, etwa [Föllinger et al. 1994], verwiesen.

3.2.2 Steuerung von Bedienelementen

Mikrocontroller eignen sich hervorragend zur Realisierung von einfachen Anzeige- und Bediengeräten auf der Leit- und Betriebsebene eines Automatisierungssystems. Abbildung 3.11 zeigt ein einfaches Handterminal zur Eingabe und zur Anzeige von Parametern für die Prozesssteuerung.

Ein solches Terminal kann entweder mobil eingesetzt werden, d.h., es wird, wenn notwendig, mit dem System verbunden und nach Durchführung der Eingabe- oder Anzeigeoperationen wieder vom System getrennt. Andererseits können einfache Terminals auch fest in ein System integriert werden und so viele teure Anzeigelampen und Knöpfe sowie deren aufwändige Verkabelung ersetzen.

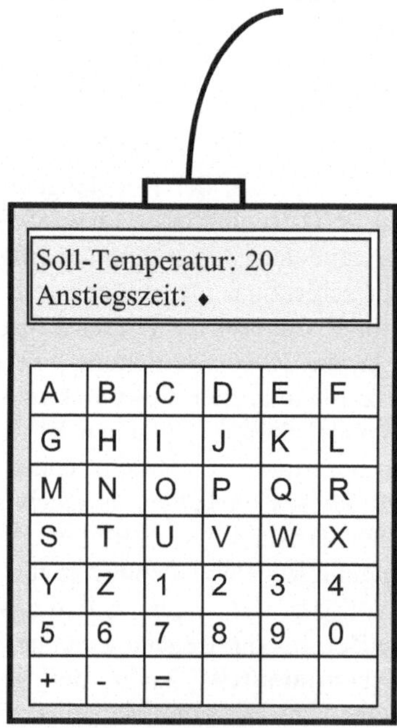

Abb. 3.11. Ein Handterminal zur Eingabe von Prozessparametern

Die einfache Realisierung eines Handterminals ist in Abb. 3.12 dargestellt. Ein zentraler Mikrocontroller übernimmt nahezu alle Aufgaben. Mit Hilfe zweier paralleler Eingabeports kann die Tastaturmatrix gelesen werden. Das Drücken einer Taste schließt einen Kreuzungspunkt und führt zu einem Signal in einer Zeilen- und einer Spaltenleitung. Der Mikrocontroller kann beide Signale auswerten und somit die gedrückte Taste identifizieren. Diese Anschlusstechnik minimiert die

Anzahl der erforderlichen Leitungen. Eine quadratische Matrix ist hier besonders günstig, da mit 2n Leitungen n^2 Tasten eingelesen werden können. Ggf. ist eine **Entprellung** notwendig, d.h. der Controller blendet mittels einer Zeitverzögerung die beim Schließen der Taste durch mechanisches Prellen auftretende Störimpulse aus. Die LCD-Anzeige-Einheit des Terminals kann mittels eines parallelen Ausgabeports angesprochen werden. Die Schnittstelle zum Leit- oder Prozessrechner wird mit einer im Mikrocontroller integrierten seriellen Schnittstelle realisiert. In diesem Beispiel kommt die Grundidee des Mikrocontrollers voll zum Tragen, eine Aufgabe möglichst ohne zusätzliche externe Komponenten zu bewältigen.

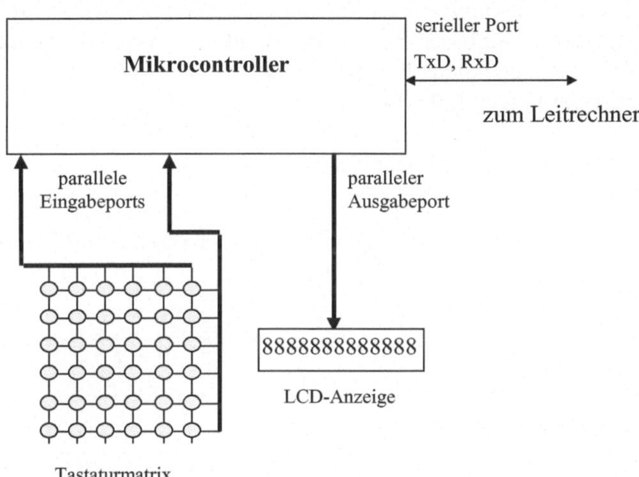

Abb. 3.12. Realisierung des Handterminals mit einem Mikrocontroller

3.3 Leistungsklassen und industrielle Mikrocontrollerfamilien

Mikrocontroller lassen sich nach ihrem Prozessorkern sowie nach ihrer verfügbaren Peripherie in Leistungsklassen und Familien aufteilen.

Die *Leistungsklasse* wird vom Prozessorkern bestimmt. Generell kann man nach der Datenbreite des Prozessorkerns zwischen **8-Bit-, 16-Bit-** und **32-Bit-Mikrocontrollern** unterscheiden. Anzumerken ist, dass bei 16- und 32-Bit-Mikrocontrollern hierbei meist die Breite der internen Datenpfade und Register, jedoch nicht die Breite des externen Erweiterungsbusses gemeint ist. Dieser ist in der Regel von geringerer Breite (also etwa 8 Bit bei 16-Bit-Mikrocontrollern und 16 Bit bei 32-Bit-Mikrocontrollern), um die Anzahl der externen Anschlüsse zu begrenzen. Da bei Mikrocontrolleranwendungen aber bevorzugt auf die internen

Komponenten zurückgegriffen wird, spielt ein schmälerer Erweiterungsbus eine eher untergeordnete Rolle.

Eine **Mikrocontrollerfamilie** wird durch eine Menge von Mikrocontrollern mit gleichem Prozessorkern, jedoch unterschiedlichen peripheren Einheiten und internen Speichergrößen definiert. Durch die geeignete Auswahl eines passenden Mikrocontrollers aus einer Familie lassen sich so anwendungsorientierte, kostenoptimale Lösungen erstellen.

Im Folgenden wird ein Überblick über Mikrocontrollerfamilien einiger Hersteller gegeben. Dieser Überblick erhebt keinen Anspruch auf Vollständigkeit. Durch den rasanten Fortschritt werden einige der genannten Mikrocontroller wieder vom Markt verschwinden, während ständig neue hinzukommen. Es soll daher im Wesentlichen ein Eindruck der verfügbaren Palette und Bandbreite von Mikrocontrollern vermittelt werden. Darüber hinaus beweisen nicht wenige dieser Mikrocontroller die Fähigkeit zu einer langen Lebensdauer.

Tabelle 3.1. Klassische Intel Mikrocontrollerfamilien

Familie	Festwert-speicher (KBytes)	Schreiblese-speicher (Bytes)	Zeit-geber (Anzahl)	Serielle E/A (Anzahl)	AD-Wandler (Anzahl x Bit)	Takt (MHz)
Intel 8 Bit						
MSC51	4 - 32	128 - 512	2 - 4	0 - 1	(0-4) x 8	12 - 33
MSC251	0 - 16	512 - 1024	4	1 - 2	-	16 - 24
Intel 16 Bit						
MSC96	32 - 56	1K - 1,5K	3	1 - 2	(6-8) x (8-10)	20 - 50
MSC296	-	2K	2	1	-	50
Intel 32 Bit						
PXA	-	64 - 256K	3 - 11	8 - 10	-	200 - 520

Beginnen wollen wir mit einem Überblick der klassischen Mikrocontroller von Intel. Tabelle 3.1 skizziert diese und deren wesentlichen Eigenschaften. Intel hat zwar seine Mikrocontrollersparte im Jahr 2007 eingestellt, jedoch werden viele dieser Bausteine in lizenzierter und teilweise verbesserter Form von anderen Herstellern weiter produziert. Es lohnt sich daher, einen Blick auf die ursprünglichen Mikrocontroller zu werfen. Die Aufzählung in Tabelle 3.1 ist natürlich nicht vollständig. Je nach Controller sind weitere Komponenten vorhanden, die in der Tabelle aus Platzgründen nicht aufgeführt sind. So verfügt zum Beispiel jeder der genannten Mikrocontroller über ca. 20 – 60 parallele Ein-/Ausgabekanäle. Dies gilt für alle folgenden Tabellen in diesem Abschnitt. Für detailliertere Informationen sei deshalb auf die zu den Mikrocontrollerfamilien genannte Literatur verwiesen. Des Weiteren werden in Kapitel 5 mehrere Controller detailliert vorgestellt.

Das 8-Bit-Segment wurde durch die bewährten Familien MSC51 und MSC251 vertreten. Der CISC-Prozessorkern der MSC25- Familie ist eine Weiterentwicklung des MSC51-Kerns, so dass die Familien binärcode-kompatibel waren. Der

MSC251-Kern verfügte über zusätzliche Instruktionen und besaß einen größeren Adressraum (4 x 64 KByte gegenüber maximal 2 x 64 KByte beim MSC51). Abbildung 3.13 zeigt die Regeln der Namensgebung für die Mitglieder beider Familien. So war beispielsweise ein TP87C251SB-16 ein Mikrocontroller der MSC251-Familie mit 16 MHz Taktfrequenz, internem EPROM als Festwertspeicher, einem Plastik-Dual-Inline-Gehäuse und einem Temperaturbereich von -40° bis +85° Celsius. Der gleiche Mikrocontroller mit internem ROM anstelle von EPROM hatte die Bezeichnung TP83C251SB-16, während eine Version ganz ohne internen Festwertspeicher TP80C251SB-16 hieß.

Zu MSC51 bzw. MSC251 kompatible Mikrocontroller werden heute von vielen Herstellern angeboten, z.B. von Atmel in den AT83 bzw. AT89 Serien oder von Infineon in den C500 und XC800 Serien (siehe später in diesem Kapitel).

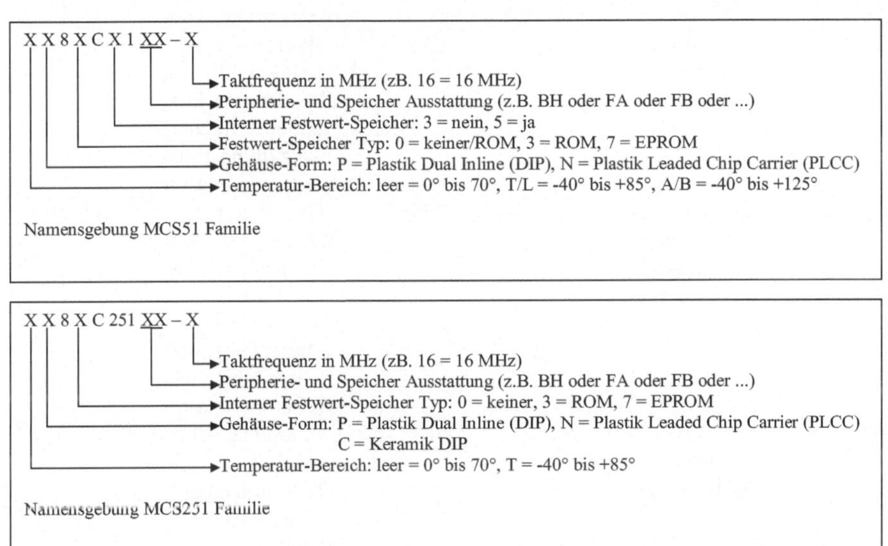

Abb. 3.13. Namensgebung der MCS51-/251-Mikrocontrollerfamilien

Das 16-Bit-Segment wurde durch die Mikrocontrollerfamilien MCS96 bzw. MCS296 vertreten. Auch hier besaßen beide Familien einen binärcode-kompatiblen CISC-Prozessorkern und waren in verschiedene Unterfamilien aufgeteilt, z.B. HSIO (*High Speed IO*) mit besonders schneller Peripherie, EPA (*Event Processor Array*) für Ereignisbehandlung und Kontrollanwendungen optimiert, MC (*Motion Control*) speziell zur Ansteuerung von Motoren ausgelegt und CAN mit integriertem CAN-Bus Interface.

Das 32-Bit-Segment wurde durch die PXA-Familie, den Nachfolger der StrongARM-Famile, abgedeckt. Der Prozessorkern war eine Implementierung der *ARM* (*Advanced Risc Machines Ltd.* [ARM 2010]) Version 5 RISC Architektur, von Intel auch *XScale* Architektur genannt. Der erste Vertreter dieser Familie war der PXA210. Dem folgten die verbesserten Typen PXA250 und PXA255. Im Jahr

2006 wurde die komplette PXA-Sparte von Intel an die Firma Marvell verkauft. Diese führt nun die Entwicklung der PXA-Reihe weiter. Tabelle 3.2 zeigt die aktuellen PXA Mikrocontroller von Marvell [2010].

Tabelle 3.2. Die PXA Mikrocontroller Familie nach der Übernahme durch Marvell

Typ	L1 Cache (KBytes)	L2 Cache (KBytes)	Schreiblese-Speicher (KBytes)	Periphere Komponenten (Auszug)	Takt (MHz)
PXA270	64 (32 Daten + 32 Befehle)	-	256	Parallele E/A, UART, USB, I^2S, Zähler/Zeitgeber, Echtzeituhr, Pulsweitenmodula-tor	bis 624
PXA300	64 (32 Daten + 32 Befehle)	-	256	Parallele E/A, UART, USB, I^2S, I^2C, Kamera-E/A, Zähler/Zeitgeber, Echtzeituhr, Pulsweitenmodula-tor	bis 624
PXA310	64 (32 Daten + 32 Befehle)	-	256	Parallele E/A, UART, USB, I2S, I2C, Kamera-E/A, MPEG-Beschleuniger, Zähler/Zeitgeber, Echtzeituhr, Pulsweitenmodula-tor	bis 624
PXA320	64 (32 Daten + 32 Befehle)	256	768	Parallele ES, UART, USB, I2S, I2C, Kamera-E/A, Zähler/Zeitgeber, Echtzeituhr, Pulsweitenmodula-tor	bis 624
PXA168	64 (32 Daten + 32 Befehle)	512	-	Parallele EA, UART, USB, I2S, I2C, Kamera-E/A, Zähler/Zeitgeber, Echtzeituhr, Pulsweitenmodula-tor	bis 1200

Aktuell besteht die Familie aus den Mitgliedern PXA270, PXA300, PXA310 und PXA320, welche direkt auf der ursprünglichen Intel XScale-Architektur basieren. Sie enthalten einen Level 1 Datencache und einen Level 1 Code Cache von jeweils 32 kBytes und einen statischen Schreiblesespeicher von 256 kBytes. Der PXA320 enthält zusätzlich noch einen Level 2 Cache von 256 kBytes, der statische Schreiblesespeicher ist auf 768 kBytes vergrößert. Alle diese Mikrocontroller enthalten eine virtuelle Speicherverwaltung, einen Multimedia-Coprozessor (teilweise mit MPEG Beschleuniger) sowie zahlreiche periphere Komponenten wie Zähler und Zeitgeber, parallelen E/A-Schnittstellen, DMA- und Interrupt-Controller, Anzeigesteuerungen sowie serieller E/A-Schnittstellen, von denen einige speziell für drahtlose Kommunikationstechniken wie Infrarot und Bluetooth optimiert sind. Diese Mikrocontroller, von denen in Kapitel 5 der PXA270 als ein Beispiel genauer besprochen wird, sind mit einer Taktfrequenz von bis zu 624 MHz besonders für mobile, eingebettete Anwendungen mit hohem Rechenleistungsbedarf geeignet.

Das Flagschiff der Reihe stellt der neue PXA168 dar. Er besitzt einen verbesserten Prozessorkern namens Sheeva. Diese Weiterentwicklung der XScale Architektur basiert immer noch auf ARM Version 5, erlaubt aber eine deutlich gesteigerte Taktfrequenz von bis zu 1,2 GHz.

Tabelle 3.3. Atmel Mikrocontrollerfamilien

Familie	Festwert-speicher (KBytes)	Schreiblese-speicher (Bytes)	Zeit-geber (Anzahl)	Serielle E/A (Anzahl)	AD-Wandler (Anzahl x Bit)	Takt (MHz)
Atmel 8 Bit						
AVR 8	1 - 256	128 - 8k	2	1 - 2	(1 - 16) x 10	16 - 20
MSC51 komp.	2 - 128	128 - 8k	2 - 4	0 - 3	(0-8) x (8-0)	16 - 60
Atmel 8/16 Bit						
AVR 8/16	16 - 384	2k - 32k	4-8	4 - 12	(12 - 16) x 12	16 - 20
Atmel 32 Bit						
AVR 32	16 -512	128k	6	10	1 x 16	66
ARM	0 - 2048	8K - 256K	3 - 9	4 - 6	(8-16) x (10-12)	33-400

Tabelle 3.3 zeigt einen Überblick der wesentlichen Mikrocontrollerfamilien der Firma Atmel [2010/1]. Das 8-Bit Segment enthält neben einer zur Intel MSC51-Architektur kompatiblen Familie (Serien AT83 und AT89) die eigenständige AVR 8 Familie. Im Unterschied zu den 8-Bit Mikrocontrollern von Intel findet hier ein RISC-Prozessorkern Verwendung. Tabelle 3.4 gibt einen exemplarischen Überblick über die Mitglieder dieser Familie, die sich grob in vier Gruppen gliedern lässt. Die ATtiny Mikrocontroller stellen das untere Ende des Leistungsspektrums mit wenig Speicher, einfachen Schnittstellen und sehr kleinen Gehäusebauformen dar. Die ATmega Mikrocontroller sind mit mehr Speicher und Schnittstellen ausgestattet. Darüber hinaus verfügen sie im Gegensatz zur ATtiny Serie z.B. über einen Hardware-Multiplizierer im Prozessorkern. Die AT90 Mikrocontroller sind für spezielle Anwendungen mit CAN-Bus-Schnittstellen oder mehrkanaligen Pulsweitenmodulatoren ausgestattet. Diese Controller sind jedoch nicht mit der veralteten AT90S-Serie zu verwechseln, welche durch die ATtiny- und ATmega-Serien abgelöst wurde. Die AT94 Serie enthält schließlich als Besonderheit pro-

grammierbare Logik in Form eines FPGA und schließt somit eine Brücke in Richtung SoC. Ein Mitglied der AVR 8 Familie, der ATmega128A, wird in Kapitel 5 als weiteres Beispiel eines Mikrocontrollers genauer betrachtet.

Tabelle 3.4. Die Mitglieder der AVR8 Familie

ATtiny1X 2X 4X 8X	Grundmodelle mit 1, 2, 4 oder 8 kBytes ROM. Je nach X unterschiedliche Versionen, z.B. ATtiny11 mit 6 MHz, ATtiny12 mit 8 MHz und ATtiny13 mit 20 MHz Taktfrequenz.
ATmega8X 16X 32X 64X 128X 256X	Erweiterte Modelle mit 8 bis 256 kBytes ROM. Je nach X unterschiedliche Varianten, z.B. ATmega128A mit 4 kBytes RAM und ATmega1280 mit 8 kBytes RAM.
AT90X	Spezialversionen, z.B. AT90CAN128 mit CAN-Bus-Einheit oder AT90PWM1 mit Pulsweitenmodulator.
AT94X	Enthält programmierbare Logik (FPGA).

Im 16-Bit Segment bietet Atmel die ATxmega Reihe an. Diese basieren ebenfalls auf dem in der AVR 8 Reihe eingesetzten Prozessorkern, der jedoch erweitert wurde. Die Baureihe firmiert daher bei Atmel als 8/16 Bit Mikrocontroller. Tabelle 3.5 gibt einen Überblick der Familienmitglieder. Als besonderes Merkmal besitzen alle Mitglieder dieser Familie Hardwareunterstützung für Verschlüsselung und bieten schnelle ereignisbasierte Kommunikation zwischen den peripheren Schnittstellen ohne Belastung des Prozessorkerns oder der DMA Kanäle.

Im Segment der 32-Bit Mikrocontroller sind bei Atmel 2 Familien verfügbar. Die ARM Familie mit den Reihen AT91 und SAM benutzt wie Intel bei der PXA Familie einen ARM RISC Prozessorkern, allerdings in den Versionen 7 bzw. 9. Die AVR 32 Familie bietet mit der AT32UC3 Reihe eine Verarbeitungsleistung von bis zu 91 MIPS verbunden mit flexibler und schneller Hochleistungsarithmetik.

Tabelle 3.5. Die Mitglieder der AVR8/16 Familie

Atxmega16X 32X 64X 128X 192X 256X 384X	Erweiterter, aber zu den AVR 8 Modellen kompatibler Prozessorkern, Hardwareunterstützung für Verschlüsselung, Ereignisbasierte direkte Kommunikation zwischen Peripherie-Komponenten, Modelle mit 16 bis 384 kBytes ROM. Je nach X unterschiedliche Varianten, z.B. ATxmega128A1 mit 78 und ATxmegaA4 mit 32 parallelen E/A-Kanälen.

Tabelle 3.6 zeigt die bedeutendsten Mikrocontroller der Firma Freescale [2010/1]. Diese Mikrocontroller wurden bis zum Jahr 2004 unter dem Namen der Firma Motorola vermarktet. Im August 2004 wurde Freescale als unabhängiges Unternehmen ausgegründet. Im 8-Bit-Segment sind bei Freescale drei Familien verfügbar, RS08, HC08 und HCS08. Jede dieser Familien verfügt über zahlreiche Mitglieder. HC08 und HCS08 repräsentieren das obere Ende des 8-Bit Leistungsspektrums mit einem 8-Bit CISC Prozessorkern und reichhaltigen Schnittstellen. Die RS08 Familie benutzt eine vereinfachte Version dieses Prozessorkerns mit verringertem Instruktionssatz und besitzt weniger Schnittstellen und Speicher.

Tabelle 3.6. Freescale Mikrocontrollerfamilien

Familie	Festwert-speicher (KBytes)	Schreiblese -speicher (Bytes)	Zeit-geber (Anzahl)	Serielle E/A (Anzahl)	AD-Wandler (Anzahl x Bit)	Takt (MHz)
Freescale 8 Bit						
RS08	1 - 12	64 - 256	1 - 2	1	(0 – 8) x 10	10
HC08	1 - 60	128 - 2K	1 - 8	0 - 4	(0-15) x (8-10)	6 - 32
HCS08	4 - 128	128 - 8K	1 - 16	0 - 3	(0-12) x (8-12)	16 - 40
Freescale 16 Bit						
S12	16- 1000	2K - 32K	1 - 3	1 - 6	(8-16) x (8-12)	16 -80
HC16	0 - 8	1K - 4K	2-8, TPU	1 - 2	8 x 10	16 - 25
Freescale 32 Bit						
MCore	0 - 256	8K - 32K	0 - 4	3	(0-8) x 10	16 - 33
i.MX(ARM)	32 - 1024	32K - 256K	16	1 - 4	(16-32) x 10	100 - 800
68k/Coldfire	0 - 512	0 - 128K	2-16,TPU	1 - 3, CP	(0-16) x 10	16-260
Power	0 - 1024	26K - 2048K	7-70,TPU	5 - 9	(0-40) x (8-12)	40- 2000

Im 16-Bit-Segment existieren zwei Familien, die im Unterschied zu den 8-Bit-Mikrocontrollern über einen leistungsfähigeren und schnelleren 16-Bit-CISC-Prozessorkern, mehr Speicher und mehr Peripherie verfügen.

Sehr interessant sind auch die 32-Bit-Mikrocontroller von Freescale. Hier gibt es vier Familien mit sehr unterschiedlichen Prozessorkernen: Während die MCore-Familie einen der ersten speziell auf niedrigen Energieverbrauch hin entwickelten 32-Bit-RISC-Prozessorkern verwendet, nutzen die i.MX Prozessoren wie bei Intel und Atmel einen ARM Prozessorkern. Hier kommen die Versionen 9 und 11 der ARM Architektur zum Einsatz. Die Familien Power und 68k/Coldfire verwenden Prozessorkerne von bekannten Mikroprozessoren. Die Power Familie basiert auf verschiedenen Versionen des PowerPC RISC Prozessorkerns [Power Architecture 2010] und unterteilt sich in mehrere Serien: die M5XXX Serie ist im Wesentlichen für den Einsatz im Automobilbereich gedacht und nutzt den älteren PowerPC-G2-RISC-Prozessorkern. Die Serien MPC6XXX, MPC7XXX und MPC8XXX sind Hochleistungs-Mikrocontroller und teilweise mit 2 Prozessorkernen (Multi-Core) ausgestattet. Sie nutzen die PowerPC Prozessorkerne e500 bzw. e600. Während der Prozessorkern e500 dem PowerPC Standard ISAv2.03 entspricht, erweitert der e600 Kern die PowerPC-G4 Architektur, ist aber nicht zu den PowerPC ISA Standards kompatibel. Weitere Mitglieder in der Freescale Power Familie sind die PowerQUICC und QorIQ Serien, welche für Anwendungen im Kommunikationsbereich ausgelegt sind und ebenfalls den e500 Prozessorkern besitzen.

Tabelle 3.7. Die 68k/Coldfire-Familie

68k	
MC68302	Multi-Protokoll-Prozessor, für Kommunikationsaufgaben optimiert, autonomer Kommunikations-Prozessor (CP)
MC68306	Economie-Prozessor, integrierter Controller für dynamischen Speicher
MC68331	Für Steuerungsaufgaben optimierter Controller, umfangreiche Peripherie
MC68332	Für Steuerungsaufgaben optimierter Controller, gegenüber dem 68331 verbesserter Prozessorkern und autonomer Zeitgeber Coprozessor (TPU)
MC68336	Integrierter SRAM Controller
MC68340	Integrierter DMA-Controller
MC68360	Integrierter DMA- und Interrupt-Controller
MC68376	CAN-Bus Interface
ColdFire	
V1 (MCF51X)	Einstiegsversion, einfache Peripherie, vereinfachter Prozessorkern
V2 (MCF52X)	Für Kommunikation und Schnittstellen optimiert, Ethernet, USB, Verschlüsselung
V3 (MCF53X)	Für Kommunikation und Schnittstellen optimiert, 3 x schnellerer Kern als V2
V4 (MCF54X)	Höchste Verarbeitungsleistung, 2 x schnellerer Kern als V3, für vernetzte Steuerungsaufgaben

Die Mitglieder der 68k-Famile nutzen 68000 bzw. 68020-CISC-Prozessorkerne. Coldfire stellt eine Weiterentwicklung dieser Familie dar, bei der die CISC-Prozessorkerne im Befehlssatz reduziert und hierdurch zu einer Art RISC-Kern umgearbeitet wurden. Tabelle 3.7 gibt einen Überblick über die Mitglieder der 68k/Coldfire-Familie. Neben dem 32-Bit Prozessorkern kommt Hochleistungs-Peripherie zum Einsatz. So verfügen einige Mitglieder über einen autonomen Zähler-/Zeitgeber-Coprozessor (*TPU, Time Processing Unit*), der selbstständig und unabhängig vom eigentlichen Prozessorkern des Mikrocontrollers komplexe Aufgaben wie etwa Drehrichtungserkennung, Drehzahlmessung, Schrittmotorsteuerung etc. durchführen kann. Andere Mitglieder besitzen einen autonomen Kommunikations-Coprozessor (*CP, Communication Processor*). Als Beispiel aus dieser Familie wird der MC68332 in Kapitel 5 genauer betrachtet.

Die folgenden beiden Tabellen 3.8 und 3.9 geben schließlich einen Überblick über Mikrocontroller der Hersteller NEC [2010] und Infineon [2010], die ebenfalls einen nicht unbeträchtlichen Marktanteil besitzen. Für weiterführende Informationen sei auf die Unterlagen der Hersteller verwiesen.

Tabelle 3.8. NEC Mikrocontrollerfamilien

Familie	Festwert-speicher (KBytes)	Schreiblese-speicher (Bytes)	Zeit-geber (Anzahl)	Serielle E/A (Anzahl)	AD-Wandler (Anzahl x Bit)	Takt (MHz)
NEC 8 Bit						
78K0S	1 - 8	128 - 5256	2 - 4	0 - 2	(0-8) x (8-10)	10
78K0	8 - 128	512 - 7168	5 - 6	0 - 5	(4-10) x (8-10)	10 - 20
NEC 16 Bit						
K0R	16 - 512	1k – 30K	8	4	16 x 10	20
NEC 32 Bit						
V850	16 - 1536	4K - 144K	0 - 24	2 - 10	(0-24) x (8-12)	20-200

Tabelle 3.9. Infineon Mikrocontrollerfamilien

Familie	Festwert-speicher (KBytes)	Schreiblese-speicher (Bytes)	Zeit-geber (Anzahl)	Serielle E/A (Anzahl)	AD-Wandler (Anzahl x Bit)	Takt (MHz)
Infineon 8 Bit						
C500	16 - 64	256 - 2k	3 - 7	1 - 2	8 x 10	20
XC800	2 - 64	512 – 3k	4	2 - 3	8 x 10	27
Infineon 16 Bit						
C166	0 - 128	2K – 11K	1 - 5	2	(0-16) x 10	40
XC166	128 - 256	8K – 12K	5	4	(12 - 16) x 10	40
XE166	128 - 256	8K – 12K	5	4	(12 - 16) x 10	40
Infineon 32 Bit						
XC2000	32 - 1536	8K – 138K	11-19	2 - 10	(7 - 36) x 10	40-128
TriCore	0 - 4096	0 -244K	9 - 228	6 - 10	(0-48) x (8-12)	80-180

3.4 Auswahlkriterien für den Einsatz von Mikrocontrollern

Aufgrund der Vielfalt industriell verfügbarer Mikrocontroller ist es keine triviale Aufgabe, ein geeignetes Exemplar für eine vorgegebene Anwendung zu finden. Eine geschickte Wahl kann Aufwand, Entwicklungszeit und Kosten einsparen. Im Folgenden soll deshalb eine systematische Liste möglicher Auswahlkriterien diskutiert und deren Bedeutung für die Entwicklung einer Anwendung erläutert werden.

- *Aufgabenstellung*
  Erster und wichtigster Punkt ist die Frage, welche Aufgaben der Mikrocontroller übernehmen soll?

  - Messen
  - Steuern
  - Regeln
  - Überwachen
  - Mensch-Maschine-Schnittstelle
  - Kombination obiger Punkte

  Jede dieser Aufgaben favorisiert einen anderen Mikrocontrollertyp. Das Messen und Steuern erfordert in der Regel flexible digitale und vor allem analoge E/A-Schnittstellen, aber wenig Rechenleistung. Regelungsaufgaben benötigen hingegen bei gleichen Schnittstellenanforderungen eine deutlich höhere Rechenleistung. Beim Überwachen muss schnell auf Ereignisse reagiert werden, während im Fall von Mensch-Maschine-Schnittstellen im Allgemeinen eine spezielle Peripherie, z.B. zum Ansteuern von LCD-Anzeigen, nützlich ist. Abhängig von der Aufgabenstellung können nach und nach die einzelnen Merkmale des Ziel-Mikrocontrollers geklärt werden.

- *allgemeine Leistungsmerkmale*
  Zunächst einmal muss die generelle Leistungsklasse des Mikrocontrollers festgelegt werden. Hierzu gehören:

  - CISC- oder RISC-Architektur
  - Von-Neumann oder Harvard-Architektur
  - Anzahl Prozessorkerne (Single-Core / Multi-Core
  - Wortbreite (4, 8, 16, 32 Bit)
  - Adressraum

Die ersten vier Merkmale beeinflussen wesentlich die Verarbeitungsleistung des Prozessorkerns. Eine RISC-Architektur ist leistungsfähiger als eine CISC-Architektur, eine Harvard-Architektur ist leistungsfähiger als eine Von-Neumann-Architektur. Die Anzahl der Prozessorkerne bestimmt die Parallelität. Die Wortbreite prägt den Datendurchsatz. Das fünfte Merkmal, der Adressraum, bestimmt die maximal mögliche Größe von Daten- und Programmspeicher. Eine Auswahl der allgemeinen Leistungsmerkmale erfolgt im Allgemeinen nach der von der Aufgabenstellung benötigten Rechenleistung sowie der zu erwartenden Programm-Komplexität.

- *Architekturmerkmale des Prozessorkerns*
  Ist die allgemeine Leistungsklasse festgelegt, können die Architektur-Merkmale des Prozessorkerns genauer betrachtet werden. Diese Merkmale bestimmen die Sicht auf den Mikrocontroller von Seiten des Programms. Sie lassen sich unterteilen in Befehlssatz, Adressierungsarten und Datenformate. Sowohl die Verarbeitungsleistung eines Mikrocontrollers wie auch den Aufwand zur Programmentwicklung wird hiervon beeinflusst. Werden z.B. in einer Anwendung Gleitkommadatentypen benötigt, so wird sowohl die Programmentwicklung einfacher wie auch die Ausführungszeiten des entwickelten Programms kürzer, wenn der ausgewählte Mikrocontroller solche Datentypen in seinem Architekturmodell unterstützt. Man sollte deshalb ausgehend von der Aufgabenstellung sehr genau festlegen, welche Architekturmerkmale nützlich sind und welche nicht. Die folgenden Auflistungen geben einen Überblick:

  Welche Befehlsarten stehen zur Verfügung bzw. werden benötigt ?

  – Lade- und Speicher-Operationen
  – logische & arithmetische Operationen
  – Multiplikation & Division
  – Schiebeoperationen, Barrel-Shifter
  – Bit-Testoperationen
  – Gleitkomma-Operationen

  Welche Adressierungsarten sind erforderlich ?

  – Unmittelbar
  – Direkt
  – Register
  – Registerindirekt
  – Registerindirekt mit Autoinkrement, Autodekrement
  – Registerindirekt mit Verschiebung
  – Indiziert
  – Indiziert mit Verschiebung
  – Relativ
  – komplexere Adressierungsarten

Welche Datenformate werden benutzt ?

- Ganzzahlen (16, 32, 64 Bit)
- Gleitkommazahlen (32, 64, 80 Bit)
- Einzelbit-Datentypen
- Zeichen und Zeichenketten
- Felder

Hierbei ist natürlich zu beachten, dass mit zunehmender Anzahl verfügbarer Architekturmerkmale normalerweise auch der Preis des Mikrocontrollers steigt. Andererseits lassen sich die Entwicklungszeiten ggf. verkürzen. So wird am Ende ein Kompromiss zwischen Angenehmem und Notwendigem zu treffen sein, in den auch die geplante Stückzahl der Anwendung eingeht. Bei hohen Stückzahlen ist der Preis des Mikrocontrollers bedeutender als die Entwicklungskosten, bei niedrigen Stückzahlen oder gar Einzelanfertigungen spielen hingegen die Entwicklungskosten die dominante Rolle.

• *Speicher- und Peripherie-Merkmale*
Abhängig von der Aufgabenstellung müssen als nächstes die Speicher- und Peripherie-Merkmale des Mikrocontrollers festgelegt werden. Von Seiten des Speichers ist zu klären:

- Wieviel Programm- und Datenspeicher benötigt die Anwendung?
- Reicht die Größe des internen Daten- und Programmspeichers?
- Ist ein externer Busanschluss vorhanden?
- Was ist die maximale externe Speichergröße?

Eine ähnliche Fragestellung ergibt sich von Seiten der Peripherie: Welche Peripherie-Komponenten werden benötigt? Wie groß ist die erforderliche Anzahl der:

- parallelen E/A-Kanäle
- seriellen E/A-Kanäle
- Interrupt-Eingänge
- Zähler/Zeitgeber
- A/D-Wandler
- D/A-Wandler
- DMA-Controller
- Echtzeitkanäle
- speziellen Peripherie wie CAN, I^2C, ...

Während die Fragestellung nach Leistungsklasse und Architektur-Merkmalen meist zur Auswahl einer Mikrocontrollerfamilie führt, bestimmt die Frage nach Speicher- und Peripherie-Merkmalen in der Regel dann ein Mitglied dieser Familie. Hier sollte besondere Sorgfalt darauf verwendet werden, einen Mikrocontroller auszuwählen, dessen Komponenten von der Anwendung möglichst optimal genutzt werden können. Aber Vorsicht: man sollte immer etwas Reserven bereithalten. Nichts ist ärgerlicher als festzustellen, dass z.B. durch eine geringfügige Veränderung der Aufgabenstellung ein zusätzlicher Ausgabekanal erforderlich wird, ein solcher aber im gewählten Controller nicht mehr vorhanden ist.

- *Merkmale zur Ereignisbehandlung*
  Bestehen in der Aufgabenstellung Echtzeitanforderungen, so bedeutet dies meist, dass innerhalb einer vorgegebenen Zeit auf Ereignisse reagiert werden muss. Ereignisse werden bei Mikrocontrollern vorwiegend durch Auslösen einer Unterbrechung, eines Interrupts, behandelt (vgl. Abschn. 3.1). In diesem Fall sind die Eigenschaften des Unterbrechungssystems für die Auswahl eines Mikrocontrollers von Bedeutung. Wichtige Kriterien sind hierbei:

  – die Anzahl der Unterbrechungseingänge,
  – eine Prioritäten-Steuerung bei mehrfachen Unterbrechungen,
  – frei wählbare oder starre Prioritäten,
  – das Sperren einzelner Unterbrechungen und
  – die Reaktionszeit auf eine Unterbrechung.

  Das Thema Unterbrechungsbehandlung bei Mikrocontrollern wird ausführlich in Kapitel 4 dieses Buches besprochen.

- *Weitere technische Merkmale*
  Die folgende Auflistung nennt weitere wichtige Auswahlkriterien aus den Bereichen Verarbeitungsgeschwindigkeit und Energiebedarf:

  – Taktfrequenz
  – Taktzyklen pro Befehl
  – Möglichkeit zum Anschluss langsamer Peripherie
  – Energiebedarf
  – Abwärme
  – Stromspar-Modus

  Die Taktfrequenz ist eine zentrale Größe, die sowohl Verarbeitungsgeschwindigkeit wie Energiebedarf beeinflusst. Beide Werte steigen mit zunehmender Taktfrequenz. Dabei ist jedoch die Ausführungszeit eines Befehls nicht allein von der Taktfrequenz abhängig. Je nach Prozessorkern wird eine variable Anzahl von Taktzyklen zur Ausführung eines Befehls benötigt. So ist z.B. ein Mikrocontroller, der bei 20 MHz Taktfrequenz im Schnitt einen Befehl pro Taktzyklus bearbeitet schneller als ein Mikrocontroller, der bei 40 MHz Taktfrequenz drei Taktzyklen pro Befehl benötigt. Die eigentliche Verarbeitungsgeschwindigkeit ergibt sich immer aus dem Quotienten der Taktfrequenz und der Anzahl Taktzyklen pro Befehl. Soll langsame Peripherie an den Mikrocontroller angeschlossen werden, so muss die Datenübertragung am Erweiterungsbus gebremst werden können, z.B. durch Einfügen von Wartezuständen. Insbesondere im 8-Bit-Segment verfügt nicht jeder Mikrocontroller über einen Eingang zur Auslösung solcher Zustände. Der Energiebedarf wird zu einem wichtigen Auswahlkriterium, wenn die Anwendung ihre Energie aus Batterien oder Akkumulatoren schöpft. Das Gleiche gilt, wenn die Abgabe von Abwärme limitiert ist, z.B. in einer Hochtemperatur-Umgebung oder bei einer wasserdichten Verpackung. In diesen Fällen ist neben allgemein niedrigem Strombedarf und möglichst niedriger Taktfrequenz der Stromspar-Modus ein wichtiges Auswahlkriterium.

- *Ökonomische Merkmale*
  Neben rein technischen Merkmalen spielen insbesondere bei industriellen Entwicklungen ökonomische Auswahlkriterien eine wesentliche Rolle, z.B.:

  - Preis
  - Verfügbarkeit
  - Produktpflege
  - Kundenunterstützung (*Support*)

  Wie bereits erwähnt ist der Preis eines Mikrocontrollers bei hohen Stückzahlen ein entscheidendes Kriterium. Hier kann durchaus einem preiswerten Controller mit für die Aufgabenstellung nicht ganz ausreichender Peripherie der Vorzug vor einem ausreichenden, aber teuren Mikrocontroller gegeben werden. Es muss nur gewährleistet sein, dass die Kosten des preiswerten Mikrocontrollers plus die Kosten der notwendigen Zusatzhardware geringer sind als die Kosten des teuren Mikrocontrollers ohne diese Hardware. Auch Verfügbarkeit und Produktpflege sind für industrielle Entwicklungen von großer Bedeutung. Es ist nutzlos, einen idealen Mikrocontroller gefunden zu haben, wenn dieser Mikrocontroller nicht lieferbar oder dessen Produktion im nächsten Jahr eingestellt wird. Kundenunterstützung von Seiten der Mikrocontrollerhersteller (z.B. durch technische Berater, Beispiel-Applikationen, Musterexemplare etc.) kann zum Schlüsselkriterium für die Auswahl eines Herstellers werden.

3.5 Software-Entwicklung

Software-Entwicklung für Mikrocontroller erfolgt in der Regel in Form eines sogenannten *Cross-Developments*. Dies bedeutet, die Entwicklungsumgebung (Editor, Übersetzer, Binder, Debugger, ...) befindet sich auf einem normalen PC. Nur das ausführbare Programm wird als Ergebnis eines Entwicklungsschrittes auf das Zielsystem, den Mikrocontroller, geladen. Abbildung 3.14 verdeutlicht dies.

Da die Entwicklung hierdurch bis auf den letzten Schritt auf einem leistungsfähigen PC stattfindet, unterscheiden sich heutige Entwicklungsumgebungen für Mikrocontroller kaum von denen für die normale PC-Programmentwicklung. Es stehen komfortable Versionsverwaltungssysteme, Editoren, Übersetzer und Debugger zur Verfügung. Einige Unterschiede zur normalen PC-Programmentwicklung ergeben sich jedoch trotzdem bei einem Mikrocontroller als Zielsystem:

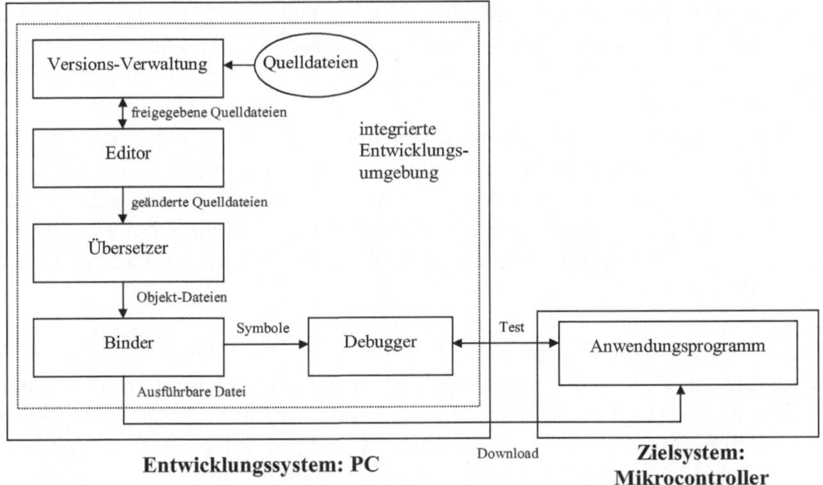

Abb. 3.14. Mikrocontroller Cross-Development

- *Programmiersprachen*
  In den letzten Jahren hat sich auch bei Mikrocontrollern die Verwendung von Hochsprachen zur Programmierung etabliert. Für kleine Mikrocontroller wird hierbei meist die Programmiersprache **C** verwendet, da diese Sprache eine sehr effiziente Code-Erzeugung erlaubt und sich zur hardwarenahen Programmierung eignet. Bei leistungsfähigeren Mikrocontrollern kommt auch die objektorientierte Sprache **C++** zum Einsatz. Diese Sprache erfordert aufgrund ihrer höheren Dynamik und komplexeren Strukturen mehr Ressourcen als C, ermöglicht aber eine komfortablere Programmentwicklung. Neuester Trend ist der Einsatz von **Java**. Java ermöglicht aufgrund eines konsequent objektorientierten Designs und umfangreicher standardisierter Klassenbibliotheken eine höhere Produktivität als C++. Bei konventionellen Sprach-Implementierungen besitzt Java jedoch eine sehr hohe Dynamik und ein sehr ungünstiges Verhältnis von Ressourcen-Bedarf zu Verarbeitungsgeschwindigkeit. Der Einsatz von Java für Mikrocontroller ist deshalb noch voller Probleme und Gegenstand aktueller Forschung. Abschnitt 3.6 dieses Buches befasst sich näher mit diesem Thema.

  Im Unterschied zur Programmentwicklung für PCs findet bei Mikrocontrollern aber auch noch die **Assembler-Sprache** Verwendung. Insbesondere sehr zeitkritische Teile eines Programms werden oft direkt in Assembler realisiert. Man sucht hierbei einen Kompromiss zwischen dem Komfort der Hochsprache und der Effizienz des Assemblers und ist bestrebt, die Assembler-Anteile so klein als möglich zu halten.

- *Speicherbedarf*
  Hier liegt ein wesentlicher Unterschied zur Programmentwicklung auf dem PC. Bei Mikrocontrollern ist der verfügbare Speicher je nach Leistungsklasse eine knappe Ressource (siehe z.B. die Tabellen in Abschn. 3.3). Die von einem Übersetzer durchgeführten Optimierungen reduzieren deshalb bevorzugt die Speichergröße. Bei PCs, wo Speicher nahezu unbegrenzt zur Verfügung steht, wird hingegen eher auf Geschwindigkeit optimiert. Beide Optimierungsarten stehen leider im Widerspruch zueinander. Auch der Programmentwickler ist gefordert, speichersparende Algorithmen zu verwenden. Hier können z.B. verstärkt Algorithmen verwendet werden, die vor 10 bis 20 Jahren entwickelt wurden. Zu dieser Zeit hatten normale PCs etwa das Speichervolumen heutiger Mikrocontroller.

- *Adressfestlegung beim Binden*
  Programme auf PCs sollen nach Möglichkeit adressunabhängig, d.h. in jedem Teil des Speichers lauffähig sein. Nur so können mehrere Programme gleichzeitig im Speicher arbeiten. Da bei einem PC nahezu der gesamte Arbeitsspeicher aus Schreib-/Lesespeicher besteht und die Speicherverwaltungseinheit einzelne Bereiche gegeneinander schützt, ist dies leicht möglich.
  Bei einem Mikrocontroller hingegen werden die Adressen der einzelnen Programmteile beim Binden genau festgelegt. Diese Adressen müssen an das Speicherabbild (*Memory Map*) des Controllers angepasst werden. Der ausführbare Code eines Programms muss auf den Festwertspeicher abgebildet werden, da dies der einzige nichtflüchtige Speicher des Mikrocontrollers ist. Weiterhin muss die erste auszuführende Instruktion des Programms auf diejenige Adresse gelegt werden, welche nach dem Rücksetzen zuerst aufgesucht wird. Alle Datenbereiche des Programms müssen getrennt vom Code in den Schreib-/Lesespeicher des Mikrocontrollers gelegt werden. Diese Aufgabe führt der Binder nach Maßgabe des Entwicklers aus. Abbildung 3.15 gibt ein Beispiel für ein Speicherabbild mit Anwendungsprogramm. Die Adressen des Programms wurden dem Abbild angepasst. Der Code-Bereich der Länge 3217 Bytes belegt die Adressen 0 – C91 (hexadezimal) innerhalb des 4-KByte-Festwertspeichers (0 – 0FFF) des Controllers. Die Startadresse des Programms ist 0. Der Datenbereich der Länge 625 Bytes nimmt die Adressen 8000 – 8271, der Stack-Bereich der Länge 325 Bytes die Adressen 8ABA – 8BFF im 3-KByte-Schreib-/Lesespeicher (8000 – 8BFF) ein. Diese Adresszuordnungen sind fest und ändern sich zur Laufzeit des Programms nicht.

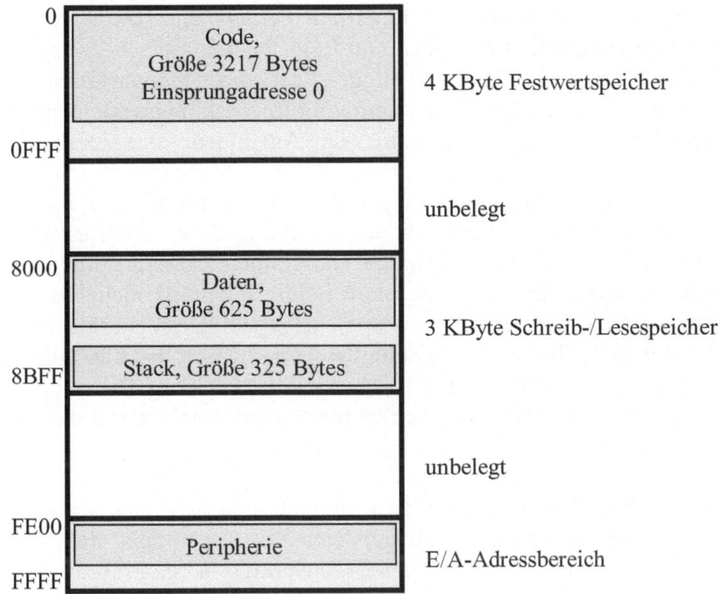

Abb. 3.15. Speicherabbild eines Mikrocontrollers inkl. Anwendungsprogramm

- *Laden und Testen*
  Viele Entwicklungsumgebungen für Mikrocontroller bieten zunächst die Möglichkeit, ein Programm vor dem Laden auf das Zielsystem mit Hilfe eines Simulators auf dem Entwicklungssystem zu testen. Mit einem solchen Simulator können natürlich nur recht grobe Tests durchgeführt werden, da das Zeitverhalten verfälscht wird und die Zielperipherie nicht vorhanden ist. Andererseits erlaubt ein Simulator bedingt durch den im Vergleich zum Mikrocontroller sehr leistungsstarken Entwicklungsrechner Einblicke in den Programmablauf, die auf dem Zielsystem meist nicht möglich sind. Hierzu gehört z.B. die Überwachung von Variablenwerten oder Adressbereichen. Ungültige Speicherzugriffe, die auf dem Mikrocontroller zum Programmabsturz führen, können so erkannt werden.

  Für das Laden des ausführbaren Programms auf das Zielsystem gibt es zwei Möglichkeiten:

  – Die Zielhardware ist mit einem speziellen Monitor-Programm ausgestattet, welches das Herunterladen (*Download*) des auszuführenden Programms z.B. über einen seriellen Kanal erlaubt. Dies ist insbesondere während der Programmentwicklung praktisch, da der Download sehr schnell geht und so die Zeit für einen neuen Entwicklungsschritt verkürzt wird. Weiterhin enthält ein solcher Monitor meist Funktionen zur Fehlersuche (*Debugging*). Diese reichen vom einfachen Anschauen von Register- und Speicherwerten bis hin zum vollwertigen Quellcode-Debugger, der die Überwachung der Programmausführung auf dem Zielsystem vom Entwicklungssystem aus erlaubt. Ein Quellcode-Debugger beschleunigt das Auffinden von Fehlern erheblich, da die Programmausführung auf Ebene des Quellcodes (z.B. C) durch Haltepunkte und Einzelschrittausführung beobachtet werden kann. Ein Nachteil eines Monitor-Programms besteht jedoch darin, dass die Programmumgebung noch nicht hundertprozentig der endgültigen Zielumgebung entspricht. So wird das auszuführende Programm beim Download nicht im Festwertspeicher, sondern im Schreib-/Lesespeicher abgelegt. Weiterhin initialisiert der Monitor in der Regel einige Schnittstellen, die er selbst benötigt. Eine im Anwenderprogramm vergessene Hardware-Initialisierung, die in der endgültigen Zielumgebung zu einem Fehler führt, kann somit durch das Monitor-Programm verdeckt werden.

– Das ausführbare Programm wird in einen Festwertspeicher programmiert. Dies kann zum einen außerhalb der Zielhardware mittels eines Programmiergerätes erfolgen. Das eigentliche Transportieren des Programms auf die Zielhardware erfolgt somit durch das Einstecken des Festwertspeicher-Bausteines. Komfortablere Lösungen erlauben das direkte Programmieren des Festwertspeichers in der Zielhardware, z.B. durch einen integrierten *Flash-Code-Loader*. Dieser Loader besteht aus zusätzlicher Hard- und Software, die einen aus Flash-Speichern bestehenden Festwertspeicher des Mikrocontrollers löschen und neu programmieren kann (vergleichbar etwa mit einem Bios-Update auf einem PC). Beide Lösungen führen das Programm in der endgültigen Zielumgebung aus. Im Vergleich zur Monitor-Lösung sind die Ladezeiten jedoch lang und die Testmöglichkeiten beschränkt. Diese Variante empfiehlt sich deshalb am Ende des Entwicklungsprozesses zur Erstellung der abschließenden Version.

Abbildung 3.16 gibt einen Überblick der verschiedenen Möglichkeiten zum Laden und Testen eines ausführbaren Programms auf einem Mikrocontroller.

3.6 Forschungstrends

Als Abschluss dieses Kapitels werden nun noch einige interessante Forschungstrends im Bereich der Mikrocontroller-Systeme vorgestellt, welche mit großer Wahrscheinlichkeit die Zukunft in diesem Bereich beeinflussen werden.

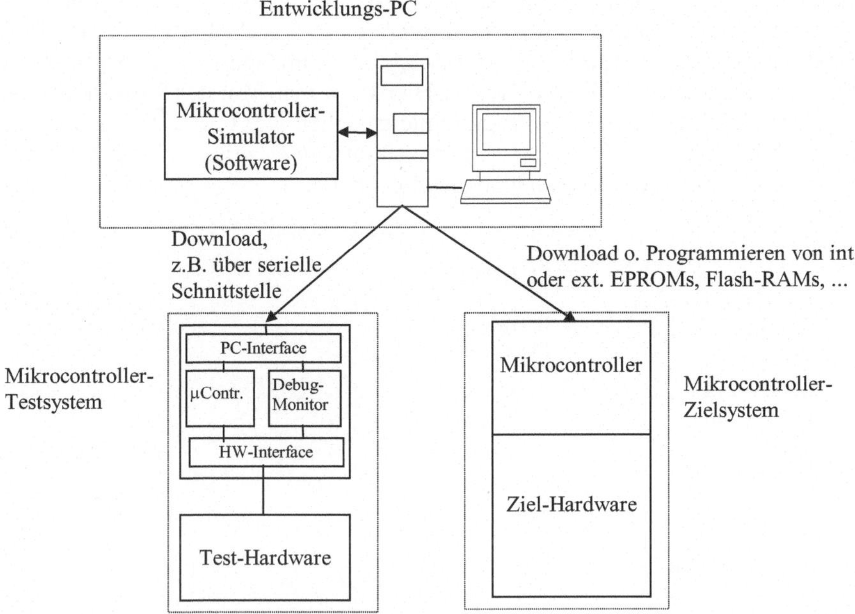

Abb. 3.16. Laden und Testen eines Programms auf einem Mikrocontroller

3.6.1 Systems-on-Chip (SoC)

Führt man die Mikrocontroller-Idee, Systeme mit möglichst wenigen Komponenten zu realisieren, konsequent fort, so gelangt man zu sogenannten *Systems-on-Chip (SoC)*. Hierbei wird versucht, eine vollständige Systemlösung auf einem einzigen Chip unterzubringen. Das Gebiet ist weit gefächert und Gegenstand vieler aktueller Forschungsschwerpunkte. Grundsätzlich lassen sich mehrere Stoßrichtungen unterscheiden:

- Methoden zur systematischen Entwicklung von SoC, insbesondere auch im gemischt digitalen/analogen Bereich (Mixed-Signal-SoC)
- Prozessorkerne als Benutzerbibliotheken
- Rekonfigurierbare SoC
- Integration homogener und heterogener Prozessorkerne
- Selbstorganisation
- Berücksichtigung unzuverlässiger Hardware

Die Forschung an Methoden zur systematischen Entwicklung von SoC konzentriert sich auf die Schritte: **Design**, **Verifikation** und **Test**. Beim Design eines SoC müssen digitale, analoge und gemischte Komponenten entwickelt, kombiniert und letztendlich auf einem Chip integriert werden. Ursprüngliche und heute immer noch gebräuchliche Hardware-Beschreibungssprachen wie VHDL [Perry 1998] oder VeriLog [Palnitkar 1996] bewegen sich im Vergleich zu Softwaresprachen auf einem eher niedrigen Niveau. Hier kann man von der Softwareentwicklung lernen. Objektorientierte Programmiersprachen wie C++ oder Java steigern die Produktivität, erleichtern die Neuentwicklung und verbessern die Wiederverwendbarkeit von bereits vorhandenen Komponenten.

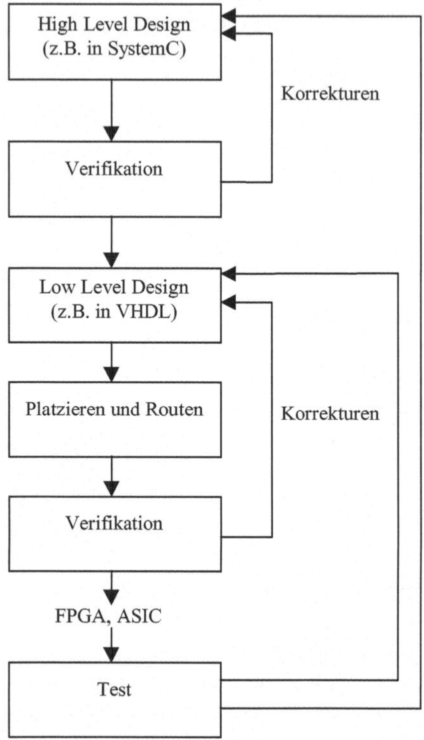

Abb. 3.17. SoC Entwicklungs-Schritte

Deshalb werden höhere Hardware-Beschreibungssprachen erforscht, z.B. SystemC [Open System C Initiative 2010], SystemVeriLog [SystemVerilog 2010] oder Cynthesizer [Forte 2010]. SystemC ist beispielsweise eine stark an C++ angelehnte objektorientierte Sprache. Hier lassen sich einzelne Hardware-Komponenten als Objekte mit Schnittstellen und Funktionalitäten beschreiben. Die Nähe zur Sprache C++ ermöglicht darüber hinaus Synergieeffekte mit der Softwareentwicklung. Gleichartige bzw. sehr ähnliche Sprachen für Hard- und Software erlauben die Verwendung gemeinsamer Tools, vereinfachen den Datenaustausch und erleichtern das Erlernen. Neue SoC verfügen dabei über einen immer stärkeren Anteil an analogen Komponenten, deren Design sich stark von digitalen Komponenten unterscheidet. System C AMS (*Analog/Mixed Signal*) ist ein Ansatz, dieser Problematik zu begegnen [SystemC AMS 2010]. Existiert auf hoher Ebene eine formale Beschreibungssprache, so kann bereits hier eine Verifikation der Hardware erfolgen. Abbildung 3.17 zeigt die einzelnen Schritte einer Entwicklung. Am Ende steht hierbei immer der Test. Die Verbesserung der Testmöglichkeiten ist ein weitere SoC Forschungsschwerpunkt: Unter *Design for Testability (DFT)* versteht man den Versuch, bereits beim Entwurf des Systems den Test zu berücksichtigen. Dies kann z.B. dadurch geschehen, dass man Pfade zur Sichtbarmachung der internen Schaltungszustände integriert. Eine weitere Maßnahme sind eingebaute Selbsttests (*Build In Self Test, BIST*). Die Herausforderung besteht darin, einfache und effektive Selbsttest-Mechanismen sowohl für digitale wie auch für analoge Schaltungsteile kostengünstig in Bezug auf Chipfläche zu realisieren. Eingebettete Teststrukturen sind für künftige komplexe SoC unverzichtbar.

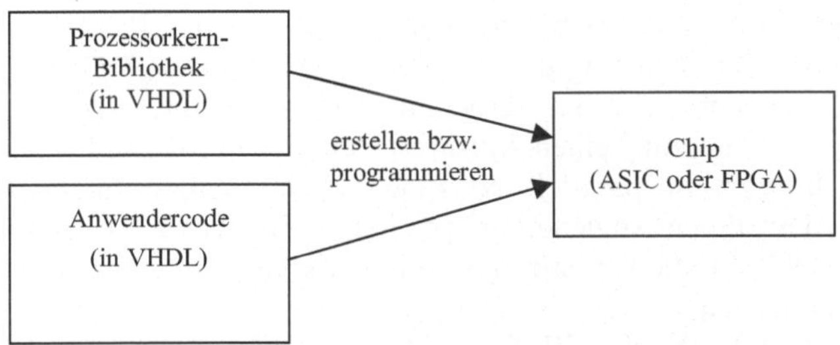

Abb. 3.18. SoC Erstellung mit einer Prozessorkern-Bibliothek

Ein weiterer Ansatz zur einfachen Realisierung von SoC ist die Bereitstellung fertiger Prozessorkerne in Form von Benutzerbibliotheken. Die Grundidee besteht darin, einem Anwendungsentwickler den benötigten Prozessorkern nicht als Hardware, sondern als **ASIC-** (*Application Specific Integrated Circuit*) oder **FPGA-** (*Field Programmable Gate Array*) Bibliothek zu liefern. Im Gegensatz zu einem auch *Hardcore* genannten direkt in Hardware realisierten Prozessorkern werden diese Prozessorkern-Bibliotheken auch *Softcores* genannt. Der Anwendungsentwickler kann solche Bibliotheken dann in seine FPGA- oder ASIC-Entwicklung integrieren und somit einen anwendungsspezifischen Chip erstellen (Abb. 3.18). Viele Kerne wie etwa ARM, PowerPC oder MSC51 sind bereits heute als ASIC-Bibliothek verfügbar. Für Kleinserien sind FPGAs interessanter als ASICs. Während ASICs außer Haus gefertigt werden müssen, kann ein Anwender FPGAs mittels eines Programmiergerätes selbst erstellen. Da FPGAs jedoch eine geringere Logikdichte besitzen, sind bisher nur einfache Prozessorkerne (z.B. 8051) als FPGA-Bibliothek verfügbar. Ein Ziel weiterer Forschung ist es deshalb, auch komplexere Kerne für diese anwenderfreundliche Technik nutzbar zu machen.

Die Integration mehrerer auch heterogener Prozessorkerne ist eine effiziente Möglichkeit, die Vielzahl heute auf einem einzigen Chip integrierbarer Transistoren zu nutzen. Ein bereits frühzeitig verfolgter Ansatz ist die Kombination von Mikrocontrollern mit Signalprozessoren. Während Mikrocontroller Steuerungsaufgaben in Echtzeit durchführen, sind Signalprozessoren auf maximalen Datendurchsatz und bestimmte Rechenoperationen (akkumulierende Multiplikationen) optimiert. Die TriCore- bzw. TriCore-2-Architektur [Infineon 2010] stellt einen der ersten Vertreter dieser Gattung dar. Hierbei wird ein RISC-Prozessorkern mit der effizienten Peripheriesteuerung eines Mikrocontrollers und der Hochleistungs-Multiplikations-/Additions-Einheit eines Signalprozessors verbunden. Insofern stellt die TriCore-Architektur einen Vorläufer echter Multi-Core Mikrocontroller dar, da hier Komponenten aus zwei Welten zu einem Kern verschmolzen wurden. Auch Hersteller wie Atmel [2010/1] bieten heute solche Lösungen an. Dies ist aber ein Kompromiss, weil die Programmsteuerung eines Mikrocontrollers und die eines Signalprozessors sehr unterschiedlich sind. Während bei Mikrocontrollern wie bei Mikroprozessoren die Implementierung weitestgehend durch das Architekturmodell verborgen wird, ist diese bei Signalprozessoren dem Benutzer zugänglich. So wird die parallele Nutzung der internen Komponenten (Rechenwerke, Adresserzeugung, Register, ...) bei Mikrocontrollern durch das Steuerwerk geregelt. Der Benutzer hat hierauf keinen Einfluss. Bei Signalprozessoren kann der Benutzer im Befehlswort die parallele Nutzung der internen Komponenten steuern und gemäß der jeweiligen Anwendung optimieren. Ein echter Multi-Core-Mikrocontroller muss beide Methoden harmonisch integrieren. Hier ist noch weitere Forschungsarbeit zu leisten.

Eine Verallgemeinerung dieser Idee führt zu so genannten MPSoC (*Multi Processor Systems on Chip*). Diese Bausteine enthalten mehrere unterschiedliche (heterogene) Prozessorkerne sowie rekonfigurierbare Hardware [Jerraya und Wolf 2005, Grant 2006]. Die Prozessorkerne können dabei entweder direkt in Hardware als *Hardcores* oder mittels programmierter Bibliothek als *Softcore* im rekonfigurierbaren Teil realisiert werden. Diese Technologie ist ein viel versprechender Ansatz, um noch leistungsfähigere und flexiblere Systeme zu entwickeln.

Generell ist der Einsatz rekonfigurierbarer Hardware. eine viel versprechende Idee für SoC, unabhängig davon, ob nun ein oder mehrere Prozessorkerne realisiert werden. Abbildung 3.19 zeigt den prinzipiellen Aufbau eines rekonfigurierbaren SoC, bestehend aus einem oder mehreren Prozessorkernen, Speicher sowie einem FPGA. Während Prozessorkerne und Speicher die festen Bestandteile dieser Architektur darstellen, kann das FPGA für eine bestimmte Anwendung konfiguriert werden. Dieser Ansatz bildet einen sehr guten Kompromiss in zweierlei Hinsicht: Erstens können Prozessorkerne und Speicher optimal realisiert werden, nur der rekonfigurierbare Anteil des Chips benutzt die in Bezug auf Logikdichte und Geschwindigkeit weniger optimale FPGA-Technologie. Zweitens kann der Anwender den Anteil an zusätzlicher Hardware für eine bestimmte Aufgabe durch entsprechende Konfiguration des FPGA-Anteils selbst bestimmen. Dies können entweder weitere Prozessorkerne in Form von *Softcores* oder leistungssteigernde Spezialhardware für eine dedizierte Aufgabe sein. Abhängig von der Zeit, die eine

Rekonfiguration des FPGA-Anteils benötigt, lassen sich drei Typen von rekonfigurierbaren SoC unterscheiden:

- *statisch rekonfigurierbare SoC*
  Dauert die Programmierung des FPGA-Anteils lange (Sekunden bis Minuten), so wird das System einmal statisch für eine Aufgabe konfiguriert. Diese Konfiguration wird zur Laufzeit nicht mehr geändert.

- *semi-statisch rekonfigurierbare SoC*
  Kann das FPGA schneller programmiert werden (in Millisekunden), so besteht die Möglichkeit, das System zur Laufzeit umzukonfigurieren. Hierzu wird eine Aufgabe in Teilaufgaben zerlegt, z.B. nach dem Pipelining-Prinzip. Nach Erfüllen einer Teilaufgabe wird der zuständige FPGA-Teil für die nächste Teilaufgabe rekonfiguriert. Diese Methode eröffnet weit mehr Möglichkeiten als eine rein statische Konfiguration.

- *dynamisch rekonfigurierbare SoC*
  Moderne FPGA-Technologie ermöglicht heute auch eine extrem schnelle Programmierung (im Mikrosekunden-Bereich). Dies erlaubt es, den FPGA-Anteil während der Ausführung einer Aufgabe dynamisch „im Fluge" umzukonfigurieren. Die Rekonfiguration erfolgt dann sehr viel feinkörniger als bei der semi-statischen Lösung, z.B. schritthaltend mit der Verarbeitung von Software-Instruktionen durch den Prozessorkern.

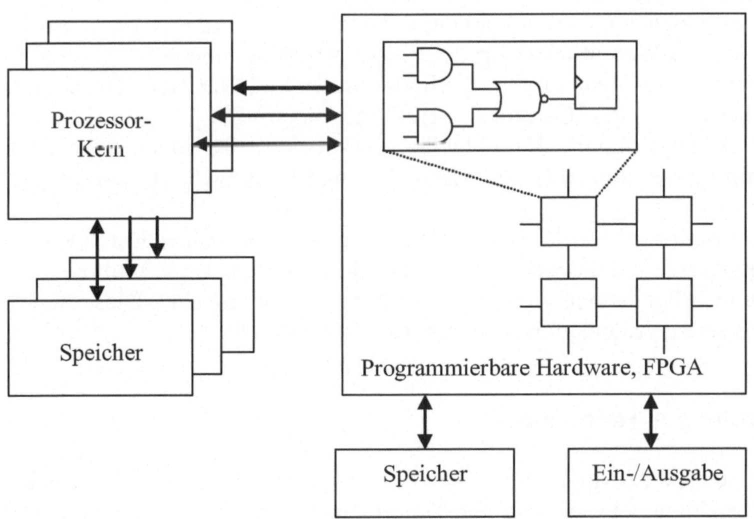

Abb. 3.19. Rekonfigurierbare Hardware für SoC

Je nach Ebene der Rekonfiguration lassen sich weiterhin unterscheiden:

- *feinkörnig rekonfigurierbare SoC*
  Hier bezieht sich die Rekonfiguration auf Gatter-Ebene. Es kann die Verschaltung von Gattern (Und, Oder, Nicht, ...) und Registern rekonfiguriert werden, um neue Funktionalitäten zu realisieren.

- *grobkörnig rekonfigurierbare SoC*
  Die Rekonfiguration geschieht auf Ebene von Funktionseinheiten. Die vorhandenen Funktionseinheiten (z.B. ALU, Speicher, ...) werden durch Rekonfiguration neu untereinander vernetzt bzw. in ihrem Funktionsumfang verändert.

Grobkörnige Rekonfiguration ist in der Regel schneller und weniger aufwändig als feinkörnige Rekonfiguration und daher häufig bei dynamisch rekonfigurierbaren Systemen zu finden.

Ein Beispiel für statisch feinkörnig rekonfigurierbare SoC ist die AT94X-Reihe von Atmel [2010/1]. Diese kombiniert einen AVR 8 Prozessorkern (vgl. Abschnitte 3.3 und 5.1) mit FPGA-Zellen. Es sind je nach Modell bis zu 40k Gatter vorhanden, wobei der Konfigurationsspeicher bei einigen Modellen (AT94S) gesichert werden kann, um ein Auslesen des Inhalts zu verhindern. Dynamisch rekonfigurierbare SoC zielen auf sehr hohe Verarbeitungsleistung. Ein Beispiel ist das Forschungsprojekt MorphoSys [Singh et al. 1998]. MorphoSys vereinigt einen kleinen 32-Bit-RISC-Prozessorkern (*TinyRISC*) mit einem Feld aus 64 grobkörnig rekonfigurierbaren Zellen. Jede Zelle enthält neben elementarer Logik eine Arithmetikeinheit sowie ein Register-File und wird durch ein Kontextwort konfiguriert. Es können mehrere Kontextworte gleichzeitig gespeichert werden. Eine Rekonfiguration durch Umschalten zwischen verschiedenen gespeicherten Kontextworten erfolgt mit der gleichen Geschwindigkeit, mit welcher der Prozessorkern arbeitet. MorphoSys soll im Wesentlichen für die Bildverarbeitung eingesetzt werden. Ein weiteres Beispiel eines dynamisch rekonfigurierbaren SoC ist CSoC [Becker et al. 2003], welches einen SPARC-kompatiblen Prozessorkern mit grobkörnig rekonfigurierbaren Zellen verbindet. Ein aktueller Überblick zu laufenden Arbeiten im Bereich rekonfigurierbarer SoC und MPSoC kann z.B. in [MPSoC Forum 2010] gefunden werden.

Selbstorganisation sowie die Berücksichtigung unzuverlässiger Hardware sind neue Forschungsaspekte, die jedoch nicht nur SoC betreffen, sondern für eingebettete Systeme im Allgemeinen von großer künftiger Bedeutung sind. Diese Aspekte wird daher in einem gesonderten Abschnitt (3.6.4) behandelt.

3.6.2 Energiespar-Techniken

Die Reduktion des Energiebedarfs von Mikrocontrollern stellt einen weiteren wichtigen Forschungsschwerpunkt dar. Durch den Einsatz in immer kleiner werdenden mobilen Geräten ist die verfügbare Energiemenge durch Batterien oder Akkumulatoren begrenzt. Es gilt, möglichst lange mit der vorhandenen Energie auszukommen. Des Weiteren soll so wenig Energie wie möglich in Wärme umgesetzt werden, um eine Überhitzung zu vermeiden.

Um diesen Themenkreis genauer zu betrachten, müssen wir zunächst die Begriffe **Energie** (*Energy*) und **Leistung** (*Power*) unterscheiden. Leistung bezeichnet einen Energiefluss pro Zeit, d.h. mathematisch ergibt sich der folgende Zusammenhang zwischen Energie E, Leistung P und der Zeit T:

$$P = E / T \quad \text{bzw.} \; E = P \cdot T$$

Die Einheit der Leistung ist *Kilogramm · Meter*^{2} */ Sekunde*^{3} gleich *Joule / Sekunde* gleich *Watt*, die Einheit der Energie ist entsprechend *Kilogramm · Meter*^{2} */ Sekunde*^{2} gleich *Joule* gleich *Wattsekunde*. Auf elektrische Geräte übertragen bezeichnet Leistung die aufgenommene bzw. verbrauchte Energie pro Zeit. Ein Mikrocontroller mit einer Leistung von 10 Watt verbraucht also jede Sekunde eine Energie von 10 Wattsekunden, nach einer Minute wurden entsprechend 600 Wattsekunden verbraucht. Um diese elektrische Leistung verbal von der Rechenleistung des Prozessorkerns zu unterscheiden, spricht man auch von der **Leistungsaufnahme** oder der **Verlustleistung**, da die elektrische Leistung im Mikrocontroller bzw. Prozessor praktisch vollständig in Wärme umgewandelt wird.

Die Verringerung der Leistungsaufnahme und die Verringerung des Energieverbrauchs bei Mikrocontrollern oder Prozessoren sind gemäß des obigen Zusammenhanges zwar verwandte, jedoch nicht in jedem Fall identische Ziele. Wir werden im Verlauf dieses Kapitels ein Beispiel sehen, bei dem eine Verringerung der Leistungsaufnahme sogar zu einer Erhöhung des Energieverbrauchs führt. Möchte man die Betriebszeit eines batteriebetriebenen Systems erhöhen, so ist natürlich der Energieverbrauch das primäre Optimierungsziel. Kommt es hingegen mehr auf Reduktion der Temperatur an, so wird man versuchen, die Leistungsaufnahme (Verlustleistung) zu reduzieren. Dies ist insbesondere bei Hochleistungsmikroprozessoren von Bedeutung, da dort die Prozessortemperatur mittlerweile die mögliche Verarbeitungsgeschwindigkeit begrenzt. Um dem Rechnung zu tragen, wird zum Vergleich solcher Prozessoren heute häufig die auf die Leistungsaufnahme normierte Verarbeitungsgeschwindigkeit (*MIPS / Watt, Million Instructions Per Cycle / Watt*) benutzt.

Welche Techniken zur Verringerung von Energieverbrauch und Leistungsaufnahme sind nun bei Mikrocontrollern und Prozessoren denkbar? Im Wesentlichen lassen sich drei Ansätze unterscheiden.

- Verringerung der Taktfrequenz
- Verringerung der Versorgungsspannung
- Optimierung der Architektur

Die Verringerung der Taktfrequenz ist zunächst ein einfacher und wirkungsvoller Weg, die Leistungsaufnahme zu reduzieren. Bei CMOS-Schaltungen fließt idealer Weise nur beim Wechsel des logischen Pegels (1 nach 0 oder 0 nach 1) ein Strom, da nur zu diesem Zeitpunkt ein leitfähiger Pfad geöffnet wird und die internen Kapazitäten umgeladen werden. Die Leistungsaufnahme P ist daher proportional zur Taktfrequenz F, d.h.

$$\boldsymbol{P} = c_d \cdot F \sim \boldsymbol{F}$$

Hierbei ist c_d der Proportionalitätsfaktor, der durch die internen Widerstände und Kapazitäten der elektrischen Schaltungen im Mikrocontroller bzw. Prozessor bestimmt wird. Eine Halbierung der Taktfrequenz reduziert daher auch die Leistungsaufnahme auf die Hälfte. Leider wird hierdurch die Verarbeitungsgeschwindigkeit ebenfalls halbiert. Welche Auswirkungen hat dies also auf den Energieverbrauch? Auf eine konstante Zeit T_k gesehen ist natürlich auch der Energieverbrauch E_k proportional zur Taktfrequenz:

$$\boldsymbol{E_k} = P \cdot T_k = c_d \cdot F \cdot T_k \sim \boldsymbol{F}$$

Betrachtet man jedoch den Energieverbrauch bezogen auf eine zu erfüllende Aufgabe, also z.B. auf die Durchführung einer Berechnung, so ist die dafür benötigte Zeit T_a natürlich umgekehrt proportional zur Taktfrequenz, mit dem Proportionalitätsfaktor c_a ergibt sich:

$$T_a = c_a / F \sim 1 / F$$

Der Energieverbrauch E_a zur Erfüllung der Aufgabe wird somit unabhängig von der Taktfrequenz, er ist konstant:

$$\boldsymbol{E_a} = P \cdot T_a = c_d \cdot F \cdot T_a = c_d \cdot F \cdot c_a / F = c_d \cdot c_a = \boldsymbol{konstant}$$

Dies gilt wie gesagt idealer Weise. Bei realen CMOS-Schaltungen kommt zu dem Stromfluss beim Wechsel des logischen Pegels noch ein weiterer, ständiger Stromfluss hinzu, der im Wesentlichen durch so genannte **Leckströme** innerhalb der Schaltung verursacht wird. Diese Leckströme entstehen, da die Widerstände zwischen den Leiterbahnen der integrierten Schaltung nicht unendlich hoch sind. Die Leckströme wachsen mit zunehmender Integrationsdichte, weil sich hierdurch der Abstand und damit der Widerstand zwischen den Leiterbahnen verringert. Die gesamte Leistungsaufnahme einer realen CMOS-Schaltung teilt sich also in einen dynamischen, von der Taktfrequenz abhängigen Teil P_d und einen statischen, durch Leckströme verursachten Teil P_s auf, welcher von der Taktfrequenz unabhängig ist:

$$P = P_s + P_d = c_s + c_d \cdot F$$

Bis zu einer Integrationsdichte mit Strukturen von ca. 100 nm überwiegt die dynamische Leistungsaufnahme. Darunter beginnt die statische Leistungsaufnahme zu dominieren. Betrachtet man nun wieder den Energieverbrauch zur Erfüllung einer Aufgabe, so ergibt sich folgender Zusammenhang:

$$E_a = P \cdot T_a = (c_s + c_d \cdot F) \cdot c_a / F = c_s \cdot c_a / F + c_d \cdot c_a$$

Man sieht, dass unter diesen Bedingungen die Leistungsaufnahme mit abnehmender Taktfrequenz zwar abnimmt, der Energieverbrauch jedoch wächst. Dies wird durch den statischen Teil der Leistungsaufnahme verursacht, der umso längere Zeit anliegt, je länger die Ausführung der Aufgabe durch Verringerung der Taktfrequenz andauert.

Bei Mikrocontrollern werden im Allgemeinen noch Integrationsdichten mit Strukturen von 100 nm und darüber verwendet, sodass die statische Leistungsaufnahme hier meist keine wesentliche Rolle spielt. Hochleistungsmikroprozessoren kommen jedoch mittlerweile auf weniger als 45 nm, die statische Leistungsaufnahme muss berücksichtigt werden.

Eine zweite Möglichkeit zur Reduktion der Leistungsaufnahme ist die Reduktion der Versorgungsspannung. Bei einer Spannung *U*, einem Strom *I* und einem Widerstand *R* gilt nach dem Ohmschen Gesetz:

$$P = U \cdot I = U^2 / R \sim U^2$$

Die Leistungsaufnahme ist daher proportional zum Quadrat der Spannung U. Eine Reduktion der Spannung auf siebzig Prozent führt somit ebenso zu einer Halbierung der Leistungsaufnahme. Hält man hierbei die Taktfrequenz zunächst konstant, so ergibt sich keine Veränderung in der Ausführungsgeschwindigkeit. Der Energieverbrauch über eine konstante Zeit sowie der Energieverbrauch zur Erfüllung einer Aufgabe sind somit beide ebenfalls proportional zum Spannungsquadrat:

$$E_k = P \cdot T_k \sim U^2$$
$$E_a = P \cdot T_a \sim U^2$$

Variiert man Versorgungsspannung und Taktfrequenz gleichzeitig, so erhält man für die Leistungsaufnahme (unter Vernachlässigung der statischen Leistungsaufnahme) mit einem gemeinsamen Proportionalitätsfaktor c_g den Zusammenhang:

$$P = c_g \cdot F \cdot U^2 \sim F \cdot U^2$$

Versorgungsspannung und Taktfrequenz sind hierbei aber keine unabhängigen Größen. Je geringer die Versorgungsspannung, desto geringer auch die maximal mögliche Taktfrequenz. Näherungsweise kann hierfür ein linearer Zusammenhang angenommen werden:

$$F = c_f \cdot U \sim U$$

Setzt man diesen Zusammenhang in die obige Gleichung ein, so erhält man die **Kubus-Regel** für eine simultane Änderung der Taktfrequenz und Versorgungsspannung:

$$\begin{aligned} \boldsymbol{P} &= c_g \cdot c_f \cdot U^3 \sim \boldsymbol{U^3} \\ &= c_g / c_f^2 \cdot F^3 \sim \boldsymbol{F^3} \end{aligned}$$

Dies gilt natürlich ebenfalls wieder für den auf konstante Zeit bezogenen Energiebedarf E_k:

$$\boldsymbol{E_k} = P \cdot T_k \sim \boldsymbol{U^3} \sim \boldsymbol{F^3}$$

Der auf eine Aufgabe bezogene Energieverbrauch E_a folgt jedoch nur einem quadratischen Zusammenhang, da sich wie bereits betrachtet die Ausführungszeit T_a umgekehrt proportional zur Taktfrequenz erhöht:

$$\begin{aligned} \boldsymbol{E_a} = P \cdot T_a &= c_g \cdot c_f \cdot U^3 \cdot c_a / F = c_g \cdot c_f \cdot U^3 \cdot c_a / (c_f \cdot U) = c_g \cdot c_a \cdot U^2 \\ &= c_g / c_f^2 \cdot F^3 \cdot c_a / F = c_g \cdot c_a / c_f^2 \cdot F^2 \sim \boldsymbol{F^2} \sim \boldsymbol{U^2} \end{aligned}$$

Forschungsansätze gehen deshalb dahin, Taktfrequenz und Versorgungsspannung eines Mikrocontrollers im Hinblick auf die Anwendung zu optimieren. Beispiele finden sich etwa in [Krishna und Lee 2000] oder [Uhrig 2004] bzw. [Uhrig und Ungerer 2005]. Hier werden Konzepte vorgeschlagen, die in einem Echtzeitsystem Versorgungsspannung und Taktfrequenz eines Prozessors dynamisch an die einzuhaltenden Zeitschranken anpassen. Besteht für eine Aufgabe sehr viel Zeit, so muss der Prozessor nicht mit voller Geschwindigkeit arbeiten, sondern kann mit reduzierter Taktfrequenz und damit reduziertem Energieverbrauch operieren.

Auch im Bereich der Mikroprozessoren werden ähnliche Ansätze verfolgt, bei denen Taktfrequenz und Versorgungsspannung anhand der Prozessorauslastung geregelt werden. Insbesondere für Multi-Core Prozessoren besteht hier in Kombination mit dem Verschieben von Aufgaben zwischen den Prozessorkernen großes Potenzial, künftig noch effizienter und Energie sparender zu rechnen [Rangan et al. 2009].

Weitere Ansätze, z.B. [Altherr 2001] versuchen die Versorgungsspannung einer CMOS-Schaltung abhängig von Betriebsparametern wie etwa der Temperatur derart zu regeln, dass die Schaltung gerade noch fehlerfrei funktioniert. Insbesondere das Rauschen der Versorgungsspannung bereitet Probleme, wenn Bausteine an der unteren möglichen Spannungsgrenze betrieben werden [Reddi et al. 2009].

Ein anderer Forschungszweig befasst sich mit der Frage, die Architektur eines Mikrocontrollers derart zu optimieren, dass die Leistungsaufnahme ohne Einbußen in der Verarbeitungsgeschwindigkeit und damit der Energiebedarf für die Bearbeitung einer Aufgabe gesenkt werden kann. Hier sind eine Reihe von Maßnahmen denkbar:

- *Reduktion der Busaktivitäten*
  Bei konsequentem Einsatz der von RISC-Prozessoren bekannten **Load-Store-Architektur** arbeiten die meisten Prozessor-Operationen auf den internen Registern. Die Busschnittstelle wird somit nicht benötigt und kann als Energieverbraucher abgeschaltet bleiben. Ein entsprechend mächtiger interner Registersatz hilft ebenfalls, externe Buszugriffe zu verringern. Eine weitere

Möglichkeit besteht darin, schmale Datentypen (8 oder 16 Bit anstelle von 32 Bit) zu unterstützen. Somit muss zur Datenübertragung nicht die volle Busbreite aktiviert werden.

- *Statisches Power-Management*
  Dem Anwender können Befehle zur Verfügung gestellt werden, die Teile des Mikrocontrollers abschalten (z.B. Speicherbereiche, Teile des Rechenwerks) oder den ganzen Controller in eine Art Schlafmodus versetzen. Somit kann der Anwender gezielt Leistungsaufnahme und Energieverbrauch kontrollieren.

- *Dynamisches Power-Management*
  Neben dem statischen Power-Management kann der Prozessor dynamisch für jeden gerade bearbeiteten Befehl die zur Verarbeitung nicht benötigten Komponenten abschalten. Dies kann z.B. in der Prozessor-Pipeline erfolgen.

- *Erhöhung der Code-Dichte*
  Die Code-Dichte kennzeichnet die Anzahl der Instruktionen, die für eine Anwendung benötigt werden. Je höher die Code-Dichte, desto weniger Instruktionen sind erforderlich. Eine hohe Code-Dichte spart Energie aus zweierlei Gründen: Erstens wird weniger Speicher benötigt und zweitens fallen weniger Buszyklen zur Ausführung einer Anwendung an. Von diesem Gesichtspunkt aus stellt eine RISC-Architektur also eher einen Nachteil dar, da durch die einfacheren Instruktionen die Code-Dichte gegenüber CISC-Architekturen im Allgemeinen geringer ist.

Ein erstes Beispiel für eine Kombination dieser Techniken findet sich z.B. in [Gonzales 1999]. Auch weitere Mikrocontroller, z.B. aus der Freescale RS08 Familie [Freescale 2010/1], der Atmel XMega Familie [Atmel 2010/1] oder der MSP430 Familie von Texas Instruments [2010] um nur einige zu nennen, nutzen die genannten Techniken. Man sieht, dass durchaus komplexe Zusammenhänge zwischen Architektur, Leistungsaufnahme und Energiebedarf bestehen. Es ist somit wünschenswert, möglichst frühzeitig bei der Entwicklung eines neuen Mikrocontrollers Aussagen hierüber machen zu können. Mit klassischen Modellen ist dies jedoch erst durch Simulationen auf der Gatterebene bzw. Registertransferebene, also sehr spät im Entwicklungsprozess, möglich. Forschungsarbeiten zielen deshalb darauf ab, Modelle zur Vorhersage der Leistungsaufnahme und des Energiebedarfs zu entwickeln, die Aussagen in früheren Entwicklungsschritten erlauben. Ziel ist es, zusammen mit den ersten funktionalen Simulationen auf der Mikroarchitekturebene eines Mikrocontrollers auch Daten über den wahrscheinlichen Energie- bzw. Leistungsbedarf zu erhalten. Arbeiten hierzu finden sich etwa in [Brooks et al. 2000], [Brooks et al. 2003], [Vijaykrishnan et al. 2000], [Zyuban und Kogge 2000], [Zyuban et al. 2004] sowie [Zhong et al. 2006]. Abbildung 3.20 ist [Brooks et al. 2000] entnommen und zeigt das grundlegende Prinzip einer Energieabschätzung auf Mikroarchitekturebene. Ausgangspunkt ist ein normaler in Taktschritten arbeitender Mikroarchitektursimulator, der Aussagen über die Verarbeitungsgeschwindigkeit des Prozessors erlaubt. Dieser Simulator wird um Energie- und Leistungsmodelle erweitert, welche Abschätzungen des Bedarfs der einzelnen Mikroarchitekturkomponenten im jeweiligen Taktschritt und Zustand liefern. Während der eigentliche Simulator nur die Mikroarchitekturparameter des Prozessors kennen muss, gehen in die Energie- und Leistungsmodelle auch Schaltkreistechnologieparameter ein. Die gegenwärtige Herausforderung besteht darin, hinreichend präzise und zuverlässige Modelle auf dieser Ebene zu entwickeln.

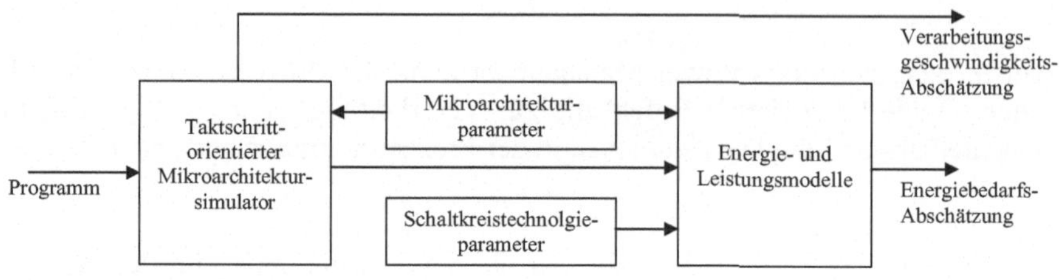

Abb. 3.20. PowerTimer Simulator zur Energie- und Leistungsbedarfsabschätzung auf Mikroarchitekturebene

3.6.3 Java und Java-Prozessoren für eingebettete Systeme

Die objektorientierte Sprache Java [Flanagan 1997] war zunächst als Sprache für eingebettete Systeme konzipiert, bevor der Aspekt der Internet-Unterstützung den Vorrang erhielt und dadurch die schnelle Verbreitung von Java hervorgerufen hat. Java bietet durch seine Objektorientiertheit die Vorteile der leichten Programmierung, Wiederverwendbarkeit und Robustheit. Es existiert eine sehr umfangreiche, genormte Klassenbibliothek. Java Bytecode [Gosling 1995][Meyer und Downing 1997] zeichnet sich durch kleinen Code, Plattformunabhängigkeit und Sicherheit aus. Java Bytecode ist wesentlich kompakter als Code für einen heutigen RISC-Prozessor. Im Schnitt belegt jeder Bytecode Befehl nur 1,8 Bytes. Durch die Rechnerunabhängigkeit kann Java Bytecode problemlos auf alle Arten von Prozessoren geladen werden.

Diese Eigenschaften führen dazu, dass Java wieder verstärkt im ursprünglich avisierten Bereich der eingebetteten Systeme und somit zur Programmierung von Mikrocontrollern eingesetzt wird. Sun Microsystems selbst hat mehrere Java-Pakete für den eingebetteten Markt definiert. Die *Java MicroEdition* [Sun 2010/1] ist für einfache Geräte gedacht, die eine grafische Oberfläche besitzen und eventuell über ein Netz kommunizieren können, wie z.B. SetTop-Boxen, Mobiltelefone oder PDAs (*Personal Digital Assistents*). Für leistungsfähigere eingebettet Systeme existiert die *Java StandardEdition Embedded* [Sun 2010/2]. *JavaCard* [Sun 2010/3] ist schließlich für die Programmierung von Smart-Cards gedacht.

Für Echtzeitanwendungen ist Java jedoch in seiner ursprünglichen Form wenig geeignet [Nilson 1996]. Die Sprache enthält zum einen keinerlei Konstrukte zur Definition von Echtzeitbedingungen für die Programmausführung. Zum anderen ist das Zeitverhalten in vielen Java-Implementierungen durch Interpretation des Java Bytecode sehr ungünstig bzw. durch Just-In-Time-Compiler und Speicherbereinigung wenig vorhersagbar. Um diese Nachteile zu beseitigen gibt es eine Reihe von Möglichkeiten:

- hybride Lösungen
- Echtzeit-Java
- Java-Prozessoren

Hybride Lösungen kombinieren die Sprache Java mit einem konventionellen Echtzeitbetriebssystem. Beispiele hierfür sind VxWorks von WindRiver [Wind River Systems 2010] oder Java auf Microware OS-9 [RadiSys 2010]. Die Vorteile von Java werden hierbei für die nichtechtzeitkritischen Anwendungsteile eingesetzt, während echtzeitkritische Anwendungsteile in konventioneller Form, z.B. in C, realisiert werden und als Echtzeit-Tasks auf dem Echtzeitbetriebssystem ablaufen. Java selbst ist hier also nicht echtzeitfähig.

Eine weitere Möglichkeit besteht darin, **Java selbst echtzeitfähig zu machen**. Dazu ist es im ersten Schritt nötig, die Sprachdefinition entsprechend zu erweitern. Der Echtzeit-Java Sprachstandard *Real-Time Specifications for Java* leistet dieses. Er wurde ursprünglich von Sun Microsystems initiiert [Bollella 2000] und wird seitdem in einer Special Interest Group ständig fortgeschrieben [RTSJ 2010]. Dieser Standard erweitert die Sprache um Echtzeit-Threads, echtzeitfähige Speicherverwaltung, echtzeitfähige Synchronisations-Mechanismen und mehr.

Die Realisierung eines Echtzeitstandards kann zum einen auf einer echtzeitfähigen Java Virtual Machine (JVM) basieren. In diesem Fall wird der Java Bytecode wie bei Standard Java auch von der JVM interpretiert. Die echtzeitfähige JVM bietet im Unterschied zur Standard JVM garantierte Ausführungszeiten sowie die vom Echtzeitstandard geforderten Zusatzfunktionen (z.B. Echtzeit-Threads). Beispiele hierfür sind etwa Sun Java Real-Time [Sun 2010/4], PERC [Aonix 2010], Jamaica [Aicas 2010] oder SimpleRTJ [SimpleRTJ 2010]. Die Interpretation des Java Bytecodes führt jedoch im Vergleich zu konventionellen Sprachen wie etwa C zu einer deutlich schlechteren Verarbeitungsgeschwindigkeit, welche insbesondere im Bereich der eingebetteten Systeme durch die dort verwendete eher schwache Hardware problematisch ist.

Eine andere Realisierungsform vermeidet diesen Nachteil, indem sie Java Bytecode weiter auf Maschinencode übersetzt. Ein Beispiel hierfür ist JBed, ursprünglich von Esmertec entwickelt und heute von der Nachfolgefirma Myriad [2010] weiter verfolgt. Hiermit können Ausführungszeiten erreicht werden, die durchaus im Bereich von C++-Programmen liegen. Durch die Umgehung des Java Bytecodes verlieren diese Systeme jedoch dessen wesentliche Vorteile von Plattformunabhängigkeit und Sicherheit. Sollen Java-Klassen zur Laufzeit geladen werden, muss entweder ein Just-In-Time-Compiler verwendet werden, der jedoch durch mangelnde zeitliche Vorhersagbarkeit für Echtzeitsysteme problematisch ist. Die andere Möglichkeit besteht darin, die ganze Klasse nach dem Laden zu übersetzen (durch einen sogenannten Flash-Compiler). Dies führt zu verbesserter Vorhersagbarkeit, bewirkt jedoch ebenfalls verlängerte Ladezeiten. Darüber hinaus benötigen beide Varianten nicht unerheblich zusätzlichen Speicher, welcher gerade im Bereich der eingebetteten Systeme meist knapp bemessen ist.

Einen umfassenden Ansatz, Echtzeit-Java unter Verwendung paralleler Verarbeitungstechniken mittels moderner Multi-Core Prozessoren zu realisieren ist das Jeopard Projekt [Jeopard 2010]. Hierbei werden alle Systemebenen vom Prozessor über das Betriebsystem bis hin zur virtuellen Maschine betrachtet. Auch der Einsatz von FPGA basierter Spezialhardware zur Beschleunigung einzelner Funktionen wie z.B. der Garbage Collection wird untersucht.

Hohe Verarbeitungsgeschwindigkeit unter Beibehaltung der Vorteile des Java Bytecodes kann durch den Einsatz von **Java-Prozessoren** erzielt werden. Java-Prozessoren realisieren durch die direkte Ausführung der Bytecode-Befehle eine vergleichsweise schnelle Ausführung mit geringem Speicherbedarf [Wayner 1996]. Dies ist insbesondere für eingebettete Systeme wichtig. Durch die Spezialisierung des Prozessors auf die Sprache Java können beim Entwurf Optimierungen entwickelt werden, die zu einer weiteren Leistungssteigerung führen.

Besonderheiten, die bei der Ausführung von Java auftreten, sind im Wesentlichen die Stack-basierte Verarbeitung der Bytecode-Befehle und die Speicherbereinigung. Es existieren eine Reihe von Ansätzen und Vorschlägen für solche Prozessoren, etwa PicoJava I und II von Sun [O'Conner und Tremblay 1997][Sun 1999] sowie den darauf aufbauenden Prozessoren MicroJava und UltraJava, JEM-1 [aJile Systems 2001], Delft-Java-Prozessor [Glossner und Vassiliadis 1997], PSC1000 [Shaw 1995], Java-Silicon-Machine JSM [Ploog et al. 1999], Java Optimized Processor JOP [Schoeberl 2006] oder Komodo [Brinkschulte et al. 1999/1] und dessen Nachfolger Jamuth [Uhrig und Wiese 2007]. Komodo bzw. Jamuth kombinieren als einziges der genannten Projekte die direkte Ausführung von Java Bytecode mit mehrfädiger Hardware. Mehrfädige Prozessoren erlauben die simultane Ausführung mehrere Kontrollfäden (*Threads*) direkt in Hardware. Hierdurch können Wartezeiten (*Latenzen*), die z.B. durch Cache-Misses oder bei Sprungbefehlen auftreten, durch Wechsel zu einem anderen Kontrollfaden überbrückt werden. Solche Prozessoren ermöglichen daher sehr schnelle Kontextwechsel. Eine detaillierte Beschreibung der allgemeinen Eigenschaften von mehrfädigen Prozessoren findet sich in Kapitel 9.3. Abbildung 3.21 gibt einen Überblick über das Komodo-Projekt.

Die Basis dieses Projektes bildet der Komodo-Mikrocontroller. Er besitzt einen mehrfädigen Prozessorkern und kann einfache Java-Bytecodes direkt ausführen. Darüber schließt sich eine angepasste Java-Umgebung an. In dieser Umgebung werden komplexe Bytecodes mittels Traps in Software ausgeführt, Speicherbereinigungen (*Garbage Collection*, ebenfalls durch Hardware unterstützt) vorgenommen sowie alle notwendigen Standard- und Erweiterungsklassen (Echtzeiterweiterungen, Ein-/Ausgabezugriffe) realisiert. Um mehrere Komodo-Mikrocontroller für verteilte Anwendungen kombinieren und koordinieren zu können, bildet die Echtzeit-Middleware OSA+ [Brinkschulte et al. 2001] eine weitere Ebene des Projekts. Die oberste Ebene stellt die jeweilige Anwendung dar.

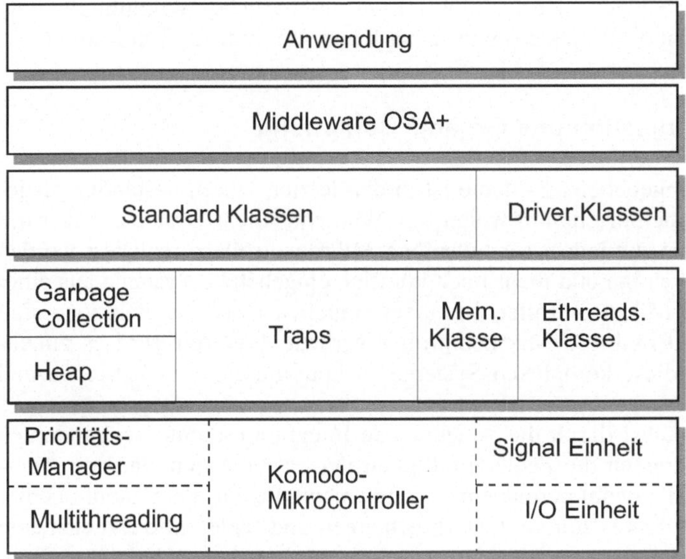

Abb. 3.21. Die Ebenen des Komodo-Projekts

Das Komodo-Projekt untersucht insbesondere den Einsatz der mehrfädigen Prozessortechnik für Echtzeitsysteme. Es lassen sich z.B. neue Echtzeit-Scheduling Algorithmen definieren, die einzelnen Threads innerhalb weniger Taktzyklen einen definierten Anteil an der Gesamt-Prozessorleistung garantieren und somit die einzelnen Threads zeitlich isolieren [Brinkschulte et al. 2002/1]. Dies hat den Vorteil, dass ein sich fehlverhaltender Thread das Zeitverhalten anderer Threads nicht stören kann, was gerade im hochdynamischen Java-Umfeld eine bedeutende Rolle spielt. Durch den Einsatz von Methoden der Regelungstechnik kann das Zeitverhalten des Schedulers weiter verbessert werden [Brinkschulte und Pacher 2009]. Darüber hinaus ermöglicht ein mehrfädiger Prozessor völlig neue Techniken der Ereignisbehandlung. Anstelle von konventionellen Interrupt Service Routinen (ISR) können hier Threads einem Ereignis zugeordnet und durch ein Signal direkt von der Hardware gestartet werden. Man erhält Interrupt Service Threads (IST) [Brinkschulte et al. 1999/2]. Dies eröffnet mehrere Vorzüge: Während das Starten einer ISR auf einem konventionellen Prozessor eine Anzahl Taktzyklen zum Retten des Kontexts benötigt, kann eine IST auf einem mehrfädigen Prozessor durch dessen mehrfache Registersätze normalerweise ohne Verzögerung gestartet werden. Weiterhin fügt sich eine Ereignisbehandlung durch Threads anstelle von ISRs besser in das thread-orientierte Schema einer modernen Sprache wie Java ein. So kann z.B. das Thread-Scheduling direkt auf die Ereignisbehandlung des Prozessors angewendet werden. Der Prozessorkern des Komodo-Mikrocontrollers ist unter dem Namen Jamuth [Uhrig und Wiese 2007] auch als Prozessorkern-Bibliothek implementiert. Eine Multi-Core Version dieser Bibliothek ist ebenfalls realisiert [Uhrig 2009]. Eine ausführliche Beschreibung und Diskussion des Komodo-Projekts sowie seiner Konzepte findet sich in Kapitel 5.

3.6.4 Selbstorganisation und Organic Computing

Die Komplexität eingebetteter Systeme ist in den letzten Jahren beständig gestiegen und wird dies auch in Zukunft weiter tun. Während solche Systeme früher mit einem einzigen oder zumindest sehr wenigen Mikrocontrollern realisiert werden konnten, bestehen heutige und mehr noch künftige eingebettete Systeme aus einer Vielzahl vernetzter Mikrocontroller. In einem aktuellen Oberklassefahrzeug sind bereits zwischen 50 und 100 Mikrocontroller verbaut. Dadurch wird es zunehmend schwieriger, diese komplexen Systeme zu konfigurieren, zu betreiben und zu warten.

Des Weiteren wächst durch die zunehmende Integrationsdichte bei modernen Chip-Fertigungsprozessen die Fehleranfälligkeit der entstehenden Hardwareplattformen. Dies betrifft sowohl permanente wie transiente Fehler. Permanente Fehler werden meist durch Kurzschlüsse, Unterbrechungen und fehlerhafte Bauelemente verursacht und führen zu einer Verringerung der Ausbeute bei der Chip-Produktion. Transiente Fehler entstehen z.B. durch Einschlag von Elementarteilchen, lokalen Temperaturproblemen (so genannten *Hot Spots*) oder dynamischen Spannungsschwankungen und verursachen ein kurzfristiges Versagen von Teilen der Hardware. Es ist offensichtlich, dass wir mit feiner werdenden Strukturen auf dem Chip häufiger mit beiden Arten von Fehlern konfrontiert werden.

Um dem zu begegnen, wurde die Idee geboren, solche Systeme „lebensähnlicher“ zu gestalten. Die Beherrschbarkeit komplexer eingebetteter Systeme sowie die Erhöhung der Robustheit gegenüber Fehlern soll durch Prinzipien gewährleistet werden, wie sie im Bereich organischer Lebensformen vorzufinden sind. Es wurde daher im Jahr 2003 wurde der Forschungsschwerpunkt **„Organic Computing“** ins Leben gerufen. Der Begriff geht auf einen Workshop der GI/ITG-Expertenrunde „Zukunftsthemen der Informatik“ zurück [GI/VDE/ITG 2003]. Um Missverständnissen vorzubeugen, es sollen hierbei keine biologischen Rechensysteme zum Einsatz kommen. Die anvisierten eingebetteten Systeme bestehen nach wie vor aus normalen Rechenknoten wie Mikrocontrollern und Mikroprozessoren. Es sollen vielmehr in der Biologie erfolgreiche Organisationsprinzipien auf Rechnersysteme übertragen werden. Diese sind im Wesentlichen:

- *Selbstorganisation*
  Das eingebettete System organisiert sich selbst ohne Einfluss einer äußeren, steuernden Instanz. Alle internen Betriebsabläufe stellen sich eigenständig durch Wechselwirkung der einzelnen Komponenten des Systems untereinander ein.

- *Selbstkonfiguration*
  Das eingebettete System findet selbsttätig in Abhängigkeit äußerer Gegebenheiten und Anforderungen (z.B. aktuelle Aufgabenstellung, Umgebungstempe-

ratur, etc.) sowie interner Zustände (z.B. Anzahl und Energievorrat der einzelnen Rechenelemente, etc.) eine initiale, arbeitsfähige Konfiguration.

- *Selbstoptimierung*
  Ausgehend von der initialen Konfiguration versucht das System ständig, sich selbst zu verbessern und sich an geänderte äußere und innere Bedingungen (z.B. Änderungen in der Aufgabenstellung, der Temperatur, des Energievorrats, etc.) anzupassen.

- *Selbstheilung*
  Das eingebettete System kann ohne Eingriff eines Administrators einen Großteil auftretender Fehler beheben. Dies beinhaltet sowohl Softwarefehler wie auch permanente oder transiente Ausfälle der Hardware.

- *Selbstschutz*
  Angriffe von außen (z.B. eine Denial-of-Service-Attacke) werden selbsttätig erkannt und entsprechende Gegenmaßnahmen (z.B. Abschottung, Rekonfiguration der Kommunikationskanäle, etc.) autonom eingeleitet.

- *Selbstbewusstsein*
  Das eingebettete System ist sich seiner eigenen Fähigkeiten (z.B. Rechenkapazität, verfügbare Sensorik und Aktorik, etc.) sowie seines Kontextes (z.B. gegenwärtiger Aufenthaltsort, Umgebung, Datum, Uhrzeit, etc.) bewusst und bezieht diese Informationen in die Ablauforganisation mit ein.

Die aufgezählten Prinzipien werden auch **Selbst-X** Eigenschaften (*Self-X*) genannt. Durch Anwendung und technische Nutzung dieser Eigenschaften soll die Entwicklung komplexer eingebetteter Systeme erleichtert werden. Das Prinzip der Selbstorganisation ist bereits seit einigen Jahren Gegenstand der Forschung. In dem Buch „Mathematik der Selbstorganisation" [Jetschke 1989] wird die Konvergenz einfacher Systeme zu statischen Formen behandelt. In [Whitaker 1995] findet sich ein Überblick über Untersuchungen zur Selbstorganisation. Hier wird insbesondere der Aspekt der Autopoiese betrachtet. Mit diesem Begriff werden Systeme gekennzeichnet, die ihre Organisation auch über eine Folge von Änderungen ihrer Umgebung aufrechterhalten und ihre Komponenten selbsttätig reproduzieren. Die Firma IBM verfolgt unter dem Namen „Autonomic Computing" eine vergleichbare Idee, jedoch in einem völlig anderen Umfeld: Es geht hierbei im Wesentlichen um das Management von IT-Servern im Netzwerk [Kephart und Chess 2003][IBM 2010]. Hier werden ebenfalls eine Reihe von Selbst-X Eigenschaften postuliert, um solche Server automatisch zu konfigurieren und an das aktuelle Umfeld anzupassen. Die Idee, zukünftige komplexe Rechensysteme mit Selbst-X Eigenschaften auszustatten, wird mittlerweile auch in anderen Forschungsprogrammen aufgegriffen, z.B. im FET (*Future Emerging Technolgies*) Programm der Europäischen Union [EU 2009], der „IEEE Task Force on Organic Computing" [IEEE 2009], dem Graduiertenkolleg 1194 „Selbstorganisierende Sensor-Aktor-Netzwerke" [2010] an der Universität Karlsruhe oder dem Sonderforschungsbereich 637 „Selbststeuerung logistischer Prozesse“ [2009] der deutschen Forschungsgemeinschaft (DFG). Ganz neu ist das DFG Schwerpunktprogramm 1500 „Design and Architecture of Dependable Embedded Systems – A Grand Challenge in the Nano Age“ [2010], welches sich speziell auf Handhabung und Beherrschung unzuverlässiger Hardware konzentriert.

Die DFG hat schließlich das Schwerpunktprogramm 1183 „Organic Computing“ [2005] zur Erforschung dieses Themenkreises für eingebettete Systeme eingerichtet. Das 6-jährige Forschungsprogramm startete im Jahr 2005 und lässt sich in drei Phasen gliedern: In der ersten Phase wurden die grundlegenden Prinzipien von Organic Computing erforscht. Dies sind zum einen die genannten Selbst-X Eigenschaften. Elementare „Zutaten“ dieser Eigenschaften sind meist **positive** und **negative Rückkopplung**, also das Belohnen erfolgreicher und das Bestrafen nicht erfolgreicher Verhaltensweisen. Ein **Gleichgewicht** von **Erforschung** und **Ausbeutung** (*Exploration and Exploitation*) gehört ebenfalls dazu. Wurde z.B. in einem eingebetteten System ein lokales Optimum des Betriebszustandes gefunden und ausgebeutet, so würde ein eventuell vorhandenes besseres lokales Optimum ohne weitere Erforschung möglicher anderer Betriebszustände nicht entdeckt. Auch die Eigenschaft der **Emergenz** ist hier zu nennen. Darunter versteht man ein Verhalten des Gesamtsystems, welches aus dem Verhalten der einzelnen Komponenten so nicht absehbar war. Beispiele hierfür sind etwa „Ameisenalgorithmen“ zur Auffindung eines kürzesten Weges oder das „Termiten-Stöckchen-Stapelprinzip“. Hierbei folgt jede einzelne Komponente, eine Termite, einer simplen Vorgehensweise. Trifft sie im Lauf ihres Weges auf ein Stöckchen, so verhält sie sich wie folgt: trägt sie noch kein Stöckchen, so nimmt sie das gefundene Stöckchen auf. Trägt sie bereits ein Stöckchen, so lässt sie dieses fallen und nimmt das gefundene Stöckchen auf. Das sehr einfache Prinzip führt dazu, dass sich alle vorhandenen Stöckchen in einem Gebiet auf wenige, große Haufen stapeln, wenn man die Termiten ausschwärmen lässt, ein Ergebnis, dass aus dem Einzelverhalten so sicher nicht unbedingt absehbar war.

In der zweiten Phase des Schwerpunktprogramms ging es um die Entwicklung von Basistechnologien für Organic Computing. Exemplarisch kann hier etwa die so genannte **„Observer-Controller-Architektur“** genannt werden [Müller-Schloer und Würtz 2004, Richter et al. 2006]. Abbildung 3.22 zeigt diese. Hier ist zum einen die bereits genannte Rückkopplung zu sehen. Ein eingebettetes System wird durch eine Observer-Instanz beobachtet, hieraus leitet eine Controller-Instanz Entscheidungen ab, welche das Systemverhalten beeinflussen. Hierdurch soll unter anderem auch unerwünschte Emergenz vermieden werden. Man stelle sich nur eine selbstorganisierende Ampelsteuerung vor, welche auf die „Idee“ kommt, zur Optimierung des Verkehrsflusses alle Ampeln einer Kreuzung gleichzeitig auf Grün zu schalten. Der Controller hat die Aufgabe, solche unerwünschten Verhaltensweisen auszufiltern.

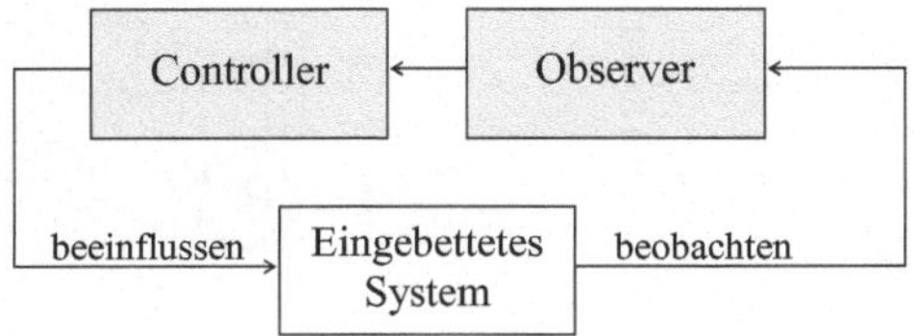

Abb. 3.22. Eine Observer-Controller-Architektur für Organic Computing

Die dritte Phase des Schwerpunktprogramms befasst sich schließlich mit der Untersuchung und Evaluation von Anwendungen, z.B. aus dem Automobilbereich, der Fabrikautomation oder der Steuerung der heimischen Umgebung.

Aus der Vielzahl der Forschungsprojekte im Bereich Selbstorganisation eingebetteter Systeme bzw. Organic Computing wollen wir im folgenden drei Projekte exemplarisch herausgreifen, um einige grundlegende Ideen genauer zu beleuchten.

3.6.4.1 DoDOrg

DoDOrg (*Digital On Demand Computing Organism*) ist ein Gemeinschaftsprojekt mehrerer Institute der Universitäten Frankfurt und Karlsruhe im Rahmen des Schwerpunktprogramms Organic Computing [Becker et al 2006]. Es soll hierbei eine Rechnerarchitektur für eingebettete Systeme entwickelt werden, die sich an organischen Prinzipen orientiert. Zur Erklärung der Grundprinzipien wollen wir zunächst das Herz eines Säugetieres mit einer elektrischen Pumpe vergleichen. Auf den ersten Blick dienen beide dem gleichen Zweck: dem Pumpen von Flüssigkeit. Bei genauerem Hinsehen sind die Unterschiede aber drastisch. Während eine elektrische Pumpe im Allgemeinen einen idealen Arbeitspunkt besitzt, in dem sie einen optimalen Durchsatz pro eingesetzter Energiemenge liefert, ist das Herz höchst flexibel. Es passt sich in Pumpkapazität und –leistung den augenblicklichen Erfordernissen des Körpers automatisch an. Des Weiteren genügt bei einer elektrischen Pumpe normalerweise der Ausfall eines einzigen Teils, um die gesamte Pumpe lahm zu legen. Das Herz eines Säugetiers kann dagegen einen beträchtlichen Schaden kompensieren, bevor es ausfällt. Doch nun zurück zur Rechnerarchitektur: Ein heute übliches Rechnersystem hat Eigenschaften wie die elektrische Pumpe. Es besitzt einen optimalen Arbeitspunkt, bei Ausfall einer Komponente fällt in der Regel das komplette Rechnersystem aus. Das im Rahmen des DoDOrg-Projekts anvisierte Rechnersystem soll hingegen die Eigenschaften des Säugetierherzens besitzen: Flexibilität und Robustheit.

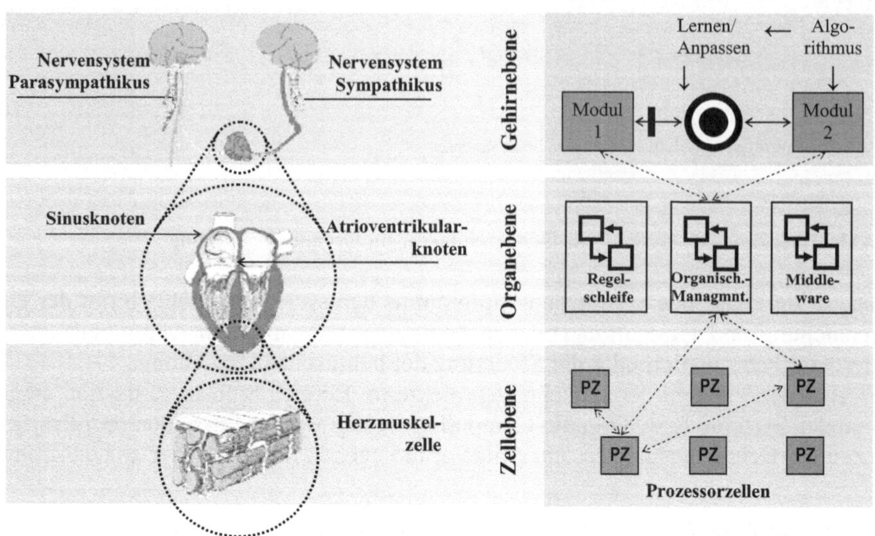

Abb. 3.23. Grundideen des DoDOrg-Projekts

Abbildung 3.23 skizziert die Grundideen dieses Projekts anhand dieser Analogie. Man kann drei Ebenen unterscheiden: Auf der Zellebene gibt es beim Herzen die Herzmuskelzellen, spezielle Muskelzellen, die sich auch ohne direkte Ansteuerung durch Nervenfasern kontrahieren können. Bei der DodOrg-Rechnerarchitektur wird diese Ebene durch einfache Prozessorzellen (PZ) gebildet. Diese Prozessorzellen können elementare Rechenoperationen und Programme ausführen. Hierbei sind durchaus unterschiedliche Typen von Prozessorzellen vorgesehen: Zellen mit einfachen und komplexeren Prozessorkernen, mit einfacher und komplexerer Arithmetik, mit rekonfigurierbarer Hardware, etc.

Auf der Organebene gruppieren sich beim Herzen die Herzmuskelzellen zu dem Organ, welches durch koordinierte Zellaktivität den Pumpvorgang durchführt. Die Steuerung der Kontraktion erfolgt durch ein selbständiges (autonomes) Nervensystem, wobei die Schlagabfolge durch den Sinusknoten und den Atrioventrikularknoten geregelt wird. Die DoDOrg-Architektur setzt auf dieser Ebene Middleware ein, welche die Prozessorzellen koordiniert und durch ein Organic Management virtuelle Organe bildet, d.h. Prozessorzellen zur Erfüllung von Aufgaben gruppiert und Regelschleifen realisiert.

Auf der Gehirnebene erfolgt beim Herzen die übergeordnete Steuerung: Die autonome Herztätigkeit kann durch das vegetative Nervensystem, an körperliche Erfordernisse angepasst werden. Das vegetative Nervensystem geht vom Zentralnervensystem (Gehirn und Rückenmark) aus und ist in zwei antagonistisch wirkende Subsysteme aufgeteilt: Der Sympathikus erhöht Puls und Schlagvolumen, der Parasympathikus dämpft sie. Die DoDOrg-Architektur avisiert hier als exemplarische Anwendung eine Robotersteuerung. Diese gibt Aufgaben vor, die dann von den durch die Middleware aus Prozessorzellen gebildeten virtuellen Organen durchgeführt werden. Die Funktionen der Anwendung sind hierbei ebenfalls lern- und anpassungsfähig.

DoDOrg besteht daher im Wesentlichen aus den folgenden Bestandteilen:

- *Prozessorzellen*
  stellen die notwendige Rechenleistung zur Verfügung und sind in größerer Anzahl (> 64 im ersten Ansatz), teils mit rekonfigurierbarer Hardware, vorhanden.

- *Middleware*
  koordiniert und regelt die Verteilung der Aufgaben (Tasks) auf die Prozessorzellen, bildet virtuelle Organe.

- *Monitoring*
  liefert Informationen über den aktuellen Systemzustand (z.B. Energievorrat, Temperatur, Auslastung, ...) und bildet somit die Basis für Entscheidungen er Middleware und der anderen Instanzen.

- *Low-Power Management*
  optimiert den Energieverbrauch, z.B. durch Bereithaltung alternativer Implementierungen einer Aufgabe (z.B. in Software oder rekonfigurierbarer Hardware).

- *Anwendung*
  realisiert eine lernfähige Robotersteuerung, gibt die Aufgaben (Tasks) vor.

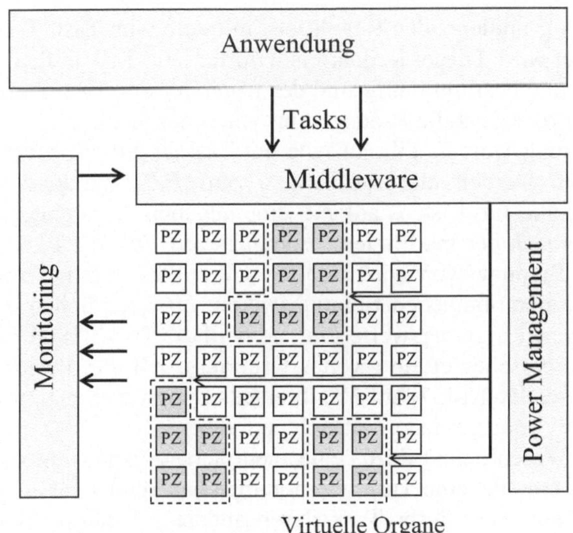

Abb. 3.24. Architektur von DoDOrg

Abbildung 3.24 zeigt das Gesamtbild dieser Architektur. Im Folgenden soll noch etwas genauer auf die Taskverteilung und die Bildung virtueller Organe durch die Middleware eingegangen werden. Hierzu wird ein Konzept verwendet, welches an das Hormonsystem in der Biologie angelehnt ist. Ein biologisches Hormonsystem verwendet chemische Botenstoffe, so genannte Hormone, um Vorgänge und Abläufe zu steuern und zu regeln. Diese Hormone werden entweder lokal in der Nachbarschaft des Erzeugers (normalerweise einer Drüse) oder global über den Blutstrom verteilt. Die Wirkung eines Hormons ist lokal und hängt allein von der Zelle ab, welche dem Hormon ausgesetzt ist. Durch hemmend bzw. begünstigend wirkende Hormone werden so völlig dezentrale geschlossene Regelschleifen gebildet. Das künstliche Hormonsystem in DoDOrg imitiert diese Abläufe. Hormone werden durch kurze Mitteilungen realisiert, die entweder in der Nachbarschaft via Multicast oder im ganzen System via Broadcast verbreitet werden. Die Effekte dieser künstlichen Hormone sind rein lokal und hängen nur von der empfangenden Prozessorzelle ab. Es werden drei Typen von Hormonen benutzt:

- *Eignungswert*
  gibt an, wie gut eine Prozessorzelle eine bestimmte Task durchführen kann.

- *Suppressor*
  hemmt die Ausführung einer Task auf einer Prozessorzelle. Ein Suppressor wird vom Eignungswert subtrahiert.

- *Accelerator*
  begünstigt die Ausführung einer Task auf einer Prozessorzelle. Ein Accelerator wird zum Eignungswert addiert.

Abbildung 3.25 skizziert den grundlegenden Regelkreis, mit dem eine Task T_i einer Prozessorzelle zugeordnet wird. Dieser Regelkreis wird für jede Task auf jeder Prozessorzelle durchgeführt und bestimmt aufgrund der Pegel der drei Hormontypen, ob eine Task T_i auf der Prozessorzelle P_j ausgeführt wird oder nicht.

Der lokale, statische Eignungswert E_{ij} gibt an, wie gut Task T_i auf PZ_j ausgeführt werden kann. Hiervon werden alle für Task T_i auf PZ_j empfangenen Suppressoren S^{ij} subtrahiert, alle für Task T_i auf PZ_j empfangenen Acceleratoren A^{ij} addiert. Hieraus errechnet sich der modifizierte Eignungswert Em_{ij} für Task T_i auf PZ_j. Dieser modifizierte Eignungswert wird an alle anderen PZs gesendet und mit den von den anderen PZs empfangenen Eignungswerten Em^{ij} verglichen. Ist Em_{ij} größer als alle empfangenen Eignungswerte Em^{ij}, so wird die Task T_i von PZ_j übernommen (bei Gleichheit entscheidet ein zweites Kriterium, z.B. die Position der PZ im Grid). Daraufhin sendet Task T_i auf PZ_j ihrerseits Suppressoren S_{ij} und Acceleratoren A_{ij} aus. Dieser Vorgang wiederholt sich periodisch.

Suppressoren dienen im Wesentlichen dazu, eine mehrfache Ausführung von Tasks zu verhindern. Sobald eine PZ eine Task übernommen hat, sendet sie einen Suppressor, welcher die Übernahme dieser Task durch andere PZ dämpft. Die Stärke dieses Suppressors bestimmt daher, wie oft eine Task übernommen wird. Suppressoren können aber auch dazu verwendet werden, Systemzustände wie mangelnde Energie oder zu hohe Zellentemperatur anzuzeigen. Die Hauptaufgabe der Acceleratoren ist die Organbildung. Sobald eine PZ eine Task übernommen hat, sendet sie Acceleratoren für zugehörige Tasks an alle benachbarten PZ. Dies bewirkt eine Gruppierung zusammengehöriger Tasks auf zusammenhängenden PZ, ein Organ entsteht. Darüber hinaus sind Acceleratoren auch einsetzbar, um besonders günstige Systemzustände wie z.B. ein hohes Maß an vorhandener Energie oder eine geringe Auslastung zu signalisieren.

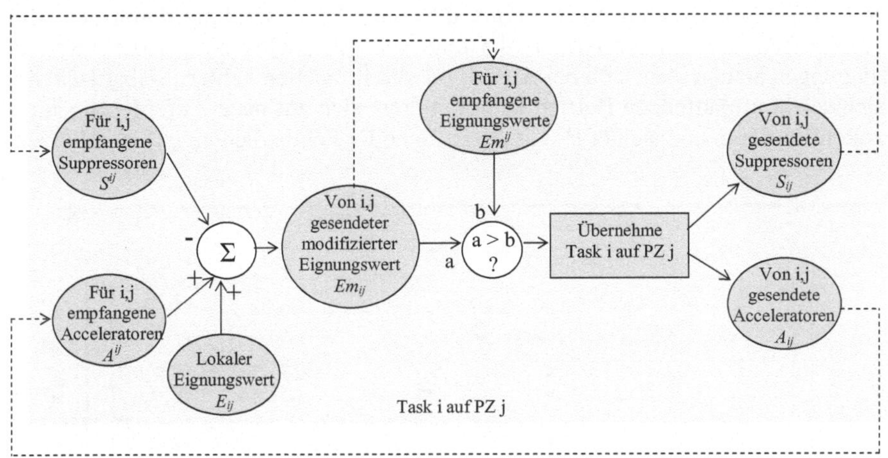

Notation: H^{ij} Hormon für Task i auf PZ j
H_{ij}: Hormon von Task i auf PZj

Abb. 3.25. Hormonbasierte Regelschleifen

Dieses hormonelle Verfahren realisiert eine Reihe der gewünschten organischen Eigenschaften. Es ist selbstorganisierend und völlig dezentral, keine äußere Organisationsinstanz greift in die Taskzuteilung ein. Es ist selbstkonfigurierend, eine Anfangsverteilung bestimmt sich selbsttätig auf Grund von Fähigkeiten und Zustand der Prozessorzellen. Es ist selbstoptimierend, veränderte Bedingungen bewirken durch sich ändernde Hormonpegel eine entsprechende Anpassung der Verteilung. Es ist selbstheilend, da keine zentrale Instanz vorhanden ist und bei Ausfall einer Task bzw. einer Prozessorzelle die zugehörigen Hormone nicht mehr gesendet werden. Dies bewirkt eine automatische Neuvergabe der betroffenen Tasks.

Eine detaillierte Beschreibung dieses künstlichen Hormonsystems ist in [Brinkschulte et al. 2008] zu finden. Dort wird auch an Hand theoretischer Überlegungen gezeigt, dass Echtzeitanforderungen erfüllt werden können und der erzeugte Kommunikationsaufwand beschränkt ist. Betrachtungen zur Stabilität des Verfahrens sind in [Brinkschulte und v. Renteln 2009] dargelegt.

3.6.4.2 CAR-SoC

CAR-SoC (Connective Autonomic Real-time System on Chip) ist in Nachfolge des Komodo-Projekts (siehe Kapitel 3.6.3 und 5.5) ein Gemeinschaftsprojekt der Universitäten Augsburg und Frankfurt [Uhrig et al. 2005]. Es geht hierbei um die Entwicklung und Bewertung eines selbstorganisierenden, vernetzbaren SoC. Als Anwendungsbereich ist die Fahrzeugelektronik anvisiert, die Ideen und Prinzipien sind jedoch nicht hierauf beschränkt. Die Fahrzeugelektronik ist sehr komplex und soll in Zukunft zunehmend autonom, d.h. ohne Einflussnahme durch den Menschen arbeiten. Sie muss daher in der Lage sein, sich selbst an geänderte Randbedingungen anzupassen, sich bei Ausfall oder auftretenden Fehlern selbst zu heilen, sich selbst im laufenden Betrieb zu optimieren, sich auf neue Anforderungen umzukonfigurieren und sich (z.B. vor Angriffen oder Fehlbedienungen) zu schützen.

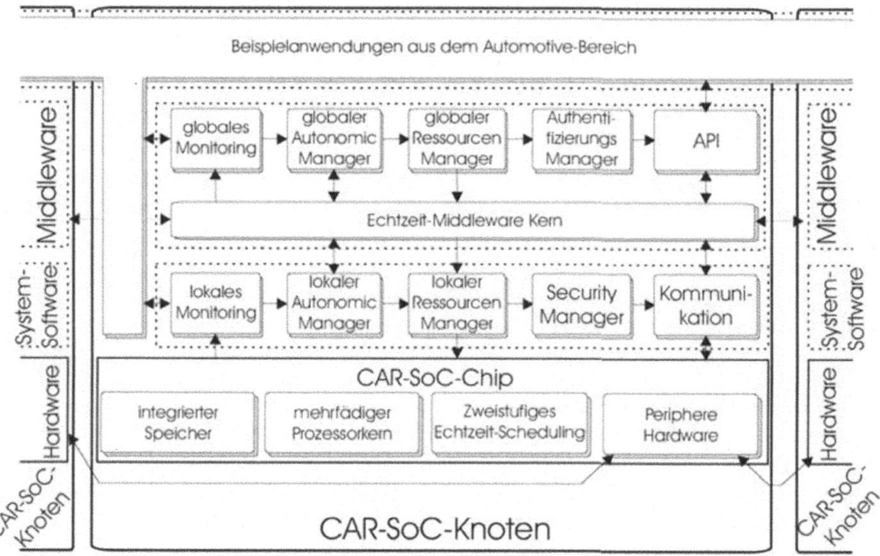

Abb. 3.26. CAR-SoC Gesamtarchitektur

Die Gesamtarchitektur des CAR-SoC-Systems wird in Abbildung 3.26 gezeigt. Die Hardware-Grundlage eines CAR-SoC-Knotens bildet der CAR-SoC-Chip, der später genauer beschrieben wird. Mehrere CAR-SoC-Knoten sind über periphere Schnittstellen miteinander verbunden. Über der Hardware-Ebene liegt die Ebene der System-Software (CAROS, [Kluge et al. 2008]). Hier ist insbesondere ein geschlossener Regelkreis angesiedelt, der für die lokale Selbstorganisation zuständig ist. Dieser Regelkreis besteht aus den Komponenten lokales Monitoring, lokaler Autonomic Manager und lokaler Ressourcen-Manager. Das lokale Monitoring beobachtet diverse lokale Systemparameter (z.B. Energieverbrauch, Prozessorauslastung, Bitfehlerrate der peripheren Schnittstellen etc.) und liefert diesbezügliche

Daten an den lokalen Autonomic Manager. Dieser trifft, basierend auf den erhaltenen Daten, Optimierungs- und Rekonfigurationsentscheidungen und führt diese über den lokalen Ressourcen-Manager aus. Um schnell und leistungsfähig zu arbeiten, ist der lokale Autonomic Manager in zwei Ebenen unterteilt. Die untere Ebene trifft schnelle (reflexartige) Entscheidungen über einen eingeschränkten Satz von lokalen Parametern. Erweist sich dies als nicht ausreichend, so trifft die zweite Ebene Entscheidungen auf Basis von Planungsverfahren über den gesamten Parametersatz. Die Kommunikations-Komponente verwaltet schließlich die peripheren Schnittstellen. Der Security-Manager sorgt, wenn nötig (ebenfalls gesteuert vom Autonomic Manager), für Datenverschlüsselung.

Die logische Brücke zwischen den verteilten CAR-SoC-Knoten wird von der Middleware(CARISMA, [Nickschas und Brinkschulte 2008]) gebildet. Sie verbirgt die physikalische Verteilung vor der Anwendung. Hierfür sind der Echtzeit-Middlewarekern und die Benutzer-API zuständig. Weiterhin übernimmt die Middleware die knotenübergreifende Selbstorganisation. Hierzu setzt sie auf den bereits erwähnten lokalen Regelkreis einen globalen, überlagerten Regelkreis auf. Dieser besteht aus dem globalen Monitoring, welches knotenübergreifende Parameter (z.B. Lastverteilung, globaler Energieverbrauch, Gütekriterien aus der Anwendung etc.) beobachtet. Mit diesen Informationen und denjenigen der lokalen Autonomic Manager triff der globale Autonomic Manager knotenübergreifende Rekonfigurations-Entscheidungen und führt diese über den globalen Ressourcen-Manager aus, der hierzu wieder die lokalen Ressourcen-Manager heranzieht. Dieser globale Regelkreis ist dezentral organisiert und erstreckt sich über alle CAR-SoC Knoten, sodass seine Funktion auch bei Ausfall eines oder mehrerer Knoten gewährleistet bleibt. Die Authentifizierung erfolgt ebenfalls in der Middleware. Die gesamte Selbstorganisation ist somit in einen lokalen Bereich auf Systemsoftware-Ebene und einen globalen Bereich auf Middleware-Ebene unterteilt. Auf oberster Ebene ist die verteilte Anwendung untergebracht, die auf globaler Ebene von den Optimierungen der Middleware und auf lokaler Ebene von denen der System-Software profitiert.

Die Architektur eines CAR-SoC-Chip ist in Abbildung 3.27 dargestellt. Eine Besonderheit ist die Verwendung eines simultan mehrfädigen Prozessorkerns (CARCore, [Kluge et al. 2006, Mische et al. 2009]). Dieser kombiniert Befehlsebenenparallelität mit Parallelität auf Threadebene, siehe hierzu auch Kapitel 9.3. In einer ersten Version unterstützt der Prozessorkern 4 Threads per Hardware, er verfügt über 4 so genannte Hardware-Threadslots. Von dieser Mehrfädigkeit profitiert insbesondere die Selbstorganisation. Zugehörige Komponenten wie lokaler und globaler Autonomic Manager, Monitoring oder Ressourcenmanager können neben der eigentlichen Anwendung in einem eigenen Hardware-Threadslot ablaufen, ohne diese zu stören. Als Basis des Prozessorkerns wurde der TriCore-Kern von Infineon (vgl. Abschnitt 3.3) gewählt und um simultane Mehrfädigkeit erweitert. Dies hat den Vorteil, dass die Entwicklungswerkzeuge des TriCore (Compiler, Linker, etc.) verwendet werden können.

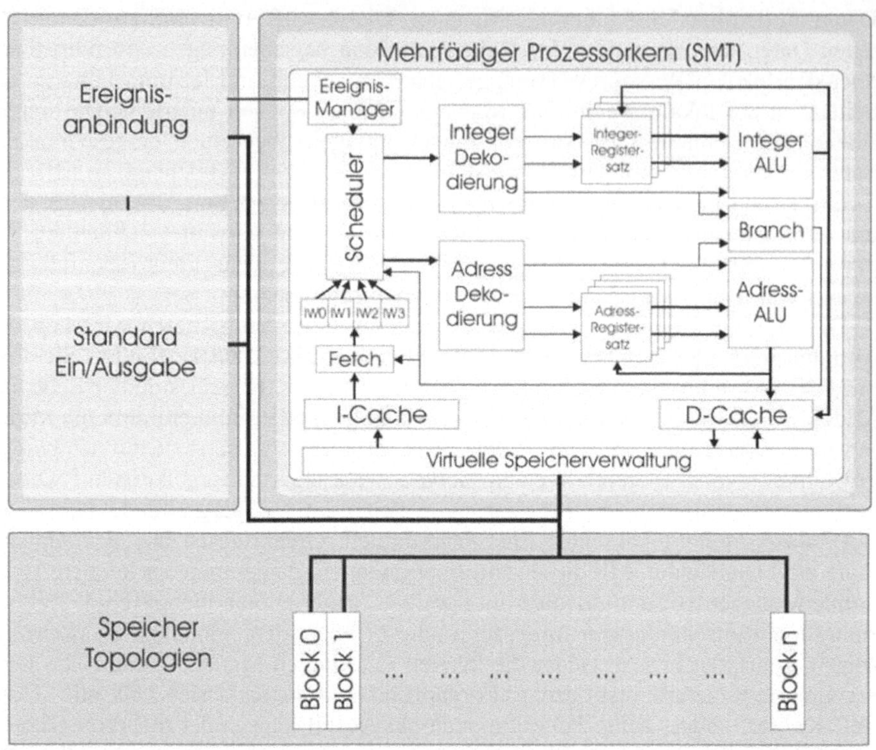

Abb. 3.27. CAR-SoC Hardware

Neben dem Prozessorkern gibt es interne Speicherblöcke, die als Programm- oder Datenspeicher konfiguriert werden können. Zur Energieeinsparung sollen einzelne Blöcke deaktivierbar sein. Weiterhin sind Standard-Ein-/Ausgabe-Einheiten wie serielle Schnittstellen, USB, etc. vorgesehen. Die Ereignisanbindung arbeitet vergleichbar den Interrupt-Service-Threads von Komodo. (vgl. Abschnitte 4.5 und 5.5). Ein externes Ereignis aktiviert hierbei die Ausführung eines Threads.

Im Bereich der Middleware erfolgt die Verteilung von Aufgaben auf die CAR-SoC Knoten nach einem aus dem Gebiet der Multiagentensysteme bekannten Auktionsmechanismus. Jeder Knoten gibt für anfallende Aufgaben ein Gebot ab, welches ausdrückt, zu welchen Kosten er diese Aufgabe übernehmen könnte. In dieses Gebot gehen Informationen aus dem lokalen und globalen Monitoring (z.B. Energieverbrauch, Prozessorlast, Performanz, Kommunikationslast, etc.) sowie ein Schema von Fähigkeiten (*Capabilities*) ein. Dieses Schema definiert mittels numerischer Werte die Fähigkeiten und Leistungsmerkmale eines Knotens, also z.B. wie gut ein bestimmter Knoten im Netz die Funktion der Geschwindigkeitsregelung in einem Fahrzeug übernehmen könnte [Nickschas un Brinkschulte 2008]. Der Knoten mit dem höchsten Gebot gewinnt die Auktion. In regelmäßigen Abständen sowie bei Ausfällen werden Auktionen neu ausgeschrieben, um globale Selbstoptimierung und Selbstheilung zu ermöglichen.

3.6.4.3 ASoC

ASoC (*Autonomic System On Chip*) ist ein Projekt der TU München, welches auch im Rahmen des Schwerpunktprogramms Organic Computing durchgeführt wird [Lipsa et al. 2005/1] [Lipsa et al. 2005/2]. Es schlägt vor, einen Teil der auf heutigen Chips großzügig zur Verfügung stehenden Transistorkapazität zu nutzen, um Eigenschaften und Prinzipien des Organic Computing zu realisieren. Ziel ist es, die Fehlertoleranz, Leistungsfähigkeit, Energieeffizienz, Wartbarkeit und Anpassungsfähigkeit von SoC zu steigern. Wie bereits erwähnt ist die Fehlertoleranz bei künftigen Integrationsdichten ein wichtiger Aspekt, da bei kleiner werdenden Strukturen eine permanent fehlerfreie Funktion nicht mehr unbedingt gewährleistet werden kann. Transiente Fehler, z.B. hervorgerufen durch vagabundierende Alpha-Teilchen oder Hot Spots, können zu kurzfristigen Ausfällen führen. Genau diesen Effekten kann mittels der Prinzipien des Organic Computing begegnet werden.

Abbildung 3.28 zeigt das Grundprinzip von ASOC. Das auf einem Chip integrierte System ist in zwei Ebenen aufgeteilt. Die **funktionale Ebene** erfüllt die eigentlichen Aufgaben des Systems, ganz wie bei traditionellen Systems on Chip. Sie enthält die notwendigen funktionalen Elemente (FE) wie z.B. Prozessorkerne, Speicher, Schnittstellen, Zähler, Zeitgeber, etc. Daneben existiert zusätzlich die **Autonomic Ebene**. Sie hat die Aufgabe, die organischen Fähigkeiten zu realisieren. Hierzu enthält sie so genannte *Autonomic Elements* (AE), welche die Elemente der funktionalen Ebene überwachen. Um ihrer Aufgabe nachzukommen, realisieren die AE eine geschlossene Regelschleife ähnlich dem MAPE-Prinzip (*Monitor, Analyze, Plan, Execute*) des Autonomic Computings [IBM 2010]. Die Monitor-Komponente eines AE entnimmt einem FE die aktuellen Zustandsinformationen. Ein Evaluator mischt diese Informationen mit den Informationen von anderen AEs, die über eine Schnittstelle miteinander vernetzt sind, sowie gespeicherten lokalen Informationen. Hieraus leitet er eventuell notwendige Aktionen ab, die über den Aktuator dann das zugehörige FE beeinflussen. So sollen Fehlfunktionen erkannt und der Betrieb der FEs optimiert werden. Natürlich überwachen sich die einzelnen AEs auch gegenseitig, da auf dieser Ebene ebenfalls Ausfälle möglich sind. Eine Besonderheit von ASOC besteht darin, dass die Regelschleife zwischen FE und AE vollständig in Hardware realisiert ist. Dies ermöglicht sehr schnelle Reaktionszeiten von wenigen Nanosekunden. Hier liegt z.B. ein Unterschied zu CAR-SoC, die das Regelschleifen für die organischen Eigenschaften per Software auf einem mehrfädigen Prozessorkern ausführt (vgl. Abschnitt 3.4.6.2). Als weiterer Mechanismus zur Erhöhung der Robustheit werden fehlertolerante Prozessordatenpfade und zeitliche Redundanz benutzt. Hierbei werden Daten in der Prozessorpipeline zusätzlich zeitversetzt in so genannten Schattenregistern (*Shadow Registers*) gespeichert, sodass es bei einem transienten Fehler zu einem bemerkbaren Unterschied zwischen dem Originalwert und dem Wert im Schattenregister kommt [Zeppenfeld et al. 2010].

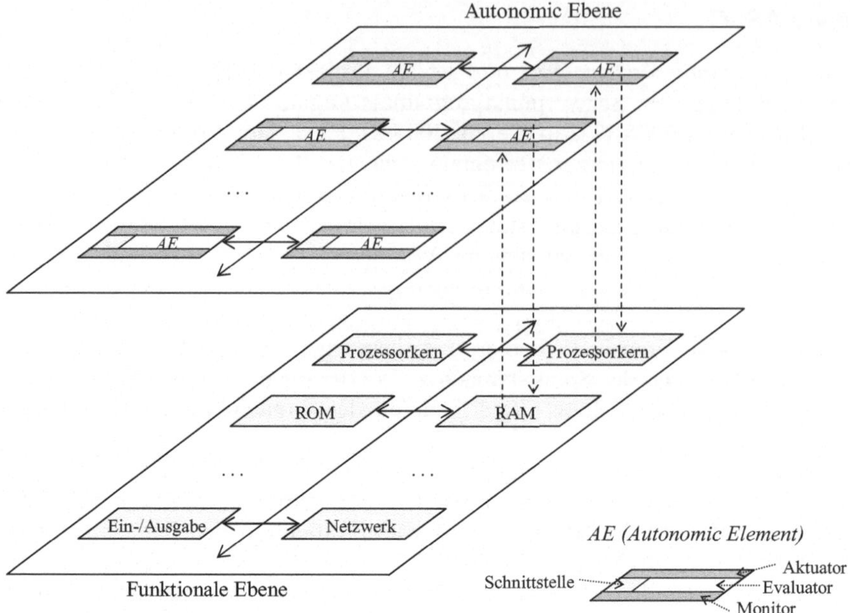

Abb. 3.28. Grundlegende ASOC Architektur

Neben der Architektur für ein SoC befasst sich das ASOC Projekt auch mit dem Entwurfsprozess. Dieser ist in Abbildung 3.29 grob skizziert. Im ersten Schritt werden Anwendungs-Charakteristiken und –Anforderungen auf die Architektur-Charakteristiken abgebildet. Es werden zunächst aus entsprechenden Bibliotheken heute übliche und verfügbare funktionale Elemente (z.B. Prozessorkern, Speicher, etc.) ausgewählt, welchen den Anwendungsanforderungen genügen. Danach werden passende AE ebenfalls aus Bibliotheken ausgewählt. Diese Bibliotheken werden im Rahmen des Projekts neu entwickelt. Die ausgewählten Bibliothekselemente sind parametrisiert (z.B. in Bitbreite, Taktrate, Redundanz, etc.). Geeignete Parameter werden entsprechend den Anforderungen der Anwendung ausgewählt. Die Anwendungsanforderungen betreffen hierbei nicht nur die funktionale Ebene. Auch der gewünschte Grad von organischen Eigenschaften wie z.B. Selbstheilung oder Selbstoptimierung wird von der Anwendung spezifiziert. Aus den parametrisierten Elementen wird ein Modell abgeleitet, welches eine Evaluation des Systems erlaubt. Die Evaluation bildet die Grundlage für eine Verfeinerung der Parameterwahl. Dieser Zyklus kann mehrfach durchlaufen werden. An seinem Ende steht ein auf die Anwendung zugeschnittenes SoC mit ebenfalls von der Anwendung vorgegebenen organischen Eigenschaften.

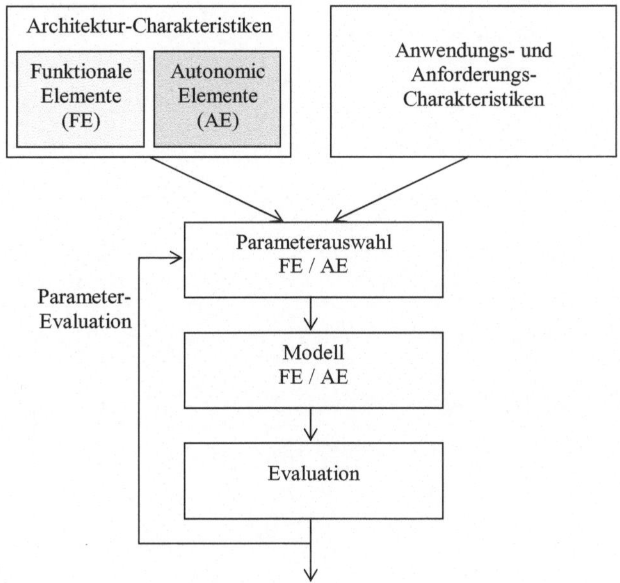

Abb. 3.29. ASOC Entwurfsprozess

4 Mikrocontroller-Komponenten

Wir wollen nun die einzelnen Komponenten eines Mikrocontrollers im Detail betrachten und ihre Funktionsweise näher kennen lernen.

4.1 Prozessorkerne

In Mikrocontrollern der unteren und mittleren Leistungsklasse (8- und 16-Bit Mikrocontroller) finden bevorzugt einfache CISC- oder RISC-Prozessorkerne Verwendung, da diese wenig Platz benötigen und geringe Entwicklungs- und Produktionskosten verursachen. Darüber hinaus sind Verhalten und Eigenschaften wohlbekannt. Dies gilt insbesondere dann, wenn Prozessorkerne älterer Mikroprozessoren (ggf. etwas modifiziert) Verwendung finden. Ihr Leistungsspektrum ist für die meisten Anwendungsbereiche von Mikrocontrollern völlig ausreichend. Der grundlegende Aufbau und die Funktionsweise solcher einfachen Prozessorkerne wurden bereits in Kapitel 2 ausführlich betrachtet. Deshalb konzentriert sich dieser Abschnitt auf einige Besonderheiten, die spezifisch für Mikrocontroller und deren Anwendungen sind.

Im Segment der Low-Cost-Mikrocontroller (wir reden hier von Preisen im Bereich 0,5 – 2,5 Euro pro Stück) werden einfachste 8-Bit-Prozessorkerne meist ohne Pipelining eingesetzt. Der Verzicht auf eine Pipeline reduziert zwar die Verarbeitungsgeschwindigkeit, bringt aber andere Vorteile: Neben einem einfacheren Aufbau ist insbesondere das Zeitverhalten dieser Prozessorkerne exakt vorhersagbar. In einem Prozessorkern mit Pipeline kann die Anzahl Taktzyklen, die ein Befehl zur Ausführung benötigt, bedingt durch Daten- und Steuerflussabhängigkeiten von benachbarten Befehlen beeinflusst werden, siehe Abschn. 2.4.3. Ein Prozessorkern ohne Pipeline kennt solche Konflikte nicht. Daher ist die Anzahl der Taktzyklen für einen Befehl konstant. Es ist für solche Prozessorkerne also sehr einfach, die Ausführungszeit für ein Programmstück durch Auszählen von Taktzyklen zu bestimmen. Abbildung 4.1 gibt ein Beispiel. Es ist offensichtlich, dass die genaue Kenntnis der Ausführungszeiten für Echtzeitanwendungen ein großer Vorteil ist.

Generell kann man sagen, dass Ausführungszeiten um so schwerer vorherzusagen sind, je komplexer und leistungsfähiger der ausführende Prozessorkern ist. Wie gesehen ist dies für Prozessoren ohne Pipeline durch einfaches Addieren der Taktzyklen möglich. Ist eine Pipeline vorhanden, so muss zur Vorhersage des Zeitverhaltens bereits der Fluss der Befehle durch die Pipeline analysiert werden,

U. Brinkschulte, T. Ungerer, *Mikrocontroller und Mikroprozessoren*, eXamen.press, 3rd ed.,
DOI 10.1007/978-3-642-05398-6_4, © Springer-Verlag Berlin Heidelberg 2010

um Pipelinekonflikte und dadurch entstehende Verzögerungen zu erkennen. Noch schwieriger wird die Vorhersage, wenn Caches ins Spiel kommen. Die Ausführungszeit desselben Lade- oder Speicherbefehls kann um den Faktor 10 – 100 schwanken, je nachdem, ob der Zugriff über den Cache abgewickelt werden kann oder über den Arbeitsspeicher erfolgen muss. Für die Abschätzung der Ausführungszeit in einer Echtzeitanwendung darf ein Cache deshalb nicht berücksichtigt werden, man muss vielmehr den schlechtest möglichen Fall annehmen (*WCET, Worst Case Execution Time*). Aus diesem Grund besitzen die Prozessorkerne vieler Mikrocontroller erst gar keinen Cache. Es existieren auch Ansätze, durch eine Vorab-Analyse des Programmablaufs ähnlich wie bei Pipelinekonflikten das Zeitverhalten eines Caches besser vorherzusagen, d.h. nicht immer den schlimmsten Fall eines Cache-Fehlzugriffs annehmen zu müssen [Ferdinand 1997][Blieberger et al. 2000]. Abhängigkeiten von erst zur Laufzeit bekannten Eingabewerten begrenzen aber die Möglichkeiten dieser Analyse. Problematisch wird die Vorhersage des Zeitverhaltens auch bei spekulativen Prozessorkernen, wie sie in modernen Mikroprozessoren Verwendung finden (siehe Kapitel 6 und 7). Sind die zur Ausführung eines aktuellen Befehls notwendigen Daten noch nicht alle vorhanden (z.B. das Ergebnis einer Sprungbedingung), so spekulieren diese Prozessorkerne basierend auf Informationen aus der Vergangenheit, ob und wie dieser Befehl ausgeführt wird. Im Fall einer Fehlspekulation muss eine Anzahl bereits ausgeführter Befehle wieder rückgängig gemacht werden, was die zeitliche Vorhersagbarkeit nicht gerade begünstigt. Spekulative Prozessorkerne sind deshalb meist nur bei Mikrocontrollern der obersten Leistungsklasse zu finden, deren Einsatzgebiet mehr im Bereich von PDAs, Set-Top-Boxen oder ähnlichen Anwendungen und weniger im Echtzeitbereich liegt. Für dieses Einsatzgebiet sind mittlerweile auch Mikrocontroller mit mehreren Prozessorkernen (Multi-Core verfügbar, s. Abschn. 3.3). Künftig sind aber auch im Low-Cost-Segment Mikrocontroller mit mehreren einfachen Prozessorkernen zu erwarten, welche ein gut vorhersagbares Zeitverhalten aufweisen und bevorzugt für parallele Steuerungs- und Regelungsaufgaben einsetzbar sein werden.

	Befehl		*Taktzyklen*
LOOP:	IN	A,(10)	2
	LD	(IX),A	5
	INC	IX	2
	DEC	B	2
	JNZ	LOOP	5
		Gesamt:	16

⇒ bei einer Taktfrequenz von 10 MHz
Ausführungszeit pro Schleifendurchlauf: 16 / 10 MHz = 1,6 μsec

Abb. 4.1. Auszählen der Taktzyklen für einen Prozessorkern ohne Pipeline

Eine weitere Besonderheit bei Prozessorkernen für einfache, preiswerte Mikrocontroller sind besondere Adressierungsarten, die Speicher einsparen können. Hierbei handelt es sich um die Adressierung mit verkürzten direkten Adressen. Dies lässt sich am besten an Hand eines Beispiels (Abb. 4.2) erklären. Bei einem Prozessorkern mit 16-Bit-Adressraum werden für eine direkte Adresse 2 Bytes benötigt. Zusammen mit dem Befehlscode belegt deshalb z.B. ein Sprungbefehl mindestens 3 Bytes im Arbeitsspeicher. Führt man nun neben der 16-Bit-Adressierung zusätzlich eine verkürzte Adressierung ein, z.B. mit 10-Bit-Adressen, so können zwar nur noch 1024 Bytes im gesamten Adressraum von 65536 Bytes adressiert werden. Zusammen mit einem 6 Bit Befehlscode benötigt ein solcher Befehl aber nur noch 2 Bytes im Arbeitsspeicher. Dies ist eine sinnvolle Maßnahme, da kleine Mikrocontroller oft nur wenige KBytes an internem Arbeitsspeicher besitzen. Dadurch ist die verkürzte Adressierung keine große Einschränkung, jedes Byte an eingespartem Speicher aber von großer Bedeutung.

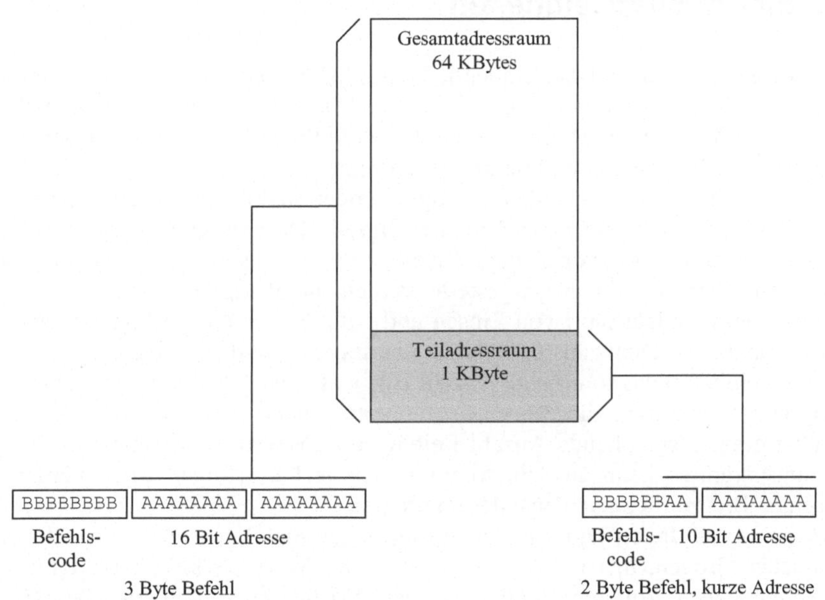

Abb. 4.2. Kurze Befehle durch verkürzte direkte Adressierung

Um gerade bei knappen Ressourcen den Speicherbedarf zu optimieren, ist es interessant, sich den Befehlssatz und das Programmiermodell eines Prozessorkerns genauer anzuschauen. Verfügt der Prozessorkern z.B. über 2 Indexregister, nennen wir sie IX und IY, so ist es durchaus möglich, dass derselbe Befehl mit Indexregister IX nur 2 Bytes im Arbeitsspeicher belegt, während er mit Indexregister IY 3 Bytes benötigt. Dies liegt an der Struktur des Befehlsaufbaus. Um Speicher zu sparen, werden häufig benötigte Befehls-/Registerkombinationen mit kurzen Befehlscodes belegt. Diese kurzen Befehlscodes sind jedoch meist nicht ausreichend, um alle möglichen Befehle zu codieren (z.B. bei 6 Bit → max. 64 Befehle). Deshalb werden seltener benötigte Befehle mit verlängerten Befehlscodes belegt. Kurze Befehlscodes erhöhen auch den Datendurchsatz. Da bei einem einfachen Prozessorkern mit 8 Bit Datenbusbreite das Holen jedes Bytes einen vollen Buszyklus benötigt, ist die Befehlsholzeit eines 2-Byte-Befehls um ein Drittel kürzer als die Befehlsholzeit eines 3-Byte-Befehls.

Unabhängig von ihrer Leistungsklasse werden die Prozessorkerne von Mikrocontrollern zunehmend von Energiespartechniken geprägt. Dies reicht vom einfachen Ruhebetrieb durch ein statisches Steuerwerk und das Abschalten nicht benötigter Komponenten (siehe Abschn. 3.1) bis hin zu den in Abschn. 3.6.2 beschriebenen Architekturoptimierungen, die den Energiebedarf auch während des normalen Betriebs reduzieren.

4.2 Ein-/Ausgabeeinheiten

Ein-/Ausgabekanäle sind das Bindeglied eines Mikrocontrollers zu seiner Umwelt. Diese Kanäle werden durch sogenannte **Ein-/Ausgabeeinheiten** realisiert. Es existiert eine Vielzahl an Möglichkeiten, Daten mit der Umwelt auszutauschen. Jedoch lassen sich einige Grundmerkmale definieren:

Zunächst ist zu unterscheiden, ob digitale oder analoge Daten übertragen werden müssen. Wörtlich übersetzt bedeutet **digitale Datenübertragung** den Transport von Daten in Form von Zahlen. Da alle Zahlen und sonstige Zeichen in einem Mikrocontroller aber binär dargestellt werden, heißt digitale Datenübertragung hier genauer den Transport von Einsen und Nullen. Der Wert 5 könnte beispielsweise binär als Dualzahl 00000101 übertragen werden. Eine digitale Ein-/Ausgabeeinheit muss somit eine Anzahl Bits von A nach B übertragen. Dies kann **parallel** erfolgen, d.h., alle Bits eines zu übertragenden Datums werden gleichzeitig über eine entsprechende Anzahl Leitungen transportiert. Möchte man Leitungen einsparen, so kann die Übertragung auch **seriell** erfolgen. Hier werden die einzelnen Bits zeitlich nacheinander übertragen.

Bei einer **analogen Datenübertragung** liegen die Daten in Form analoger elektrischer Größen, meist Spannungen, vor. Der Wert 5 könnte z.B. durch eine Spannung von 5 Volt repräsentiert werden. Da der Prozessorkern eines Mikrocontrollers analoge Daten nicht verarbeiten kann, ist es die wesentliche Aufgabe der analogen Ein-/Ausgabeeinheiten, diese Daten in eine digitale Form umzuwandeln.

Im Folgenden werden die Grundformen von Ein-/Ausgabeeinheiten sowie ihre **Anbindung** an den Prozessorkern näher vorgestellt.

4.2.1 Anbindung an den Prozessorkern

Die Anbindung von Ein-/Ausgabeeinheiten an den Prozessorkern kann auf logischer und physikalischer Ebene betrachtet werden. Beginnen wir zunächst mit der logischen Ebene:

Um vom Prozessorkern gesteuert und angesprochen werden zu können, müssen alle Ein-/Ausgabeeinheiten in den Adressraum des Prozessorkerns integriert werden. Hierfür existieren zwei unterschiedliche logische Modelle. Bei **isolierter Adressierung** (*Isolated IO*) ist ein getrennter Adressraum für Speicher und Ein-/Ausgabeeinheiten vorgesehen. Bei **gemeinsamer Adressierung** (*Memory Mapped IO*) teilen sich Speicher und Ein-/Ausgabeeinheiten einen Adressraum. Abbildung 4.3 verdeutlicht dies.

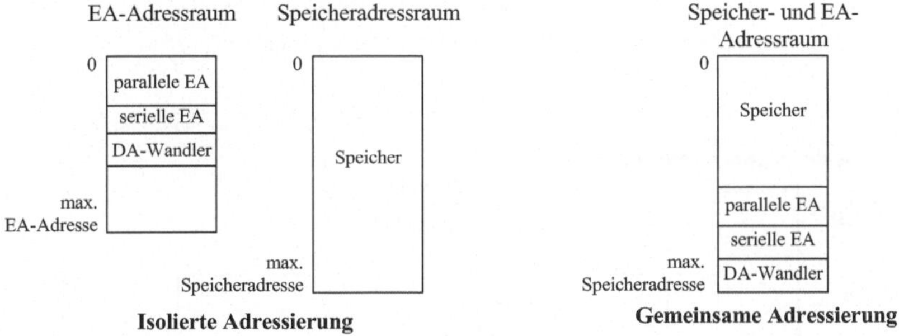

Abb. 4.3. Getrennter und gemeinsamer Ein-/Ausgabe- und Speicheradressraum

Die Vorteile des getrennten Adressraums bestehen in einer klaren Trennung von Speicher- und Ein-/Ausgabezugriffen. Der Speicheradressraum wird nicht durch Ein-/Ausgabeeinheiten reduziert. Weiterhin können Ein-/Ausgabeadressen schmäler gehalten werden als Speicheradressen. So sind 16-Bit-Ein-/Ausgabeadressen auch für komplexe Anwendungen ausreichend (bis zu 2^{16} Ein-/Ausgabekanäle), während die Speicheradressbreiten zumindest im Bereich der leistungsfähigeren Mikrocontroller zwischen 24 und 32 Bit liegen. Schmälere Ein-/Ausgabeadressen bedeuten aber einfachere Hardware.

Die Vorteile eines gemeinsamen Speicher- und Ein-/Ausgabeadressraums liegen in der Homogenität. So können z.B. alle Befehle und Adressierungsarten des Prozessorkerns sowohl für Speicher- wie auch für Ein-/Ausgabezugriffe verwendet werden. Es werden keine speziellen Befehle für Ein-/Ausgabeoperationen benötigt.

Beide Varianten besitzen ihre Vorzüge und sind deshalb in Mikrocontrollern zu finden.

Je nach Komplexität werden von einer Ein-/Ausgabeeinheit mehr oder weniger Adressen im Adressraum belegt. Einfache Einheiten benötigen nur eine Adresse. Ein Schreiben oder Lesen dieser Adresse transportiert ein Datum vom Mikrocontroller weg oder zum Mikrocontroller hin. Aufwändigere Ein-/Ausgabeeinheiten benötigen hingegen mehrere Adressen, um neben dem eigentlichen Datentransfer zusätzliche Status- und Steuerinformationen wie z.B. Datenübertragungsraten und Datenformate zu übermitteln bzw. einzustellen. Abbildung 4.4 gibt ein Beispiel.

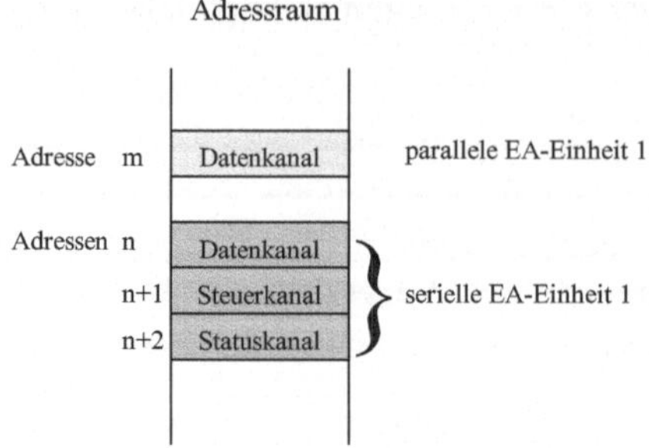

Abb. 4.4. Adressraumbedarf unterschiedlich komplexer E/A-Einheiten

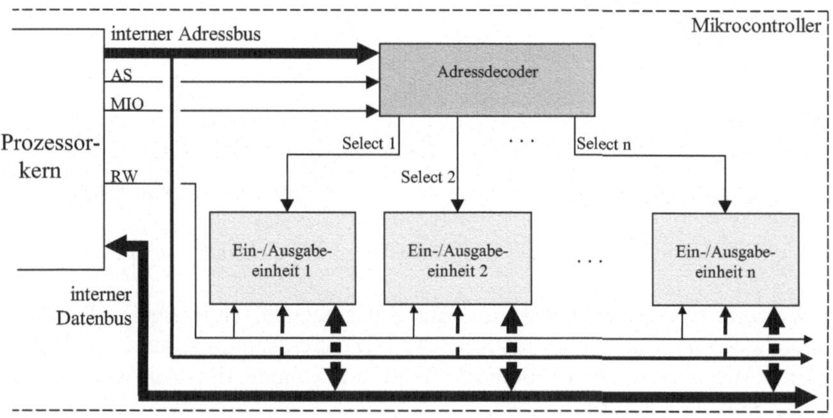

Abb. 4.5. Physikalische Anbindung der Ein-/Ausgabeeinheiten an den Prozessorkern

Abbildung 4.5 zeigt schließlich das Prinzip der physikalischen Anbindung der Ein-/Ausgabeeinheiten an den Prozessorkern mittels eines internen Bussystems. Die zentrale Rolle spielt hierbei ein **Adressdecoder**. Dieser Adressdecoder liest die vom Prozessorkern über den **internen Adressbus** geschickten Adressen (das Signal *AS* = *Address Strobe* kennzeichnet eine gültige Adresse auf diesem Bus) und erkennt die Adressbereiche der einzelnen Ein-/Ausgabekomponenten. Handelt es sich um isolierte Adressierung, so wertet der Decoder zusätzlich ein Signal aus, welches Ein-/Ausgabezugriffe von Speicherzugriffen unterscheidet (*MIO* = *Memory/IO*, 1 = Speicherzugriff, 0 = E/A-Zugriff). Sobald der Adressdecoder eine Adresse im Bereich einer Ein-/Ausgabeeinheit erkannt hat, aktiviert der Decoder diese Einheit durch ein Auswahlsignal (*Select 1 ... n*). Belegt eine Einheit mehr als eine Adresse, so benutzt sie entweder mehrere dieser Auswahlsignale, oder sie besitzt intern einen zweiten Adressdecoder, der aus den unteren Bits des Adressbusses lokale Auswahlsignale erzeugt. Abschnitt 4.2.3.3 enthält ein Beispiel einer Ein-/Ausgabeeinheit mit mehreren Adressen.

Nach erfolgter Auswahl können nun Daten über den **internen Datenbus** zwischen Prozessorkern und Ein-/Ausgabeeinheit transportiert werden. Die Richtung dieses Datentransfers (Prozessorkern schreibt / liest) wird durch ein weiteres Signal (*RW = Read/Write,* 1 = Lesen, 0 = Schreiben) festgelegt.

Zu beachten ist schließlich, dass sich die Datenübertragungsraten von Prozessorkern und Ein-/Ausgabegeräten sehr stark unterscheiden können. Den Ausgleich dieses Geschwindigkeitsunterschiedes nennt man **Synchronisation**. Diese Synchronisation kann durch die Ein-/Ausgabeeinheiten auf verschiedenste Weise unterstützt werden.

Im einfachsten Fall erfolgt die Synchronisation ohne Hardware-Unterstützung durch Austausch von Synchronisationsdaten, man spricht von einem **Software-Handshake**. Der bekannteste Software-Handshake ist das sogenannte **XON/XOFF-Protokoll** (Abb. 4.6). Hierbei darf ein Partner so lange Daten senden, bis er durch ein spezielles fest definiertes Zeichen (XOFF) von seinem Gegenüber gebremst wird. Er darf die Datenübertragung erst fortsetzen, wenn sie durch ein zweites Zeichen (XON) wieder freigegeben wird. Diese Form der Synchronisation dürfte einigen Lesern auch von der Bildschirmausgabe am PC bekannt sein. Dort kann die Ausgabe durch Drücken von Ctrl-S (=XOFF) angehalten und durch Drücken von Ctrl-W (=XON) fortgesetzt werden.

Eleganter und schneller ist die Synchronisation durch einen **Hardware-Handshake**. Hierbei stellt die Ein-/Ausgabeeinheit spezielle Synchronisations-Leitungen und -Signale zur Verfügung. Abbildung 4.7 zeigt als Beispiel den **RTS/CTS-Handshake**. Der Sender zeigt durch das Signal RTS (*Request to Send*) seinen Wunsch an, ein Datum zu übertragen. Der Empfänger erlaubt diese Übertragung durch Aktivierung des Signals CTS (*Clear to Send*). Nach erfolgter Übertragung werden beide Signale wieder inaktiv, ein nächster Zyklus kann beginnen.

Von Seiten des Prozessorkerns können die Synchronisationssignale ebenfalls wahlweise per Software oder per Hardware ausgewertet werden. Bei Auswertung durch Software wird der Signalstatus permanent in einer Programmschleife abgefragt. Sobald dieser Status eine Freigabe anzeigt, wird die Schleife verlassen und der Datentransfer durchgeführt. Dies nennt man **Polling**. Der Status ist normalerweise unter einer der Adressen im Adressbereich der Ein-/Ausgabeeinheit zugänglich, vgl. Abb. 4.4.

Die Auswertung per Hardware erfolgt mittels **Unterbrechungen** (*Interrupts*). Das betreffende Statussignal (z.B. CTS im obigen Beispiel) wird mit der Unterbrechungssteuerung des Prozessorkerns verbunden. Jedesmal, wenn ein neues Datum übertragen werden kann, wird die aktuelle Programmausführung unterbrochen und per Hardware ein Unterbrechungsbehandlungsprogramm aktiviert, welche die Datenübertragung ausführen kann. Hierdurch kann der Prozessorkern neben der Datenübertragung auch noch andere Dinge erledigen, er ist nicht nur wie beim Polling mit dem Überprüfen des Status einer Datenübertragung beschäftigt. Abbildung 4.8 vergleicht die Synchronisation mittels Polling und Unterbrechungen. Die Mechanismen von Unterbrechungen und Unterbrechungsbehandlung werden in Abschn. 4.5 im Detail betrachtet.

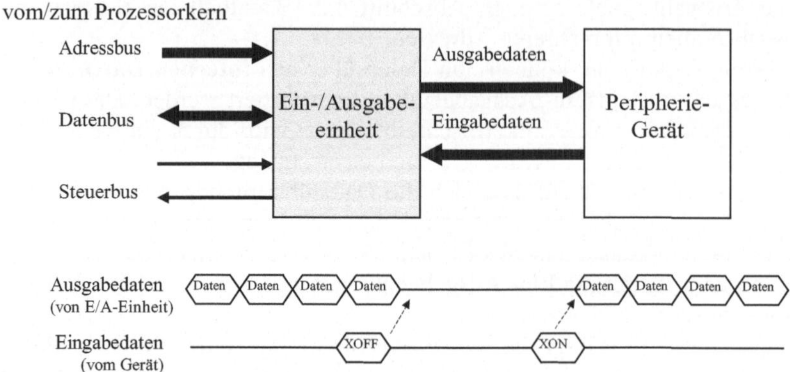

Abb. 4.6. Software-Synchronisation mit dem XON/XOFF-Protokoll

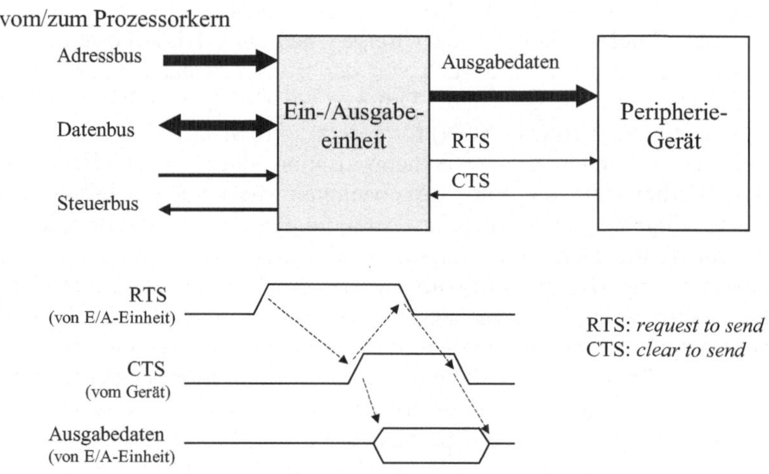

Abb. 4.7. Hardware-Synchronisation mit dem RTS/CTS-Protokoll

Sind sehr große Datenmengen in sehr kurzer Zeit zu übertragen, so kann eine sogenannte **DMA-Einheit** zum Einsatz kommen. Diese Einheit wickelt den Datentransfer selbständig ab, ohne den Prozessorkern mit dieser Aufgabe zu belasten. Näheres hierzu findet sich in Abschn. 4.6.

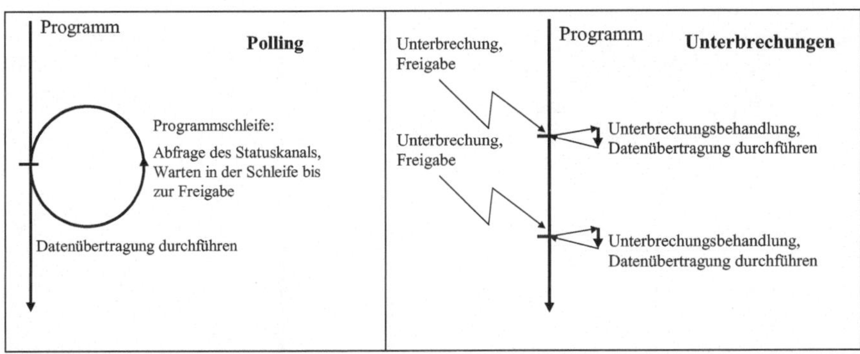

Abb. 4.8. Auswertung der Synchronisation im Prozessorkern mit Polling und mit Unterbrechungen

4.2.2 Digitale parallele Ein-/Ausgabeeinheiten

Digitale parallele Ein-/Ausgabeeinheiten, auch **parallele Ein-/Ausgabeschnittstellen** (*Parallel IO Ports*) genannt, werden im Wesentlichen durch die folgenden Größen charakterisiert:

- Anzahl parallel übertragener Bits (Datenbreite)
- Ein-/Ausgaberichtung
- Übertragungsgeschwindigkeit

Die Anzahl der **parallel übertragenen Bits** ist in der Regel eine Zweierpotenz, z.B. 4 Bit, 8 Bit oder 16 Bit. Es gibt jedoch auch Ausnahmen, bei denen auf Grund von Einschränkungen in der Anzahl externer Anschlüsse andere Datenbreiten (z.B. 5 oder 6 Bit) vorkommen. Da für jedes parallel übertragene Bit eine Leitung vorgesehen werden muss, ist der Bedarf an externen Anschlüssen für parallele Ein-/Ausgabeeinheiten sehr hoch. Deshalb müssen sich diese Einheiten ihre Anschlüsse in den meisten Fällen mit den anderen Ein-/Ausgabeeinheiten des Mikrocontrollers teilen. Ein Anschluss kann somit wahlweise entweder als paralleler, als serieller oder als analoger Anschluss genutzt werden. In einer Konfigurationsphase wird festgelegt, welche der konkurrierenden Einheiten über den Anschluss verfügt. Näheres hierzu findet sich bei der Beschreibung der Beispiel-Mikrocontroller in Kapitel 5.

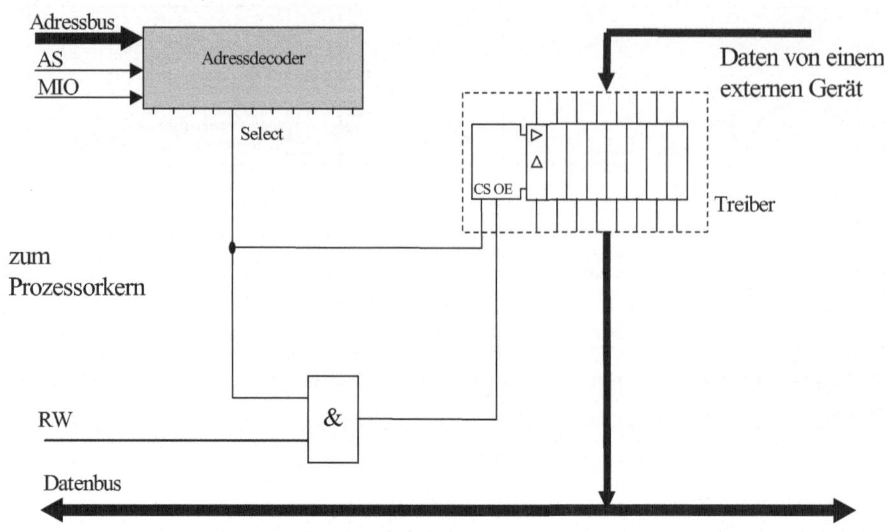

Abb. 4.9. Eine einfache parallele Eingabeeinheit

Anhand der **Ein-/Ausgaberichtung** lassen sich drei Typen von parallelen Ein-/Ausgabeeinheiten unterscheiden: **Eingabeeinheiten** erlauben die Datenübertragung ausschließlich zum Mikrocontroller hin. Abbildung 4.9 zeigt das Beispiel einer einfachen 8-Bit-Eingabeeinheit. An der Schnittstelle zur Außenwelt befindet sich ein sogenannter **Treiber**. Diese Komponente hat die Aufgabe, die externen Datenleitungen vom internen Datenbus des Prozessorkerns zu trennen. Weiterhin soll sie vor externen Fehlerzuständen wie Kurzschlüssen oder Überspannungen schützen. Sobald der Prozessorkern die Adresse der Eingabeschnittstelle auf den Adressbus gelegt und der Adressdecoder diese decodiert hat, wird der Treiber selektiert. Gleichzeitig wird durch Auswertung des RW-Signals geprüft, ob der Prozessorkern einen Lesezugriff auf diese Adresse durchführt. Ist dies erfüllt, so wird der Treiber durch die beiden Signale *CS* (*Chip Select*, aktiviert den Treiber) und *OE* (*Output Enable*, gibt die Ausgänge frei) freigeschaltet und die externen Eingabeleitungen mit dem internen Datenbus verbunden. Der Prozessorkern kann die Eingabedaten jetzt lesen. Man sieht, dass diese einfache Eingabeschnittstelle nur eine Adresse im Adressraum des Prozessorkerns belegt.

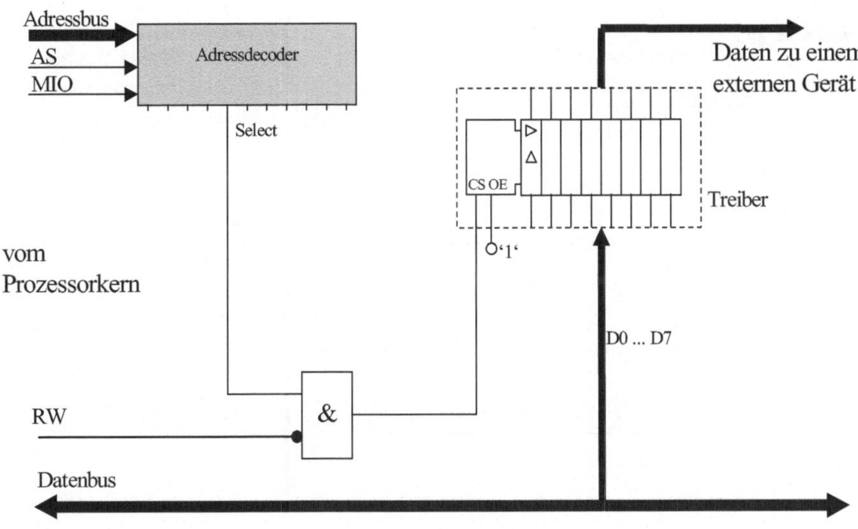

Abb. 4.10. Eine einfache parallele Ausgabeeinheit

Parallele Ausgabeeinheiten sind das Gegenstück zu parallelen Eingabeeinheiten. Sie ermöglichen die Datenübertragung vom Mikrocontroller weg. Abbildung 4.10 zeigt eine einfache parallele Ausgabeeinheit. Die Funktionsweise ist prinzipiell ähnlich zur Eingabeeinheit. Ein Unterschied besteht darin, dass der Treiber nun nach außen gerichtet ist. Weiterhin ist die Ansteuerlogik etwas verändert. Die Selektion des Treibers (*CS*) erfolgt nun statt bei einem Lesebefehl bei einem Schreibbefehl des Prozessorkerns (man beachte den Negationspunkt am RW-Eingang des Und-Gatters). Bei der Eingabeeinheit werden weiterhin die Ausgänge des Treibers nur für die Dauer des Lesebefehls freigegeben (*OE*). Dies ist notwendig, da der Treiber auf den internen Bus des Prozessorkerns schreibt und dieser Bus mit hoher Wahrscheinlichkeit im nächsten Befehl für andere Datentransfers benötigt wird. Bei der Ausgabeeinheit ist es hingegen sinnvoll, einen Wert nicht nur für die Dauer des Schreibbefehls, sondern bis zur Ausgabe eines neuen Wertes an den externen Anschlüssen aufrechtzuerhalten. Deshalb wird hier der Treiber permanent freigeschaltet (Konstante 1 am Eingang *OE*). Zudem verwendet man einen Treiber, der einen während der Selektion übergebenen Wert bis zur nächsten Selektion festhalten kann, ein sogenanntes *Latch*.

Bei dieser sehr einfachen Ausgabeeinheit ist als Besonderheit zu beachten, dass ein ausgegebener Wert nicht zurückgelesen werden kann. Sollen nur Teile des Ausgabewertes (z.B. ein einzelnes Bit) verändert werden, so muss der Wert zuvor in einem Register des Prozessorkerns oder im Speicher abgelegt worden sein, um auf die unveränderten Bestandteile zugreifen zu können. Komplexere Ausgabeeinheiten erlauben das Rücklesen eines Ausgabewertes und vermeiden somit diesen zusätzlichen Software-Aufwand.

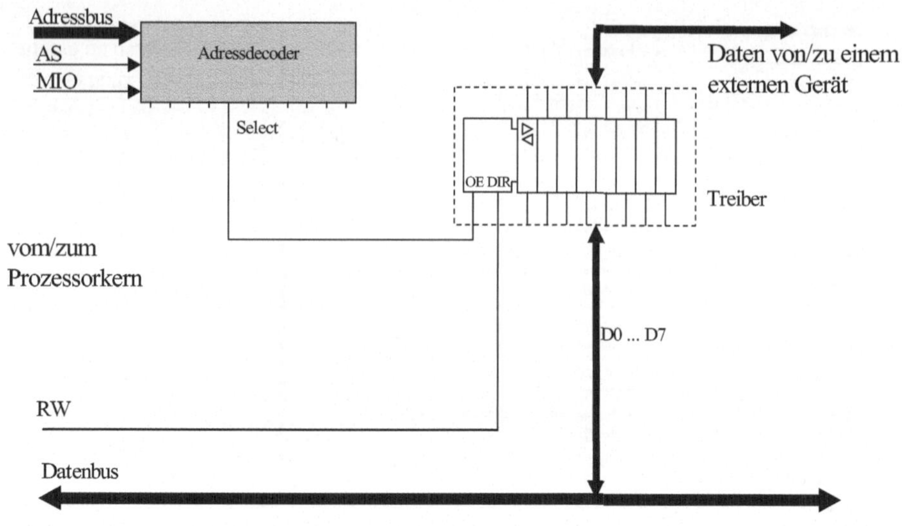

Abb. 4.11. Eine einfache bidirektionale parallele Ein-/Ausgabeeinheit

Bidirektionale parallele Ein-/Ausgabeeinheiten erlauben einen Datentransfer sowohl vom Mikrocontroller weg wie auch zum Mikrocontroller hin. Abbildung 4.11 zeigt den grundlegenden Aufbau. Führt der Prozessorkern einen Lesebefehl auf die Adresse dieser Einheit aus, so werden Daten von der Peripherie zum Prozessorkern übertragen. Bei einem Schreibbefehl werden Daten in umgekehrter Richtung transportiert. Man verwendet deshalb einen bidirektionalen Treiber, dessen Datentransportrichtung durch ein Eingabesignal festgelegt werden kann (*Direction DIR*, 1 = zum Prozessorkern, 0 = zur Peripherie). Sobald der Adressdecoder einen Zugriff (Lesend oder Schreibend) auf die Adresse der Einheit erkannt hat, wird der Treiber freigegeben. Das RW-Signal des Prozessorkerns bestimmt die Datentransportrichtung.

Solche oder ähnliche einfache parallele Ein-/Ausgabeeinheiten finden sich in nahezu jedem Mikrocontroller wieder. Meist sind mehrere Einheiten verfügbar, die sich jedoch, wie bereits erwähnt, die Anschlüsse mit anderen Komponenten teilen. Einige Mikrocontroller bieten auch komplexere parallele Ein-/Ausgabeeinheiten an, bei denen z.B. die Datentransferrichtung für jedes Bit getrennt programmiert werden kann oder feste Handshake-Leitungen vorhanden sind. Solche Einheiten benötigen dann mehr als eine Adresse im Adressraum des Prozessorkerns. Speziell für Echtzeitanwendungen gibt es auch parallele Echtzeit-Ein-/Ausgabeeinheiten. Diese Einheiten verknüpfen eine parallele Schnittstelle mit einem Zeitgeber. Eine genauere Beschreibung ihrer Funktionsweise findet sich in Abschn. 4.3.5.

4.2.3 Digitale serielle Ein-/Ausgabeeinheiten

Digitale serielle Ein-/Ausgabeeinheiten übertragen die einzelnen Teile eines Datums zeitlich nacheinander. Die meisten seriellen Einheiten arbeiten bitweise, d.h. ein Datum wird in seine Einzelbits zerlegt und diese nacheinander übermittelt. So können die meisten Leitungen eingespart werden, im günstigsten Fall ist neben einer Masseleitung nur eine Signalleitung erforderlich. Grundsätzlich sind aber auch andere Übertragungsbreiten denkbar. Wird z.B. ein 64-Bit-Wort in acht 8-Bit-Portionen zerlegt und diese nacheinander (über 8 Signalleitungen) übermittelt, so ist dies ebenfalls eine serielle Datenübertragung.

Abbildung 4.12 zeigt das Grundprinzip jeder seriellen Datenübertragung, unabhängig davon, ob die Daten nun einzelbitweise (bitseriell) oder in breiteren Portionen übertragen werden. Parallel vorliegende Daten werden zunächst in einem Ausgaberegister gesammelt. Danach müssen diese Daten serialisiert werden. Dies geschieht üblicherweise mittels eines Schieberegisters. In einem solchen Register können Daten parallel gespeichert und mittels eines Taktes seriell ausgelesen werden. Auf der Empfängerseite läuft der Prozess in umgekehrter Reihenfolge. Die seriell ankommenden Daten werden in ein Schieberegister übernommen und parallel wieder ausgelesen.

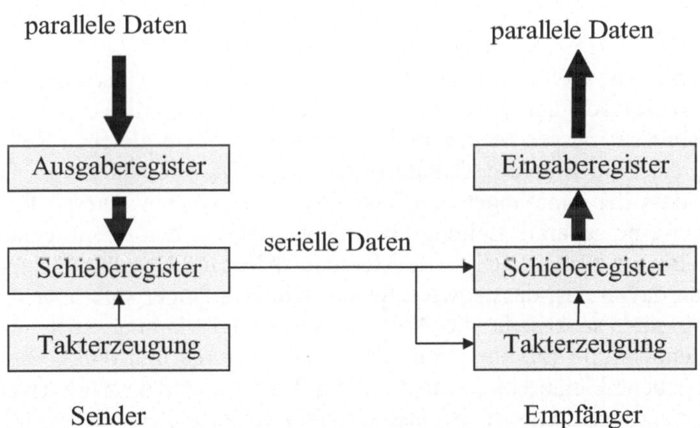

Abb. 4.12. Grundprinzip der seriellen Datenübertragung

Im Folgenden sollen einige wichtige Begriffe definiert werden: Unter der **Schrittgeschwindigkeit** (auch Schritttakt genannt) einer seriellen Übertragung versteht man die Anzahl der übertragenen Informationen pro Sekunde. Die Einheit der Schrittgeschwindigkeit ist 1/Sekunde oder **Baud**. Werden z.B. 500 Informationen pro Sekunde übertragen, so beträgt die Schrittgeschwindigkeit 500 Baud. Man spricht deshalb auch von der **Baudrate**. Nicht zu verwechseln ist die Schrittgeschwindigkeit mit der **Übertragungsgeschwindigkeit**. Diese bezeichnet die Anzahl der übertragenen Bits pro Sekunde. Bei einer bitseriellen Übertragung (serielle Übertragungsbreite 1 Bit) sind Übertragungsgeschwindigkeit und Schrittgeschwindigkeit identisch. Bei größeren Übertragungsbreiten gilt der Zusammenhang:

$$\text{Übertragungsgeschwindigkeit} = \text{Schrittgeschwindigkeit} \cdot \text{Übertragungsbreite}$$

Wird also z.B. mit einer Schrittgeschwindigkeit von 500 Baud und einer Breite von 4 Bit übertragen, so beträgt die Übertragungsgeschwindigkeit 2000 Bit pro Sekunde. Eine weitere Möglichkeit, das Verhältnis von Übertragungsgeschwindigkeit zu Schrittgeschwindigkeit zu verbessern, ist die Erhöhung der Anzahl von Übertragungszuständen auf der Leitung. Dies ist durch die Definition von mehr als zwei Spannungswerten zur Kennzeichnung dieser Zustände möglich. Werden z.B. anstelle von zwei vier Spannungswerte definiert, so kann auf einer Leitung das Informationsäquivalent von 2 Bit übertragen werden. Allgemein ergibt sich dann der Zusammenhang:

$$\text{Übertragungsgeschwindigkeit} = \text{Schrittgeschwindigkeit} \cdot \lceil \text{ld(Anzahl Übertragungszustände)} \rceil$$

Eine entscheidende Größe für jede serielle Übertragung ist der Übertragungstakt, auch **Referenztakt** genannt. Er bestimmt die Schrittgeschwindigkeit der Übertragung. Insbesondere müssen Sender und Empfänger mit dem gleichen Referenztakt arbeiten, um eine korrekte Datenübertragung zu gewährleisten. Es ist daher notwendig, dass der Empfänger den Takt des Senders kennt. Dieser Takt kann entweder über eine separate Leitung übertragen oder aus den übertragenen Daten selbst gewonnen werden. Die zweite Methode spart eine Übertragungsleitung ein. Geht man davon aus, dass sowohl Sender wie Empfänger sich über die Taktfrequenz einig sind, so besteht die Aufgabe der Taktgewinnung darin, die Phasenlage von Sender- und Empfängertakt zu synchronisieren und durch Bausteintoleranzen gegebene kleine Unterschiede in der Taktfrequenz auszugleichen. Anhand dieser Synchronisationsaufgabe lassen sich zwei grundlegende serielle Übertragungstechniken unterscheiden:

- asynchrone Übertragung
- synchrone Übertragung

4.2.3.1 Asynchrone Übertragung

Die asynchrone Übertragung verwendet eine sogenannte **Zeichensynchronisation**. Dies bedeutet, der Empfangstakt synchronisiert sich nach jedem übertragenen Zeichen erneut mit dem Sendetakt. Abbildung 4.13 zeigt das Prinzip.

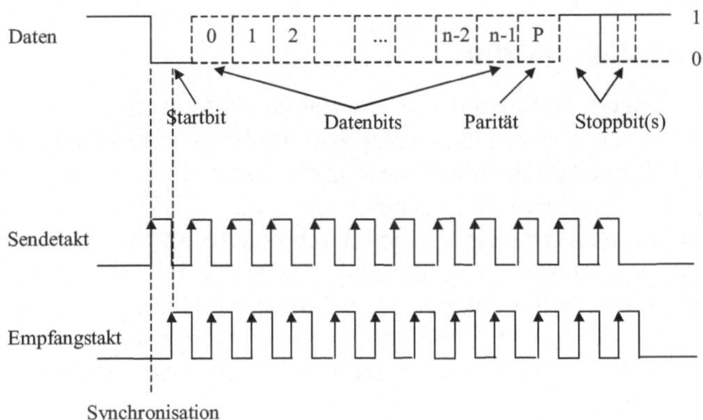

Abb. 4.13. Taktsynchronisation bei asynchroner serieller Übertragung

Im Ruhezustand nimmt die Datenleitung den Wert 1 ein. Die Übertragung eines Zeichens beginnt mit einem **Startbit**, welches den Wert 0 besitzt. Die fallende Flanke des Startbits synchronisiert den Empfangstakt. Dieser startet mit einer halben Taktperiode Verzögerung (die Taktperiode ist sowohl Sender wie Empfänger bekannt). Hierdurch befindet sich die steigende Flanke des Empfangstaktes immer in der Mitte eines Bits, der Wert des Bits kann auf Empfängerseite sicher ausgewertet werden. Nach dem Startbit werden die **Datenbits** des Zeichens (üblicherweise 5 – 8) übertragen. Ein **Paritätsbit** ermöglicht die Erkennung eines Fehlers während des Datenaustauschs. Ein oder mehrere **Stoppbits** beschließen die Übertragung des Zeichens und führen die Leitung in den Ruhezustand zurück.

Für eine erfolgreiche Übertragung müssen zuvor folgende Werte zwischen Sender und Empfänger abgestimmt werden:

- Schrittgeschwindigkeit (z.B. 1200, 2400, 4800, 9600, 19200 Baud)
- Anzahl der Datenbits pro Zeichen (5 – 8)
- Parität (gerade oder ungerade)
- Anzahl der Stoppbits (üblicherweise 1, 1,5 oder 2)

Mit diesen Informationen kann der Empfangstakt gemäß dem oben beschriebenen Protokoll nach jedem Zeichen neu synchronisiert werden. Die kurzen Intervalle zwischen zwei Synchronisierungen erlauben relativ große Ungenauigkeiten zwischen den Taktgeneratoren in Sender und Empfänger. Es muss lediglich gewährleistet sein, dass sich der Empfangstakt gegenüber dem Sendetakt während der

Übertragungsdauer eines Zeichens um nicht mehr als eine halbe Taktperiode verschiebt. Die asynchrone Übertragung bietet somit eine einfache, sichere und unaufwändige Form des Datentransports. Durch die häufigen Synchronisierungen und den damit verbundenen zusätzlichen Übertragungskosten (Startbits, Stoppbits) wird die verfügbare Bandbreite jedoch nur teilweise zur Nutzdatenübertragung verwendet.

4.2.3.2 Synchrone Übertragung

Die synchrone Übertragung reduziert die von der Synchronisation verursachten Übertragungskosten durch Verwendung einer **Rahmensynchronisation**. Hierbei werden Sende- und Empfangstakt nicht mehr nach jedem Zeichen, sondern erst nach Übertragung eines größeren Datenblocks neu synchronisiert. Die verringerten Synchronisierungskosten erkauft man sich durch höhere Anforderungen an die Genauigkeit der Taktgeneratoren im Sender und Empfänger. Hier darf die Abweichung nicht größer als eine halbe Taktperiode während der Übertragungsdauer eines kompletten Datenblocks sein. Dafür erhält man einen höheren Datendurchsatz.

Es lassen sich zwei Protokollklassen der seriellen synchronen Übertragung unterscheiden:

- Zeichenorientierte Übertragung (*Character Oriented Protocol COP*)
- Bitorientierte Übertragung (*Bit Oriented Protocol BOP*)

Bei der **zeichenorientierten Übertragung** besteht ein zu übertragender Datenblock, auch Telegramm genannt, aus Zeichen gleicher Breite. Jeder Bestandteil des Telegramms setzt sich aus einem oder mehreren dieser Zeichen zusammen. Häufig wird für die Darstellung eines Zeichens der 8-Bit-ASCII-Code [1968] verwendet. Abbildung 4.14a gibt ein Beispiel. Das Telegramm beginnt mit einem oder mehreren SYNC-Zeichen zur Synchronisation. Der Beginn der Nutzdaten wird durch das Zeichen STX *(Start of Text*), das Ende durch das Zeichen ETX (*End of Text*) gekennzeichnet. Zur Erkennung von Übertragungsfehlern folgt schließlich ein Prüfzeichen (BCC, *Block Check Character*).

Bei der **bitorientierten Übertragung** werden die Daten in einen Rahmen (*Frame*) mit festem Format eingebunden. Nur die Position der Bits innerhalb dieses Rahmens zeigt an, ob es sich um Steuerinformation oder Daten handelt. Die einzelnen Bestandteile eines Telegramms bestehen aus einer unterschiedlich langen Anzahl von Bits. Ein Beispiel für diese Form der Übertragung ist das HDLC-Protokoll (*High Level Data Link Control*, Abb. 4.14b). Das Telegramm beginnt mit einem speziellen Bitmuster (*Flag*) zur Synchronisation. Danach folgt eine Anzahl Bits zur Kennzeichnung der Empfängeradresse. Weitere Bits für Befehle, Quittungen, Rahmennummern etc. schließen sich an. Auch die Daten werden nicht als Folge von Zeichen, sondern als Folge von Datenbits übermittelt. Prüfbits (FCS, *Frame Check Sequence*) zur Erkennung von Übertragungsfehlern sowie ein spezielles Bitmuster zur Endekennung schließen das Telegramm ab.

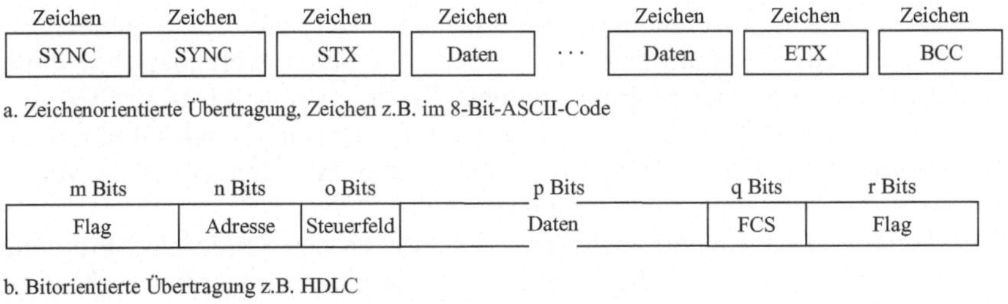

Zeichen	Zeichen	Zeichen	Zeichen		Zeichen	Zeichen	Zeichen
SYNC	SYNC	STX	Daten	...	Daten	ETX	BCC

a. Zeichenorientierte Übertragung, Zeichen z.B. im 8-Bit-ASCII-Code

m Bits	n Bits	o Bits	p Bits	q Bits	r Bits
Flag	Adresse	Steuerfeld	Daten	FCS	Flag

b. Bitorientierte Übertragung z.B. HDLC

Abb. 4.14. Formen der synchronen seriellen Übertragung

4.2.3.3 Komponentenaufbau

Abbildung 4.15 zeigt den prinzipiellen Aufbau einer seriellen Ein-/Ausgabeeinheit. Sie besitzt einen Sendeteil, bestehend aus Sendesteuerung, Senderegister und einem Schieberegister. Das Senderegister nimmt die vom Prozessorkern kommenden zu übertragenden Daten auf. Im Schieberegister werden die Daten serialisiert und gesendet. Dies geschieht unter Kontrolle der Sendesteuerung, die für den Sendetakt sowie das Einfügen von Synchronisations- und anderen Steuerbits oder -zeichen verantwortlich ist. Der Empfangsteil ist ein Spiegelbild des Sendeteils. Seriell ankommende Daten werden von einem Schieberegister parallelisiert und in das Empfangsregister geschrieben. Von dort kann der Prozessorkern die Daten abholen. Die Empfangssteuerung ist hierbei für die Taktsynchronisation und das Erkennen spezieller Steuerbits oder -zeichen (z.B. Prüfbits) zuständig.

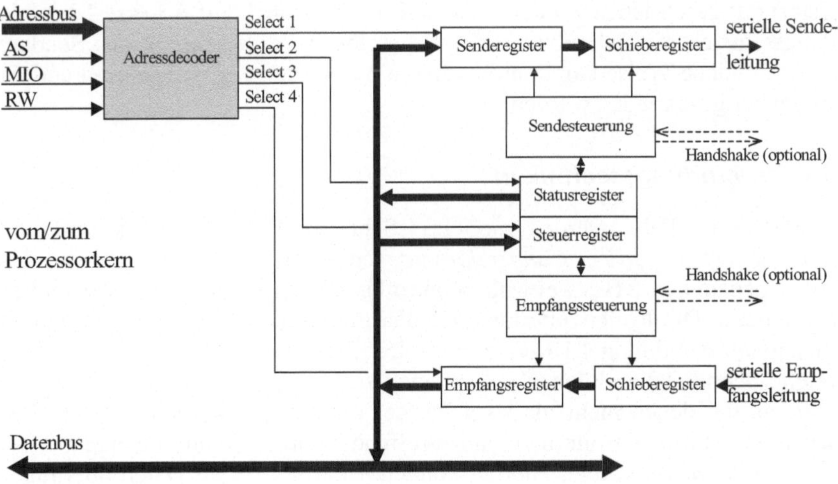

Abb. 4.15. Eine serielle Ein-/Ausgabeeinheit

Serielle Ein-/Ausgabeeinheiten in einfachen Mikrocontrollern unterstützen meist keinen Hardware-Handshake, d.h., die serielle Schnittstelle besteht lediglich aus einer Sende- und einer Empfangsleitung. Komplexere Mikrocontroller verfügen auch über serielle Ein-/Ausgabeeinheiten mit Hardware-Handshake, z.B. dem RTS/CTS-Protokoll. Dieser Hardware-Handshake wird dann ebenfalls von der Sende- bzw. der Empfangssteuerung abgewickelt.

Ein Status- und ein Steuerregister vervollständigen den Sende- und Empfangsteil. Das Steuerregister kann vom Prozessorkern geschrieben werden. Es bestimmt die Arbeitsweise der Sende- und Empfangssteuerung durch Auswahl von Datenformaten (z.B. Anzahl der Datenbits, Stoppbits und der Parität bei einer asynchronen Übertragung), Übertragungsprotokollen (z.B. synchron, asynchron) und Übertragungsraten (z.B. Schrittgeschwindigkeit). Das Statusregister enthält Zustandsinformationen der Datenübertragung, z.B. Sender bereit, Datum gesendet, Empfänger bereit, Datum empfangen, Übertragungsfehler usw. Dieses Register wird vom Prozessorkern gelesen. Darüber hinaus können einzelne Bits des Statusregisters bei Wertänderung eine Unterbrechung im Prozessorkern auslösen. Möchte der Prozessorkern ein Datum senden, so wird er zunächst durch Abfrage des Statusregisters prüfen, ob der Sender bereit ist. Danach wird er das Datum in das Senderegister schreiben und damit den Sendevorgang starten. Umgekehrt kann der Prozessorkern durch das Statusregister prüfen, ob ein Datum vorhanden ist, und dieses durch Lesen des Empfangsregisters abrufen. Die Abfrage des Statusregisters kann per Polling oder Unterbrechung erfolgen.

Die Selektion des zu lesenden oder zu schreibenden Registers erfolgt wie bei parallelen Ein-/Ausgabeeinheiten auch durch den Adressdecoder. Trotz der vier Register und den damit verbundenen vier Select-Signalen werden jedoch nur zwei Adressen im Adressraum benötigt. Dies ist möglich, da zwei Register (Empfangs- und Statusregister) nur gelesen und die anderen beiden Register (Sende- und Steuerregister) nur geschrieben werden können. Ein Lesezugriff auf Adresse 1 liest das Empfangsregister, ein Schreibzugriff auf dieselbe Adresse schreibt das Senderegister. Auf gleiche Weise kann unter Adresse 2 das Statusregister gelesen und das Steuerregister geschrieben werden.

4.2.3.4 Verbindungstechniken

Im einfachsten Fall werden serielle Schnittstellen für Punkt-zu-Punkt-Verbindungen (*Peer to Peer Connection*) verwendet. Hierbei stehen sich zwei feste Partner gegenüber, z.B. zwei Mikrocontroller oder ein Mikrocontroller und ein Peripheriegerät. Die Rollenverteilung auf den Leitungen ist klar geregelt und ändert sich nicht. Abbildung 4.16 zeigt eine solche Verbindung.

Serielle Schnittstellen können jedoch auch zu busartigen Verbindungen erweitert werden, bei denen mehr als zwei Partner miteinander kommunizieren. Eine einfache, bei Mikrocontrollern oft anzutreffende Form ist ein sogenanntes *SPI* (*Serial Peripheral Interface*). Hierbei können *n* Partner seriell Daten übertragen. Einer der Partner wird zur aktiven Einheit, dem *Master*, bestimmt. Alle anderen Einheiten werden zu reaktiven Einheiten, den *Slaves*, gemacht. Dies geschieht durch Programmieren eines Steuerregisters im jeweiligen Partner. Es gibt also immer nur einen Master, aber eine beliebige Anzahl von Slaves. Der Master kann nun einen der Slaves zur Kommunikation auswählen. Dies geschieht durch Aktivieren des Signals SS (*Slave Select*) am gewünschten Slave. Der Master sendet seine Daten über die MOSI-Busleitung (*Master Out Slave In*) seriell zum Slave. Er liefert ebenfalls den Übertragungstakt über die SCK-Leitung (*Serial Clock*). Der Takt muss also auf Slave-Seite nicht rückgewonnen oder synchronisiert werden. Dies vereinfacht die Hardware. Der selektierte Slave kann Daten über die MISO-Busleitung (*Master In Slave Out*) an den Master zurücksenden.

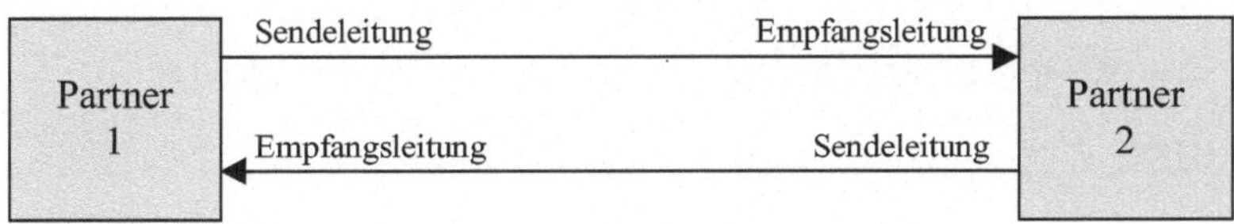

Abb. 4.16. Serielle Punkt-zu-Punkt-Verbindung

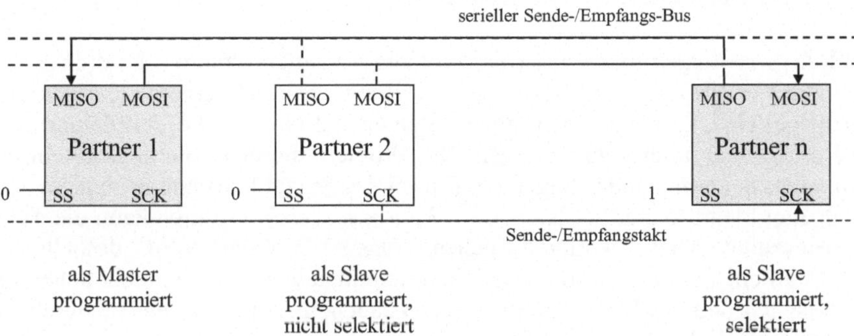

Abb. 4.17. Serieller SPI-Bus

Es existiert eine Vielzahl serieller Verbindungsbusse, z.B. RS485, USB oder die Gruppe der Feldbusse. Für weitergehende Informationen sei auf die entsprechende Literatur, z.B. [Garney et al. 1998] oder [Bonfig 1995] verwiesen.

4.2.3.5 Datencodierungen für serielle Übertragungen

Unter Datencodierung bei serieller Übertragung versteht man die Zuordnung der Binärziffern 0 und 1 zu Spannungspegeln auf der seriellen Leitung. Hierfür gibt es eine Vielzahl von Möglichkeiten, die unterschiedliche Eigenschaften besitzen, insbesondere im Hinblick auf das bereits angesprochene Problem der Taktsynchronisation und Taktgewinnung im Empfänger. Abbildung 4.18 gibt ein Beispiel eines seriellen Signalverlaufes bei verschiedenen gängigen Codierungsverfahren.

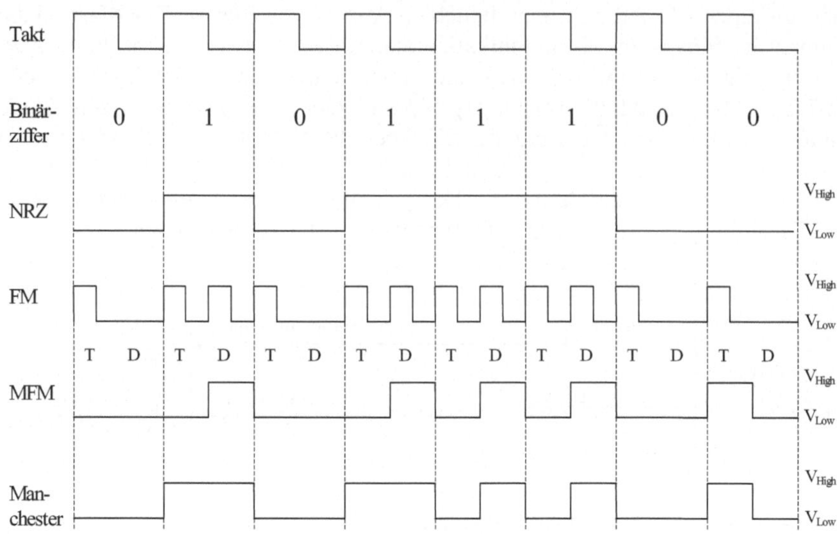

Abb. 4.18. Gängige serielle Datencodierungen

- **NRZ** (*Non Return to Zero*) ist das einfachste Codierverfahren. Es ordnet eine Binärziffer direkt einem Signalpegel zu. Eine 0 entspricht einem niedrigen Signalpegel (V_{Low}), eine 1 einem hohen Signalpegel (V_{High}). Die Zuordnung kann natürlich auch umgekehrt erfolgen. Das Problem dieser Codierung besteht darin, dass bei aufeinander folgenden Einsen das Signal konstant auf hohem Signalpegel bleibt (daher der Name *Non Return to Zero*). Dadurch kann die Taktsynchronität leicht verloren gehen. Das Verfahren wird deshalb im Wesentlichen bei asynchronen seriellen Schnittstellen eingesetzt, bei denen die Taktsynchronität, wie wir bereits gesehen haben, nach jedem Zeichen durch das Startbit wiederhergestellt wird.

- Eine elegantere Lösung stellen **takterhaltende Codierungen** dar. Diese Codierungen erlauben die Rückgewinnung des Taktes aus dem Datenstrom. Der einfachste Vertreter dieser Klasse ist **FM** (*Frequency Modulation*). FM ordnet wie NRZ einer Binärziffer einen festen Signalpegel zu, also auch hier z.B. 0 gleich niedriger Pegel und 1 gleich hoher Pegel. Zusätzlich wird jedoch zur Taktrückgewinnung jedem Datenbit (D) ein Taktbit (T) vorangestellt, im Beispiel:

0	1	0	1	1	1	0	0	Daten
1 0	1 1	1 0	1 1	1 1	1 1	1 0	1 0	FM
T D	T D	T D	T D	T D	T D	T D	T D	

Hierdurch ergibt sich für eine 1 eine doppelt so hohe Frequenz wie für eine 0, was zum Namen Frequenzmodulation führt. Das Problem dieser Codierung besteht darin, dass sich durch das Voranstellen des Taktbits die Anzahl der zu übertragenden Bits verdoppelt.

- Dieser Nachteil lässt sich durch **MFM** (*Modified Frequency Modulation*) beseitigen. Hier wird das Voranstellen des Taktbits eingeschränkt, um die Anzahl der zu übertragenden Bits zu reduzieren. Es wird nur dann ein Taktbit (1) vorangestellt, wenn das aktuelle und das vorige Datenbit beide nicht den Wert 1 besitzen, im Beispiel:

0	1	0	1	1	1	0	0	Daten
0 0	0 1	0 0	0 1	0 1	0 1	0 0	1 0	MFM
T D	T D	T D	T D	T D	T D	T D	T D	

Hierdurch halbiert sich gegenüber FM die Anzahl der zu übertragenden Bits, wie man leicht Abbildung 4.18 entnehmen kann. Da sowohl FM wie MFM eine vollständige Taktrückgewinnung ermöglichen, eigen sich diese Codierungen auch zur seriellen Datenaufzeichnung (z.B. auf Floppy Disk, FM = *Single Density*, MFM = *Double Density*).

- **Manchester Biphase** ist ein weiteres interessantes serielles Codierungsverfahren. Es findet z.B. bei der Datenübertragung via Ethernet Verwendung. Hier findet grundsätzlich zu jeder steigenden Taktflanke ein Wechsel des Signalpegels statt. Stimmt der aus diesem Wechsel resultierende Pegel nicht mit dem zu codierenden Binärwert überein, so findet zur fallenden Taktflanke ein zweiter Wechsel des Signalpegels statt, im Beispiel fett markiert:

0	1	0	1	1	1	0	0	Daten
0 0	1 1	0 0	1 1	0 **1**	0 **1**	0 0	1 **0**	Manch.

4.2.4 Wandlung zwischen analogen und digitalen Signalen

Soll ein Mikrocontroller analoge Signale verarbeiten können, so müssen diese Signale in digitale Form umgewandelt werde. Hierbei gibt es zwei Wandlungsrichtungen:

- Ein **Digital/Analog-Wandler** (D/A-Wandler) transformiert digitale in analoge Werte. Aus Sicht des Mikrocontrollers stellt dies die Ausgaberichtung dar, vom Prozessorkern berechnete digitale Werte werden in korrespondierende analoge Werte umgewandelt und an eine Peripherieeinheit weitergegeben.
- Ein **Analog/Digital-Wandler** (A/D-Wander) transformiert analoge in digitale Werte. Für Mikrocontroller ist dies die Eingaberichtung, analoge Werte einer Peripherieeinheit werden in digitale Werte umgewandelt und dem Prozessorkern verfügbar gemacht.

Abbildung 4.19 zeigt die Wandlungsrichtungen. Die Einbindung in den Adressraum des Prozessorkerns erfolgt wie bei den digitalen Ein-/Ausgabeschnittstellen über den Adressdecoder.

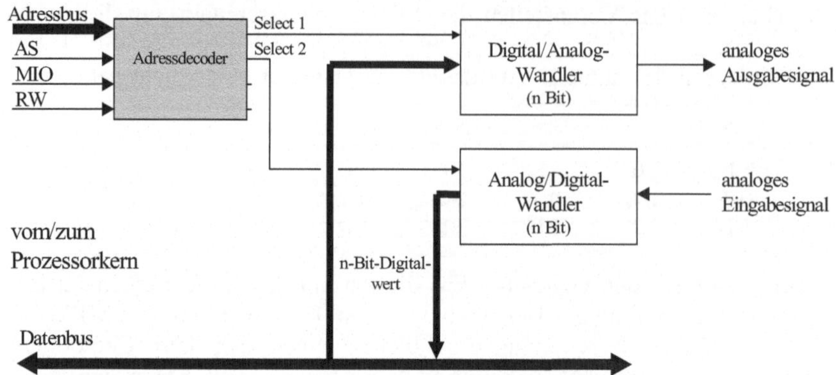

Abb. 4.19. Wandlungsrichtungen digitaler und analoger Signale

Die Wandlung selbst ist eine lineare Abbildung zwischen einem binären Wert, meist einer Dualzahl, und einer analogen elektrischen Größe, meist einer Spannung. Besitzt der binäre Wert eine Breite von n Bit, so wird der analoge Wertebereich der elektrischen Größe in 2^n gleich große Abschnitte unterteilt. Man spricht von einer **n-Bit Wandlung** bzw. von einem **n-Bit Wandler**.

Wir wollen im Folgenden davon ausgehen, dass der binäre Wert eine Dualzahl repräsentiert und die elektrische Größe eine Spannung ist. Abbildung 4.20 zeigt die Abbildungsfunktion der Wandlung. Es handelt sich um eine Treppenfunktion, der kleinste Schritt der Dualzahl ist 1, der kleinste Spannungsschritt beträgt:

$$U_{LSB} = (U_{max} - U_{min}) / 2^n$$

U_{max} und U_{min} sind die maximalen bzw. minimalen Spannungen des analogen Wertebereichs. *LSB* steht für *Least Significant Bit*, das niederwertigste Bit der Wandlung. Die Wandlungsfunktion einer Digital/Analog-Wandlung der Dualzahl Z in eine Spannung U lautet somit:

$$U = (Z \cdot U_{LSB}) + U_{min}$$

Umgekehrt ergibt sich die Wandlungsfunktion einer Analog/Digital-Wandlung der Spannung U in die Dualzahl Z zu:

$$Z = (U - U_{min}) / U_{LSB}$$

U_{LSB} definiert somit die theoretische maximale Auflösung der Wandlung. Wählt man beispielsweise $U_{max} = 5$ Volt, $U_{min} = 0$ Volt und $n = 12$ Bit, so erhält man eine maximale Auflösung von 1,221 Millivolt.

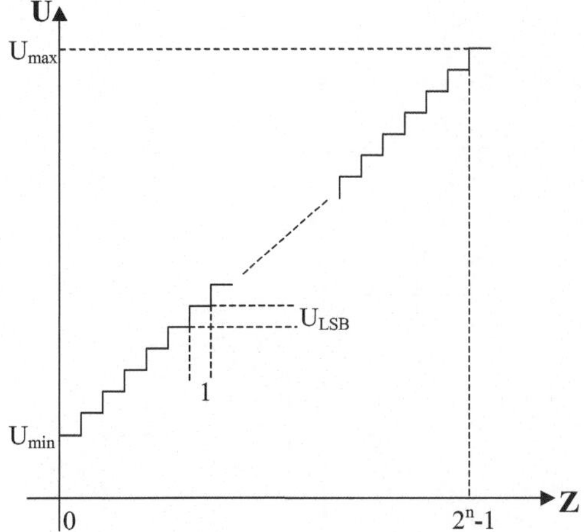

Abb. 4.20. Treppenfunktion zur Wandlung zwischen digitalen und analogen Signalen

Die Auflösung, der Spannungsbereich $U_{min} \dots U_{max}$ sowie die für eine Wandlung benötigte Zeit stellen die wichtigsten Auswahlkriterien für einen Wandler dar. Daneben existiert aber auch eine Reihe von wandlerspezifischen Fehlern, welche z.B. die wirklich erzielbare Auflösung gegenüber der theoretisch erreichbaren Auflösung reduzieren. Im Folgenden wollen wir deshalb die Funktionsprinzipien und Eigenschaften der beiden Wandlungsrichtungen genauer betrachten.

4.2.4.1 Digital/Analog-Wandlung

Technisch gesehen ist die Wandlung von digitalen zu analogen Werten die einfachere Wandlungsrichtung. Sie kann sehr leicht durch ein Widerstandsnetzwerk realisiert werden. Meistens wird hierzu ein sogenanntes R/2R-Widerstandsnetzwerk verwendet, Abb. 4.21 zeigt das Prinzip für $n = 4$ Bit.

Das R/2R-Widerstandsnetzwerk verdankt seinen Namen der Tatsache, dass nur Widerstände der Größe R und 2R Verwendung finden. Dies macht die Herstellung einfach und lässt sich leicht auf dem Mikrocontrollerchip realisieren. Das Widerstandsnetzwerk wird benutzt, um aus einer Referenzspannung U_{ref} Teilspannungen im Verhältnis der Wertigkeit der Binärziffern z_0 bis z_3 der zu wandelnden Dualzahl Z zu erzeugen. Diese Wertigkeit ergibt sich aus der Stellenwertfunktion dieser Zahl:

$$Z = 2^3 z_3 + 2^2 z_2 + 2^1 z_1 + 2^0 z_0$$

Wird der Ziffer z_3 die Spannung U_{ref} zugeordnet, so ergibt sich gemäß dieser Gleichung für die Ziffer z_2 eine Spannung von $U_{ref}/2$, für die Ziffer z_1 eine Spannung von $U_{ref}/4$ und für die Ziffer z_0 eine Spannung von $U_{ref}/8$.

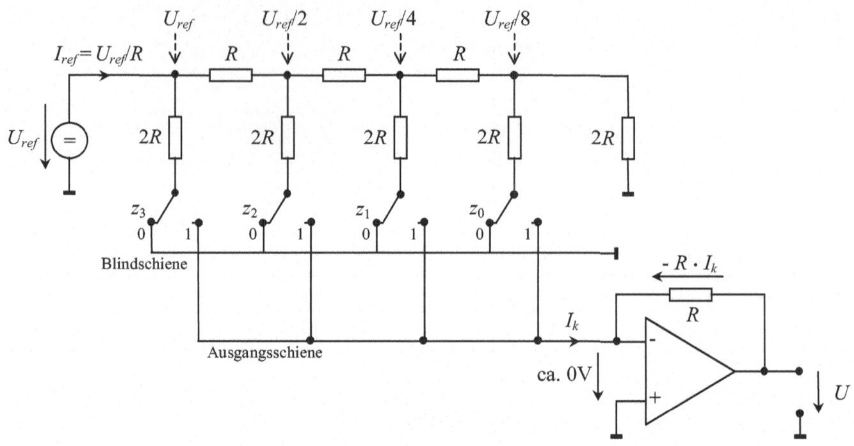

Abb. 4.21. Ein R/2R-Widerstandsnetzwerk zur Digital/Analog-Wandlung

Jede Binärziffer besitzt einen Umschalter, welcher den zugeordneten Zweig auf einen von zwei Schienen schaltet. Dieser Umschalter wird üblicherweise durch Feldeffekttransistoren realisiert. Ist der Wert der Binärziffer 1, so wird der Zweig auf die Ausgangsschiene geschaltet, er trägt zum Ausgangsstrom I_k bei. Ist der Wert der Binärziffer 0, so wird der Zweig auf die mit Masse verbundene Blindschiene geschaltet. Dies ist notwendig, um einen Zweig in beiden Schalterstellungen auf das gleiche Potenzial (Masse) zu legen und so eine korrekte Spannungsteilung zu gewährleisten. Durch Zu- oder Abschaltung der einzelnen Zweige entsprechend dem Wert der Binärziffern summieren sich die gewichteten Ströme zu dem Gesamtstrom I_k:

$$I_k = z_3\,(U_{ref}\,/\,2R) + z_2\,(U_{ref}\,/\,4R) + z_1\,(U_{ref}\,/\,8R) + z_0\,(U_{ref}\,/\,16R)$$

Der nachgeschaltete Operationsverstärker dient zur Lastentkopplung und erzeugt eine dem Strom I_k proportionale Ausgangsspannung. Da der Verstärkungsfaktor eines Operationsverstärkers extrem hoch ist ($> 10^6$), ist sein Eingangsstrom fast gleich 0. Dies führt dazu, dass nahezu der gesamte Strom I_k über den Widerstand R am Operationsverstärker abfließt und beide Eingänge (- und +) praktisch auf demselben Potenzial, dem Massepotenzial, liegen. Die Ausgangsspannung U ergibt sich somit zu:

$$U = -R \cdot I_k$$

Setzt man die Gleichung für I_k in diese Gleichung ein und führt ein paar einfache Umformungen durch, so erhält man folgende Funktion:

$$\begin{aligned} U &= -\,(z_3\,2^3 + z_2\,2^2 + z_1 2^1 + z_0 2^0)\; U_{ref}\,/\,2^4 \\ &= -\,Z \cdot U_{ref}\,/\,2^4 \end{aligned}$$

Verallgemeinert man von 4 Bit auf *n* Bit, so erhält man die Wandlungsfunktion eines auf dem R/2R-Netzwerk basierenden *n*-Bit Digital/Analog-Wandlers:

$$U = -Z \cdot U_{ref} / 2^n = -Z \cdot U_{LSB}$$

Bis auf das Vorzeichen entspricht dies vollständig der im vorigen Abschnitt theoretisch abgeleiteten Wandlungsfunktion mit $U_{max} = U_{ref}$ und $U_{min} = 0$. Eine Vorzeichenumkehr sowie eine Grundspannung $U_{min} \neq 0$ lässt sich leicht durch Modifikationen an der Operationsverstärkerschaltung erreichen.

Die Wandlungszeit für diese Art der Wandlung wird durch die Geschwindigkeit der als Umschalter dienenden Transistoren bestimmt. Diese ist jedoch bei Feldeffekttransistoren so hoch, dass Wandlungszeiten kleiner als eine Mikrosekunde kein Problem darstellen. Es gibt jedoch eine Reihe möglicher Wandlungsfehler, die zu beachten sind. Hierbei kann zwischen statischen und dynamischen Fehlern unterschieden werden. Während statische Fehler unabhängig vom Zustand des Wandlers auftreten, werden dynamische Fehler gerade durch Veränderung dieses Zustandes hervorgerufen.

Statische Fehler

- *Nullpunktfehler (Offset-Spannung)*
  Dieser Fehler bezeichnet eine konstante, absolute Abweichung der Ausgangsspannung vom Sollwert. Die Verbindungsgerade der Stufenmitten in der Treppenfunktion ist gegenüber der Idealgeraden um einen konstanten Betrag verschoben (Abb. 4.22a). Der Fehler ist leicht durch Abgleich auf analoger oder digitaler Seite behebbar, z.B. durch Addition einer Konstanten.

- *Vollausschlagfehler (Verstärkungsfehler)*
  Hier ist die Steigung der Verbindungsgeraden ungleich 1. Der Fehler steigt daher mit zunehmender Spannung an (Abb. 4.22b). Er kann jedoch ebenfalls auf analoger oder digitaler Seite leicht behoben werden, z.B. durch Multiplikation mit einer Konstanten.

- *Nichtlinearität*
  Durch Toleranzen in den Quantisierungsabständen können nichtlineare Abweichung von der Idealgeraden entstehen, der Schwellwert schwankt von Stufe zu Stufe (Abb. 4.22c). Diesem Fehler muss besonderes Augenmerk gewidmet werden, da er nicht korrigierbar ist und die effektive Auflösung mindert. Besonders schwerwiegend ist ein **Monotoniefehler**. Hierunter versteht man die Ausgabe eines niedrigeren Wertes trotz Erhöhung des Eingangswertes, der Wandler wird dadurch nahezu unbrauchbar. Ein Monotoniefehler entsteht z.B. im mittleren Wertebereich, wenn durch Widerstandstoleranzen die Summe der Ströme der niederen Bitstellen größer ist als der Strom durch den Widerstand der nächst höheren Stelle, etwa: $I_k(0111) > I_k(1000)$.

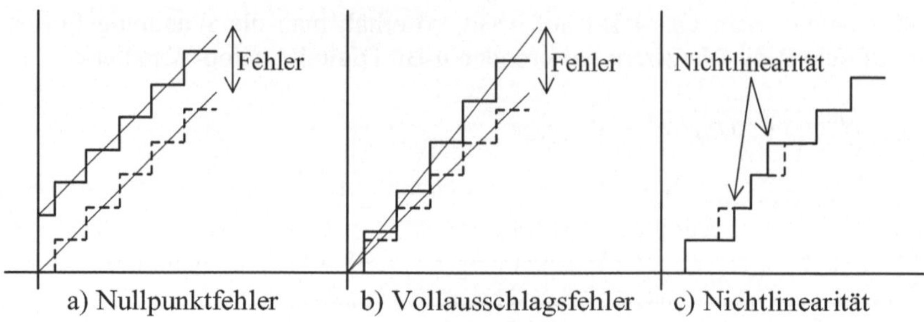

Abb. 4.22. Verschiedene statische Fehler bei der Digital/Analog-Wandlung

Dynamische Fehler

- *Glitches im Umschaltzeitpunkt*
  Ändern sich mehrere Bits des Eingangswertes gleichzeitig, so entsteht ein **Wettlauf**. Herstellungsbedingt werden nicht alle am Bitwechsel beteiligten Umschalter im Netzwerk identisch schnell sein. Einige werden etwas früher als andere den neuen Wert annehmen. Dadurch können im Umschaltzeitpunkt kurzfristig falsche Werte entstehen, z.B. könnte der Übergang 0111 nach 1000 wie folgt ablaufen:

  0111 → 1111 → 1000

  Es entsteht eine kurzfristige Störung des Ausgangssignals (im obigen Fall ein zu großer Ausgangswert), man nennt dies einen *Glitch*. Diesem Fehler kann durch Einführung eines analogen Abtast-/Halteglieds (*Sample and Hold)* begegnet werden. Ein solches Glied ermöglicht das „Einfrieren" der analogen Ausgangsspannung während des Umschaltzeitpunkts. Dies geschieht meist durch einen Kondensator, welcher die Ausgangsspannung für kurze Zeit zwischenspeichern kann. Abbildung 4.23 zeigt das Prinzip. Wird Schalter S (wieder realisiert durch einen Feldeffekttransistor) geöffnet, so kann Kondensator C die zuletzt anliegende Spannung für eine gewisse Zeit am Ausgang aufrecht erhalten. Die Verstärker dienen zur Entkopplung und zum schnelleren Laden bzw. langsameren Entladen des Kondensators. Sie besitzen deshalb lediglich den Verstärkungsfaktor 1.

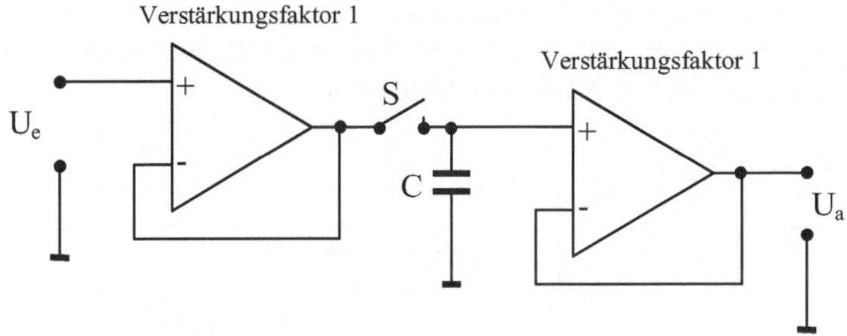

Abb. 4.23. Ein Abtast-/Halteglied

4.2.4.2 Analog/Digital-Wandlung

Die Analog/Digital-Wandlung ist die schwierigere Wandlungsrichtung. Grundsätzlich kann man drei verschiedene Wandlungsverfahren unterscheiden:

- *Parallelverfahren*
  Dieses Verfahren ist sehr schnell, da es für jede Stufe der Treppenfunktion einen Spannungsvergleicher bereithält. Es kann somit parallel in einem Schritt gewandelt werden. Der Hardwareaufwand ist jedoch sehr groß und nur für kleine Werte von *n* realisierbar.

- *Zählverfahren (Dual Slope)*
  Hier wird ein Zähler benutzt, um den zu wandelnden Wert zu ermitteln. Das Verfahren ist sehr unempfindlich gegenüber Störungen und erfordert einen nur geringen Hardwareaufwand. Es ist jedoch auch sehr langsam.

- *Wägeverfahren*
  Dieses Verfahren liegt in Bezug auf Hardwareaufwand und Geschwindigkeit zwischen dem schnellen, aufwändigen Parallelverfahren und dem langsamen, einfachen Zählverfahren. Da es deshalb recht beliebt ist, wollen wir es genauer betrachten.

Abbildung 4.24 zeigt den Grundaufbau eines Analog/Digital-Wandlers nach dem Wägeverfahren. Dieses Verfahren besteht in einer sukzessiven Approximation des Wertes der Eingangsspannung. Die Koordination der Abläufe erfolgt durch eine Zeitsteuerung. Das Ergebnis wird schrittweise vom höchsten zum niederwertigsten Bit gebildet. Mit jedem Schritt wird der Wert der zu behandelnden Bitstelle zunächst auf 1 gesetzt, alle niederwertigeren Bits erhalten den Wert 0. Das resultierende binäre Wort *Z* wird über einen Digital/Analog-Wandler in eine analoge Spannung $U_g(Z)$ umgesetzt. Diese Spannung wird mittels eines Komparators mit der Eingangsspannung U verglichen. Ist die erzeugte Spannung kleiner oder gleich der Eingangsspannung, d.h. $U_g(Z) \leq U$, behält die Bitstelle den Wert 1. Ist hingegen die erzeugte Spannung größer als die Eingangsspannung, d.h. $U_g(Z) > U$, wird der Wert der Bitstelle auf 0 gesetzt. Dann wird zur nächsten Stelle weitergeschaltet. Der Vorgang wiederholt sich, bis alle Stellen ermittelt sind. Dies ermöglicht eine sukzessive Wandlung von ***n*** **Bits** in ***n*** **Schritten**.

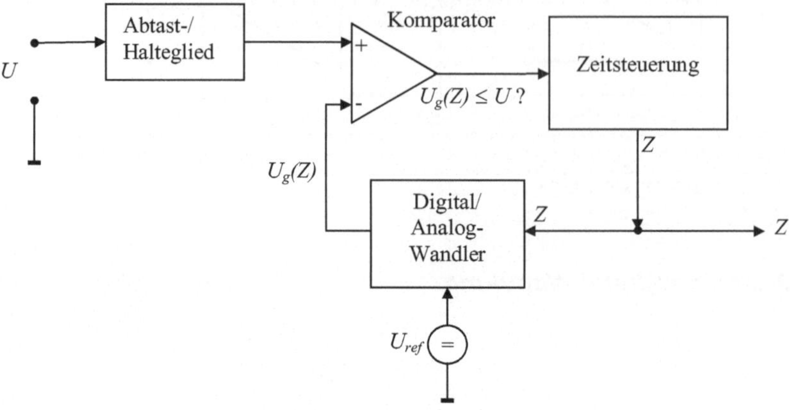

Abb. 4.24. Aufbau eines Analog/Digital-Wandlers nach dem Wägeverfahren

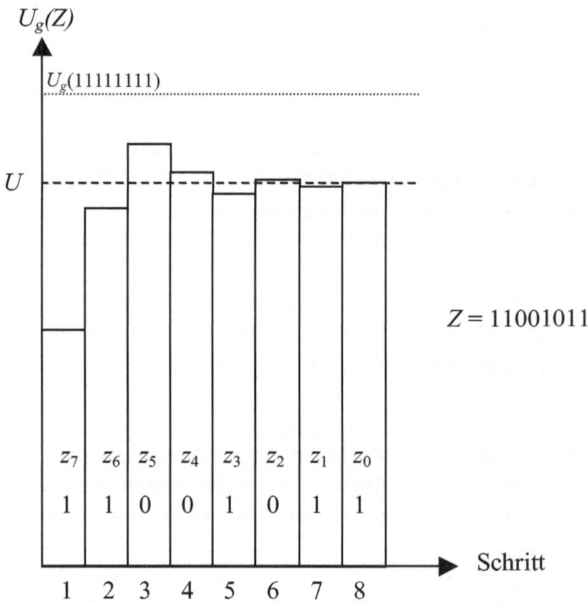

Abb. 4.25. Sukzessive Approximation beim Wägeverfahren

Abbildung 4.25 zeigt den exemplarischen Ablauf einer Approximation. Damit sich während der Wandlungszeit der Eingangswert nicht ändert, wird er durch ein

Abtast-/Halteglied (vgl. vorigen Abschn.) festgehalten. Allgemein ergibt sich die Wandlungsfunktion dieses Wandlers zu:

$$Z = \lfloor 2^n \cdot U / U_{ref} \rfloor = \lfloor U / U_{LSB} \rfloor$$

Da ein Digital/Analog-Wandler Bestandteil des Analog/Digital-Wandlers ist, gelten die im vorigen Abschnitt beschriebenen Wandlungsfehler auch hier. Zusätzlich gibt es jedoch weitere Wandlungsfehler, die nur bei der Analog/Digital-Wandlung auftreten:

Statische Fehler

- *Quantisierungsrauschen*
  Dies ist ein systematischer Fehler, der durch die begrenzte Auflösung des Analog/Digital-Wandlers bedingt wird. Das Rauschen ist ein Fehlersignal, das sich durch die Abweichung des gewandelten treppenförmigen vom tatsächlichen stufenlosen Analogsignal ergibt (Abb. 4.26). Die maximal mögliche Abweichung beträgt ½ U_{LSB}. Da bei einem beliebigen Eingangssignal der Fehler gleich wahrscheinlich verteilt ist, stellt er sich als ein Rauschen dar. Die effektive Rauschamplitude lässt sich nach statistischen Gesetzen berechnen:

  $$Ueff = \frac{U_{LSB}}{\sqrt{12}}$$

  Aus diesem Effektivwert und dem Effektivwert einer sinusförmigen Eingangsspannung kann man eine Faustregel zur Berechnung des Signal-/Rauschverhältnis in Dezibel (dB) abhängig von der Wandlerbreite n angeben:

  $$SR \approx 1.8 \text{ dB} + n \cdot 6 \text{ dB}$$

  Für einen 8-Bit-Wandler ergibt sich somit ein Signal-/Rauschverhältnis von etwa 50 dB, bei 12 Bit sind es etwa 74 dB und bei 16 Bit etwa 98 dB. Hierbei ist zu beachten, dass Dezibel ein logarithmisches Verhältnismaß ist und sich nach der Gleichung

  $$DB = 20 \log_{10}(U_1 / U_2)$$

  ergibt. Ein Signal-/Rauschverhältnis von 98 dB bedeutet somit, dass das Nutzsignal um ca. den Faktor 10^5 höher ist als das Rauschen.

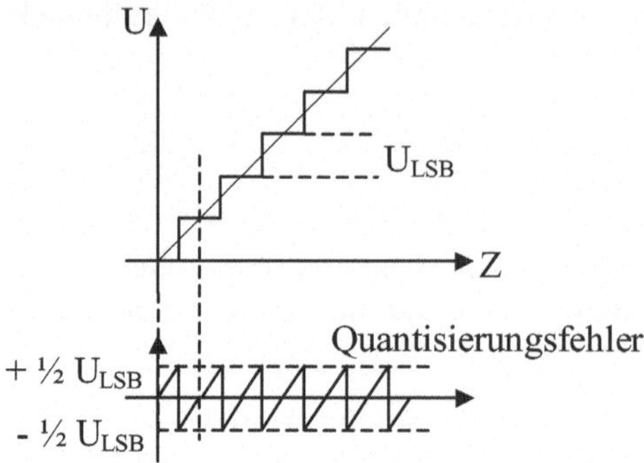

Abb. 4.26. Quantisierungsfehler bei der Analog/Digital-Wandlung

Dynamische Fehler

- *Amplitudenänderung des Eingangssignals über die Wandlungszeit*
  Besonders bei sukzessiver Approximation machen sich bereits geringe Änderungen des Eingangssignals bemerkbar, da das empfindlichste niederwertigste Bit zuletzt gewandelt wird. Ändert sich der Eingangswert während der Wandlungszeit um mehr als ½ U_{LSB}, so werden die niederwertigsten Bits unbrauchbar (Bsp: 12 Bit, 4V Eingangsbereich => ½ U_{LSB} = 0.5 mV). Zu beachten ist hierbei, dass bereits ein niederfrequentes Sinussignal im Bereich des Nulldurchgangs große Steigungen aufweist und dadurch die Genauigkeit der Wandlung ohne entsprechende Vorkehrungen erheblich reduziert wird. Abhilfe schafft auch hier wieder ein Abtast-/Halteglied, welches die Eingangsspannung während der Wandlung konstant hält. Ein solches Glied ist in der schematischen Darstellung des Wandlers in Abb. 4.24 bereits enthalten.

- *Takt-Jitter (Aperturfehler)*
  Die Analog/Digital-Wandlung wird sehr häufig zur periodischen Abtastung von analogen Signalverläufen eingesetzt. Der Abtastzeitpunkt wird hierbei von einem Takt bestimmt. Weist dieser Takt Schwankungen (*Jitter*) auf, so variiert der Abtastzeitpunkt. Durch diese Variationen entsteht eine Verfälschung des aufgenommenen Signalverlaufs. Die einzige Gegenmaßnahme besteht hier in einem möglichst genauen Abtasttakt.

4.3 Zeitgeberbasierte Einheiten

Da Mikrocontroller sehr häufig in Echtzeitanwendungen eingesetzt werden, sind Zeitgeber ein weiterer wichtiger Bestandteil. Sie bilden die Basis für eine ganze Reihe von Mikrocontroller-Komponenten, die sich mit dem Messen von Zeiten oder verwandten Größen wie Frequenzen befassen. Auch zeitbasierte Aktionen wie periodische Fehlerüberwachung etc. können ausgeführt werden. Betrachtet man die Zeit als eine Eingabegröße, so zählen zeitgeberbasierte Einheiten im weiteren Sinne ebenfalls zu den Ein-/Ausgabeeinheiten. Ihre Anbindung an den Prozessorkern erfolgt daher auf gleiche Weise. Die Aufgaben und die Funktionsweise der wichtigsten zeitgeberbasierten Einheiten werden im Folgenden beschrieben.

4.3.1 Zähler und Zeitgeber

Eine einfache Art der Zeitmessung ist das Auszählen eines periodischen Signals bekannter Frequenz, eines Taktes. Besitzt dieser Takt z.B. eine Frequenz von 100 Hz, so ist nach 100 Taktperioden genau eine Sekunde vergangen. Aus diesem Grund sind Zeitgeber (*Timer*) bei Mikrocontrollern meist eng mit Zählern (*Counter*) verknüpft, der Zähler bildet den Kern des Zeitgebers. Mit einer solchen kombinierten Zähler- und Zeitgebereinheit lassen sich folgende Grundaufgaben bewältigen:

- Das Zählen von Ereignissen
- Das Messen von Zeiten
- Die Funktion eines Weckers
- Das Erzeugen von Impulsfolgen

Abbildung 4.27 zeigt den Grundaufbau einer Zähler- und Zeitgebereinheit. Der Übersichtlichkeit halber wurde hier die Adressdecodierung zur Auswahl der einzelnen Register weggelassen, sie findet jedoch identisch zu den Ein-/Ausgabeeinheiten statt und integriert die Register in den Adressraum des Mikrocontrollers. Der Prozessorkern kann die einzelnen Register selektieren und Lesen oder Schreiben.

Wir wollen uns im Folgenden ganz auf die Zähler- und Zeitgeberfunktionalität konzentrieren. Kernbestandteil ist wie bereits gesagt ein **Zähler**, der oft sowohl aufwärts wie abwärts zählen kann (*Up-/Down Counter*). Die Breite dieses Zählers liegt bei Mikrocontrollern in der Regel zwischen 16 und 32 Bit. Ein **Startwertregister** ermöglicht es dem Prozessorkern, einen Startwert für den Zählvorgang festzulegen. Der Zähler kann dann bei Erreichen der 0 automatisch und ohne Zutun des Prozessorkerns wieder mit dem Startwert initialisiert werden. Dies ermöglicht periodische Zählvorgänge. Das Auslesen des aktuellen Zählerstandes durch den Prozessorkern erfolgt nicht direkt, sondern über ein **Zählerstandsregister**. Dies vermeidet dynamische Fehler, die beim Auslesen eines sich gerade ändernden Zählerstandes auftreten können.

Die **Steuerung** bestimmt die Arbeitsweise der Zähler- und Zeitgebereinheit. Sie legt fest, mit welchem Eingangssignal der Zähler arbeitet. Zur Wahl stehen hier das Zählen eines internen (aus dem Takt des Mikrocontrollers abgeleiteten) oder externen Taktes bzw. externer Ereignisse. Eine Flankenerkennung erlaubt das Zählen von steigenden oder fallenden Flanken des externen Zähleingangs. Ein Vorteiler ermöglicht weiterhin eine Verringerung der Frequenz an diesem Eingang im Verhältnis 1:n. Der Wert für n kann durch den Prozessorkern festgelegt werden. Dieser Vorteiler wird im Allgemeinen durch einen weiteren Zähler realisiert, der periodisch von n-1 bis 0 abwärts zählt und bei Erreichen der 0 einen Impuls weiterleitet.

Eine weitere Aufgabe der Steuerung besteht im Starten und Stoppen des Zählers durch ein externes Freigabesignal.

Bei Erreichen eines bestimmten Zählerstandes, üblicherweise der 0, kann die Steuerung schließlich eine Unterbrechung beim Prozessorkern auslösen oder den Wert des Ausgabesignals verändern. Diese Änderung kann in einem Pegelwechsel (1 → 0 bzw. 0 → 1) oder in der Erzeugung eines kurzen Impulses bestehen.

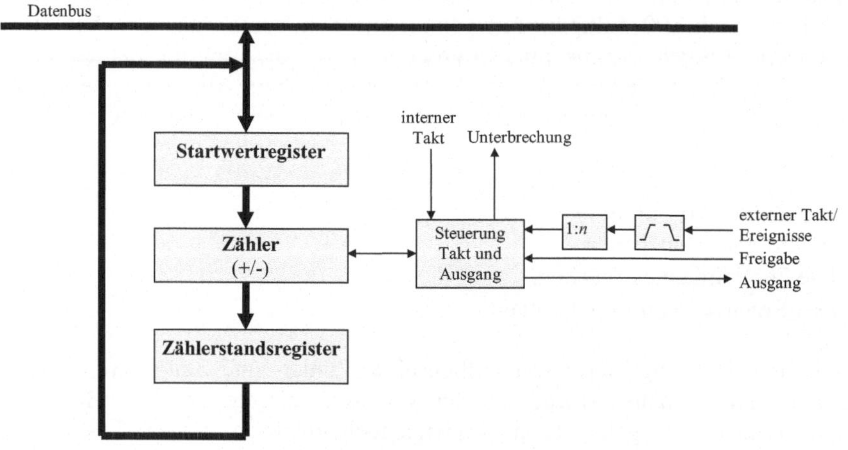

Abb. 4.27. Prinzipieller Aufbau einer Zähler-/Zeitgebereinheit

Wir wollen im Folgenden die verschiedenen Funktionsweisen dieser Einheit genauer betrachten:

- *Zählen von Ereignissen*
  Abbildung 4.28 demonstriert das Zählen von Ereignissen am externen Takteingang. In der gewählten Konfiguration erhöht jede steigende Taktflanke den Zählerstand um eins. Beispielsweise könnte es sich hierbei um das Zählen von Gegenständen handeln, die in einer Produktionsanlage eine Lichtschranke passieren. Der Prozessorkern könnte somit den Produktionsdurchfluss ermitteln oder nach einer vorgegebenen Anzahl von Gegenständen den Produktionsfluss ändern.

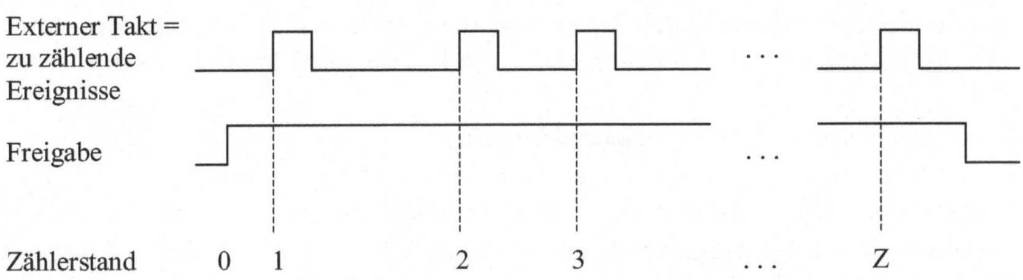

Abb. 4.28. Zählen externer Ereignisse

- *Messen von Zeiten*
  Das Grundprinzip der Zeitmessung wird in Abb. 4.29 am Beispiel des Messens einer Impulsdauer dargestellt. Das zu vermessende Signal wird an den Freigabeeingang der Zähler-/Zeitgebereinheit angeschlossen. Der Zähler arbeitet mit einem bekannten und möglichst genauen externen oder internen Takt. Der am Ende erreichte Zählerstand ist proportional zur Zeitdauer des Impulses. Diese Zeit errechnet sich zu

  $$T = Zählerstand \cdot Taktzykluszeit$$

  Aus Abb. 4.29 geht hervor, dass im schlimmsten Fall zu Beginn und am Ende der Zeitmessung ein Verschnitt von jeweils einer Taktperiode entstehen kann. Die Messungenauigkeit beträgt somit maximale zwei Taktperioden. Je höher die Taktfrequenz, desto höher ist daher die Genauigkeit der Messung.

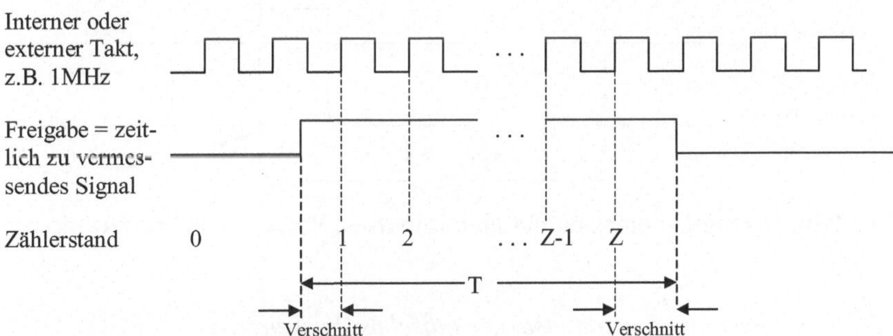

Abb. 4.29. Zeitmessung am Beispiel einer Impulsdauer

- *Erzeugen einmaliger Impulse, einmaliges Wecken*
  Das Erzeugen eines einmaligen Impulses am Ausgang kann durch Programmieren eines Startwertes und Abwärtszählen mit bekanntem internem oder externem Takt erreicht werden. Abbildung 4.30 gibt ein Beispiel. Je nach Konfiguration der Steuerung können verschiedene Impulsformen erzeugt werden. Variante (a) setzt den Ausgang gleichzeitig mit dem Laden des Startwertes Z. Dies geschieht zur ersten steigenden Taktflanke nach Freigabe. Mit der ersten

steigenden Taktflanke nach Erreichen des Zählerstandes 0 wird der Ausgang wieder zurückgesetzt. Hierdurch wird ein Impuls der Länge T erzeugt, mit

$$T = (\mathit{Startwert} + 1) \cdot \mathit{Taktzykluszeit}.$$

Variante (b) hält den Ausgang inaktiv, bis der Zählerstand 1 erreicht ist. Mit der nachfolgenden Taktflanke wird der Ausgang dann für einen Taktzyklus gesetzt. Dies erzeugt nach der Zeit T minus einen Taktzyklus einen Impuls der Dauer eines Taktzyklus. In Variante (c) erzeugt die Steuerung anstelle des Impulses am Ausgang eine Unterbrechung beim Prozessorkern. Diese Konfiguration arbeitet als Wecker, welche den Prozessorkern nach der Zeit T an eine zu erledigende Aufgabe, z.B. das Lesen eines Eingabekanals, erinnert.

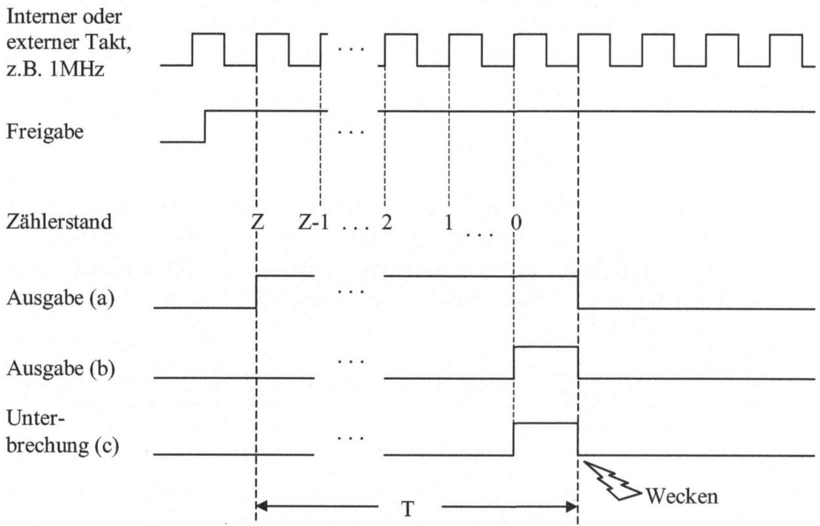

Abb. 4.30. Erzeugung eines einmaligen Impulses, Wecken des Prozessorkerns

- *Erzeugen periodischer Impulse, periodisches Wecken*
  Nutzt man die Fähigkeit zur automatischen Neuinitialisierung des Zählers durch das Startwertregister (der Startwert Z wird nach Erreichen des Zählerstandes 0 mit der nächsten steigenden Taktflanke automatisch wieder in den Zähler übernommen), so kann man die Impulserzeugung bzw. das Wecken periodisch mit der Periodendauer T durchführen (Abb. 4.31). Man erhält einen programmierbaren Taktgenerator oder einen zyklischen Wecker. Die zyklische Weckfunktion kann z.B. genutzt werden, um in gleichmäßigen Periodenabständen ein Analogsignal abzutasten und zu digitalisieren, vgl. vorigen Abschnitt.

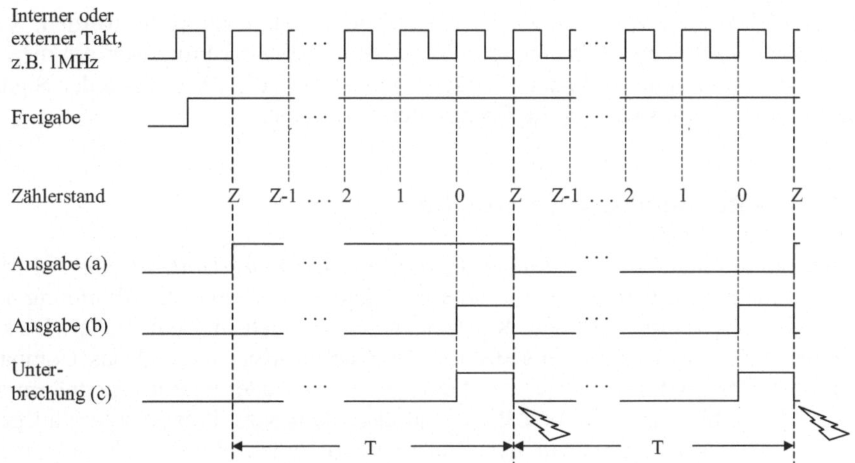

Abb. 4.31. Erzeugung periodischer Impulse, zyklisches Wecken des Prozessorkerns

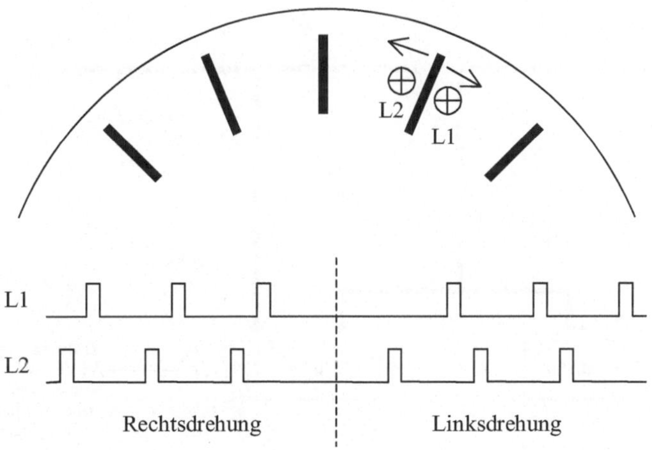

Abb. 4.32. Quadratur-Decodierung zur Drehrichtungsbestimmung

Enthält ein Mikrocontroller mehr als einen Zähler und Zeitgeber, so spricht man auch von **Zähler- und Zeitgeberkanälen**. Es gibt eine Reihe von Aufgaben, die mehrere Kanäle erfordern.

Ein Beispiel hierfür ist die **Quadratur-Decodierung**. Hierunter versteht man die Erkennung der Drehrichtung einer Achse mit Hilfe einer Codierscheibe und zweier Lichtschranken. Abbildung 4.32 illustriert das Prinzip. Die Lichtschranken sind so platziert, dass sich abhängig von der Drehrichtung eine unterschiedliche Phasenlage der Signale L1 und L2 ergibt, z.B.

Drehrichtung rechts:	L2 wird immer kurz vor L1 aktiv
Drehrichtung links:	L1 wird immer kurz vor L2 aktiv

L1 und L2 können von zwei Zähler-/Zeitgeberkanälen ausgewertet werden. Nach dem oben beschriebenen Prinzip der Zeitmessung kann der Prozessorkern die Zeit zwischen den Impulsen beider Eingänge messen und die Phasenlage der Signale bestimmen. Hieraus kann er die Drehrichtung ermitteln.

4.3.2 Capture-und-Compare-Einheit

Eine Capture-und-Compare-Einheit (*Capture & Compare Unit*) ist eine bei Mikrocontrollern weit verbreitete Variante der Zähler und Zeitgeber. Abbildung 4.33 zeigt den allgemeinen Aufbau. Kernbestandteil ist auch hier ein Zähler. Diesem Zähler sind zwei Register zugeordnet, das Capture-Register und das Compare-Register. Das Capture-Register fängt auf ein externes oder internes Signal hin den Stand des Zählers ein. Dieser Zählerstand kann dann vom Prozessorkern ausgelesen werden. Weiterhin kann der Prozessorkern einen Wert in das Compare-Register schreiben. Dieser Wert wird dann ständig mit dem Zählerstand verglichen. Bei Übereinstimmung erzeugt die zum Compare-Register gehörende Logik ein externes Signal oder eine Unterbrechung beim Prozessorkern.

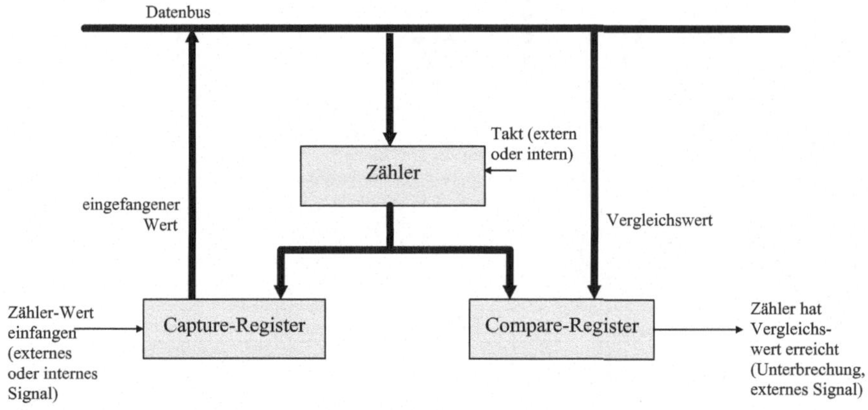

Abb. 4.33. Aufbau einer Capture-und-Compare-Einheit

Die Capture-und-Compare-Einheit ist sehr flexibel für ein weites Feld von Anwendungen einsetzbar. So kann der Compare-Teil z.B. zum Erkennen einer vorgegebenen Anzahl von Ereignissen, zum Erzeugen einmaliger oder periodischer Ausgangssignale oder als Wecker verwendet werden. In den letzen beiden Fällen arbeitet der Zähler mit konstantem Takt, bei Erreichen des im Compare-Register programmierten Zählerstandes (= verstrichene Zeit) wird ein Ausgangssignal oder eine Unterbrechung generiert. Der Capture-Teil eignet sich hervorragend zu Zeit- und Frequenzmessungen bei periodischen Signalen. Zum Messen von Zeiten arbeitet der Zähler mit einem Takt konstanter Frequenz F_{Takt}, das zu vermessende

Signal fängt den Zählerstand ein. Die Differenz zweier aufeinander folgend eingefangener Zählerstände Z_{n-1} und Z_n ist ein Maß für die vergangene Zeit:

$$T_{Signal} = |Z_n - Z_{n-1}| \,/\, F_{Takt}$$

Zum Messen von Frequenzen wird umgekehrt der Zähler mit dem zu vermessenden Signal getaktet und der Zählerstand durch einen Takt konstanter Frequenz F_{Takt} in regelmäßigen Abständen eingefangen. Aus der Differenz zweier aufeinander folgender Zählerstände lässt sich die Frequenz des zu vermessenden Signals ermitteln:

$$F_{Signal} = |Z_n - Z_{n-1}| \cdot F_{Takt}$$

Im folgenden Abschnitt findet sich ein Anwendungsbeispiel, in dem eine Drehzahl mittels des Capture-Teils gemessen wird.

Man sieht, dass für viele Anwendungen der Zähler kontinuierlich mit einem vorgegebenen Eingangstakt arbeitet und der Zählvorgang nicht durch den Prozessorkern beeinflusst wird. Die gestellte Aufgabe wird vielmehr durch geschicktes Benutzen des Capture- bzw. des Compare-Registers gelöst. Deshalb besitzen viele Capture-und-Compare-Einheiten auch nur einen sogenannten freilaufenden Zähler (*Free-Running Counter*), der ausschließlich diese Arbeitsweise unterstützt und vom Prozessorkern weder gestartet noch gestoppt oder geladen werden kann. Dies vereinfacht die Hardware. Als weitere, oft anzutreffende hardwarevereinfachende Maßnahme können sich mehrere Capture-und-Compare-Kanäle einen gemeinsamen Zähler teilen.

4.3.3 Pulsweitenmodulator

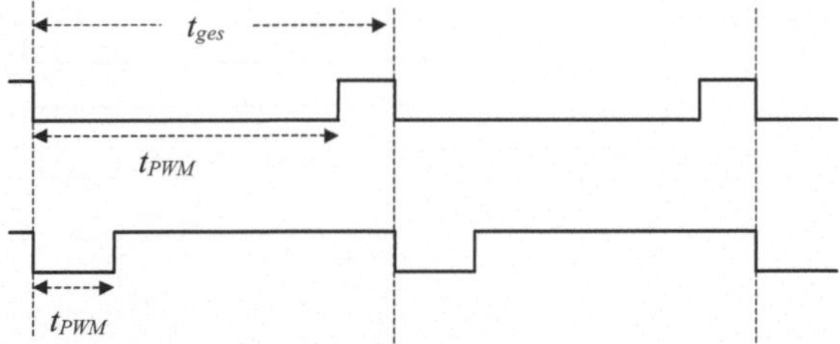

Abb. 4.34. Pulsweitenmodulation

Unter einer Pulsweitenmodulation versteht man die Erzeugung eines Signals mit konstanter Periode, aber variablem Tastverhältnis. Das Tastverhältnis beschreibt hierbei das zeitliche Verhältnis von 0-Anteil und 1-Anteil innerhalb einer Periode. Abbildung 4.34 gibt ein Beispiel. Beide Signale besitzen die gleiche Periode T_{ges}.

Der 0-Anteil T_{PWM} ist jedoch im ersten Signal deutlich länger als im zweiten Signal.

Prinzipiell kann ein Signal mit veränderlichem Tastverhältnis durch einen Zähler und Zeitgeber oder durch eine Capture-und-Compare-Einheit erzeugt werden. Da es sich hierbei jedoch um eine sehr spezielle Aufgabe mit begrenztem Anwendungsbereich handelt, findet man in Mikrocontrollern oft auch speziell nur auf Pulsweitenmodulation ausgelegte Hardware. Abbildung 4.35 zeigt Aufbau und Funktionsweise eines solchen Pulsweitenmodulators.

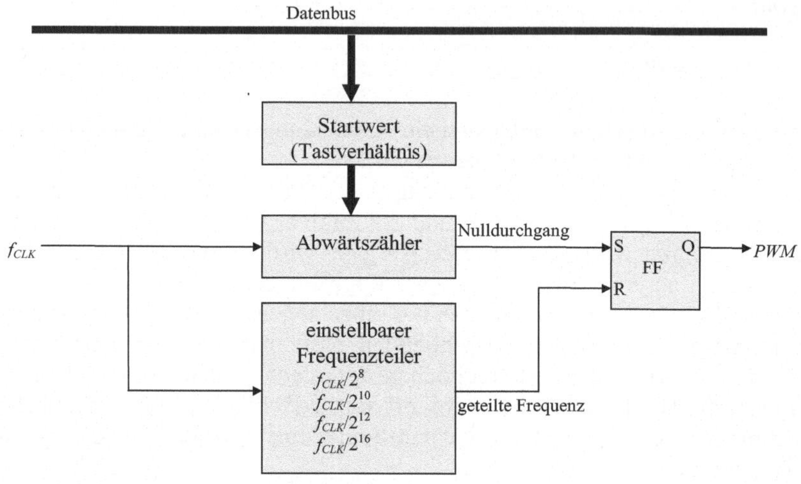

z.B. mit f_{CLK} / 2^8:

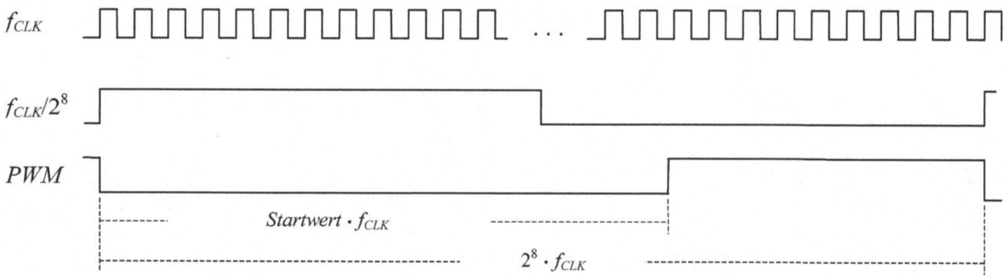

Abb. 4.35. Ein Pulsweitenmodulator

Die Periode wird durch einen einstellbaren Frequenzteiler bestimmt. Dieser setzt das Ausgangs-Flipflop immer nach 2^n (im obigen Beispiel 2^8) Taktzyklen zurück und sorgt somit für die konstante Periodendauer $2^n \cdot f_{CLK}$. Das Tastverhältnis wird durch den Startwert eines Abwärtszählers gegeben. Dieser Abwärtszähler setzt das Ausgangs-Flipflop nach *Startwert* Taktzyklen und legt hiermit den Zeitpunkt des Pegelwechsels innerhalb einer Periode zu *Startwert* · f_{CLK} fest.

Eine Anwendung der Pulsweitenmodulation ist z.B. das Ansteuern von Gleichstrommotoren. Durch Variation des Tastverhältnisses kann die Leistung eines solchen Motors stufenlos von 0 bis 100 Prozent verändert werden. Betrachten wir noch einmal Abb. 4.34, so entspricht der obere Signalverlauf einer niedrigeren Motorleistung als der untere Signalverlauf, da im oberen Signalverlauf der 0-Anteil t_{PWM} höher ist. Näherungsweise kann man die Motorleistung bei Pulsweitenmodulation angeben zu:

$$P_{Motor} = ((t_{ges} - t_{PWM}) / t_{ges}) \cdot P_{max}$$

P_{max} steht hierbei für die maximale Motorleistung bei konstanter Spannung.

Abbildung 4.36 zeigt ein Anwendungsbeispiel, das den Capture-Teil einer Capture-und-Compare-Einheit sowie einen Pulsweitenmodulator zu einer Drehzahlregelung mit einem Mikrocontroller kombiniert. Wie bereits in Abschn. 3.2.1 beschrieben, erfordert die Regelung einen geschlossenen Kreis. Die zu regelnde Größe, in unserem Fall die Motordrehzahl, muss zunächst erfasst werden. Dies übernimmt eine auf der Motorachse angebrachte Codierscheibe in Verbindung mit einer Lichtschranke und der Capture-Einheit. Über ein Loch in der Codierscheibe liefert die Lichtschranke einen Impuls pro Umdrehung des Motors. Diese Drehzahlimpulse bilden den Takt für den Zähler der Capture-Einheit. Ein fester Referenztakt fängt den Zählerstand in regelmäßigen Abständen ein. Wie im vorigen Abschnitt beschrieben kann aus der Differenz zweier aufeinander folgend eingefangener Zählerstände die Frequenz der Drehzahlimpulse und damit die Drehzahl selbst bestimmt werden (bei einem Impuls pro Umdrehung sind Drehzahl und Frequenz identisch).

Der nächste Schritt im Regelkreis ist die eigentliche Regelung. Hier muss die gemessene Drehzahl mit einer vorgegebenen Solldrehzahl verglichen werden. Dies ist Aufgabe des Regelalgorithmus, der im Speicher des Mikrocontrollers abgelegt ist und vom Prozessorkern ausgeführt wird. Aus der Abweichung ermittelt der Regelalgorithmus (vgl. hierzu auch Abschn. 3.2.1) die nötige Änderung der Motorleistung, um die Solldrehzahl zu erreichen. Die Beeinflussung der Motorleistung geschieht wie oben beschrieben durch Pulsweitenmodulation. Das pulsweitenmodulierte Signal steuert über einen zur elektrischen Anpassung notwendigen Verstärker den Gleichstrommotor, der daraufhin seine Drehzahl ändert (ein Mikrocontroller kann i.A. nicht so hohe Ströme liefern, um einen Motor direkt anzusteuern). Somit schließt sich der Regelkreis.

Abbildung 4.37 zeigt eine weitere Anwendungsmöglichkeit der Pulsweitenmodulation. Besitzt der ausgewählte Mikrocontroller keinen Digital/Analog-Wandler (diese Wandlungsrichtung ist seltener), so kann durch Pulsweitenmodulation mit einfacher Zusatzbeschaltung ein primitiver Digital/Analog-Wandler realisiert werden. Hierzu muss man lediglich das pulsweitenmodulierte Signal aufintegrieren, z.B. mit einem einfachen RC-Glied. Ist die Zeitkonstante τ dieses Gliedes nur groß genug, so entsteht durch die Integration eine dem Tastverhältnis näherungsweise proportionale Ausgangsspannung. Diese Spannung weist zwar eine Restwelligkeit mit der Periode der Pulsweitenmodulation auf, für wenig anspruchsvolle Anwendung kann dies jedoch tolerierbar sein.

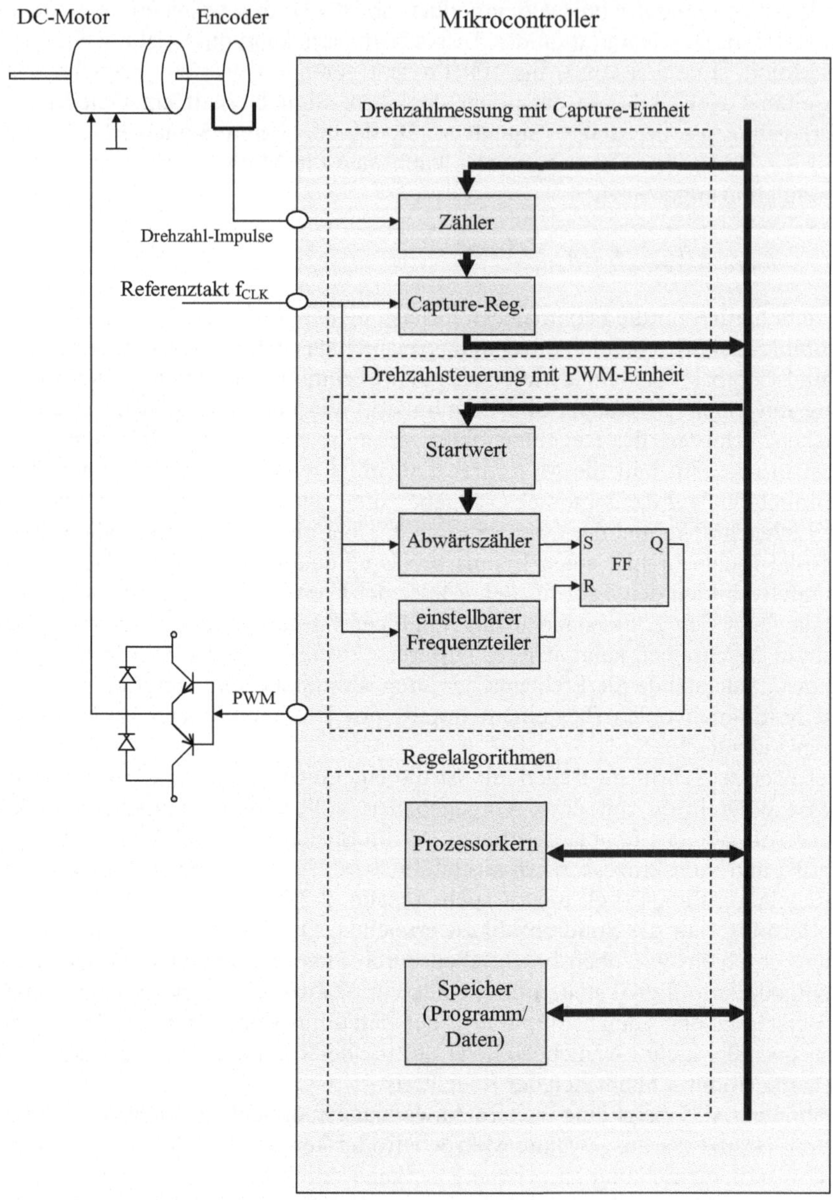

Abb. 4.36. Drehzahlregelung durch einen Mikrocontroller

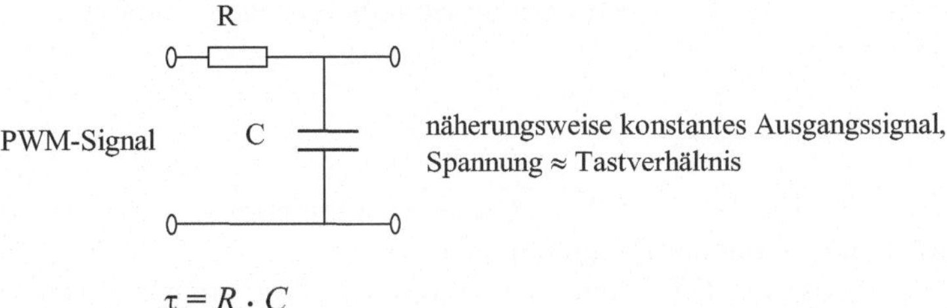

Abb. 4.37. Integration eines pulsweitenmodulierten Signals durch ein RC-Glied

4.3.4 Watchdog-Einheit

Eine Watchdog-Einheit hat die Aufgabe, das korrekte Funktionieren des Mikrocontrollers zu überwachen. Deshalb trägt diese Einheit manchmal auch den Name *COP* (*Computer Operates Properly*). Der Prozessorkern muss in regelmäßigen Abständen „Lebenszeichen" an die Watchdog-Einheit schicken. Empfängt die Watchdog-Einheit eine definierte Zeit lang kein Lebenszeichen, so geht sie von einer Fehlfunktion im Programmablauf aus und setzt den Prozessorkern in einen Grundzustand zurück. Von diesem Grundzustand aus wird der Programmablauf neu gestartet und somit die Fehlfunktion (hoffentlich) beseitigt.

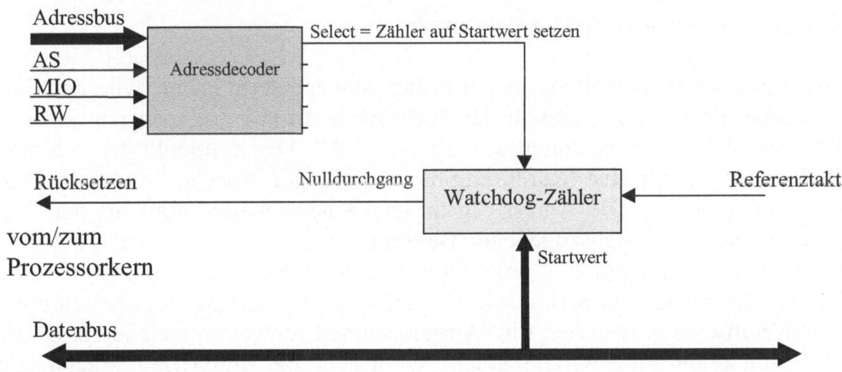

Abb. 4.38. Eine Watchdog-Einheit

Abbildung 4.38 zeigt die Grundstruktur einer Watchdog-Einheit. Im Kern besteht sie ebenfalls aus einem Zähler. Dieser wird mit einem Startwert geladen und beginnt dann mit vorgegebenem Referenztakt abwärts zu zählen. Ein Adressdecoder decodiert eine Adresse aus dem Adressraum des Prozessorkerns. Ein Zugriff auf diese Adresse setzt den Zähler erneut auf den Startwert. Durch Zugriffe in regelmäßigen Abständen kann der Prozessorkern somit verhindern, dass der Zählerstand 0 erreicht wird. Dies sind die „Lebenszeichen", die der Watchdog-Einheit ein einwandfreies Funktionieren des Programmablaufs anzeigen. Bleiben die Zugriffe jedoch länger als

$$T = Startwert \cdot Zykluszeit_{Referenztakt}$$

aus, so nimmt der Zähler den Wert 0 an. Dieser „Nulldurchgang“ setzt den Prozessorkern zurück und startet den Programmablauf neu.

Die Wahl der Auslösezeit T hängt vom jeweiligen Programm ab. Der Programmentwickler muss entsprechende Zugriffe an Stellen in sein Programm einbauen, die während des Programmablaufs periodisch aufgesucht werden. Danach muss er die längstmögliche Periodendauer zwischen zwei Zugriffen ermitteln. Je nach Art des Programms kann dies eine schwierige Aufgabe sein, da alle möglichen Unterbrechungen, Programmverzweigungen oder andere Verzögerungen berücksichtigt werden müssen. Die ermittelte längstmögliche Periodendauer plus eine gewisse Reservezeit bilden dann die Auslösezeit der Watchdog-Einheit. Bei bekannter Zykluszeit des Referenztaktes kann damit nach obiger Gleichung der Startwert für den Watchdog-Zähler festgelegt werden.

Einfache Watchdog-Einheiten können auch mit einem festen Startwert arbeiten, die Auslösezeit T wird durch Variation der Zykluszeit des Referenztakts angepasst. Hier stehen meist in Zweierpotenzen gestaffelte Zykluszeiten zur Verfügung. In diesem Fall kann nach obiger Gleichung eine Zykluszeit ausgewählt werden, die eine hinreichend lange Auslösezeit gewährleistet.

4.3.5 Echtzeit-Ein-/Ausgabeeinheiten

Bei den Ein-/Ausgabeeinheiten, die wir bisher kennengelernt haben, wird das Ein- und Ausgabezeitverhalten nur von der Software bestimmt. Nehmen wir als Beispiel die parallele Ausgabeeinheit aus Abschn. 4.2.2. Der Zeitpunkt der Ausgabe ist durch den Zeitpunkt der Ausführung des zugehörigen Ausgabebefehls im Programmablauf gegeben. Die Adresse in diesem Ausgabebefehl aktiviert den Adressdecoder und gibt das auszugebende Datum frei.

In vielen Anwendungen, z.B. im Audio- und Videobereich, ist eine Aus- oder Eingabe in gleichmäßigen, periodischen Abständen erforderlich. Dies ist mit einer rein durch Software gesteuerten Ein-/Ausgabeeinheit schwer zu realisieren. Durch Unregelmäßigkeiten im Programmablauf, verursacht z.B. durch Unterbrechungen oder bedingte Sprünge, kann sich der Ein-/Ausgabezeitpunkt von Periode zu Periode leicht verschieben. Man spricht von **Software-Jitter**. Eine solche jitterbehaftete Ausgabe ist in Abb. 4.40a zu sehen.

Durch Kombination eines Zeitgebers mit einer Ein-/Ausgabeeinheit lässt sich dieser Jitter beseitigen. Eine solche Kombination nennt man eine **Echtzeit-Ein-/Ausgabeeinheit** *(Real-Time Port)*. Abbildung 4.39 gibt ein Beispiel für eine Echtzeit-Ausgabeeinheit (die Bussteuersignale RD, AS, MIO etc. wurden der Übersichtlichkeit halber weggelassen). Wesentliches Merkmal dieser Einheit ist ein zusätzliches Pufferregister, das von einem Zeitgeber gesteuert wird. In einem ersten Schritt wird ein auszugebender Wert in das Ausgaberegister übernommen.

Dies geschieht wie bei einer normalen Ausgabeeinheit durch Decodierung der Ausgabeadresse. Der Zeitpunkt der Datenübernahme ins Ausgaberegister ist somit rein von der Software gesteuert und kann jitterbehaftet sein. In einem zweiten Schritt wird dieser Wert nun in das zusätzliche Pufferregister übernommen. Der Zeitpunkt dieser Datenübernahme wird von einem programmierbaren Zeitgeber (z.B. der Zeitgeber aus Abschn. 4.3.1) gesteuert und ist somit nicht mehr von der Software abhängig. Abbildung 4.40 gibt den zeitlichen Ablauf wieder. Ist die Periode der Zeitgeberimpulse richtig gewählt und beträgt die vom Software-Jitter verursachte Abweichung nicht mehr als eine halbe Periode, so ist das resultierende Ausgabesignal (4.40b) völlig jitterfrei.

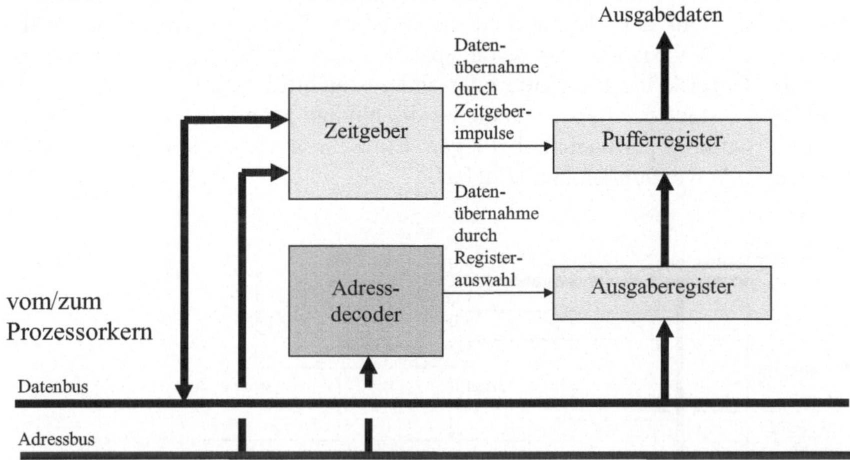

Abb. 4.39. Aufbau einer Echtzeit-Ausgabeeinheit

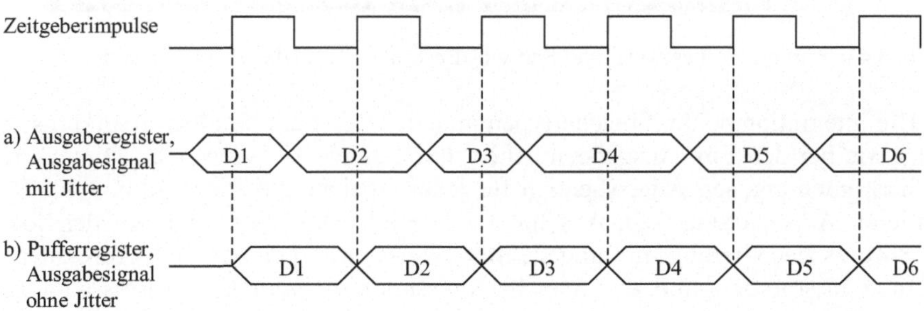

Abb. 4.40. Funktionsweise der Echtzeit-Ausgabeeinheit

4.4 Speicher

Um die Anzahl externer Komponenten zu minimieren, enthalten viele Mikrocontroller eine begrenzte Menge Speicher. Wie in Abb. 4.41 dargestellt, ist hierbei zwischen dem nichtflüchtigen Festwertspeicher und dem flüchtigen Schreib-/Lesespeicher zu unterscheiden. Der Festwertspeicher bewahrt seine Informationen über das Abschalten der Versorgungsspannung hinaus, sein Inhalt kann jedoch nicht oder nur sehr langsam verändert werden. Er wird deshalb vorzugsweise als Programmspeicher verwendet. Der Schreib-/Lesespeicher verliert seine Informationen beim Abschalten der Versorgungsspannung, sein Inhalt kann aber in vollem Umfang mit hoher Geschwindigkeit verändert werden. Er dient deshalb als Datenspeicher. Um dem Einsatzfeld eingebetteter Systeme gerecht zu werden, enthalten viele Mikrocontroller beide Speicherarten. Da bei eingebetteten Systemen in der Regel keine Festplatte oder anderer nichtflüchtiger externer Speicher vorhanden ist, stellt der Festwertspeicher die einzige Möglichkeit dar, das auszuführende Programm permanent abzulegen. Ein Schreib-/Lesespeicher ist in jedem Fall für reale Anwendungen unabdingbar.

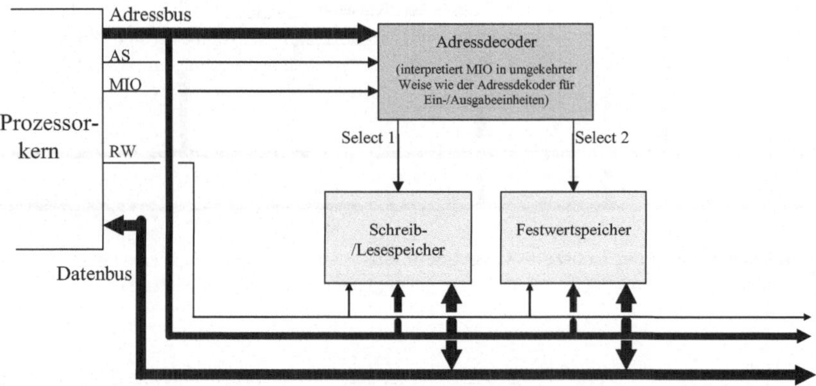

Abb. 4.41. Anbindung Festwert- und Schreib-/Lesespeicher an den Prozessorkern

Die Integration beider Speichertypen in den Adressraum des Prozessorkerns erfolgt wie bei den Ein-/Ausgabeeinheiten durch einen Adressdecoder. Dieser decodiert einen eigenen Adressbereich für jeden Speichertyp, siehe Abb. 4.42. Bei isolierter Adressierung (vgl. Abschn. 4.2.1) wird das MIO-Signal von der Speicher-Adressdecodierung in umgekehrter Weise wie bei der E/A-Adressdecodierung interpretiert und der Speicheradressraum so vom E/A-Adressraum getrennt. Bei gemeinsamer Adressierung existiert dieses Signal nicht, Festwertspeicher, Schreib-/Lesespeicher und Ein-/Ausgabeeinheiten teilen sich einen Adressraum.

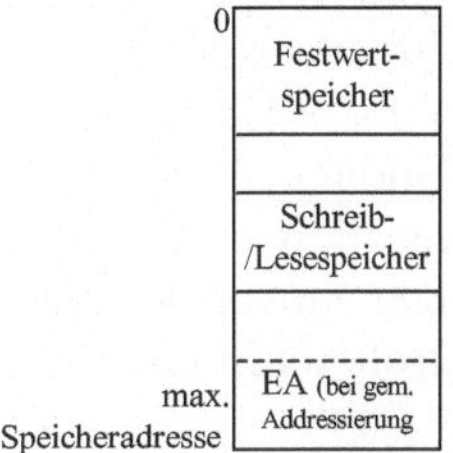

Abb. 4.42. Festwert- und Schreib-/Lesespeicher im Adressraum des Mikrocontrollers

Von ihrer Anordnung im Adressraum her gesehen erscheinen beide Speichertypen als eine lineare, fortlaufende Liste von Bytes. Für den internen Aufbau wählt man jedoch eine andere Organisationsform. Nehmen wir einen Festwert- oder Schreib-/Lesespeicher der Größe 2^m. Um jede Speicherzelle innerhalb des Speichers ansprechen zu können, benötigen wir m Bit von der Gesamtadressbreite n des Prozessorkerns. Der Adressdecoder aus Abb. 4.4.1 wird also die Adressbits m bis n-1 decodieren, um den Speicher auszuwählen. Die Adressbits 0 bis m-1 dienen dann innerhalb des Speichers zur Auswahl der einzelnen Speicherzellen selbst. Hierzu benötigt der Speicher einen weiteren internen Adressdecoder. Abbildung 4.43 zeigt eine Ausschnittsvergrößerung von Abb. 4.41 mit diesem internen Adressdecoder. Das Select-Signal des äußeren Adressdecoders gibt den internen Adressdecoder frei, der daraufhin die gewünschte Speicherzelle aktiviert. Wären die Speicherzellen intern ebenfalls als lineare Liste organisiert, so wären 2^m Auswahlleitungen vom internen Adressdecoder zu den Speicherzellen nötig.

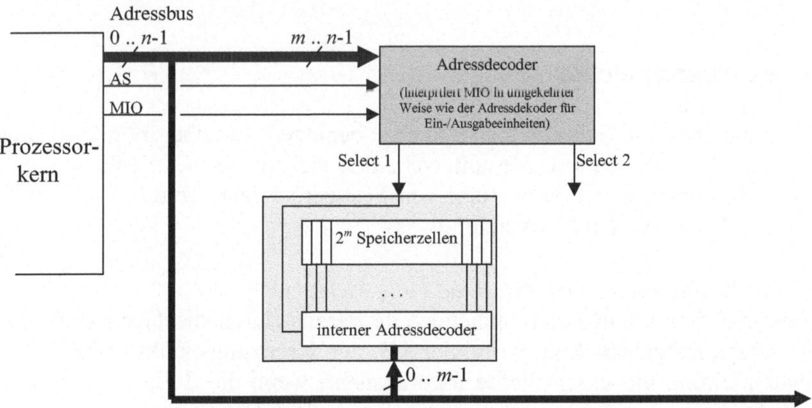

Abb. 4.43. Interner Adressdecoder zur Auswahl einer Speicherzelle

Diese Anzahl Leitungen lässt sich reduzieren, wenn man für die Organisation der Speicherzellen die Form einer Matrix wählt. Der interne Adressdecoder zerfällt dann in einen Zeilenadressdecoder und einen Spaltenadressdecoder. Der Zeilenadressdecoder aktiviert eine Zeile der Speichermatrix, der Spaltenadressdecoder wählt hieraus ein oder mehrere Speicherelemente aus. Besonders günstig ist eine quadratische Matrix, wie dies in Abb. 4.44 dargestellt ist. Da sich die m Bit Speicheradresse in diesem Fall in $m/2$ Bit Zeilenadresse und $m/2$ Bit Spaltenadresse aufteilen, werden insgesamt nur $2 \cdot 2^{m/2} = 2^{m/2+1}$ Verbindungen zwischen Adressdecodern und Speichermatrix benötigt. Diese Organisation ermöglicht eine platzsparende Realisierung des Speichers. Hierdurch können entweder mehr Speicher oder mehr andere Komponenten auf dem Mikrocontrollerchip untergebracht werden.

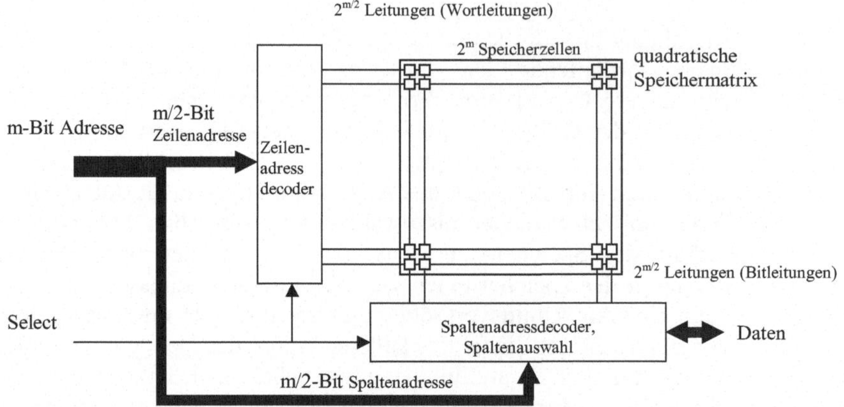

Abb. 4.44. Quadratische Speicherorganisation mit internem Zeilen-/Spaltenadressdecoder

4.4.1 Festwertspeicher

Festwertspeicher und Schreib-/Lesespeicher benutzen dieselbe, möglichst quadratische Speicherorganisation. Sie unterscheiden sich im Wesentlichen im Aufbau der Speicherzellen. Zur Realisierung von Festwertspeicher finden folgende Speicherzellen-Technologien Verwendung:

- *Maskenprogrammiert (ROM, Read Only Memory)*
  Hier wird der Inhalt einer Speicherzelle bereits durch die Herstellungsmaske des Chips festgelegt. Man verbindet z.B. den Kreuzungspunkt der Zeilen- und Spaltenleitung mit einem Feldeffekttransistor, wenn die Zelle eine 1 enthalten soll. Im Fall einer 0 bleibt die Verbindung offen. Die Programmierung dieser Art von Festwertspeicher erfolgt also bereits bei der Herstellung des Mikrocontrollers und kann später nicht mehr verändert werden. Dafür ist der Speicher sehr einfach und kompakt zu realisieren, sehr schnell und sehr zuverlässig. Er eignet sich daher für Mikrocontroller, die in einem Großserienprodukt eingesetzt werden.

- *Benutzerprogrammiert (PROM, Programmable Read Only Memory)*
Bei dieser Technik kann der Benutzer den Zelleninhalt einmal programmieren, diesen Wert aber nicht mehr verändern. Der Aufbau einer Speicherzelle ähnelt der maskenprogrammierten Zelle. Beim PROM werden aber alle Kreuzungspunkte zunächst mit einem Feldeffekttransistor verbunden, d.h. alle Speicherzellen besitzen den Wert 1. Der Benutzer kann dann beim Programmieren durch Anlegen einer Überspannung gezielt einzelne dieser Transistoren zerstören und somit eine 0 in die jeweilige Zelle programmieren. Eine einmal programmierte 0 ist nicht mehr reversibel. Der Realisierungsaufwand ist durch die Programmierlogik höher als beim ROM, dafür kann der PROM-Speicher im Mikrocontroller mittels eines Programmiergerätes geschrieben werden. Eine teure anwendungsspezifische Herstellungsmaske wie beim ROM entfällt. Zudem müssen Programme nicht außer Haus zum Mikrocontroller-Hersteller gegeben werden. Dieser Speicher eignet sich daher besonders für Mikrocontroller in Kleinserienanwendungen.

- *UV-löschbar (EPROM, Erasable Programmable Read Only Memory)*
Hier kann der Benutzer den Festwertspeicher wie beim PROM mittels eines Programmiergerätes schreiben. Im Unterschied zum PROM kann beim EPROM der ganze Speicherinhalt durch ultraviolettes Licht wieder gelöscht werden. Diese Art von Festwertspeicher ist also mehrfach programmierbar. Auch hier wird eine Speicherzelle durch einen Feldeffekttransistor realisiert, der Zeilen- und Spaltenleitung miteinander verbindet. Es handelt sich jedoch um einen speziellen Transistor, den FAMOS-Transistor (*Floating Gate Avalanche Metal Oxid Semiconductor)*. Er besitzt ein zusätzliches Gate, welches vom normalen Gate und allen anderen Transistoranschlüssen isoliert ist. Dieses zusätzliche Gate wird *Floating Gate* genannt. Im Grundzustand ist das Floating Gate ungeladen und behindert so die Funktion des normalen Gates nicht. Der Transistor stellt eine Verbindung zwischen Zeilen- und Spaltenleitung her, die Zelle enthält eine 1. Durch Anlegen einer hohen Programmierspannung kann nun eine Ladung auf das Floating Gate aufgebracht werden. Da das Floating Gate isoliert ist, bleibt diese Ladung nach Abschalten der Programmierspannung noch sehr lange erhalten (> 10 Jahre). Diese Ladung blockiert die Funktion des normalen Gates, die Verbindung zwischen Zeilen- und Spaltenleitung ist unterbrochen, die Speicherzelle enthält jetzt eine 0. Durch Bestrahlung mit ultraviolettem Licht können energiereiche Photonen die Ladung jedoch wieder beseitigen, der Grundzustand der Zelle ist wieder hergestellt. Im Vergleich zu ROM und PROM ist ein EPROM-Speicher allerdings langsamer. Zusätzlich muss der Mikrocontroller mit einem teuren Quarzglasfenster ausgestattet werden, das den Einfall von ultraviolettem Licht auf den Chip ermöglicht. Diese Art des Festwertspeichers ist deshalb besonders für Prototypenentwicklung, aber auch kleine Stückzahlen geeignet. Speziell für solche Kleinstückzahlen existieren EPROM-Varianten ohne Fenster. Diese Varianten können natürlich nur einmal programmiert werden, daher ihr Name OTROM (*One Time Programmable ROM*). Bei gleicher Speichertechnologie wird das Gehäuse des Mikrocontrollers aber preiswerter.

- *Elektrisch löschbar (FlashRAM, EEPROM, Electrically Erasable Programmable Read Only Memory)*
  Durch eine weitere Veränderung des Speicherzellen-Transistors lässt sich der Löschvorgang auch elektrisch durch Anlegen einer Löschspannung vornehmen. Hierzu wird die Form des Floating Gates verändert, so dass es an einer Stelle dem Drain-Bereich sehr nahe kommt (*Floating Gate Tunnel Oxid Transistor* FLOTOX, *EPROM Tunnel Oxid Transistor* ETOX). Durch den quantenphysikalischen Tunneleffekt kann nun auf das Floating Gate aufgebrachte Ladung elektrisch wieder „abgesaugt" werden. Dieser Vorgang ist allerdings nicht beliebig oft wiederholbar, da bei jedem Absaugen einige Ladungsträger auf dem Floating Gate zurückbleiben. Die Lebensdauer heutiger EEPROM- oder FlashRAM Speicherzellen beträgt einige zehntausend Programmierzyklen. Der Unterschied zwischen FlashRAM und EEPROM besteht in der Löschlogik. Während das FlashRAM mit einer einfachen Löschlogik ausgestattet ist und sich nur als Ganzes oder zumindest in größeren Blöcken löschen lässt, können bei einem EEPROM einzelne Zellen individuell gelöscht werden. EEPROM-Speicher finden deshalb bei Mikrocontrollern im Wesentlichen zur Speicherung einzelner Konfigurationsdaten Verwendung. Mikrocontroller mit FlashRAM-Speicher sind besonders für Anwendungen geeignet, bei denen die Software im Laufe ihrer Lebensdauer aktualisiert werden soll. Durch eine kleine Zusatzbeschaltung kann das FlashRAM des Mikrocontrollers in der Zielhardware selbst gelöscht und neu programmiert werden. Dies ermöglicht es, ohne den Wechsel von Bauteilen neue Software-Versionen einfach herunterzuladen. Jede heutige ISDN-Telefonanlage ist z.B. mit dieser Technik ausgestattet.

Die Mitglieder einer Mikrocontrollerfamilie unterscheiden sich oft gerade in der verwendeten Festwertspeichertechnologie. So ist für jede Anwendung ein Mitglied der Familie verfügbar (Großserie → ROM, Kleinserie → PROM etc.)

Alle Festwertspeichertechnologien weisen durch ihre Nichtflüchtigkeit natürlich die gemeinsame Eigenschaft auf, im Ruhebetrieb einfach abgeschaltet werden zu können. Dies ermöglicht es dem Mikrocontroller, diesen Speicher von der Spannungsversorgung zu trennen und so Strom einzusparen.

4.4.2 Schreib-/Lesespeicher

Zur Realisierung von Schreib-/Lesespeichern kann man zwei Klassen von Speicherzellen unterscheiden:

- *Statische Speicherzellen*
  Hier wird die Speicherzelle durch ein Flipflop realisiert. Dies ist eine elektronische Schaltung, die zwei stabile Zustände annehmen kann. Ein Zustand bleibt erhalten, solange die Spannungsversorgung vorhanden ist und die Schaltung nicht durch ein explizites Signal in den anderen Zustand versetzt wird. Hierdurch eignet sich diese Schaltung hervorragend zur Speicherung einer 1 oder einer 0. Eine statische Speicherzelle wird heute meist in CMOS-Technologie

mit Hilfe von 6 Feldeffekttransistoren realisiert. 4 Transistoren bilden das eigentliche Flipflop, während 2 Transistoren zur Ankopplung an die Zeilen- und Spaltenleitungen benötigt werden. Man sieht, dass statische Schreib-/Lesespeicherzellen deutlich aufwändiger sind als Festwertspeicherzellen. Außerdem wird zur Aufrechterhaltung der Information ständig Energie benötigt. Dafür können statische Schreib-/Lesespeicherzellen mit sehr hoher Geschwindigkeit geschrieben und gelesen werden.

- *Dynamische Speicherzellen*
  Diese Form der Speicherzelle speichert Information durch Ladung in einem Kondensator. Ein geladener Kondensator entspricht hierbei z.B. einer 1, ein ungeladener Kondensator einer 0. Die Speicherzelle wird dadurch viel einfacher als eine statische Speicherzelle, sie besteht aus dem Speicherkondensator selbst sowie einem Transistor zur Ankopplung. Durch Isolation des Drain-Anschlusses kann dabei der Kondensator als interner Bestandteil des Transistors realisiert werden. Man erreicht hierdurch ähnliche Speicherdichten wie für Festwertspeicher. Es gibt jedoch auch eine Reihe von Nachteilen gegenüber statischen Speicherzellen: Durch das Auslesen wird die im Kondensator gespeicherte Information zerstört, der Kondensator entladen. Man muss daher nach jedem Auslesen diese Information wieder auf den Kondensator zurückbringen. Dies verlangsamt den Zugriff. Insbesondere kann eine Speicherzelle nach einem Zugriff nicht sofort erneut gelesen werden, es ist eine Regenerationszeit abzuwarten. Weiterhin verliert der Speicherkondensator seine Information auch ohne Auslesen nach einigen Millisekunden durch Selbstentladung. Deshalb müssen alle Speicherzellen einer periodischen Wiederauffrischung (*Refresh*) unterzogen werden. Dies macht eine aufwändige Steuerlogik erforderlich und verlangsamt den Zugriff weiter.

Aufgrund dieser Eigenschaften werden z.B. zur Realisierung großer Arbeitsspeicher (Mega- bis Gigabytes) im PC-Bereich ausschließlich dynamische Schreib-/Lesespeicher verwendet. Statische Speicher wären zu teuer, würden zu viel Fläche und zuviel Energie benötigen. Die Anwendung statischer Speicher im PC-Bereich beschränkt sich auf die Realisierung schneller Cache-Speicher.

Zur Integration in einen Mikrocontroller finden im Wesentlichen nur statische Schreib-/Lesespeicher Verwendung. Die in Mikrocontrollern anzutreffenden Speichergrößen von wenigen Bytes bis hin zu einigen hundert KBytes lassen sich problemlos mit statischen Speicherzellen realisieren. Der resultierende Speicher ist schneller und die Steuerung durch Wegfall des periodischen Auffrischens einfacher.

Weiterhin bieten einige Mikrocontroller die Möglichkeit, den Schreib-/Lesespeicher mittels einer Batterie zu puffern, d.h., die gespeicherten Informationen auch über das Abschalten der Spannungsversorgung hinaus durch Energie aus der Batterie zu bewahren. Eine solche Batteriepufferung ist unter vernünftigem Aufwand nur mit statischen Speicherzellen möglich, bei dynamischen Speicherzellen müsste auch die ganze Auffrischlogik in Betrieb gehalten werden.

Auch kann man mit statischen Speicherzellen besser einen Ruhebetrieb realisieren. Ein einfaches Abschalten der Spannungsversorgung wie bei Festwertspeicherzellen ist hier ja nicht möglich. Man kann jedoch die Versorgungsspannung einer statischen Speicherzelle soweit reduzieren, dass die Zelle zwar nicht mehr arbeitsfähig ist, aber gerade noch ihre Information behält (z.B. von 5 Volt Arbeitsspannung auf 2 Volt Ruhespannung). So lässt sich ein Großteil Energie einsparen.

4.5 Unterbrechungssteuerung

Die Verarbeitung von Unterbrechungen (*Interrupts*) ist gerade in dem häufig durch Mikrocontroller abgedeckten Bereich der Echtzeitanwendungen sehr wichtig, da mittels Unterbrechungen schnell und flexibel auf Ereignisse reagiert werden kann. Abbildung 4.45 stellt den grundlegenden Ablauf einer Unterbrechung dar. Eine Unterbrechungsanforderung unterbricht das gerade laufende Programm. Der Prozessorkern speichert hierauf seinen gegenwärtigen Zustand (die Inhalte seiner Register) im Arbeitsspeicher und verzweigt zu einem Unterbrechungsbehandlungs-Programm (*Interrupt Service Routine*). Nach dem Ende der Unterbrechungsbehandlung wird der gespeicherte Zustand wiederhergestellt, der Prozessorkern setzt die Verarbeitung des unterbrochenen Programms an alter Stelle fort.

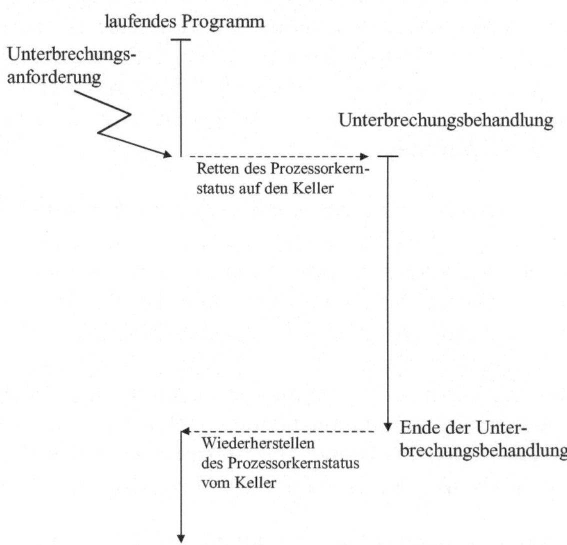

Abb. 4.45. Ablauf einer Unterbrechung

Eine Unterbrechung ähnelt somit einem Unterprogrammaufruf. Es gibt jedoch eine Reihe wesentlicher Unterschiede:

- Ein Unterprogrammaufruf wird vom Programm ausgelöst, eine Unterbrechung hingegen durch ein Ereignis gestartet.
- Da Unterbrechungen im Gegensatz zu Unterprogrammaufrufen völlig asynchron zum normalen Programmablauf auftreten können, ist ein umfangreicheres Sichern des Prozessorkernstatus erforderlich. In der Regel wird neben dem Befehlszähler auch das Prozessorstatusregister automatisch auf den Keller gesichert.
- Die Startadresse eines Unterprogramms ist Bestandteil des Unterprogrammaufrufs selbst. Die Startadresse einer Unterbrechungsbehandlung muss der Prozessorkern aus der Art der Unterbrechung ermitteln. Existieren mehrere Unterbrechungsquellen, so muss der Prozessorkern die jeweilige Quelle identifizieren und das zugehörige Behandlungsprogramm lokalisieren.

Die Abläufe bei einer Unterbrechung werden von der **Unterbrechungssteuerung** koordiniert. Sie stellt das Bindeglied zwischen dem Prozessorkern und allen unterbrechungsauslösenden Komponenten dar. Es stellt sich nun die Frage, wodurch und von wem eine Unterbrechung bei einem Mikrocontroller ausgelöst werden kann. Hier gibt es eine Reihe von Möglichkeiten:

- *Unterbrechungswunsch einer internen Komponente (Internal Hardware Interrupt)*
  Viele der zuvor in diesem Kapitel beschriebenen internen Komponenten eines Mikrocontrollers wie Ein-/Ausgabeeinheiten, zeitgeberbasierte Einheiten sowie die im nächsten Abschnitt noch zu beschreibenden DMA-Einheiten sind in der Lage, eine Unterbrechung im Prozessorkern auszulösen. Sie zeigen damit die Verfügbarkeit von Daten, die Bereitschaft zur Übertragung von Daten, das Erreichen eines bestimmten Zeitpunktes bzw. Zählerstandes oder andere Ereignisse an. Dies erspart das periodische Abfragen des Komponentenzustandes durch *Polling* (siehe Abschn. 4.2.1), während dem der Prozessorkern kaum andere Aufgaben erledigen kann.

- *Unterbrechungswunsch einer externen Komponente (External Hardware Interrupt)*
  Auch Komponenten außerhalb des Mikrocontrollers sollten in der Lage sein, eine Unterbrechung auszulösen. Dies ist notwendig, wenn eine Anwendung zusätzliche, nicht im Mikrocontroller enthaltene Ein-/Ausgabeeinheiten erfordert. Hierzu sind sogenannte **Interrupt-Eingänge** am Mikrocontroller vorhanden, über die externe Komponenten ihren Unterbrechungswunsch signalisieren können.

- *Ausnahmesituation im Prozessorkern (Exception, Trap)*
  Während des Programmablaufs können im Prozessorkern außergewöhnliche Fehlersituationen auftreten. Hierzu gehören beispielsweise das Ausführen einer Division durch 0, das Antreffen eines unbekannten Befehlscodes oder ähnliche, durch fehlerhafte Anwenderprogramme verursachte Ereignisse. In diesen Fäl-

len wird der Prozessorkern ebenfalls mit einer Unterbrechung reagieren, um eine Fehlerbehandlung einzuleiten. Darüber hinaus kann bei Anwendung einer virtuellen Speicherverwaltung (bei Mikrocontrollern eher selten) ein Seitenfehler o.ä. eine Unterbrechung auslösen.

- *Unterbrechungswunsch des laufenden Programms (Software Interrupt)*
  Schließlich kann das gerade ausgeführte Programm den Wunsch haben, sich selbst zu unterbrechen. Dies wird häufig benutzt, um z.B. Funktionen des Betriebssystems aufzurufen.

Eine wesentliche Aufgabe der Unterbrechungssteuerung besteht nun darin, eine Unterbrechung entgegenzunehmen und die Startadresse des zugehörigen Behandlungsprogramms zu ermitteln. Hierzu hat sich ein Verfahren durchgesetzt, das man als **Vektor-Interrupt** bezeichnet: Jeder Unterbrechungsquelle wird eine Kennung zugeordnet, der sogenannte **Interrupt-Vektor**. Dieser Vektor identifiziert eindeutig die Unterbrechungsquelle, also z.B. eine externe bzw. interne Komponente oder eine bestimmte Fehlersituation. Üblicherweise wird hierfür ein Byte benutzt, da die dadurch mögliche Anzahl von maximal $2^8 = 256$ verschiedenen Unterbrechungsquellen eigentlich für alle Anwendungen ausreichend ist.

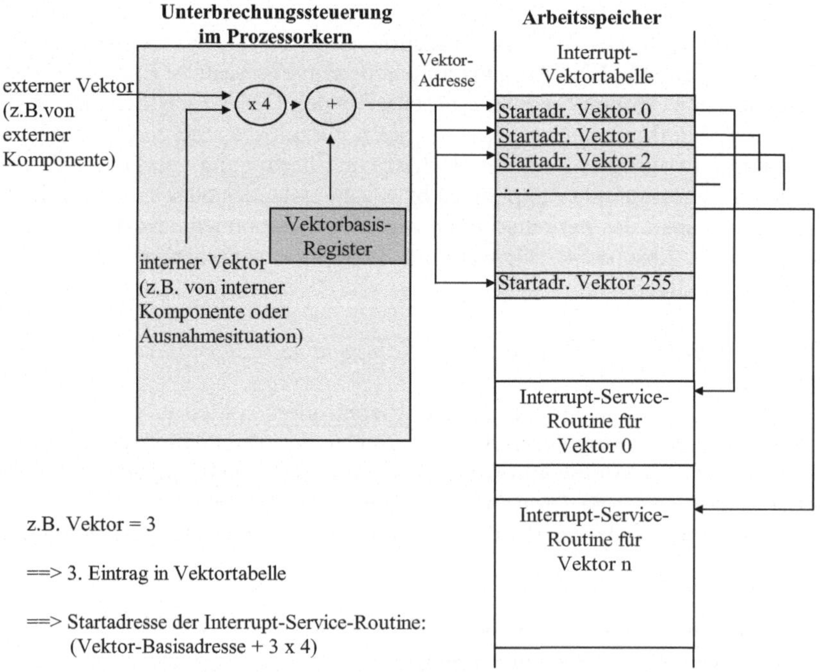

Abb. 4.46. Ermittlung der Startadresse einer Interrupt-Service-Routine aus dem Vektor

Anhand des Vektors kann der Prozessorkern die Startadresse der Behandlungsroutine ermitteln. Dies geschieht über die **Interrupt-Vektortabelle**. Diese Tabelle enthält für jeden Vektor die Startadresse des zugehörigen Behandlungsprogramms (*Interrupt Service Routine*). Abbildung 4.46 zeigt das Prinzip.

Bei einer angenommenen Adressbreite von 32 Bit muss die Unterbrechungssteuerung lediglich den Wert des Vektors mit 4 multiplizieren und zur Basisadresse der Interrupt-Vektortabelle im Arbeitsspeicher addieren. Das Ergebnis ist die Adresse desjenigen Tabelleneintrags, aus dem die Startadresse des Behandlungsprogramms entnommen werden kann. Die Basisadresse der Vektortabelle ist je nach Mikrocontrollertyp entweder fest vorgegeben oder wird durch ein Register (Vektorbasis-Register) bestimmt. Die Multiplikation mit 4 ist erforderlich, da jeder Adresseintrag der Vektortabelle bei 32 Bit Adressbreite genau 4 Bytes belegt. Für andere Adressbreiten ist ein entsprechend anderer Skalierungsfaktor erforderlich.

Tabelle 4.1. Beispiel einer festen Zuordnung eines Vektors zu einer Unterbrechungsquelle

Unterbrechungsquelle	Vektor	Priorität	Typ
Parallele Ein-/Ausgabe 1	0	nieder	interner Hardware-Interrupt
Parallele Ein-/Ausgabe 2	1	↓	"
Serielle Ein-/Ausgabe	2		"
Analog/Digitalwandler 1	3		"
Analog/Digitalwandler 2	4		"
Analog/Digitalwandler 3	5		"
Zeitgeber 1	6		"
Zeitgeber 2	7		"
Capture & Compare	8		"
Externer Interrupt-Eingang 1	9		externer Hardware-Interrupt
Externer Interrupt-Eingang 2	10		"
Externer Interrupt-Eingang 3	11		"
...			
Break	200		Software-Interrupt
...			
Unbekannter Befehlscode	253		Exception
Division durch 0	254		"
Reset	255	hoch	"

Die Zuordnung von Vektor zu Unterbrechungsquelle ist bei einfachen Mikrocontrollern fest vorgegeben. Tabelle 4.1 gibt hierfür ein Beispiel. Jede Komponente besitzt einen unveränderlichen Vektor. Neben den internen Komponenten sind hier auch drei Unterbrechungseingänge für externe Komponenten vorgesehen (Externe Interrupt-Eingänge 1-3). Daneben sind Vektoren für Fehlerbehandlungen und Software-Interrupts definiert. Software-Interrupts werden durch einen speziellen Befehl, meist `Break` oder `SWI`, ausgelöst. Auch das Rücksetzen (Reset) des Mikrocontrollers kann als Unterbrechung gehandhabt werden.

Da durchaus damit zu rechnen ist, dass mehrere Unterbrechungsanforderungen gleichzeitig gestellt werden, ist eine Prioritätensteuerung als Bestandteil der Unterbrechungssteuerung erforderlich. Bei gleichzeitigem Eintreffen zweier Anforderungen wird diejenige mit der höheren Priorität zuerst behandelt. Eine sich gerade in Ausführung befindende Unterbrechungsbehandlung wird ihrerseits unterbrochen, sobald eine Unterbrechungsanforderung höherer Priorität eintrifft. Eine Unterbrechungsanforderung niedrigerer Priorität muss hingegen warten. Dies entspricht den Richtlinien für Echtzeit-Scheduling mit festen Prioritäten, welches eine zeitliche Vorhersagbarkeit der Abläufe ermöglicht [Liu und Layland 1973].

Für jede Unterbrechungsquelle ist eine Priorität vordefiniert. Je nach Leistungsfähigkeit der Unterbrechungssteuerung eines Mikrocontrollers können diese vordefinierten Prioritäten innerhalb schmälerer oder breiterer Grenzen verändert und so den Bedürfnissen der Anwendung angepasst werden. Nicht in jeder Anwendung soll z.B. der Zeitgeber eine höhere Priorität als der Analog/Digitalwandler besitzen. Das Rücksetzen des Prozessorkerns wird hingegen immer die höchste Priorität einnehmen.

Zusätzlich zu Prioritäten bietet die Unterbrechungssteuerung eines Mikrocontrollers auch die Möglichkeit, bestimmte Unterbrechungsquellen völlig zu sperren. Man nennt dies das **Maskieren** einer Unterbrechung. Anforderungen der zugehörigen Quelle werden dann einfach ignoriert. Auch hier gibt es verschiedene Abstufungen. Einfache Unterbrechungsverwaltungen unterscheiden generell zwischen maskierbaren und nicht-maskierbaren Unterbrechungen. Eine Sperre betrifft alle maskierbaren Unterbrechungen gleichzeitig. Nicht-maskierbare Unterbrechungen (z.B. Reset) können nicht gesperrt werden. Komplexere Unterbrechungssteuerungen erlauben hingegen das Maskieren einzelner Unterbrechungsquellen individuell und unabhängig voneinander.

Neben der bisher betrachteten festen Zuordnung von Vektor zu Unterbrechungsquelle erlauben leistungsfähige Mikrocontroller auch eine variable Zuordnung, d.h., jeder Komponente kann zur Laufzeit ein individueller Vektor zugeteilt werden. Dies hat insbesondere in Verbindung mit externen Komponenten Vorteile. Reichen die vorhandenen externen Interrupt-Eingänge nicht aus, so können sich bei variabler Zuordnung mehrere externe Komponenten relativ leicht einen Interrupt-Eingang des Mikrocontrollers teilen. Wird jeder dieser Komponenten ein eigener Vektor zugeordnet, den sie im Fall einer Unterbrechung über den externen Datenbus an den Mikrocontroller übermittelt, so kann der Prozessorkern die unterbrechende Komponente leicht identifizieren. Bei fester Zuordnung ist diese I-dentifikation viel schwieriger, da der Unterbrechungsquelle „Externer Interrupteingang" dann genau ein unveränderlicher Vektor zugeordnet ist (vgl. Tabelle 4.1). Bei mehreren an diesem Eingang angeschlossenen Komponenten ist eine Unterscheidung daher zunächst nicht möglich, d.h., alle Komponenten erhalten dieselbe Unterbrechungsbehandlung. Es ist dann Aufgabe dieses Behandlungsprogramms, durch gezielte Abfragen der Komponenten herauszufinden, wer die Unterbrechung ausgelöst hat.

Variable Vektorzuordnungen machen natürlich den Aufbau der externen Komponenten etwas aufwändiger, da diese Komponenten einen Vektor speichern und bei Bedarf auf dem Datenbus übertragen müssen. Teilen sich mehrere externe

Komponenten einen Interrupt-Eingang, so muss durch eine zusätzliche externe Prioritätensteuerung dafür gesorgt werden, dass nicht mehrere dieser Komponenten gleichzeitig eine Unterbrechung anfordern. Abbildung 4.47 zeigt ein Beispiel mit zentraler externer Prioritätensteuerung. Alle Unterbrechungsanforderungen werden zunächst an diese Steuerung geleitet. Sie ermittelt die Anforderung höchster Priorität und gibt diese durch Aktivierung des externen Interrupteingangs an den Mikrocontroller weiter. Abbildung 4.48 verdeutlicht diesen Vorgang.

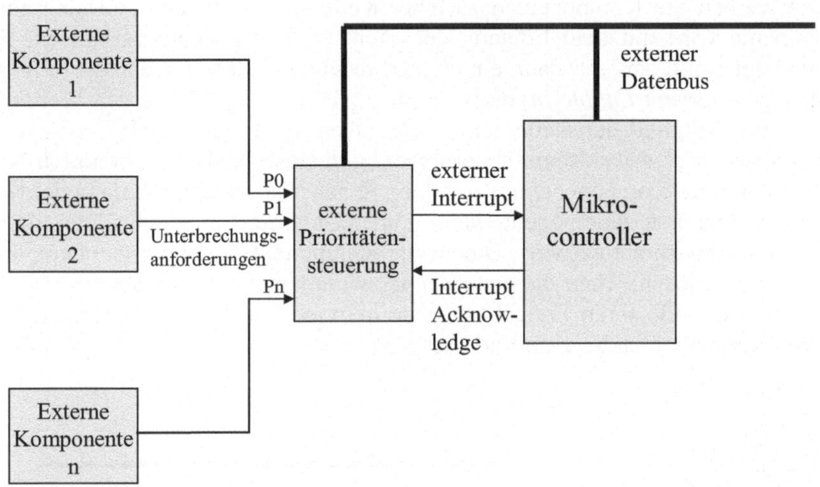

Abb. 4.47. Zentrale externe Prioritätensteuerung zur Verwaltung mehrerer Komponenten an einem externen Interrupteingang.

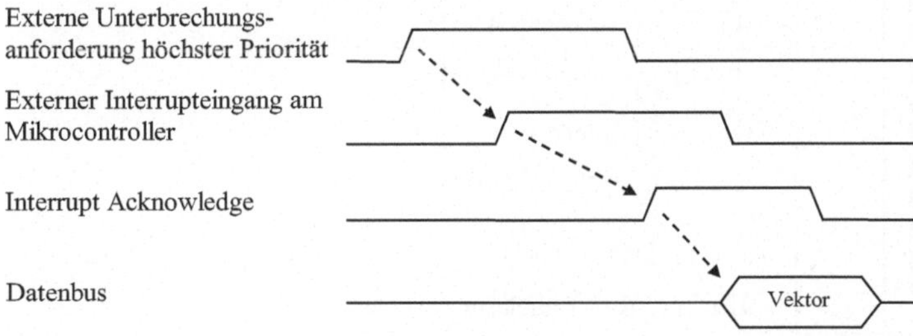

Abb. 4.48. Ablauf einer externen Unterbrechung.

Die Annahme der Unterbrechungsanforderung durch den Mikrocontroller muss keineswegs sofort erfolgen. Es besteht z.B. die Möglichkeit, dass zunächst eine Unterbrechungsbehandlung höherer Priorität beendet werden muss. Sobald der Mikrocontroller die externe Unterbrechung angenommen hat, bestätigt er dies durch ein Quittungssignal (*Interrupt Acknowledge*). Dies ist wiederum für die externe Prioritätensteuerung das Zeichen, den zur Unterbrechung gehörenden Vektor auf den Datenbus zu legen und so die unterbrechende Komponente zu identifizieren. Man beachte, dass bei dieser Lösung die Vektoren zentral in der externen Prioritätensteuerung gespeichert und verwaltet werden können. Hierdurch vereinfacht sich der Aufbau der externen Komponenten.

Die externe Prioritätensteuerung kann auch dezentral erfolgen. Hierzu wird meist eine sogenannte **Daisy Chain** benutzt. Abbildung 4.49 zeigt das Prinzip. Jede externe Komponente besitzt einen Eingang und einen Ausgang zur Freigabe von Unterbrechungen (*Interrupt Enable In, Interrupt Enable Out*). Über diese Signale werden die Komponenten zu einer Kette verknüpft. Der Ausgang einer Komponente wird mit dem Eingang der nächsten Komponente verbunden. Ein Mitglied der Kette darf nur dann eine Unterbrechung auslösen, wenn sein Freigabeeingang (*Interrupt Enable In*) aktiv ist (also z.B. den Wert 1 besitzt). Weiterhin aktiviert ein Mitglied der Kette seinen Freigabeausgang (*Interrupt Enable Out*) nur dann, wenn es selbst keine Unterbrechung auslösen möchte. Hierdurch wird die Priorität einer Komponente um so höher, je näher sie sich am Anfang der Kette befindet. Die erste Komponente kann immer Unterbrechungen auslösen, da ihr Freigabeeingang immer aktiv ist. Die zweite Komponente kann nur dann eine Unterbrechung auslösen, wenn die erste Komponente keine Unterbrechung auslösen möchte und deshalb ihren Freigabeausgang aktiviert hat. Dies setzt sich für alle weiteren Komponenten bis zum Ende der Kette fort.

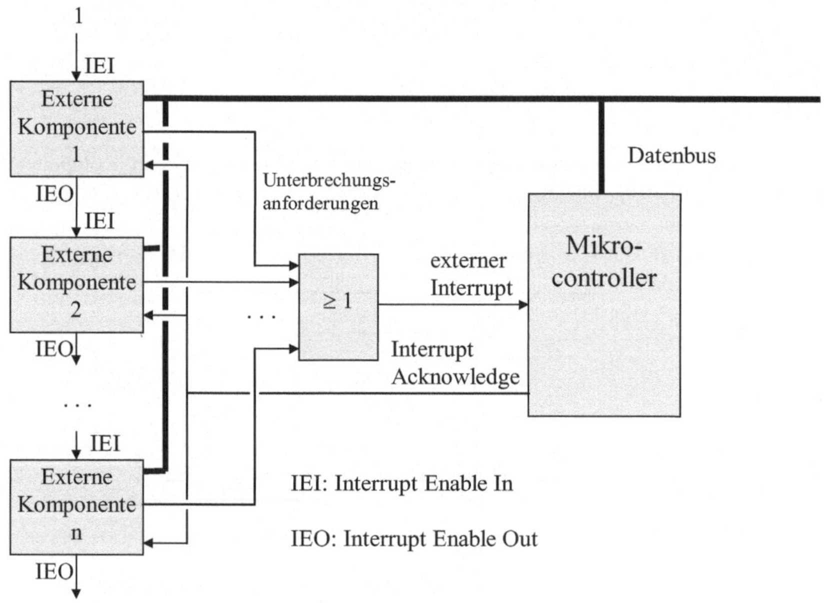

Abb. 4.49. Dezentrale externe Prioritätensteuerung mit Daisy Chain

Der Vorteil der Daisy Chain besteht in ihrem sehr einfachen Aufbau. Es können im Prinzip beliebig viele Elemente teilhaben. Eine zentrale Prioritätensteuerung entfällt, die Unterbrechungsanforderungen werden einfach über eine Oder-

Verknüpfung mit dem Interrupt-Eingang des Mikrocontrollers verbunden. Ein Nachteil ist jedoch die starre Prioritätenvergabe, die einzig durch die Position einer Komponente in der Kette bestimmt ist. Komponenten am Ende der Kette können zudem leicht „ausgehungert" werden. Auch steigt mit zunehmender Länge der Kette der Zeitbedarf, da das Durchschleifen der Freigabesignale von einem Mitglied zum anderen Zeit erfordert.

Die Reaktionszeit auf Unterbrechung, d.h. die Zeit vom Auslösen der Unterbrechungsanforderung bis zum Start der Unterbrechungsbearbeitung, ist für Echtzeitanwendungen eine wichtige Größe. Unter der Voraussetzung, dass die Unterbrechungsbehandlung nicht durch höher priorisierte Unterbrechungen verzögert wird, macht das Retten des gegenwärtigen Prozessorkernstatus einen wesentlichen Teil dieser Reaktionszeit aus (vgl. Abb. 4.45). Wie bereits früher in diesem Abschnitt erwähnt, muss der Prozessorkern den Inhalt seiner internen Register vor Start der Unterbrechungsbearbeitung sichern, um die unterbrochene Tätigkeit später ordnungsgemäß wieder aufnehmen zu können. Das Speichern der Registerinhalte in den Arbeitsspeicher kann erhebliche Zeit in Anspruch nehmen, insbesondere wenn der Prozessorkern über viele Register verfügt.

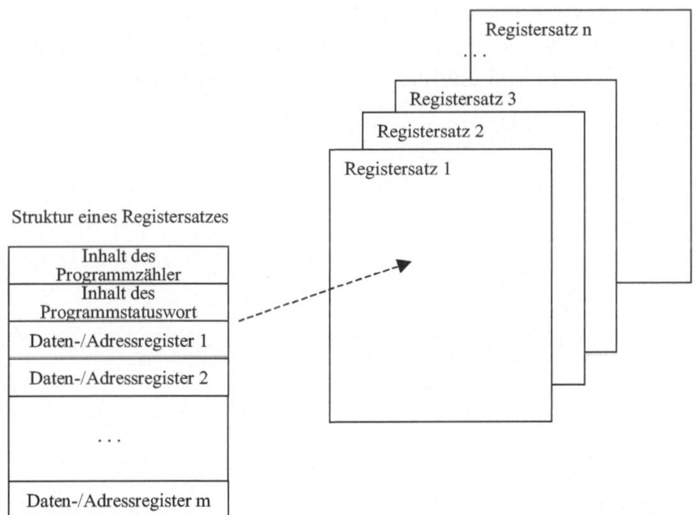

Abb. 4.50. Mehrfache Registersätze in einem Prozessorkern

Einige Mikrocontroller bieten daher **mehrfache Registersätze** an, d.h., alle internen Register des Prozessorkerns sind in mehrfacher Ausfertigung vorhanden (siehe Abb. 4.50). Hierdurch entfällt das Retten der Registerinhalte, denn im Fall einer Unterbrechung schaltet der Prozessorkern einfach auf einen anderen Registersatz um. Die Reaktionszeit für eine Unterbrechung kann dadurch erheblich verkürzt werden. Der Status des Prozessorkerns wird auch **Kontext** genannt, das Unterbrechen einer Tätigkeit und der Übergang zu einer andere Tätigkeit heißt dementsprechend **Kontextwechsel**. Mehrfache Registersätze ermöglichen einen sehr schnellen Kontextwechsel. Der Hardwareaufwand steigt durch die Multiplikation der Registeranzahl natürlich an. Zudem ist die Anzahl verschiedener Kontexte durch die Anzahl der verfügbaren Registersätze beschränkt.

Prozessorkerne mit mehrfachen Registersätzen stellen eine Vorstufe zu mehrfädigen Prozessorkernen dar. Bei Prozessorkernen mit mehrfachen Registersätzen enthält zwar jeder Registersatz einen Speicherplatz für den Inhalt des Programmzählers und des Prozessorstatusregisters (vgl. Abb. 4.50), der Programmzähler und das Prozessorstatusregister selbst sind aber nur einmal vorhanden. Mehrfädige Prozessorkerne hingegen besitzen nicht nur mehrere Registersätze, sondern auch mehrere den Registersätzen zugeordnete Befehlszähler und Prozessorstatusregister. Sie können mit mehreren Kontexten arbeiten und diese meist auch gleichzeitig in der Prozessorpipeline ausführen. Eine ausführliche Beschreibung dieser Technik findet sich in Abschn. 9.3. Hier sei nur gesagt, dass sich dadurch auch neue Möglichkeiten zur Ereignisbehandlung bieten. Anstelle den Programmablauf zu unterbrechen, kann ein mehrfädiger Prozessorkern im Fall eines Ereignisses einen neuen Kontext (Faden, *Thread*) starten und diesen parallel zum bisherigen ausführen. Jedem Ereignis wird so ein Faden zugeordnet, der, wie in Abb. 4.51 dargestellt, die Bearbeitung übernimmt. Man erhält das Konzept von *Interrupt Service Threads* [Brinkschulte et al. 1999/1 und 1999/2]. Die sich hieraus ergebenden Vorteile werden am Beispiel des Komodo Mikrocontrollers, der diese Technik der Ereignisbehandlung zum ersten Mal einführt, in Abschn. 5.5 genauer erläutert.

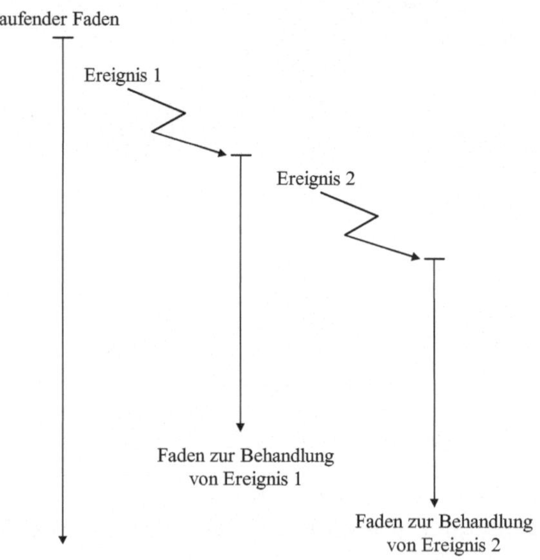

Abb. 4.51. Ereignisbehandlung auf einem mehrfädigen Prozessorkern

4.6 DMA

Um einen besonders schnellen Datentransfer zu ermöglichen, können leistungsfähigere Mikrocontroller Daten direkt zwischen zwei Komponenten ohne Beteiligung des Prozessorkerns transportieren. Diese Form des Datentransfers nennt man DMA (*Direct Memory Access*). Ein solcher DMA-Datentransfer kann stattfinden zwischen:

- Speicher und Ein-/Ausgabeeinheiten
- Speicher und Speicher
- Ein-/Ausgabeeinheiten und Ein-/Ausgabeeinheiten

Beispiele hierfür wären etwa ein Datentransport von einem Analog/Digitalwandler direkt in den Speicher, das Kopieren von Daten zwischen dem internen und externen Speicher des Mikrocontrollers oder die direkte Datenübertragung von einer seriellen Eingabeschnittstelle zu einem Digital-/Analogwandler.

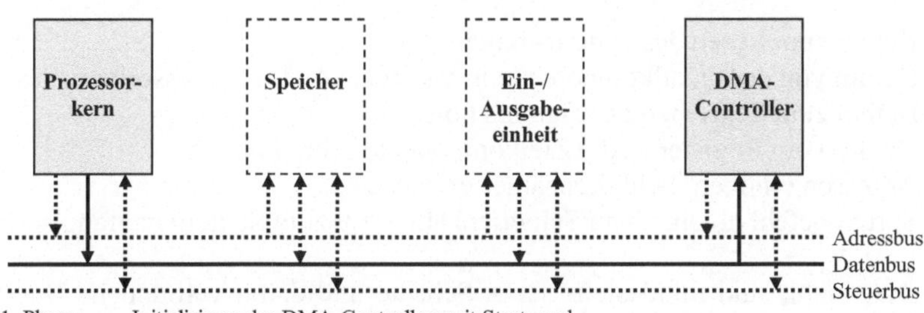

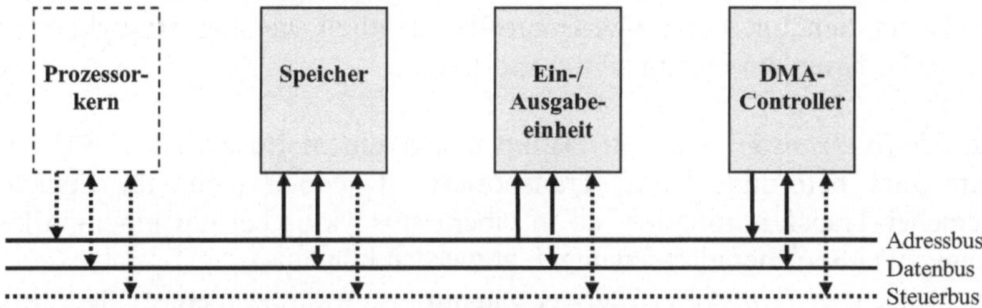

Abb. 4.52. Datentransfer mittels DMA

Anstelle des Prozessorkerns übernimmt ein sogenannter *DMA-Controller* die Steuerung des Datenaustauschs. Abbildung 4.52 zeigt den Ablauf, der sich in zwei Phasen unterteilt. In der ersten Phase wird der DMA-Controller vom Prozessorkern initialisiert, d.h. mit allen notwendigen Informationen zur Durchführung des

Datentransfers wie den Adressen der Quell- und Zielkomponenten, der Anzahl der zu übertragenden Daten etc. versorgt. Die zweite Phase ist der eigentliche Datenaustausch. Dieser kann entweder durch einen Befehl des Prozessorkerns oder durch ein Signal einer Ein-/Ausgabeeinheit ausgelöst werden. Der Prozessorkern zieht sich daraufhin vom Bus zurück, der DMA-Controller übernimmt die Bussteuerung. Er erzeugt die notwendigen Adressen und Steuersignale und führt so den Datentransport durch.

Ein Datentransfer mittels DMA-Controller hat eine Reihe von Vorteilen: Zunächst entlastet er den Prozessorkern von dieser wenig anspruchsvollen Aufgabe. Der Prozessorkern kann zeitgleich andere Tätigkeiten durchführen, sofern diese nicht den Bus erfordern. Der wesentliche Vorteil eines DMA-Transfers liegt jedoch in seiner erheblich höheren Übertragungsgeschwindigkeit.

Im Prozessorkern wird der Datentransport durch Software gesteuert. Es wird ein Programm ausgeführt, das Daten von einer Komponente (z.B. dem Analog/Digitalwandler) liest und an eine andere Komponente (z.B. den Speicher) schreibt. Die hierfür erforderliche Programmschleife besteht im Allgemeinen aus folgenden Schritten:

1. Befehl zum Lesen des Datums holen
2. Datum von der Quellkomponente in ein Register des Prozessorkerns lesen
3. Befehl zum Schreiben des Datums holen
4. Datum vom Register in die Zielkomponente schreiben
5. Adressen erhöhen, Schleifenzähler erniedrigen
6. Sprungbefehl holen, wenn Schleifenzähler > 0 zum Schleifenanfang springen

Wie man sieht, sind mindestens sechs Schritte und damit verbundene Buszyklen nötig, um ein einziges Datum zu transportieren.

Ein DMA-Controller steuert den Datentransport hingegen mittels Hardware. Er ist eine hochspezialisierte Einheit, deren einzige Aufgabe im Datentransport besteht. Daher benötigt ein DMA-Controller deutlich weniger Buszyklen als der Prozessorkern, um ein Datum zu transportieren:

- Im *Fly-By-Transfer* wird ein Datum in nur einem Buszyklus von der Quelle zum Ziel befördert. Diese Transportart ist jedoch nicht für Speicher-zu-Speicher-Transfers möglich, da in einem Buszyklus bei nur einem Adressbus keine zwei Speicheradressen angelegt werden können.
- Im *Two-Cycle-Transfer* erfolgt der Datentransport in zwei Buszyklen. Im ersten Zyklus wird das Datum von der Quelle gelesen und in einem Register des DMA-Controllers zwischengespeichert. Im zweiten Zyklus wird es von diesem Register aus ins Ziel geschrieben. Diese Transportart ist für alle Transfers möglich.

Abbildung 4.53 zeigt den schematischen Aufbau der für solche Transfers notwendigen Hardware. Kernbestandteil sind drei Zähler: Der Quelladresszähler ist für die Erzeugung der Quelladresse des Transfers verantwortlich. Er kann entweder aufwärts oder abwärts zählen und so einen Speicherbereich adressieren. Ist eine

Ein-/Ausgabeeinheit die Datenquelle, so kann der Wert des Quelladresszählers auch konstant gehalten werden. Die Daten werden dann immer von derselben Adresse (der Adresse des entsprechenden E/A-Kanals) geholt. Der Zieladresszähler ist für die Erzeugung der Zieladresse verantwortlich. Auch dieser Zähler kann zur Abdeckung eines Speicherbereiches auf- und abwärts zählen oder im Fall einer Ein-/Ausgabeeinheit als Ziel einen konstanten Wert liefern. Über einen Multiplexer wird abwechselnd die Quell- und Zieladresse auf den internen Adressbus des Mikrocontrollers geschaltet. Der Datenzähler enthält die Anzahl der noch zu übertragenden Daten. Er zählt abwärts und benachrichtigt bei Erreichen der 0 die Steuerung über das Ende des Transfers. Alle drei Zähler besitzen ein Startwertregister, welches die Wiederholung eines programmierten Datentranfers ohne Neuinitialisierung durch den Prozessorkern ermöglicht. Das Datenregister ist im Fall eines Two-Cycle-Transfers für die Zwischenspeicherung des transportierten Datums zuständig. Über das Steuerregister kann der Prozessorkern den Transfer beeinflussen (Start/Stop, Art des Transfers etc.). Die Bits des Statusregisters geben Aufschluss über den gegenwärtigen Zustand eines Datentransfers (kein Transfer, Transfer in Arbeit, Transfer abgeschlossen etc.).

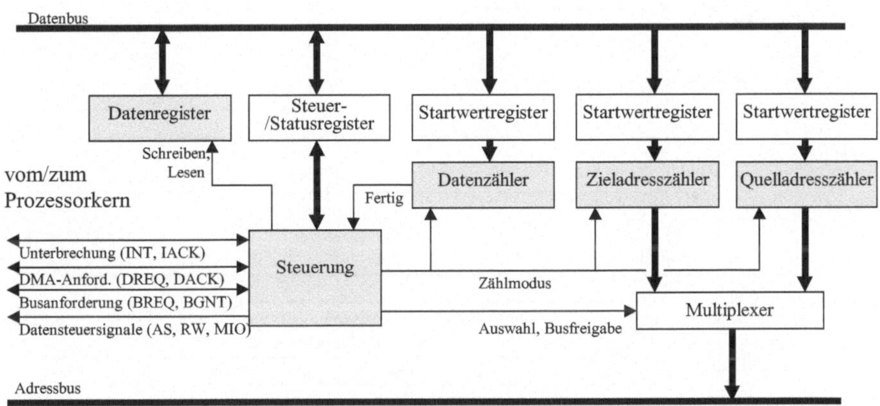

Abb. 4.53. Grundsätzlicher Aufbau eines DMA-Controllers

Die Steuerung koordiniert die Abläufe bei einem DMA-Transfer. Eine DMA-Anforderung erfolgt entweder von einer übertragungsbereiten Ein-/Ausgabeeinheit durch Aktivieren eines Anforderungssignals (*DMA Request* DREQ) oder vom Prozessorkern durch Setzen eines Bits im Steuerregister. Die Steuerung nimmt diese Anforderung entgegen und fordert daraufhin ihrerseits den internen Bus beim Prozessorkern des Mikrocontrollers an (*Bus Request* BREQ). Sobald der Prozessorkern sich vom Bus zurückgezogen hat, signalisiert er dies durch das Signal BGNT (*Bus Grant*). Die Steuerung übernimmt daraufhin die Kontrolle über den Adressbus durch Freigabe des Ziel- und Quelladressmultiplexers, über den Datenbus durch Freigabe des Datenregisters und über den Steuerbus durch Erzeugung der Datensteuersignale (AS, RW, MIO etc.). Gleichzeitig bestätigt sie der anfordernden Komponente den Beginn des DMA-Transfers durch Aktivieren eines Quittierungssignals (*DMA Acknowledge* DACK) und Setzen eines Bits im Statusregister. Danach koordiniert sie den eigentlichen Transfer durch Steuerung der Zähler, des Multiplexers und des Datenregisters. Ist der Transfer abgeschlossen, so meldet die Steuerung dies durch Setzen eines weiteren Bits im Statusregister und optional durch Auslösen einer Unterbrechung beim Prozessorkern (*Interrupt* INT, *Interrupt Acknowledge* IACK).

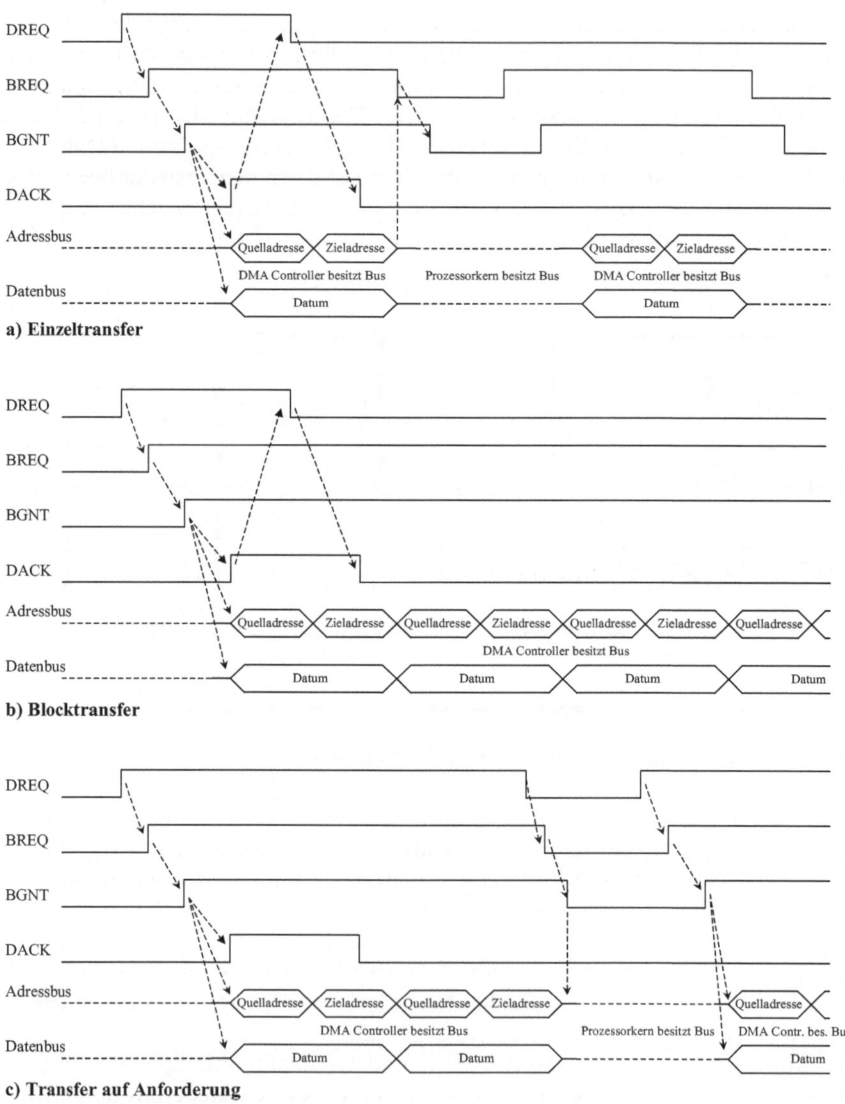

Abb. 4.54. DMA-Transferarten

Anhand der Kontrolle des internen Busses durch die Steuerung kann man drei Arten des DMA-Transfers unterscheiden:

- *Einzeltransfer (Single Transfer)*
  Bei dieser Transferart gibt die Steuerung den internen Bus des Mikrocontrollers nach jedem einzelnen übertragenen Datum wieder frei und fordert ihn für das nächste Datum erneut an. So werden dem Prozessorkern nur einzelne Buszyklen entzogen (man nennt dies auch *Cycle Stealing*), er kann auch während des DMA-Transfers relativ ungehindert arbeiten. Die Dauer eines DMA-Transfers verlängert sich aber durch ständige Busanforderung und -freigabe.

- *Blocktransfer (Block Transfer)*
  Hier übernimmt die Steuerung den internen Bus ohne Unterbrechung für die gesamte Dauer des Transfers. Erst wenn alle Daten übertragen sind, gibt sie den Bus wieder frei. Dies erlaubt den schnellst möglichen DMA-Transfer, behindert jedoch den Prozessorkern erheblich, da er während dieser Zeit keine busgebundenen Operationen durchführen kann.

- *Transfer auf Anforderung (Demand Transfer)*
  Diese Transferart nimmt eine Mittelstellung zwischen Einzeltransfer und Blocktransfer ein. Hier werden Daten ohne Unterbrechung übertragen, solange das Anforderungssignal (DREQ) aktiv ist. Eine Ein-/Ausgabeeinheit kann somit die Dauer der Buskontrolle durch die Steuerung bestimmen. Aktiviert die Ein-/Ausgabeeinheit das Anforderungssignal, so übernimmt die Steuerung den Bus und transportiert Daten, bis das Anforderungssignal wieder verschwindet (oder alle Daten übertragen sind). Aktiviert die Ein-/Ausgabeeinheit das Anforderungssignal erneut, so setzt die Steuerung den Datentransfer fort. Man spricht deshalb auch von einem Transfer in Schüben (*Burst Transfer*).

Abbildung 4.54 verdeutlicht noch einmal den Signalverlauf der einzelnen Transferarten.

Ein Mikrocontroller kann mehrere Kanäle zum DMA-Datentransfer besitzen, d.h. die in Abb. 4.53 dargestellten Zähler und Register sind mehrfach vorhanden. Man spricht in diesem Zusammenhang auch von **DMA-Controller-Kanälen** oder kurz **DMA-Kanälen**. Diese Kanäle sind entweder fest bestimmten Ein-/Ausgabeeinheiten zugeordnet oder können flexibel zum Datentransfer zwischen internen wie externen Komponenten des Mikrocontrollers verwendet werden. Je mehr DMA-Kanäle vorhanden sind, desto mehr Datentransfers können vorbereitet und auf ein einfaches Signal hin durchgeführt werden.

4.7 Erweiterungsbus

Ein Erweiterungsbus ermöglicht den Anschluss externer Komponenten, falls die internen Komponenten eines Mikrocontrollers für eine Anwendung nicht ausreichen. Im einfachsten Fall wird hierzu der interne Bus unverändert nach außen geleitet. Abbildung 4.55 erweitert und verallgemeinert die aus Abb. 4.5 bekannte Struktur zur Anbindung der internen Komponenten an den Prozessorkern. Treiber entkoppeln das interne Bussystem und machen es an der äußeren Schnittstelle des Mikrocontrollers verfügbar. Zusätzlich wird die Adressdecodierung erweitert, um den Adressbereich der externen Komponenten im Adressraum des Mikrocontrollers zu integrieren. Sinnvollerweise werden hierzu alle nicht durch interne Komponenten belegten Teile des Adressraums genutzt. Abbildung 4.56 gibt ein Beispiel: Alle intern nicht genutzten, grau markierten Bereiche werden durch den Adressdecoder für den Erweiterungsbus decodiert und stehen somit für externe Komponenten zur Verfügung.

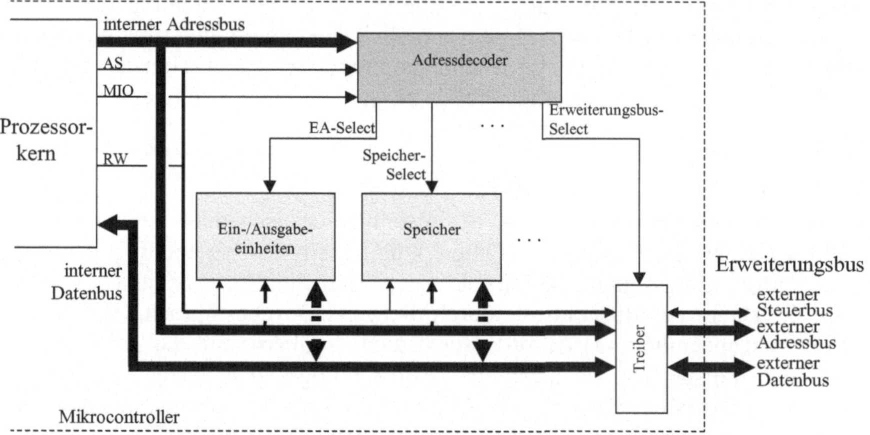

Abb. 4.55. Anbindung eines einfachen Erweiterungsbusses

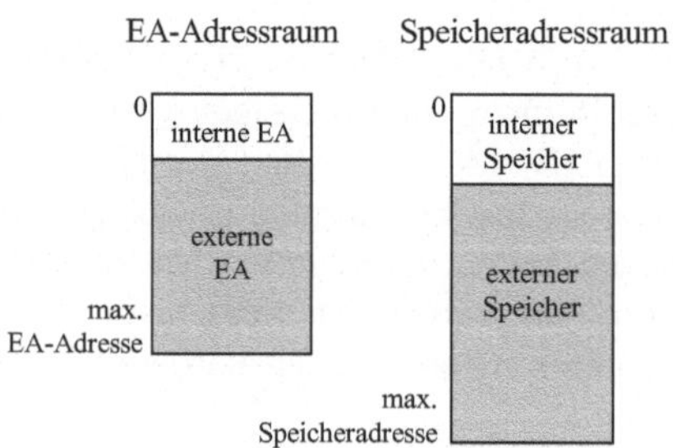

Abb. 4.56. Aufteilung eines Adressraums für interne und externe Komponenten

Da, wie bereits mehrfach erwähnt, die Anzahl der externen Anschlüsse eine eng begrenzte Ressource bei Mikrocontrollern ist, wird jedoch in den wenigsten Fällen der vollständige interne Bus auch außen verfügbar gemacht. Eine einfache Möglichkeit zur Verringerung der Anzahl externer Busanschlüsse ist die Reduktion der

Datenbusbreite. So offerieren die meisten 16-Bit-Mikrocontroller nur einen 8 Bit breiten externen Datenbus, bei 32-Bit-Mikrocontrollern sind es 16 Bit. Abbildung 4.57 verdeutlicht das Prinzip. Der interne Datenbus wird in zwei Hälften aufgespalten, ein interner Buszyklus in zwei nacheinander ausgeführte externe Buszyklen zerlegt. Die breiten internen Daten werden mittels Register und Multiplexer in schmälere Portionen geteilt bzw. aus schmäleren Portionen zusammengesetzt. Man nennt dieses Verfahren daher auch **Daten-Multiplexing**. Es reduziert die Anzahl der notwendigen externen Busleitungen auf Kosten einer Verringerung der externen Übertragungsgeschwindigkeit. Allgemein gilt beim Daten-Multiplexing: Reduziert man die Datenbusbreite durch Aufspalten des Busses in m gleiche Portionen, so verringert sie die Übertragungsgeschwindigkeit um den Faktor $1/m$.

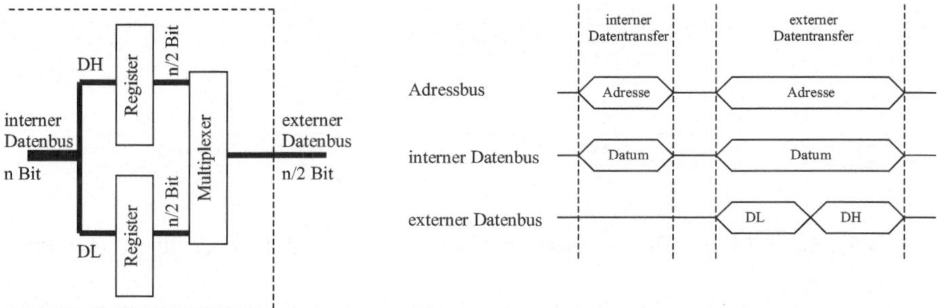

Abb. 4.57. Reduktion der externen Datenbusbreite durch Daten-Multiplexing

Neben dem Daten-Multiplexing ist das sogenannte **Daten/Adress-Multiplexing** eine weitere verbreitete Möglichkeit, externe Busleitungen einzusparen. Hierbei werden Daten und Adressen nicht mehr über getrennte Busse gleichzeitig übertragen, sondern nacheinander über einen gemeinsamen Bus geschickt. Abbildung 4.58 zeigt dies. Wie beim Daten-Multiplexing reduziert sich hierdurch die Übertragungsgeschwindigkeit. Durch den sequenziellen Transport von Daten und Adressen erreicht man zunächst nur die halbe Übertragungsgeschwindigkeit eines Busses ohne Multiplexing. Allerdings lässt sich dieser Nachteil zu einem großen Teil wieder ausgleichen, wenn der Prozessorkern einen speziellen Übertragungsmodus erlaubt, bei dem ein ganzer Schub von Daten an aufeinanderfolgende Adressen übertragen wird (*Burst-Transfer*s, vgl. auch Abschn. 4.6). In diesem Fall genügt es, wie in Abb. 4.59b dargestellt, nur einmal am Anfang die Startadresse eines Datenblocks zu übermitteln. Danach werden über den gemeinsamen Bus nur noch Daten transportiert. Diese Daten werden automatisch von den Folgeadressen gelesen oder an diese geschrieben. Ist der Datenblock lang genug, so verdoppelt sich die Datenrate nahezu gegenüber dem normalen Multiplex-Datentransfer (Abb. 4.59a). Man erreicht in etwa dieselbe Übertragungsrate wie an einem Bus ohne Multiplexing.

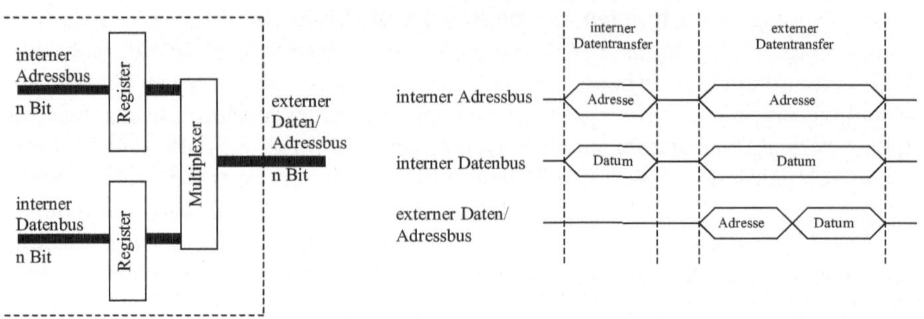

Abb. 4.58. Reduktion der externen Busbreite durch Daten/Adress-Multiplexing

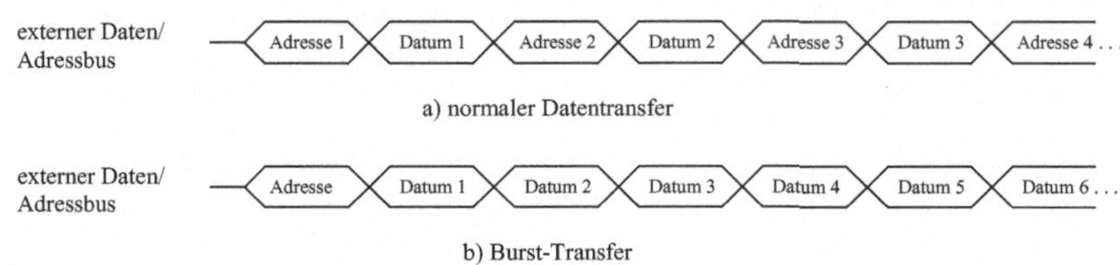

Abb. 4.59. Standard- und Burst-Transfer bei Daten/Adress-Multiplexing am externen Bus

Um die verfügbaren Anschlüsse eines Mikrocontrollers optimal zu nutzen, sind diese in der Regel mehrfach belegt. So muss sich auch der Erweiterungsbus Anschlüsse mit anderen Komponenten teilen, z.B. mit Ein-/Ausgabeeinheiten. Wird der Erweiterungsbus benötigt, so stehen diese Komponenten nicht mehr zur Verfügung. Oftmals ist jedoch nicht der volle externe Adressraum für solche Erweiterungen erforderlich. Soll z.B. als einzige Erweiterung ein 4 KBytes großer externer Festwertspeicher an einem Mikrocontroller mit 64 KBytes Adressraum angeschlossen werden, so sind hierzu nur 12 der vorhandenen 16 Adressbits notwendig. Die Anschlüsse der 4 nicht benötigten Bits könnten von anderen Komponenten benutzt werden. Aus diesem Grund bieten einige Mikrocontroller die Möglichkeit, den externen Adressraum zu skalieren und so Anschlüsse für andere Komponenten freizustellen.

Abbildung 4.60 gibt ein Beispiel. Ein 8 Bit breiter Daten-/Adressbus $AD_{0\text{-}7}$ im Multiplexbetrieb bildet einen externen Kernadressraum von 256 Bytes. Dieser Adressraum lässt sich durch paarweise Hinzunahme der weiteren Adressleitungen $A_{8\text{-}15}$ in vier Schritten bis auf 64 KBytes erweitern. Jede nicht benötigte Adressleitung macht den Anschluss für eine andere Komponente frei. Erfordert eine Anwendung z.B. 4 KBytes externen Adressraum, so werden die zusätzlichen Adressleitungen $A_{8\text{-}11}$ benötigt. Die diese Anschlüsse ebenfalls benutzenden seriellen Ein-/Ausgabeeinheiten 1 und 2 stehen somit nicht zur Verfügung. Die Analog/Digital- bzw. Digital/Analogwandler, welche sich die Anschlüsse mit den Adressleitungen $A_{12\text{-}15}$ teilen, können aber problemlos verwendet werden. Ein Mikrocontroller mit nichtskalierbaren externen Adressraum würde alle diese Komponenten unzugänglich machen.

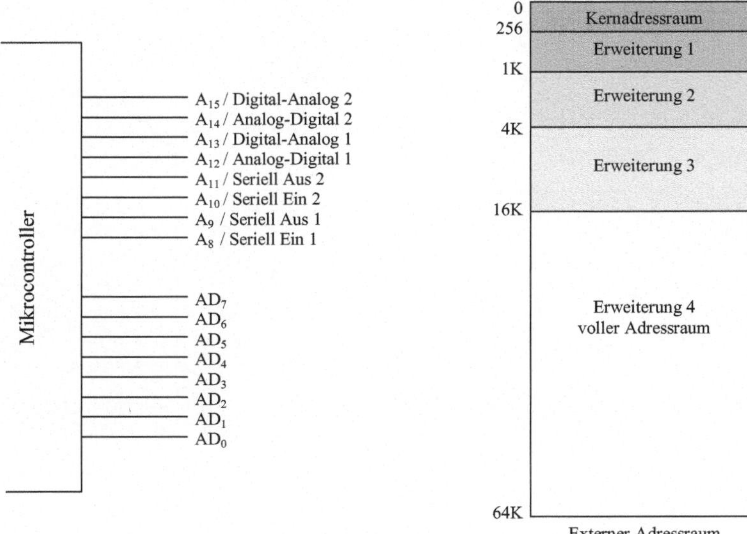

Abb. 4.60. Skalierbarer externer Adressraum

5 Beispiele verschiedener Mikrocontroller

Im vorliegenden Abschnitt wollen wir einige exemplarische Mikrocontroller genauer betrachten. Hierzu wurden aus dem industriellen Bereich typische Vertreter unterschiedlicher Leistungsklassen ausgewählt: Aus dem Segment der 8-Bit-Mikrocontroller untersuchen wir den ATmega128A von Atmel. Stellvertretend für das mittleren Segment der 16-/32-Bit-CISC-Mikrocontroller steht der MC68332 von Freescale. Im Bereich der 32-Bit-RISC-Hochleistungs-Mikrocontroller betrachten wir den PXA270 von Marvell. Einen genaueren Blick in den Bereich der Energiespartechniken werfen wir anhand der Freescale MCore-Architektur, die primär für niedrigen Energieverbrauch entwickelt wurde.

Aus dem Forschungssegment dient schließlich der Komodo Mikrocontroller der Universitäten Augsburg und Frankfurt als Beispiel.

5.1 ATmega128A – ein kompakter Mikrocontroller

Der ATmega128A ist Mitglied der ATmega-Reihe innerhalb der AVR 8 Familie von Atmel, einer Familie kompakter aber leistungsfähiger 8-Bit-Mikrocontroller (vgl. Abschn. 3.3). Alle Mitglieder dieser Familie basieren auf einem einfachen 8-Bit RISC Prozessorkern. In der ATmega-Serie wurde dieser Prozessorkern gegenüber der ATtiny-Serie etwas erweitert, z.B. um einen Hardwaremultiplizierer für 8 x 8 Bit Multiplikationen. Die einzelnen Mitglieder der Familie unterscheiden sich im Wesentlichen durch ihre Speicher- und Peripherieausstattung sowie die Gehäusebauformen. Während die ATtiny-Reihe kleine Gehäuse mit wenigen Anschlüssen (z.B. Dual-Inline-Gehäuse mit 8 Anschlüssen) besitzt, verfügt die ATmega-Reihe über größere Gehäusebauformen (z.B. Quad-Inline-Gehäuse mit 64 Anschlüssen). Dies ermöglicht natürlich umfangreichere Schnittstellen zur Umgebung, weshalb ein Mikrocontroller dieser Reihe hier als Beispiel gewählt wurde. Der ATmega128A ist ein Architektur-, Mikroarchitektur- und Pin-kompatiblere Nachfolger des ATmega128. Durch Verbesserung der Fertigungsprozesse wurde eine ca. 50% Reduktion des Energieverbrauchs erreicht. Die folgende Aufstellung gibt einen Überblick über die wesentlichen Eigenschaften des ATmega128A:

- Prozessorkern
  - RISC-Architektur
  - Taktfrequenz bis 16 MHz
  - Harvard-Architektur mit 8 Bit Datenbus, 16 Bit Befehlsbus und 16 Bit Adressbus

U. Brinkschulte, T. Ungerer, *Mikrocontroller und Mikroprozessoren*, eXamen.press, 3rd ed.,
DOI 10.1007/978-3-642-05398-6_5, © Springer-Verlag Berlin Heidelberg 2010

- 32 allgemeine 8 Bit Register, 6 davon paarweise als 16 Bit Indexregister nutzbar
- 7 Adressierungsarten
- Gemeinsame Adressierung (*Memory Mapped IO*)
- 8 x 8 Bit Multiplikation

• Speicher
  - statisches RAM
  - FlashRAM
  - EEPROM

• Zeitgeber und Ein-/Ausgabeeinheiten
  - 7 parallele Ein-/Ausgabeeinheiten, insgesamt 53 Bit
  - 2 synchrone serielle Ein-/Ausgabeeinheiten
  - 2 synchrone/asynchrone serielle Ein-/Ausgabeeinheiten
  - 2 8-Bit-Zähler/Zeitgeber mit Compare-Funktion und Pulsweitenmodulator
  - 2 16-Bit-Zähler/Zeitgeber mit Capture/Compare-Funktion und Pulsweitenmodulator
  - 1 Watchdog
  - 1 Analogvergleicher
  - 8 Digital/Analog-Wandlerkanäle, jeweils 10 Bit
  - 8-Bit-Erweiterungsbus im Daten-/Adressmultiplexing, 16 Bit Adressen
  - JTAG Test- und Debuginterface

Abbildung 5.1 skizziert den Aufbau des Mikrocontrollers. Man erkennt die unterschiedlichen Komponenten und Schnittstellen. Insbesondere gibt die Abbildung darüber Aufschluss, welche Komponenten sich externe Anschlüsse des Mikrocontrollers teilen. So benutzt der Erweiterungsbus die gleichen Anschlüsse wie die parallelen Schnittstellen A, C und G. Der Analog/Digitalwandler teilt sich die Anschlüsse mit der JTAG-Testschnittstelle sowie der parallelen Schnittstelle F. Die beiden synchronen/asynchronen seriellen Schnittstellen sowie eine synchrone serielle Schnittstelle verwenden die gleichen Anschlüsse wie die Unterbrechungssteuerung und die parallelen Schnittstellen D und E. Die zweite synchrone serielle Schnittstelle teilt sich die Anschlüsse mit der parallelen Schnittstelle B. Die 4 Zähler/Zeitgeber-Komponenten benutzen schließlich ebenfalls Anschlüsse der parallelen Schnittstellen B, D, E und G. Dies führt dazu, dass einige Anschlüsse dreifach belegt sind.

Im Folgenden wollen wir die einzelnen Komponenten genauer betrachten. Für weitergehende Detail-Informationen sei auf das Datenbuch [Atmel 2010/2] und den Befehlssatz [Atmel 2010/3] des Mikrocontrollers verwiesen.

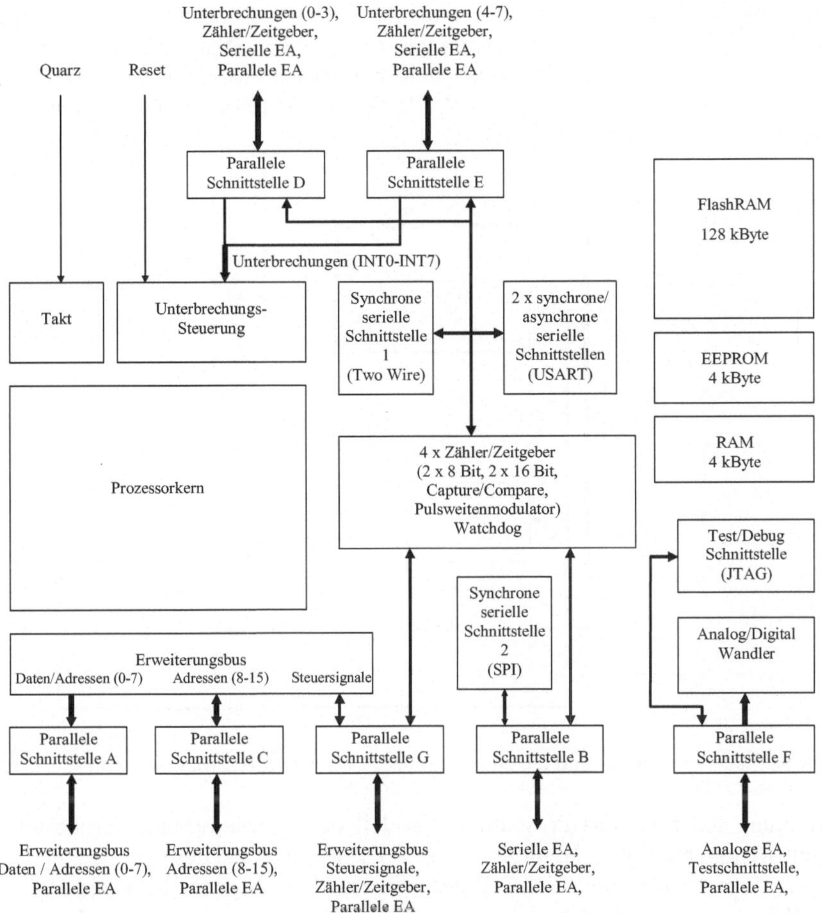

Abb. 5.1. Aufbau des Mikrocontrollers ATmega128A

5.1.1 Prozessorkern

Alle Mitglieder der AVR 8 Familie besitzen nahezu den gleichen Prozessorkern. Es handelt sich hierbei um einen einfachen RISC-Kern mit einer einstufigen Pipeline, bei der das Holen des nächsten Befehls mit der Ausführung des aktuellen Befehls parallelisiert ist. Des Weiteren findet eine Harvard-Architektur mit getrenntem Programm- und Datenspeicher Verwendung. Während die Datenspeicher (RAM, EEPROM) wie auch Registersatz, ALU und Schnittstellen über einen internen 8-Bit-Datenbus und 16-Bit-Adressbus angesprochen werden, ist der Programmspeicher (FlashRAM) direkt über einen 16 Bit breiten Befehlsbus mit dem Prozessorkern verbunden. Abbildung 5.2 skizziert dies. RISC-typisch besteht weiterhin eine direkte Verbindung zwischen ALU und Registersatz, welche das parallele Laden von zwei Register-Operanden in die ALU erlaubt. Da die Befehle in Wörtern zu 16 Bit organisiert sind, steht bei 16 Bit Adressbreite ein Befehlsadressraum von 64 kWorten gleich 128 kByte zur Verfügung. Die maximale Taktfrequenz des Kerns liegt bei 16 MHz.

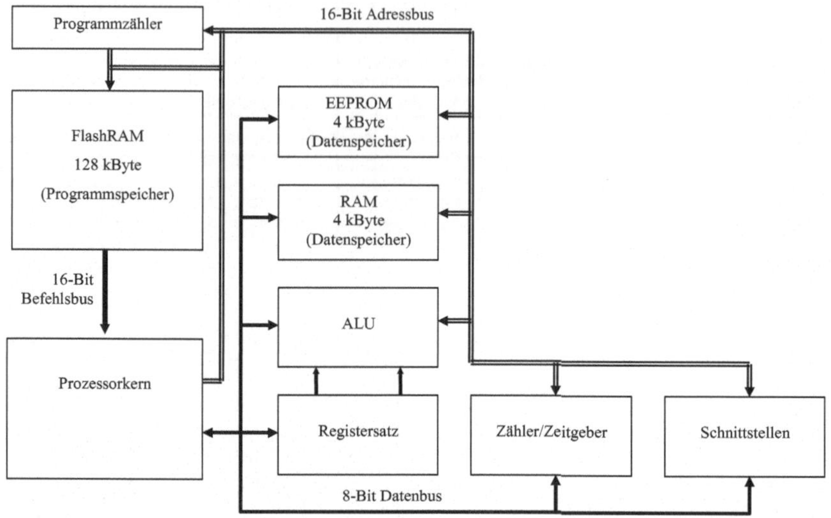

Abb. 5.2. Adress-, Daten- und Befehlsbusse des ATmega128A-Prozessorkerns

Abbildung 5.3 zeigt das Programmiermodell des Prozessorkerns. Es besteht aus einem Registersatz von 32 allgemeinen 8 Bit Registern. Diese große Registeranzahl ist typisch für einen RISC Prozessorkern. Die Register R26 und R27, R28 und R29 sowie R30 und R31 lassen sich paarweise zu den 16 Bit Indexregistern X, Y und Z zusammenfassen und werden zur Adressberechnung bei indirekter Adressierung genutzt. Um mehr als 64 kBytes Datenspeicher adressieren zu können, gibt es für die X, Y und Z Register jeweils ein korrespondierendes 8 Bit Erweiterungsregister RAMPX, RAMPY und RAMPZ. Da das Modell ATmega128A jedoch keinen Datenspeicher größer 64 kByte unterstützt, sind die Register RAMPX und RAMPY dort nicht vorhanden. Von dem Register RAMPZ wird das niederwertigste Bit genutzt, um Werte aus dem 128 kByte großen Programmspeicher als Datum ansprechen zu können. Weiterhin gibt es einen 16 Bit breiten Programmzähler (*Program Counter*) und Kellerzeiger (*Stack Pointer*). Da die Befehle nicht wie die Daten byteweise, sondern wortweise organisiert sind, genügen 16 Bit zur Adressierung des Programmspeichers. Ein 8 Bit breites Prozessorstatuswort vervollständigt das Programmiermodell. Die Datenverarbeitung erfolgt RISC-typisch nach dem Load-/Store-Prinzip, es wird hierbei das **Zweiadressformat** benutzt. Arithmetische und logische Befehle handhaben hierbei die Operanden in zwei Registern, von denen eines als Quellregister und das zweite als Quell- und Zielregister dient. Das folgende Beispiel demonstriert dies anhand der Addition:

$$Rx = Rx + Ry \qquad (x, y \in \{0 .. 31\})$$

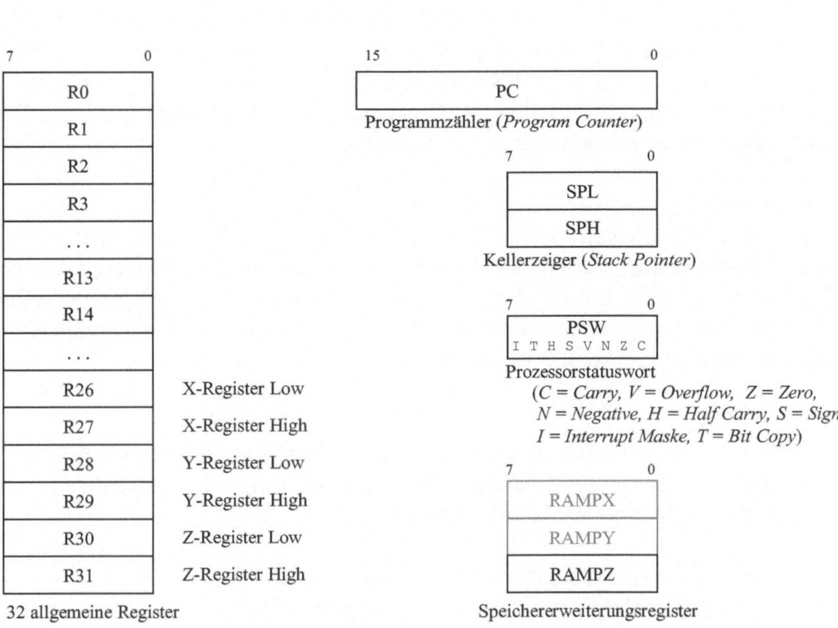

Abb. 5.3. Programmiermodell des ATmega128A-Prozessorkerns

Der zugehörige Befehl des ATmega128A-Prozessorkerns für eine 8-Bit-Addition ohne Vorzeichen lautet:

ADD Rx,Ry

Zur besseren Lesbarkeit wird hier die sog. **Assembler-Schreibweise** verwendet. Diese Schreibweise ordnet jedem binären Befehlscode ein Textkürzel (*Mnemonic*) zu, das für einen Menschen einfacher zu merken und zu lesen ist als der binäre Befehlscode selbst. Ein Übersetzungsprogramm (*Assembler*) kann diese Mnemonics automatisch in vom Prozessorkern ausführbare binäre Befehlswörter überführen. Der Befehl mit dem Mnemonic ADD addiert einen 8 Bit breiten Operanden im Register Ry zum 8 Bit breiten Operanden im Register Rx hinzu. Bei 32 möglichen Registern werden im Befehlswort somit jeweils 5 Bit für die Angabe von Rx und Ry benötigt. Zur Kodierung des ADD-Befehls selbst werden 6 Bit verwendet, wodurch sich eine Befehlswortbreite von 16 Bit für diesen Befehl ergibt. Hier ein Beispiel:

Auszuführende Operation:	R1 = R1 + R0
Assemblerbefehl:	ADD R1,R0
Binäres Befehlswort[1]:	$0C_h$ 10_h

Eine Befehlswortbreite von 16 Bitt trifft auf nahezu alle arithmetischen und logischen Befehle zu. Es gibt jedoch auch Befehle mit einem 32 Bit breiten Befehlswort. Dies sind im Wesentlichen Verzweigungsbefehle (Sprünge, Unterprogrammaufrufe) sowie Lade- und Speicherbefehle, bei denen die Operanden durch komplexere Adressierungsarten bestimmt werden. Der Prozessorkern des ATmega128A unterstützt folgende Adressierungsarten:

- *Registerdirekt*
  Diese Adressierungsart, bei welcher die Operanden in Registern stehen, wurde im obigen Beispiel verwendet. Neben der im Beispiel verwendeten Variante mit zwei Registern gibt es auch Befehle, die nur ein Register verwenden und den zweiten Operanden über eine andere Adressierungsart ansprechen, wie dies im nächsten Abschnitt gezeigt wird.

- *Unmittelbar*
  Bei dieser Adressierungsart folgt der unmittelbare Operand dem Befehlscode. Im folgenden Beispiel wird unmittelbare Adressierung mit registerdirekter Adressierung und einem Register kombiniert:

Auszuführende Operation:	R16 = R16 - 10_h
Assemblerbefehl:	SUBI R16,$10
Binäres Befehlswort:	51_h 00_h

  Um auch hier mit einem 16 Bit Befehlswort auszukommen, ist sowohl der Register- wie auch der Operandenbereich eingeschränkt. Beim SUBI (*Subtract Immediate*) Befehl sind nur die Register R16 – R31 sowie unmittelbare Operanden im Bereich von 0 – 255 zulässig.

- *Adressdirekt*
  Hier folgt eine 16-Bit-Operandenadresse dem Befehlscode. Dieses Adressformat findet vorzugsweise bei Lade-/Speicher- und Verzweigungsbefehlen Verwendung. Soll etwa der Inhalt der Datenspeicherzelle mit Adresse 2000_h in das Register R1 geladen werden, so ergibt sich:

Auszuführende Operation:	R1 = (2000_h)
Assemblerbefehl:	LDS R1,$2000
Binäres Befehlswort:	50_h 10_h 20_h 00_h

[1] In hexadezimaler Darstellung, angezeigt durch das Suffix h. Im Assemblerbefehl wird ein hexadezimaler Wert meist durch das Präfix $ gekennzeichnet.

Durch die Klammern um den Wert 2000 wird angezeigt, dass es sich um eine Adresse und keinen unmittelbaren Operanden handelt. Im Assembler-Befehl wird dies durch den Opcode LDS (*Load Direct from Dataspace*) klargestellt. Dieser Befehl benötigt durch den breiten Operanden eine Befehlsbreite von 32 Bit.

- *Registerindirekt*
  Hier befindet sich die 16 Bit breite Operandenadresse in einem der drei Indexregister X, Y oder Z (X = R26/R27, Y = R28/R29, Z = R30/R31, vgl. Abbildung 5.3). Das folgende Beispiel adressiert einen Operanden aus dem Datenspeicher durch das X Register und lädt diesen in das Register R1:

Auszuführende Operation:	R1 = (X)
Assemblerbefehl:	LD R1,X
Binäres Befehlswort:	90_h $1C_h$

- *Registerindirekt mit Postinkrement/Predekrement*
  Dies stellt eine Erweiterung der registerindirekten Adressierung dar. Bei Postinkrement wird der Inhalt des verwendeten Indexregisters nach der Operation um eins erhöht, bei Predekrement vor der Operation um eins erniedrigt. Diese Adressierungsart eignet sich daher sehr gut zur Tabellenverarbeitung. Hier zwei Abwandlungen des vorigen Beispiels unter Verwendung von Postinkrement und Predekrement:

Auszuführende Operation:	R1 = (X), X = X + 1
Assemblerbefehl:	LD R1,X+
Binäres Befehlswort:	90_h $1D_h$

Auszuführende Operation:	X = X – 1, R1 = (X)
Assemblerbefehl:	LD R1,-X
Binäres Befehlswort:	90_h $1E_h$

- *Registerindirekt mit Displacement*
  Diese Variante der registerindirekten Adressierung steht nur für die Indexregister Y und Z zur Verfügung. Zur 16 Bit breiten Operandenadresse im Indexregister wird ein 6 Bit breites Displacement (Wertebereich 0 .. 63) hinzu addiert. Das folgende Beispiel adressiert den Operanden durch das Indexregister Y. Zum Inhalt von Y wird das Displacement 5 addiert. Der resultierende Wert ist die Adresse des Operanden:

Auszuführende Operation:	R1 = (X + 5)
Assemblerbefehl:	LDD R1,X+5
Binäres Befehlswort:	80_h 15_h

- *Relativ zum Programmzähler*
  Diese Adressierungsart gilt nur für Sprungbefehle und Unterprogrammaufrufe. Hier kann die Zieladresse relativ zum Programmzähler definiert werden. Es wird ein 12 Bit breiter Wert in Zweierkomplementdarstellung zum gegenwärtigen Stand des Programmzählers hinzu addiert. Die resultierende Adresse ist das Ziel des Sprungs oder Unterprogrammaufrufs. Es kann somit ein Bereich von -2048 bis 2047 relativ zum aktuellen Stand des Programmzählers abdeckt werden. Gegenüber einer direkten, 16 Bit breiten Zieladresse lässt sich so das Befehlswort für einen Sprung- oder Unterprogrammbefehl von 32 auf 16 Bit verkürzen.

Auszuführende Operation:	Springe zu (PC + 10_h)
Assemblerbefehl:	RJMP $10
Binäres Befehlswort:	$C0_h$ 10_h

Der Befehlssatz des ATmega128A umfasst 133 Befehle und ist nach RISC-typischem Load-/Store-Prinzip aufgebaut [Atmel 2010/3]. Er lässt sich zum einen in Arithmetik-/Logikbefehle, Schiebe- bzw. Rotationsbefehle und Bitmanipulationsbefehle gruppieren, welche auf dem Registersatz des Prozessorkerns arbeiten. Des Weiteren gibt es Datentransportbefehle, Sprünge und Unterprogrammaufrufe, welche auch andere Adressierungsarten unterstützen. Die Befehle erlauben die Verarbeitung von 8 und 16 Bit ganzzahligen Datentypen und Einzelbits. Gleitkommazahlen werden nicht unterstützt. Ein besondere Instruktion ist der SLEEP Befehl. Er ermöglicht statisches Powermanagement (vgl. Kapitel 3.6.2). Wird der SLEEP Befehl ausgeführt, so nimmt der Mikrocontroller abhängig vom Wert eines zugehörigen Steuerregisters einen der folgenden Zustände an:

- *Idle-Mode*
  Der Prozessorkern wird abgeschaltet, alle peripheren Einheiten bleiben aber aktiv und können den Prozessorkern mittels einer Unterbrechung wecken.

- *ADC Noise Reduction*
  Der Prozessorkern und ein Teil der peripheren Einheiten werden abgeschaltet, aktiv bleiben lediglich die Analog/Digitalwandler, die externen Unterbrechungen, eine serielle Schnittstelle, ein Zähler/Zeitgeber und der Watchdog. So wird der Energie- und Leistungsverbrauch gegenüber dem Idle-Mode verringert und Störsignale bei der Analog/Digitalwandlung reduziert und damit genauere Messungen ermöglicht.

- *Power Save Mode*
  Der Prozessorkern und alle peripheren Einheiten bis auf die externen Unterbrechungen, eine serielle Schnittstelle, ein Zähler/Zeitgeber und den Watchdog werden abgeschaltet und somit der Energie- und Leistungsverbrauch weiter reduziert. Der Taktoszillator wird ebenfalls deaktiviert.

- *Power Down Mode*
  Gegenüber dem Power Save Mode wird noch zusätzlich der Zähler/Zeitgeber abgeschaltet. Es bleiben nur die externen Unterbrechungen, eine serielle Schnittstelle und der Watchdog aktiv.

- *Standby Mode*
  Dieser Modus ist im Wesentlichen identisch zum Power Down Mode, der Taktoszillator bleibt aber aktiv und ermöglicht so ein schnelleres Wiederanfahren des Prozessorkerns innerhalb von 6 Taktzyklen

- *Extended Standby Mode*
  Dieser Modus ist im Wesentlichen identisch zum Power Save Mode, wobei auch hier der Taktoszillator für ein schnelles Wiederanfahren aktiv gehalten wird.

5.1.2 Unterbrechungsbehandlung

Der ATmega128A benutzt einen einfachen Vektor-Interrupt zur Behandlung von Unterbrechungen. Es existieren 35 Vektoren, die fest den internen Komponenten sowie den acht externen Interrupt-Eingängen (INT0 – INT7, vgl. Abb. 5.1) zugeordnet sind. Tabelle 5.1 gibt einen Überblick. Durch die Adressbreite des Prozessorkerns von 16 Bit belegt jeder Vektor 2 Byte in der Interrupt-Vektortabelle. Diese Tabelle umfasst somit 70 Byte. Sie befindet sich normalerweise am Anfang des Programmadressraums im Adressbereich von 0000_h – 0044_h, kann jedoch durch Programmieren eines Steuerregisters auch auf den Anfang des Bootbereiches im Programmadressraum gelegt werden (vgl. Abb. 5.4).

Das Prozessorstatuswort enthält das so genannte I Bit zum globalen Maskieren aller Unterbrechungen (vgl. Abb. 5.3). Darüber hinaus kann jede Unterbrechungsquelle durch ein entsprechendes Steuerregister noch einmal individuell und unabhängig von den anderen maskiert werden.

Die Prioritäten sind starr definiert. Je niedriger der Vektor, desto höher die Priorität. Das Rücksetzen besitzt somit die höchste Priorität, die Unterbrechung zur Anzeige des Abschlusses eines Programmiervorgangs des FlashRAM Programmspeichers die niedrigste Priorität.

Tabelle 5.1. Interrupt-Vektortabelle des ATmega128A

Adresse	Vektor	Priorität	Unterbrechungsquelle
0000_h	1	hoch	Rücksetzen
0002_h	2	¦	Externer Interrupt-Eingang INT0
0004_h	3	¦	Externer Interrupt-Eingang INT1
0006_h	4	¦	Externer Interrupt-Eingang INT2
0008_h	5	¦	Externer Interrupt-Eingang INT3
$000A_h$	6	¦	Externer Interrupt-Eingang INT4
$000C_h$	7	¦	Externer Interrupt-Eingang INT5
$000E_h$	8	¦	Externer Interrupt-Eingang INT6
0010_h	9	¦	Externer Interrupt-Eingang INT7
0012_h	10	¦	Zähler/Zeitgeber 2 (8 Bit) Compare
0014_h	11	¦	Zähler/Zeitgeber 2 (8 Bit) Überlauf
0016_h	12	¦	Zähler/Zeitgeber 1 (16 Bit) Capture
0018_h	13	¦	Zähler/Zeitgeber 1 (16 Bit) Compare A
$001A_h$	14	¦	Zähler/Zeitgeber 1 (16 Bit) Compare B
$001C_h$	15	¦	Zähler/Zeitgeber 1 (16 Bit) Überlauf
$001E_h$	16	¦	Zähler/Zeitgeber 0 (8 Bit) Compare
0020_h	17	¦	Zähler/Zeitgeber 0 (8 Bit) Überlauf
0022_h	18	¦	Synchrone serielle Schnittstelle 2 (SPI)
0024_h	19	¦	Sync/async. Schnittstelle 1 (USART) empfangen
0026_h	20	¦	Sync/async. Schnittstelle 1 (USART) leer
0028_h	21	¦	Sync/async. Schnittstelle 1 (USART) senden
$002A_h$	22	¦	Analog/Digitalwandler
$002C_h$	23	¦	EEPROM bereit
$002E_h$	24	¦	Analogvergleicher
0030_h	25	¦	Zähler/Zeitgeber 1 (16 Bit) Compare C
0032_h	26	¦	Zähler/Zeitgeber 3 (16 Bit) Capture
0034_h	27	¦	Zähler/Zeitgeber 3 (16 Bit) Compare A
0036_h	28	¦	Zähler/Zeitgeber 3 (16 Bit) Compare B
0038_h	29	¦	Zähler/Zeitgeber 3 (16 Bit) Compare C
$003A_h$	30	¦	Zähler/Zeitgeber 3 (16 Bit) Überlauf
$003C_h$	31	¦	Sync/async. Schnittstelle 2 (USART) empfangen
$003E_h$	32	¦	Sync/async. Schnittstelle 2 (USART) leer
0040_h	33	¦	Sync/async. Schnittstelle 2 (USART) senden
0042_h	34	∨	Synchrone serielle Schnittstelle 1 (Two Wire)
0044_h	35	niedrig	Programmspeicher (FlashRAM) programmiert

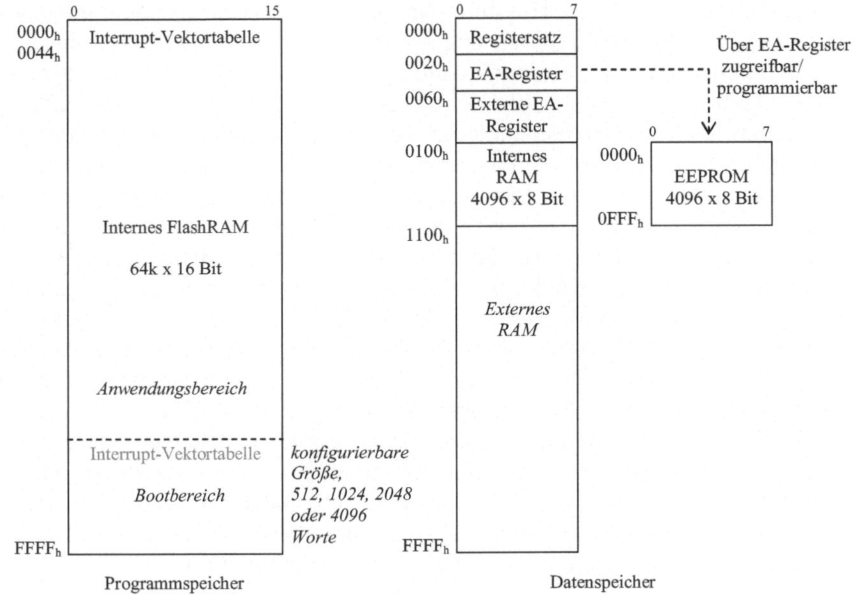

Abb. 5.4. Speicherabbild des ATmega128A

5.1.3 Speicher und Adressraum

Abbildung 5.4 zeigt den Adressraum des ATmega128A. Er teilt sich in einen separaten Raum für Programm- und Datenspeicher auf. Der Programmspeicher wird durch den internen 128 kByte großen Festwertspeicher des Typs FlashRAM abgedeckt, welcher in der Form 64k x 16 Bit für einen wortweisen Befehlszugriff organisiert ist. Das FlashRAM ist in zwei Bereiche unterteilt. Der Anwendungsbereich ist für die Aufnahme der Anwendungssoftware vorgesehen, der Bootbereich für ein Bootstrap-Ladeprogramm. Der wesentliche Unterschied zwischen beiden Bereichen besteht darin, dass die Befehle zum Schreiben/Programmieren des FlashRAMs nur im Bootbereich ausgeführt werden können. Hierdurch kann dort ein generisches Ladeprogramm ablaufen, welches eine Anwendung in den Anwendungsbereich schreibt. Dieses Ladeprogramm kann über die seriellen Schnittstellen oder die Debugschnittstelle in den Bootbereich geschrieben werden und ist in der Lage, auch sich selbst zu modifizieren. Hierdurch wird ein flexibler Ladeprozess ermöglicht. Die Größe des Bootbereiches kann durch ein Steuerregister auf 512 Byte, 1024 Byte, 2048 Byte oder 4096 Byte festgelegt werden. Die Interruptvektortabelle kann wie bereits erwähnt wahlweise an den Anfang des Anwendungsbereiches oder des Bootbereiches gelegt werden.

Der Datenadressraum ist völlig getrennt zum Programmadressraum. Er besitzt eine Organisation von 64k x 8 Bit. Die unteren 32 Byte werden vom Registersatz des Prozessors eingenommen. Hierdurch können die Register auch über alle speicherorientierten Adressierungsarten angesprochen werden. Danach kommen die 64 Ein-/Ausgaberegister zur Kommunikationen mit den internen Mikrocontroller-Komponenten wie Zähler/Zeitgeber, Schnittstellen etc. Dieser Adressbereich kann sowohl durch Speicherzugriffsbefehle als auch durch spezielle IN/OUT Befehle des Prozessorkerns angesprochen werden, was eine Art isolierte Adressierung suggeriert. Faktisch ist aber der Ein-/Ausgabeadressraum in den Datenadressraum integriert. Somit liegt gemeinsame Adressierung vor. Um auch externe Ein-/Ausgabekomponenten adressieren zu können, sieht der Datenadressraum weiterhin Platz für 160 externe EA-Register vor. Daran schließt sich ab der Adresse 1100_h der interne Schreiblesespeicher (statisches RAM) in einer Größe von 4 kByte an. Der Rest des Datenadressraums ist für externen Datenspeicher reserviert. Externe EA-Register und externer Speicher können über den Erweiterungsbus angeschlossen werden, sofern dieser aktiviert ist (s. Abschnitt 5.1.5).

Das EEPROM in einer Größe von ebenfalls 4 kByte besitzt einen eigenen Adressraum und wird über die EA-Register gelesen und programmiert. Durch Schreiben von EA-Registern wird die zu lesende oder zu programmierende EEPROM-Adresse spezifiziert, andere EA-Register übergeben das Datum und bestimmen die durchzuführende Operation (Lesen/Programmieren).

5.1.4 Ein-/Ausgabeeinheiten und Zähler/Zeitgeber

5.1.4.1 Digitale parallele Ein-/Ausgabeeinheiten

Der ATmega128A besitzt 7 digitale parallele Ein-/Ausgabeeinheiten A bis G. Tabelle 5.2 gibt einen Überblick.

Tabelle 5.2. Digitale parallele Ein-/Ausgabeeinheiten des ATmega128A

Einheit	Eingabe-Bits	Ausgabe-Bits	Bidirektionale Bits	Geteilt mit
A	-	-	8	Erweiterungsbus Daten/Adressen
B	-	-	8	Zähler/Zeitgeber, synchrone serielle E/A (SPI)
C	-	-	8	Erweiterungsbus Adressen
D	-	-	8	Ext. Unterbr. 0-3, Zähler/Zeitgeber, sync. /async. serielle E/A (USART, Two Wire)
E	-	-	8	Ext. Unterbr 4-7, Zähler/Zeitgeber, sync./async. serielle E/A (USART)
F	-	-	8	Analog/Digital-Wandler, Debugschnittstelle
G	-	-	5	Erweiterungsbus Steuersignale, Zähler/Zeitgeber

Jede parallele Ein-/Ausgabeeinheit belegt drei Adressen im Datenadressraum des Mikrocontrollers. Eine Adresse wird durch ein Register (*Data Direction Register, DDR*) belegt, welches die Richtung der einzelnen Bits der Ein-/Ausgabeeinheit steuert. Es kann hierbei für jedes Bit individuell festgelegt werden, ob es als Eingabe- oder Ausgabebit arbeiten soll. Die zweite Adresse wird durch das Ausgaberegister (*Port Data Register, PORT*) belegt. Hiermit werden die Werte der zur Ausgabe programmierten Bits festgelegt. Bei zur Eingabe programmierten Bits kann mit diesem Register ein optionaler Pull-up-Widerstand am Eingang aktiviert werden. Die dritte Adresse wird von einem Eingaberegister (*Input Pins Address, PIN*) benutzt. Hiermit können die aktuellen Werte der zur Eingabe programmierten Bits gelesen werden. Auch die Werte der zur Ausgabe programmierten Bits können über dieses Register „zurückgelesen" werden.

Bezüglich der externen Anschlüsse stellen die parallelen Ein-/Ausgabeeinheiten eine Art „Untermieter" bei anderen Komponenten dar. Sie müssen sich mit diesen die Anschlüsse teilen, siehe Tabelle 5.2. Teilweise ist es möglich, einzelbitweise zu entscheiden, ob der entsprechende Anschluss von der digitalen parallelen Ein-/Ausgabe oder den konkurrierenden Komponenten genutzt werden. So können z.B. bei Einheit B Zähler/Zeitgeber-Bits und digitale parallele Ein-/Ausgabebits gemischt werden. Auch bei Einheit C können nicht für den externen Erweiterungsbus genutzte Anschlüsse von der parallelen Ein-/Ausgabe verwendet werden (vgl. Abschn. 5.1.5). Bei anderen Einheiten, wie z.B. Einheit A, können die Anschlüsse hingegen nur vollständig entweder als digitale parallele Ein-/Ausgabe oder als Erweiterungsbus eingesetzt werden.

Insgesamt stehen so bis zu 53 Bits für die parallele Ein-/Ausgabe zur Verfügung.

5.1.4.2 Digitale serielle Ein-/Ausgabeeinheiten

Der ATmega128A besitzt zwei serielle Schnittstellen für synchrone und asynchrone digitale Übertragung sowie zwei rein synchrone digitale serielle Schnittstellen, siehe Abbildung 5.5. Die beiden synchronen/asynchronen Schnittstellen (*Universal Synchronous Asynchronous Receiver Transmitter, USART*) sind identisch. Sie besitzen jeweils eine Sende- (*Transmit Data, TxD*) und eine Empfangsleitung (*Receive Data, RxD*) sowie eine Taktleitung (*External Clock, XCK*). Ein Hardware-Handshake ist nicht vorgesehen. Es kann hiermit eine serielle Punkt-zu-Punkt-Verbindung zwischen zwei Partnern aufgebaut werden (s. Abschn. 4.2.3.4, Abb. 4.16). Die maximale Schrittgeschwindigkeit beträgt 250 kBaud. Die Betriebsart kann über ein Steuerregister gewählt werden. Bei asynchronem Betrieb arbeitet die Schnittstelle nach dem in Abschn. 4.2.3.1 beschriebenen Übertragungsprinzip. Es wird lediglich die Sende- und Empfangsleitung zur Datenübertragung genutzt, der Takt bleibt lokal. Bei synchronem Betrieb wird zusätzlich zur Sende- und Empfangsleitung der Übertragungstakt über die Taktleitung vom einem Partner zum anderen übertragen.

Die beiden rein synchronen Schnittstellen unterscheiden sich in ihrem Aufbau. Eine Schnittstelle bildet einen SPI-Bus (*Serial Peripheral Interface*, siehe ebenfalls Abschn. 4.2.3.4, Abb. 4.17). Sie ermöglicht eine synchrone Datenübertragung zwischen mehreren Partnern mit einer Schrittgeschwindigkeit von bis zu 4 MBaud. Diese Schnittstelle kann auch zum Download von Programmen in das FlashRAM genutzt werden. Die zweite serielle Schnittstelle ist ein synchroner Zweidrahtbus (*Two Wire Interface*), an den bis zu 128 Teilnehmer angeschlossen werden können. Jeder Partner wird durch eine Adresse identifiziert. Wie der Name der Schnittstelle sagt, werden lediglich zwei Leitungen zur Datenübertragung benutzt, ein bidirektionale Datenleitung (*Serial Data, SDA*) und eine Taktleitung (*Serial Clock, SCL*). Der Übertragungstakt wird von einem Master am seriellen Bus bestimmt. Es kann hierbei mehrere Master geben, der Zweidrahtbus ist multimasterfähig. Bei mehreren Mastern ergibt sich der Übertragungstakt als Und-Verknüpfung (*Wired And*) aller einzelnen Mastertakte. Die Arbitrierung erfolgt über eine *Wired And* Verknüpfung der Datenleitung. Jeder Master liest, was er gerade gesendet hat. Senden alle aktiven Master die gleichen logischen Werte, so ergibt sich kein Konflikt. Sendet jedoch ein Master eine 1, liest aber ein 0, so weiß er, dass ein anderer Master eine 0 gesendet hat (Und-Verknüpfung). Der Master mit der 1 hat verloren und schaltet in den Slave-Modus um. Die maximale Schrittgeschwindigkeit des Zweidrahtbusses liegt bei 400 kBaud.

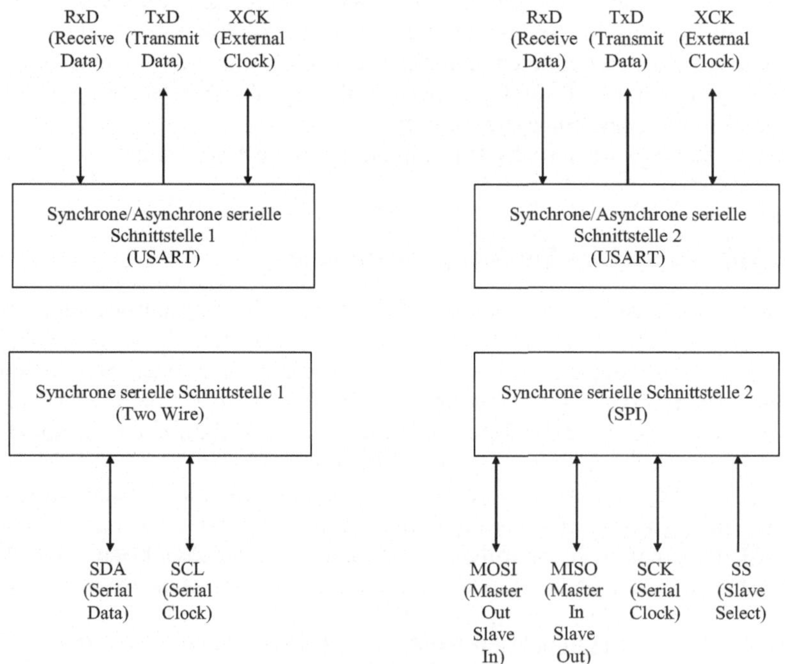

Abb. 5.5. Digitale serielle Ein-/Ausgabeeinheiten des ATmega128A

5.1.4.3 Analog/Digital-Wandler

Abbildung 5.6 zeigt den Aufbau des 8-Kanal-Analog/Digital-Wandlers im ATmega128A. Die 8 analogen Eingänge werden über einen analogen Multiplexer auf den eigentlichen Wandler geschaltet. Die Auswahl geschieht über ein Kanalwahlregister. Die Eingänge können hierbei wahlweise gegen Masse oder differentiell betrieben werden. Zwei Eingänge besitzen darüber hinaus einen Eingangsverstärker mit wählbarem Verstärkungsfaktor (1x, 10x, 200x). Der Wandler besitzt eine Auflösung von 10 Bit und arbeitet nach dem in Abschn. 4.2.4.2 beschriebenen Wägeverfahren. Die kürzest mögliche Wandlungszeit beträgt ca. 16 μsec. Die gewandelten Werte werden in ein 16 Bit breites Ausgaberegister geschrieben. Das Ende einer Wandlung wird durch ein Bit im Status/Steuerregister und wahlweise durch eine Unterbrechungsanforderung angezeigt. Es werden zwei Betriebsarten unterstützt:

- Beim *Single Conversion Mode* wird eine einzige Wandlung durchgeführt und das Ergebnis in das Ausgaberegister geschrieben. Danach stoppt die Wandlung.

- Beim *Free Running Conversion Mode* beginnt der Wandler sofort nach Abschluss einer Wandlung mit der nächsten Wandlung. Die Abtastrate der eingehenden Analogdaten wird also direkt vom Wandlertakt bestimmt. Ein neuer gewandelter Wert überschreibt dabei den vorangegangenen Wert im Ausgaberegister. Der Prozessorkern muss die Daten schnell genug abholen.

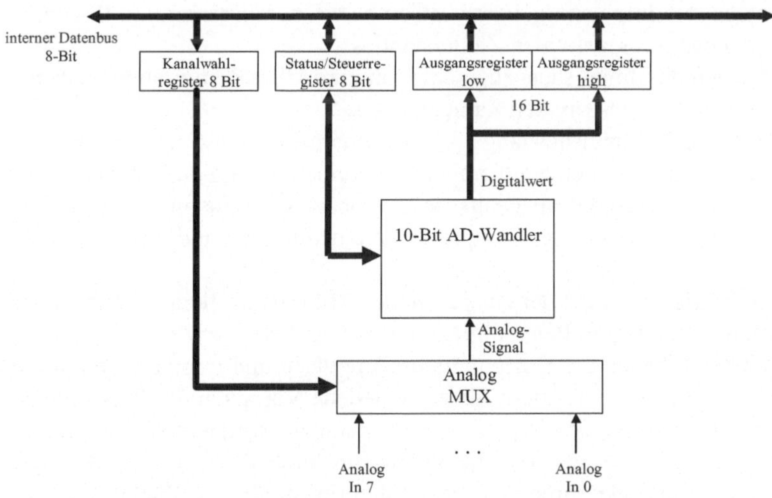

Abb. 5.6. 8-Kanal-10-Bit-Analog/Digital-Wandler des ATmega128A

Die umgekehrte Wandlungsrichtung, also eine Digital/Analog-Wandlung, wird vom ATmega128A nicht unterstützt. Als Besonderheit besitzt er aber einen Analogvergleicher. Hierbei wird der Wert an einem positiven und einem negativen Analogeingang miteinander verglichen. Ist der Wert am positiven Eingang höher als der Wert am negativen Eingang, so wird ein Flag gesetzt. Zusätzlich kann optional eine Unterbrechungsanforderung oder ein Capture-Ereignis an einem Zähler/Zeitgeber (siehe nächsten Abschnitt) ausgelöst werden.

5.1.4.4 Zähler und Zeitgeber

Abbildung 5.6 skizziert das Zähler- und Zeitgebersystem des Mikrocontrollers. Dieses besteht zum einen aus zwei 8-Bit Zählern mit angeschlossenem Compare-Register und Impulsgenerator (Zähler/Zeitgeber 0 und Zähler/Zeitgeber 2). Die beiden unterscheiden sich lediglich darin, dass nur Zähler 0 auch mit einem asynchronen externen Takt arbeiten kann. Zähler 2 arbeitet immer synchron mit dem internen Takt. Der 8-Bit Zähler kann wahlweise als Aufwärts- oder Abwärtszähler arbeiten, ein initialer Zählerstand kann über den Datenbus vom Prozessorkern gesetzt werden. Sobald der Zählerstand den im Compare-Register gespeicherten Wert erreicht hat, kann eine Unterbrechung beim Prozessorkern ausgelöst werden. Des Weiteren dient dieses Signal als Eingang für einen Impulserzeuger, der mehrere Betriebsarten kennt:

1. Kein Ausgangssignal, Anschluss wird von anderer Komponente benutzt.
2. Setzen des Impulsausgangs bei Compare-Übereinstimmung.
3. Löschen des Impulsausgangs bei Compare-Übereinstimmung.
4. Wechsel des Impulsausgangs bei Compare-Übereinstimmung.
5. Setzen des Impulsausgangs bei Compare-Übereinstimmung, löschen bei Erreichen des maximalen Zählerstandes.
6. Löschen des Impulsausgangs bei Compare-Übereinstimmung, setzen bei Erreichen des maximalen Zählerstandes.
7. Setzen des Impulsausgangs bei Compare-Übereinstimmung und Aufwärtszählen, löschen bei Compare-Übereinstimmung und Abwärtszählen.
8. Löschen des Impulsausgangs bei Compare-Übereinstimmung und Aufwärtszählen, setzen bei Compare-Übereinstimmung und Abwärtszählen.

In der ersten Betriebsart steht der entsprechende Mikrocontrolleranschluss anderen Komponenten, z.B. den parallelen digitalen Schnittstellen, zur Verfügung. Die Betriebsarten 2 bis 4 dienen der Erzeugung von Impulsen und Impulsfolgen, die Betriebsarten 5 bis 8 können effizient für verschiedene Varianten der Pulsweitenmodulation (*PWM*, vergleiche Kapitel 4.3.3) genutzt werden. So erzeugt z.B. Betriebsart 5 ein Signal, bei dem die Pulsweite durch den Wert des Compare-Registers und die Periode durch den maximalen (einstellbaren) Zählerstand gegeben ist. Der Zähler zählt hierbei aufwärts. Bei Erreichen des im Compare-Register gespeicherten Werts wird der Impulsausgang gesetzt. Erreicht der Zähler seinen Maximalwert, wird der Impulsausgang wieder gelöscht, der Zähler wird zurückgesetzt und beginnt erneut, aufwärts zu zählen. Man nennt diese Betriebsart auch

Single-Slope Operation, da der Zähler nur aufsteigend arbeitet. Betriebsart 6 erzeugt ein zu Betriebsart 5 inverses Signal. Die Betriebsarten 7 und 8 erzeugen pulsweitenmodulierte Signale mit größerer Periodendauer, da hier der Zähler zunächst aufwärts bis zum maximalen Zählerstand und dann wieder abwärts bis 0 zählt. Man nennt dies daher auch *Dual-Slope-Operation*.

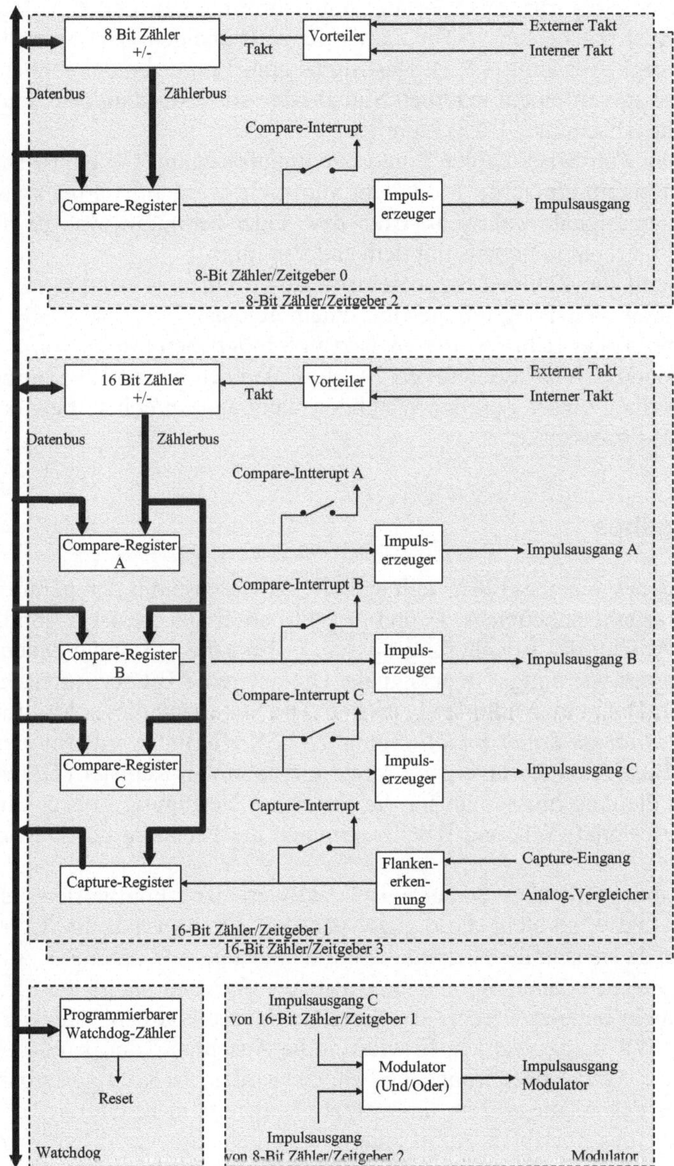

Abb. 5.7. Die Zähler/Zeitgeber-Einheit des ATmega128A

Neben den beiden 8-Bit Zählern verfügt die Zähler/Zeitgebereinheit des ATmega128A auch über zwei 16-Bit Zähler. Der Aufbau ist prinzipiell ähnlich, neben der größeren Bitbreite besitzen beide Einheiten aber nicht nur ein, sondern jeweils drei Compare-Register mit Impulserzeuger. Die Funktionsweise ist identisch zu den 8-Bit-Zählern. Durch die drei Compare-Register können jedoch bis zu drei synchronisierte Impulsfolgen (z.B. pulsweitenmodulierte Signale) erzeugt werden, wie man dies etwa zur Ansteuerung von Schrittmotoren benötigt. Ein Capture-Register macht die beiden 16-Bit Zähler zu vollständigen Capture-und-Compare-Einheiten (vgl. Abschnitt 4.3.2). Das Signal zum Einfangen des Zählerstandes kann wahlweise von einem externen Signal oder vom Ausgang des Analogvergleichers (siehe Abschnitt 5.1.4.3) kommen.

Der Impulsausgang von 8-Bit Zähler 2 und der Impulsausgang C von 16-Bit Zähler 1 können mit einem einfachen Modulator vermischt werden. Hierbei werden die beiden Eingangssignale wahlweise Und- bzw. Oder-verknüpft, was zu einer Art „Modulation" des einen Signals mit dem anderen führt.

Vervollständigt wird die Zähler/Zeitgebereinheit durch einen Watchdog (vgl. Abschnitt 4.3.4). Dieser Watchdog arbeitet mit einem eigenen Takt von 1 MHz. Ein programmierbarer Teiler reduziert diesen Takt in 8 möglichen Stufen von 2^{14} bis 2^{21}, was zu Watchdog-Auslösezeiten von 14 Millisekunden bis zu 1,8 Sekunden führt. Wird innerhalb dieser Zeit der Watchdog nicht angesprochen, bewirkt er ein Rücksetzen des Prozessorkerns.

5.1.5 Erweiterungsbus

Der Erweiterungsbus des ATmega128A teilt sich die Anschlüsse mit den parallelen digitalen Ein-/Ausgabeeinheiten A, C und G (vgl. Abschnitt 5.1.4.1). Abbildung 5.8 zeigt den Aufbau des Erweiterungsbusses. Er besitzt 8 Bit breite Daten, 16 Bit breite Adressen sowie einige Steuersignale. Die unteren 8 Bit der Adressen werden mit den 8-Bit-Daten im Multiplex betrieben. Die Steuerung dieses Multiplex erfolgt über das *Address Latch Enable* Signal (ALE). Hiermit werden in der zweiten Hälfte des Buszyklus die unteren 8 Adressbits in einem Register (*Latch*) eingefroren, so dass die Anschlüsse nun für die Daten zur Verfügung stehen. Ein Schreib- und ein Lesesignal (WR und RW) bestimmen die Richtung des Datentransfers.

Der Erweiterungsbus wird über Steuerregister aktiviert bzw. konfiguriert. Ist der Erweiterungsbus aktiv, so steht die digitale parallele Ein-/Ausgabeeinheit A nicht zur Verfügung, da sie sich die Anschlüsse mit den Daten- und unteren 8 Adressbits teilt. Des weiteren können die unteren 3 Bits der digitalen parallelen Ein-/Ausgabeeinheit G nicht benutzt werden, da diese Anschlüsse von den Steuersignalen ALE, RD und WR belegt werden. In wieweit die Anschlüsse der parallelen Ein-/Ausgabeeinheit C vom Erweiterungsbus benutzt werden, ist konfigurierbar. Der Erweiterungsbus des ATmega128A unterstützt das bereits in Kapitel 4.7 beschriebene Konzept eines variablen Adressraums. Über ein Steuerregister wird festgelegt, welche der oberen Adressbits A_8 – A_{15} hierfür verwendet werden. Der verfügbare Adressraum des Erweiterungsbusses kann somit zwischen 256 Bytes und 64 kBytes variieren (vgl. hierzu auch Abbildung 4.60). Die Anschlüsse der nicht verwendeten Adressbits stehen der parallelen digitalen Ein-/Ausgabeeinheit C zur Verfügung.

Weiterhin ist die Geschwindigkeit beim Zugriff auf den Erweiterungsbus konfigurierbar. Um auch langsame Einheiten anschließen zu können, sind so genannte Wartezyklen (*Wait States*) programmierbar. Dies sind zusätzliche eingeschobene Taktzyklen, mit denen der Zugriff auf externe Komponenten verzögert wird. Beim Erweiterungsbus des ATmega128A können über ein Steuerregister bis zu 3 solcher Wartezyklen in einen Buszugriff eingefügt werden. Außerdem kann der über den Erweiterungsbus ansprechbare externe Adressraum in zwei variable Bereiche unterteilt und in diesen Bereichen eine unterschiedliche Anzahl von Wartezyklen eingestellt werden. So ist es etwa möglich, im unteren Bereich des Adressraums (z.B. den unter 4 kBytes) schnelle externe Einheiten ohne Wartezyklen und im oberen Bereich langsamere Einheiten mit zwei Wartezyklen zu betreiben.

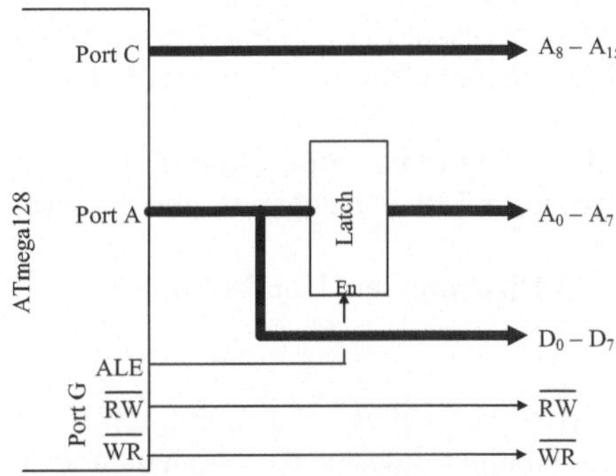

Abb. 5.8. Erweiterungsbus des ATmega128A

5.2 MC68332 – ein Mikrocontroller mittlerer Leistung

Der MC68332 ist ein Mikrocontroller aus der MC683XX-Familie von Freescale (ehemals Motorola, vgl. Abschnitt 3.3). Dies ist eine Familie von 16-/32-Bit-Mikrocontrollern mittlerer Leistungsklasse. Alle Mitglieder benutzen Prozessorkerne, die aus den wohlbekannten und bewährten 680XX CISC-Mikroprozessoren abgeleitet sind. Der MC68332 ist ein speziell für Steuerungsaufgaben optimierter Mikrocontroller, der insbesondere über eine sehr leistungsfähige Zeitgebereinheit verfügt. Diese Einheit stellt eigentlich einen eigenständigen Coprozessor dar, der die verschiedensten Aufgaben autonom ohne Zutun des Prozessorkerns erledigen kann. Die folgende Aufstellung gibt einen Überblick über die wesentlichen Eigenschaften des MC68332 Mikrocontrollers:

- Prozessorkern
  - CISC- Architektur
  - Taktfrequenz bis 25 MHz
  - 16/32 Bit Datenbus, 32 Bit Adressbus
  - kompatibel zum 68020 Prozessor (Adressierungsarten, Befehlssatz, Programmiermodell, Datentypen)
  - Gemeinsame Adressierung (*Memory mapped IO*)

- Speicher
  - statisches RAM, batteriepufferbar
  - kein Festwertspeicher

- Zeitgeber und Ein-/Ausgabeeinheiten
  - 4 parallele Ein-/Ausgabeeinheiten, insgesamt 31 Bit
  - 1 synchrone serielle Ein-/Ausgabeeinheit
  - 1 asynchrone serielle Ein-/Ausgabeeinheit
  - 1 eigenständiger Zähler-/Zeitgeber Coprozessor (TPU, *Time Prozessor Unit*), erfüllt eine Vielzahl von Funktionen wie Capture, Compare, Pulsweitenmodulation etc.
  - Flexibles Erweiterungsmodul (SIM, *System Integration Module*) mit variabler Anschlussbelegung, konfigurierbarem Erweiterungsbus und integrierter Chip-Select-Logik
  - 16-Bit-Erweiterungsbus mit bis zu 24-Bit-Adressen, kein Multiplexing

Abbildung 5.9 skizziert den Aufbau des Mikrocontrollers. Man sieht, dass sich im Gegensatz zum ATmega128A hier weit weniger interne Komponenten externe Anschlüsse teilen. Sowohl der Zähler-/Zeitgeber-Coprocessor TPU wie auch die Datenbits und die unteren 19 Adressbits des Erweiterungsbusses verfügen exklusiv über ihre Anschlüsse. Dies liegt an der höheren Leistungs- und Preisklasse dieses Mikrocontrollers, die eine größere Anzahl externer Anschlüsse rechtfertigt. Hierdurch erhöht sich die Verfügbarkeit der internen Komponenten. Lediglich die parallelen Ein-/Ausgabeeinheiten besitzen gemeinsame Anschlüsse mit den externen Interrupt-Eingängen der Unterbrechungssteuerung bzw. den oberen Adressbits und Bussteuersignalen im Erweiterungsmodul. Obere Adressbits und Bussteuersignale müssen sich zusätzlich innerhalb des Erweiterungsmoduls Leitungen mit der Chip-Select-Logik (siehe Abschn. 5.2.5) teilen, so dass diese Anschlüsse insgesamt dreifach belegt sind.

Im Folgenden wollen wir die einzelnen Komponenten genauer betrachten. Für weitergehende Detail-Informationen sei auf das Datenbuch des Mikrocontrollers [Freescale 2010/2] verwiesen.

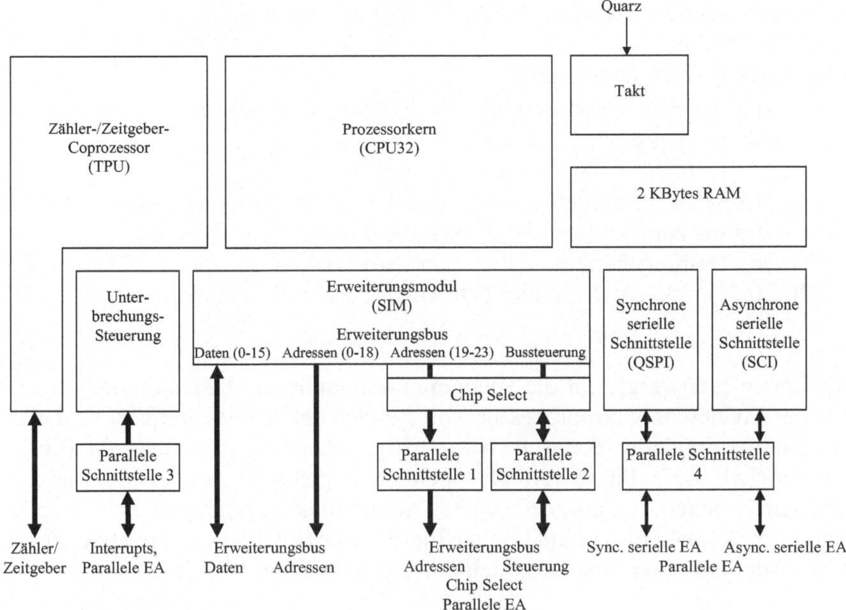

Abb. 5.9. Aufbau des Mikrocontrollers MC68332

5.2.1 Prozessorkern

Die MC683XX Mikrocontrollerfamilie benutzt zwei verschiedene Prozessorkerne, die aus frühen MC680XX CISC-Prozessoren abgeleitet sind.

- *CPU68k*
  Dies ist im Wesentlichen der Prozessorkern des klassischen MC68000 Mikroprozessors. Er besitzt einen 16 Bit Datenbus und einen 32 Bit Adressbus. Dieser Prozessorkern wird z.B. in den Mikrocontrollern MC68302 und -306 verwendet.
- *CPU32*
  Dieser Prozessorkern entstammt ursprünglich dem MC68020-Mikroprozessor. Für den Einsatz in der MC683XX-Mikrocontrollerfamilie wurde er modifiziert, im Wesentlichen vereinfacht:
  - äußere Datenbusbreite von 32 Bit auf 16 Bit reduziert (intern 32 Bit wie beim 68020)
  - kein Cache
  - kein Gleitkomma-Coprozessor
  - kein Coprozessorinterface
  - keine speicherindirekte Adressierung

- vereinfachtes Schiebwerk (*Barrel Shifter*), verschiebt max. 9 Bits in einem Taktzyklus
- keine Bitfeldoperationen
- statisches Steuerwerk (ermöglicht Taktfrequenz 0 Hz im Ruhebetrieb)
- dafür zwei zusätzliche Befehle:
  + TBL: Interpolation zwischen zwei Tabellenwerten
  + LPSTOP: Low Power Stop, Abschalten des Prozessorkerns und des Taktes bis zur nächsten Unterbrechung oder bis zum Rücksetzen

Dieser leistungsfähigere Prozessorkern wird in den Mikrocontrollern MC68331, -340 sowie im hier betrachteten MC68332 eingesetzt.

Abbildung 5.10 vergleicht die Programmiermodelle der CPU68k, der CPU32 sowie des MC68020-Mikroprozessors. Im Bereich der Benutzerregister sind alle drei Programmiermodelle identisch. Sie verfügen über 8 universelle 32-Bit-Datenregister (D0 – D7), die sowohl als Operandenregister wie auch als Ergebnisregister dienen können. Ein ausgezeichnetes Akkumulatorregister gibt es nicht, alle Datenregister können diese Funktion ausführen. Der Befehlssatz verwendet daher das **Zwei-Adressformat**, hier dargestellt am Beispiel einer Addition:

$$Dx = Dx + \text{Operand} \qquad (x \in \{0 .. 7\})$$

Daneben gibt es acht 32-Bit-Adressregister, die zum Adressieren von Speicheroperanden verwendet werden können. Alle Adressregister unterstützen eine *Autoinkrement*- und *Autodekrement*-Funktion (vgl. Abschn. 2.1.6). Adressregister A7 nimmt die ausgezeichnete Position des Kellerzeigers (*Stackpointer*) ein.

Neben der normalen Benutzerbetriebsart (*User Mode*) verfügen die Prozessorkerne über eine privilegierte Verwaltungsbetriebsart (*Supervisor Mode*). In dieser Betriebsart sind zusätzliche Befehle und Register verfügbar, deren Verwendung dem Betriebssystem vorbehalten ist. Diese Betriebsart besitzt ihren eigenen Kellerzeiger (A7‘) und ermöglicht das Einstellen kritischer Betriebsparameter über das erweiterte Prozessorstatuswort. Hier sind Unterschiede zwischen den einzelnen Prozessorkernen vorhanden: Nur in der CPU32 kann wie beim MC68020 die Startadresse der Interrupt-Vektortabelle verändert werden. Bei der CPU68k beginnt diese wie beim MC68000-Mikroprozessor immer auf der Adresse 0. Im Zuge der Vereinfachung enthält die CPU32 gegenüber dem MC68020 jedoch keine Register zur Cache-Steuerung (da kein Cache vorhanden ist) sowie keinen separaten zweiten Kellerzeiger (A7‘‘) für die Unterbrechungsbehandlung.

Um komfortable Datenzugriffe zu erlauben, unterstützen sowohl die CPU68k wie auch die CPU32 nahezu alle in Abschn. 2.1.6 diskutierten Adressierungsarten:

- unmittelbar
- registerdirekt
- registerindirekt
- adressdirekt

- adressindiziert
- relativ

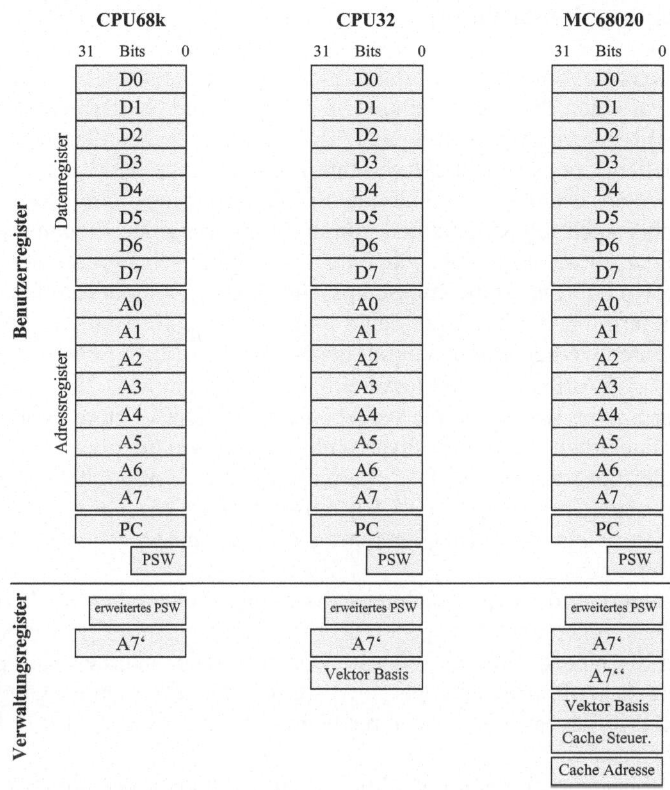

Abb. 5.10. Programmiermodell der Prozessorkerne CPU68k, CPU32 und MC68020

Insbesondere zeichnen sich die Prozessorkerne durch einen sog. **orthogonalen Befehlssatz** aus. Dies bedeutet, jeder Befehl lässt jede Adressierungsart zu. Durch die Kompatibilität des Befehlssatzes zur MC680XX-Mikroprozessorfamilie wird die Softwareentwicklung für MC683XX-Mikrocontroller erheblich erleichtert. So kann die Software zunächst auf einem auch zur Entwicklung nutzbaren Mikrorechnersystem getestet werden, bevor sie auf den Mikrocontroller übertragen wird.

CPU68k und CPU32 verarbeiten alle ganzzahligen Datentypen bis 64 Bit sowie Einzelbit-Datentypen. Gleitkommadaten werden durch das Fehlen des Gleitkomma-Coprozessors nicht direkt unterstützt. Entsprechende Operationen müssen in Software ausgeführt werden.

Die Bandbreite möglicher Taktfrequenzen reicht je nach Familienmitglied von 16 bis 66 MHz. Der CPU32-Prozessorkern im hier betrachteten MC68332 erlaubt eine maximale Taktfrequenz von 25 MHz, was zu einer Verarbeitungsleistung von ca. 2 – 5 MIPS (*Million Instructions Per Second*) führt.

5.2.2 Unterbrechungsbehandlung

Unterbrechungen werden vom MC68332 durch einen Vektor-Interrupt mit variablen Vektoren und variablen Prioritäten behandelt. Jeder internen Unterbrechungsquelle kann ein 8-Bit-Interruptvektor frei zugeordnet werden. Neben den internen Unterbrechungsquellen gibt es sieben externe Interrupt-Eingänge IRQ1 bis IRQ7. Auch hier kann jedem Eingang ein individueller Vektor zugeordnet werden. Daneben besteht aber auch die Möglichkeit, durch Aktivierung des Eingangssignals *Autovektor* jeden dieser Eingänge mit einem fest vorgegebenen Vektor zu verknüpfen. In diesem Fall muss eine angeschlossene externe Komponente keinen Interrupt-Vektor liefern. Ihr Aufbau kann daher einfacher ausfallen und die Interrupt-Aktivierungszeiten werden durch Wegfall der Vektorübertragung kürzer.

Tabelle 5.3 zeigt den Aufbau der Vektortabelle. Die Vektoren 65 – 255 können frei an externe oder interne Komponenten vergeben werden. Die Vektoren von 0 – 64 sind für Reset, Fehlerbehandlung, Software-Interrupts sowie die oben erwähnten Autovektor-Interrupts reserviert. Die Startadresse der Vektortabelle kann durch das Vektorbasisregister (vgl. Abb. 5.10) bestimmt werden. Durch die Adressbreite von 32 Bit belegt jeder Tabelleneintrag 4 Bytes (anstelle von 2 Bytes beim ATmega128A).

Die Prioritätensteuerung der Unterbrechungsverwaltung findet auf zwei Ebenen statt. Die obere Ebene unterstützt acht generelle Unterbrechungsprioritäten von 0 bis 7. 0 ist hierbei die niedrigste, 7 die höchste Priorität. Jeder internen Komponente kann frei eine dieser Prioritäten zugeordnet werden. Die externen Eingängen besitzen eine feste Priorität entsprechend ihrer Nummer, d.h., Eingang IRQ1 hat Priorität 1, IRQ2 Priorität 2 usw.

Durch ein 3-Bit Maskenregister (dieses Register ist Bestandteil des erweiterten Prozessorstatuswortes) können Unterbrechungen unterhalb einer vorgegebenen Priorität maskiert werden. Es werden nur Unterbrechungsanforderungen zur Bearbeitung angenommen, deren Priorität höher als der im Maskenregister stehende Wert ist. Enthält das Maskenregister beispielsweise den Wert 3, so werden nur Unterbrechungsanforderungen der Prioritäten 4 – 7 bearbeitet. Eine Ausnahme bildet die Priorität 7. Unterbrechungen dieser Ebene sind nicht maskierbar, d.h., sie werden auch ausgeführt, wenn das Maskenregister den Wert 7 enthält.

Alle internen Unterbrechungsquellen verfügen über eine zweite Ebene der Prioritätensteuerung in Form eines 4-Bit-Arbitrierungsregisters. Besitzen mehrere interne Komponenten in der ersten Ebene die gleiche Priorität (0 – 7), so entscheidet auf zweiter Ebene der Wert dieses Registers. Jede Priorität der ersten Ebene kann somit in 15 Prioritäten zweiter Ebene von 1 bis 15 unterteilt werden. 1 ist hierbei die niedrigste, 15 die höchste Priorität. Ein Wert von 0 im Arbitrierungsregister ist nicht zugelassen, in diesem Fall führt der Prozessorkern einen „fehlerhaften Interrupt“ (Vektor 24, siehe Tabelle 5.3) aus.

Tabelle 5.3. Interrupt-Vektortabelle des MC68332

	Adresse		Vektor	Unterbrechungsquelle
Vektorbasis +	0_h		0	Rücksetzen Kellerzeiger
	4_h		1	Rücksetzen Programmzähler
	8_h		2	Busfehler
	C_h		3	Adressfehler
	10_h		4	Ungültiger Befehl
	14_h		5	Division durch 0
	18_h		6	CHK Instruktionen
	$1C_h$		7	TRAP Instruktionen
	20_h		8	Privilegien-Verletzung
	24_h		9	Einzelschritt (Trace)
	28_h		10	Emulator 1
	$2C_h$		11	Emulator 2
	30_h		12	Hardware Breakpoint
	34_h		13	Reserviert
	38_h		14	Formatfehler
	$3C_h$		15	Formatfehler
	40_h	– $5C_h$	16-23	Reserviert
	60_h		24	Fehlerhafter Interrupt
	64_h		25	Autovektor 1
	68_h		26	Autovektor 2
	$6C_h$		27	Autovektor 3
	70_h		28	Autovektor 4
	74_h		29	Autovektor 5
	78_h		30	Autovektor 6
	$7C_h$		31	Autovektor 7
	80_h	– BC_h	32-47	Software Interrupt 0 –15
	$C0_h$	– FC_h	48-63	Reserviert
	100_h	– $3FC_h$	64-255	Benutzerdefinierbare Vektoren, freie Zuordnung zu Komponenten

Es ist anzumerken, dass Unterbrechungsanforderungen über die externen Interrupt-Eingänge IRQ1 – 7 der internen Unterbrechungsquelle „Erweiterungsmodul" (SIM) zugeordnet werden. Das Erweiterungsmodul besitzt daher ebenfalls ein Arbitrierungsregister, welches die Priorität zweiter Ebene für externe Unterbrechungen festlegt.

Wie Abb. 5.11 zeigt, enthält das Erweiterungsmodul auch einen 8 zu 3 Prioritäts-Encoder. Dieser Encoder komprimiert die sieben externen Unterbrechungseingänge zu einem 3-Bit-Code, wie er von den Mikroprozessoren der MC680XX Familie bekannt ist und in gleicher Form von der CPU32 verarbeitet wird.

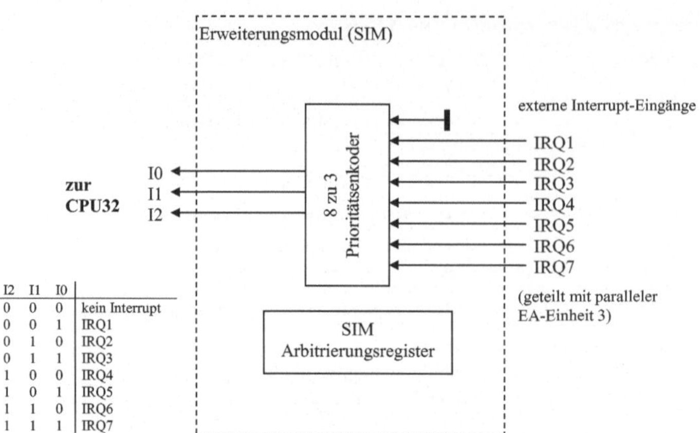

Abb. 5.11. Unterbrechungsverarbeitung im Erweiterungsmodul des MC68332

5.2.3 Speicher und Adressraum

Abbildung 5.12 zeigt den Adressraum des MC68332. Es wird eine gemeinsame Adressierung benutzt, die Ein-/Ausgabeeinheiten und Zähler/Zeitgeber sind in den Speicheradressraum integriert. Die Position dieser Einheiten im Adressraum kann durch ein Bit (MM) in einem Steuerregister des Erweiterungsmoduls (SIM) wahlweise auf die Startadresse $7FF000_h$ oder $FFF000_h$ ganz an das Ende des Adressraums gelegt werden.

Das interne RAM kann durch ein weiteres Steuerregister auf jede 2 KByte Grenze innerhalb des Adressraums geschoben werden. Bei Überlappungen mit anderen Adressbereichen hat das interne RAM Priorität. Würde es etwa in den Adressbereich der Ein-/Ausgabeeinheiten positioniert werden, wären diese nicht mehr zugänglich. Zwei besondere Eigenschaften zeichnen das interne RAM aus: zum einen kann es mittels einer Batterie gepuffert werden, d.h., sein Inhalt geht dann bei Abschaltung der restlichen Versorgungsspannung des Mikrocontrollers nicht verloren. Zweitens kann dieses RAM als Mikrocodespeicher für den Zähler-/Zeitgeber-Coprozessor (TPU) genutzt werden. Hierdurch erhält der Anwender die Möglichkeit, dieses normalerweise in einem Festwertspeicher innerhalb der TPU abgelegte Mikroprogramm zu ändern und somit den Funktionsumfang der TPU zu modifizieren. Nähere Informationen über die TPU finden sich im nächsten Abschnitt.

Die Interrupt-Vektortabelle kann wie bereits dargestellt auf jeder Adresse des Adressraums beginnen.

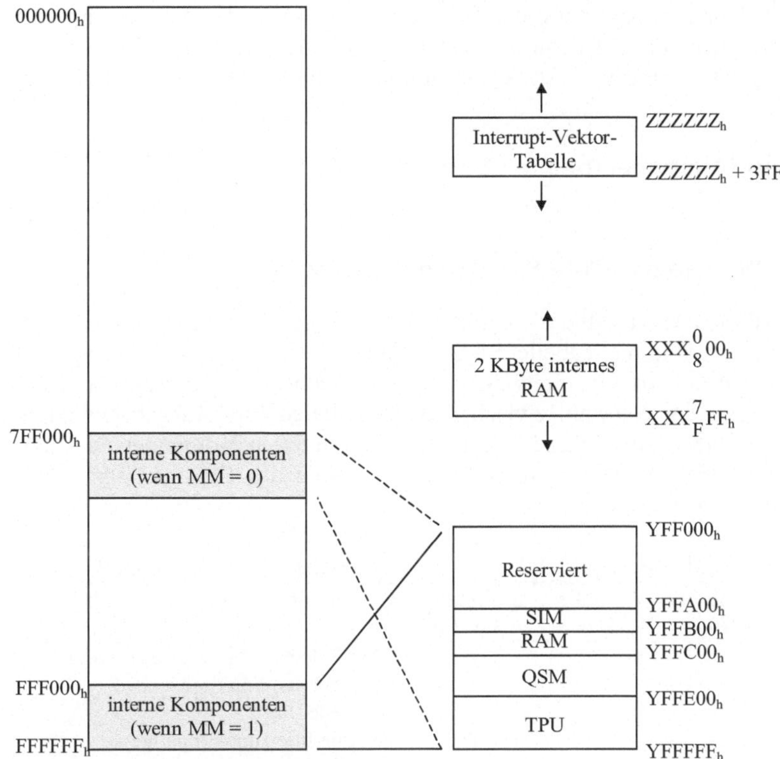

Abb. 5.12. Speicherabbild des MC68332

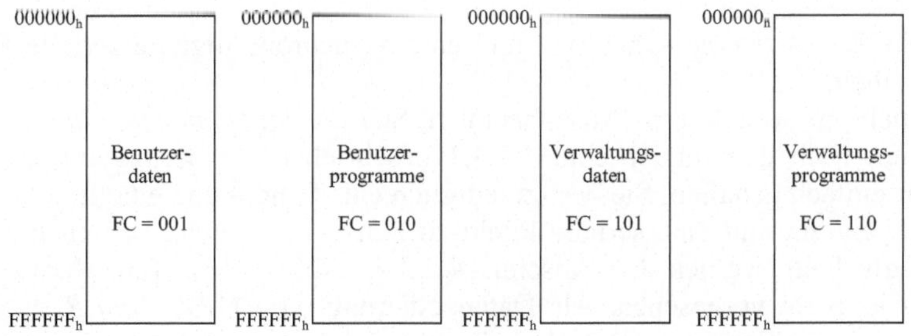

Abb. 5.13. Vier Adressräume bei Auswertung der Funktionscodes (FC)

Der gesamte verfügbare Adressraum des MC68020 ist bedingt durch die max. 24 externen Adressbits auf 16 MBytes (000000_h – $FFFFFF_h$) beschränkt. Allerdings stellt der Prozessorkern bei jedem Datentransfer über drei spezielle Leitungen sog. **Funktionscodes** (FC) zur Verfügung. Diese Funktionscodes unterscheiden Daten von Programmzugriffen und Benutzerzugriffe von privilegierten Verwaltungszugriffen. Durch Auswertung der Funktionscodes kann der Adressraum vervierfacht werden. Er enthält dann einen getrennten Code- und Datenbereich für Benutzerprogramme und Verwaltungsprogramme. Abbildung 5.13 skizziert dies.

5.2.4 Ein-/Ausgabeeinheiten und Zähler/Zeitgeber

5.2.4.1 Digitale parallele Ein-/Ausgabeeinheiten

Der MC68332 besitzt 4 digitale parallele Ein-/Ausgabeeinheiten, insgesamt stehen 31 Bits zur Verfügung. Tabelle 5.4 gibt einen Überblick. Die Richtung der bidirektionalen Bits kann einzelbitweise über entsprechende Steuerregister festgelegt werden. Auch die Auswahl zwischen den parallelen Ein-/Ausgabeeinheiten und den um dieselben Anschlüsse konkurrierenden anderen Komponenten kann einzelbitweise erfolgen. Diese Auswahl erfolgt durch das Erweiterungsmodul und wird in Abschn. 5.2.5 genauer beschrieben.

Tabelle 5.4. Digitale parallele Ein-/Ausgabeeinheiten des MC68332

Einheit	Eingabe-Bits	Ausgabe-Bits	Bidirektionale Bits	Geteilt mit
1	-	7	-	Chip Select, Adressen des Erweiterungsbusses, Funktionscodes
2	-	-	8	Bussteuerung
3	-	-	8	Externe Interrupt-Eingänge
4	-	-	8	Serielle Ein-/Ausgabeeinheit

5.2.4.2 Digitale serielle Ein-/Ausgabeeinheiten

Der MC68332 besitzt eine synchrone und eine asynchrone digitale serielle Ein-/Ausgabeeinheit.

Die asynchrone serielle Ein-/Ausgabeeinheit SCI (*Serial Communication Interface*) arbeitet nach dem in Abschn. 4.2.3.1 beschriebenen Übertragungsprinzip und ist sehr einfach gehalten. Sie besitzt lediglich eine Sende- und eine Empfangsleitung. Es kann hiermit eine serielle Punkt-zu-Punkt-Verbindung zwischen zwei Partnern aufgebaut werden (s. Abschn. 4.2.3.4, Abb. 4.16). Ein Hardware-Handshake ist nicht vorgesehen. Als Datencodierung wird NRZ (*Non Return to Zero*) benutzt, die Schrittgeschwindigkeit der Übertragung kann zwischen 75 Baud und 131072 Baud variiert werden.

Die synchrone serielle Ein-/Ausgabeeinheit trägt den Name QSPI (*Queued Serial Peripheral Interface*) und stellt eine Erweiterung der SPI-Einheit, wie sie etwa im ATmega128A zu finden ist. Sie erlaubt ebenfalls den Aufbau eines synchronen, seriellen Busses (vgl. Abschn. 5.1.4 und 4.2.3.4), fügt jedoch eine Warteschlange (*Queue*) hinzu. Abbildung 5.14 zeigt die Unterschiede zur einfachen SPI-Einheit. Der Prozessorkern muss nun nicht mehr das Ende eines einzelnen Transfers abwarten, sondern kann in die Warteschlange schreiben bzw. aus der Warteschlange lesen. Daneben können nun auch über vier Steuerausgänge (PCS0 – PCS3) Slave-Select-Signale aus der Warteschlange erzeugt werden. Slave-Select-Signale dienen der Auswahl desjenigen Slaves, mit dem der Master über den SPI-Bus kommunizieren will (siehe Abschn. 4.2.3.4). Somit kann der MC68332 für jeden einzelnen SPI-Datentransfer, den er als Master ausführt, einen von bis zu 16 möglichen Slaves als Ziel auswählen. Abbildung 5.15 skizziert den hierzu notwendigen Aufbau.

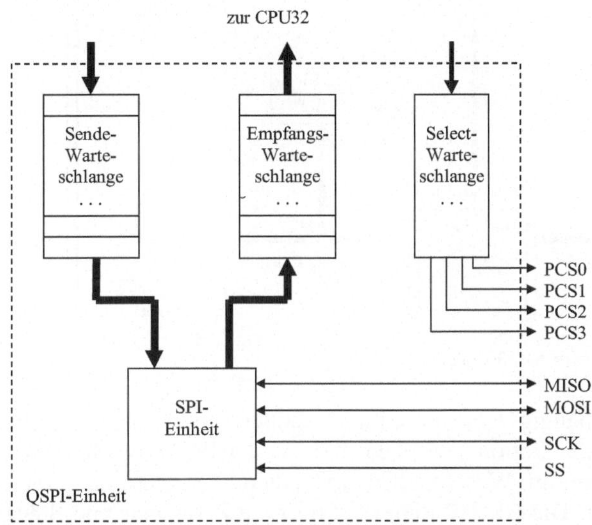

Abb. 5.14. Erweiterung einer SPI-Einheit zur QSPI-Einheit des MC68332

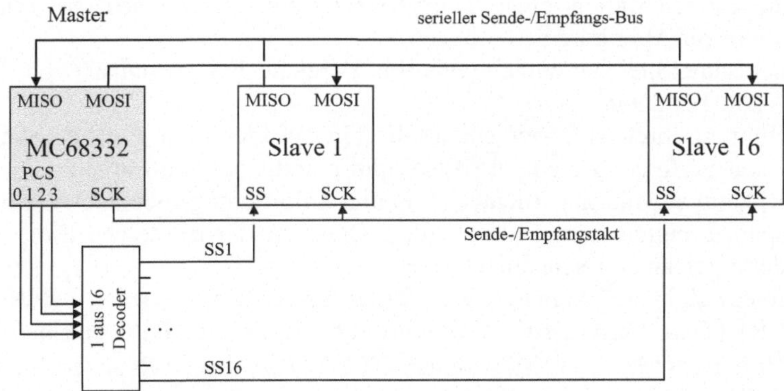

Abb. 5.15. Auswahl von bis zu 16 Slaves am SPI Bus des MC68332

5.2.4.3 Zähler und Zeitgeber

Die Zähler- und Zeitgebereinheit des MC68332 besteht aus einem eigenständigen, mikroprogrammierten Coprozessor, der TPU (*Time Processor Unit*). Abbildung 5.16 zeigt den Aufbau dieser Einheit.

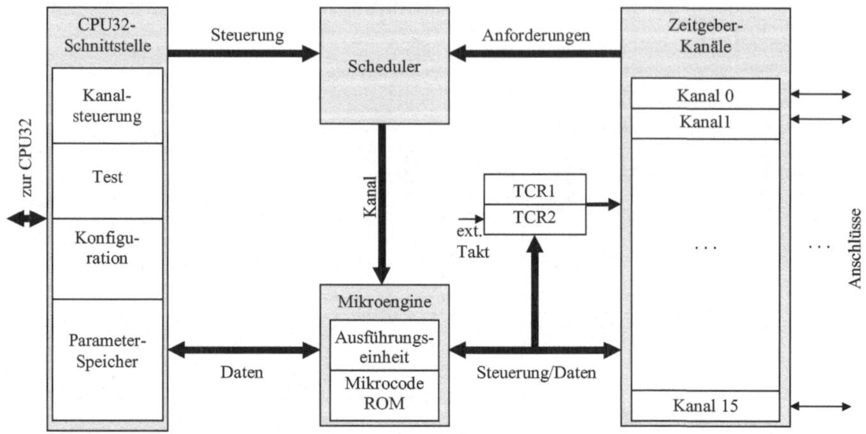

Abb. 5.16. Aufbau der TPU im MC68332

Die TPU kann unabhängig von der CPU32 Zähler- und Zeitgeberaufgaben durchführen. Die Kommunikation zwischen TPU und CPU32 erfolgt über die **CPU32-Schnittstelle**, die im Wesentlichen aus einem gemeinsamen Speicher (*shared memory*) besteht. Die CPU32 hinterlegt dort die Parameter und Steuerinformationen für eine durchzuführende Zähler- oder Zeitgeberoperation. Die TPU holt diese Werte zur passenden Zeit ab und führt die Aktion durch. Die Ergebnisse werden ebenfalls durch den gemeinsamen Speicher übermittelt. Zusätzlich kann die TPU die CPU32 mittels einer Unterbrechungsanforderung benachrichtigen, dass Ergebnisse zur Abholung bereit liegen.

Der gemeinsame Speicher enthält weiterhin Bereiche zum Austausch von Konfigurations- und Testdaten.

Zur Ausführung ihrer Aufgaben enthält die TPU 16 identische **Zeitgeberkanäle**. Jeder Kanal verfügt über eine 16-Bit-Capture-und-Compare-Einheit. Ein Kanalanschluss kann sowohl zur Eingabe (Capture-Anforderung) wie auch zur Ausgabe (Compare-Ereignis) verwendet werden. Daneben werden solche Ereignisse und Anforderungen an den Scheduler gemeldet.

Als Referenz-Zeitbasis können zwei **freilaufende 16-Bit-Zähler** verwendet werden: TCR1 (*Time Count Register 1)* wird mit dem Systemtakt über einen einstellbaren Vorteiler (÷4, ..., ÷256) betrieben. TCR2 (*Time Count Register 2)* erhält seinen Takt über einen externen Eingang. Auch diese Taktrate kann durch einen einstellbarer Vorteiler (÷1, ..., ÷8) reduziert werden.

Ein **Scheduler** koordiniert die Bedienanforderungen der einzelnen Zeitgeberkanäle. Er bestimmt, ob und wann ein Kanal durch die Mikroengine bedient wird.

Mögliche Anforderungsquellen sind etwa ein Treffer der Compare-Einheit eines Kanals, eine Capture-Anforderung an einen Kanal, eine Bedienanforderung der CPU32 oder ein sog. *Link*. Ein Link stellt eine Verbindung eines Kanals zu einem anderen Kanal her. Hierdurch kann ein Ereignis bei einem Kanal (z.B. ein Compare-Treffer) eine Aktion bei einem anderen Kanal (z.B. Einfangen des Zählerstandes durch die Capture-Einheit) auslösen.

Für die Bearbeitung von Bedienanforderungen kann jedem Kanal eine von drei verschiedenen Prioritäten zugewiesen werden (nieder, mittel, hoch). Der Scheduler garantiert darüber hinaus die Bearbeitung einer Anforderung innerhalb einer definierten Latenzzeit.

Die **Mikroengine** ist die zentrale Steuereinheit, welche alle Abläufe der TPU koordiniert. Sie bearbeitet eine Bedienungsanforderung gemäß der jeweiligen Kanalfunktion mittels eines Mikroprogramms. Dieses Mikroprogramm befindet sich normalerweise in einem Festwertspeicher (ROM) innerhalb der Mikroengine und ist somit vom Hersteller fest vorgegeben. Es besteht jedoch die Möglichkeit, ein vom Benutzer geschriebenes Mikroprogramm in das interne 2 KByte große RAM des Mikrocontrollers zu laden. Dieses Mikroprogramm wird dann anstelle des Mikroprogramms im ROM ausgeführt. Der Anwender erhält dadurch die Möglichkeit, die Funktionen der TPU flexibel auf seine Bedürfnisse anzupassen.

Mit dem Standard-Mikroprogramm des Herstellers können die Zeitgeberkanäle der TPU (einzeln oder in Zusammenarbeit mehrerer Kanäle) im Wesentlichen folgende Grundfunktionen ausführen:

- *Input-Capture / Input Transition Counter (ITC)*
  Nach einer vorgebbaren Anzahl von 1 bis n Flanken am Eingangssignal des Kanals wird der Wert von TCR1 oder TCR2 eingefangen. Gleichzeitig kann bei der CPU32 eine Unterbrechung ausgelöst oder ein Link auf bis zu 8 weitere Kanäle hergestellt werden, die daraufhin eine Aktion durchführen.

- *Output-Compare (OC)*
  Der Kanal erzeugt ein Ausgabesignal, eine Unterbrechung oder einen Link zu einem anderen Kanal bei einem vorgegebenen Zählerstand von TCR1 oder TCR2. Der Start dieser Funktion kann z.B. durch eine CPU32-Anforderung oder durch einen Link von einem anderen Kanal ausgelöst werden.

- *Pulsweitenmodulation (PWM, Pulse-Width Modulation)*
  Der Kanal erzeugt ein pulsweitenmoduliertes Signal. Es besteht darüber hinaus die Möglichkeit, pulsweitenmodulierte Signale mehrerer Kanäle zu synchronisieren.

- *Schrittmotoransteuerung (SM, Stepper Motor)*
  Hier werden 2, 4 oder 8 Kanäle zur Ansteuerung eines Schrittmotors mit richtiger Phase und Beschleunigung zusammengefasst.

- *Perioden-/Pulsweiten-Akkumulator (PPWA, Period-/Pulse-Width Accumulation)*
  Diese Funktion misst und addiert Pulsweiten oder Periodenlängen von Eingangssignalen. Es kann so auch ein Mittelwert über einen längeren Zeitraum hinweg bestimmt werden.

- *Frequenzmessung (FQM, Frequency Measurement)*
  Wie der Name sagt, bestimmt diese Betriebsart die Frequenz von Eingangssignalen.

- *Quadratur-Decodierung (QDEC, Quadrature Decode)*
  Zwei Kanäle erkennen die Drehrichtung einer Welle durch Auswertung zweier phasenversetzter Signale (vgl. Abschn. 4.3.1).

- *Periodenmessung mit fehlendem/zusätzlichem Zahn (PMM, PMA, Period Measurement with Missing/Additional Tooth)*
  Diese Funktion misst die Umdrehungsgeschwindigkeit und den Drehwinkel eines Zahnrades anhand eines zusätzlichen oder fehlenden Zahnes, der die Nullposition des Zahnrades kennzeichnet.

- *Erzeugung positionssynchronisierter Impulse (PSP, Position Synchronized Pulse)*
  Hier wird bei einer bestimmten Drehwinkelposition eines Zahnrads ein Impuls erzeugt (z.B. zur Zündung eines Verbrennungsmotors).

- *Asynchrone serielle Schnittstelle (UART, Universal Asynchronous Receiver/Transmitter)*
  Jeder Zeitgeberkanal kann auch als asynchrone serielle Schnittstelle zum Datenaustausch benutzt werden.

- *Diskretes Ein-/Ausgabebit (DIO, Discrete Input/Output)*
  Jeder Zeitgeberkanal kann ebenso als Ein-/Ausgabebit im Sinne einer digitalen parallelen Ein-/Ausgabeschnittstelle verwendet werden. Es stehen somit bis zu 16 weitere parallele Ein-/Ausgabebits zur Verfügung, wenn der zugehörige Kanal nicht für Zeitgeberfunktionen benötigt wird.

Das Konzept einer autonomen TPU entlastet den Prozessorkern und vereinfacht die Programmierung. Viele Zeitgeberfunktionen können weitgehend selbständig durchgeführt werden, während der Prozessorkern andere Aufgaben erledigen kann. So wird z.B. eine Quadratur-Decodierung durch einfaches Beauftragen der TPU eigenständig erledigt. Bei einer konventionellen Zähler- und Zeitgebereinheit wie etwa beim ATmega128A muss der Anwender hierfür ein Programm schreiben, das vom Prozessorkern ausgeführt wird und die entsprechenden Zeitgeberkanäle steuert.

5.2.5 Erweiterungsbus

Für die Anbindung externer Komponenten an den MC68332 ist das Erweiterungsmodul (SIM, *System Integration Modul*) verantwortlich. Abbildung 5.17 zeigt die Bestandteile dieses Moduls.

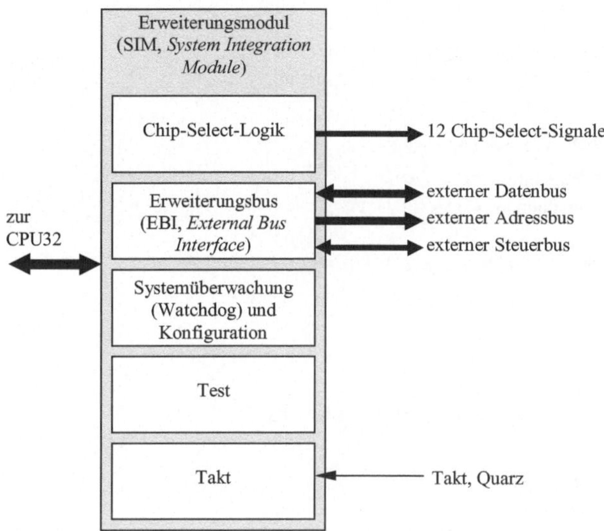

Abb. 5.17. Bestandteile des Erweiterungsmoduls im MC68332

Wir wollen hier den Erweiterungsbus sowie die für diesen Bus sehr interessante Chip-Select-Logik genauer betrachten. Der Erweiterungsbus (Abb. 5.18) entspricht im Wesentlichen der Busschnittstelle des MC68020-Mikroprozessors. Lediglich die Datenbusbreite wurde von 32 auf 16 Bit und die Adressbusbreite von 32 auf 24 Bit reduziert. Der Bus arbeitet nicht im Multiplexbetrieb und besitzt neben den eigentlichen Daten- und Adressleitungen eine Reihe von Signalen zur Steuerung der Daten- und Adressübertragung, zur Buszuteilung (wenn mehrere Mikrocontroller oder Prozessoren sich den Bus teilen), zur Ausnahme- und Fehlerbehandlung sowie zur Unterbrechungsanforderung (vgl. Abschn. 5.2.2).

Sollen externe Komponenten wie z.B. Speicher oder Ein-/Ausgabeeinheiten an diesen Erweiterungsbus angeschlossen werden, so ist eine Adressdecodierung erforderlich, um die Komponenten im Adressraum des Mikrocontrollers zu platzieren, siehe Abschn. 4.2.1. Daher ist normalerweise ein externer Adressdecoder nötig, um einen externen Speicher oder externe Ein-/Ausgabeeinheiten an einen Mikrocontroller anzubinden. Das Erweiterungsmodul des MC68332 verfügt nun bereits über integrierte, programmierbare Adressdecoder, welche diese Aufgabe übernehmen können. Dieser „Chip-Select-Logik“ genannte Teil des Erweiterungsmoduls erlaubt es, bis zu 12 Auswahl Signale (*Chip Selects*) für externe

Komponenten in programmierbaren Adressbereichen zu erzeugen. Externe Adressdecoder können somit entfallen.

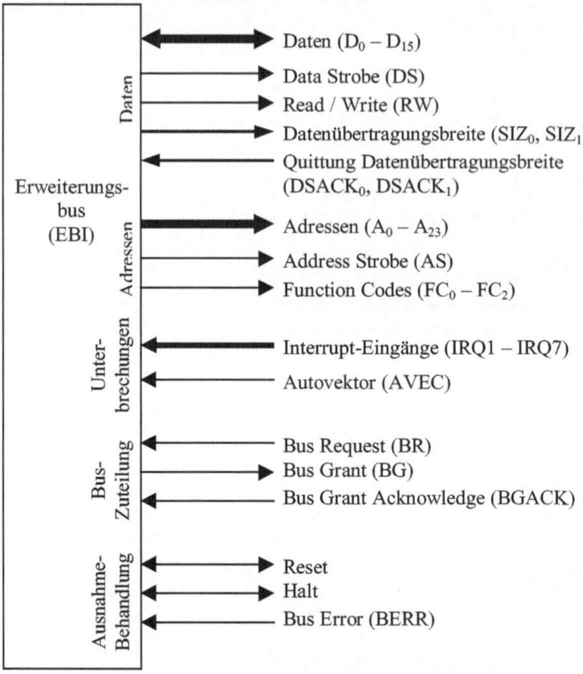

Abb. 5.18. Erweiterungsbus des MC68332

Abbildung 5.19 zeigt den Aufbau eines der 12 Kanäle der Chip-Select-Logik. Über ein Adressregister kann der gewünschte Adressbereich programmiert werden. Sobald der Adressvergleicher eine gültige Adresse innerhalb dieses Bereiches auf dem internen Adressbus entdeckt, löst er über die Signalsteuerung ein Chip Select aus. Die Signalsteuerung hat die Aufgabe, für das richtige Zeitverhalten dieses Signals zu sorgen. Hiermit kann dann ein externer Speicher oder eine externe Ein-/Ausgabeeinheit aktiviert werden, die so im programmierten Adressbereich platziert wird.

Zusätzlich zum Adressbereich kann ein Steuersignalmuster in das Steuersignalregister geschrieben werden. In diesem Fall wird das Chip-Select-Signal nur dann erzeugt, wenn sich die Adresse im programmierten Adressbereich befindet und zusätzlich die Steuersignale mit dem programmierten Muster übereinstimmen. Ein einfaches Anwendungsbeispiel hierfür wäre etwa, ein Chip Select nur bei einem Lesezugriff auf einen bestimmten Adressbereich zu erzeugen (z.B. zur Ansteuerung eines Festwertspeichers). In diesem Fall würde für das Steuersignal RW (*Read/Write*: 1 = Lesen, 0 = Schreiben) der Wert 1 in das Steuersignalregister geschrieben.

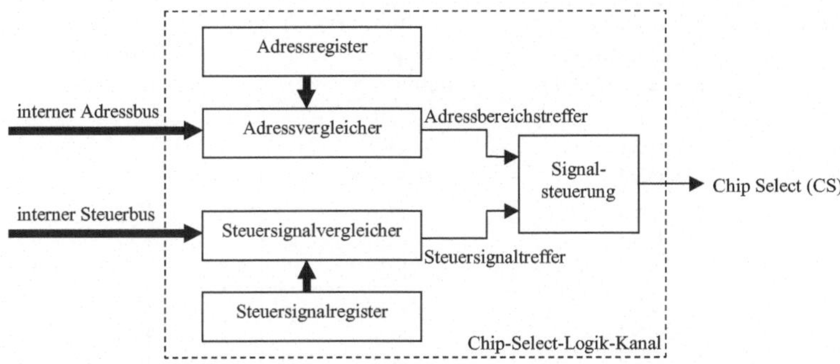

Abb. 5.19. Ein Kanal der Chip-Select-Logik des MC68332

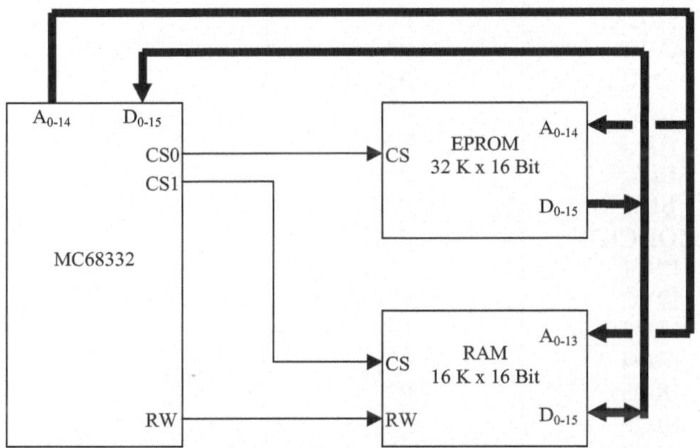

Abb. 5.20. Anbindung von externem Speicher an den MC68332

Abbildung 5.20 zeigt ein Beispiel, bei dem ein externes EPROM und ein externes RAM an den Erweiterungsbus des MC68332 angeschlossen werden. Man sieht, dass durch die Chip-Select-Logik keine weiteren externen Komponenten erforderlich sind. Das EPROM wird durch Kanal 0 (CS0), das RAM durch Kanal 1 (CS1) der Chip-Select-Logik aktiviert. Die Adressbereiche für beide Speicherbausteine werden durch Programmieren der Adressregister in den Kanälen festgelegt. Da das EPROM nur gelesen werden kann, wird CS0 durch zusätzliches Programmieren des Steuersignalregisters nur bei Lesezugriffen auf den gewünschten Adressbereich erzeugt. Die Datenübertragungsrichtung für das RAM, welches sowohl bei Lese- wie auch bei Schreibzugriffen aktiv ist, wird durch das RW-Signal bestimmt.

Die Chip-Select-Logik ermöglicht somit eine einfache und sehr flexible Anbindung externer Komponenten.

Tabelle 5.5. Variable Anschlussbelegung des Erweiterungsmoduls im MC68332

Datenleitung	Standard-konfiguration (Datenleitung = 1)	1. Alternativ-konfiguration (Datenleitung = 0)	2. Alternativ-konfiguration (Steuerregister)
D_1	CS0 CS1 CS2	BR BG BGACK	
D_2	CS3 CS4 CS5	FC_0 FC_1 FC_2	$P1_0$ $P1_1$ $P1_2$
$D_3 - D_7$	CS6 CS7 CS8 CS9 CS10	A_{19} A_{20} A_{21} A_{22} A_{23}	$P1_3$ $P1_4$ $P1_5$ $P1_6$ Ext. Takt
D_8	$DSACK_0$ $DSACK_1$ AVEC RMC AS DS SIZ_0 SIZ_1	$P2_0$ $P2_1$ $P2_2$ $P2_3$ $P2_4$ $P2_5$ $P2_6$ $P2_7$	
D_9	MODCK IRQ1 IRQ2 IRQ3 IRQ4 IRQ5 IRQ6 IRQ7	$P3_0$ $P3_1$ $P3_2$ $P3_3$ $P3_4$ $P3_5$ $P3_6$ $P3_7$	

Das Erweiterungsmodul legt weiterhin die aktuelle Bedeutung der mehrfach belegten Anschlüsse der externen Busschnittstelle fest. Die Datenleitungen $D_0 - D_{15}$ sowie die Adressleitungen $A_0 - A_{18}$ besitzen ihre Anschlüsse exklusiv, d.h., sie stehen immer zur Verfügung. Die Adressleitungen $A_{19} - A_{23}$, ein Teil der Steuerleitungen, die externen Interrupt-Eingänge und die Chip-Select-Signale müssen sich jedoch Anschlüsse teilen. Das Erweiterungsmodul bestimmt die Anschlusskonfiguration durch Einlesen der Datenbusleitungen $D_0 - D_{15}$ während des Rücksetzens. Der Pegel ausgewählter Datenbusleitungen bei Aktivierung des Reset-Signals legt die Bedeutung der Anschlüsse fest. Tabelle 5.5 zeigt die möglichen Anschlusskonfigurationen in Abhängigkeit der Datenleitungspegel zum Zeitpunkt des Rücksetzens.

Eine Reihe von Anschlüssen sind insgesamt dreifach belegt. Für diese Anschlüsse kann die zusätzliche Alternative (2. Alternativkonfiguration in Tabelle 5.5) durch ein Steuerregister des Erweiterungsmoduls ausgewählt werden.

5.3 PXA270 – ein Hochleistungs-Mikrocontroller

Der PXA270 ist ein Hochleistungs-Mikrocontroller von Marvell. Er ist ein Mitglied der PXA-Familie, welche ursprünglich von Intel im Rahmen der *Intel Personal Internet Client Architecture* (PCA) [Intel 2001] entwickelt wurde und Bausteine zur Entwicklung mobiler, drahtloser Anwendungen zur Verfügung stellt, wie sie im Rahmen des ubiquitären (allgegenwärtigen) Rechnens benötigt werden. Im Jahr 2006 wurde die komplette PXA Sparte an die Firma Marvell verkauft, welche die Entwicklung seitdem weiterführt. Gemäß der Ausrichtung auf den mobilen, drahtlosen und ubiquitären Bereich ist der PXA270 ein auf Kommunikationsanwendungen spezialisierter Mikrocontroller, dessen Komponenten für Internet, Multimedia und drahtlose Kommunikation optimiert sind. Er ist in wesentlichen Teilen zu den Intel Vorgängern PXA250 und PXA255 kompatibel.

Die PXA-Familie stellt eine Weiterentwicklung der StrongARM-Familie von Intel dar. Die PXA-Mikrocontroller benutzen einen 32-Bit-RISC-Prozessorkern, der die ARM-Architektur Version 5TE ([ARM 2006], [Seal 2000]) implementiert. Dies ist ein wesentliches Unterscheidungsmerkmal zu den StrongARM-Mikrocontrollern, die nur die Version 4 dieser Architektur realisierten. Version 5TE zeichnet sich insbesondere durch einen komprimierbaren Befehlssatz sowie Signalprozessor-Elemente aus. Das Komprimieren des Befehlssatzes erhöht die Code-Dichte und reduziert so den Energieverbrauch (vgl. Kapitel 3.6.2). Auch hinsichtlich der peripheren Komponenten ist die PXA-Familie eine Weiterentwicklung der StrongARM-Familie.

Die Leistungsklasse des PXA270 liegt deutlich über der des im vorigen Abschnitt besprochenen MC68332. Neben der leistungsfähigeren RISC-Architektur verfügt der PXA270 über eine um mehr als den Faktor 10 höhere Taktfrequenz, einen vollen 32-Bit-Datenbus, einen Daten- und Befehls-Cache sowie eine virtuelle Speicherverwaltung. Die folgende Aufstellung gibt einen Überblick über seine wesentlichen Eigenschaften:

- Prozessorkern
  - skalare RISC-Architektur ARM Version 5TE
  - Taktfrequenz bis 624 MHz
  - 32 Bit Datenbus, 32 Bit Adressbus
  - Virtuelle Speicherverwaltung für Daten und Befehle
  - 32 KByte Befehls-Cache
  - 32 KByte Daten-Cache
  - 2 KByte Mini-Daten-Cache zur Aufnahme von Datenströmen
  - Erweiterte Multiplikations-/Additionseinheit für Signalverarbeitung
  - komprimierbarer Befehlssatz
  - Multimedia Coprozessor
  - Ruhebetrieb

- Speicher
  - 256 KByte statischer Speicher (zusätzlich zu den bereits genannten Caches)

  - Schnittstelle für verschiedene Speichertypen (ROM, FlashRAM, statisches RAM, dynamisches RAM, PC-Karten, Multimedia-Karten, ...)

- Zeitgeber und Ein-/Ausgabeeinheiten
  - 119 Bit breite parallele Ein-/Ausgabe
  - 3 synchrone serielle Ein-/Ausgabeschnittstellen
  - 3 asynchrone serielle Ein-/Ausgabeschnittstelle, davon eine optimiert für den Bluetooth-Funkstandard
  - 1 serielle Infrarot-Schnittstelle
  - 2 USB-Schnittstellen
  - 1 serielle I^2C-Schnittstelle
  - 1 serielle Audio-Schnittstelle (I^2S)
  - 1 Audiocontroller
  - 1 Highspeed Chip zu Chip Schnittstelle (Mobile Serial Link)
  - 1 Tastaturschnittstelle
  - 1 USIM (Universal Subscriber Identity Module) Schnittstelle für Mobiltelefonie
  - 1 Kameraschnittstelle
  - 1 LCD-Anzeigecontroller
  - 32 DMA-Kanäle
  - 1 Echtzeit-Zähler
  - 1 Zähler mit 4 Compare-Einheiten und Watchdog-Funktion
  - 8 Zeitgeber
  - 4 Pulsweitenmodulatoren
  - vollständiger Erweiterungsbus mit 32 Bit Daten und 26 Bit Adressen

Abbildung 5.21 skizziert den Aufbau des Mikrocontrollers. Man sieht, dass bei diesem Mikrocontroller praktisch jede Komponente ihre eigenen, individuellen Anschlüsse besitzt. Lediglich die parallelen sowie einige der seriellen Ein-/Ausgabeeinheiten müssen sich die Anschlüsse mit anderen Komponenten teilen. Hierdurch sind nahezu alle internen Komponenten gleichzeitig verfügbar. Dies ist eine in dieser Leistungsklasse sinnvolle Maßnahme, der durch Verwendung eines 356-poligen Gehäuses Rechnung getragen wird. Intern verfügt der Mikrocontroller eigentlich sogar über 121 Bit parallele Ein-/Ausgabe, von denen jedoch nur die in obiger Aufzählung erwähnten 119 Bit nach außen geführt sind. Es existieren daneben auch noch die Varianten PXA271 mit zusätzlichen 32 MByte Festwertspeicher und 32 MByte dynamischem Schreiblesespeicher sowie PXA272 mit 64 MByte Festwertspeicher. Diese besitzen ein 360-poliges Gehäuse, bei dem auch alle 121 parallelen Ein-/Ausgabe-Bits nach außen geführt sind.

Die Ausrichtung des Mikrocontrollers auf Kommunikationsaufgaben wird durch die große Anzahl der verfügbaren Ein-/Ausgabeschnittstellen deutlich. Im Vergleich zu dem auf Steuerungsaufgaben zugeschnittenen MC68332 überwiegen hier deutlich die Ein-/Ausgabeeinheiten gegenüber den Zählern und Zeitgebern.

Im Folgenden wollen wir die einzelnen Komponenten genauer betrachten. Für weitergehende Detail-Informationen sei auf das Datenbuch des Mikrocontrollers

[Marvell 2010] sowie die ARM Architektur ([ARM 2010], [Seal 2000]) verwiesen.

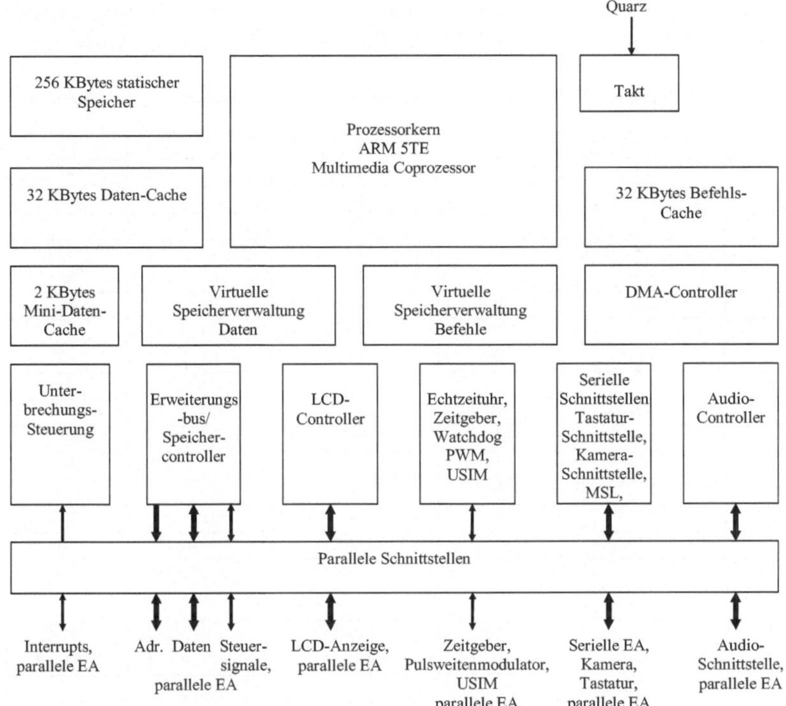

Abb. 5.21. Aufbau des Mikrocontrollers PXA270

5.3.1 Prozessorkern

Mit einer Taktfrequenz von 624 MHz ist der RISC-Prozessorkern des PXA270 bei Mikrocontrollern im Hochleistungsbereich anzusiedeln. Die *XScale* genannte Mikroarchitektur besteht aus einer 7-stufigen skalaren Pipeline, einer spekulativen Befehlsausführung mit 2-Bit-Sprungvorhersage, einer Hochleistungs-ALU mit schnellem Multiplizierer und Addierer, einem getrennten Daten- und Befehls-Cache von jeweils 32 KBytes Größe sowie einem 2 KByte Mini-Daten-Cache. Dieser Mini-Daten-Cache hat die Aufgabe, Datenströme (z.B. von Multimedia-Anwendungen) zu puffern, die sonst den normalen Daten-Cache füllen und blockieren würden. Hierdurch können Datenströme mit vollem Prozessortakt bearbeitet werden.

Die *XScale*-Mikroarchitektur implementiert die ARM-RISC-Architektur. Diese Architektur wurde Anfang 1990 eingeführt und seitdem konsequent weiterentwickelt. Der Prozessorkern des PXA270 basiert auf der Version 5TE von 1999. Diese Version beinhaltet noch keine Java-Unterstützung (Jazelle, eingeführt im Jahr 2000 mit Version 5TEJ) sowie keine SIMD-Multimedia-Erweiterungen (ab Version 6). Dafür enthält sie gegenüber der bei den StrongARM-Mikrocontrollern noch verwendeten Version 4 Code-Komprimierung und aus dem Signalprozessorbereich entlehnte Multiplizierer und Addierer (siehe später in diesem Abschnitt).

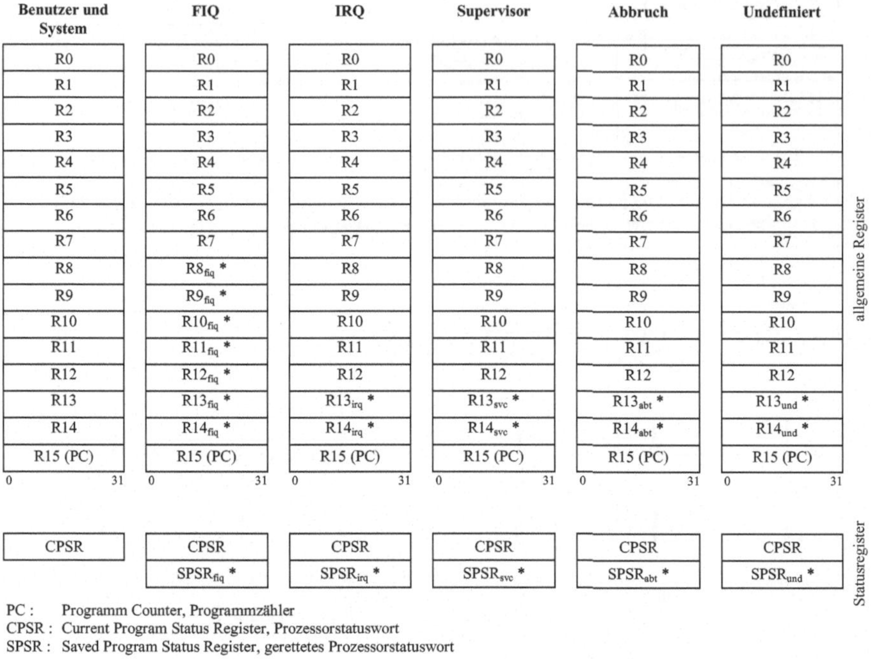

Benutzer und System	FIQ	IRQ	Supervisor	Abbruch	Undefiniert	
R0	R0	R0	R0	R0	R0	allgemeine Register
R1	R1	R1	R1	R1	R1	
R2	R2	R2	R2	R2	R2	
R3	R3	R3	R3	R3	R3	
R4	R4	R4	R4	R4	R4	
R5	R5	R5	R5	R5	R5	
R6	R6	R6	R6	R6	R6	
R7	R7	R7	R7	R7	R7	
R8	$R8_{fiq}$ *	R8	R8	R8	R8	
R9	$R9_{fiq}$ *	R9	R9	R9	R9	
R10	$R10_{fiq}$ *	R10	R10	R10	R10	
R11	$R11_{fiq}$ *	R11	R11	R11	R11	
R12	$R12_{fiq}$ *	R12	R12	R12	R12	
R13	$R13_{fiq}$ *	$R13_{irq}$ *	$R13_{svc}$ *	$R13_{abt}$ *	$R13_{und}$ *	
R14	$R14_{fiq}$ *	$R14_{irq}$ *	$R14_{svc}$ *	$R14_{abt}$ *	$R14_{und}$ *	
R15 (PC)	R15 (PC)	R15 (PC)	R15 (PC)	R15 (PC)	R15 (PC)	
0 31	0 31	0 31	0 31	0 31	0 31	
CPSR	CPSR	CPSR	CPSR	CPSR	CPSR	Statusregister
	$SPSR_{fiq}$ *	$SPSR_{irq}$ *	$SPSR_{svc}$ *	$SPSR_{abt}$ *	$SPSR_{und}$ *	

PC : Programm Counter, Programmzähler
CPSR : Current Program Status Register, Prozessorstatuswort
SPSR : Saved Program Status Register, gerettetes Prozessorstatuswort

Abb. 5.22. Programmiermodell der ARM-Architektur bzw. des PXA270

Abbildung 5.22 zeigt das Programmiermodell der ARM-Architektur. Die Anzahl der Register ist RISC-typisch hoch. Insgesamt stehen 37 Register zur Verfügung, davon sind 31 allgemein verwendbare 32-Bit-Register und 6 Statusregister. Allerdings sind nur 16 allgemeine Register und je nach Betriebsart 1 oder 2 Statusregister gleichzeitig zugänglich. Beim Wechsel der Betriebsart werden die in Abb. 5.22 mit einem * gekennzeichneten Register durch Register einer der jeweiligen Betriebsart zugeordneten Registerbank ersetzt. So wechselt der Prozessorkern z.B. bei einer externen Unterbrechung (FIQ, *Fast Interrupt Request*, siehe Abschn. 5.3.2) von der normalen System- und Benutzerbetriebsart in die FIQ-Betriebsart. Hierbei bleiben die allgemeinen Register R0 bis R7, R15 sowie das Prozessorstatuswort CPSR erhalten. Die Register R8 bis R14 sowie das gerettete Prozessorstatuswort SPSR werden durch Register einer exklusiv der Betriebsart FIQ zugeordneten Bank ersetzt. Dieses Konzept partieller Registerbänke vereint die Vorteile mehrfacher Registersätze (vgl. Abschn. 4.5) mit einem einfachen Datenaustausch über die nicht ersetzten, gemeinsamen Register. Zusätzlich zu den in Abbildung

5.22 dargelegten Kern-Registern enthält der PXA270 weitere Register zur Controlle des Multimedia Coprozessors, welcher die Intel *Multi-Media-Extensions* (MMX) [Peleg und Weiser 1996] implementiert.

Insgesamt existieren 7 Betriebsarten: eine normale Benutzerbetriebsart, eine privilegierte Benutzerbetriebsart (System), eine privilegierte Betriebsart für Betriebssysteme (Supervisor), zwei Interrupt-Betriebsarten (FIQ und IRQ), eine Betriebsart nach Abbruch eines vorgezogenen Datenzugriffs (Abbruch) sowie eine Betriebsart, die nach Auffinden eines unbekannten Befehls angenommen wird (undefiniert).

Der Befehlssatz der ARM-Architektur ist ein typischer RISC-Befehlssatz: Alle Befehle besitzen die gleiche Breite von 32 Bit. Es existieren insgesamt nur 11 verschiedene Befehlstypen, die eine klassische Load-/Store-Architektur realisieren. Der Befehlssatz der im PXA270 verwendeten ARM-Architektur Version 5TE zeichnet sich durch zwei Besonderheiten aus:

- Wie bei Signalprozessoren können kombinierte Multiplikations- und Additionsoperationen ausgeführt werden. Diese auch *Multiply and Accumulate* (MAC) genannte Technik erlaubt es, in einer Operation zwei Operanden zu multiplizieren und das Ergebnis zu einem Sammelregister (Akkumulator) zu addieren. Auf diese Weise kann die in der Signalverarbeitung wichtige Berechnung von Polynomwerten beschleunigt werden.
- Der normalerweise 32 Bit breite Befehlssatz kann auf 16-Bit-Breite komprimiert werden. Dieser komprimierte, sogenannte *Thumb*-Befehlssatz beinhaltet die am häufigsten benutzten Befehle des vollen 32-Bit Befehlssatzes. Weiterhin sind anstelle von 16 nur 8 allgemeine Register zugänglich. Prozessor-intern werden die 16-Bit-Thumb-Befehle wieder auf die normalen 32-Bit Befehle dekomprimiert.

  Das Komprimieren des Befehlssatzes verringert den für eine Anwendung notwendigen Speicherbedarf. Die so erreichte Erhöhung der Code-Dichte reduziert den Energieverbrauch des Prozessors (vgl. Abschn. 3.6.2).

Als weitere Maßnahme zur Einsparung von Energie bzw. Leistung unterscheidet der Prozessorkern des PXA270 verschiedene Arbeitsmodi:

- *Turbo-Modus*
  Der Prozessorkern arbeitet mit maximaler Taktfrequenz.
- *Half-Turbo-Modus*
  Der Prozessorkern arbeitet mit halber maximaler Taktfrequenz.
- *Normaler Modus*
  Der Prozessorkern arbeitet mit niedriger Taktfrequenz. Das Umschalten zwischen maximaler, halber maximaler und niedriger Taktfrequenz kann innerhalb von Nanosekunden erfolgen.
- *Idle-Modus*
  Der Takt des Prozessorkerns wird angehalten, sobald er inaktiv wird. Die restlichen Komponenten des Mikrocontrollers bleiben aber aktiv. Die Verarbeitung kann durch einen Interrupt fortgesetzt werden.

- *Deep-Idle-Modus*
  Wie Idle-Modus, jedoch bleiben nur die Tastatur- und LCD-Komponenten des Mikrocontollers aktiv, alle anderen Komponenten werden abgeschaltet.
- *Standby-Modus*
  Der Prozessorkern und alle Komponenten bis auf Echtzeituhr, Takt- und Power-Manager sind abgeschaltet, die Spannungsversorgung wird soweit reduziert, dass der Mikrocontroller gerade noch seinen aktuellen Zustand speichern kann.
- *Sleep-Modus*
  Wie Standby-Modus, jedoch wird die Spannungsversorgung weiter reduziert, sodass die meisten Komponenten des Mikrocontroller ihren aktuellen Zustand nicht mehr speichern können. Ausgenommen hiervon sind die Echtzeituhr, der Takt- und Power-Manager sowie vom Benutzer in einem Register festlegbare weitere Komponenten.
- *Deep-Sleep-Modus*
  Wie Sleep-Modus, jedoch wird hier nur noch der Zustand von Echtzeituhr, Takt- und Power-Manager bewahrt.

Eher RISC-untypisch verfügt die ARM-Architektur des PXA270-Prozessorkerns für die Lade- und Speicherbefehle über eine Vielzahl komplexer Adressierungsarten. So wird neben adressdirekter und registerindirekter Adressierung auch eine adressindizierte Adressierung mit Autoinkrement- und -dekrement-Funktion angeboten. RISC-typisch hingegen verarbeitet der Prozessorkern Datentypen bis zur Datenbusbreite von 32 Bit. Er unterstützt somit 8-, 16- und 32-Bit ganzzahlige Datentypen.

5.3.2 Unterbrechungsbehandlung

Die Unterbrechungsbehandlung ist bei der ARM-Architektur und somit auch beim PXA270 eher einfach gehalten. Das Unterbrechungssystem arbeitet mit festen Vektoren. Wie in Tabelle 5.6 dargestellt, sind insgesamt nur 8 verschiedene Vektoren verfügbar.

Die ersten fünf Vektoren behandeln das Rücksetzen, den Software-Interrupt sowie einige Fehlersituationen. Für Unterbrechungsanforderungen von außerhalb des Prozessorkerns stehen die zwei Vektoren FIQ (*Fast Interrupt Request*) und IRQ (*Interrupt Request*) zur Verfügung. Alle Unterbrechungsanforderungen der internen Ein-/Ausgabe- und Zähler-/Zeitgeberkomponenten des Mikrocontrollers sowie alle externe Unterbrechungsanforderungen werden auf diese beiden Vektoren abgebildet.

Tabelle 5.6. Interrupt-Vektortabelle des PXA270

Adresse	Vektor	Unterbrechungsquelle	Priorität
0_h	0	Rücksetzen	1
4_h	1	Undefinierter Befehl	6
8_h	2	Software Interrupt	6
C_h	3	Abbruch vorgezogener Datenzugriff	5
10_h	4	Abbruch Datenzugriff	2
14_h	5	Reserviert	-
18_h	6	IRQ (Interrupt)	4
$1C_h$	7	FIQ (Fast Interrupt)	3

Tabelle 5.6 zeigt ebenfalls die Prioritäten, die fest den Vektoren zugeordnet sind. Die 1 ist hierbei die höchste, die 6 die niedrigste Priorität. FIQ besitzt eine höhere Priorität als IRQ und ist zur Behandlung dringender Unterbrechungsanforderungen peripherer Komponenten gedacht. Des Weiteren ermöglicht FIQ auf Grund einer Besonderheit eine etwas schnellere Reaktionszeit beim Aufruf der Unterbrechungsbehandlung. Der Prozessorkern entnimmt der Vektortabelle nicht wie bei den bisher betrachteten Mikrocontrollern die Startadresse der Behandlungsroutine, vielmehr führt er einen Sprung in die Tabelle selbst aus. Diese Tabelle stellt dadurch eher eine Sprungtabelle als eine Vektortabelle dar. Bei einer IRQ-Unterbrechungsanforderung springt der Befehlszähler des Prozessorkerns also auf die Adresse 18_h. Dort muss dann ein Sprungbefehl zur eigentlichen Unterbrechungsbehandlung stehen. Da FIQ der letzte Eintrag in der Tabelle ist, muss hier nicht unbedingt ein Sprungbefehl stehen, die Behandlungsroutine kann direkt an dieser Adresse beginnen. Es wird somit der Zeitbedarf für einen Sprungbefehl eingespart.

Die Abbildung der Unterbrechungsanforderungen von internen und externen Komponenten des Mikrocontrollers auf IRQ und FIQ im Prozessorkern übernimmt ein integrierter Interrupt-Controller. Dieser enthält verschiedene Steuer- und Status-Register. Ein 2 x 32-Bit-Zuordnungsregister (*Interrupt Controller Level Register* ICLR und ICLR2) weist den einzelnen Komponenten die Unterbrechungen FIQ oder IRQ zu. Jede Komponente besitzt ein Bit in diesem Register. Ist das Bit gesetzt, so löst eine Unterbrechungsanforderung dieser Komponente eine FIQ-Unterbrechung aus, anderenfalls eine IRQ-Unterbrechung. Somit könnten maximal 64 verschiedene Komponenten eine Unterbrechung auslösen. Hiervon werden momentan jedoch nur 34 genutzt, 32 über das ICLR und 2 über das ICLR2 Register. Die restlichen 30 Bits des ICLR2 Registers sind reserviert und für spätere Erweiterungen vorgesehen. Ein zweites 2 x 32-Bit-Register (*Interrupt Controller Mask Register* ICMR und ICMR2) ermöglicht das Maskieren einzelner Unterbrechungsquellen. Über ein 2 x 32-Bit-Status-Register (*Interrupt Controller Pending Register* ICPR und ICPR2) kann die Unterbrechungsbehandlungs-Routine schließlich ermitteln, welche Komponente eine Unterbrechung ausgelöst hat. Abbildung 5.23 stellt dies vereinfacht schematisch dar. Lösen mehrere Komponenten gleichzeitig eine Unterbrechung aus, so können im integrierten Interrupt-Controller den einzelnen Komponenten Prioritäten zugewiesen werden.

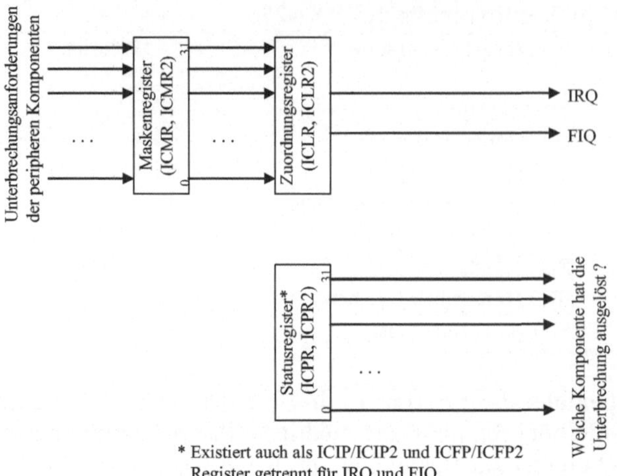

Abb. 5.23. Prinzip der Unterbrechungsbehandlung peripherer Komponenten beim PXA270

Zur weiteren Verfeinerung besitzen viele der Unterbrechung-auslösenden Komponenten ein zusätzliches, komponenten-internes Status-Register. Dieses Register zeigt an, welche Teilfunktion der Komponente (z.B. Daten an serieller Schnittstelle gelesen und verfügbar) für die Unterbrechung verantwortlich ist.

5.3.3 Speicher und Adressraum

Durch die interne Adressbreite von 32 Bit verfügt der Prozessorkern des PXA270 über einen gesamten Adressraum von 4 GByte. Da jedoch nur 26 Adressleitungen außerhalb des Prozessorkerns verfügbar sind, ist dieser Speicher in 64 Bänke zu je 64 MBytes unterteilt.

Abbildung 5.24 gibt einen Überblick über den Adressraum des PXA270. Die unteren 6 Bänke sind für externe statische Schreib-/Lesespeicher bzw. Festwertspeicher vorgesehen. Hierfür besitzt der Mikrocontroller 6 externe Bankauswahlsignale (vgl. Abschn. 5.3.5). Weitere insgesamt 8 Bänke dienen dem Betrieb der 2 PC-Kartenschnittstellen (PCMCIA). Die internen Komponenten des Mikrocontrollers sind ab Adresse 40000000_h über 8 Bänke in den Adressraum integriert: Die erste Bank wird zur Ansteuerung der Ein-/Ausgabe- und Zeitgebereinheiten verwendet, die zweite Bank steuert den LCD-Anzeigecontroller, die dritte Bank den Speichercontroller, die vierte Bank den USB Controller und die fünfte Bank dient der Kameraschnittstelle. Die sechste und siebte Bank sind für den internen Speichercontroller reserviert, während die internen 256 KBytes statischer Speicher in die achte Bank integriert sind. Schließlich sind 4 Bänke für den Anschluss von externem dynamischem Speicher vorgesehen. Zur Aktivierung dieses Speichers sind 4 externe Bankauswahlsignale vorhanden.

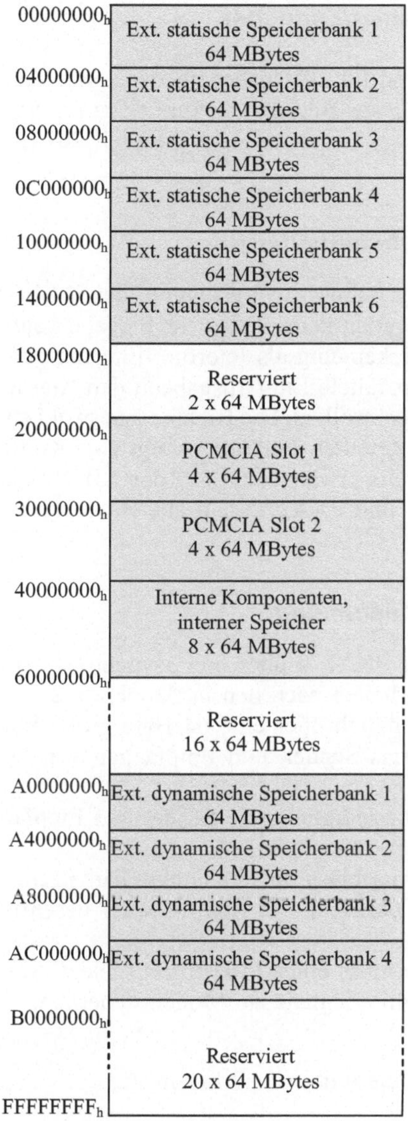

00000000_h	Ext. statische Speicherbank 1 64 MBytes
04000000_h	Ext. statische Speicherbank 2 64 MBytes
08000000_h	Ext. statische Speicherbank 3 64 MBytes
$0C000000_h$	Ext. statische Speicherbank 4 64 MBytes
10000000_h	Ext. statische Speicherbank 5 64 MBytes
14000000_h	Ext. statische Speicherbank 6 64 MBytes
18000000_h	Reserviert 2 x 64 MBytes
20000000_h	PCMCIA Slot 1 4 x 64 MBytes
30000000_h	PCMCIA Slot 2 4 x 64 MBytes
40000000_h	Interne Komponenten, interner Speicher 8 x 64 MBytes
60000000_h	Reserviert 16 x 64 MBytes
$A0000000_h$	Ext. dynamische Speicherbank 1 64 MBytes
$A4000000_h$	Ext. dynamische Speicherbank 2 64 MBytes
$A8000000_h$	Ext. dynamische Speicherbank 3 64 MBytes
$AC000000_h$	Ext. dynamische Speicherbank 4 64 MBytes
$B0000000_h$	Reserviert 20 x 64 MBytes
$FFFFFFFF_h$	

Abb. 5.24. Speicherabbild des PXA270

5.3.4 Ein-/Ausgabeeinheiten und Zähler/Zeitgeber

Der PXA270 verfügt über eine Vielzahl von Ein-/Ausgabeeinheiten sowie Zähler- und Zeitgebereinheiten, die im Rahmen dieses Buches nur kurz skizziert werden können. Für ausführlichere Informationen sei nochmals auf [Marvell 2010] verwiesen.

5.3.4.1 Digitale parallele Ein-/Ausgabeeinheiten

Insgesamt stehen 121 parallele Ein-/Ausgabebits zur Verfügung, deren Übertragungsrichtung einzelbitweise festgelegt werden kann. Jedes zur Eingabe konfigurierte Bit kann zudem über eine Flankenerkennung als Interrupt-Eingang genutzt werden. Daneben teilt sich nahezu jedes parallele Ein-/Ausgabebit den Anschluss mit einer anderen Komponente des Mikrocontrollers. Die Richtungsauswahl sowie die Auswahl zwischen Ein-/Ausgabe und geteilter Funktion erfolgt über Konfigurationsregister. Im PXA270 sind wie bereits erwähnt nur 119 der 121 Bits nach außen geführt, in den Varianten PXA271 und PXA272 sind alle Bits extern verfügbar.

5.3.4.2 Digitale serielle Ein-/Ausgabeeinheiten

Wie in Abb. 5.25 dargestellt, verfügt der PXA270 über drei asynchrone serielle Schnittstellen. Alle diese Schnittstellen arbeiten nach den in Abschn. 4.2.3.1 beschriebenen Prinzipien. Sie verfügen zusätzlich über eine 64 Byte große Warteschlange (FIFO, *First In First Out*) für das Senden und Empfangen von Daten (ähnlich der QSPI-Einheit im MC68332).

Die erste Schnittstelle (Standard) besitzt lediglich eine Sende- und Empfangsleitung. Es werden keine Handshake-Signale unterstützt.

Die zweite Schnittstelle ist für den Anschluss an ein Funkmodul nach dem Bluetooth Standard [2010] optimiert und besitzt die in Abschn. 4.2.1 beschriebenen RTS/CTS-Handshake-Signale.

Die dritte Schnittstelle ist für den Anschluss eines Modems ausgelegt. Sie besitzt neben dem RTS/CTS-Handshake weitere Signale zur Modemsteuerung:

- *RI (Ring Indicator)*
  zeigt einen ankommenden Anruf (Läuten) über das Modem an.
- *DCD (Data Carrier Detect)*
  zeigt das Vorhandensein eines Trägersignals für die analoge Modem-Übertragung an.
- *DSR (Data Set Ready)*
  zeigt der seriellen Schnittstelle an, dass das Modem bereit zur Datenübertragung ist.
- *DTR (Data Terminal Ready)*
  zeigt dem Modem an, dass die serielle Schnittstelle bereit zur Datenübertragung ist.

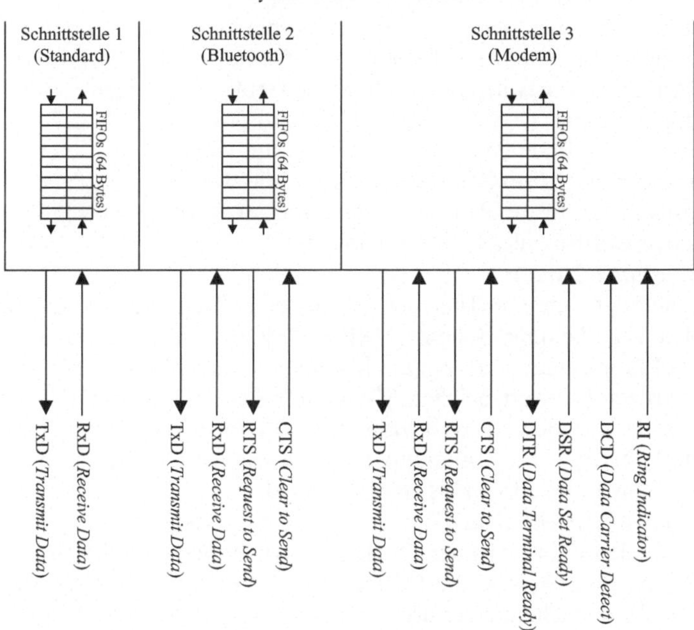

Abb. 5.25. Asynchrone serielle Schnittstellen des PXA270

Alle drei Schnittstellen erlauben eine maximale Schrittgeschwindigkeit von 921,6 KBaud.

Die drei synchronen seriellen Schnittstellen (*Synchronous Serial Ports*, SSP) des PXA270 sind im wesentlichen identisch und unterstützen verschiedene serielle Formate, darunter auch den synchronen SPI-Bus. Sie erlauben eine maximale Schrittgeschwindigkeit von bis zu 13 MBaud und verfügen über eine Sende- und Empfangswarteschlange, die bis zu 16 Einträge fasst.

Neben den drei asynchronen und den drei synchronen seriellen Schnittstellen verfügt der PXA270 über weitere spezialisierte serielle Schnittstellen:

- *Fast Infrared*
  Diese Schnittstelle ist für die direkte Ansteuerung von Infrarot-Transceivern ausgelegt, wie sie zur drahtlosen, optischen Kommunikation zwischen portablen Geräten (z.B. Laptops, PDAs, Drucker, ...) eingesetzt werden. Sie benutzt nur eine Sende- und eine Empfangsleitung ohne Hardware-Handshake und erlaubt eine Schrittgeschwindigkeit von bis zu 4 MBaud. Ihre externen Anschlüsse muss sie sich mit der ersten asynchronen Schnittstelle (Standard) teilen. Die Sende- und Empfangswarteschlange der Infrarot-Schnittstelle fasst 64 Einträge.

- *USB (Universal Serial Bus)*
  Der USB ist ein einfacher, serieller Bus zur Verbindung vieler Geräte wie z.B. Drucker, Modems, Maus und Tastatur etc. [Garney et al. 1998]. Er vermeidet den Anschlusswirrwarr, wenn alle diese Geräte über eigene serielle Leitungen angeschlossen werden. Die USB-Schnittstellen des PXA270 unterstützen bis zu 24 Endgeräte bei einer Schrittgeschwindigkeit von 12 MBaud. Der integrierte USB-Controller realisiert die wesentlichen Teile des USB-Protokolls in Hardware ohne Zutun des Prozessorkerns und ermöglicht so den einfachen Aufbau eines USB-Systems.
- *I^2C (Inter-Integrated Circuit)*
  I^2C ist ein synchroner serieller Bus, der nur aus einer Taktleitung und einer bidirektionalen Datenleitung besteht [NXP 2003]. Er wurde ursprünglich von der Firma Philips eingeführt, um die Kommunikation komplexer Schaltkreise (Gate Arrays, Festwertspeicher, Mikrocontroller etc.) zu ermöglichen. Der Bus ist in diesem Bereich weit verbreitet. Die im PXA270 integrierte I^2C-Schnittstelle erlaubt die Kommunikation zu solchen Schaltkreisen mit einer Schrittgeschwindigkeit von bis zu 400 KBaud.
- *I^2S (Inter-Integrated Circuit Sound)*
  In Anlehnung an den I^2C Bus ist der I^2S Bus ein synchroner serieller Bus zur Datenübertragung zwischen Audio-Bausteinen. Stereo-Audio-Signale werden in serieller Form nacheinander über eine Sende- bzw. eine Empfangsleitung geschickt. Ein *Left/Right*-Signal gibt hierbei an, welcher Stereo-Kanal gerade übertragen wird. Auf diese Weise können abgetastete Stereo-Audiosignale z.B. direkt und in Echtzeit von einem Analog/Digitalwandler zum Mikrocontroller übertragen werden. Das *Left/Right*-Signal entspricht in diesem Fall dem Abtasttakt. Abbildung 5.26 zeigt die Datenübertragung über den I^2S Bus. Das BitClock-Signal ist der serielle Übertragungstakt. Dieser ist immer 64-mal so hoch wie die Abtast- bzw. *Left/Right*-Rate des digitalisierten Audiosignals. Dies erlaubt es, bis zu 32 Bit für den linken und 32 Bit für den rechten Stereo-Kanal pro Abtastung zu übertragen. Die I^2S-Schnittstelle ermöglicht Abtastraten von 8kHz bis 48kHz (CD-Qualität).

Abbildung 5.27 fasst die Signale der spezialisierten sowie der synchronen seriellen Schnittstellen des PXA270 zusammen.

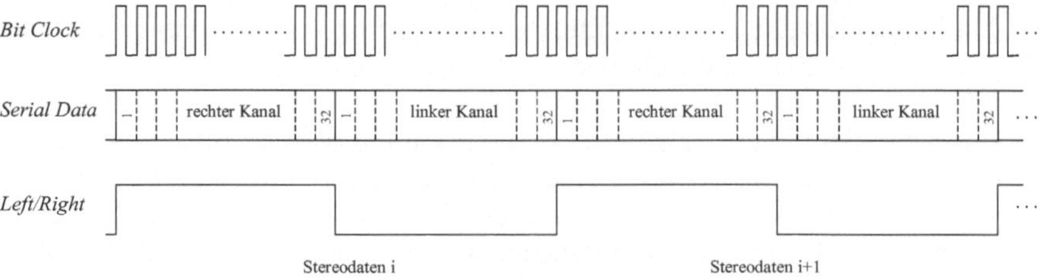

Abb. 5.26. Stereo-Datenübertragung über die I^2S-Schnittstelle

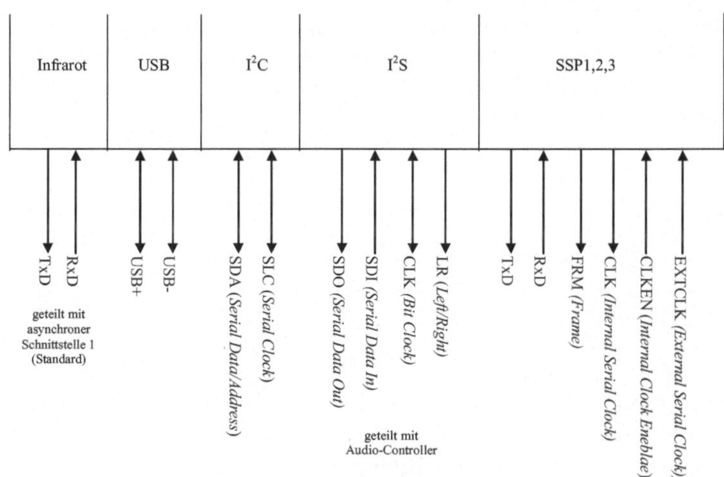

Abb. 5.27. Synchrone und spezialisierte serielle Schnittstellen des PXA270

5.3.4.3 Weitere digitale Ein-/Ausgabeeinheiten

Neben der I²S-Schnittstelle enthält der PXA270 einen Audiocontroller zum Abspielen und Aufnehmen von Audiosignalen im PCM-Format (*Pulse Code Modulation*), sogenannter *Samples*. Die Datenübertragung zwischen dem Audiocontroller und einem oder zwei externen PCM-Decodern erfolgt über die gleichen Anschlüsse, welche die I²S-Schnittstelle benutzt. Beide Einheiten können also nicht gleichzeitig verwendet werden.

Weiterhin enthält der Mikrocontroller eine Schnittstelle für Multimedia-Karten (*Multimedia Cards*, MMC) bzw. SD-Karten (*Secure Digital Cards*) . Diese Karten werden in der Regel als preisgünstige externe Festwertspeicher in FlashRAM Technologie (vgl. Abschnitt 4.4.1) genutzt, z.B. für Mobiltelefone, Digitalkameras oder PDAs. Es werden Schrittgeschwindigkeiten von bis zu 19,5 MBaud und damit Datenübertragungsraten von bis zu 19,5 MBit/sec bei bitserieller und bis zu 78 MBit/sec bei 4-bitserieller Übertragung unterstützt (vgl. auch Abschnitt 4.2.3).

Darüber hinaus enthält der Mikrocontroller eine Schnittstelle für USIM (*Universal Subsriber Identity Module*) Karten, wie sie in der Mobiltelefonie zum Einsatz kommen. Auch eine Schnittstelle für Tastaturen ist vorhanden. Die Tasten können wahlweise direkt oder in Form einer Matrix angeschlossen werden. Zum Anschluss einer Kamera existiert weiterhin ein *Quick Capture Interface*, das Kameradaten in verschiedenen Formaten und Auflösungen sammeln und per DMA im Speicher ablegen kann.

Als letzte hier kurz beschriebene Ein-/Ausgabeeinheit enthält der PXA270 schließlich einen LCD-Controller. Dieser Controller erlaubt die direkte Ansteuerung von aktiven oder passiven Flüssigkristallanzeigen (*Liquid Christal Display*, LCD). Es werden Grafikanzeigen bis zu 800 x 600 Bildpunkten mit 256 Farben bzw. Graustufen (8 Bit pro Bildpunkt) bis hin zu 2^{24} Farben (24 Bit pro Bildpunkt) unterstützt.

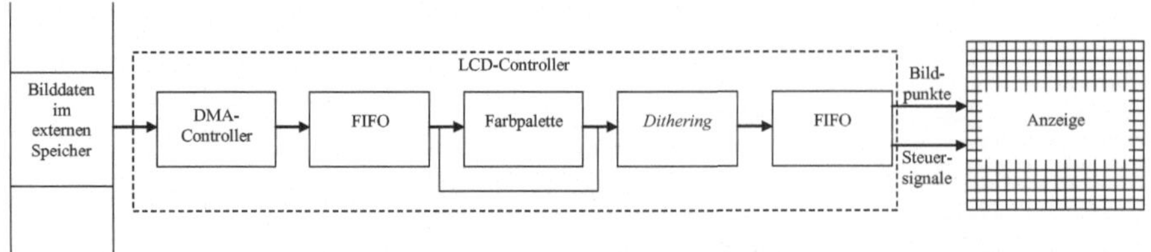

Abb. 5.28. LCD-Controller des PXA270

Die Daten des darzustellenden Bildes werden im externen Speicher aufbewahrt. Ein im LCD-Controller integrierter DMA-Controller (unabhängig von dem später in diesem Abschnitt beschriebenen allgemeinen DMA-Controller) überträgt die Daten vom externen Speicher in die controller-interne Warteschlange. Danach werden die Daten zur Graustufen- oder Farbdarstellung aufbereitet. Graustufen können bei den (relativ trägen) Flüssigkristallanzeigen durch ein Verfahren ähnlich der Pulsweitenmodulation erzielt werden. Um eine Graustufe zu erzeugen, wird ein Bildpunkt periodisch ein- und ausgeschaltet. Je häufiger er innerhalb einer bestimmten Zeit eingeschaltet ist, desto schwärzer erscheint der Punkt dem Auge. Dieses Verfahren nennt man *Dithering* (Zittern). Farben können zunächst über eine Farbpalette aufbereitet und modifiziert werden. Danach wird das *Dithering* für die drei Farbkanäle Rot, Grün und Blau getrennt angewendet. Durch Mischen unterschiedlicher Rot-, Grün- und Blau-Intensitäten wird so die gewünschte Farbe erzielt. Zur Graustufendarstellung eines Bildpunktes müssen daher 1 Bit, zur Farbdarstellung 3 Bit zur Anzeige übertragen werden. Diese Aufgabe übernimmt ein weiterer FIFO, der über einen 18 Bit breiten Bus mehrere Bildpunkte gleichzeitig an die Anzeige übermitteln kann. Abbildung 5.28 skizziert vereinfacht den Ablauf.

5.3.4.4 Zähler und Zeitgeber

Da der PXA270 mehr auf Kommunikations- denn auf Steueraufgaben ausgerichtet ist, enthält er nur ein z.B. im Vergleich zum MC68332 relativ einfaches Zähler- und Zeitgebersystem. Abbildung 5.29 gibt einen Überblick.

Der Echtzeituhr (*Real-Time Clock*) genannte Teil des Zähler- und Zeitgebersystems enthält zunächst einen Vorteiler, welcher aus dem Systemtakt einen 1kHz, 100Hz und 1Hz Takt generiert. Der 1Hz-Takt kann hierbei über eine Feinjustierung hochgenau eingestellt werden. Dieses Signal steht auch an einem Anschluss des Mikrocontrollers als Ausgang zur Verfügung. Weiterhin dient es als Eingang für 2 freilaufende 32-Bit Zähler, welche mit Compare-Registern verbunden sind. So können bei vorgegebenen Zählerständen Unterbrechungen im Prozessorkern ausgelöst werden. Durch den hochgenauen 1Hz Takt stehen hiermit zwei zuverlässige Sekunden-orientierte Zeitbasen zur Verfügung. Der 100Hz und 1 kHz Takt werden als Eingang für 2 weitere freilaufende Zähler mit Compare-Registern benutzt und bilden eine 1/100 bzw. 1/1000 Sekunden Zeitbasis.

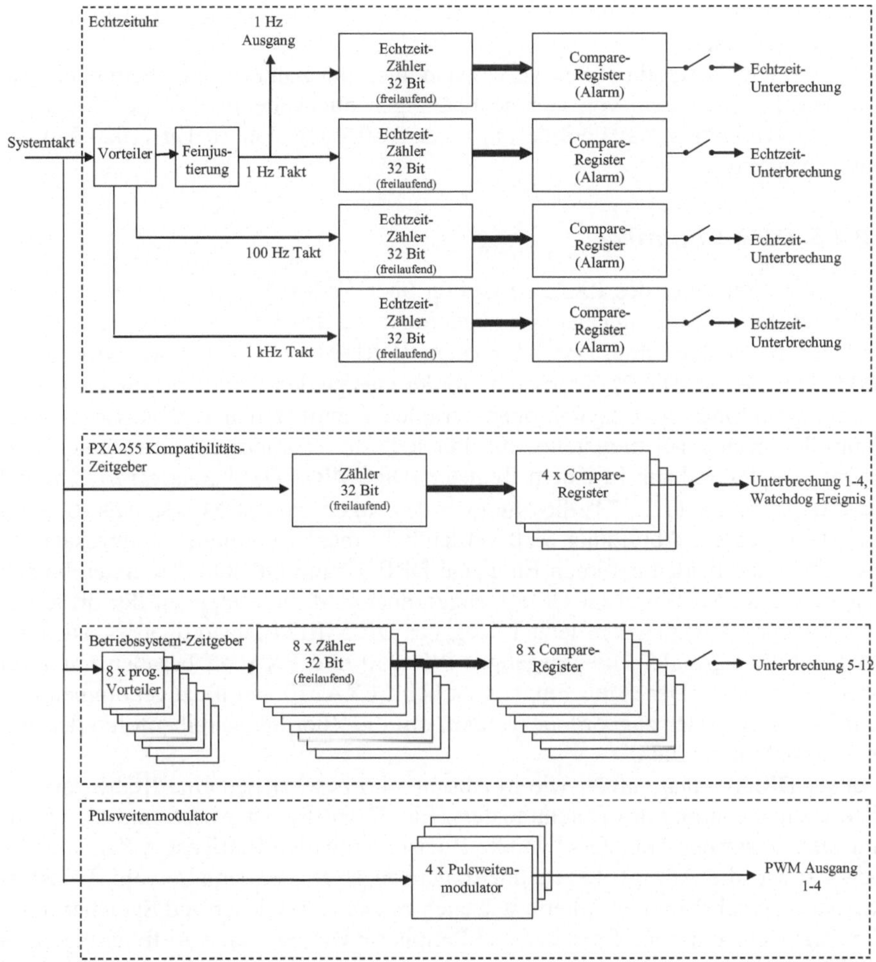

Abb. 5.29. Das Zähler-/Zeitgebersystem des PXA270

Ein zweiter Teil des Zähler- und Zeitgebersystems ist aus Kompatibilitätsgründen zu den Vorgängern PXA250 bzw. PXA255 vorhanden. Hier wird ein freilaufender Zähler wird direkt aus dem Systemtakt gespeist. Über 4 Compare-Register können bei Erreichen des jeweils programmierten Zählerstandes Unterbrechungen ausgelöst werden. Das vierte Compare-Register ist auch als sehr einfacher Watchdog verwendbar. Hierzu muss das Anwenderprogramm dafür sorgen, dass vor Erreichen des programmierten Zählerstandes jeweils ein neuer, aktualisierter Wert in dieses Register geschrieben und somit die Unterbrechung niemals ausgelöst wird.

Der dritte Teil des Zähler- und Zeitgebersystems sind die Betriebsystem-Zeitgeber. Hier werden 8 freilaufende Zähler unabhängig voneinander über programmierbare Vorteiler mit verschiedenen Takten versorgt. Jedem der Zähler ist ein Compare-Register zugeordnet, welches eine Unterbrechung beim Prozessorkern auslösen kann.

Vier Pulsweitenmodulatoren vervollständigen die Zähler-/Zeitgebereinheit. Sie erlauben die Erzeugung von vier unabhängigen pulsweitenmodulierten Signalen, deren Tastverhältnis und Periode mit einer Auflösung von 10 Bit (1024 Stufen) einstellbar sind.

5.3.4.5 DMA-Controller

Der DMA-Controller des PXA270 verfügt über 32 Kanäle, die frei den externen und internen Anforderungsquellen zugeordnet werden können. Externe Komponenten fordern über drei DMA-Eingänge (DREQ1 – 3, *DMA Request*) einen DMA-Transfer an. Die 72 internen Anforderungsquellen verteilen sich auf die diversen synchronen und asynchronen seriellen Schnittstellen und Busse, Audio-Controller, Kamera-Schnittstelle, etc. Für jede dieser internen und externen Anforderungsquellen kann in einem Register (DRCMRx, *DMA Request to Channel Map Register,* x = 0, ..., 74) die Nummer des zugehörigen DMA-Kanals (0 – 31) festgelegt werden. Abbildung 5.30 verdeutlicht diese Zuordnung. Interessant ist, dass die ersten beiden externen Eingänge DREQ1 und DREQ2 den ersten beiden Registern DRCMR0 und DRCMR1 zugeordnet sind, wo hingegen der dritte externe Eingang DREQ3 dem letzten Register DRCMR74 zugeordnet ist. Dies hat Kompatibilitätsgründe: Die Vorgänger PXA250 und PXA255 besaßen nur zwei externe Eingänge. Der dritte Eingang ist beim PXA270 neu hinzugekommen und dem letzten Register zugeordnet worden, um die Zuordnungsreihenfolge der ersten Register zu erhalten.

Jeder DMA-Kanal enthält wie in Abschn. 4.6 beschrieben eine Reihe von Registern zur Steuerung des Datentransfers. Ein 32-Bit-Register bestimmt die Quell- und Zieladresse des Transfers, weitere Register enthalten Betriebsart, Kommando, Status sowie die Anzahl der zu übertragenden Bytes. Es sind sowohl Transfers zwischen Speicher und Peripherie wie auch zwischen Speicher und Speicher möglich. Transfers zwischen Speicher und Peripherie werden durch Aktivierung eines der 73 Anforderungssignale von den zugehörigen peripheren Einheiten gestartet. Transfers zwischen Speicher und Speicher werden vom Prozessorkern durch Schreiben eines Kommandos in eines der Steuerregister initiiert. Alle Datenübertragungen von internen Komponenten werden als *Two-Cycle-Transfers* durchgeführt, d.h. die Daten werden im DMA-Controller zwischengespeichert (vgl. Abschn. 4.6). *Fly-By-Transfers* sind nur bei externen Komponenten möglich.

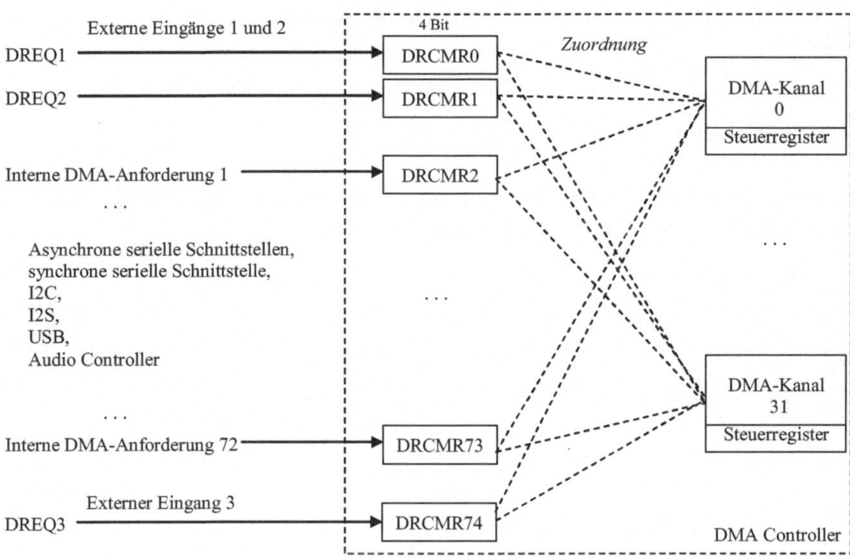

Abb. 5.30. Zuordnung von externen und internen Komponenten zu DMA-Kanälen des PXA270

Tabelle 5.7. Gruppenaufteilung und Prioritäten der DMA-Kanäle beim PXA270

Gruppe	Kanäle	Priorität	Bedienhäufigkeit
1	0,1,2,3,16,17,18,19	hoch	4
2	4,5,6,7,20,21,22,23	mittel	2
3	8,9,10,11,24,25,26,27	nieder	1
4	12,13,14,15,28,29,30,31	nieder	1

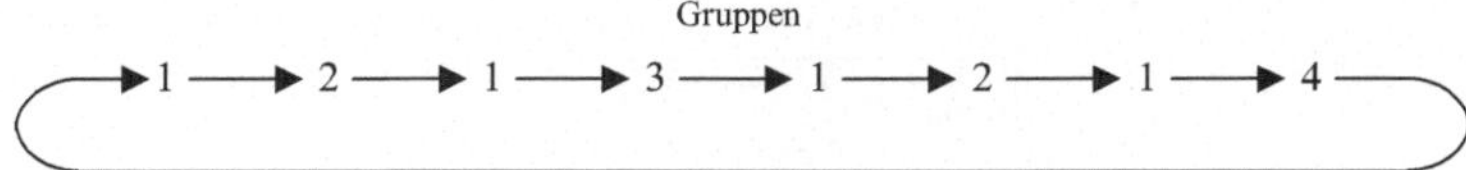

Abb. 5.31. Bedienung der DMA-Gruppen des PXA270 im Round-Robin-Verfahren

Bei gleichzeitiger Anforderung mehrerer DMA-Transfers regelt ein Prioritätenschema den Ablauf. Die 32 DMA-Kanäle sind hierbei wie in Tabelle 5.7 dargestellt in vier Gruppen zu je vier Kanälen aufgeteilt. Gruppe 1 hat die höchste, Gruppe 2 eine mittlere und die Gruppen 3 und 4 die niedrigste Priorität. Nach einem Ringelreihen-Verfahren (*Round-Robin,* siehe Abb. 5.31) werden Anforderungen aus Gruppe 1 viermal so häufig und Anforderungen aus Gruppe 2 zweimal so häufig bedient wie die Anforderungen aus den Gruppen 3 und 4. Hierdurch verteilt sich die verfügbare DMA-Bandbreite gemäß den Prioritäten. Benötigt eine Datenübertragung eine höhere Bandbreite als eine andere, so muss ihr mittels des

DRCMRx-Registers ein Kanal aus einer höher priorisierten Gruppe zugewiesen werden.

5.3.5 Erweiterungsbus

Der externe Erweiterungsbus wird vom Speicher-Controller des PXA270 zur Verfügung gestellt. Abbildung 5.32 gibt einen Überblick.

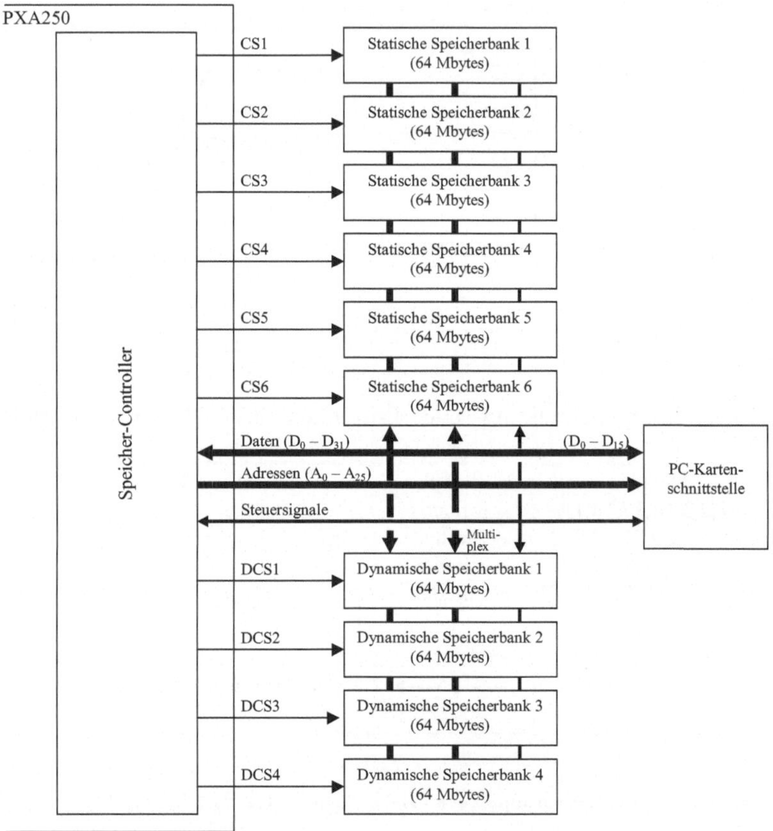

Abb. 5.32. Erweiterungsbus des PXA270

Der Erweiterungsbus selbst besteht aus einem 26-Bit-Adressbus, einem 32-Bit-Datenbus sowie zahlreichen Steuersignalen zum Anschluss verschiedener Speicher- und Peripherietypen. Entsprechend dem in Abschn. 5.3.3 beschriebenen Speicherabbild lassen sich drei Gruppen von externem Speicher bzw. Peripherie unterscheiden:

- Zum Anschluss von statischem Speicher und Festwertspeicher sind sechs Speicherbänke je 64 MBytes vorgesehen. Zur Auswahl dieser Bänke stellt der Speicher-Controller sechs *Chip-Select*-Signale (CS1 – CS6) zur Verfügung. In diesen Bereich des Adressraums kann auch externe Peripherie platziert werden.

- Zum Anschluss von dynamischem Speicher sind vier Speicherbänke von jeweils 64 MBytes vorhanden. Die Bank-Auswahl erfolgt über vier bereitgestellte *Chip-Select*-Signale (DCS1 – DCS4). Wie bei dynamischem Speicher üblich wird die obere und die untere Hälfte der Adressen im Multiplex-Verfahren bereitgestellt.

- Eine PC-Kartenschnittstelle vervollständigt den Erweiterungsbus. Hierfür werden nur die unteren 16 Bit des Datenbusses verwendet. Diese Schnittstelle unterstützt zwei PCMCIA-Slots mit jeweils 4 x 64MBytes Adressraum (128 MBytes Speicher- und 128 MBytes Ein-/Ausgabeadressraum pro Slot).

5.4 MCore – optimiert für niedrigen Energieverbrauch

MCore von Freescale bezeichnet die Architektur bzw. Mikroarchitektur eines Prozessorkerns für Mikrocontroller, die als eine der ersten mit dem primären Ziel entworfen wurde, einen möglichst niedrigen Energieverbrauch bzw. eine möglichst geringe Leistungsaufnahme zu erzielen. Sie soll uns als Beispiel für Maßnahmen zur Reduktion des Energie- und Leistungsbedarfs dienen.

Daher konzentrieren wir uns hier auf den Prozessorkern selbst sowie die dort eingesetzten Spartechniken. Mikrocontroller, die den Prozessorkern enthalten, z.B. der MMC2001, MMC2003, MMC2107, MMC2113 oder MMC2114, sind nicht Gegenstand dieses Abschnitts. Hierfür sei auf die entsprechende Literatur [Freescale 2010/3] verwiesen.

Die folgende Aufzählung skizziert die wesentlichen Eigenschaften des MCore Prozessorkerns:

- skalare RISC-Architektur
- Load/Store-Konzept
- 32 Bit Datenbus, Register und Ausführungseinheiten
- 32 Bit Adressbus
- Feste 16 Bit Befehlslänge
- 4-stufige Pipeline
- 2 Registersätze mit je 16 Registern zum schnellen Kontextwechsel
- 8-, 16- und 32-Bit Datentypen
- Statisches und dynamisches Power-Management
- Vektorinterrupts
- Statisches CMOS-Design (bis 0 Hz Taktfrequenz)
- 33 MHz maximale Taktfrequenz

- 1,8 bis 3,6 Volt Versorgungsspannung

Die niedrige Versorgungsspannung und die (z.B. im Vergleich zum PXA270) niedrige Taktfrequenz machen bereits in diesem Überblick deutlich, dass der Schwerpunkt des MCore-Prozessorkerns auf niedrigem Energieverbrauch sowie geringer Leistungsaufnahme und nicht auf maximaler Verarbeitungsgeschwindigkeit liegt.

Wie in Abschn. 3.6.2 dargestellt, leisten neben der Verringerung der Versorgungsspannung und der Taktfrequenz die Architekturoptimierungen einen wesentlichen Beitrag zur Reduktion des Energieverbrauchs. In den folgenden Abschnitten wollen wir daher betrachten, auf welche Weise die dort besprochenen Optimierungen beim MCore Prozessorkern umgesetzt wurden. Für weitergehende Informationen sei auf [Gonzales 1999] oder [Freescale 2010/3] verwiesen.

Abbildung 5.3 skizziert die Mikroarchitektur des Prozessorkerns sowie die Rolle der einzelnen Komponenten im Hinblick auf die Optimierung des Energie- bzw. Leistungsbedarfs. Diese Optimierung erfolgt im Wesentlichen durch die Reduktion der externen Busaktivitäten, die Erhöhung der Code-Dichte sowie durch ein Power-Management. Hier kann zwischen statischem und dynamischem Power-Management unterschieden werden.

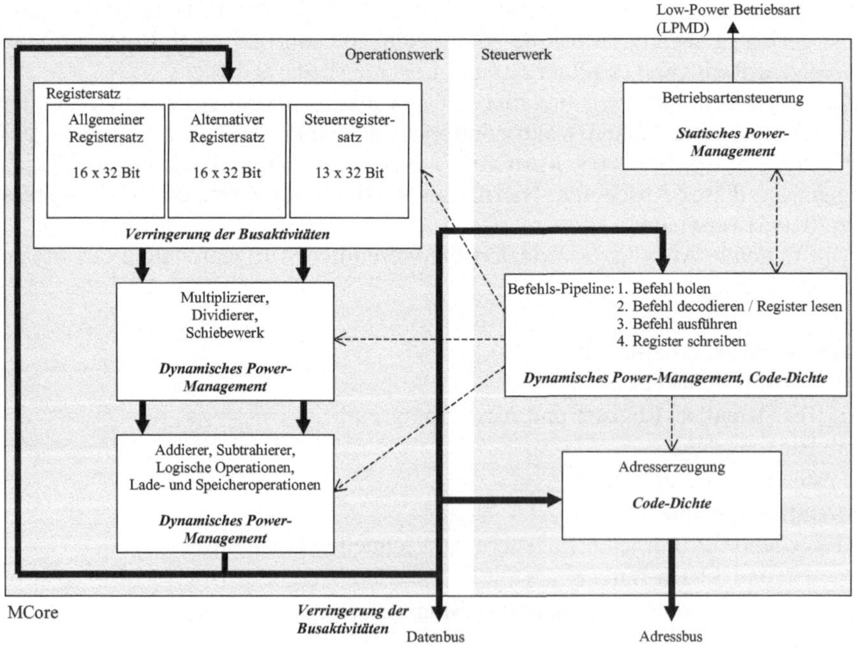

Abb. 5.33. Mikroarchitektur und zugehörige Energiespartechniken des MCore

5.4.1 Reduktion der Busaktivitäten und Erhöhung der Code-Dichte

Grundlage der Reduktion energieaufwändiger externer Busaktivitäten beim MCore ist das RISC-typische Load-/Store-Konzept. Alle Rechenoperationen werden auf den internen Registern ausgeführt. Hierdurch fallen für diese Operationen keine externen Buszugriffe an. Buszugriffe sind nur bei den Lade- und Speicherbefehlen erforderlich, die Daten zwischen dem Speicher und den internen Registern austauschen. Durch Bereitstellung eines reichhaltigen Registersatzes wird die Anzahl dieser Buszugriffe weiter reduziert, da mehr Operanden in den Registern gehalten werden können und somit seltener Daten mit dem Speicher ausgetauscht werden müssen.

Benutzer	Supervisor		
R0 (SP)	R0 (SP)	R0*	CR0
R1	R1	R1*	CR1
R2	R2	R2*	CR2
R3	R3	R3*	CR3
R4	R4	R4*	CR4
R5	R5	R5*	CR5
R6	R6	R6*	CR6
R7	R7	R7*	CR7
R8	R8	R8*	CR8
R9	R9	R9*	CR9
R10	R10	R10*	CR10
R11	R11	R11*	CR11
R12	R12	R12*	CR12
R13	R13	R13*	0 31
R14	R14	R14*	
R15	R15	R15*	
0 31	0 31	0 31	
C	C		
PC	PC		

Abb. 5.34. MCore Programmiermodell

Abbildung 5.34 zeigt den Registersatz des MCore. Der Prozessorkern unterscheidet (wie viele Freescale Prozessoren und Mikrocontroller, vgl. z.B. den MC68332) zwischen einer normalen Benutzer-Betriebsart und einer für Betriebssysteme gedachten, privilegierten Supervisor-Betriebsart. In der Benutzer-Betriebsart stehen 16 allgemeine Register zu je 32 Bit, ein Bedingungs-Flag (C) und der Programmzähler zur Verfügung. Dies ist ein Register mehr als beim PXA270, der pro Betriebsart 15 Register plus Programmzähler anbietet. In der Supervisor-Betriebsart sind zusätzlich weitere 16 Register des alternativen Registersatzes sowie 13 Steuerregister verfügbar, so dass insgesamt 45 Register plus Programmzähler zugänglich sind. Das Umschalten zwischen normalem und alternativem Registersatz erfolgt durch ein Bit im Steuerregister CR0.

Die Code-Dichte ist eng mit der Reduktion externer Buszugriffe verknüpft. Eine hohe Code-Dichte resultiert in einem kompakten Programm und spart dadurch Speicher und Energie. Weiterhin sind weniger Buszyklen zum Holen der Befehle erforderlich. Kompakte Befehle reduzieren zudem die für den Datentransfer notwendigen Buszyklen.

Der MCore erreicht eine hohe Code-Dichte durch ein konsequentes 16-Bit-Befehlsformat anstelle der bei RISC-Prozessoren üblichen 32 Bit. Dieses Konzept haben wir bereits bei der Code-Kompression in der ARM-Architektur des PXA270 (Thumb-Befehlssatz, vgl. Abschn. 5.3.1) sowie beim ATmega128A kennen gelernt. Während aber der PXA270 neben dem komprimierten 16-Bit-Befehlsformat auch ein normales 32-Bit-Befehlsformat anbietet und auch der ATmega128A einige 32 Bit breite Befehle kennt, setzt der MCore ausschließlich auf den 16-Bit-Befehlssatz. Es existieren keine breiteren Befehle. Abbildung 5.35 zeigt einen Auszug des Befehlsformats für verschiedene Adressierungsarten.

Ein Nachteil des kompakten Befehlsformats ist die Tatsache, dass nur kurze unmittelbare Konstanten (max. 7 Bit) oder Adress-Displacements (max. 11 Bit) möglich sind. Längere Werte müssen berechnet werden (z.B. durch Schieben im Schiebewerk). Dies lässt sich jedoch durch intensiven Einsatz relativer Adressierung sowie durch Speichern häufig benötigter Konstanten in den zahlreichen Registern des Prozessorkerns abmildern.

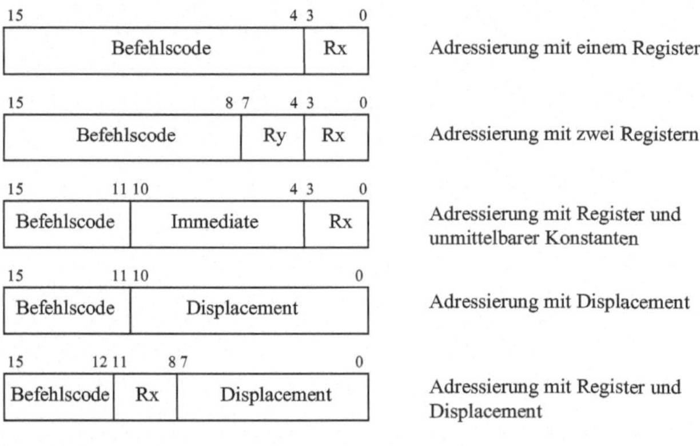

Abb. 5.35. Auszug aus dem MCore Befehlsformat

Der wesentliche Vorteil besteht in sehr kompaktem Code sowie nur einem einzigen Buszugriff für das Holen aller Befehle (einschließlich der Lade- und Speicherbefehle), selbst auf einem nur 16 Bit breiten Datenbus. Nach Angaben von [Gonzales 1999] erreicht der MCore bei den zum Vergleich des Energie und Leistungsbedarfs verschiedener Prozessoren konzipierten Powerstone-Benchmarks [Scott et al. 1998] eine um den Faktor 1,5 höhere Code-Dichte als der 32-Bit-

ARM-Befehlssatz und eine um den Faktor 1,07 höhere Code-Dichte als der komprimierte 16-Bit-Thumb-Befehlssatz.

Durch explizite Unterstützung schmaler 8- und 16-Bit-Datentypen wird der Energieverbrauch externer Buszugriffe weiter reduziert. So können bei einem 8- oder 16-Bit-Datentransfer die nicht benötigten Teile eines 32-Bit-Datenbusses inaktiv bleiben. Dieses Konzept setzt sich auch im Inneren des Prozessorkerns fort, siehe hierzu Abschn. 5.4.3.

5.4.2 Statisches Power-Management

Das vollständig statische Design des Prozessorkerns (Speichern von Zustandsinformationen in Flipflops anstelle von Kondensatoren, vgl. Abschn. 3.1) erlaubt es, den Takt anzuhalten, ohne Zustandsinformationen zu verlieren. Die Verarbeitung kann jederzeit durch Reaktivieren des Taktes wieder aufgenommen werden. Hierzu besitzt der MCore ähnlich dem ATmega128A- und PXA270-Prozessorkern verschiedene Sparzustände, die durch Ausführung bestimmter Befehle eingenommen werden können. Gleichzeitig zeigt der Prozessorkern der angeschlossenen Peripherie durch die Ausgangssignale LPMD0 und LPMD1 (*Low Power Mode*, siehe Tabelle 5.8) seinen aktuellen Sparzustand an. Folgende Befehle bzw. Zustände sind verfügbar:

- *Run*
  Dies ist die Standardbetriebsart, der Prozessorkern arbeitet mit normaler Taktfrequenz.

- *Wait*
  Der Takt ist bis zum Auftreten der nächsten Unterbrechung angehalten. Diese Betriebsart ist dazu gedacht, nur den Prozessorkern zu stoppen, während alle peripheren Einheiten normal weiterarbeiten und den Prozessor im Fall eines zu behandelnden Ereignisses durch eine Unterbrechung wecken.

- *Doze*
  Für den Prozessorkern ist Doze identisch zu Wait. Der Takt ist bis zur nächsten Unterbrechung angehalten. Durch einen anderen Code der LPMD-Signale (vgl. Tabelle 5.8) können die peripheren Einheiten aber Doze von Wait unterscheiden. Doze ist dazu gedacht, nur die wichtigsten peripheren Einheiten aktiv zu halten, um den Prozessorkern zu wecken.

- *Stop*
  Auch Stop unterscheidet sich im Prozessorkern nicht von Wait. Auch hier können die peripheren Einheiten durch die LPMD-Signale den Stop-Zustand erkennen und von den anderen Zuständen unterscheiden. Stop ist dazu gedacht, nur den Watchdog sowie einen Zeitgeber aktiv zu belassen, der den Prozessorkern nach Ablauf einer definierten Zeit wieder weckt.

Zusammen mit der sehr niedrigen Versorgungsspannung (1,8 – 3,6 Volt) lassen sich durch diese Betriebsarten wesentliche Einsparungen bei Energiebedarf und Leistungsaufnahme erzielen. So liegt der Stromverbrauch des auf dem MCore basierenden MMC2001 Mikrocontrollers mit 2 Volt Versorgungsspannung im *Run*-Modus bei 40mA, im *Wait-* und *Doze*-Modus bei 3mA und im *Stop*-Modus bei nur noch 60 µA [Freescale 2010/3].

Tabelle 5.8. LPMD Ausgangssignale für die Energiesparzustände des MCore

Betriebsart (Befehl)	LPMD1	LPMD0
Stop	0	0
Wait	0	1
Doze	1	0
Run	1	1

5.4.3 Dynamisches Power-Management

Beim soeben betrachteten statischen Power-Management bringt der Programmierer oder Anwender den Prozessorkern durch Ausführung bestimmter Befehle statisch (meist für längere Zeit) in verschiedene Sparzustände. Beim dynamischen Power-Management regelt der Prozessorkern seinen Energie- und Leistungsbedarf selbsttätig und kurzfristig gemäß der gerade bearbeiteten Aufgabe.

Das dynamische Power-Management des MCore wird in der Pipeline abgewickelt. Der Pipeline-Steuerung ist bekannt, welche Komponenten in welcher Pipeline-Stufe gerade benötigt werden und welche Komponenten momentan abgeschaltet werden können. Dieses Konzept wird auch *Power-Aware-Pipeline* genannt. So kann beispielsweise der Addierer abgeschaltet werden, wenn keine Pipeline-Stufe ihn benötigt. Das Gleiche gilt auch für alle anderen Komponenten des Operationswerks wie Schiebewerk, Lade- und Speichereinheit etc. So benutzt der MCore bei Ausführung der Powerstone-Benchmarks nur bei ca. 20% der Befehle die Lade- und Speichereinheit, bei ca. 50% das Addierwerk und sogar nur bei ca. 10% das Schiebewerk [Gonzales 1999].

Neben dem vollständigen Abschalten einer nicht benötigten Einheit kann der MCore-Prozessorkern auch noch feinkörnigere Maßnahmen zum Einsparen von Energie und Leistung treffen. Die aktive Unterstützung schmaler 8- und 16-Bit-Datentypen, die schon zur Reduktion der externen Busaktivitäten beigetragen hat, setzt sich auch im Inneren des Prozessorkerns fort. Bei der Durchführung von 8- oder 16-Bit-Operationen werden die nicht benötigten Teile der 32-Bit-Datenpfade und -Operationseinheiten abgeschaltet. So sind z.B. beim Addieren zweier 8-Bit-Zahlen die oberen 24 Bit des Addierwerks unnötig und werden daher nicht mit Energie versorgt.

Zur Einsparung von Energie ist es wichtig, die Verteilung der Leistungsaufnahme auf die Bestandteile des Prozessorkerns zu kennen. Tabelle 5.9 gibt diese Verteilung für den MCore wieder [Gonzales 1999]. Man sieht, dass die Taktleitungen für einen wesentlichen Teil der Leistungsaufnahme verantwortlich sind. Dies ist bei einer CMOS-Schaltung auch nicht weiter verwunderlich, da hier bei jedem Zustandswechsel Strom fließt und der Takt ein Signal von ständigem Zustandswechsel darstellt. Als Konsequenz kann durch das Optimieren der Taktleitungen sowie dem Abschalten des Taktes (*Clock Gating*) für nicht benötigte Komponenten die Leistungsaufnahme erheblich verringert werden. Der MCore-Prozessorkern benutzt diese Erkenntnis, um z.B. bei Pipeline-Konflikten (*Pipeline Hazards, Pipeline Stalls*, vgl. Abschn. 2.4.3) blockierte Datenpfade und Komponenten vom Takt zu trennen und so die Leistungsaufnahme und den Energieverbrauch zu reduzieren.

Tabelle 5.9. Verteilung der Leistungsaufnahme auf die Bestandteile des MCore

Bestandteil	Anteil an der gesamten Leistungsaufnahme
Taktleitungen	36 %
Datenpfade	36 %
Steuerlogik	28 %

5.5 Komodo – ein Forschungs-Mikrocontroller

Komodo[2] ist ein gemeinsames Forschungsprojekt der Universitäten Augsburg und Frankfurt, das den Einsatz von Java und mehrfädiger Prozessortechnik (s. Abschn. 9.3) zur Entwicklung eingebetteter Echtzeitsysteme untersucht.

Wie in Abschn. 3.6.3 näher erläutert, bietet die Programmiersprache Java eine Reihe von Vorteilen bei der Software-Entwicklung, die man auch im Bereich von eingebetteten Systemen nutzen möchte. Probleme mit Java bestehen jedoch bei der Echtzeitfähigkeit sowie dem relativ hohen Ressourcen-Bedarf (Speicher und Rechenleistung). Ein aufgezeigter Lösungsweg ist der Einsatz von Java-Prozessoren. Diesen Weg verfolgt das Komodo-Projekt. Abbildung 5.36 fasst die Grundideen dieses Projekts zusammen. Basis ist der Komodo-Mikrocontroller, ein mehrfädiger Mikrocontroller, der Java Bytecode direkt in Hardware ausführen kann, eine auf Threads basierende Unterbrechungsbehandlung unterstützt sowie Hardware-Echtzeit-Scheduling erlaubt. Dieser Mikrocontroller dient als Basis, um die Eignung sowie die Eigenschaften von Java und mehrfädiger Prozessortechnik für eingebettete Echtzeitanwendungen zu untersuchen.

Ein weiterer Aspekt des Komodo-Projekts ist der Einsatz von Echtzeit-Middleware, welche die Kooperation mehrerer Komodo-Mikrocontroller ermöglicht und Komodo mit der Nicht-Java-Welt verbindet. Dieser Aspekt wird jedoch im Rahmen dieses Buchs nicht behandelt. Weitergehende Informationen über das Komodo-Projekt finden sich in [Brinkschulte et al. 1999/1, 2001, 2002], [Pfeffer et al. 2002] oder [Uhrig und Wiese 2007].

---

[2] Komodo: wie Java eine Insel, Heimat der berühmten Komodo-Warane

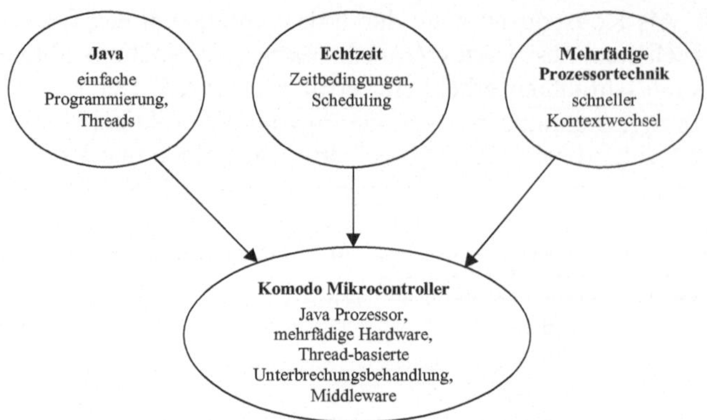

Abb. 5.36. Grundideen des Komodo-Projekts

Ein Übersichtsbild des Komodo-Projekts befindet sich bereits in Abschn. 3.6.3 (Abb. 3.21). Wir wollen uns hier nun auf den Komodo-Mikrocontroller konzentrieren und Konzepte, Aufbau und Eigenschaften näher vorstellen. Die folgende Aufstellung zeigt die wesentlichen Merkmale des Mikrocontrollers:

- Prozessorkern
  - mehrfädige 32-Bit-Java-Architektur
  - bis zu 4 Hardware-Threads
  - direkte Ausführung von Java Bytecode
  - thread-basierte Unterbrechungsbehandlung
  - extrem schneller Kontextwechsel (Aufwand von 0 Taktzyklen)

- Speicher
  - Schnittstelle für externen Arbeitsspeicher
  - Datentransferpuffer zum Zwischenspeichern von Ein-/Ausgabedaten

- Zeitgeber und Ein-/Ausgabeeinheiten
  - 1 parallele Ein-/Ausgabeschnittstelle
  - 2 serielle Ein-/Ausgabeschnittstellen
  - 1 Capture-und-Compare-Einheit
  - 1 Zähler- und Zeitgebereinheit

Abbildung 5.37 skizziert die Komponenten des Mikrocontrollers. Die integrierten peripheren Einheiten sind bewusst einfach gehalten, da sie selbst kein primäres Forschungsziel des Komodo-Projekts darstellen. Dieses besteht vielmehr in der Untersuchung der Eigenschaften des mehrfädigen Java-Prozessorkerns für Echtzeitanwendungen sowie der Anbindung und des Zusammenspiels der peripheren Einheiten mit diesem Kern.

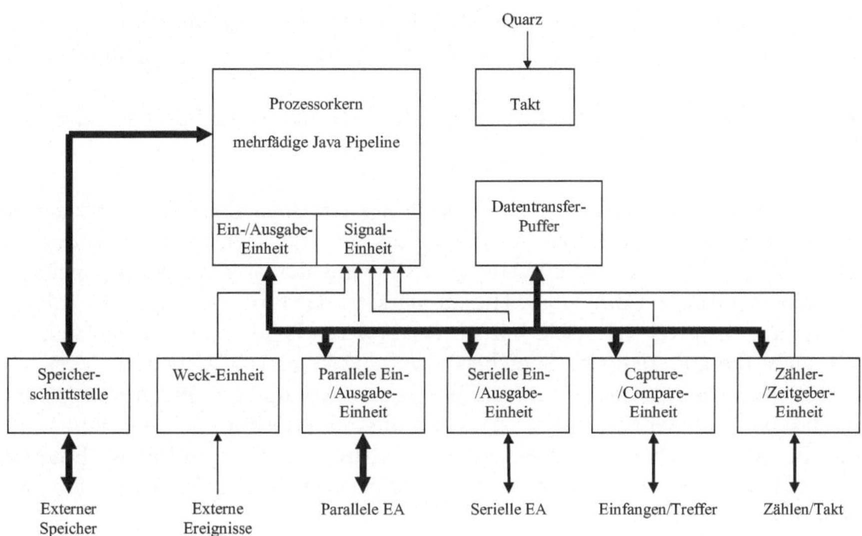

Abb. 5.37. Aufbau des Komodo-Mikrocontrollers

5.5.1 Prozessorkern

Der Prozessorkern des Komodo-Mikrocontrollers ist durch zwei grundlegende Merkmale geprägt:

- Direkte Ausführung von Java Bytecode
- Mehrfädige Programmausführung

Wie die PicoJava-Prozessoren von Sun [O'Conner und Tremblay 1997][Sun 1999] verwendet der Komodo-Prozessorkern Java Bytecode als Maschinenbefehlssatz. Dies bringt zwei wesentliche Vorteile:

Zum einen können Java Bytecodes schnell und effizient in Hardware ausgeführt werden. Dies erlaubt eine hohe Verarbeitungsgeschwindigkeit von Java-Programmen vergleichbar zu compilierten C- oder C++ Programmen auf konventionellen Prozessoren.

Zum anderen sind Java Bytecodes im Schnitt nur 1,8 Bytes lang. Es ergibt sich somit eine höhere Code-Dichte als bei den 2 Bytes langen Befehlssätzen von MCore oder ARM-Thumb (vgl. vorige Abschnitte). Die verfügbare Bandbreite des 32 Bit breiten Datenbusses im Komodo-Mikrocontroller wird daher zu weniger als 50% durch das Holen eines Befehls benutzt. Die verbleibende Bandbreite kann dazu verwendet werden, parallel zum Befehl bereits Operanden zu laden oder pro Buszyklus mehr als einen Befehl zu holen.

Durch ihre stark unterschiedliche Komplexität können jedoch nicht alle Java Bytecodes direkt in Hardware ausgeführt werden. Sie teilen sich deshalb in drei Gruppen auf:

- *Einfache Bytecodes* werden direkt durch Hardware ausgeführt.
- *Bytecodes mittlerer Komplexität* werden durch ein Mikroprogramm ausgeführt.
- *Komplexe Bytecodes* werden mittels Trap-Routinen in Software abgehandelt.

Weitere Hardware-Maßnahmen zur Ausführung von Java Bytecodes sind der als Stack ausgebildete Registersatz des Prozessorkerns (der Bytecode-Befehlssatz ist stackorientiert) sowie die Hardware-Unterstützung der automatischen Speicherverwaltung (*Garbage Collection*). Hierzu markiert der Prozessorkern z.B. Adressverweise auf dem Registerstack, um sie von anderen Daten zu unterscheiden. Somit braucht die automatische Speicherverwaltung keinen fälschlich als Verweise interpretierten Daten mehr zu folgen. Dies vereinfacht und beschleunigt insbesondere die bei Echtzeitanwendungen notwendige inkrementelle Speicherbereinigung, die den Speicher in kleinen, unterbrechbaren Schritten aufräumt. Eine detaillierte Beschreibung der automatischen Speicherverwaltung von Komodo findet sich in [Fuhrmann et al. 2001].

Das zweite Fundament des Komodo-Prozessorkerns ist die Mehrfädigkeit. Mehrfädige Prozessortechniken werden im Detail in Abschn. 9.3 beschrieben. Wie in Abb. 5.38 dargestellt, kann die Pipeline des Komodo-Prozessorkerns Befehle aus bis zu vier unterschiedlichen Threads gleichzeitig enthalten und ausführen. Hierzu sind vier Programmzähler, vier Stack-Registersätze sowie in jeder Pipeline-Stufe eine Thread-Kennung vorhanden. Diese Kennung gibt an, aus welchem Thread der gerade in der Stufe bearbeitete Befehl stammt. Damit unterscheidet sich der mehrfädige Komodo-Prozessorkern deutlich von einfädigen Prozessorkernen mit mehrfachen Registersätzen (vgl. z.B. Abschnitte 4.5, 5.3.1 und 5.4.1), die lediglich dem schnellen Speichern verschiedener Kontexte dienen, aber keine gleichzeitige Bearbeitung von Befehlen verschiedener Threads erlauben.

Die mehrfädige Architektur des Komodo-Prozessorkerns bietet zwei Vorteile:

- Zum Einen können Latenzzeiten, wie sie z.B. bei bedingten Sprüngen oder Speicherzugriffen entstehen, durch Wechsel zu einem anderen Thread überbrückt werden. Dies ist der ursprüngliche Ansatz, der zur Einführung mehrfädiger Prozessorkonzepte geführt hat.

- Zum Zweiten ermöglicht der Aufbau der Komodo-Pipeline einen Kontextwechsel ohne Zeitverlust (d.h. in 0 Taktzyklen). Es kann ohne Verzögerung ein Befehl eines anderen Threads in die Pipeline eingefüttert werden.

Die Anzahl von vier Threads wurde bei dem durch ein FPGA realisierten Prototypen als Kompromiss zwischen Hardwareaufwand und Leistungsvermögen gewählt. Sie ist ausreichend, um die Eigenschaften der Mehrfädigkeit im Rahmen des Forschungsprojekts zu evaluieren. Spätere Versionen des Komodo-Mikrocontrollers können durchaus über mehr als vier Threads verfügen.

Befehl holen	Befehl dekodieren	Stackadresse berechnen	Stack-Zugriff	Befehl ausführen, Speicherzugriff
Thread-Kennung	Thread-Kennung	Thread-Kennung	Thread-Kennung	Thread-Kennung
Befehl 5 (aus Thread 4)	*Befehl 4 (aus Thread 3)*	*Befehl 3 (aus Thread 3)*	*Befehl 2 (aus Thread 2)*	*Befehl 1 (aus Thread 1)*

Abb. 5.38. Die 5-stufige, mehrfädige Komodo-Pipeline

Abbildung 5.39 zeigt die Mikroarchitektur des Komodo-Prozessorkerns. Jedem Thread ist ein eigener Programmzähler (PC, *Programm Counter*) und ein Befehlsfenster (IW, *Instruction Window*) zugeordnet. Die Befehlsholeinheit füllt die Befehlsfenster gemäß der Programmzähler mit Befehlen aus den zugehörigen Threads. Ein Befehlsfenster ist 8 Bytes lang und kann somit mehrere Java Bytecodes enthalten. Die Befehlsholeeinheit sorgt dafür, dass die Befehlsfenster der einzelnen Threads immer wohlgefüllt sind.

Ein Prioritätenmanager wählt eines der vier Befehlsfenster zur Einspeisung des nächsten Befehls in die Pipeline aus. Dies geschieht nach einem von mehreren möglichen Scheduling-Verfahren, die in Hardware realisiert sind und im folgenden Abschnitt näher beschrieben werden.

Jeder der vier Threads kann sich im Zustand aktiv oder wartend befinden. Aktive Threads nehmen am Scheduling durch den Prioritätenmanager teil, wartende Threads werden nicht berücksichtigt. Ein Thread kann durch einen entsprechenden Befehl in den Wartezustand versetzt werden. Die Aktivierung erfolgt entweder durch einen weiteren Befehl oder durch die Signaleinheit. Diese Einheit nimmt Signale peripherer Komponenten entgegen und aktiviert zugeordnete Threads. Auf dieser Technik basiert die Unterbrechungsbehandlung des Komodo-Mikrocontrollers, die in Abschn. 5.5.3 genauer dargestellt wird.

Die Decodiereinheit entnimmt aus dem vom Prioritätenmanager ausgewählten Befehlsfenster den nächsten auszuführenden Befehl und decodiert ihn. Im Fall eines einfachen Bytecodes werden dann die zugehörigen Operanden von der Operandenholeeinheit geladen und der Befehl in der Ausführungseinheit bearbeitet. Bei Speicher- oder Ein-/Ausgabezugriffen wird der Befehl von der Speicherzugriffseinheit bzw. der Ein-/Ausgabezugriffseinheit abgewickelt.

Komplexere Bytecodes werden in mehreren Schritten durch ein Mikroprogramm ausgeführt.

Zur lokalen Datenspeicherung besitzt jeder Thread schließlich einen eigenen Stack-Registersatz (RS1 – RS4), der die Ausführung des stack-orientierten Java Bytecode-Befehlssatzes unterstützt.

Seit 2007 ist der Prozessorkern des Komodo Mikrocontrollers unter dem Namen Jamuth (*Java Multithreaded Processor Core*) auch als IP-Core (siehe auch Abschn. 1.1 und 3.6.1) [Uhrig und Wiese 2007] und seit 2009 in einer Multi-Core Version [Uhrig 2009] zur Integration in Systems on Chip verfügbar.

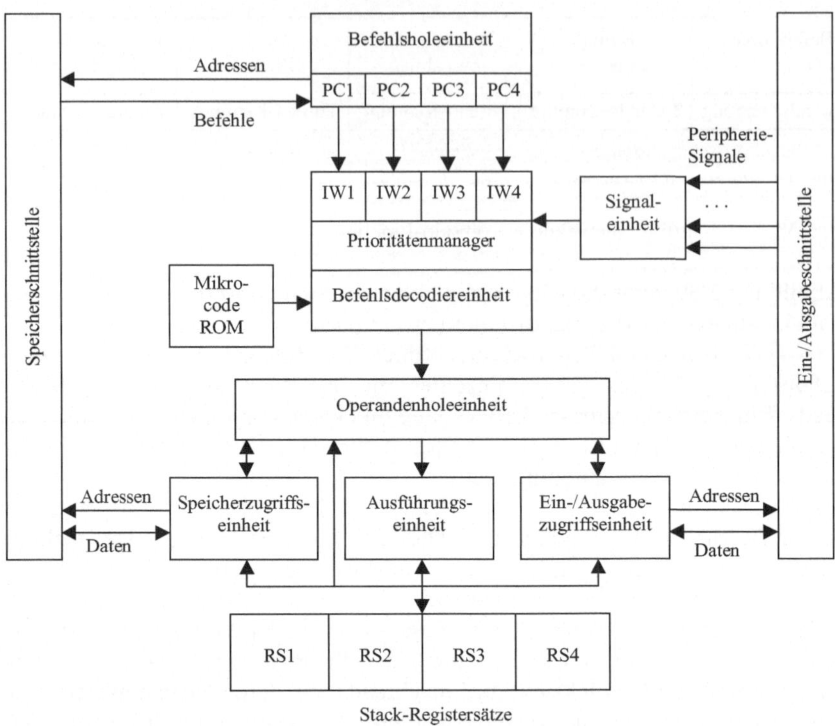

Abb. 5.39. Die Mikroarchitektur des Komodo-Prozessorkerns

5.5.2 Echtzeit-Scheduling

Der Prioritätenmanager wählt aus, von welchem Thread als nächstes ein Befehl zur Ausführung kommt. Hierzu verwendet er ein zweistufiges Scheduling-Verfahren:

- In der ersten Stufe wird die Priorität der aktiven, auszuführenden Threads nach den Prinzipien des Echtzeit-Scheduling ermittelt.
- Die zweite Stufe wählt hieraus denjenigen Thread mit der höchsten Priorität aus, der gerade keine Latenz besitzt.

Auf diese Weise wird das für Echtzeitanwendungen erforderliche Scheduling mit der Fähigkeit mehrfädiger Prozessoren zur Latenzzeitüberbrückung kombiniert. In erster Linie kommt der gemäß Echtzeit-Scheduling am höchsten priorisierte Thread zur Ausführung. In dessen Latenzzeiten werden jedoch Befehle der nächst niederprioren Threads in die Pipeline eingespeist. Niederpriore Threads sind somit nicht völlig blockiert. Sie laufen vielmehr im Latenzzeitschatten des höchstprioren Threads mit, ohne diesen zu behindern.

Für das Echtzeit-Scheduling stellt der Prioritätenmanager vier verschiedene Verfahren zur Wahl:

- *Fixed Priority Preemptive (FPP)*
  Hier erhält jeder Thread eine feste Priorität zugeordnet, die sich zur Laufzeit niemals ändert. Dies ist ein sehr einfaches Scheduling-Verfahren, dessen Zeitverhalten gut vorhersagbar ist. Meist werden die Prioritäten bei periodischen Aktivitäten umgekehrt proportional zur Periodendauer vergeben, d.h. der Thread mit der kürzesten Periode erhält die höchste Priorität. Man nennt dies auch *Rate Monotonic Scheduling*. Das Verfahren kann jedoch nicht immer eine hundertprozentige Prozessorauslastung garantieren. Im schlimmsten Fall ist der Prozessor bei n Threads nur zu $n \cdot (2^{1/n} - 1) \cdot 100$ Prozent auslastbar [Liu und Layland 1973]. Für vier Threads sind dies ca. 76 Prozent. Darüber hinaus kann die Einhaltung der Zeitbedingungen nicht mehr gewährleistet werden.

- *Earliest Deadline First (EDF)*
  Bei diesem Verfahren erhält jeder Thread eine Zeitschranke (*Deadline*) zugeordnet, bis zu der er seine Aufgabe erledigt haben muss. Derjenige Thread, welcher am nächsten an seiner Zeitschranke ist, erhält die höchste Priorität. Dieses Verfahren gewährleistet die Einhaltung von Zeitbedingungen bis zu einer Prozessorauslastung von 100 Prozent [Liu und Layland 1973][Stankovich et al. 1998].

- *Least Laxity First (LLF)*
  Zusätzlich zur Zeitschranke wird hier auch noch die restliche, zur Erledigung der Aufgabe nötige Rechenzeit in Betracht gezogen. Durch Subtraktion der Rechenzeit von der Zeitschranke wird für jeden Thread der verbleibende Spielraum (*Laxity*) ermittelt. Der Thread mit dem geringsten Spielraum erhält die höchste Priorität. Auch dieses Verfahren gewährleistet die Einhaltung von Zeitbedingungen bis zu einer Prozessorauslastung von 100 Prozent [Stankovich et al. 1998].

- *Guaranteed Percentage (GP)*
  Dieses Verfahren wurde speziell für den mehrfädigen Prozessorkern des Komodo-Mikrocontrollers entwickelt. Es ordnet jedem Thread einen Prozentsatz der gesamten Prozessorleistung zu. Die Einhaltung dieses Prozentsatzes wird innerhalb kurzer Zeitintervalle garantiert. Hierdurch erreicht man eine strikte zeitliche Isolierung der einzelnen Threads. Das Zeitverhalten eines Threads kann durch andere Threads nicht gestört werden, da der jeweils geforderte Prozentsatz an Rechenleistung vom Prozessorkern garantiert wird. Dies ist insbesondere von Vorteil, wenn die Anwendung dynamische Rekonfigurationen (Threads betreten und verlassen den Prozessor zur Laufzeit) erfordert.

Beim gegenwärtigen Prototypen des Komodo-Mikrocontrollers beträgt die Intervall-Länge für das Guaranteed Percentage Scheduling 100 Taktzyklen. Dies bedeutet, der geforderte Prozentsatz an Prozessorleistung wird innerhalb dieser 100

Taktzyklen garantiert. Abbildung 5.40 gibt ein Beispiel. Die Threads A, B und C laufen quasi-parallel mit jeweils 30, 20 und 40 Prozent der verfügbaren Prozessorleistung. Im Detail betrachtet erhält Thread A in jedem 100-Taktzyklen-Intervall den Prozessor für 30 Taktzyklen, Thread B für 20 Taktzyklen und Thread C für 40 Taktzyklen zugeteilt.

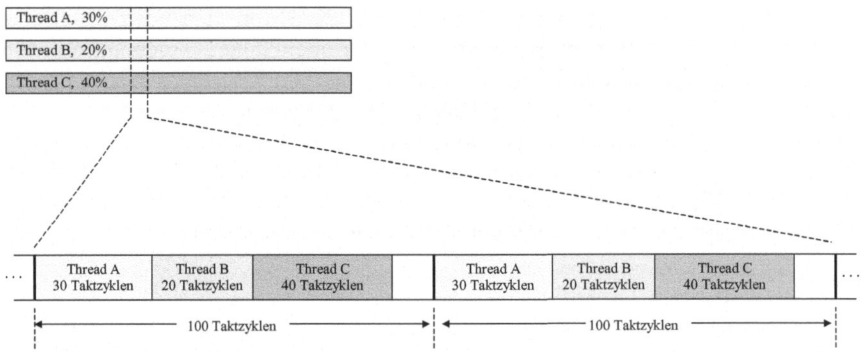

Abb. 5.40. Prozessorzuteilung beim Guaranteed Percentage Scheduling

Da der Kontextwechsel beim Komodo-Prozessorkern keine Zeit benötigt, können echte 100 Prozent Nutzleistung des Prozessors garantiert werden. Die Ausnutzung der Latenzzeiten durch andere Threads kann die gesamte Prozessorleistung sogar über 100 Prozent anheben. Diese interessante Eigenschaft wurde im Rahmen des Komodo-Projekts für die verschiedenen Echtzeit-Scheduling-Verfahren genauer untersucht. Ergebnisse dieser Untersuchungen sind in Abschn. 5.5.5 zu finden.

Guaranteed Percentage Scheduling unterscheidet insgesamt drei Klassen von Threads:

- Threads der Klasse *Exakt* erhalten genau den geforderten Anteil der Rechenleistung.
- Threads der Klasse *Minimum* erhalten mindestens den geforderten Anteil der Rechenleistung. Wenn verfügbar, können sie auch mehr erhalten.
- Threads der Klasse *Maximum* erhalten auf keinen Fall mehr als die angeforderte Rechenleistung. Sie können aber weniger erhalten, wenn die angeforderte Leistung nicht mehr verfügbar ist.

Die Klasse *Maximum* eignet sich z.B. für Nicht-Echtzeit-Threads (d.h. Threads ohne Zeitbedingungen) oder für Debug-Threads. Durch die strikte zeitliche Isolierung können z.B. die Debug-Threads das restliche System beobachten, ohne sein Zeitverhalten zu beeinflussen. Die Klasse *Exakt* eignet sich besonders für Threads, die Datenübertragungen mit vorgegebenen Datenraten möglichst jitter-frei ausführen müssen. Die Klasse *Minimum* ist für Threads vorgesehen, die ihre Aufgabe spätestens bis zu einer vorgegebenen Zeitschranke erledigen müssen.

Eine Überlastsituation ist bei Guaranteed Percentage Scheduling leicht zu erkennen. Solange die Summe der angeforderten Prozentsätze aller Threads der Klassen *Exakt* und *Minimum* 100 Prozent nicht übersteigt, ist der Prozessor auch nicht überlastet. Die Threads der Klasse *Maximum* müssen hierbei nicht berücksichtigt werden. Sie können vielmehr den durch Latenzzeitausnutzung entstehenden Überschuss jenseits von 100 Prozent Prozessorleistung nutzen (also z.B. 10% bei 110% Gesamtleistung). Dieser Überschuss kann für die beiden anderen Klassen zumindest bei Aufgaben mit harten Echtzeitanforderungen nicht eingerechnet werden, da seine Höhe für eine bestimmte Aufgabe nur im langfristigen statistischen Mittel bekannt ist, kurzfristig aber nicht garantiert werden kann. Eine ausführliche Betrachtung von Überlast findet sich in [Brinkschulte 2006].

Hervorzuheben ist, dass der Prioritätenmanager das Scheduling in Hardware ausführt. Dies ist notwendig, da er eine Scheduling-Entscheidung innerhalb eines einzigen Taktzyklus treffen muss, um festzulegen, von welchem Thread der nächste Befehl in die Pipeline einfließt. Anderenfalls wäre ein Kontextwechsel ohne Zeitverlust nicht möglich.

5.5.3 Unterbrechungsbehandlung

Der Komodo-Mikrocontroller benutzt eine thread-basierte Unterbrechungsbehandlung, wie sie in Abschn. 4.5 als Möglichkeit für mehrfädige Prozessorkerne eingeführt wurde (vgl. Abb. 4.51). Im Gegensatz zu den bisher betrachteten Mikrocontrollern, bei denen ein auftretendes Ereignis eine Unterbrechung des gegenwärtigen Programmablaufs und den Start eines Unterbrechungsbehandlungs-Programms (*Interrupt Service Routine*, ISR) einleitet, startet der Komodo-Prozessorkern einen dem Ereignis zugeordneten Thread (*Interrupt Service Thread*, IST).

Jedes zu behandelnde Ereignis wird hierbei mit einem der vier Hardware-Threads verknüpft. Dies geschieht durch eine Verbindungsmatrix in der Signaleinheit. Abbildung 5.41 stellt diese Verbindungsmatrix dar. Durch Setzen eines entsprechenden Bits im Steuerregister kann jedes externe Ereignissignal mit einem der vier Threads verbunden werden. Diese Interrupt Service Threads befinden sich zunächst im Zustand wartend, werden also beim Scheduling vom Prioritätenmanager nicht berücksichtigt. Sobald jedoch ein Ereignis eintritt, aktiviert die Signaleinheit den zugeordneten Thread, der nun am Scheduling teilnimmt.

Die Verbindungsmatrix ermöglicht es, mehrere Ereignisse demselben Thread zuzuordnen und somit die Anzahl der benötigten Threads zu reduzieren. In diesem Fall kann ein aktivierter Interrupt Service Thread durch Lesen des in der Verbindungsmatrix ebenfalls enthaltenen Statusregisters herausfinden, welches oder welche Ereignisse aufgetreten sind.

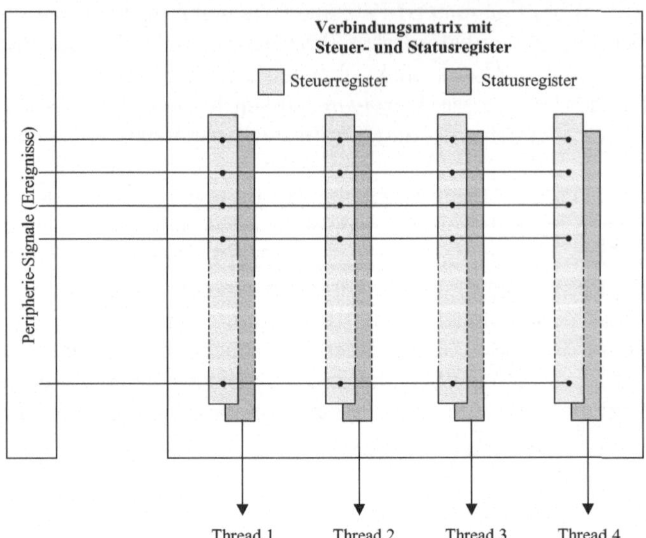

Abb. 5.41. Die Verbindungsmatrix der Signaleinheit im Komodo-Mikrocontroller

Das Prinzip, Ereignisse durch Threads anstelle von Interrupt Service Routinen zu behandeln, wird auch bei vielen Echtzeit-Betriebssystemen angewandt. Dort handelt es sich aber um eine reine Software-Lösung, d.h. ein Ereignis initiiert auf dem Prozessor zunächst eine normale Unterbrechungsbehandlung mittels einer Interrupt Service Routine. Diese Routine startet dann den zugeordneten Thread per Software. Diese Lösung erzeugt natürlich deutlich höhere Verzögerungszeiten bei der Reaktion auf Ereignisse als beim Komodo-Mikrocontroller. Dort wird der Thread direkt und ohne Verzögerung per Hardware gestartet.

Insgesamt bietet das Interrupt Service Thread Konzept des Komodo-Mikrocontrollers eine Reihe von Vorteilen gegenüber der konventionellen Ereignisbehandlung mit Interrupt Service Routinen:

- Interrupt Service Threads passen perfekt in das Thread Konzept von Java.
- Ereignisse lassen sich wie alle anderen Aufgaben einheitlich mittels Java Threads behandeln.
- Die direkte Aktivierung per Hardware vermeidet Verzögerungszeiten. Die Ereignisbehandlung kann sofort beginnen (0 Takte Kontextwechsel, kein Retten von Registern nötig).
- Alle Threads inklusive der Interrupt Service Threads unterliegen einem einheitlichen, hardwareunterstützten Scheduling. Bei Interrupt Service Routinen gibt es hingegen zwei konkurrierende Scheduler, den Thread-Scheduler und den Interrupt-Scheduler.
- Es können flexible Kontextwechsel zwischen Interrupt Service Threads und anderen Threads stattfinden.

- Scheduling-Verfahren wie EDF, LLF oder GP erlauben eine Prozessorauslastung von 100 Prozent, auch für Interrupt Service Threads. Die bei konventioneller Interrupt-Verarbeitung verwendeten festen Prioritäten (d.h. der Prozessorkern ordnet jeder Unterbrechungsquelle eine Priorität zu) können nur eine geringere Auslastung garantieren (vgl. Abschn. 5.5.2, FPP).

5.5.4 Anbindung der peripheren Komponenten

Die peripheren Komponenten sind über einen eigenen Bus mit dem Kern des Mikrocontrollers verbunden. Auf diese Weise werden Speicher- von Ein-/Ausgabezugriffen entkoppelt. Eine einfache Daisy-Chain regelt bei gleichzeitigen Anforderungen der peripheren Komponenten die Reihenfolge der Zugriffe. Abbildung 5.42 gibt einen Überblick.

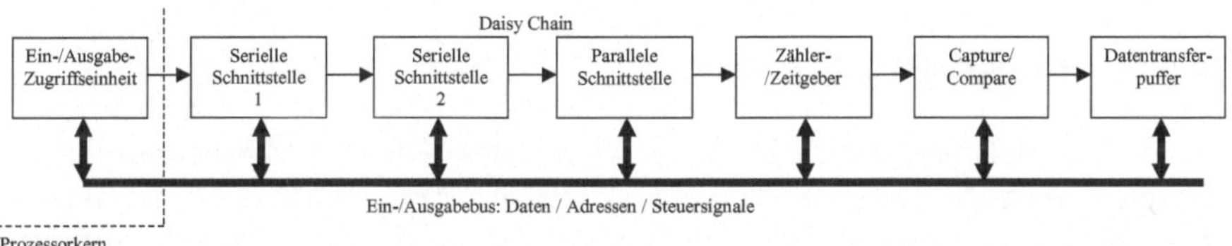

Abb. 5.42. Anbindung der peripheren Komponenten an den Komodo-Prozessorkern

Die Anbindung an den Prozessorkern ist, wie die peripheren Komponenten selbst, einfach gehalten. Einzige Besonderheit ist der Datentransferpuffer. Seine Anwesenheit begründet sich aus folgender Überlegung:

Viele Anwendungen lassen sich in zwei grundlegende Bestandteile zerlegen: den Datentransfer und die Datenverarbeitung. Bei Echtzeit-Anwendungen sind die Zeitanforderungen für beide Teile häufig sehr unterschiedlich. Werden z.B. Sensordaten periodisch über eine serielle Schnittstelle gelesen und dann ausgewertet, so diktiert die Schrittgeschwindigkeit der seriellen Übertragung die Zeitbedingungen für den Datentransfer, während die Periodendauer die Zeitbedingungen für die Datenverarbeitung festlegt. Um diesen Anforderungen gerecht zu werden, gibt es mehrere Lösungsansätze:

1. Die Datenübertragung und die Datenverarbeitung werden von getrennten Threads übernommen. Die Parameter des Echtzeit-Schedulings sind für beide Threads (z.B. die Deadlines) den jeweils unterschiedlichen Zeitbedingungen angepasst.
2. Die Datenübertragung und die Datenverarbeitung werden vom selben Thread übernommen. In diesem Fall müssen die Parameter des Echtzeit-Schedulings zur Laufzeit je nach gerade bearbeiteter Teilaufgabe verändert werden.
3. Die relativ einfache Aufgabe der Datenübertragung wird dem Prozessorkern abgenommen und hardwaremäßig per DMA durchgeführt. Der Prozessorkern

konzentriert sich nur noch auf die Datenverarbeitung und verwendet hierfür einen Thread mit zugehörigen Echtzeit-Parametern.

Da die erste Lösung die Anzahl der (hardwareseitig begrenzten) Threads erhöht und die zweite Lösung durch den ständigen Wechsel der Echtzeit-Parameter eine aufwändigere Steuerung erfordert, wurde bei Komodo die dritte Lösung gewählt. Mittels DMA werden Daten ohne Zutun des Prozessorkerns zwischen den peripheren Komponenten und dem Datentransferpuffer transportiert. Dort kann sie der Prozessorkern abholen bzw. zum Transport hinterlegen. Diese Lösung ist auch von der Hardware-Seite einfacher und ökonomischer als z.B. für die erste Lösung die Anzahl der Hardware-Threads zu erhöhen, nur um einfache Datentransporte erledigen zu können.

5.5.5 Evaluierungs-Ergebnisse

Wie verhält sich nun der mehrfädige Ansatz des Komodo-Mikrocontrollers im Vergleich zu einfädigen Prozessorkernen? Um dies herauszufinden, wurden neben einer FPGA-Implementierung ausführliche Evaluierungen durch Software-Simulationen durchgeführt [Kreuzinger et al. 2000]. Wir wollen hier die wesentlichen Ergebnisse vorstellen.

Untersucht wurde u.a. der Gewinn in der Verarbeitungsgeschwindigkeit durch den mehrfädigen Ansatz bei den verschiedenen Echtzeit-Scheduling-Verfahren FPP, EDF, LLF und GP. Hierzu wurden zunächst für Echtzeit-Anwendungen typische Lastprogramme unterschiedlicher Komplexität definiert. Tabelle 5.10 zeigt die verwendeten Lastprogramme.

Tabelle 5.10. Lastprogramme zur Evaluierung des Komodo-Mikrocontrollers

Lastprogramm	Eigenschaften
Fast Fourier Transformation (FFT)	Sehr komplexes Lastprogramm, führt in etwa 6 000 000 Befehlen eine Fourier Transformation durch.
Proportional Integral Differential Regler (PID)	Lastprogramm mittlerer Komplexität, benötigt etwa 6 000 Befehle für einen Regelzyklus.
Impuls-Zähler (IZ)	Einfaches Lastprogramm, summiert ankommende Impulse mit 10 Befehlen auf.

Um Aussagen über den Einfluss der verschiedenen Aspekte der Mehrfädigkeit (schneller Kontextwechsel, Latenzzeitnutzung) zu erhalten, wurden drei unterschiedliche Modelle für den Prozessorkern verglichen:

- *Einfädig*
  Dieses Modell repräsentiert einen konventionellen einfädigen Prozessor. Die Zeit für einen Kontextwechsel wurde zu 100 Taktzyklen angenommen. Durch die Einfädigkeit findet keine Nutzung der Latenzzeiten statt.

- *Mehrfädig ohne Latenzzeitnutzung*
  Hier wurde als Modell ein mehrfädiger Prozessorkern verwendet, der Kontextwechsel ohne Kosten in 0 Taktzyklen durchführen kann, jedoch keine Latenzzeiten nutzt. Kontextwechsel finden ausschließlich auf Grund des verwendeten Echtzeit-Scheduling-Verfahrens statt.

- *Mehrfädig mit Latenzzeitnutzung (Komodo)*
  Dies ist das Komodo-Modell. Der Kontextwechsel verursacht keine Kosten, Latenzzeiten eines Threads werden durch Ausführung von Befehlen anderer Threads überbrückt. Es wird das in Abschn. 5.5.2 beschriebene zweistufige Scheduling (Echtzeit, Latenznutzung) verwendet.

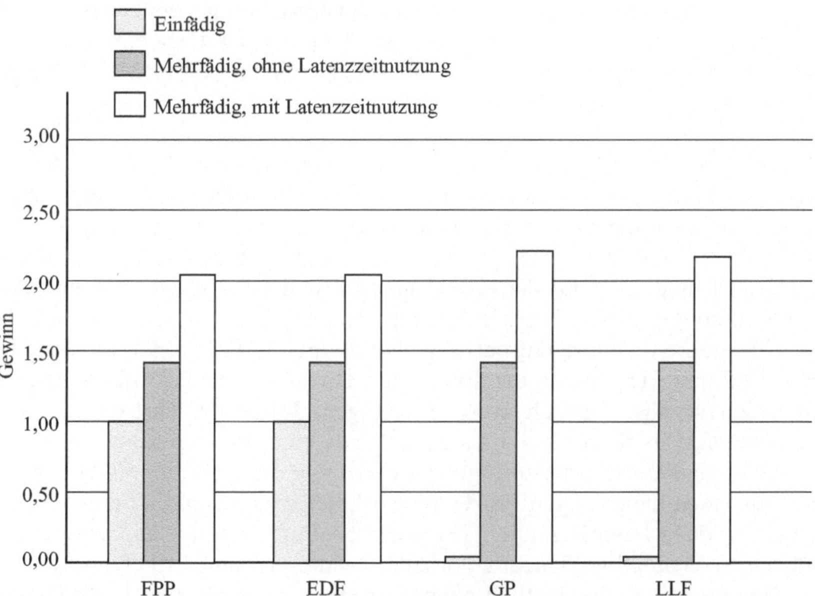

Abb. 5.43. Komodo Evaluierungsergebnisse: Threads mit ähnlichen Zeitschranken

Abbildung 5.43 zeigt das erste Evaluierungs-Ergebnis, wenn alle Threads ähnliche Zeitschranken (*Deadlines*) besitzen. Hierzu wurden vier Impuls-Zähler (IZ) gleichzeitig ausgeführt. Die Echtzeit-Parameter der unterschiedlichen Scheduling-Verfahren (Priorität, Deadline, Prozentsatz an Rechenleistung) wurden so gewählt, dass alle Threads ihre Zeitschranken gerade noch einhalten.

Um einen einfachen Vergleich zu ermöglichen, wurde die Verarbeitungsleistung des einfädigen Prozessorkerns mit FPP Scheduling zu 1 definiert und alle anderen Ergebnisse darauf normiert. Ein Wert von 1,5 in Abb. 5.43 bedeutet also, dass der zugehörige Prozessorkern mit dem zugehörigen Scheduling-Verfahren eine um den Faktor 1,5 höhere Verarbeitungsgeschwindigkeit erzielt hat als der einfädige Prozessorkern mit FPP Scheduling.

Aus Abb. 5.43 lassen sich eine Reihe von Schlussfolgerungen ziehen:

- Für einfädige Prozessorkerne zeigt sich bei diesem Lastprogramm (4 x IZ) kein Leistungsunterschied zwischen dem einfachen FPP Scheduling und dem komplexeren EDF Scheduling. Dies liegt darin begründet, dass der einfache Impulszähler (10 Befehle) wenig Spielraum für effizienteres Scheduling lässt. GP und LLF fallen hingegen extrem ab. Das resultiert aus den im Vergleich zu FPP und EDF viel häufigeren Kontextwechseln dieser Verfahren. Hier wirkt sich die Kontextwechselzeit von 100 Taktzyklen des einfädigen Prozessormodells sehr störend aus.

- Der mehrfädige Prozessorkern ohne Latenzzeitnutzung eliminiert den Nachteil häufiger Kontextwechsel durch 0 Takte Kontextwechselzeit. Alle Verfahren zeigen in etwa die gleiche Verarbeitungsleistung, die gegenüber dem einfädigen Prozessorkern um ca. 1,45 erhöht ist. Auch hier lässt das einfache Lastprogramm wenig Spielraum für mehr oder minder effiziente Scheduling-Verfahren.

- Beim mehrfädigen Prozessorkern mit Latenzzeitnutzung (dem Komodo-Prozessorkern) ändert sich das Bild. Zunächst sieht man, dass durch die Latenzzeitnutzung der Leistungsgewinn gegenüber dem einfädigen Prozessor auf den Faktor 2 und mehr ansteigt. Weiterhin ist hier wieder ein Unterschied zwischen FPP und EDF auf der einen und LLF und GP auf der anderen Seite zu beobachten. Offensichtlich erlauben die Scheduling-Verfahren LLF und GP eine effizientere Latenzzeitausnutzung als FPP und EDF. Dies hat folgende Ursache: FPP und EDF führen die dringenden Threads (hohe Priorität, kurze Deadline) zuerst aus. Danach werden weniger dringende Threads in Angriff genommen. Das führt dazu, dass gegen Ende einer Periode immer weniger rechenwillige Threads zur Verfügung stehen, wie dies in Abb. 5.44a dargestellt ist. Für einen mehrfädigen Prozessor mit Latenzzeitnutzung ist dies ungünstig, da er nur dann Latenzen durch Threadwechsel effizient nutzen kann, wenn genügend rechenwillige Threads vorhanden sind. GP und LLF hingegen halten die Threads durch die deutlich höhere Anzahl von Kontextwechseln länger am Leben (siehe Abb. 5.44b). Hierdurch stehen über die gesamte Periodendauer mehr rechenwillige Threads zur Verfügung, die Latenzzeitnutzung arbeitet besser.

  Daraus lässt sich folgern, dass ein für die Latenzzeitnutzung ideales Echtzeit-Scheduling-Verfahren die Rechenzeit jedes Threads genau bis zum Erreichen seiner Deadline ausdehnt, um die Anzahl gleichzeitig aktiver Threads zu maximieren. Eine hohe Anzahl von Kontextwechseln ist daher für ein solches Verfahren ein Gütekriterium.

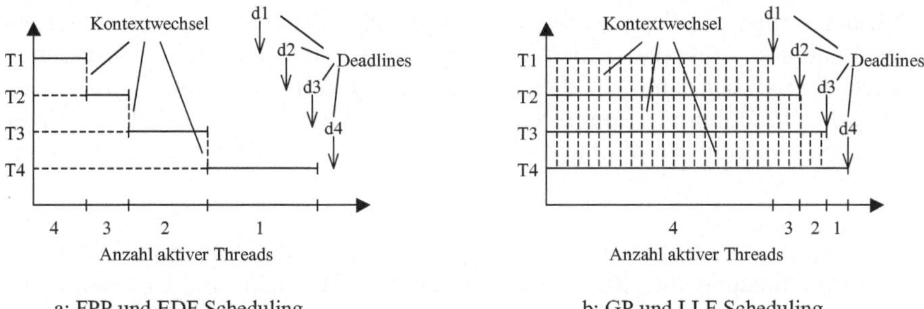

Abb. 5.44. Anzahl aktiver Threads für verschiedene Scheduling-Verfahren

Abbildung 5.45 zeigt die Ergebnisse einer zweiten Evaluierung, bei der Threads mit stark unterschiedlichen Zeitschranken gewählt wurden. Hierzu wurden ein Impulszähler (IZ), eine Fast Fourier Transformation (FFT) und zwei PID-Regler gleichzeitig ausgeführt. Die Echtzeit-Parameter wurden erneut so gewählt, dass alle vier Threads ihre Zeitschranken gerade noch einhalten. Das Ergebnis ist wieder auf den einfädigen Prozessor mit FPP Scheduling normiert.

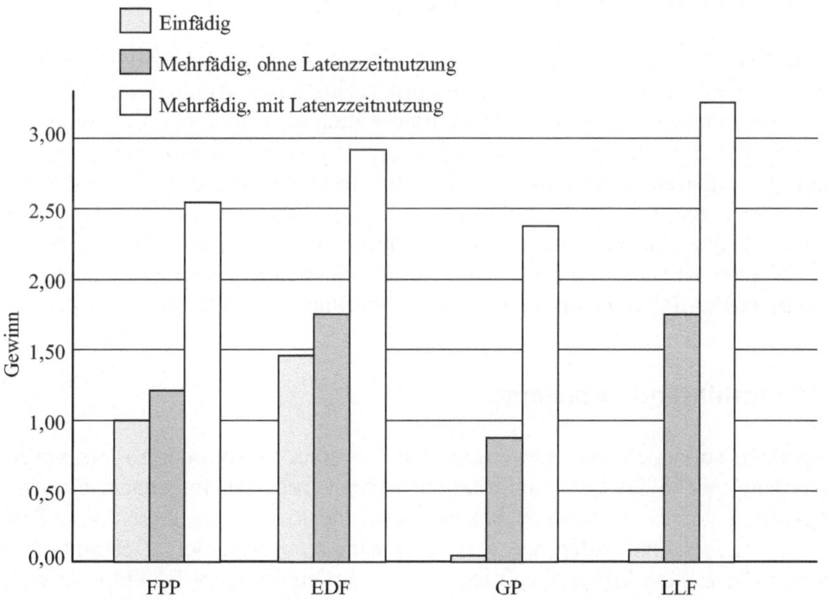

Abb. 5.45. Komodo Evaluierungsergebnisse: Threads mit unterschiedlichen Zeitschranken

Die Ergebnisse dieser Evaluation lassen sich wie folgt zusammenfassen:

- Für den einfädigen Prozessorkern bestätigt sich zunächst das Ergebnis der ersten Evaluation: GP und LLF schneiden wegen der hohen Zahl von Kontextwechseln und der damit auf diesem Prozessormodell verbundenen Kosten sehr schlecht ab. Durch die komplexere Last treten hier aber zusätzlich die Unterschiede zwischen dem einfachen FPP Scheduling und dem leistungsfähigeren EDF Scheduling zu Tage.

- Diese Unterschiede setzen sich auch bei dem mehrfädigen Prozessorkern ohne Latenzzeitnutzung fort. Zu beobachten ist hier, dass EDF und LLF mit einem Leistungsgewinn von ca. 1,75 nahezu gleich aufliegen, während FPP und auch GP abfallen. Das Kernproblem von GP liegt in der geeigneten Wahl von Prozentsätzen der Rechenleistung für die einzelnen Threads, die sich bei sehr unterschiedlichen Deadlines schwierig gestaltet.

- Beim mehrfädigen Prozessorkern mit Latenzzeitnutzung liefert wie bei der ersten Evaluierung LLF hervorragende Ergebnisse. Es ist aus den genannten Gründen am besten zur Nutzung der Latenzzeiten geeignet. Auch GP kann die Latenzen sehr gut verwerten, man vergleiche hierzu den Unterschied von GP ohne und mit Latenzzeitnutzung. Der Zugewinn liegt in der gleichen Größenordung wie bei LLF. Insgesamt liegt GP jedoch durch die im vorigen Punkt erwähnten Probleme zurück.

Zusammenfassend lässt sich sagen, das im Komodo-Mikrocontroller gewählte Konzept des mehrfädigen Prozessorkerns mit verlustfreien Kontextwechseln und Nutzung von Latenzzeiten ermöglicht in allen Fällen eine deutliche Leistungssteigerung gegenüber einfädigen Prozessorkernen. Von den untersuchten Echtzeit-Scheduling-Verfahren erweist sich LLF als für diesen Prozessortyp am besten geeignet. Leider erzeugt dieses Verfahren aber auch mit Abstand den meisten Hardwareaufwand, um eine Scheduling-Entscheidung in einem Taktzyklus herbeizuführen. Je nach Anwendung sind daher auch die anderen Verfahren geeignete Kandidaten (z.B. GP, wenn strikte zeitliche Isolierung gefordert ist).

5.5.6 Weiterführende Konzepte

Im Folgenden soll noch eine Erweiterung des Komodo-Mikrocontrollers vorgestellt werden, welche das Echtzeitverhalten weiter verbessert. Je genauer die Ausführungszeiten von Befehlsfolgen bekannt sind, desto präziser lassen sich Zeitschranken angeben und Jitter bei Aus- und Eingabe vermeiden. Bei einfachen Mikrocontrollern ohne Pipeline ist dies leicht möglich, da jeder Befehl eine wohl definierte Ausführungszeit besitzt. Durch Verwendung des Pipeline-Prinzips wird dies erschwert, da sich die Ausführungszeiten einzelner Befehle durch Pipeline-Hemmnisse gegenseitig beeinflussen (vgl. Abschnitt 2.4). Der mittlere Durchsatz von Befehlen steigt zwar erheblich, die Vorhersagbarkeit der Ausführungszeit von Befehlsfolgen leidet aber. Moderne Prozessortechniken wie superskalare und spekulative Befehlsausführung (vgl. Kapitel 7) verschärfen dieses Problem weiter, siehe hierzu auch [Wörn und Brinkschulte 2005]

Um dieses Problem weiter zu vertiefen, wollen wir zunächst den **Durchsatz** von Befehlen genauer definieren:

Durchsatz = Anzahl Befehle / Anzahl Taktzyklen

Im Englischen wird der Durchsatz entsprechend mit *Instructions per Cycle* (*IPC, IPC-Rate*) bezeichnet.

Der Komodo-Mikrocontroller enthält eine skalare, mehrfädige Pipeline. Legen wir GP-Scheduling der Klasse *Exakt* zu Grunde, so erhält jeder Thread die seinem Prozentsatz entsprechende Zahl von Taktzyklen innerhalb eines Intervalls von 100 Taktzyklen. Bei einem Prozentsatz von beispielsweise 30 Prozent wären dies also 30 Taktzyklen. Da eine skalare Pipeline idealer Weise einen Befehl pro Taktzyklus beendet, entspräche dies einem Durchsatz von 30 Befehlen / 100 Taktzyklen = 0,3 Befehle pro Taktzyklus. Auftretende Pipeline-Hemmnisse verursachen nun Latenzen bei der Befehlsausführung. Weitere Ursachen für Latenzen sind Wartezyklen bei der Synchronisation verschiedener Threads. Treten während der 30 Taktzyklen beispielsweise 5 Latenzen auf, so können nur noch 25 statt 30 Befehle beendet werden, der Durchsatz sinkt auf 0,25 Befehle pro Taktzyklus. Man sieht leicht, dass hierdurch die Vorhersagbarkeit der Ausführungszeit einer Befehlsfolge erschwert wird.

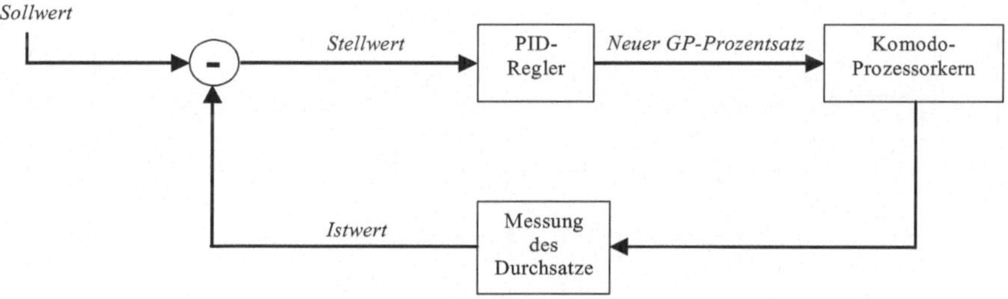

Abb. 5.46. Einsatz eines PID-Reglers zur Stabilisierung des Durchsatzes

Um diesem Problem zu begegnen, wurde im Komodo-Mikrocontroller eine für Prozessoren neuartige Idee erprobt: der Einsatz von regelungstechnischen Verfahren zur Kontrolle des Durchsatzes. Die Grundidee besteht darin, den aktuellen Durchsatz eines Threads ständig zu beobachten und bei Abweichungen vom gewünschten Sollwert den GP-Prozentsatz entsprechend anzupassen. Hierdurch soll in einer geschlossenen Regelschleife der Durchsatz auf dem Sollwert gehalten werden. Funktioniert dies, so kann die Ausführungszeit der Befehlsfolge sehr genau bestimmt werden. Abbildung 5.46 zeigt das Prinzip. Es wurde der in der Regelungstechnik bekannte und bewährte PID-Regler (**P**roportional/**I**ntegral/**D**ifferential) [Lutz und Wendt 2002] oder [Wörn und Brinkschulte 2005] eingesetzt. Er wurde als diskreter Regler im Prozessorkern implementiert, um den Durchsatz eines Threads zu regeln. Hierbei wird alle 100 Takte der momentane Durchsatz gemessen (Istwert) und mit einem vorgegebenen Wert (Sollwert) verglichen. Die Differenz dieser beiden Werte (Stellwert) wird an den Regler weitergegeben, der daraus und der Historie des Stellwerts durch Einsatz des PID-Algorithmus einen neuen GP-Prozentsatz für den zu regelnden Thread berechnet und diesen im Prioritätenmanager setzt. Eine Darstellung der veränderten Pipeline von Komodo findet sich in Abbildung 5.47.

Abbildung 5.48 zeigt den Durchsatz eines Erzeugerthreads aus einem Erzeuger-Verbraucher-Benchmark, welcher ohne den Einsatz des diskreten PID-Reglers auf dem Komodo-Mikrocontroller läuft.

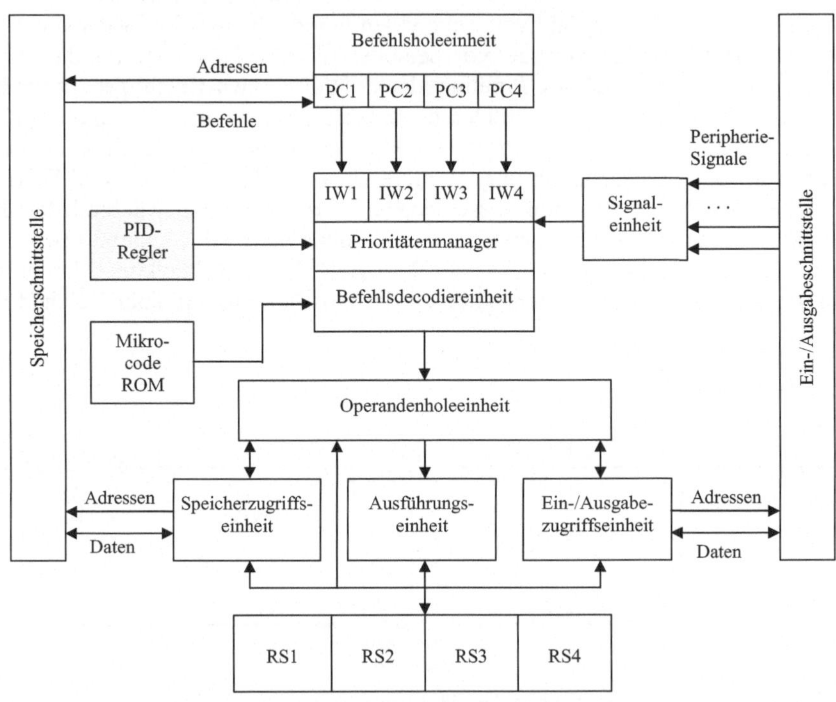

Abb. 5.47. Die Mikroarchitektur von Komodo mit PID-Regler

Wie in allen weiteren Evaluationen, die wir in diesem Abschnitt besprechen, ist in dieser Abbildung die Entwicklung des Durchsatzes bezüglich 400 Takten (graue Linie) und des Durchsatzes bezüglich 50000 Takten (schwarze Linie) über einen Zeitraum von 2 Millionen Takten dargestellt. Diese beiden Arten der Messung wurden gewählt, um einerseits das kurzfristige Verhalten des Durchsatzes zu beobachten (hieraus kann man beispielsweise Hinweise für das Auftreten von Jitter bei der Ein- und Ausgabe von Daten gewinnen), und andererseits, um die langfristige Entwicklung des Durchsatzes zu beobachten (Stabilität).

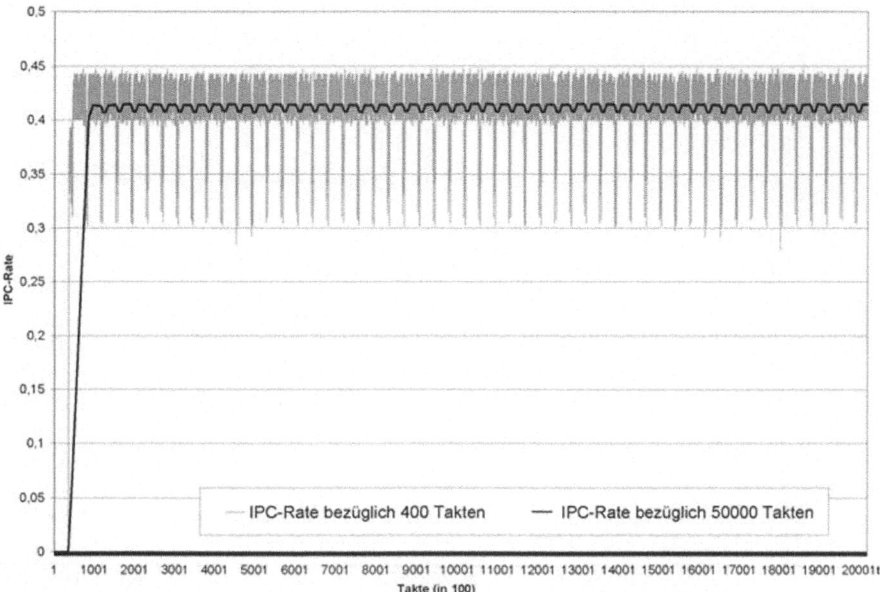

Abb. 5.48. Messung des Durchsatzes ohne Einsatz des PID-Reglers

In dieser Evaluation wird dem Thread 49 Prozent der Prozessorleistung (Klasse *Exakt*) zugesichert. Die Abbildung zeigt, dass weder der kurz- noch der langfristige Durchsatz den Wert 0,49 Befehle pro Taktzyklus erreichen. Der Durchsatz bezüglich 400 Takten erreicht einen maximalen Wert von 0,44 Befehlen pro Taktzyklus. Außerdem fällt er in regelmäßigen Abstanden stark ab, was durch Synchronisationszyklen erklärt werden kann, in denen der Thread auf den Verbraucherthread wartet. Da schon der kurzfristige Durchsatz weit unterhalb des angestrebtem Wertes von 0,49 Befehlen pro Taktzyklus liegt, kann der langfristige Durchsatz bezüglich 50000 Takten diesen Wert auch nicht erreichen. Er pendelt sich vielmehr bei 0,41 Befehlen pro Taktzyklus ein.

In Abbildung 5.49 werden die Messergebnisse der beiden Durchsätze unter Einsatz des PID-Reglers gezeigt. Der Sollwert des Reglers beträgt dabei 0,49 Befehle pro Taktzyklus. Die Messungen zeigen deutlich, dass der kurzfristige Durchsatz bei 0,49 Befehlen pro Taktzyklus mit einer mittleren Abweichung von etwa 0,03 schwingt. Stärkere Abweichungen nach unten werden sofort durch eine starke Erhöhung des GP-Prozentsatzes vom Regler beantwortet, was die darauf folgenden Abweichungen nach oben erklärt. Als Resultat stabilisiert sich der langfristige Durchsatz bei 0,49 Befehlen pro Taktzyklus.

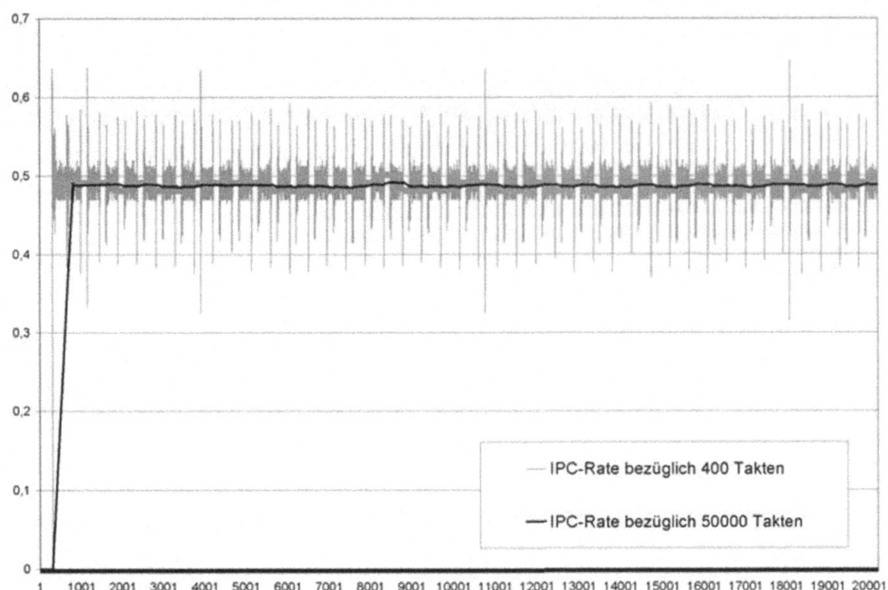

Abb. 5.49. Messung des Durchsatzes unter Einsatz des PID-Reglers

Dieser und viele weitere Tests zeigen, dass der PID-Regler sehr gut in der Lage ist, den langfristigen Durchsatz beim Sollwert zu stabilisieren [Brinkschulte und Pacher 2005/1]. Auch der kurzfristige Durchsatz erreicht den Sollwert, allerdings ist der Regler nicht in der Lage, diesen zu stabilisieren.

Um auch den kurzfristigen Durchsatz zu stabilisieren, wurde an der Universität Karlsruhe ein modellbasierter Latenzprädiktor entwickelt. In der ersten Stufe werden die Java Bytecodes der auszuführenden Threads auf Latenz-verursachende Befehle (Sprung- und Schreibbefehle) hin untersucht. Der Programmzähler dieser Befehle wird zusammen mit der Anzahl potenzieller Latenzen in speziellen Tabellen abgelegt. Dies geschieht vor der Ausführung der Threads auf dem Komodo-Mikrocontroller.

In der zweiten Stufe, zur Laufzeit der Threads auf dem Komodo-Mikrocontroller, wird der modellbasierte Latenzprädiktor, der in der Pipeline zusätzlich zum PID-Regler implementiert ist, alle 100 Takte aktiviert (genau zwischen den Zeitscheiben, in denen ein bestimmter Prozentsatz der Prozessorleistung den einzelnen Threads garantiert wird). Ausgehend vom aktuellen Programmzählerstand (PC) entnimmt der modellbasierte Latenzprädiktor den Tabellen die zu den Befehlen gehörenden Latenzen. Für den Fall, dass er auf einen Sprung stößt, nutzt er moderne Sprungprädiktoren, um die Sprungrichtung und das Sprungziel vorherzusagen (siehe Kapitel 7.2). Auf diese Weise sagt der modellbasierte Latenzprädiktor die Anzahl der Latenzen für eine beliebige Anzahl von Takten voraus. Diese Vorgehensweise wird in Abbildung 5.50 skizziert. Wenn die Anzahl der vorhergesagten Latenzen nun zum GP-Prozentsatz des Threads addiert werden, können die dadurch verursachten Schwankungen im Durchsatz ausgeglichen werden.

Abbildung 5.51 schließlich zeigt sowohl den kurzfristigen als auch den langfristigen Durchsatz unter Einsatz des modellbasierten Latenzprädiktors. Man sieht deutlich, dass der kurzfristige Durchsatz den Wert 0,49 Befehle pro Taktzyklus erreicht und weitestgehend stabil ist. Die Abweichungen liegen an Synchronisationsereignissen mit dem Verbraucherthread und geringfügigen Fehlern in der Sprungvorhersage. Sie fallen geringer als bei den Versuchen mit dem PID-Regler aus. Als Konsequenz stabilisiert sich der langfristige Durchsatz sehr genau bei 0,49 Befehlen pro Taktzyklus.

Man kann weiterhin den PID-Regler und den modellbasierten Latenzprädiktor kombinieren. Hier wird der Latenzprädiktor wieder dazu benutzt, den kurzfristigen Durchsatz eines Threads zu stabilisieren. Der Regler kontrolliert hingegen den langfristigen Durchsatz und gleicht Synchronisationszyklen aus, welche der Latenzprädiktor nicht vorhersagen kann. Detaillierte Ergebnisse hierzu und zu den oben beschriebenen Techniken und Vorgehensweisen finden sich in [Brinkschulte und Pacher 2005/1] sowie [Brinkschulte und Pacher 2005/2].

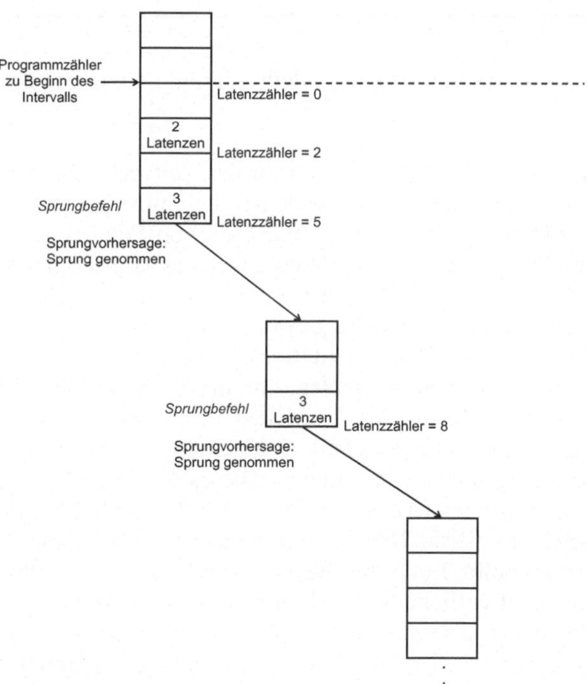

Abb. 5.50. Vorgehensweise der modellbasierten Latenzprädiktion

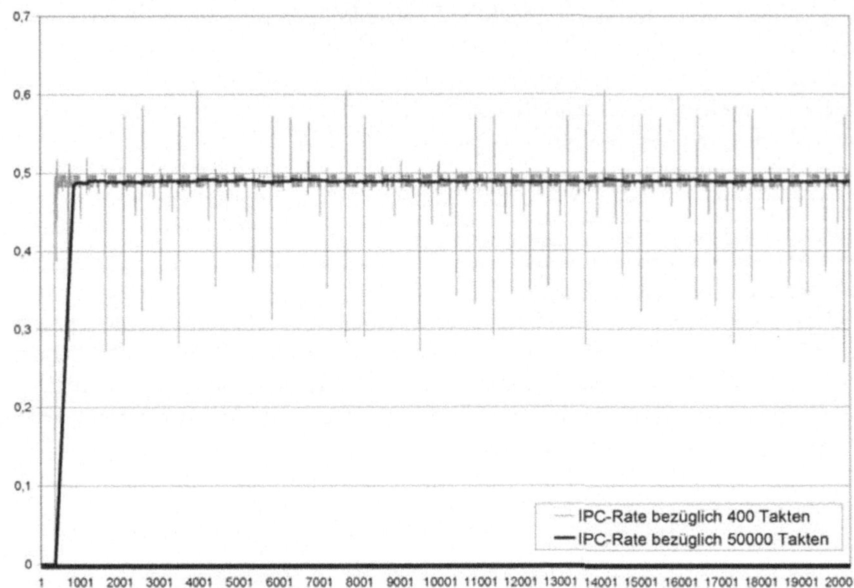

Abb. 5.51. Durchsatzmessung mit Einsatz der modellbasierten Latenzprädiktion

Für harte Echtzeitsysteme ist es wichtig, Garantien für das Zeitverhalten geben zu können. Für den regelungstechnischen Ansatz bedeutet dies, unter vorgegebenen Randbedingungen wie z.B. maximaler Latenz und Rate von Pipelinehemmnissen ein Band für den Durchsatze angeben zu können, welches vom Regler auf jeden Fall erreicht wird. Der resultierende Durchsatz des geregelten Prozessorkerns muss sich immer innerhalb dieses Bandes bewegen. Je enger man dieses Band fassen kann, desto präziser lässt sich das garantierte Zeitverhalten festlegen. Auch die Stabilität des Reglers ist hier zu betrachten. Um dies leisten zu können, benötigt man ein mathematisches Modell des geregelten Prozessorkerns. Dann lassen sich mit den Methoden der Regelungstechnik das Verhalten des Prozessorkerns sowie die Stabilität des Regelkreises bestimmen. Dieses Modell hilft auch, geeignete Werte für die Reglerparameter (z.B. die Werte für P, I und D im PID Regler) zu finden. Forschungen zu diesen Themen sind gerade in Arbeit, erste Ergebnisse finden sich in [Brinkschulte, Lohn und Pacher 2009] und [Brinkschulte und Pacher 2009]. Letzterer Veröffentlichung ist Abbildung 5.52 entnommen. Sie zeigt zunächst einen Vergleich von geregeltem Durchsatz (*Controlled IPC Rate*) und ungeregelter Durchsatz (*Uncontrolled IPC-Rate*). Der Sollwert des Durchsatzes lag bei 0,5 Befehlen pro Taktzyklus, als Pipelinehemmnis ist die Fehlspekulationsrate der Sprungvorhersage (*Misprediction Rate*, 5 Taktzyklen Latenz bei einer Fehlspekulation) aufgetragen. Man sieht auch hier, dass der geregelte Prozessorkern nach einiger Zeit den Sollwert gut einhalten kann, während der ungeregelte Prozessorkern bei einem konstanten GP-Wert von 0,5 einen deutlich zu niedrigen Durchsatz erreicht. Besonders interessant ist jedoch, dass sich der geregelte Durchsatz in einem garantierten Band (*Lower Limit, Upper Limit*) bewegt, das mit mathematischen Methoden der Regelungstechnik ermittelt wurde und mit zunehmender Zeit enger gefasst werden kann. Durch dieses Band sind garantierte Zeitvorhersagen für harte Echtzeitsysteme möglich.

Es bleibt anzumerken, dass die Grundideen von Regelung und Latenzprädiktion zur Stabilisierung des Durchsatzes von Threads und damit verbundener Verbesserung der Echtzeitfähigkeit nicht auf den Komodo-Mikrocontroller beschränkt sind. Sie lassen sich auch auf andere mehrfädige Prozessoren übertragen.

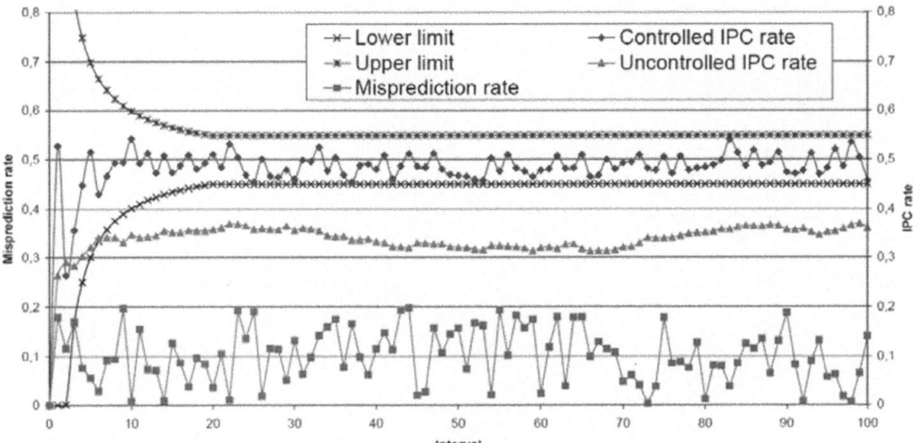

Abb. 5.52. Garantierte IPC-Rate des geregelten Prozessorkerns

6 Hochperformante Mikroprozessoren

6.1 Von skalaren RISC- zu Superskalarprozessoren

Die Grundlage dafür, dass Mikroprozessoren überhaupt möglich wurden, ist die VLSI-Technologie. Der erste Mikroprozessor (Intel 4004) entstand 1971 und benötigte nur 2300 Transistoren. Der schon wesentlich komplexere Intel 8086-Mikroprozessor von 1978 bestand bereits aus 20 000 Transistoren. Die Anzahl der Transistoren pro Prozessor-Chip steigerte sich nun rapide. Anfang der 80er Jahre waren dies 134 000 Transistoren mit einer Taktrate von 16 MHz (Intel 80286) und Mitte der 80er Jahre bereits 275 000 Transistoren mit 32 MHz Taktrate (Intel 80386).

Es gab in den 80er Jahren zwei Linien von Mikroprozessoren:

- Die CISC-Mikroprozessoren mit den Familien der Intel 80x86- und der Motorola 680x0-Prozessoren als wichtigste Vertreter. Diese orientierten sich in ihren Architekturen an den Großrechnerarchitekturen der 70er Jahre, insbesondere an der DEC VAX-Familie. Im Laufe der 80er Jahre konnten bei diesen Prozessorfamilien insbesondere die Gleitkommaeinheit und Steuerfunktionen wie die Unterstützung des Speicherschutzes, der Segmentierung, der Seitenübersetzung und des Multitasking zusätzlich auf dem Prozessorchip untergebracht werden.
- Die (skalaren) RISC-Mikroprozessoren mit den Familien der MIPS- und Sun SPARC-Prozessoren. Diese legten besonderen Wert auf Pipelining und auf im Vergleich zu den CISC-Mikroprozessoren relativ große Registersätze.

Beide Prozessorlinien nutzten Pipelining, konnten jedoch nur einen Befehl pro Pipelinestufe verarbeiten. Ende der 80er Jahre war ein Integrationsgrad von 1.2 M Transistoren pro Prozessor-Chip (Beispiel: Intel 80486) erreicht, der ab Anfang der 90er Jahre den Siegeszug der superskalaren Prozessoren ermöglichte. Die Grundidee dabei war, die Einschränkung der skalaren RISC-Prozessoren mit Einmalzuweisung (*single issue*) zu überwinden und mehr als einen Befehl pro Takt zu holen, zu decodieren, den Ausführungseinheiten zuzuweisen, auszuführen und die Ergebnisse zurück zu schreiben.

Der erste kommerziell erfolgreiche superskalare Mikroprozessor war der Intel i960, der 1990 auf den Markt kam. Andere zweifach superskalare Prozessoren der

U. Brinkschulte, T. Ungerer, *Mikrocontroller und Mikroprozessoren*, eXamen.press, 3rd ed.,
DOI 10.1007/978-3-642-05398-6_6,

ersten Generation waren der Motorola 88110, Alpha 21064, und der HP PA-7100[3].

Weitere drei- bis vierfach superskalare RISC-Prozessoren in der Mitte der 90er Jahre waren der IBM POWER2-RISC-System/6000-Prozessor, seine Nachfolger PowerPC 601, 603, 604, 750 (G3) und 620, der DEC Alpha 21164, der Sun SuperSPARC und UltraSPARC, der HP PA-8000 und der MIPS R10000. Die RISC-Prozessoren Ende der 90er Jahre wie der MIPS R12000, HP PA-8500, Sun UltraSPARC-II, IIi und III, Alpha 21264, IBM POWER2-Super-Chip (P2SC) sind vierfach oder sechsfach superskalare Prozessoren.

Diese Entwicklung der Technologie der Mikroprozessoren vom Anfang der 90er Jahre bis 2005 zeigen folgende Beispiele (M bedeutet Mega oder Million; µm = 10^{-6} m als Einheit der Kanallänge eines Transistors bzw. der kleinsten Strukturbreite auf dem Chip, in Klammern steht der ungefähre Zeitpunkt der Markteinführung):

- 1.3 M Transistoren, 0.8 µm CMOS beim Motorola 88110 (April 1992)
- 3.1 M Transistoren, 0.8 µm BiCMOS, 66 - 90 MHz beim Intel Pentium (Juni 1993)
- 2.8 M Transistoren, 0.5 µm CMOS, 66 MHz beim PowerPC 601 (Oktober 1993)
- 3.6 M Transistoren, 0.5 µm CMOS, 100 MHz beim PowerPC 604 (Juni 1994)
- 9.3 M Transistoren, 0.5 µm CMOS, 266 und 300 MHz beim Alpha 21164 (Frühjahr 1995)
- 4.1 M Transistoren, 0.5 - 0.35 µm CMOS, 120 - 150 MHz beim AMD K86 (ein zuvor K5 genannter, Pentium-kompatibler Chip, Auslieferung 1995)
- 5.2 M Transistoren, 0.5 µm CMOS, 200 MHz beim UltraSPARC (Herbst 1995)
- 6.1 M Transistoren, 0.35 µm CMOS, 200 MHz beim MIPS R10000 (Frühjahr 1996)
- 5.5 M Transistoren (ohne Sekundär-Cache), 0.35 µm BiCMOS, 200 MHz Intel PentiumPro (Stand Ende 1996)
- 9.5 M Transistoren (ohne Sekundär-Cache), 0.25 µm BiCMOS, 550 MHz Intel Pentium III (Ende 1999)
- 100 M Transistoren, 0.18 µm CMOS, 1.5 Volt, 100 Watt beim Alpha 21364 (Stand 2002)
- 42 M Transistoren, 0.13 µm BiCMOS, bis zu 2,4 GHz beim Intel Pentium 4 (Stand 2002)
- 105,9 M Transistoren, 0.13 µm CMOS, bis zu 2,4 GHz und 89 Watt beim AMD Athlon 64 FX Sledgehammer (Stand September 2003)
- 125 M Transistoren, 90-Nanometer-Prozess beim Intel Pentium 4E Prescott (Stand 2004)

[3] Der Intel i860 von 1989 war nicht superskalar, sondern eine Art VLIW-Prozessor. Ein *dual-instruction*-Modus (zu dieser Zeit manchmal *superscalar mode* genannt) erlaubte die gleichzeitige Ausführung von zwei Befehlen. Diese Befehle wurden jedoch vom Compiler mit einem Bit gekennzeichnet und nicht von der Hardware selbst erkannt.

Die kommerziell dominierenden superskalaren Mikroprozessoren von Intel wie der zweifach superskalare Pentium von 1993, der PentiumPro von 1995, der Pentium II, Pentium III und Pentium IV setzen das Vermächtnis der Intel x86-Architektur fort. Diese Prozessoren werden deshalb als CISC-Mikroprozessoren eingeordnet. Als wesentlicher Intel-Konkurrent hat sich die Firma AMD mit den Intel-kompatible Prozessoren K5, Athlon und Athlon XP etabliert. Diese CISC-Mikroprozessoren benötigen eine etwas komplexere Pipeline als die superskalaren RISC-Prozessoren, mit zusätzlichen Stufen für die Decodierung der x86-Befehle in sogenannte Micro-ops. Alle genannten Intel-Mikroprozessoren besitzen eine 32-Bit-Architektur (IA-32, IA steht *für Intel Architecture*) und sind für den Einsatz in Personal Computern gedacht. Die neueren superskalaren RISC-Prozessoren besitzen (abgesehen von den frühen PowerPC-Prozessoren) eine 64-Bit-Architektur und sind für den Server-Betrieb konzipiert. Im Jahre 2002 brachte Intel mit dem Itanium einen ersten Prozessor mit IA-64-Architektur auf den Markt, der ebenfalls eine Wortbreite von 64 Bit implementiert. AMD ging mit dem AMD Opteron und den AMD Athlon-64-XP-Prozessoren den Weg, die IA-32-Architektur auf 64 Bit (AMD64-Erweiterung) zu erweitern und war damit Wegbereiter für deren Einsatz in Server-Rechnern. Mittlerweile hat Intel mit einer vergleichbaren Erweiterung (EM64T) nachgezogen. Während wegen thermischer Probleme die Taktraten der Prozessoren seit etwas 2005 kaum noch ansteigen, erhöht sich weiterhin die Zahl der Transistoren pro Chip. Derzeit findet weiterhin eine Aufspaltung der Prozessortypen meist gleicher oder ähnlicher Architektur in Notebook-Prozessoren mit geringerer Leistungsaufnahme bei meist geringerer Taktrate, PC-Prozessoren im mittleren Leistungsbereich und Server-Prozessoren im High-end-Leistungsbereich statt.

Der Stand der Chip-Technologie vom Oktober 2006 war bereits gekennzeichnet durch bis zu 1,6 Milliarden Transistoren, 0.065 μm CMOS (heute oft auch 65-Nanometer-Prozesstechnik genannt) und bis zu 3,4 GHz Taktrate. Beispielprozessoren sind:

- Intel Xeon 7140: 65-Nanometer-Prozess, 3,4 GHz, 150 Watt
- Intel Tulsa: 1,3 Milliarden Transistoren, Dual-Core, 16 MByte Level-3-Cache
- AMD Athlon 64 FX Windsor: 227,4 M Transistoren, 0.9 μm CMOS, bis zu 2,8 GHz und 125 Watt
- Intel Core-Duo-Mobilprozessor (Yonah) T2600: 151,6 M Transistoren, 65-Nanometer-Prozess, 1,2 bis 2,33 GHz und 9,5 bis 31 Watt
- Intel Itanium-2-Prozessor Montecito: 1,7 Milliarden Transistoren, 90-Nanometer-Prozess, Dualcore, 24 MByte L3-Cache
- IBM Power-5+: 90-Nanometer-Prozess, 2,2 GHz, Vier-Prozessor-Chip (Quad-Core)

Heutige Hochleistungsmikroprozessoren und Signalprozessoren arbeiten mit Mehrfachzuweisungstechniken (*multiple issue*). Zu diesen Techniken gehören die Superskalartechnik, die VLIW-Technik (*Very Long Instruction Word*), die im Wesentlichen bei Signalprozessoren und bei Multimediaprozessoren angewandt wird, und die aus VLIW entwickelte EPIC-Technik (*Explicitly Parallel Instruction*

Computing). Das von Hewlett-Packard und Intel entwickelte EPIC-Format ist das neue Befehlsformat der IA-64 und wird in der Itanium-Prozessorfamilie verwirklicht. Oft wird die Superskalartechnik mit der Technik der mehrfädigen Prozessoren (siehe Abschnitt 10.4) und als aktueller Trend mit der Technik der Chip-Multiprozessoren (auch Multi-Cores genannt, siehe ebenfalls Abschnitt 10.4) kombiniert.

6.2 Komponenten eines superskalaren Prozessors

Heutige Mikroprozessoren nutzen Befehlsebenen-Parallelität durch eine vielstufige Prozessor-Pipeline und durch die Superskalar- oder die VLIW-/EPIC-Technik. Ein superskalarer Prozessor kann aus einem sequenziellen Befehlsstrom mehrere Befehle pro Takt den Verarbeitungseinheiten zuordnen und ausführen, ein VLIW-/EPIC-Prozessor erreicht die gleiche Zuordnungsbandbreite mittels per Compiler gebündelter Befehle.

Solch ein superskalarer RISC-Prozessor besitzt eine Lade/Speicher-Architektur mit einem festen Befehlsformat und einer Befehlslänge von 32 Bit. Ein superskalarer Prozessor – in Abb. 6.1 am Beispiel eines einfachen PowerPC-Prozessors dargestellt – besteht aus einer Befehlsholeeinheit (*Instruction Fetch*), einer Decodiereinheit (*Instruction Decode*) mit Registerumbenennung (*Register Renaming*), einer Zuordnungseinheit (*Instruction Issue*), mehreren voneinander unabhängigen Ausführungseinheiten, einer Rückordnungseinheit (*Retire Unit*), allgemeinen Registern (*General Purpose Registers*), Multimediaregistern (*Multimedia Registers*), Gleitkommaregistern (*Floating-Point Registers*) und Umbenennungspufferregistern (*Rename Registers*), getrennten Befehls- und Daten-Cache-Speichern (*I-cache* und *D-cache*), die über eine Busschnittstelle (*Bus Interface*) mit einem externen Cache-Speicher oder dem Hauptspeicher verbunden sind, sowie internen Puffern wie dem Befehlspuffer (*Instruction Buffer*) und dem Rückordnungspuffer (*Reorder Buffer*). Die Anzahl und Art der Ausführungseinheiten variiert stark und hängt jeweils vom spezifischen Prozessor ab.

Häufig kommen folgende Ausführungseinheiten zum Einsatz:

- Eine Lade-/Speichereinheit lädt Werte aus dem Daten-Cache in eines der allgemeinen Register, Multimediaregister oder Gleitkommaregister oder schreibt umgekehrt einen berechneten Wert in den Daten-Cache zurück. Die Berechnung der physikalischen aus der logischen Speicheradresse wird durch eine Speicherverwaltungseinheit (*Memory Management Unit, MMU*) unterstützt. Im Falle eines Cache-Fehlzugriffs wird der neue Cache-Block automatisch über die Busschnittstelle geladen, während die zugehörige Lade- oder Speicheroperation angehalten wird. Heutige nicht-blockierende Caches erlauben die Ausführung nachfolgender Cache-Zugriffe auch im Falle eines vorangegangenen und noch nicht bedienten Cache-Fehlzugriffs.

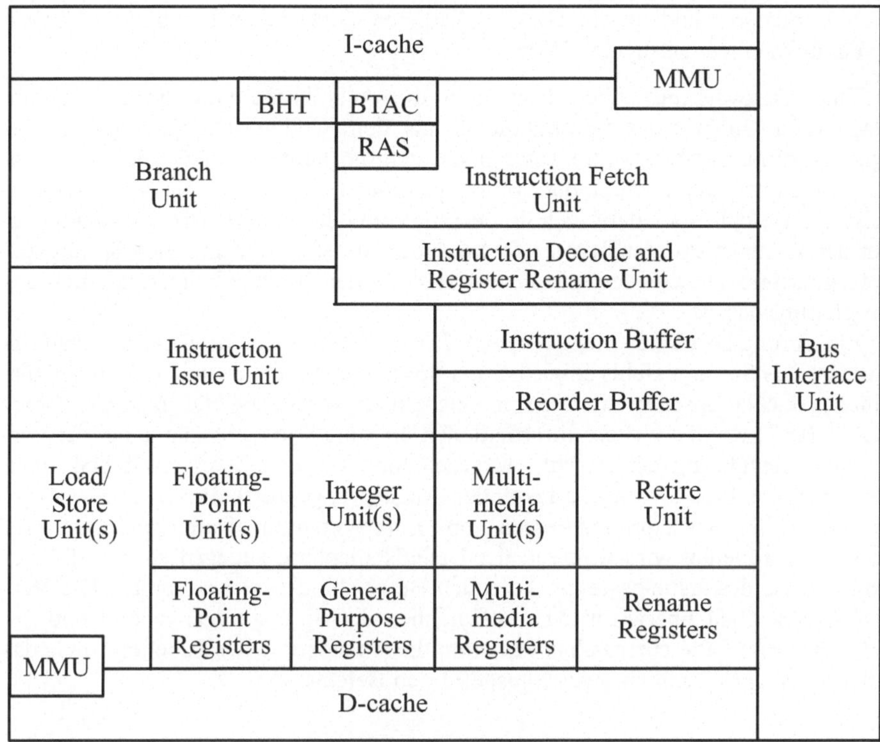

Abb. 6.1. Komponenten eines superskalaren Prozessors

- Eine oder mehrere Integer-Einheiten führen die arithmetischen und logischen Befehle auf den allgemeinen Registern aus. In Abhängigkeit der Komplexität der Befehle können Integer-Einheiten einstufig mit einer Latenz von eins und einem Durchsatz von eins sein, oder z.B. aus einer dreistufigen Pipeline mit einer Latenz von drei und einem Durchsatz von eins bestehen. Manchmal gibt es auch spezielle Divisions- oder Wurzelberechnungseinheiten, die wegen ihrer langen Latenz von 17 oder mehr Takten nicht als Pipeline realisiert sind.
- Eine oder mehrere Multimediaeinheiten führen arithmetische, maskierende, auswählende, umordnende und konvertierende Befehle auf 8-Bit-, 16-Bit- oder 32-Bit-Werten parallel aus. Dabei werden eigenständige 64-, 128- und bald sogar 256 Bit breite Multimediaregister als Operanden genutzt.
- Eine oder mehrere Gleitkommaeinheiten führen die Gleitkommabefehle aus, die ihre Operanden von den Gleitkommaregistern beziehen. Üblicherweise wird eine 64-Bit-Gleitkommaarithmetik nach IEEE-754-Standard angewandt. Eine Gleitkommaeinheit ist meist als dreistufige Pipeline implementiert. Eine oder mehrere Gleitkommaeinheiten führen die Gleitkommabefehle aus, die ihre Operanden von den Gleitkommaregistern beziehen. Die Gleitkommaeinheit ist meist als Pipeline mit einer Latenz von drei und einem Durchsatz von eins implementiert. Manchmal bleiben komplexere Befehle wie eine Kombination aus

Multiplizieren und anschließendem Addieren länger in der Pipeline und führen damit zu einem geringeren Durchsatz.

Eine Verzweigungseinheit überwacht die Ausführung von Sprungbefehlen. Nach dem Holen eines Sprungbefehls aus dem Code-Cache-Speicher ist das Sprungziel meist für mehrere Takte noch nicht bekannt. In solch einer Situation, wenn noch unbekannt ist, ob der Sprung genommen wird oder nicht, werden nachfolgende Befehle spekulativ geholt, decodiert und ausgeführt. Die Spekulation über den weiteren Programmverlauf wird dabei von einer dynamischen Sprungvorhersagetechnik entschieden, die auf der Historie der Sprünge beim Ausführen des Programms basiert.

Ein Sprungzieladress-Cache (*Branch Target Address Cache, BTAC*) enthält die Adresse des Sprungbefehls sowie dessen Sprungziel und eventuell Voraussagebits einer einfachen Sprungvorhersage. In einer Sprungverlaufstabelle (*Branch History Table, BHT*) werden weitere Informationen über die Sprungausgänge bei der vorherigen Ausführung der Befehle aufgezeichnet. Ferner gibt es zusätzlich einen kleinen sechs bis 18 Einträge fassenden Rücksprungadresskeller (*return address stack*), der die Rücksprungadressen von Unterprogrammaufrufen speichert. Auf diese drei Tabellen wird während der Befehlsholephase zugegriffen, um die Befehlsadresse des als nächstes zu holenden Befehlsblocks zu bestimmen. Die Verzweigungseinheit überwacht das Aufzeichnen der Sprungvergangenheit und gewährleistet im Falle einer Fehlspekulation die Abänderung der Tabellen sowie das Rückrollen der fälschlicherweise ausgeführten Befehle.

6.3 Superskalare Prozessor-Pipeline

Eine superskalare Pipeline erweitert eine einfache RISC-Pipeline derart, dass mehrere Befehle gleichzeitig geholt, decodiert, ausgeführt und deren Ergebnisse in die Register zurückgeschrieben werden. Außerdem werden zusätzlich eine Zuordnungs- (*Issue*) und eine Rückordnungs- und Rückschreibestufe (*Retire and Write Back*) sowie weitere Puffer zur Entkopplung der Pipelinestufen benötigt (s. Abb. 6.2).

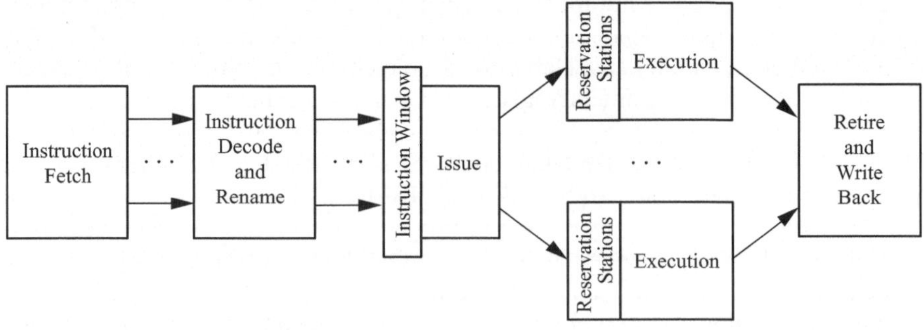

Abb. 6.2. Superskalare Pipeline

Durch die Möglichkeit, Befehle auch außerhalb ihrer Programmreihenfolge auszuführen, gliedert sich eine superskalare Pipeline in drei Abschnitte:

- Eine *In-order*-Sektion besteht aus der Befehlsholestufe (*Instruction Fetch*) und der Befehlsdecodier- und Registerumbenennungsstufe (*Instruction Decode and Rename*). Die Zuordnung der Befehle an die Ausführungseinheiten geschieht in einem Superskalarprozessor dynamisch, d.h., der sogenannte Scheduler bestimmt die Anzahl der Befehle, die im nächsten Taktzyklus zugewiesen werden. Wird die Zuweisung der Befehle an die Ausführungseinheiten immer in Programmreihenfolge gemacht (*in-order issue*), gehört die Zuordnungsstufe ebenfalls zu dieser *In-order*-Sektion.
- Eine *Out-of-order*-Sektion startet gegebenenfalls mit der Zuordnungsstufe und beinhaltet die Ausführungsstufen bis zur Resultatwerterzeugung.
- Eine zweite *In-order*-Sektion sorgt für das Rückordnen der Ergebnisse in der ursprünglichen Programmreihenfolge und das Rückschreiben in die Architekturregister.

Am Beginn der Pipeline steht die Befehlsholestufe, die mehrere Befehle aus dem Code-Cache lädt. Typischerweise werden in einem Takt mindestens so viele Befehle geholt wie maximal den Ausführungseinheiten zugewiesen werden können. Welche Befehle geholt werden, hängt von der Sprungvorhersage ab, die in der Befehlsholestufe zum Tragen kommt.

Um die Pipeline bei Sprüngen nicht anhalten zu müssen, werden im Sprungzieladress-Cache die Adressen der Sprungbefehle und die dazugehörigen Sprungziele gespeichert. Ein Befehlsholepuffer entkoppelt die Befehlsholestufe von der Decodierstufe.

In der Decodierstufe (ID) wird eine Anzahl von Befehlen decodiert (typischerweise genauso viele wie die maximale Zuordnungsbandbreite beträgt). Die Operanden- und Resultatregister werden umbenannt, d.h., die in den Befehlen spezifizierten Architekturregister werden auf die physikalisch vorhandenen Register (bzw. die Umbenennungspufferregister) abgebildet. Danach werden die Befehle in einen Befehlspuffer geschrieben, der oft als Befehlsfenster (*instruction window*) bezeichnet wird. Die Befehle in dem Befehlsfenster sind durch die Sprungvorhersage frei von Steuerflussabhängigkeiten und durch das Registerumbenennen frei von Namensabhängigkeiten. So müssen nur noch die echten Datenabhängigkeiten beachtet und Strukturkonflikte gelöst werden.

Die Logik für die Zuweisung von Befehlen an die Ausführungseinheiten überprüft die wartenden Befehle im Befehlsfenster und weist in einem Takt bis zur maximalen Zuordnungsbandbreite Befehle zu. Die Programmreihenfolge der zugewiesenen Befehle wird im Rückordnungspuffer abgelegt. Die Befehle können in der sequenziellen Programmreihenfolge (*in order*) oder außerhalb der Reihenfolge (*out of order*) zugewiesen werden. Die Prüfungen auf Daten- und Strukturkonflikte können in einer Pipeline-Stufe geschehen oder sie können auf verschiedene Pipeline-Stufen aufgeteilt werden. Wenn die Strukturkonflikte vor den Datenkonflikten geprüft werden, geschieht die Zuweisung der Befehle in sogenannte Umordnungspuffer (*reservation stations*), die sich vor den Ausführungseinheiten befinden. Dort verbleiben sie, bis die Operanden verfügbar sind. Abhängig vom

Prozessor gehören die Umordnungspuffer zu einer Gruppe von Ausführungseinheiten (Beispiele sind die Pentium-Prozessoren) oder jede Ausführungseinheit hat seine eigenen Umordnungspuffer (PowerPC-Prozessoren). Im letzteren Fall kommt es zu einem Strukturkonflikt, wenn mehr als ein Befehl an einen der Umordnungspuffer der gleichen Ausführungseinheit zugewiesen werden soll.

Ein Befehl wartet im Umordnungspuffer, bis alle Operanden verfügbar sind. Der Übergang vom Warten zur Ausführung wird als *Dispatch* bezeichnet. Sollten bei der Zuordnung schon alle Operanden verfügbar sein und die Ausführungseinheit nicht beschäftigt, so kann die Ausführung des Befehls schon direkt im folgenden Takt begonnen werden. Deshalb spricht man beim *Dispatch* auch nicht von einer Pipeline-Stufe. Ein Befehl kann null oder mehr Takte im Umordnungspuffer verbringen. *Dispatch* und Ausführung der Befehle geschehen außerhalb der Programmreihenfolge.

Wenn der Befehl die Ausführungseinheit verlassen hat und das Ergebnis für das Forwarding zur Verfügung steht, sagt man, die Befehlsausführung sei vollständig (*complete*). Die Befehlsvervollständigung geschieht außerhalb der Programmreihenfolge. Während der Vervollständigung werden die Umordnungspuffer bereinigt und der Zustand der Ausführung im Rückordnungspuffer vermerkt. Der Zustand eines Eintrags im Rückordnungspuffer kann eine aufgetretene Unterbrechung anzeigen oder auch einen *vollständigen* Befehl, der jedoch noch von einer Spekulation abhängt.

Nach der Vervollständigung werden die Befehlsresultate in der Programmreihenfolge gültig gemacht (*committed*). Ein Befehlsresultat kann gültig gemacht werden, wenn:

- die Befehlsausführung vollständig ist,
- die Resultate aller Befehle, die in Programmreihenfolge vor dem Befehl stehen, bereits gültig sind oder im gleichen Taktzyklus gültig gemacht werden,
- keine Unterbrechung vor oder während der Ausführung auftrat und
- der Befehl von keiner Spekulation mehr abhängt.

Während oder nach dem Gültigmachen (*commitment*) werden die Ergebnisse der Befehle in den Architekturregistern *dauerhaft* gemacht, gewöhnlich durch das Rückschreiben aus den Umbenennungsregistern. Oft wird dies in einer eigenen Stufe gemacht, was dazu führt, dass die Umbenennungsregister erst einen Takt nach der Vervollständigung freigegeben werden.

Wenn eine Unterbrechung auftritt, werden die Resultate aller Befehle, die in der Programmreihenfolge vor dem Ereignis stehen, gültig gemacht und diejenigen aller nachfolgenden Befehle verworfen. Damit wird eine sogenannte präzise Unterbrechung garantiert. Abhängig von der Architektur und der Art der Unterbrechung, wird das Resultat des verursachenden Befehls noch gültig gemacht oder verworfen, ohne weitere Auswirkungen zu haben.

Das Freigeben eines Platzes im Umordnungspuffer wird als Rückordnung (*retirement*) bezeichnet, unabhängig davon, ob das Befehlsresultat gültig gemacht oder verworfen wurde.[4] Das Gültigmachen eines Resultats geschieht entweder durch Ändern der Registerabbildung oder durch Rückschreiben des Resultats aus dem Umbenennungspufferregister in das Architekturregister.

6.4 Präzisierung des Begriffs „superskalar“

Der Begriff „superskalar“ wurde erstmals von Agerwala und Cocke [1987] erwähnt. Das Zitat hier stammt von Diefendorff und Allen [1992]: „*Superscalar machines are distinguished by their ability to (dynamically) issue*[5] *multiple instructions each clock cycle from a conventional linear instruction stream.* “

Die Bedeutung des Begriffs superskalar kann wie folgt präzisiert werden:

- Den Ausführungseinheiten kann mehr als ein Befehl pro Takt zugewiesen werden (dies motiviert den Begriff *superskalar* im Vergleich zu *skalar*).
- Die Befehle werden aus einem sequenziellen Strom von *normalen* Befehlen zugewiesen.
- Die Zuweisung der Befehle erfolgt in Hardware durch einen dynamischen Scheduler.
- Die Anzahl der zugewiesenen Befehle pro Takt wird dynamisch von der Hardware bestimmt und liegt zwischen null und der maximal möglichen Zuweisungsbandbreite.
- Die dynamische Zuweisung von Befehlen führt zu einem komplexen Hardware-Scheduler. Die Komplexität des Schedulers steigt mit der Größe des Befehlsfensters und mit der Anzahl der Befehle, die außerhalb der Programmreihenfolge zugewiesen werden können.
- Es ist unumgänglich, dass mehrere Ausführungseinheiten verfügbar sind. Die Anzahl der Ausführungseinheiten entspricht mindestens der Zuweisungsbandbreite, wobei es häufig noch mehr sind, um potenzielle Strukturkonflikte zu umgehen.
- Ein wichtiger Punkt ist, dass die Superskalartechnik eine Mikroarchitekturtechnik ist und keinen Einfluss auf die Befehlssatz-Architektur hat. Damit kann Code, der für einen skalaren Mikroprozessor generiert wurde, ohne Änderung auch auf einem superskalaren Prozessor mit der gleichen Architektur ablaufen und umgekehrt. Dies ist z.B. der Fall beim skalaren microSPARC-II- und den superskalaren SuperSPARC- und UltraSPARC-Prozessoren von Sun.

---

[4] Die deutschen Begriffe Zuordnung (*issue*), zweite Zuordnungsstufe (*dispatch*), Vervollständigung (*completion*), Gültigmachung (*commitment*) und Rückordnung (*retirement*) sind keine wörtlichen Übersetzungen der englischen Termini, sondern beschreiben das funktionelle Verhalten. In den englischsprachigen wissenschaftlichen Arbeiten werden die genannten Begriffe uneinheitlich verwendet. Zum Beispiel wird in den am PowerPC-orientierten Arbeiten die Zuordnung *dispatch* statt *issue* und die Gültigmachung *completion* statt *commitment* genannt.

[5] Der Begriff *issue* ersetzt hier den Begriff *dispatch* aus dem Original.

- Der Begriff „superskalar“ wird oft in einer etwas weniger genauen Form benutzt, um Prozessoren mit mehreren parallelen Pipelines oder mehreren Ausführungseinheiten zu beschreiben[6]. Beide Varianten erlauben es jedoch nicht, zwischen der Superskalar- und der VLIW-Technik zu unterscheiden.

Das Befehls-Pipelining und die Superskalartechnik nutzen beide die sogenannte feinkörnige Parallelität (*fine-grain* oder *instruction-level parallelism*), d.h. Parallelität zwischen einzelnen Befehlen.

Das Pipelining nutzt dabei zeitliche Parallelität (*temporal parallelism*) und die Superskalartechnik die räumliche Parallelität (*spatial parallelism*). Eine Leistungssteigerung durch zeitliche Parallelität kann mit einer längeren Pipeline und „schnelleren“ Transistoren (höherer Taktfrequenz) erreicht werden. Falls genügend feinkörnige Parallelität vorhanden ist, kann die Leistung durch räumliche Parallelität im superskalaren Fall mit Hilfe von mehr Ausführungseinheiten und einer höheren Zuweisungsbandbreite erreicht werden.

6.5 Die VLIW-Technik

Mit **VLIW** (*Very Long Instruction Word*) wird eine Architekturtechnik bezeichnet, bei der ein Compiler eine feste Anzahl von einfachen, voneinander unabhängigen Befehlen zu einem Befehlspaket zusammenpackt und in *einem* Maschinenbefehlswort meist fester Länge speichert. Das Maschinenbefehlsformat eines VLIW-Befehlspakets kann mehrere hundert Bits lang sein, in der Praxis sind dies zwischen 128 und 1024 Bits.

Alle Befehle innerhalb eines VLIW-Befehlspakets müssen unabhängig voneinander sein und eigene Opcodes und Operandenbezeichner enthalten. Damit unterscheidet sich ein VLIW-Befehlspaket von einem CISC-Befehl, der mit einem Opcode mehrere, eventuell sequenziell nacheinander ablaufende Operationen codieren kann. Weiterhin sind die Operationen innerhalb eines VLIW-Befehlspakets in der Regel verschiedenartig. Das unterscheidet VLIW-Befehlspakete von den SIMD-Befehlen (*Single Instruction Multiple Data*) wie beispielsweise den Multimediabefehlen, bei denen ein Opcode eine gleichartige Operation auf einer Anzahl von Operanden(paaren) auslöst.

Die Anzahl der Befehle in einem VLIW-Befehlspaket ist in der Regel fest. Wenn die volle Bandbreite eines VLIW-Befehlspakets nicht ausgenutzt werden kann, muss es mit Leerbefehlen aufgefüllt werden. Neuere VLIW-Architekturen

---

[6] Johnson [1991] definierte „superskalar“ wie folgt: „*A superscalar processor reduces the average number of cycles per instruction beyond what is possible in a pipelined, scalar RISC processor by allowing concurrent execution of instructions in the same pipeline stage, as well as concurrent execution of instructions in different pipeline stages. The term superscalar emphasizes multiple, concurrent operations on scalar quantities, as distinguished from multiple, concurrent operations on vectors or arrays as is common in scientific computing.*“

sind in der Lage, durch ein komprimiertes Befehlsformat auf das Auffüllen mit Leerbefehlen zu verzichten.

Ein **VLIW-Prozessor** besteht aus einer Anzahl von Ausführungseinheiten, die jeweils eine Maschinenoperation taktsynchron zu den anderen Maschinenoperationen eines VLIW-Befehlspakets ausführen können, wobei ein VLIW-Befehlspaket so viele einfache Befehle umfasst, wie Ausführungseinheiten in dem VLIW-Prozessor vorhanden sind. Der Prozessor startet im Idealfall in jedem Takt ein VLIW-Befehlspaket. Die Befehle in einem solchen VLIW-Befehlswort werden dann gleichzeitig geholt, decodiert, zugewiesen und ausgeführt. In Abhängigkeit von der Anzahl n der Befehle, die gemeinsam durch die Pipeline fließen und entsprechend der maximalen Anzahl n von Befehlen in einem Befehlspaket spricht man von einem ***n*-fachen VLIW-Prozessor**.

Ein VLIW-Prozessor führt keine dynamische Befehlszuordnung durch, sondern ist auf die (statische) Befehlsanordnung im Befehlswort durch den Compiler angewiesen. Diese Befehlsanordnung wird von der Zuordnungseinheit nicht geändert, mit der Folge, dass die Hardware-Komplexität der Zuordnungseinheit verglichen mit derjenigen bei der Superskalartechnik wesentlich geringer ist. So fällt zum Beispiel das Überprüfen von Datenkonflikten und die Erkennung der Parallelität auf Befehlsebene durch die Zuordnungs-Hardware weg. Die Anordnung der einzelnen Operationen einschließlich der Speicherzugriffe erfolgt bereits durch den Compiler. Die Anwendung einer Speicherhierarchie aus Cache- und Hauptspeichern wird damit erschwert. Dynamische Ereignisse, wie z.B. Cache-Fehlzugriffe, führen zum Stillstand der nachfolgenden Pipeline-Stufen. Es wird ferner vorausgesetzt, dass alle Operationen die gleiche Ausführungszeit haben. Eine spekulative Ausführung von Befehlen nach bedingten Sprüngen wird nicht von der Hardware organisiert, sondern ist auf Compilertechniken wie das sogenannte *Trace Scheduling* angewiesen. Die Ablaufreihenfolge der VLIW-Befehlspakete ist fest, eine Ausführung auch außerhalb der Programmreihenfolge ist nicht möglich.

Der Datenverkehr zwischen Registersatz und Datenspeicher erfolgt über Lade-/Speicherbefehle. Die Operanden werden einem allen Ausführungseinheiten zugänglichen Registersatz entnommen und in diesen werden auch die Resultate gespeichert. Der Registersatz ist zu diesem Zweck als Mehrkanalspeicher ausgeführt.

Die bekanntesten VLIW-Prozessoren waren der experimentelle Cydra5-Rechner [Rau et al. 1989] und die Prozessoren der Multiflow TRACE-Rechnerfamilie [Fisher 83] aus der zweiten Hälfte der 80er Jahre, die Befehlswörter von 256, 512 und 1024 Bit Breite besaßen. Mit einem 1024 Bit breiten Befehlswort wurden bis zu 28 Operationen pro Takt zur Ausführung angestoßen [Karl 1993]. Die im Markt zunächst ganz gut eingeführte Multiflow TRACE-Rechnerfamilie war wegen ihrer im Vergleich zum Hardware-Aufwand schwachen Leistung rasch wieder verschwunden. Die 90er Jahre waren geprägt von sehr leistungsfähigen Superskalarprozessoren im Bereich der Universalprozessoren und dem Wiederentdecken der VLIW-Technik für Signalprozessoren.

Bis in die Mitte der 90er Jahre galt im Bereich der Universalprozessoren die Superskalartechnik gegenüber der VLIW-Technik als überlegen. Dem ist jedoch nicht mehr so. Der Grund dafür ist die hohe Komplexität der Befehlszuordnungseinheit bei Superskalarprozessoren, die einer weiteren Erhöhung der superskalaren Zuordnungsbandbreite *und* der Taktfrequenz entgegensteht. Hier erlaubt die VLIW-Technik durch den einfacheren Hardware-Aufbau der Prozessoren eine größere Zuordnungsbandbreite an mehr Ausführungseinheiten und eine höhere erreichbare Taktfrequenz als vergleichbare Superskalarprozessoren.

Heutige VLIWs existieren vorzugsweise im Bereich der Signalprozessoren wie z.B. der 8fach VLIW-Prozessor TMS-320C6x-Prozessor von Texas Instruments (s. [Šilc et al 1999]). Aber auch in Sun's MAJC- Prozessor, beim Crusoe-Prozessor der Firma Transmeta [Klaiber 2000] und im Prozessor des Hochleistungsparallelrechners Cray/MTA Tera wird die VLIW-Technik angewandt. Die gegenüber Superskalarprozessoren geringere Hardware-Komplexität der VLIW-Technik motivierte ein im Jahr 1994 gestartetes, gemeinsames Projekt von Intel und Hewlett Packard, das zur Weiterentwicklung der VLIW-Technik zum EPIC genannten Format der IA-64 genannten Intel/HP-64-Bit-Architektur führte.

6.6 Die EPIC-Technik

Das von HP und Intel als **EPIC** (*Explicit Parallel Instruction Computing* [Intel 1999], [Schlansker und Rau 2000]) bezeichnete Befehlsformat des IA-64-Befehlssatzes (*Intel Architecture*) ist ein erweitertes Dreibefehlsformat, ähnlich einem dreifachen VLIW-Format. Ziel des EPIC-Ansatzes ist es den Entwurf von Mikroarchitekturen zu unterstützen, welche die Einfachheit und hohe Taktrate eines VLIW-Prozessors mit den Vorteilen des dynamischen Scheduling verbinden. Dies wird in der IA-64-Architektur durch das EPIC-Format in Verbindung mit expliziten Befehlen zur Unterstützung von Spekulation (Daten- und Sprungspekulation) erreicht. Das EPIC-Format erlaubt es dem Compiler, dem Prozessor die Befehlsparallelität direkt mitzuteilen. Ein EPIC-Prozessor muss im Idealfall keine Überprüfung von Daten- und Steuerflussabhängigkeiten durchführen und unterstützt keine Veränderung der Ausführungsreihenfolge. Damit wird die Mikroarchitektur gegenüber einem Superskalarprozessor stark vereinfacht. EPIC verbessert die Fähigkeit des Compilers, auf statische Weise gute Befehlsanordnungen zu erzeugen.

Zum IA64-Architekturansatz gehören weiterhin ein voll prädikativer Befehlssatz (damit lassen sich bedingte Sprungbefehle vermeiden, s. Abschn. 7.2.10), viele Register (128 allgemeine Register, 128 Gleitkommaregister, 64 Prädikatregister und 8 Sprungregister) und spekulative Ladebefehle. Die Spekulationsbefehle ermöglichen dem Compiler verschiedene Formen der Codeverschiebungen über Grundblöcke hinaus, die bei konventionellen Prozessoren unzulässig wären.

Ein einzelner EPIC-Befehl der IA-64-Architektur hat eine Länge von 41 Bit und besteht aus einem Opcode, einem Prädikatfeld, zwei Adressen der Quellregister, der Adresse des Zielregisters und weiteren Spezialfeldern. Die IA-64-Befehle werden vom Compiler gebündelt. Ein EPIC-Befehlsbündel besteht bei der IA-64-Architektur aus einem compilererzeugten 128 Bit breiten Befehls-„Bündel" mit drei IA-64-Befehlen und sogenannten *Template*-Bits. Für diese sind im Bündel 5

Bit reserviert, die Informationen zur Gruppierung von Befehlen beinhalten. Es gibt keine Leerbefehle, sondern die Parallelität wird durch die Template-Bits angegeben. Sie geben an, ob ein Befehl mit einem anderen parallel ausgeführt werden kann. Das kann sich auf Befehle innerhalb des gleichen EPIC-Befehlsbündels beziehen, aber auch auf nachfolgende EPIC-Befehlsbündel.

Da auch voneinander daten- oder steuerflussabhängige Befehle vom Compiler in einem Bündel zusammengefasst werden können, ist das EPIC-Format wesentlich flexibler als die VLIW-Formate. Die EPIC-Architektur kann durch variabel breite VLIW- und durch hybride VLIW-/Superskalarprozessoren wie z.B. den Intel/HP Itanium implementiert werden.

Auch eine Skalierbarkeit der Zuordnungsbandbreiten zukünftiger EPIC-Prozessoren ist durch Konkatenation mehrerer Befehlsbündel mit voneinander unabhängigen Befehlen möglich. Ein EPIC-Befehlsbündel mit drei einzelnen Befehlen spricht drei Ausführungseinheiten an. Wenn ein IA-64-Prozesser über *n* mal drei Ausführungseinheiten verfügt, dann ist es möglich, *n* EPIC-Befehlsbündel zu verbinden und die enthaltenen Befehle gleichzeitig auszuführen, falls diese unabhängig voneinander sind.

Der Itanium-Prozessor (s. [Intel 2000], [Sharangpani und Arora 2000] und [Stiller 2001]) ist ein sechsfacher EPIC-Prozessor mit zehnstufiger Pipeline. Im Itanium-Prozessor stehen neun Ausführungseinheiten bereit, dies sind vier ALU/MMX-Einheiten, zwei Fließkommaeinheiten, zwei Lade-/Speichereinheiten und eine Sprungeinheit. Der Itanium konkateniert bei der Ausführung zwei Befehlsbündel mit voneinander unabhängigen Befehlen und führt diese Befehle parallel zueinander in der Pipeline aus. Zukünftige EPIC-Prozessoren könnten dann beispielsweise drei oder mehr Befehlsbündel miteinander kombinieren. Auf diese Weise ist bei der EPIC-Architektur eine Skalierbarkeit auf zukünftige Prozessoren möglich. Aktuell wird der mit dem Itanium-1-Prozessor weitgehend baugleiche Itanium-2-Prozessor von dem Dual-Core Montecito (offizielle Bezeichnung 9000-Serie) mit zwei Itanium-2-Prozessoren, 24 MByte Level-3-Cache auf einem 1,7 Milliarden Transistror-Chip abgelöst. Der Trend geht somit nicht dahin, mehrerer Befehlsbündel in einer sehr breiten Pipeline auszuführen, sondern hin zu Multi-Core-Prozessoren.

6.7 Vergleich der Superskalar- mit der VLIW- und der EPIC-Technik

Die Superskalar-, die VLIW- und die EPIC-Techniken verfolgen das gleiche Ziel, nämlich durch die Parallelarbeit einer Anzahl von Ausführungseinheiten eine Leistungssteigerung zu erzielen. Dabei sollen möglichst mit jedem Takt so viele Operationen ausgeführt werden, wie die Maschine Ausführungseinheiten besitzt. Die folgenden Punkte vergleichen die drei Techniken bezüglich verschiedener Kriterien:

- *Architekturtechnik versus Mikroarchitekturtechnik*: VLIW und EPIC sind Architekturtechniken, wohingegen die Superskalartechnik eine Mikroarchitekturtechnik ist. Dies wird z.B. darin deutlich, dass Befehlspakete mit einem sechsfachen VLIW-Format nicht auf einem vierfachen VLIW-Prozessor ausgeführt werden können. Damit ergibt sich bei der VLIW-Technik für Weiterentwicklungen eines Prozessors das Problem der Objektcode-Kompatibilität. Das gegenüber VLIW flexiblere EPIC-Format lässt in gewissen Umfang eine Skalierbarkeit der Prozessoren zu, da mehrere Befehlsbündel mit unabhängigen Befehlen gleichzeitig ausführbar sind.
- *Befehlsablaufplanung und Konfliktvermeidung*: Der Compiler für eine VLIW-Architektur muss die Befehlszuordnung an die Ausführungseinheiten planen und die Konfliktvermeidung zwischen Befehlen vornehmen, während dies beim superskalaren Prozessor durch die Hardware geschieht. Aus diesen Gründen sind die Anforderungen an den Compiler bei der VLIW-Architektur noch komplexer als beim superskalaren Prozessor. Das gilt in noch höherem Maße für die EPIC-Architektur. Ferner ist die VLIW-Maschine wegen ihrer völlig synchronen Arbeitsweise wesentlich starrer als der superskalare Prozessor.
- *Compileroptimierungen*: Für eine optimale Leistung setzen alle drei Architekturformen voraus, dass es einen Compiler gibt, der die Befehle im Sinne einer möglichst guten Ausnutzung der Ausführungseinheiten optimal anordnet. Der Compiler der VLIW- und der EPIC-Prozessoren muss außer den Operationen auch noch den Zeitbedarf der Speicherzugriffe in die Befehlsablaufplanung einbeziehen, während die Speicherzugriffe des superskalaren Prozessors automatisch von seiner Lade-/Speichereinheit vorgenommen werden. Es hat sich gezeigt, dass häufig die gleichen Optimierungsstrategien bei der Codeerzeugung in allen drei Fällen mit Erfolg angewandt werden können.
- *Befehlsanordnung*: Mit der VLIW- und der EPIC-Technik wird eine ähnliche Maschinenparallelität wie durch die Superskalartechnik ermöglicht. Betrachtet man die Ebene der „einfachen“ Maschinenbefehle, dann speist ein superskalarer Prozessor seine Ausführungseinheiten aus nur *einem* Befehlsstrom *einfacher* Befehle, während dies bei einem VLIW-Prozessor ein Befehlsstrom von VLIW-Befehlspaketen, also von Tupeln einfacher Befehle ist. Das EPIC-Format kann auch voneinander abhängige Befehle in einem Bündel vereinen. Diese Abhängigkeiten sind in den Template-Bits codiert und müssen vom Prozessor geprüft werden. Mehrere Bündel mit voneinander unabhängigen Befehlen können gleichzeitig ausgeführt werden. Ein EPIC-Prozessor kann somit als Hybrid aus VLIW- und Superskalarprozessor entworfen werden.
- *Reaktion auf Laufzeitereignisse*: Ein VLIW-Prozessor kann auf statisch nicht vorhersehbare Ereignisse wie z.B. Cache-Fehlzugriffe oder Steuerflussänderungen nicht so flexibel reagieren wie ein Superskalarprozessor. Die starre Ausführung führt dazu, dass Verzögerungen einzelner Operationen durch ein unvorhersehbares Laufzeitereignis auf die Ausführungszeit des gesamten Befehlspakets durchschlagen.
- *Speicherorganisation*: Die Speicherorganisation ist bei der VLIW-Maschine ungünstiger, da der Superskalarprozessor eine Hierarchie aus Cache- und

Hauptspeichern verwenden kann, was bei der VLIW-Maschine kaum möglich ist.

- *Sprungvorhersage und Sprungspekulation*: Die ausgefeilten und sehr effizienten Verfahren der dynamischen Sprungvorhersage, die bei heutigen Superskalarprozessoren angewandt werden, können bei VLIW-Prozessoren nicht und bei EPIC-Prozessoren nur erschwert zum Einsatz kommen. Die für die VLIW-Architekturen entwickelten compilerbasierten Verfahren der Sprungspekulation bestehen darin, dass der Compiler zusätzlichen Code in die Befehlspakete einfügt, der beide Sprungrichtungen ausführt und dann, wenn die Sprungrichtung entschieden ist, die Auswirkungen des falsch spekulierten Sprungpfades wieder rückgängig macht. Diese Verfahren sind weniger effizient als die dynamischen Sprungspekulationen in Superskalarprozessoren. Eine Abhilfe leistet die Prädikationstechnik (s. Abschn. 7.2.10), die nach einem bedingten Sprung beide Sprungrichtungen bedingt ausführt und nur die Befehlsausführungen auf dem richtigen Sprungpfad gültig macht. Diese Technik wird in heutigen VLIW- und EPIC-Prozessoren eingesetzt, kann jedoch nicht in allen Fällen die bedingten Sprungbefehle ersetzen.
- *Codedichte*: Durch das feste VLIW-Befehlsformat ist die Codedichte immer dann geringer als bei Maschinenprogrammen für Superskalarprozessoren, wenn der Grad der zur Verfügung stehenden Befehlsebenenparallelität die Anzahl der Befehle in einem VLIW-Befehlspaket unterschreitet. Beim EPIC-Format ist dies nicht der Fall, jedoch kommen die Template-Bits pro EPIC-Bündel hinzu.
- *Erzielbare Verarbeitungsleistung und Anwendungsfelder*: Im Idealfall wird in allen drei Fällen eine vergleichbare Verarbeitungsleistung erzielt. Die Einfachheit der VLIW-Prozessoren ermöglicht eine gegenüber der Superskalartechnik höhere Taktrate. Die VLIW-Technik ist bei Code mit sehr hohem Parallelitätsgrad vorteilhaft, da die gegenüber Superskalarprozessoren einfachere Prozessorstruktur VLIW-Prozessoren mit höherer Maschinenparallelität zulässt. Superskalarprozessoren können auf dynamische Ereignisse und Programme mit häufig wechselndem Sprungverhalten besser reagieren. EPIC-Prozessoren stehen hier zwischen Superskalar- und VLIW-Prozessoren. Eine hohe Parallelität auf Befehlsebene ist oft bei Signalverarbeitungsanwendungen und in numerischen Programmen der Fall. Allgemeine Anwendungsprogramme wie Textverarbeitungsprogramme, Tabellenkalkulation, Compiler und Spiele besitzen im Vergleich dazu eine geringe Befehlsebenenparallelität und zeigen ein sehr dynamisches Verhalten, was den Einsatz der Superskalartechnik in Universalmikroprozessoren als geeigneter erscheinen lässt.

Die Kombination der VLIW- mit der Superskalartechnik, wie sie durch die Intel-Prozessoren mit EPIC-Architektur geschieht, ist eine interessante Option, um eine sehr hohe Maschinenparallelität in einem Prozessor zu erreichen. Zum einen wird durch die Superskalartechnik die Starrheit des VLIW-Prinzips vermieden und zum anderen die Komplexität der Zuordnungseinheit durch das VLIW-artige EPIC-Format verringert.

7 Die Superskalartechnik

7.1 Befehlsbereitstellung

Ein Superskalarprozessor besteht aus einem Ausführungsteil und einem Befehlsbereitstellungsteil. Die beiden Teile werden durch das Befehlsfenster voneinander entkoppelt. Der Ausführungsteil wird von der Anzahl der Ausführungseinheiten und der Zuordnungsbandbreite bestimmt. Die Aufgabe des Befehlsbereitstellungsteils ist es, den Ausführungsteil mit genügend Befehlen zu versorgen. Beide Teile des Prozessors müssen aufeinander abgestimmt entworfen werden.

Die erste Stufe einer Prozessor-Pipeline ist immer die Befehlsholestufe oder IF-Stufe (*Instruction Fetch*). In dieser Stufe wird der vom Befehlszählerregister adressierte Befehlsblock aus dem nächstgelegenen Befehlsspeicher geholt. Dies ist bei heutigen Superskalarprozessoren der Code-Cache-Speicher. Der Befehlszähler adressiert den in Ausführungsreihenfolge voraussichtlich als nächstes auszuführenden Befehl. Geholt wird jedoch ein Befehlsblock, der mindestens der Zuordnungsbandbreite des Superskalarprozessors entspricht, da ansonsten die nachfolgenden Pipeline-Stufen des Ausführungsteils des Prozessors nicht mit genügend Befehlen versorgt werden können.

7.1.1 Code-Cache-Speicher

Natürlich muss in jedem Takt ein solcher Befehlsblock bereitgestellt werden. Die dafür verwendete Speichertechnik ist diejenige einer **Harvard-Cache-Architektur**, die sich durch separate Code- und Daten-Cache-Speicher, jeweils eigene Speicherverwaltungseinheiten und separate Zugriffspfade für Befehle und Daten auszeichnet. Separate Code- und Daten-Cache-Speicher werden auf der Ebene der Primär-Cache-Speicher, die auf dem Prozessor-Chip untergebracht sind, angewandt. Strukturkonflikte beim gleichzeitigen Speicherzugriff der Lade-/Speicher- und der Befehlsholeeinheit können damit für die Primär-Cache-Speicher vermieden werden. Die nächste Ebene der Speicherhierarchie eines Universalmikroprozessors, der Sekundär-Cache-Speicher, vereint üblicherweise dann wieder Code und Daten in einem Cache-Speicher.

Die Organisation eines Code-Cache-Speichers ist einfacher als diejenige eines Daten-Cache-Speichers, da die Befehle aus dem Code-Cache-Speicher nur geladen werden, während auf dem Daten-Cache-Speicher gelesen und geschrieben wird und die Cache-Kohärenz beachtet werden muss. Selbstmodifizierender Code

U. Brinkschulte, T. Ungerer, *Mikrocontroller und Mikroprozessoren*, eXamen.press, 3rd ed.,
DOI 10.1007/978-3-642-05398-6_7,

ist deshalb auch auf heutigen Superskalarprozessoren nicht effizient implementierbar.

Üblicherweise besteht ein Code-Cache-Speicher aus 8 – 64 KByte On-Chip-Cache-Speicher und ist als direkt-abgebildeter oder zwei- bis vierfach satzassoziativer Cache-Speicher organisiert (s. Abschn. 8.4.2). Die Cache-Blöcke, die zwischen Code-Cache und Sekundär-Cache oder Hauptspeicher ausgetauscht werden, sind meist 32 Bytes groß und umfassen damit acht 32-Bit-Befehle.

Meist wird pro Takt ein Befehlsholeblock (*fetch block*), abgekürzt als Befehlsblock bezeichnet, von der Länge des Cache-Blocks aus dem Code-Cache-Speicher in die Pipeline geladen. Falls das Befehlsformat variabel lange Befehle zulässt, wie beim IA-32-Format (*Intel Architecture*) der Fall, so enthält ein Befehlsblock eine variable Anzahl von Befehlen und der Anfang eines jeden Befehls muss erst festgestellt werden. Das bedingt nicht nur eine komplexere Decodierstufe (mehrere, unterschiedlich lange Befehle müssen pro Takt decodiert werden), sondern auch eine komplexere Befehlsholestufe.

Bei manchen Mikroprozessoren werden die Befehle beim Übertrag aus dem Speicher oder den Sekundär-Cache-Speicher in den Code-Cache-Speicher schon vorab decodiert, um die nachfolgenden Pipeline-Stufen zu vereinfachen.

7.1.2 Befehlsholestufe

Die größten Probleme für die Befehlsholestufe entstehen durch die Steuerflussbefehle, die das lineare Weiterschalten des Befehlszählers unterbrechen. Diese Unterbrechung des Programmflusses kann durch einen Steuerflussbefehl ausgelöst werden, der zu Anfang oder in der Mitte eines Befehlsblocks steht. In diesen Fällen können alle Befehle, die in diesem Befehlsblock nach dem Steuerflussbefehl stehen, nicht verwendet werden. Nachfolgende Pipeline-Stufen können dann nicht mit der notwendigen Anzahl von Befehlen versorgt werden.

Ein ähnliches Problem entsteht, wenn die Befehlszähleradresse durch eine vorangegangene Steuerflussänderung nicht auf den Beginn eines Cache-Blocks im Code-Cache-Speicher zeigt. Man spricht dann von einem nicht ausgerichteten Cache-Zugriff (*non aligned*). Dann können aus einem Befehlsblock ebenfalls weniger Befehle als notwendig den nachfolgenden Pipeline-Stufen zur Verfügung gestellt werden.

Wallace und Bagherzadeh [1998] haben durch Simulationen mit den SPECint95-Benchmark-Programmen gezeigt, dass aus diesen Gründen ein achtfach superskalarer Prozessor mit einer einfachen Befehlsholestufe im Durchschnitt weniger als vier Befehle pro Takt den nachfolgenden Pipeline-Stufen zur Verfügung stellen kann.

Falls die Zieladressen von Steuerflussbefehlen nicht auf die Anfänge der Cache-Blöcke ausgerichtet sind, so kann das Problem der nicht ausgerichteten Cache-Zugriffe in Hardware durch sogenannte selbstausrichtende Code-Cache-Speicher (*self-aligned instruction caches*) gelöst werden. Derartige Code-Cache-Speicher lesen und konkatenieren zwei aufeinander folgende Cache-Blöcke innerhalb eines Taktes und geben die volle Zugriffsbandbreite zur Befehlsholestufe weiter.

Ein selbstausrichtender Code-Cache-Speicher kann als Zweikanal-Code-Cache implementiert werden, wobei zwei separate Cache-Zugriffe pro Takt geschehen, die richtigen Befehle herausgelöst und in einem Befehlsblock gebündelt werden. Alternativ dazu kann der Code-Cache als zweifach verschränkter Cache-Speicher implementiert werden, was gegenüber der vorherigen Lösung Vorteile im Platzbedarf und im Zugriffszeitverhalten hat [Wallace und Bagherzadeh 1998].

Eine weitere Möglichkeit, um die Effizienz der Befehlsbereitstellung zu erhöhen, ist, die Länge des Cache-Blocks über die Länge eines Befehlsblocks hinaus zu erhöhen und ein nicht auf den Beginn des Cache-Blocks ausgerichtetes Befehlsholen zu ermöglichen.

Alle diese Techniken können mit einem Vorabladen der Befehle aus dem Cache-Speicher kombiniert werden. Das Vorabladen der Befehle in einen Befehlspuffer zur Decodierstufe entkoppelt die Befehlsholestufe von der Decodierstufe. Schwankungen in der Anzahl der bereitgestellten Befehle können ausgeglichen und der Pipeline-Durchsatz erhöht werden, doch müssen die nach einem Steuerflussbefehl geladenen Befehle wieder gelöscht werden. Die Lösung dafür ist eine Befehlsladespekulation, die mit einer Sprungspekulation kombiniert wird.

Für zukünftige Superskalarprozessoren mit hohen Zuordnungsbandbreiten wird es notwendig sein, pro Takt Befehle aus mehreren, nicht aufeinander folgenden Code-Cache-Blöcken bereitzustellen. Dies trifft insbesondere dann zu, wenn mehrere Sprungspekulationen pro Takt erfolgen, da in großen Befehlsblöcken mehrere Sprungbefehle enthalten sein können. Auch um Techniken wie die spekulative beidseitige Ausführung nach einem bedingten Sprungbefehl oder die Mehrfädigkeit zu unterstützen, erscheint eine solche Befehlsbereitstellung notwendig.

Die Lösungen dafür können verschränkte Code-Cache-Speicher oder Mehrkanal-Cache-Speicher kombiniert mit mehreren Befehlsholeeinheiten sein. Eine andere Lösung besteht in der Ergänzung des Code-Cache-Speichers durch einen sogenannten Trace-Cache-Speicher, der im nächsten Abschnitt behandelt wird.

7.1.3 Trace Cache

Eine hohe Zuordnungs- und Ausführungsbandbreite zukünftiger Prozessoren erfordert eine entsprechend effiziente Befehlsbereitstellung. Ein Problem entsteht durch die vielen Sprungbefehle in einem konventionellen sequenziellen Befehlsstrom. Bei einer Zuordnungsbandbreite von acht oder höher sind somit mehrere Sprungvorhersagen pro Takt nötig, und dazu müssen pro Takt dann noch Befehle von mehreren Stellen des Code-Cache-Speichers geladen werden.

Als Lösung dafür erscheint der Trace Cache [Rotenberg et al. 1996] geeignet, der bei Voranschreiten einer Programmausführung den aus dem Code-Cache geladenen Befehlsstrom in Befehlsfolgen (*traces*) fester Länge abspeichert. Ein Trace ist dabei eine Folge von Befehlen, die an einer beliebigen Stelle des dynamischen Befehlsablaufs starten und sich über mehrere Grundblöcke, d.h. über mehrere Sprungbefehle hinweg, erstrecken kann. Die Anzahl der Befehle eines solchen Trace wird durch die maximale Länge eines Trace-Cache-Blocks beschränkt.

Wird die entsprechende Befehlsfolge erneut ausgeführt, so werden die Befehle nicht mehr dem Code-Cache, sondern dem Trace Cache entnommen. Da die dynamisch erzeugte Befehlsfolge im Trace Cache bereits Befehle auf einem spekulativen Pfad enthält, ermöglicht es der Trace Cache, den Ausführungsteil der Prozessor-Pipeline mit einem fortlaufenden Befehlsstrom zu versorgen (s. Abb. 7.1). Ein Nachladen an mehreren Stellen, wie oben beschrieben, ist nicht mehr nötig.

Ein Trace Cache enthält die dynamischen Befehlsablauffolgen, während der Code-Cache-Speicher die statischen, also vom Compiler erzeugten, Befehlsfolgen speichert. Abbildung 7.1 zeigt, wie die Befehle einer Ablauffolge stückweise auf den Code-Cache-Speicher (I-*cache*) verteilt sein können, während dieselbe Ablauffolge im Trace Cache in einem Trace-Cache-Block hintereinander abgespeichert werden kann. Ein gesamter Trace-Cache-Block kann in einem Takt in den Befehlspuffer der Befehlsholeeinheit übertragen werden. Auf den Trace Cache kann mit dem Befehlszählerinhalt oder mit der als nächstes zu holenden Befehlsadresse des zuvor geladenen Trace-Cache-Blocks zugegriffen werden.

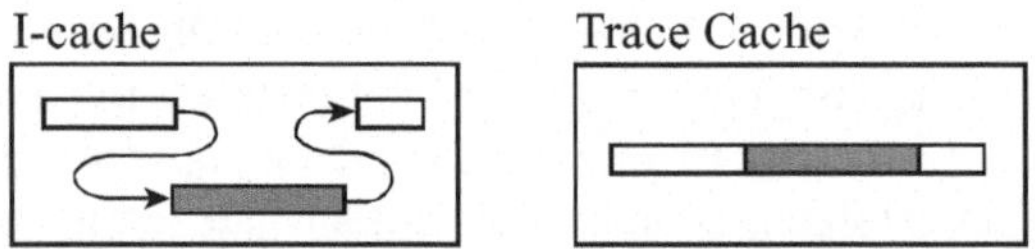

Abb. 7.1. Code-Cache-Speicher (I-*cache*) und Trace Cache

Der Trace Cache wird während der Programmausführung von der Befehlsholeeinheit mit den aus dem Code-Cache-Speicher geholten Befehlsfolgen unter Berücksichtigung von Sprungspekulationen bis zum Maximum eines Trace-Cache-Blocks gefüllt. Dieses Auffüllen kann unabhängig und zeitgleich zu der normalen Pipeline-Verarbeitung geschehen. Dadurch ist die Trace-Cache-Füllung nicht auf einem kritischen Pfad in der Pipeline. Diese wird durch einen Trace Cache auch nicht verlängert. Um ein korrektes Rücksetzen nach einer Sprungfehlspekulation und um präzise Unterbrechungen zu gewährleisten, müssen geeignete Zusatzinformationen mit jedem Befehl im Trace Cache gespeichert werden.

Ein Trace Cache und speichert Traces in aufeinander folgenden Speicherzellen im Trace Cache. Wenn solche Traces in ihren enthaltenen Befehlen überlappen, so ergibt sich eine unerwünschte, redundante Speicherung im Trace Cache, welche die Leistung eines Trace Cache erheblich beeinträchtigen kann, da weniger unterschiedliche Befehlsfolgen zur Verfügung gestellt werden [Postiff et al. 1999].

Um solche Redundanzen in den Traces zu verringern, entwickelten Black et al. [1999] den blockbasierten Trace Cache. Dieser umfasst zwei Tabellen: die Blocktabelle, die Blöcke von aufeinander folgend ausgeführten Befehlen speichert, und eine Trace-Tabelle, die eine Anzahl von Zeigern in die Blocktabelle enthält. Damit kann die Anzahl der redundant gespeicherten Befehle verringert werden.

Die Fülleinheit (*fill unit*) eines Trace Cache erzeugt zur Laufzeit aus den rückgeordneten Befehlen einen neuen Trace, sobald ein Fehlzugriff auf den Trace Cache erfolgt. Der Trace startet mit dem Befehl an der Befehlszähleradresse, die den Fehlzugriff ausgelöst hat. Er endet dann, wenn die maximale Trace-Länge, die maximale Anzahl bedingter Sprünge oder ein Befehl erreicht wird, der den Trace immer beendet. Solche Befehle sind beispielsweise indirekte Sprünge, Systemaufrufe etc. Im Gegensatz dazu füllt die Trace Packing-Technik [Patel et al. 1998] den Trace immer bis zur maximalen Länge (von z.B. 16 Befehlen).

Beim erweiterten Block Cache (*extended block cache*) [Jourdan et al. 2000] werden die Blöcke so erzeugt, dass alle Duplikate weitgehend entfernt werden. Dies geschieht durch eine Rückwärtssprung-Strategie der Fülleinheit, die einen Trace nach einem Rückwärtssprung beendet, und den Trace nur dann bis zur maximalen Länge auffüllt, falls kein Rückwärtssprung erfolgt ist.

In ähnlicher Weise funktioniert die STS-Strategie (*Selective Trace Storage*) [Ramírez et al. 2000], bei der die Fülleinheit die genommenen Sprünge beobachtet. Falls ein Trace keinen genommenen Sprung enthält, so wird ein solcher „blauer“ Trace gar nicht erst im Trace Cache gespeichert, denn die Befehlsfolge kann genauso schnell aus dem Code-Cache geladen werden. Nur die restlichen sogenannten „roten“ Traces werden im Trace Cache gespeichert. Die Effizienz dieser Strategie kann noch verbessert werden, wenn der Compiler den Maschinencode so erzeugt, dass alle bedingten Sprünge nach Möglichkeit nicht genommen werden. Diese Idee wird auch im Software Trace Cache [Ramírez et al. 1999] verfolgt.

Mit der Technik der Pfadassoziativität (*path associativity*) [Patel et al. 1999] wird eine Trace-Cache-Block-Vorhersage untersucht. Dabei wird erlaubt, dass mehrere Traces mit derselben Startadresse im Trace Cache gespeichert werden. Die Traces starten mit demselben Befehl, folgen dann aber verschiedenen Pfaden. Einer der Traces wird durch eine Sprungvorhersage für die spekulative Ausführung ausgewählt. Diese Technik benötigt eine komplexere Tag-Vergleichs-Hardware als die Grundtechnik des Trace Cache.

Die Trace-Cache-Filtering-Technik [Rosner et al. 2001] reduziert die Anzahl der „toten“ Traces, d.h. der Traces, die nicht mehr zur Ausführung verwendet werden, durch eine Implementierung mit zwei Trache Caches. Traces werden zuerst im einen Trache Cache gespeichert und nach einer gewissen Zeit in den zweiten Trace Cache übertragen. Durch spezielle Filtertechniken sollen dabei nur die erfolgversprechendsten Traces in den zweiten Trace Cache übertragen werden.

Ein Trace im Trace Cache kann Befehle aus mehreren Sprungvorhersagen umfassen. Konsequenterweise kann damit die Sprungspekulation durch eine *Next-Trace*-Spekulation, die zwischen verschiedenen Trace-Cache-Blöcken des Trace Cache auswählt, ergänzt werden.

Trotz des hohen Beschleunigungspotentials wurde die Trace-Cache-Technik bislang nur beim Intel Pentium IV-Prozessor eingesetzt, der auf den Code-Cache verzichtet und im Falle eines Trace-Cache-Fehlzugriffs die Befehle direkt aus dem Sekundär-Cache lädt. Spätere Intel-Prozessoren verzichten wiederum auf den Trace Cache.

7.2 Sprungvorhersage und spekulative Ausführung

7.2.1 Grundlagen

Für heutige und zukünftige Mikroprozessoren ist eine exzellente Behandlung von Sprungbefehlen sehr wichtig. In den einzelnen Stufen eines Superskalarprozessors befinden sich viele Befehle in verschiedenen Ausführungszuständen. Der Ausführungsteil eines Prozessors arbeitet am Besten, wenn der Zuordnungseinheit sehr viele Befehle zur Auswahl stehen, d.h. das Befehlsfenster groß ist. Betrachtet man nun den Befehlsstrom eines typischen Anwenderprogramms, so stellt man fest, dass etwa jeder siebte Befehl ein bedingter Sprungbefehl ist, der den kontinuierlichen Befehlsfluss durch die Pipeline möglicherweise unterbrechen kann. Unter Berücksichtigung der spekulativen Ausführung von Befehlen befinden sich bei heutigen Superskalarprozessoren in der Regel sogar mehrere Sprungbefehle in der Pipeline.

Um eine hohe Leistung bei der Sprungbehandlung zu erzielen, sind folgende Bedingungen zu erfüllen:

- Die Sprungrichtung muss möglichst rasch festgestellt werden.
- Die Sprungzieladresse muss in einem Sprungzieladress-Cache (BTAC) nach ihrem erstmaligen Berechnen gespeichert und bei Bedarf (falls die Sprungvorhersage einen genommenen Sprung vorhersagt) sofort in den Befehlszähler geladen werden, so dass ohne Verzögerung die Befehle an der Sprungzieladresse spekulativ in die Pipeline geladen werden können.
- Die Sprungvorhersage (*branch prediction*) sollte sich durch eine sehr hohe Genauigkeit und die Möglichkeit, Befehle spekulativ auszuführen, auszeichnen.
- Häufig muss ein weiterer Sprung vorhergesagt werden, obwohl der Ausgang des vorhergehenden Sprungs noch nicht bekannt ist. Der Prozessor muss daher mehrere Ebenen der Spekulation verwalten können.
- Wenn ein Sprung falsch vorhergesagt wurde, ist weiterhin ein schneller Rückrollmechanismus mit geringem Fehlspekulationsaufwand (*misprediction penalty*) wichtig.

Eine möglichst frühe Bestimmung des Sprungausgangs wird durch das Forwarding des Ergebnisses vom vorangegangenen Vergleichsbefehl erzielt. Der Test der Sprungbedingung kann bis in die Decodierstufe vorgezogen werden.

Die Gesamtleistung einer Sprungvorhersage hängt zum einen von der Genauigkeit der Vorhersage und zum anderen von den Kosten für das Rückrollen bei einer Fehlspekulation ab. Die Genauigkeit kann durch eine qualitativ bessere Sprungvorhersagetechnik erhöht werden. Gegenüber den in Abschn. 2.4.7 beschriebenen statischen Sprungvorhersagetechniken haben sich bei heutigen Superskalarprozessoren die wesentlich genaueren dynamischen Sprungvorhersagetechniken durchgesetzt. Der Einsatz größerer Informationstabellen über die bisherigen Sprungverläufe führt bei diesen Techniken auch zu weniger Fehlspekulationen.

Mit den „bisherigen Sprungverläufen“ oder der „Historie“ der Sprünge sind die Sprungrichtungen aller bedingten Sprünge gemeint, die vom Programmstart bis zum augenblicklichen Ausführungszustand in den Sprungverlaufstabellen gesammelt worden sind.

Die Kosten für das Rückrollen einer Fehlspekulation liegen selbst bei einfachen RISC-Pipelines meist bei zwei oder mehr Takten. Diese Kosten hängen jedoch von vielen organisatorischen Faktoren einer Pipeline ab. Eine vielstufige Pipeline verursacht mehr Kosten als eine kurze Pipeline.

Bei manchen Prozessoren ist es nicht möglich Befehle aus internen Puffern zu löschen, d.h., auch wenn Befehle als ungültig erkannt werden, müssen diese ausgeführt und dann von der Rückordnungsstufe verworfen werden. Weiterhin gibt es noch dynamische Einflüsse auf die Kosten für das Rückrollen, wie z.B. die Anzahl der spekulativen Befehle im Befehlsfenster oder dem Rückordnungspuffer. Typischerweise können aus diesen meist recht großen Puffern immer nur eine kleine Anzahl Befehle pro Takt gelöscht werden. Dies führt dazu, dass die Kosten im Allgemeinen hoch sind, wie z.B. 11 oder mehr Takte beim Pentium II [Gwennap 1996] oder dem Alpha 21264 Prozessor [Gwennap 1996]. Für eine hervorragende Gesamtleistung bei der Sprungvorhersage ist es daher sehr wichtig, dass die Genauigkeit der Vorhersage hoch ist.

Eine andere Technik mit Sprüngen umzugehen ist die Prädikation (*predication*), die sogenannte prädikative (*predicated* oder *conditional*) Befehle benutzt, um einen bedingten Sprungbefehl durch Ausführung beider Programmpfade nach der Bedingung zu ersetzen und spätestens bei der Rückordnung die fälschlicherweise ausgeführten Befehle zu verwerfen. Die Prädikationstechnik ist besonders effektiv, wenn der Sprungausgang völlig irregulär wechselt und damit nicht vorhersagbar ist. In diesem Fall spart man sich die Kosten für das Rückrollen falsch vorhergesagter Sprungpfade, die meist höher sind als die unnötige Ausführung einer der beiden Programmpfade bei Anwendung der Prädikation. Bei heutigen Superskalarprozessoren ist diese Technik jedoch nicht einsetzbar, da jeder Befehl mindestens ein Prädikationsbit enthalten muss und dies nur in wenigen Fällen (z.B. bedingte Ladebefehle bei den Alpha-Prozessoren) gegeben ist. Kompatibilitätsgründe und die bereits voll ausgeschöpften 32-Bit-Befehlsformate stehen einer solchen Erweiterung entgegen. Voll prädikative Befehlssätze sind jedoch der Intel IA-64-Befehlssatz des Itanium-Prozessors und die Befehlssätze einiger Signalprozessoren.

7.2.2 Dynamische Sprungvorhersagetechniken

Bei der dynamischen Sprungvorhersagetechnik wird die Entscheidung über die Spekulationsrichtung eines Sprungs in Abhängigkeit vom bisherigen Programmablauf getroffen. Die Sprungverläufe werden beim Programmablauf in Sprungverlaufstabellen gesammelt und auf der Grundlage der Tabelleneinträge werden aktuelle Sprungvorhersagen getroffen. Bei Fehlspekulationen werden die Tabellen per Hardware abgeändert.

Im Gegensatz dazu steht die Sprungvorhersage bei den statischen Sprungvorhersagetechniken aus Abschn. 2.4.7 immer fest und kann sich im Verlauf einer Programmausführung nie ändern. Auch wenn ein Sprung ständig falsch vorhergesagt wird, kann die Hardware darauf nicht reagieren, im Gegensatz zu einer dynamischen Sprungvorhersage.

Natürlich wird wie bei allen Prädiktoren zusätzlich die Sprungzieladresse benötigt, was einen Sprungzieladress-Cache (s. Abschn. 2.4.6) notwendig macht, der die Sprungadressen und die Sprungzieladressen speichert. Eine mögliche Implementierungstechnik ist deshalb die Erweiterung des Sprungzieladress-Cache um die zusätzlichen Bits der Sprungverlaufstabelle (vgl. die Vorhersagebits in Abb. 2.30 in Abschn. 2.4.6).

Im Normalfall bleiben der Sprungzieladress-Cache und die Sprungverlaufstabelle getrennte Hardware-Einrichtungen. Man beachte dabei die unterschiedliche Organisation: der Sprungzieladress-Cache ist ein meist vollassoziativ organisierter Cache-Speicher (s. Abschn. 8.4.2), der die gesamte Sprungbefehlsadresse zur Identifikation eines Eintrags speichert. Eine Sprungverlaufstabelle wird über einen Teil der Sprungbefehlsadresse adressiert und enthält dann nur das oder die Vorhersagebit(s) als Einträge. Üblicherweise werden die niederwertigen Bits der Befehlsadresse genommen, um einen Eintrag zu adressieren.

Zu einer Fehlspekulation kann es aus drei Gründen kommen:

- Zunächst erfolgt nach dem Programmstart eine Warmlaufphase, während derer die ersten Informationen über die Sprungverläufe gesammelt werden. In dieser Phase wird die Qualität der dynamischen Sprungvorhersage zunehmend genauer. Zu Beginn ist eine statische Vorhersage oft besser. Im Allgemeinen sind jedoch nach der Warmlaufphase die dynamischen Techniken den statischen überlegen, wobei dies mit erhöhter Hardwarekomplexität erkauft wird.
- Die Spekulation für den Sprung wird falsch vorhergesagt, da der Sprung eine unvorhergesehene Richtung nimmt. Beispielsweise führt der Austritt aus einer Schleife nach vielen durchlaufenen Iterationen immer zu einer falschen Vorhersage.
- Durch die Indizierung der im Speicherplatz beschränkten Sprungverlaufstabelle wird die Verlaufsgeschichte eines *anderen* Sprungbefehls miterfasst. Der Index zur Adressierung eines Tabelleneintrags besteht aus einem Teil der Sprungbefehlsadresse, und wenn zwei Sprungbefehle in dem betreffenden Adressteil dasselbe Bitmuster aufweisen, werden sie bei den einfachen Verfahren auf den gleichen Eintrag abgebildet. Eine solche **Wechselwirkung** oder **Interferenz** (*branch interference*, *aliasing*) zwischen zwei Sprungbefehlen ist unerwünscht. Sie führt besonders bei kleinen Sprungverlaufstabellen häufig zu einer Fehlvorhersage. Die Anzahl der Interferenzen läßt sich verringern und damit die Spekulationsgenauigkeit signifikant verbessern, wenn die Sprungverlaufstabelle vergrößert wird. Die Interferenzen würden sogar ganz vermieden, wenn jeder Sprungbefehl einen eigenen Eintrag in der Sprungverlaufstabelle erhält, dies ist jedoch für beliebig große Programme wegen des beschränkten Platzes auf dem Prozessor-Chip nicht möglich.

Als dynamische Sprungvorhersagetechniken kommen heute neben dem einfachen Zwei-Bit-Prädiktor zunehmend Korrelations- und Hybrid-Prädiktoren zum Einsatz. Diese Techniken werden in den nachfolgenden Abschnitten beschrieben.

7.2.3 Ein- und Zwei-Bit-Prädiktoren

Die einfachste dynamische Sprungvorhersagetechnik ist der **Ein-Bit-Prädiktor**, der für jeden Sprungbefehl die zwei Zustände „genommen" oder „nicht genommen" in einem Bit speichert. Diese Zustände beziehen sich dabei immer auf die zeitlich letzte Ausführung des Sprungbefehls. Die Zustände eines Ein-Bit-Prädiktors sind in Abb. 7.2 dargestellt. Dabei steht T für „genommen" (*Taken*) und NT für „nicht genommen" (*Not Taken*).

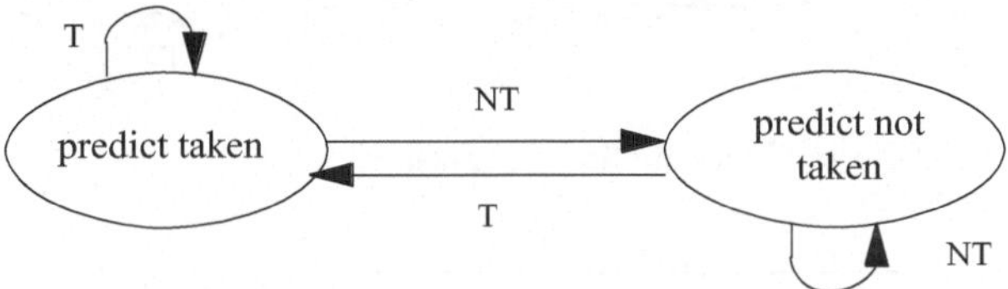

Abb. 7.2. Die Zustände des Ein-Bit-Prädiktors

Der Ein-Bit-Prädiktor wird in der Befehlsholestufe implementiert und benötigt eine Sprungverlaufstabelle (*Branch History Table* BHT oder auch *branch prediction buffer* genannt), die mit einem Teil der Sprungbefehlsadresse adressiert wird und pro Eintrag ein Bit enthält, das die Sprungvorhersage bestimmt. Ist dieses Bit gesetzt, wird der Sprung als „genommen" vorhergesagt, und wenn es gelöscht ist, als „nicht genommen". Im Falle einer Fehlspekulation wird das Bit invertiert und damit die Richtung der Vorhersage umgekehrt.

Eine Implementierungsvariante des Ein-Bit-Prädiktors besteht darin, nur die als „genommen" vorhergesagten Sprünge in den Sprungzieladress-Cache einzutragen und auf die Vorhersagebits zu verzichten.

Der Ein-Bit-Prädiktor sagt jeden Sprung am Ende einer Schleifeniteration richtig voraus, solange die Schleife iteriert wird. Der Prädiktor des Sprungbefehls steht auf „genommen" (T). Wird die Schleife verlassen, so ergibt sich eine falsche Vorhersage und damit eine Invertierung des Vorhersagebits des Sprungbefehls, auf „nicht genommen" (NT). Damit kommt es in geschachtelten Schleifen jedoch in der inneren Schleife zu einer weiteren falschen Vorhersage. Beim Wiedereintritt in die innere Schleife steht am Ende der ersten Iteration der inneren Schleife die Vorhersage noch auf NT. Die zweite Iteration wird damit falsch vorhergesagt, denn erst ab dieser zweiten Iteration steht der Prädiktor des Sprungbefehls wieder auf „genommen" (T). Mit einem Zwei-Bit-Prädiktor wird bei geschachtelten Schleifen eine dieser zwei Fehlvorhersagen vermieden.

Beim **Zwei-Bit-Prädiktor** werden für die Zustandscodierungen der bedingten Sprungbefehle zwei Bits pro Eintrag in der Sprungverlaufstabelle verwendet. Damit ergeben sich die vier Zustände „sicher genommen" (*strongly taken*), „vielleicht genommen“ (*weakly taken*), „vielleicht nicht genommen“ (*weakly not taken*) und „sicher nicht genommen“ (*strongly not taken*). Befindet sich ein Sprungbefehl in einem „sicheren“ Vorhersagezustand, so sind zwei aufeinander folgende Fehlspekulationen nötig, um die Vorhersagerichtung umzudrehen. Damit kommt es bei inneren Schleifen einer Schleifenschachtelung nur beim Austritt aus der Schleife zu einer falschen Vorhersage.

Es gibt zwei Ausprägungen des Zwei-Bit-Prädiktors, die sich in der Definition der Zustandsübergänge unterscheiden. Das Schema mit einem **Sättigungszähler** (*saturation up-down counter*) ist in Abb. 7.3 dargestellt. Die zweite, **Hysteresezähler** genannte Variante verdeutlicht Abb. 7.4.

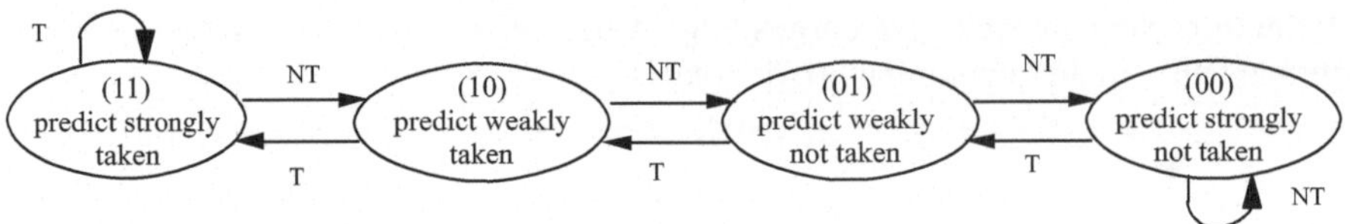

Abb. 7.3. Die Zustände des Zwei-Bit-Prädiktors mit Sättigungszähler

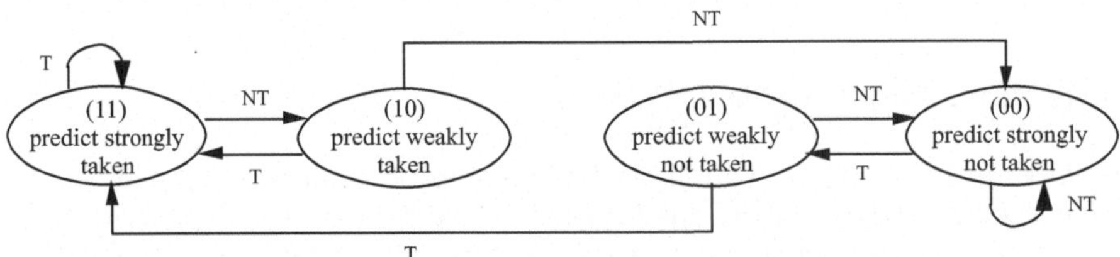

Abb. 7.4. Die Zustände des Zwei-Bit-Prädiktors mit Hysteresezähler

Der Zwei-Bit-Prädiktor mit Sättigungszähler erhöht jedesmal, wenn der Sprung genommen wurde, den Zähler und erniedrigt ihn, falls er nicht genommenen wurde. Durch die Sättigungsarithmetik fällt der Zähler nie unter null (00) oder wird größer als drei (11). Das höchstwertige Bit gibt die Richtung der Vorhersage an.

Die zweite Variante, die Hysteresemethode, unterscheidet sich von der des Sättigungszählers dadurch, dass direkt von einem „unsicheren“ (*weakly*) Zustand in den „sicheren“ (*strongly*) Zustand der entgegengesetzten Richtung gewechselt wird. Damit kommt man von einem sicheren Zustand in den anderen sicheren Zustand durch zwei Fehlspekulationen. Diese Technik wurde im UltraSPARC-I-Prozessor implementiert. Der Zustand von noch nicht aufgetretenen Sprüngen wird dabei auf „vielleicht nicht genommen“ initialisiert.

Hennessy und Patterson [1996] zeigten, dass die Fehlspekulation bei den SPEC89-Benchmark-Programmen von 1% (nasa7, tomcatv) bis 18% (eqntott) reicht, wobei die Programme spice bei 9% und gcc bei 12% liegen. Diesen Werten liegt eine Sprungverlaufstabelle mit 4096 Einträgen zugrunde.

Die Technik der Zwei-Bit-Prädiktoren lässt sich leicht auf n Bits erweitern. Es zeigte sich jedoch, dass dabei so gut wie keine Verbesserungen mehr erzielbar sind.

Ein Zwei-Bit-Prädiktor kann ebenfalls in einem Sprungzieladress-Cache implementiert werden, wobei jeder Eintrag um zwei Vorhersagebits erweitert wird. Eine weitere Möglichkeit besteht darin, den Sprungzieladress-Cache für die Zieladressen und eine separate Sprungverlaufstabelle für die Vorhersage zu nutzen.

Im Allgemeinen arbeitet ein Zwei-Bit-Prädiktor sehr gut bei numerischen Programmen wie den SPECfp-Benchmark-Programmen, die Schleifen mit vielen Iterationen enthalten. Die Anzahl der Fehlspekulationen steigt jedoch bei allgemeinen, ganzzahlintensiven Programmen wie den SPECint-Benchmark-Programmen stark an, da die Schleifen häufig nur wenige Iterationen aufweisen, dafür aber viele if-then- und if-then-else-Konstrukte vorkommen. Aufeinander folgende Sprünge sind oft in der Art des folgenden in C-Code geschriebenen Programmstücks voneinander abhängig (*correlated*):

```
if (d == 0)// Sprung s1
  d = 1;
if (d == 1)// Sprung s2
  ...
```

Wie man sieht, wird der zweite Sprung immer dann genommen, wenn der erste genommen wurde. Das ist eine Korrelationsinformation, die von Ein- und Zwei-Bit-Prädiktoren nicht genutzt werden kann. Bei diesem Programmstück kann es passieren, dass von einem Ein-Bit- oder Zwei-Bit-Prädiktor jeder Sprung falsch vorhergesagt wird. Dazu betrachten wir eine mögliche Übersetzung der if-then-Konstrukte in Maschinensprache (die Variable `d` ist in Register `R1` abgelegt):

```
      bnez  R1, L1       ; Sprung s1 (d ≠ 0)
      addi  R1, R0, #1   ; d = 1
L1:   sub   R3, R1, #1
      bnez  R3, L2       ; Sprung s2 (d ≠ 1)
      ...
L2:   ...
```

Angenommen, der Wert von `d` alterniert zwischen 0 und 2. Damit ergibt sich eine Folge von NT-T-NT-T-NT-T bezüglich beider Sprungbefehle s1 und s2. Tabelle 7.1 verdeutlicht diesen Sachverhalt.

Tabelle 7.1. Verkürzter Programmablauf für obiges Beispiel

Anfangswert für `d` bei Iterationsbeginn	`d == 0`?	Sprungrichtung für `s1`	`d` vor `s2`	`d == 1`?	Sprungrichtung für `s2`
0	Ja	NT	1	ja	NT
2	Nein	T	2	nein	T

Wenn die Sprünge `s1` und `s2` mit einem Ein-Bit-Prädiktor mit Anfangszustand „genommen" vorhergesagt werden, so werden beide Sprünge ständig falsch vorhergesagt. Das gleiche Verhalten zeigt der Zwei-Bit-Prädiktor mit Sättigungszähler aus Abb. 7.3 mit Anfangszustand „vielleicht genommen". Der Zwei-Bit-Prädiktor mit Hysteresezähler aus Abb. 7.4 verspekuliert sich bei einer Initialisierung von „vielleicht genommen" nur bei jedem zweiten Durchlauf der Sprünge `s1` und `s2`. Ein (1,1)-Korrelationsprädiktor (s. nächsten Abschnitt) kann den Zusammenhang zwischen beiden Sprüngen erkennen und nutzen. Er trifft nur in der ersten Iteration eine falsche Vorhersage.

7.2.4 Korrelationsprädiktoren

Die Zwei-Bit-Prädiktoren ziehen für eine Vorhersage immer nur den Verlauf des Sprungs selbst in Betracht. Die Beziehungen zwischen verschiedenen Sprüngen werden nicht berücksichtigt. Untersuchungen haben jedoch gezeigt, dass bei Auswertung dieser Beziehungen eine bessere Sprungvorhersage durchgeführt werden kann.

Die von Pan et al. [1992] entwickelten **Korrelationsprädiktoren** (*correlation-based predictors* oder *correlating predictors*) berücksichtigen neben der eigenen Vergangenheit eines Sprungbefehls auch die Historie benachbarter, im Programmlauf vorhergegangener Sprünge. Korrelationsprädiktoren erzielen gewöhnlich bei ganzzahlintensiven Programmen eine höhere Trefferrate als die Zwei-Bit-Prädiktoren. Sie benötigen dabei nur wenig mehr Hardware.

Ein Korrelationsprädiktor wird als **(*m*,*n*)-Prädiktor** bezeichnet, wenn er das Verhalten der letzten m Sprünge für die Auswahl aus 2^m Prädiktoren nutzt, wobei jeder Prädiktor einen n-Bit-Prädiktor (entsprechend Abschn. 7.2.3) für einen einzelnen Sprung darstellt. Die globale Vergangenheit der letzten m Sprünge kann in einem m-Bit-Schieberegister gespeichert werden, das als **Sprungverlaufsregister** oder **BHR** (*Branch History Register*) bezeichnet wird. Der Zustand der Bits zeigt dann an, ob die letzten Sprünge genommen wurden oder nicht. Nach jedem ausgeführten Sprungbefehl wird der BHR-Inhalt um ein Bit nach links verschoben und der Sprungausgang an der freigewordenen Bitposition eingefügt (1 für genommene und 0 für nicht genommene Sprünge). Der Inhalt des BHR wird als Adresse (*index*) benutzt, um eine **Sprungverlaufstabelle** oder **PHT** (*Pattern History Table*) zu selektieren. Für ein m Bit breites BHR werden somit 2^m PHTs benötigt, wobei jede PHT eine n-Bit-Prädiktortabelle gemäß Abschn. 7.2.3 darstellt. Der PHT-Eintrag selbst wird wie beim Zwei-Bit-Prädiktor über einen Teil der Sprungbefehlsadresse selektiert.

Ein (1,1)-Prädiktor wählt in Abhängigkeit vom Verhalten des letzten Sprungs aus einem Paar von Ein-Bit-Prädiktoren aus. Die Bezeichnung (2,2)-Prädiktor weist auf ein zwei Bit breites BHR hin, womit aus vier Sprungverlaufstabellen (PHTs) von Zwei-Bit-Prädiktoren ausgewählt wird. Üblicherweise werden in der PHT Zwei-Bit-Prädiktoren eingesetzt. Ein Zwei-Bit-Prädiktor wird in dieser Notation als (0,2)-Prädiktor bezeichnet.

Abbildung 7.5 zeigt die Implementierung eines (2,2)-Prädiktors mit vier PHTs der Größe 1K. Über das BHR wird eine spezielle PHT ausgewählt (*select*). Die Einträge in der PHT werden im Allgemeinen über die niederwertigen Bits der Sprungadresse ausgewählt (hier 10 Bits zur Adressierung von 1024 Einträgen).

Man kann die vier PHTs der Größe 1K auch als eine einzige große PHT mit 4K Einträgen betrachten. Um einen Eintrag zu finden benötigt man damit zwölf Bits, was der Konkatenation des BHR-Inhalts mit dem Adressteil des Sprungbefehls entspricht.

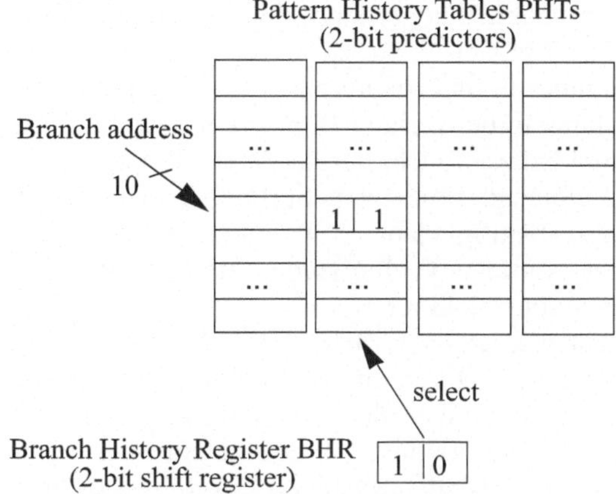

Abb. 7.5. Implementierung eines (2,2)-Prädiktors

7.2.5 Zweistufig adaptive Prädiktoren

Die zweistufig adaptiven (*two-level adaptive*) Prädiktoren wurden von Yeh und Patt [1992] etwa zur gleichen Zeit wie die eng verwandten Korrelationsprädiktoren entwickelt. Wie der Korrelationsprädiktor ist ein zweistufig adaptiver Prädiktor aus zwei Tabellenebenen aufgebaut, wobei der Eintrag in der ersten Tabelle dazu dient, die Vorhersagebits auf der zweiten Tabellenebene zu selektieren.

Für die zweistufig adaptiven Prädiktoren gibt es neun Varianten mit einem heute oft verwendeten Benennungsschema (s. [Yeh und Patt 1993]), das wie folgt aufgebaut ist:

Ein zweistufig adaptiver Prädiktor wird mit ***XAx*** bezeichnet, wobei *X* für einen der Großbuchstaben G, P oder S und *x* für einen der Kleinbuchstaben g, p oder s steht. Die Großbuchstaben bezeichnen den Mechanismus auf der ersten Tabellenebene, A steht für „adaptiv“ und der Kleinbuchstabe benennt die Organisationsform der zweiten Tabellenebene. Tabelle 7.2 zeigt alle neun Varianten der von Yeh und Patt [1993] definierten zweistufig adaptiven Prädiktoren, die im Folgenden genauer erklärt werden.

Tabelle 7.2. Varianten zweistufig adaptiver Prädiktoren nach Yeh und Patt [1993]

	global PHT	per-set PHTs	per-address PHTs
globale Schemata (global BHR)	GAg	GAs	GAp
per-address-Schemata (per-address BHT)	PAg	PAs	PAp
per-set-Schemata (per-set BHT)	SAg	SAs	SAp

Die grundlegenden, zweistufig adaptiven Prädiktorschemata benutzen ein einziges „globales“ Sprungverlaufsregister (*Branch History Register* BHR) von *k* Bit Länge als Index, um einen Eintrag in einer Sprungverlaufstabelle (*Pattern History Table* PHT) mit Zwei-Bit-Zählern zu adressieren. Das globale BHR wird nach jeder Ausführung eines (bedingten) Sprungbefehls geändert, d.h., der Inhalt des als Schieberegister organisierten BHR wird bitweise von rechts nach links geschoben und der Bitwert ‘1’ für einen genommenen und ‘0’ für einen nicht genommenen Sprung nach jeder Sprungentscheidung an der rechten Bitposition eingefügt. Damit wird, wie bei den Korrelationsprädiktoren, nicht nur der Verlauf eines einzelnen Sprungbefehls, sondern die Aufeinanderfolge von Sprungbefehlen für die Sprungvorhersage einbezogen. Alle zweistufig adaptiven Prädiktoren, die ein globales BHR benutzen, gehören zu den **globalen Verlaufsschemata** (*global history schemes*) und entsprechen den Korrelationsprädiktoren.

Im einfachsten Fall gibt es ein einziges globales BHR (als G bezeichnet) und eine einzige globale PHT (als g bezeichnet). Dieser einfache Prädiktor wird **GAg-Prädiktor** genannt. Alle PHT-Implementierungen der zweistufig adaptiven Prädiktoren von Yeh und Patt benutzen 2-Bit-Prädiktoren. Eine Implementierung eines GAg-Prädiktors mit einem 4 Bit langen BHR (deshalb als GAg(4) bezeichnet) wird in Abb. 7.6 gezeigt.

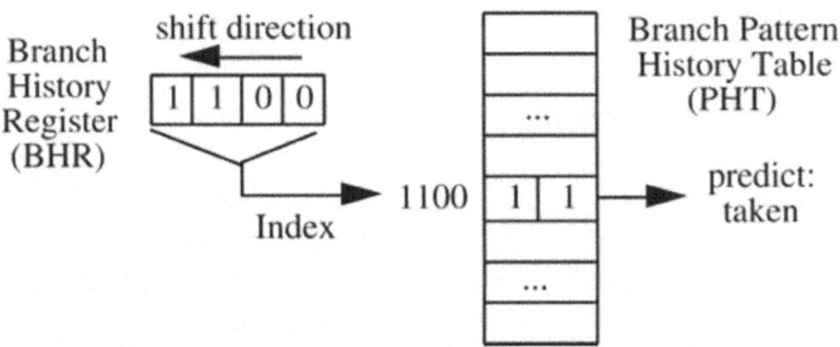

Abb. 7.6. Implementierung eines GAg(4)-Prädiktors

Beim GAg-Prädiktor hängt der PHT-Zugriff einzig von dem Bitmuster im BHR ab und ist damit vollständig unabhängig von der Adresse des Sprungbefehls, der die Spekulation auslöst. Der GAg-Prädiktor wird auch als degenerierter Fall eines Korrelationsprädiktors bezeichnet. Der Vorteil des GAg-Prädiktors ist seine einfache Implementierung und die Tatsache, dass die Sprungspekulation bereits angesetzt werden kann, bevor der zugehörige Sprungbefehl in die Pipeline geladen wird.

Ein einfacher GAg(k)-Prädiktor liefert für Ganzzahlprogramme häufig schon eine bessere Spekulationsvorhersage als ein 2-Bit-Prädiktor mit Sättigungszähler. Allerdings leidet die Vorhersagequalität eines GAg-Prädiktors unter den häufig gleichen Bitmustern im BHR, die sich an verschiedenen Stellen der Programmausführung einstellen können. Damit wird derselbe Eintrag im PHT adressiert, es entsteht eine PHT-Interferenz und Sprungbefehle, die nichts miteinander gemeinsam haben, beeinflussen den PHT-Eintrag und damit die Vorhersage in ungewollter und nicht vorhersehbarer Weise.

Derartige falsche Vorhersagen können durch eine Anzahl zusätzlicher Maßnahmen reduziert werden. Zunächst betrachten wir zwei Varianten, die das globale BHR beibehalten und die Interferenzen durch eine Vervielfachung der PHT verringern:

- Die erste Variante nutzt zusätzlich zum Bitmuster eines einzigen globalen BHR die gesamte Sprungbefehlsadresse zur PHT-Adressierung, was letztlich einer eigenen PHT pro Sprungbefehl gleichkommt. Damit sind Interferenzen vollständig ausgeschlossen. Dieses Verfahren wird als **GAp-Prädiktor** bezeichnet. Da die PHTs über die volle Sprungbefehlsadresse selektiert werden, wird auch von *per-address PHTs* gesprochen. Ein GAp-Prädiktor mit einem vier Bit großen BHR wird als GAp(4) bezeichnet und ist in Abb. 7.7 dargestellt.

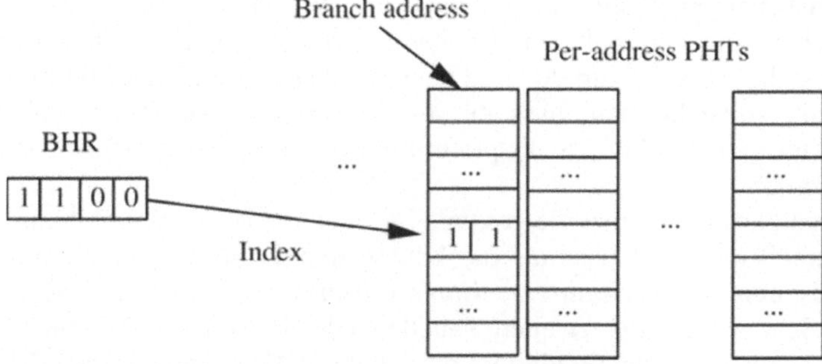

Abb. 7.7. Implementierung eines GAp(4)-Prädiktors

- Die zweite Variante schränkt neben der Adressierung über das BHR-Bitmuster die PHT-Einträge jeweils auf eine Untermenge der Sprungbefehle ein, z.B. durch das Nutzen eines Adressteils des Sprungbefehls, und erhält ebenfalls verschiedene PHTs. Dieses Verfahren wird als **GAs-Prädiktor** bezeichnet. Da die PHTs von der Untermengenbildung abhängen, wird auch von *per-set PHTs* gespochen. Ein GAs-Prädiktor mit einem vier Bit großen BHR, bei dem n Bit der Sprungbefehlsadresse benutzt werden, um 2^n PHTs mit je 2^4 Einträgen zu unterscheiden, wird als GAs(4,2^n) bezeichnet und ist in Abb. 7.8 dargestellt. Alle Sprungbefehle derselben Sprungmenge teilen sich beim GAs-Prädiktor eine PHT.

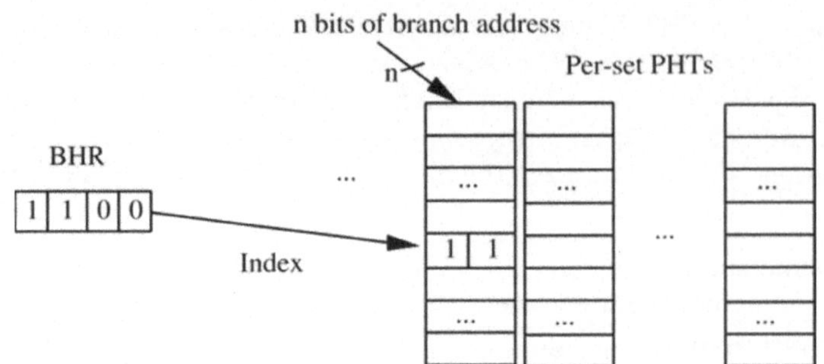

Abb. 7.8. Implementierung eines GAs(4,2^n)-Prädiktors

Die drei zweistufig adaptiven Prädiktoren GAg, GAp und GAs benutzen ein einziges globales BHR und bilden zusammen die **Klasse der Prädiktoren mit globalem Verlaufsschema** (*global history scheme predictors*).

Diese Prädiktoren sind eng mit dem Korrelationsprädiktor verwandt. Wenn man beispielsweise die Abb. 7.5 um 90 Grad nach rechts dreht und ein 4 bit breites BHR annimmt, so sieht man, dass der (4,2)-Korrelationsprädiktor einem GAs(4,2^{10})-Prädiktor gemäß Abb. 7.8 entspricht (weitere Annahme n=10 Bits der Sprungbefehlsadresse).

Eine zweite Prädiktorklasse nutzt die gesamte Sprungbefehlsadresse um mehrere BHRs zu unterscheiden und wird als die **Klasse der Prädiktoren mit per-address-Verlaufsschemata** (*per-address history scheme*) bezeichnet. In Tabelle 7.2 stehen diese Schemata in der zweiten Tabellenzeile. Bei diesen Prädiktoren unterscheidet die erste Ebene des Prädiktors die letzten k Vorkommen *desselben* Sprungbefehls. Jedem Sprungbefehl wird ein eigenes BHR zugeordnet, um die Historie eines jeden Sprungbefehls unterscheiden zu können. Die BHRs bei den Prädiktoren mit per-address-Schema sammeln die Eigenhistorien (*self-history*) jeweils eines Sprungs, im Gegensatz zur Nachbarschaftshistorie, die in dem einen globalen BHR bei den Prädiktoren der Klasse des globalen Verlaufsschematas gesammelt wird. Die per-address BHRs werden in einer Tabelle zusammengefasst, die dann *per-address BHT* genannt wird.

Im einfachsten per-address-Verlaufsschema adressieren die BHRs Einträge in einer einzigen globalen PHT. Ein solcher zweistufig adaptiver Prädiktor wird als PAg bezeichnet. Abb. 7.9 zeigt einen PAg(4)-Prädiktor. Zwei verschiedene Sprungbefehlsadressen selektieren zwar auf der ersten Tabellenebene zwei verschiedene BHT-Einträge, doch adressieren im Beispiel in Abb. 7.9 zwei gleiche BHT-Einträge denselben PHT-Eintrag, was wieder zu einer PHT-Interferenz führt.

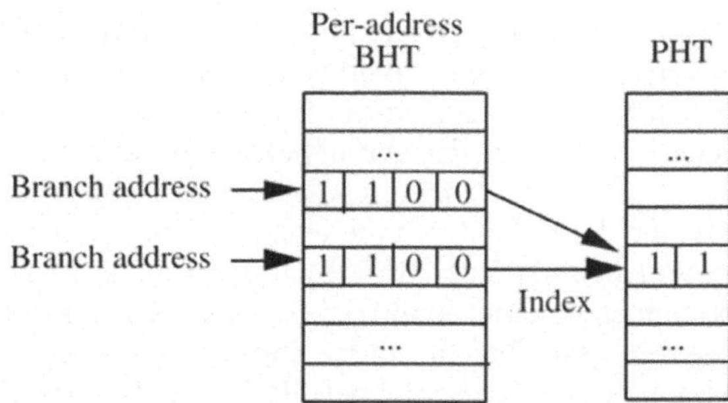

Abb. 7.9. Implementierung eines PAg(4)-Prädiktors

Die Kombination einer per-address BHT mit mehreren per-address PHTs führt zum **PAp-Prädiktor**. Entsprechend wird die Kombination einer per-address BHT mit mehreren per-set PHTs als **PAs-Prädiktor** bezeichnet. Beim PAp-Prädiktor besitzt jeder Sprungbefehl einen eigenen BHT-Eintrag, also ein eigenes BHR, und eine eigene PHT. Somit sind die Anzahl der BHR-Einträge und die Anzahl der PHTs beim per-address BHT gleich. Allerdings ist die Anzahl nicht fest, sondern hängt von der Anzahl der Sprungbefehle im Programm ab.

Konzeptuell wird der Inhalt des BHR als Selektorindex für einen PHT-Eintrag benutzt. Die PHT selbst wird beim PAp durch die Sprungbefehlsadresse und beim PAs durch die Sprungmenge (in der Regel durch den niederwertigen Teil der Sprungbefehlsadresse gegeben) selektiert. Ein Beispiel eines PAp(4)-Prädiktors wird in Abb. 7.10 gezeigt. Die Abbildung zeigt darüber hinaus den Fall, dass zwei Sprungbefehle mit demselben Bitmuster in ihren BHT-Einträgen dieselbe Zeile in den per-address PHTs selektieren. Da jedoch die unterschiedlichen Sprungbefehlsadressen verschiedene PHTs und damit verschiedene PHT-Einträge adressieren, kommt es zu keiner unerwünschten Beeinflussung.

Wegen der variablen Anzahl der BHT-Einträge und PHRs kann der PAp-Prädiktor so nicht implementiert werden. Konkrete Implementierungen nutzen deshalb cache-basierte Realisierungen.

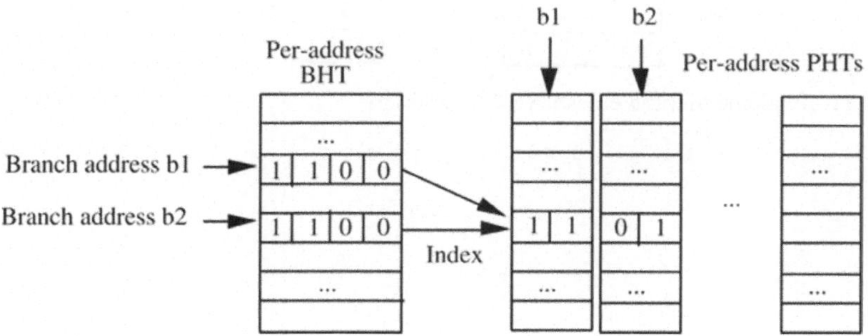

Abb. 7.10. Implementierung eines PAp(4)-Prädiktors

Bei den per-address-Verlaufsschemata hat nur die Historie des Sprungbefehls selbst Einfluss auf seine Vorhersage. Die Sprungvorhersage ist deshalb nicht-korreliert und unabhängig von den Verläufen anderer Sprungbefehle.

Als weitere Technik kann eine Untermenge der Sprungbefehle gewählt werden, um mehrere BHT-Einträge zu unterscheiden. Bei diesen **per-set-Verlaufsschemata** speichert die erste Ebene der Prädiktoren die letzten k Vorkommen der Sprungbefehle derselben Sprungmenge, da jeder BHT-Eintrag mit einer Sprungmenge verknüpft ist. Die Sprungmenge kann durch verschiedene Kriterien definiert werden: duch den Opcode des Sprungbefehls, durch vom Compiler zugeordnete Sprungklassen oder durch einen Teil der Sprungbefehlsadresse. Da eine per-set BHT durch alle Befehle in ihrer Sprungmenge verändert wird, so wird eine Sprungvorhersage durch andere Befehle derselben Sprungmenge beeinflusst.

Erneut werden durch die Organisation der zweiten Ebene eines per-set-Schemas drei Prädiktorvarianten definiert: SAg, SAs und SAp. Abbildung 7.11 zeigt einen SAg(4)- und Abb. 7.12 einen SAs(4)-Prädiktor.

Abbildung 7.11 demonstriert, dass ein SAg-Prädiktor wieder zu unerwünschten Beeinflussungen der Sprungvorhersage führen kann, wenn zwei BHT-Einträge dasselbe Bitmuster aufweisen. Abbildung 7.12 zeigt einen anderen Fall unerwünschter Beeinflussung: Bei einer Sprungmengenauswahl über einen Teil der Sprungbefehlsadresse kann es zur Selektion desselben BHT-Eintrags kommen, wenn zwei Sprungbefehle dasselbe Bitmuster in ihrer Teiladresse haben. Dass solch unerwünschte Beeinflussungen nicht unterbunden werden können, ist ein prinzipielles Problem für alle per-set-Verlaufsschemata.

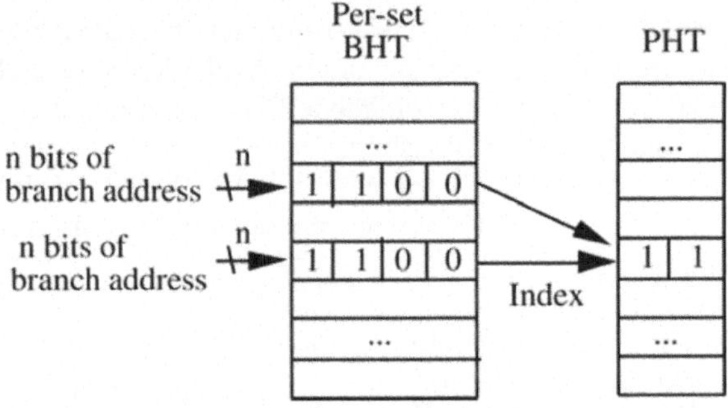

Abb. 7.11. Implementierung eines SAg(4)-Prädiktors

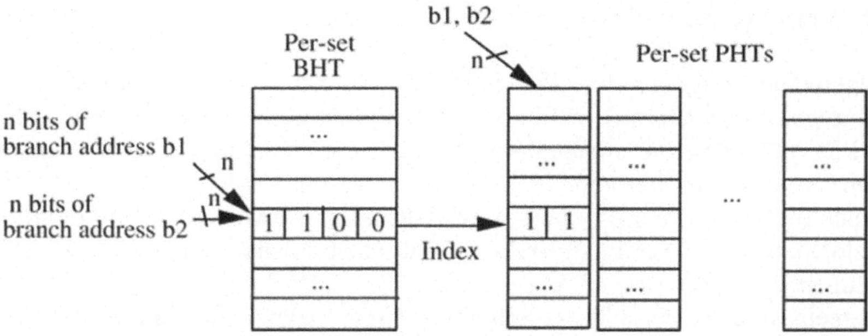

Abb. 7.12. Implementierung eines SAs(4)-Prädiktors

Die detaillierten Bezeichnungen der zweistufig adaptiven Prädiktoren können Tabelle 7.3 entnommen werden, die außerdem eine einfache Schätzung der Hardware-Kosten angibt [Yeh und Patt 1993].

In Tabelle 7.3 bedeutet b die Anzahl der PHTs oder der Einträge in der BHT bei den per-address-Schemata. p und s bezeichnen die Anzahl der PHTs oder Einträge in der BHT bei den per-set-Schemata, wobei angenommen wird, dass eventuell verschiedene per-set-Schemata zur BHT-Eintrags- und zur PHT-Selektion verwendet werden.

Die Simulationen von Yeh und Patt [1993] mit SPEC89-Benchmark-Programmen zeigen, dass die Vorhersagequalität der globalen Verlaufsschemata stark von der Länge des BHR abhängt.

Tabelle 7.3. Bezeichnungsschema und Hardware-Kosten der zweistufig adaptiven Prädiktoren

Prädiktor	BHR Länge	Anzahl der PHTs	Hardware-Kosten in Bits
GAg(k)	k	1	$k + 2^k * 2$
GAs(k,p)	k	p	$k + p * 2^k * 2$
GAp(k)	k	b	$k + b * 2^k * 2$
PAg(k)	k	1	$b * k + 2^k * 2$
PAs(k,p)	k	p	$b * k + p * 2^k * 2$
PAp(k)	k	b	$b * k + b * 2^k * 2$
SAg(k)	k	1	$s * k + 2^k * 2$
SAs(k,s * p)	k	p	$s * k + p * 2^k * 2$
SAp(k)	k	b	$s * k + b * 2^k * 2$

Die Anzahl unerwünschter Interferenzen zwischen verschiedenen Sprungbefehlen, die auf denselben PHT-Eintrag abgebildet werden, kann verringert werden, falls das globale BHR vergrößert wird, was folglich auch die Anzahl der benötigten PHTs und damit den Platzbedarf des Prädiktors erhöht. In gleicher Weise führen größere PHTs (und damit längere, zur Selektion der Einträge benutzte Teiladressen) zu weniger Wechselwirkungen und damit einer besseren Vorhersagegenauigkeit. In jedem Fall ist jedoch die dem Prädiktor auf dem Prozessor-Chip eingeräumte Chip-Fläche beschränkt, und es stellt sich die Frage, welcher Prädiktor unter Annahme einer Platzbeschränkung die größte Vorhersagegenauigkeit aufweist.

Im Allgemeinen zeigt sich für allgemeine Programme, wie sie in den ganzzahlorientierten (*integer intensive*) SPEC-Benchmarkprogrammen (SPECint89, SPECint95, SPECint2000) zusammengefasst sind, dass die globalen Verlaufsschemata treffgenauer sind als die per-address-Schemata. Das liegt daran, dass in solchen Programmen oft geschachtelte if-then- oder if-then-else-Anweisungen vorkommen und die globalen Schemata die Korrelation zwischen solchen Anweisungen ausnutzen können.

Andererseits sind die per-address-Schemata den globalen Schemata bei numerischen Programmen (*floating-point SPECmarks*) überlegen, da solche Programme viele Schleifen enthalten, die wiederum von den per-address-Schemata besser vorhergesagt werden können. In beiden Fällen liegen die per-set-Schemata in der Mitte zwischen den globalen und den per-address-Schemata.

Wenn man die Kosteneffizienz mit den Formeln aus Tabelle 7.3 ermittelt und ein festes Hardware-Budget von 8 KBit vorgibt, so ist GAs(7,32) das kosteneffizienteste globale Schema, PAs(6,16) das kosteneffizienteste per-address-Schema und SAs(6,4*16) das kosteneffizienteste per-set-Schema. Von diesen drei Konfigurationen erzielt der PAs(6,16)-Prädiktor für die SPEC89-Benchmarkprogramme die höchste Vorhersagegenauigkeit [Yeh und Patt 1993].

Bei einem höheren Hardware-Budget von 128 KBits zeigt sich GAs(13,32) als das kosteneffizienteste globale Schema, PAs(8,256) als das kosteneffizienteste per-set-Schema und SAs(9,4*32) als das kosteneffizienteste per-set-Schema. Von diesen Konfigurationen bietet GAs(13,32) mit 97,2% Genauigkeit für die SPEC89-Benchmarkprogramme die höchste Vorhersagegenauigkeit [Yeh und Patt 1993].[7]

Die Verlaufstabellen sind bei heutigen Superskalarprozessoren meist recht groß, um die Anzahl der Interferenzen zu verringern. Beispielsweise wird beim Alpha 21264-Prozessor ein SAg(10,1024)-Prädiktor als Teil eines Hybridprädiktors (s. Abschn. 7.2.7) eingesetzt.

7.2.6 gselect- und gshare-Prädiktoren

McFarling [1993] analysierte die Vorhersagegenauigkeiten der Zwei-Bit- und der Korrelationsprädiktoren und führte zwei neue Prädiktorschemata ein.

Das erste McFarling-Prädiktorschema basiert auf den Korrelationsprädiktoren (bzw. den zweistufig adaptiven Prädiktoren mit globalen Schemata). Bei den Korrelationsprädiktoren werden konzeptuell die PHTs als eine einzige große PHT betrachtet, deren Einträge durch Konkatenation der BHR-Bits mit dem Sprungbefehlsadressteil selektiert werden. Beispielsweise werden in Abb. 7.5 zwei BHR-Bits mit 10 Bits der Sprungbefehlsadresse konkateniert um einen 12-Bit-Selektor

[7] Da die SPEC95-Benchmarks andere Programme als die SPEC89-Benchmarks enthalten, differieren die Werte in Tabelle 7.5 in Abschn. 7.2.7 von den oben genannten Vorhersagegenauigkeiten.

für die 2^{12} Einträge große PHT zu erhalten. McFarling bezeichnet solche Korrelationsprädiktoren, die eine Konkatenation für die Selektion des PHT-Eintrags durchführen, als **gselect-Prädiktoren**.

McFarling schlägt für die Selektion des PHT-Eintrags statt der Konkatenation eine bitweise Exklusiv-Oder-Verknüpfung des BHR-Inhalts mit den Adressbits des Sprungbefehls vor und bezeichnet einen solchen Korrelationsprädiktor als **gshare-Prädiktor**.

Er erzielt damit eine verbesserte Sprungvorhersage, die sich daraus ergibt, dass der gshare-Prädiktor zu weniger Interferenzen führt als ein gleich langer Selektor, der durch Konkatenation hergestellt wird. Dies wird in Tabelle 7.4 wie folgt demonstriert: In der linken Spalte sind zwei 8-Bit-Adressteile von Sprungbefehlen eingetragen, die jedoch jeweils in zwei verschiedenen Befehlsablauffolgen während einer Programmausführung vorkommen. Das wird durch die verschiedenen BHR-Einträge gezeigt. Falls ein 8-Bit-PHT-Selektor benötigt wird, so müssen bei einem gselect-Prädiktor die niederwertigen vier Bits der Sprungadresse und die niederwertigen vier Bits des BHR konkateniert werden. Das führt zu zwei nicht unterscheidbaren Selektoren und damit zu einer Interferenz in den letzten beiden Zeilen. Bei einem gshare-Prädiktor werden die volle Teiladresse des Sprungbefehls und der gesamte BHR-Inhalt durch eine Exklusiv-Oder-Schaltung verknüpft und der erhaltene Selektor kann alle vier Fälle unterscheiden.

Auch ein relativ großes BHR (Größenordnung 10 bis 14 Bits) führt zu einer Verbesserung der Sprungvorhersage, allerdings können dann bei einer gleichbleibenden Größe der PHTs nicht mehr so viele Sprungbefehle unterschieden werden, und es ergibt sich auch hier das Interferenzproblem, dass verschiedene Sprungbefehle auf die gleichen Einträge abgebildet werden.

Tabelle 7.4. Vergleich eines gselect- mit einem gshare-Prädiktor

Adressteil des Sprungbefehls	BHR	gselect 4/4	gshare 8/8
00000000	00000001	00000001	00000001
00000000	00000000	00000000	00000000
11111111	00000000	11110000	11111111
11111111	10000000	11110000	01111111

7.2.7 Hybridprädiktoren

Das zweite von McFarling vorgeschlagene Prädiktorschema kombiniert mehrere separate Prädiktoren, von denen jeder auf eine andere Klasse von Sprungbefehlen zugeschnitten sein kann. Ein solcher **Kombinations-** (*combining*) oder **Hybridprädiktor** [McFarling 1993] besteht aus zwei unterschiedlichen Prädiktoren und einem Selektorprädiktor, der für jede Sprungvorhersage eine der beiden Vorhersagen auswählt. Als Selektorprädiktor kann wiederum ein beliebiger Prädiktor eingesetzt werden.

McFarling kombinierte einen Zwei-Bit-Prädiktor (von ihm als *bimodal predictor* bezeichnet) mit einem gshare-Prädiktor, um zum Einen die Korrelationsinformation und zum Anderen die zwei-Bit-Vorhersage nutzen zu können. Als weitere Kombinationsmöglichkeit schlägt er die Kombination aus einem PAp-Prädiktor (als *local predictor* bezeichnet) und einem gshare-Prädiktor vor. Simulationen mit den SPEC89-Benchmark-Programmen zeigten, dass beide Hybridprädiktoren eine bessere Vorhersagegenauigkeit liefern als der gshare-Prädiktor, der selbst wieder besser als der gselect-Prädiktor und alle weiteren untersuchten Prädiktoren mit gleichen Hardware-Kosten ist.

Ein weiterer von Young und Smith [1994] vorgeschlagener Hybridprädiktor kombiniert eine compilerbasierte statische Sprungvorhersage mit einen zweistufig adaptiven Prädiktor. Insbesondere während der langen Warmlaufphase eines zweifach adaptiven Prädiktors mit großen Verlaufstabellen kann die statische Sprungvorhersage oder ein einfacher dynamischer Prädiktor erfolgreich eingesetzt werden. Nach der Anlaufphase kommt dann die bessere Vorhersagegenauigkeit des komplexeren Prädiktors zum Einsatz. In der Forschungsliteratur wurden viele weitere Kombinationen von Selektor- und Hybridprädiktoren untersucht. Patt et al. [1997] schlagen sogar einen Multi-Hybridprädiktor für ihre Prognose eines Superskalarprozessors der Eine-Milliarde-Tränsistoren-Ära vor.

Es kann für den Selektorprädiktor auch die Information über die Wahrscheinlichkeit der Fehlspekulation eingesetzt werden. Man spricht von einer hohen Zuverlässigkeit (*confidence*) einer Sprungvorhersage für einen Sprung, wenn im Verlauf der Programmausführung die Vorhersage des Sprungs in der Regel richtig war und von niedriger Zuverlässigkeit im umgekehrten Fall. Ein Zuverlässigkeits-Prädiktor [Grunwald et al. 1998] kann nun als Selektorprädiktor unter den zur Auswahl stehenden Vorhersagen diejenige auswählen, die die höchste Vorhersagewahrscheinlichkeit hat (s. auch Abschn. 7.2.8).

Grunwald et al. [1998] vergleichen durch Simulationen mit den SPECint95-Benchmark-Programmen den SAg-, den gshare- und den von McFarling vorgeschlagenen Hybridprädiktor, der einen Zwei-Bit- mit dem gshare-Prädiktor kombiniert. Die Resultate sind in Tabelle 7.5 dargestellt und zeigen, dass bei den SPECint95-Benchmark-Programmen etwa jeder sechste gültig ausgeführte (*committed*) Befehl ein bedingter Sprungbefehl ist und der Hybridprädiktor mit einer Fehlspekulationsrate von 8,1% am Besten abschneidet. Interessant ist weiterhin das Ergebnis von Grunwald et al., dass durch falsch vorhergesagte Sprünge 20–100% mehr Befehle zugeordnet als schließlich gültig gemacht werden.

Tabelle 7.5. SAg, gshare und McFarling's Hybridprädiktor (*combining*) im Vergleich

Application	committed instructions (in millions)	conditional branches (in millions)	taken branches (%)	misprediction rate (%) SAg	gshare	combining
compress	80.4	14.4	54.6	10.1	10.1	9.9
gcc	250.9	50.4	49.0	12.8	23.9	12.2
perl	228.2	43.8	52.6	9.2	25.9	11.4
go	548.1	80.3	54.5	25.6	34.4	24.1
m88ksim	416.5	89.8	71.7	4.7	8.6	4.7
xlisp	183.3	41.8	39.5	10.3	10.2	6.8
vortex	180.9	29.1	50.1	2.0	8.3	1.7
jpeg	252.0	20.0	70.0	10.3	12.5	10.4
mean	**267.6**	**46.2**	**54.3**	**8.6**	**14.5**	**8.1**

Andere Simulationen von Keeton et al. [1998] mit einer Simulationslast aus Datenbankprogrammen (*Online Transaction Processing workload* OLTP) auf einem PentiumPro-Multiprozessor ergaben eine wesentlich ungünstigere Fehlvorhersagerate von 14% und einen Sprungbefehlsanteil von 21% der ausgeführten Befehle.

Daraus lassen sich zwei verschiedenartige Schlüsse ziehen. Zum Einen wird versucht die Sprungvorhersagetechniken weiter zu verbessern, zum Anderen geht man davon aus, dass nicht alle Sprünge vorhersagbar sind. Falls Sprünge von irregulären Eingaben abhängen[8], wie es bei Datenbank- und bei Spielprogrammen häufig der Fall ist, so ist auch das Sprungverhalten irregulär und damit kaum vorhersagbar. Das mag auch der Grund für die hohe Fehlvorhersagerate beim SPECint95-Benchmarkprogramm `go` sein, das ein Go-Spiel simuliert. Lösungen für nicht vorhersagbare Sprünge sind die Prädikation (s. Abschn. 7.2.10) und die Mehrpfadausführung (s. Abschn. 7.2.11).

7.2.8 Zuverlässigkeitsabschätzung

Falls ein Sprungbefehl nur schwer oder gar nicht vorhersagbar ist, so wird sein irreguläres Verhalten zu häufigen Fehlvorhersagen führen. Die Vorhersagbarkeit eines Sprungs kann dadurch abgeschätzt werden, dass zusätzlich zur Sprungvorhersage noch die Zuverlässigkeit (*confidence*) der Vorhersage bestimmt wird. Ein Sprungbefehl mit niedriger Vorhersagezuverlässigkeit (*low confidence branch*) ist ein Sprungbefehl, der seine Sprungrichtung häufig und so irregulär ändert, dass er mit Sprungvorhersagetechniken keine zuverlässige Vorhersage erlaubt.

Zuverlässigkeitsabschätzung (*confidence estimation*) ist eine Technik, um die Verlässlichkeit einer Sprungvorhersage zu bewerten. Ein **Zuverlässigkeitsschätzer** (*confidence estimator*) bestimmt die Vorhersagequalität der Sprungvorhersage

[8] Ein extremes Beispiel wäre, wenn das Sprungverhalten von den Zahlen eines Zufallszahlengenerators als Eingabe abhängen würde.

eines Sprungbefehls für eine spezielle Sprungvorhersagetechnik. Da für jede Verzweigung letztlich bestimmt werden kann, ob sie richtig oder falsch vorhergesagt wurde, kann der Zuverlässigkeitsschätzer jeder Vorhersage nach mehrmaliger Sprungausführung eine große oder kleine Zuverlässigkeit (*High Confidence* HC oder *Low Confidence* LC) zuordnen. In Kombination mit den beiden Vorhersageresultaten korrekt oder falsch vorhergesagt ergeben sich vier **Zuverlässigkeitsklassen** (*confidence classes*) [Grunwald et al. 1998]:

- korrekt vorhergesagt mit großer Zuverlässigkeit (*Correctly predicted with High Confidence* C(HC)),
- korrekt vorhergesagt mit geringer Zuverlässigkeit (*Correctly predicted with Low Confidence* C(LC)),
- falsch vorhergesagt mit großer Zuverlässigkeit (*Incorrectly predicted with High Confidence* I(HC)) und
- falsch vorhergesagt mit geringer Zuverlässigkeit (*Incorrectly predicted with Low Confidence* I(LC)).

Zur Implementierung eines Zuverlässigkeitsschätzers wird Information aus den Sprungverlaufstabellen genutzt. Smith schlug bereits [1981] vor, den Sättigungszähler für die Konstruktion eines Zuverlässigkeitsschätzers zu nutzen. Sein Konzept war es, eine agressivere Spekulation durchzuführen, wenn das Zuverlässigkeitsniveau höher ist. Der JRS (Jacobsen, Rotenberg, Smith) Zuverlässigkeitsschätzer [Jacobsen et al. 1996] benutzt zusätzlich zur Sprungvorhersage eine sogenannte MDC (*Miss Distance Counter table*). Bei jeder Sprungvorhersage wird der MDC-Wert mit einem Schwellenwert verglichen. Falls der MDC-Wert höher als der Schwellwert ist, wird die Zuverlässigkeit der Sprungvorhersage als hoch eingeschätzt bzw. umgekehrt. Tyson et al. [1997] fanden heraus, dass eine kleine Zahl von Sprungverlaufsmustern üblicherweise bei einem PAs-Prädiktor zu korrekten Vorhersagen führt. Ihr Zuverlässigkeitsschätzer beruht auf einem festen Satz von Bitmustern, denen eine hohe Zuverlässigkeit der Sprungvorhersage zugeordnet wird, während für alle anderen Muster eine niedrige Zuverlässigkeit angenommen wird [Grunwald et al. 1998].

Zuverlässigkeitsschätzung kann für die Spekulationssteuerung eingesetzt werden, sofern weitere Möglichkeiten außer der Sprungspekulation vorhanden sind, um die Ressourcen eines Prozessors auszulasten. Solche alternativen Möglichkeiten können ein Kontextwechsel in mehrfädigen Prozessoren (s. Abschn. 9.3) oder eine Mehrpfadausführung (s. Abschn. 7.2.11) sein. Bei der Letzteren werden Befehle beider Pfade nach einem Sprung geholt, decodiert und ausgeführt. Die Befehlsresultate der Befehle auf dem falschen Pfad werden anschließend wieder gelöscht. Bei mehrfädigen Prozessoren kann es effizienter sein, Befehle eines anderen Kontrollfadens auszuführen als eine Sprungspekulation mit niedriger Zuverlässigkeit durchzuführen. Auch in einem Mehrpfadausführungsmodell kann die „konventionelle" Sprungspekulation bei Sprüngen mit hoher Zuverlässigkeit mit einer Mehrpfadausführung nach einem Sprungbefehl mit niedriger Zuverlässigkeit gemischt werden. Beide Techniken setzen jedoch voraus, dass der Prozessor fähig ist, zwei verschiedene Befehlsströme gleichzeitig in der Pipeline auszuführen. Dies ist wegen der Beschränkung auf einen Befehlszähler in einem heutigen Superskalarprozessor nicht möglich. Bei Zukunftsprozessoren, die Techniken wie die Mehrfädigkeit, die multiskalare oder die Trace-Prozessortechnik (s. Kap. 10) verwenden können, wäre dies jedoch im Bereich der Möglichkeiten.

7.2.9 Weitere Prädiktoren zur Interferenzverringerung

Eine ganze Anzahl von Forschungsarbeiten beschäftigt sich damit, die Vorhersagegenauigkeit zweistufig adaptiver Prädiktoren dadurch zu verbessern, dass versucht wird, die Anzahl der PHT-Interferenzen zu verringern. Diese Prädiktoren beruhen auf der folgenden Analyse von PHT-Interferenzklassen [Sprangle et al. 1997]:

- Neutrale Interferenzen (*neutral interferences*), durch die keine Änderung der Vorhersage geschieht.
- Destruktive Interferenzen (*destructive interferences*), bei denen von einem anderen Sprungbefehl eine Fehlspekulation ausgelöst wird, die ohne diese Interferenz nicht passiert wäre.
- Positive Interferenzen (*positive interferences*), bei denen durch eine Interferenz eine Fehlspekulation vermieden wird.

Untersuchungen zeigten, dass die destruktiven Interferenzen einen substanziellen Anteil an den Fehlspekulationen während eines Programmablaufs ausmachen [Young et al. 1995]. Ziel der neuen Prädiktoransätze ist es, destruktive in neutrale Interferenzen zu verwandeln und damit die Spungvorhersage zu verbessern. Lösungen dafür können sein:

- die Anzahl der Einträge der Prädiktortabellen, insbesondere der PHT, zu vergrößern, um jeden Sprungbefehl auf einen anderen Eintrag abzubilden,
- das Verfahren zur Selektion eines PHT-Eintrags zu verbessern, um die Einträge besser über die gesamte Tabelle zu verteilen und
- die Sprungbefehle so in verschiedene Klassen zu unterteilen, dass sie nicht dasselbe Prädiktorschema benutzen.

Das erste Verfahren, die PHT zu vergrößern, führt letztlich bei den zweistufig adaptiven Prädiktoren von den *per set*- zu den *per address*-Schemata, die für jeden Sprungbefehl einen anderen Eintrag vorsehen. Dies ist aus Gründen des beschränkten Speicherplatzes auf dem Prozessor-Chip im allgemeinen Fall nicht möglich, doch hilft eine Vergrößerung der Verlaufstabellen immer dabei, Interferenzen zu vermeiden.

Der gshare-Prädiktor versuchte als einer der ersten, das PHT-Interferenzproblem durch ein geschickteres Selektionsverfahren in den Griff zu bekommen. Detaillierte Untersuchungen zeigten, dass die PHT-Nutzung mit gselect-Prädiktoren nicht einheitlich erfolgt und der gshare-Prädiktor durch die Exklusiv-Oder-Verknüpfung vor dem Tabellenzugriff zu einer besseren Verteilung der PHT-Einträge führt. Jedoch kann die durch den gshare-Prädiktor gezeigte Verbesserung der Sprungvorhersage durch spezielle Hybridprädiktoren noch weiter gesteigert werden.

Der Filter-Mechanismus [Chang et al. 1996] benutzt einen einfachen, im Sprungzieladress-Cache implementierten Prädiktor für einfach vorhersagbare Sprünge mit Vorzugsrichtung, „filtert“ diese aus der Gesamtzahl der Sprünge heraus und verzichtet auf einen PHT-Eintrag für diese Sprünge. Damit verringert sich die Zahl der in der PHT vertretenen Sprünge und somit auch die Anzahl der Interferenzen.

Der Agree-Prädiktor [Sprangle et al. 1997] erweitert den Sprungzieladress-Cache um sogenannte Bias-Bits. Jeder Eintrag im Sprungzieladress-Cache speichert die Sprungrichtung des Sprungbefehls bei dessen erstmaliger Auswertung. Die PHT-Einträge repräsentieren dann nicht die Vorhersagerichtungen „genommen“ und „nicht genommen“, sondern die Übereinstimmung (*agree*) oder Nichtübereinstimmung (*disagree*) mit den Bias-Bits. Die Idee dahinter ist, dass die meisten Sprünge eine Vorzugsrichtung aufweisen, also meist „genommen“ oder meist „nicht genommen“ werden. Der Agree-Prädiktor beruht auf der Annahme, dass die erste ausgeführte Sprungrichtung, die zum Eintrag im Sprungzieladress-Cache führt, auch dieser Vorzugsrichtung entspricht. In diesem Fall werden die meisten PHT-Einträge eine „Übereinstimmung“ mit dem Bias-Bit signalisieren. Falls Interferenzen auftreten, werden diese wahrscheinlich vom Typ einer neutralen Interferenz sein, die nicht zu einer Fehlvorhersage führt.

Der Agree-Prädiktor verringert die Anzahl der destruktiven Interferenzen. Allerdings ist beim Eintragen einer Sprungrichtung in den Sprungzieladress-Cache nicht garantiert, dass damit die Vorzugsrichtung getroffen wird. Das Bias-Bit im Sprungzieladress-Cache wird nicht mehr geändert, es sei denn, der Sprung wird durch einen anderen ersetzt. Sprünge, die nicht im Sprungzieladress-Cache stehen, können nach dieser Methode auch nicht vorhergesagt werden.

Der Skewed-Prädiktor [Michaud et al. 1997] beruht auf der Beobachtung, dass häufig nicht die PHT zu klein ist, sondern an manchen PHT-Einträgen zu viele Konflikte geschehen. Diese Konflikte lassen sich durch Assoziativität bei der Implementierung der PHT verringern. Die bei Cache-Speichern angewandte Satzassoziativität benötigt jedoch Tags und ist deshalb für Sprungverlaufstabellen nicht speicherplatzeffizient. Stattdessen wird eine spezielle „Skewing“-Funktion verwendet, um die Assoziativität zu emulieren. Die PHT wird in drei Bänke geteilt und jeder Index wird durch eine einheitliche Hash-Funktion auf einen Zwei-Bit-Sättigungszähler in jeder Bank abgebildet. Die Skewing-Funktion führt zu einer Verteilung zwischen den Bänken, so dass eine Sprunginterferenz in der einen Bank durch zwei Vorhersagen ohne Interferenz aus den beiden anderen Bänken korrigiert wird.

Die Vorhersage geschieht durch eine Mehrheitsentscheidung zwischen den drei aus den PHT-Bänken gelieferten Vorhersagen. Falls eine Vorhersage falsch war, werden alle drei Bänke modifiziert. Bei einer korrekten Vorhersage werden nur die Bänke, die korrekt vorhergesagt hatten, modifiziert. Die Idee der Teilmodifikation ist, dass, falls nur eine Bank eine falsche Vorhersage liefert, dies darauf hinweist, dass in dieser Bank eine Interferenz vorliegt. Destruktive Interferenzen werden damit eliminiert, allerdings besitzt jeder Sprung Einträge in allen drei PHT-Bänken. Unter Berücksichtigung des beschränkten Speicherplatzes auf dem Prozessor-Chip folgt, dass beim Skewed-Prädiktor im Vergleich zu den anderen zweistufig adaptiven Prädiktoren praktisch nur ein Drittel der PHT-Einträge vorhanden ist. Kleinere PHTs führen jedoch wiederum zu mehr potenziellen Interferenzen.

Der Bi-Mode-Prädiktor [Lee et al. 1997] (nicht zu verwechseln mit dem „bimodal“ genannten Zwei-Bit-Prädiktor) versucht auf eine andere Art, die destruktiven Interferenzen durch neutrale zu ersetzen. Die PHT-Tabelle wird in zwei Hälften geteilt. Diese werden als Richtungs-Prädiktoren (*direction predictors*) bezeichnet und nehmen vorzugsweise nur die genommenen bzw. nur die nicht genommenen Sprünge auf. Die Richtungs-PHTs werden nach einem gshare-Mechanismus adressiert. Ein Selektor-Prädiktor (als Zwei-Bit-Prädiktor ausgelegt und nur über die Sprungadresse adressiert) wählt für jede Vorhersage einen der beiden adressierten PHT-Einträge aus. Nach einer Sprungentscheidung wird nur der zuvor selektierte Tabelleneintrag modifiziert, die andere PHT-Tabelle bleibt ungeändert. Der Auswahlprädiktor wird nur partiell entsprechend der Sprungrichtung modifiziert. Die Modifikation unterbleibt, wenn seine für die Tabellenauswahl erzeugte Vorhersage nicht der später eingetretenen Sprungrichtung entspricht und der selektierte PHT-Prädiktoreintrag trotzdem eine korrekte Vorhersage gemacht hat. Sprünge mit Vorzugsrichtung „genommen“ werden aus der Richtungs-PHT mit Richtung „genommen“ vorhergesagt und umgekehrt. Ziel des Bi-Mode-Prädiktors ist es, den Prädiktor im Verlauf der Programmausführung auf die Vorzugsrichung der Sprünge einzustellen und dadurch das Problem der einmaligen Voreinstellung der Vorzugsrichtung beim Agree-Prädiktor zu lösen. Allerdings benötigt der Selektor-Prädiktor in der simulierten Implementierung ein Drittel der Chip-Fläche der gesamten Sprungvorhersage.

Der YAGS-Prädiktor (*Yet Another Global Scheme*) [Eden und Mudge 1998] basiert auf dem Bi-Mode-Prädiktor und führt kleine, 6 bis 8 Bits lange Tags mit den niederwertigsten Bits der Sprungbefehlsadresse in die Richtungs-PHTs ein, um die Interferenzen aufeinander folgender Sprünge zu vermeiden.

Schließlich zeigen Chen et al. [1996], dass alle zweifach adaptiven Prädiktoren vereinfachte Ausprägungen der PPM-Methode (*Prediction by Partial Matching*) darstellen. Die PPM-Methode ist ein optimaler Prädiktor aus dem Bereich der Datenkompression und liefert eine obere Abschätzung der Vorhersagegenauigkeit, die mit zweistufig adaptiven Prädiktoren erreicht werden kann.

7.2.10 Prädikation

VLIW-Prozessoren verwenden häufig statt einer Sprungvorhersage mit spekulativer Ausführung die sogenannte **Prädikation** (*predication*), die es ermöglicht, statt einer Sprungspekulation die Befehle beider Sprungrichtungen auszuführen und im Nachhinein nur die fälschlicherweise ausgeführten Befehle zu verwerfen (s. [Mahlke et al. 1995], [August et al. 1997 und 1998] und [Hwu 1998]).

Um Prädikation anwenden zu können, sind zwei Architekturerweiterungen notwendig. Es müssen ein oder mehrere ein Bit breite Prädikatsregister vorhanden sein und möglichst alle Befehle des Befehlssatzes müssen diese Prädikatsregister im Befehlsformat ansprechen können. Ein Prädikatsregister wird von einem Vergleichsbefehl gesetzt. Im einfachsten Fall genügt ein einzelnes Ein-Bit-Prädikatsregister und ein zusätzliches Bit im Befehlsformat, das es dem Compiler erlaubt, die gültige Befehlsausführung von der Übereinstimmung des Prädikatsbits im Befehl mit dem Bit im Prädikationsregister abhängig zu machen.

Falls alle Befehle eines Befehlssatzes prädikativ sind, so spricht man von einem voll prädikativen Befehlssatz.

Das folgende Programmstück in C wird zur Demonstration einer Implementierung mit Prädikation verwendet:

```
if (x==0)  {  // branch b1
    a=b+c;
    d=e-f; }
g=h*i;        // instruction independent of branch b1
...
```

Falls das Programmstück in Maschinencode mit einem bedingten Sprungbefehl übersetzt wird, so erfolgt zur Laufzeit eine Sprungspekulation. Im Falle einer Fehlspekulation werden nicht nur die spekulativ ausgeführten Befehle `a=b+c;` und `d=e-f;`, sondern *alle* spekulativen Ausführungsresultate nachfolgender Befehle gelöscht. Das gilt auch für den von dem Sprungbefehl und seinen beiden Nachfolgebefehlen unabhängigen Befehl `g=h*i;` .

Das lässt sich jedoch vermeiden, wenn der Quellcode in eine Codefolge mit prädikativen Befehlen übersetzt wird (jede Zeile steht für einen einzelnen Maschinenbefehl in Pseudo-C-Code):

```
(Pred = (x==0))       // replaces branch b1:
                      // Pred is set to true if x==0
if Pred then a=b+c;   // The operations are only performed
if Pred then d=e-f;   // if Pred is set to true
g=h*i;
```

Die Anweisung `if Pred then a=b+c;` steht für einen prädikativen Maschinenbefehl. Im Beispiel werden der zweite und der dritte Befehl nur dann ausgeführt (bzw. die Resultate gültig gemacht), wenn das Prädikat `Pred` zu *true* ausgewertet wurde. Falls `Pred` zu *false* ausgewertet wird, so werden nur die betreffenden beiden Befehlsausführungen gelöscht und alle Ausführungen nachfolgender Befehle werden weiterverwendet. Damit sind zwei Befehle überflüssigerweise ausgeführt worden, deren Ausführung im Falle einer Implementierung mit einem bedingten Sprungbefehl und korrekter Spekulation nicht erfolgt wäre.

Wie man sehen kann, ermöglicht es die Prädikation, bedingte Sprungbefehle aus dem Maschinencode zu eliminieren. Eine Fehlspekulation ist nicht mehr möglich, die Kosten für das Rückrollen und Neuaufsetzen der Befehlsausführung wird eingespart. Diese sind meist höher als die unnötige Ausführung einer der beiden Sprungpfade. Weiterhin wird die Grundblocklänge (die Anzahl der Befehle zwischen zwei Sprungbefehlen) vergrößert und damit dem Compiler mehr Spielraum für eine Optimierung der Befehlsanordnung gegeben.

Prädikation lässt sich besonders gut für if-then-Anweisungen mit kleinem then-Teil einsetzen, wie es in der obigen Codefolge der Fall ist. Sie ist besonders effizient, wenn der Sprungausgang irregulär wechselt und damit nicht vorhersagbar ist. Bei sehr gut vorhersagbaren Sprüngen führt die Prädikation ständig zu unnötigen Befehlsausführungen und belastet die Prozessorressourcen.

Prädikation kann außerdem nicht immer sinnvoll angewandt werden. Falls sehr lange Befehlsfolgen von einer Verzweigung abhängen, so müssten eventuell sehr viele Befehle prädikativ ausgeführt werden. Eine Sprungspekulation ist dann meist effizienter.

Prädikation beeinflusst nicht nur die Architektur durch zusätzliche Befehle im Befehlssatz und zusätzlich nötige Bits im Befehlsformat, sondern führt auch zu einer komplexeren Mikroarchitektur des Prozessors.

Prädikative Befehle durchlaufen wie die nicht-prädikativen Befehle die Befehlsbereitstellung und -decodierung und werden wie diese im Befehlsfenster zwischengespeichert. Nun hängt es vom Prozessor ab, wie weit die prädikativen Befehle in der Prozessor-Pipeline voranschreiten können, bevor die Prädikation entschieden ist.

- Falls das Prädikationsregister als zusätzliches Operandenregister des prädikativen Befehls betrachtet wird, so verbleibt der Befehl im Befehlsfenster, bis alle Operanden (also auch der Wert des Prädikatsregisters) vorhanden sind. In diesem Fall erreicht ein prädikativer Befehl erst dann die Ausführungstufe, wenn die Prädikation entschieden ist, also der vorangehende Vergleichsbefehl das Prädikatsregister gesetzt hat. Anschließend wird der Befehl nur dann weiter ausgeführt, wenn das Prädikat zu *true* ausgewertet wurde.
- Eine alternative Implementierung führt den prädikativen Befehl spekulativ aus und macht das Resultat nur dann gültig, wenn das Prädikat zu *true* ausgewertet wurde (s. [Dulong 1998] für eine Implementierung der Intel IA-64).

Bei heutigen superskalaren Prozessoren wird die Prädikation noch selten eingesetzt, jedoch findet sich die Prädikation bei den Signalprozessoren und bei leistungsstarken Mikroprozessoren und Mikrocontrollern, die im Bereich der eingebetteten Systeme eingesetzt werden. Der Befehlssatz der ARM-Prozessoren ist voll prädikativ. Weiterhin sind im IA-64-Befehlssatz alle Befehle prädikativ, wobei der Itanium-Prozessor Prädikation und Sprungspekulation implementiert. Die Alpha-, MIPS-, PowerPC- und SPARC-Befehlssätze enthalten nur prädikative Ladebefehle.

7.2.11 Mehrpfadausführung

Bei der Mehrpfadausführung (*multipath*) oder *Eager Execution* werden nach einem bedingten Sprung beide möglichen Ausführungspfade in die Pipeline geladen und ausgeführt. Eventuelle Datenabhängigkeiten zwischen den beiden Ausführungspfaden (insbesondere das Schreiben auf das gleiche Register) können durch die Technik der Registerumbenennung gelöst werden. Sobald die Sprungrichtung entschieden ist, werden alle Befehlsresultate und noch in der Pipeline befindlichen Befehle des nicht genommenen Ausführungspfades wieder gelöscht. Die Mehrpfadausführung vermeidet Fehlspekulationen und erhöht die Ausführungsgeschwindigkeit, da der Fehlspekulationsaufwand entfällt. Die Mehrpfadausführung ist eine Mikroarchitekturtechnik, die ohne Einfluss auf die Architektur implementiert werden kann.

Das Problem für den Einsatz einer Mehrpfadausführung ist der dafür nötige Ressourcenverbrauch. Wenn man eine Mehrpfadausführung mit unbegrenzten Prozessorressourcen annimmt, so erhält man denselben (theoretischen) Geschwindigkeitsgewinn für die Programmausführung wie die Annahme einer perfekten Sprungvorhersage, bei der kein einziger Sprung falsch vorhergesagt würde. Bei den in der Realität begrenzten Ressourcen muss bei der Mehrpfadausführung jedoch sehr sorgfältig ausgewählt werden, wann diese eingesetzt wird. Es werden deshalb Mechanismen benötigt, um auszuwählen, wann die Mehrpfadausführung und wann eine Sprungspekulation angewandt werden sollte.

Ein Entscheidungsmechanismus könnte die Anwendung eines Zuverlässigkeitsschätzers sein, der immer dann, wenn eine hohe Zuverlässigkeit vorliegt, eine Sprungspekulation durchführt und bei niedriger Zuverlässigkeit eine Mehrpfadausführung vorschlägt.

Bisher ist die Mehrpfadausführung noch selten implementiert worden und auch dann immer nur in einem sehr begrenzten Umfang. Beispielsweise können beim SuperSPARC-Prozessor sowie beim IBM 360/91 und nachfolgenden IBM-Großrechnern einige Befehle beider Ausführungspfade in die jeweiligen Befehlspuffer geladen werden. Der Vorschlag des DanSoft-Prozessors [Gwennap 1997] sieht eine Mehrpfadausführung unter Ausnutzung von Zuverlässigkeitsinformation vor, die im Befehlswort mitgegeben wird.

Die Mehrpfadausführung wurde in einigen Forschungsprojekten mit simulierten Prozessoren untersucht. Die Polypath-Architektur von Klauser et al. [1998] erweitert einen Superskalarprozessor um die Möglichkeit einer begrenzten Mehrpfadausführung. Heil und Smith [1996] schlagen eine selektive Zweipfadausführung (*selective dual path execution*) vor und Tyson et al. [1997] schlagen eine ähnliche begrenzte Zweipfadausführung vor. Wallace et al. [1998] untersuchen die Mehrpfadausführung unter Annahme eines simultan mehrfädigen Prozessors.

Uht und Sindagi [1995] sowie Uht et al. [1997] schlagen die sogenannte *Disjoint-Eager-Execution*-Technik vor. Die Idee besteht darin, vor jeder Spekulationsentscheidung die kumulative Ausführungswahrscheinlichkeit (*cumulative execution probability*) des spekulativen Pfades zu berechnen und dann denjenigen spekulativen Pfad mit der höchsten Wahrscheinlichkeit zu nehmen. Die kumulative Ausführungswahrscheinlichkeit ist die Genauigkeit der Sprungvorhersage, d.h. der Prozentsatz der genommenen oder nicht genommenen Pfade nach einem bedingten Sprung.

Während ein Ausführungspfad spekulativ ausgeführt wird, können weitere Sprünge auftreten, bevor die Sprungrichtung des Sprungs, der die Spekulation ausgelöst hat, entschieden ist. Das kann zu einer Sprungspekulationstiefe von vier und mehr führen. Die kumulative Ausführungswahrscheinlichkeit eines Sprungs wird aus der Vorhersagegenauigkeit des Sprungs und aus den Vorhersagegenauigkeiten der vorhergesagten, aber noch nicht entschiedenen Sprünge auf den früheren Spekulationsebenen berechnet. Falls man der Einfachheit halber annimmt, dass alle diese Sprünge voneinander unabhängig sind, so reicht es, die einzelnen Vorhersagegenauigkeiten miteinander zu multiplizieren, um die kumulative Ausführungswahrscheinlichkeit des letzten Sprungs in der Folge zu berechnen. Uhts und Sindagis Begriff der kumulativen Ausführungswahrscheinlichkeit ähnelt stark dem oben beschriebenen Begriff der Zuverlässigkeit, wird jedoch anders berechnet.

Die Disjoint-Eager-Execution-Technik funktioniert wie folgt: Alle Sprünge werden vorhergesagt. Die kumulative Ausführungswahrscheinlichkeit eines Sprungs wird berechnet und mit denjenigen aller Ausführungspfade verglichen, die noch nicht für eine spekulative Ausführung ausgewählt wurden. Der Ausführungspfad mit der höchsten kumulativen Ausführungswahrscheinlichkeit wird ausgewählt.

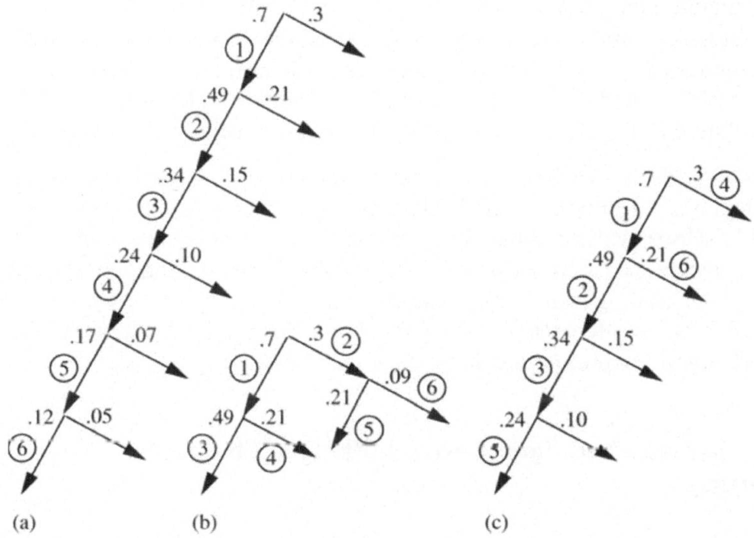

Abb. 7.13. (a) „Normale" spekulative Ausführung, (b) volle Mehrpfadausführung, (c) Disjoint Eager Execution

Abbildung 7.13 zeigt die folgenden drei Möglichkeiten: die „normale" spekulative Ausführung, die volle Mehrpfadausführung auf allen Spekulationsebenen und die Disjoint-Eager-Execution-Technik. Jeder Pfeil repräsentiert einen Ausführungspfad mit seiner kumulativen Ausführungswahrscheinlichkeit. In der Abbildung wird für alle Sprünge die gleiche Vorhersagegenauigkeit von 70% angenommen. Alle Sprungrichtungen seien noch nicht entschieden. Ausführungspfade mit eingekreisten Nummern sind in spekulativer Ausführung, diejenigen ohne Nummern wurden noch nicht gewählt. Die Nummern in den Kreisen geben an, in welcher Reihenfolge die Pfade zur spekulativen Ausführung ausgewählt wurden. Die Abbildung zeigt, dass die Disjoint-Eager-Execution-Technik spekulative Ausführungen mit wahrscheinlicheren Trefferraten als die beiden anderen Techniken anstößt. Allerdings ist der Nachteil der Disjoint-Eager-Execution-Technik ihre aufwendige Implementierung.

Unger et al. [1998, 1999, 2002] schlagen eine S^3 (*Simultaneous Speculation Scheduling*) genannte, kombinierte Compiler-/Architekturtechnik vor, die ein minimales mehrfädiges Prozessormodell benötigt, um eine Mehrpfadausführung durchzuführen. Das mehrfädige Grundprozessormodell verlangt folgende Eigenschaften:

- Der Prozessor muss Befehle von zwei oder mehr Kontrollfäden gleichzeitig in der Pipeline ausführen können (benötigt also zumindest mehrere Befehlszählerregister, eine geeignete Befehlsholeeinheit und einen Markierungsmechanismus, der es erlaubt, die in der Pipeline befindlichen Befehlen verschiedenen Kontrollfäden zuzuordnen).
- Alle Kontrollfäden haben einen gemeinsamen Adressraum und eventuell auch einen gemeinsamen Registersatz.
- Der Befehlssatz enthält zusätzliche Befehle für die Kontrollfadenverwaltung. Dazu gehören ein *fork*-Befehl, der einen neuen Kontrollfaden startet, und ein Befehl, der die Ausführung seines eigenen oder eines anderen Kontrollfadens beendet. Diese Befehle sollten sehr schnell ausführbar sein.

Der Compiler der S^3-Technik ersetzt unter Ausnutzung von Profiling- und Ressourcenbelegungs-Information mittels der oben genannten Kontrollfadenverwaltungsbefehle schwer vorhersagbar Sprünge durch eine Mehrpfadausführung. Die aufwändige, dynamisch vom Prozessor hergestellte Entscheidung, ob Mehrpfadausführung oder Sprungvorhersage gewählt wird, ist damit in die Compile-Zeit verlegt. Außerdem erhält der Compiler ähnlich wie bei der Prädikation Spielraum für bessere Programmoptimierungen.

7.2.12 Vorhersage bedingter Sprungbefehle mit indirekter Adressierung

Alle oben betrachteten Sprungvorhersagetechniken betreffen nur bedingte Sprungbefehle mit befehlszählerrelativer Adressierung, d.h. mit einer Sprungzieladresse, die einmal durch eine Adressrechnung erzeugt werden kann und dann für den Rest der Programmausführung fest ist. Dagegen wird bei der befehlszählerindirekten Adressierung die Sprungzieladresse einem Register entnommen und kann sich vor jeder Ausführung des Sprungbefehls erneut ändern. Solche Sprünge sind natürlich wesentlich schwerer vorherzubestimmen. In den in C oder FORTRAN vorliegenden SPEC-Benchmarkprogrammen, die üblicherweise als Simulationslast bei der Bewertung von Sprungspekulationstechniken benutzt werden, kommen diese Sprünge mit indirekter Adressierung selten vor.

Im Gegensatz dazu finden sich in den Compilaten objektorientierter Programme solche bedingten Sprünge mit indirekter Adressierung wesentlich häufiger. Tabellen virtueller Funktionen, die von C++- oder Java-Compilern benutzt werden, um ein dynamisches Binden bei Methodenaufrufen zu implementieren, führen für jeden polymorphen Aufruf einen Sprung mit indirekter Adressierung aus. Driesen und Hoelzle [1998] zeigten in Simulationen, dass in großen objektorientierten C++-Programmen immerhin jeder fünfzigste Befehl ein indirekter Sprungbefehl ist.

Ein Sprungzieladress-Cache ist ein schlechter Prädiktor für Sprünge mit wechselnder Sprungzieladresse. Eine Möglichkeit ist es, die PHT so zu erweitern, dass die Sprungzieladresse mit enthalten ist. Driesen und Hoelzle simulierten das Verhalten indirekter Sprünge mit zweistufig adaptiven Prädiktoren und Hybridprädiktoren und erhielten im ersten Fall eine Fehlspekulationsrate von 9.8% bei Annahme einer 1 K Einträge großen Tabelle, 7.3% mit einer 8 K Einträge großen Tabelle, 8.98% für einen 1 K Einträge großen Hybridprädiktor und 5.95% im Falle eines 8 K Einträge großen Hybridprädiktors.

7.2.13 Sprungvorhersage in kommerziellen Mikroprozessoren

Tabelle 7.6 zeigt die verwendeten Sprungvorhersagetechniken bei einigen kommerziellen Mikroprozessoren.

Bei den IBM PowerPC-Prozessoren 604 und 620 wurde ein Sprungzieladress-Cache (BTB genannt) für die Zieladressen und eine separate Sprungverlaufstabelle (BHT) für die Vorhersage genutzt. Dabei wurde auf den Sprungzieladress-Cache in der Befehlsholestufe zugegriffen und einen Takt später, in der Decodierstufe, geschieht der Zugriff auf die Sprungverlaufstabelle. Die Sprungvorhersage, die anhand der Sprungverlaufstabelle getroffen wird, führte dabei eventuell zu einem Befehlsladen von einer anderen Befehlsadresse als vom Sprungzieladress-Cache bestimmt.

Der Alpha 21264-Prozessor [Compaq 1999] verwendete eine hybride Vorhersage, bei der ein Zuverlässigkeitsschätzer als Selektorprädiktor (*choice predictor* genannt) zwischen zwei Prädiktorergebnissen auswählt. Alle drei Prädiktoren sind zweistufig adaptive Prädiktoren. Der Selektorprädiktor und der eine der beiden Prädiktoren unterhalb des Selektorprädiktors (der sogenannte *global predictor*) sind GAg(12)-Prädiktoren, der andere Prädiktor (der sogenannte *local predictor*) ist ein SAg(10,1024)-Prädiktor. Im Gegensatz zu den oben beschriebenen zweistufig adaptiven Prädiktoren verwendet der SAg-Prädiktor des Alpha 21264-Prozessors keine Zwei-Bit-, sondern Drei-Bit-Prädiktoren in seiner PHT ([Compaq 1999], [Unger 2002]).

Tabelle 7.6. Sprungvorhersagetechniken bei einigen Mikroprozessoren

Prädiktortechnik	**Implementierungsbeispiele**
keine Sprungvorhersage	Intel 8086, praktisch alle 8- und 16-Bit-Mikrocontrollerkerne
statische Sprungvorhersagen:	
nie genommen	Intel i486
immer genommen	Sun SuperSPARC
rückwärts genommen, vorwärts nicht genommen	HP PS-7x00
compilerbasiert	frühe PowerPC-Prozessoren
dynamische Sprungvorhersagen:	
1-Bit-Prädiktor	DEC Alpha 21064, AMD K5
2-Bit-Prädiktor	PowerPC604, MIPS R10000, Cyrix 6x86, M2, NexGen 585, Motorola 68060
zweistufig adaptive Prädiktoren	Intel PentiumPro, Pentium II, AMD K6
gshare	Intel Pentium III, AMD Athlon
Hybridprädiktoren	DEC Alpha 21264
Prädikation	Intel IA-64: Itanium und Nachfolger, ARM-Prozessoren, TI TMS320C6201 und viele weitere Signalprozessoren
begrenzte Mehrpfadausführung	IBM-Großrechner: IBM 360/91, IBM 3090

7.2.14 Sprungvorhersage mit hoher Bandbreite

Eine Sprungvorhersage mit hoher Genauigkeit wird auch für zukünftige Hochleistungsprozessoren eine wesentliche Voraussetzung für eine hohe Verarbeitungsleistung sein. Da mit zukünftiger Chip-Technologie der Platzbedarf auf dem Prozessor-Chip kaum noch ins Gewicht fällt, werden zukünftige Prädiktoren aller Voraussicht nach Hybridprädiktoren mit großen Prädiktortabellen sein. Von Evers et al. [1996] sowie von Patt et al. [1997] werden Multi-Hybridprädiktoren vorgeschlagen, die mehrere Prädiktoren vereinen. Da Prädiktoren mit großen Tabellen eine lange „Vorwärmzeit" benötigen, bevor der Prädiktor mit voller Leistung arbeitet, werden diese Prädiktoren mit kleineren Prädiktoren gekoppelt sein, die bei Programmstart schon bald eine einigermaßen genaue Vorhersage liefern.
Vielfach superskalare oder vielfach VLIW-Prozessoren würden mehr als eine Sprungvorhersage und mehrere spekulative Ausführungspfade pro Prozessortakt erforderlich machen. Eine Lösung wäre der GAg-Prädiktor, der eine Sprungvorhersage liefert, ohne dass die Sprungbefehlsadresse bekannt sein muss.

Wenn pro Takt mehrere Ausführungspfade aufeinander folgender Sprünge spekulativ geladen werden sollen, müssen Befehle von mehreren Sprungzieladressen pro Takt bereitgestellt werden. Dies ist bei einem Code-Cache-Speicher nur schwer möglich. Abhilfe liefert hier der Trace Cache (s. Abschn. 7.1.3), der mit einer Vorhersage des als nächstes auszuführenden Trace-Cache-Blocks (*next trace prediction*) kombiniert werden kann. Damit lassen sich beide Probleme lösen: Ein Trace-Cache-Block enthält potenziell mehrere Sprungbefehle mit anschließenden spekulativen Pfaden und stellt diese aus einem fortlaufenden Cache-Speicher zur Verfügung.

Die Anzahl der bedingten Sprünge bzw. der Grundblöcke, die in einem Trace-Cache-Block gespeichert werden, nennt man Prädiktordurchsatz (*branch predictor throughput*). Im Prinzip ist ein Trace-Cache-Block vollständig durch seine Startadresse und eine Bitfolge bestimmt, die jeweils angibt, ob nach einem Sprung auf „genommen" oder „nicht genommen" spekuliert wird.

Ein Trace Cache kann deshalb auf zwei Arten implementiert werden. Zum Einen kann der gesamte „Trace" mit mehreren spekulativen Befehlsfolgen in einem Trace-Cache-Block gespeichert werden, wie in Abschn. 7.1.3 beschrieben. Zum Anderen würde es auch genügen, neben der Startadresse des Trace nur die Sprungzieladressen der enthaltenen Sprungbefehle abzuspeichern. Damit wird Speicherplatz im Trace Cache gespart und es wird trotzdem eine mehrfache Sprungvorhersage pro Takt ermöglicht. Allerdings ergibt sich wieder das Problem, dass mehrere Befehlsfolgenabschnitte in einem Takt aus dem Code-Cache geholt werden müssen.

Die Organisation des Trace Cache und die Verbindung von Sprungspekulation und *Next-Trace*-Spekulation sind derzeit noch Gegenstand intensiver Forschung. Eine Untersuchung mit einfacher Trace-Konstruktion durch Jacobson et al. [1997] zeigte gute Ergebnisse.

7.2.15 Datenabhängigkeits-, Adress- und Wertespekulationen

Eine der erstaunlichsten Prozessortechniken beruht auf der Beobachtung, dass ein erheblicher Teil der Befehlsausführungen vorhersagbare Werte erzeugt. Die von solchen vorhersagbaren Resultaten datenabhängigen Befehle können demnach ihre Befehlsausführungen mit spekulativen Operandenwerten in der Ausführungsstufe der Pipeline starten. Spekuliert wird dabei auf noch zu berechnende oder aus dem Speicher zu ladende Adressen oder Werte sowie auf Datenunabhängigkeit zwischen Befehlen (s. z.B. [Lipasti und Shen 1997], [Chrysos und Emer 1998] und [Rychlik 1998]). Die spekulativen Werte werden durch Übertragung der bei bedingten Sprüngen erfolgreichen Spekulationstechniken erzielt. Natürlich wird bei einer Fehlspekulation ähnlich wie bei der Sprungspekulation ein Rückrollen nötig.

Die Gründe für die Vorhersagbarkeit von Werten sind vielfältig [Lipasti et al. 1996]:

- Compiler erzeugen Code, um Registerwerte kurzzeitig in den Speicher auszulagern, da die Register für andere Daten benötigt werden. Die ausgelagerten Registerwerte werden meist bald wieder geladen.
- Manche Eingabedatensätze enthalten oft wenige Variationen in ihren Werten. Beispielsweise sind dünnbesetzte Matrizen fast an allen Stellen null.
- Compiler erzeugen Laufzeitkonstanten für die Fehlersuche oder für virtuelle Funktionsaufrufe in objektorientierten Sprachen.

- Konstanten werden aus dem Speicher geladen, wenn sie nicht als Konstanten unmittelbar im Befehlswort untergebracht werden können.

Der von Lipasti und Shen [1997] vorgeschlagene „superspekulative Prozessor" fasst die verschiedenen Spekulationsmöglichkeiten folgendermaßen zusammen:

- Steuerflussspekulationen umfassen Sprungspekulationen, aber auch Next-trace-Spekulationen unter Verwendung eines Trace Cache,
- Register-Datenflussspekulationen spekulieren auf Operandenwerte, häufig durch Annahme konstanter Wertezunahmen (im Sinne von *Strides*),
- Speicher-Datenflussspekulationen spekulieren auf Adressen, Adressunabhängigkeiten und zu ladende Datenwerte.

Datenabhängigkeitsspekulationen spekulieren typischerweise auf Adressunabhängigkeit bei aufeinander folgenden Speicher- und Ladebefehlen. Bei Wertespekulationen kann auf eine Ladeadresse, auf den zu ladenden Wert, auf konstante Operanden und auf konstante Wertezunahmen spekuliert werden.

Interessanterweise kann durch die Wertespekulation die traditionelle Annahme falsifiziert werden, dass ein Programm nie schneller ausgeführt werden kann als die Anzahl der Ausführungstakte, die durch Ausführung der Befehle auf dem durch die datenabhängigen Befehle bestimmten, kürzesten Ausführungspfad gegeben ist. Die genannten Spekulationstechniken werden intensiv erforscht, sind allerdings in kommerziellen Prozessoren abgesehen von Techniken des spekulativen Ladens von Cache-Blöcken nicht implementiert.

7.3 Decodierung und Registerumbenennung

In einem Superskalar- oder VLIW-Prozessor werden in der Decodierstufe mehrere Befehle pro Takt decodiert und die in den Befehlen angegebenen „Architekturregister" (das sind die in einem Befehl stehenden Operanden- und Resultatregister) werden „umbenannt", d.h. in Abhängigkeit von der Mikroarchitektur werden die Architekturregister auf die physikalisch vorhandenen Register abgebildet, bzw. den Architekturregistern werden Umbenennungspufferregister zugeordnet. Die Befehlsdecodierung kann sich über eine oder mehrere Pipeline-Stufen erstrecken. Die Registerumbenennung kann in einer eigenen Pipeline-Stufe erfolgen oder in die Decodierstufe integriert sein.

7.3.1 Decodierung

Um eine hohe Verarbeitungsleistung zu erzielen, muss der Prozessor mindestens so viele Befehle bereitstellen und decodieren wie die Zuordnungsbandbreite beträgt. Falls das Befehlsfenster immer voll gehalten werden kann, ist eine tiefere Befehlsvorschau (*instruction lookahead*) möglich, die es wiederum erlaubt, mehr Befehle zu finden, die pro Takt den Ausführungseinheiten zugeordnet werden können. Außerdem holt und decodiert ein Superskalarprozessor bereits heute etwa doppelt so viele Befehle, wie letztendlich gültig gemacht werden, da viele spekulativ ausgeführte Befehle nach einer Fehlspekulation wieder gelöscht werden müssen (s. Tabelle 7.5).

Üblicherweise ist die Decodierbandbreite dieselbe wie die Bandbreite der Befehlsbereitstellung. Das Bereitstellen und Decodieren mehrerer Befehle pro Takt wird durch ein Befehlsformat fester Länge erleichtert.

Falls die Befehlslängen variabel sind, was bei CISC-Architekturen wie der Intel IA-32-Architektur der Fall ist, wird eine mehrstufige Decodierung angewandt. Die erste Decodierstufe bestimmt die Grenzen der Befehle im Befehlsstrom und liefert eine Anzahl von Befehlen an die zweite Stufe. Diese decodiert die Befehle und erzeugt aus jedem Befehl einen oder mehrere Mikrobefehle. Das ermöglicht es, komplexe CISC-Befehle in einfachere Befehle aufzuspalten, die den RISC-Befehlen vergleichbar sind.

Man bezeichnet solche Prozessoren häufig als CISC-Prozessoren mit einem RISC-Kern (in der Mikroarchitektur) und sieht darin die Lösung des Kompatibilitätsproblems. Die Befehle älterer, oft verwendeter, aber nicht pipeline-gerechter Befehlssätze werden während der Decodierung durch mehrere einfache, in der Pipeline leicht zu verarbeitende RISC-artige Mikrobefehle ersetzt. Das Verfahren wird bei den PC-Prozessoren der Intel Pentium-Familie und der AMD Athlon-Familie für den IA-32-Befehlssatz angewandt, um die heute den Markt dominierenden PCs mit ihren Vorläufern kompatibel zu halten (s. Kap. 9). Eine alternative Methode, ältere Software auf neuen Prozessoren ausführbar zu halten, ist die sogenannte *Code Morphing*-Technik der Transmeta Crusoe-Prozessoren [Klaiber 2000], bei der das Übersetzen der CISC-Befehle in einfachere Maschinenbefehle des Zielprozessors wiederum in Software geschieht.

Der Vorteil der CISC-Befehle gegenüber den RISC-Befehlen ist ihre höhere Codedichte. Dieser Vorteil wird durch den höheren Decodieraufwand erkauft.

Falls eine Teildecodierung bereits beim Übertrag von Sekundär- in den Code-Cache-Speicher oder während der Befehlsbereitstellung gemacht wird, so kann die Decodierstufe vereinfacht werden (s. PowerPC 620 und MIPS R10000). Der MIPS R10000-Prozessor erweitert jeden Befehl beim Übertrag in den Code-Cache-Speicher von 32 auf 36 Bits. Die vier Extrabits bezeichnen, welcher Art von Ausführungseinheit der Befehl zugeordnet werden muss. Die Vorabdecodierung ordnet auch bereits Operanden- und Resultatbezeichner um, damit diese Felder bei jedem Befehl in derselben Position sind und modifiziert die Opcodes, um die Decodierung zu vereinfachen (s. [Yeager 1996]).

7.3.2 Registerumbenennung

Die Registerumbenennung beseitigt scheinbare Datenabhängigkeiten (*name dependences*) zwischen Registeroperanden. Scheinbare Datenabhängigkeiten sind gemäß Abschn. 2.4.4 die Gegenabhängigkeiten (*anti dependences*; Lesen eines Registerwertes, bevor dieser von einem in Programmordnung nachfolgenden Befehl überschrieben wird) und die Ausgabeabhängigkeiten (*output dependences*;

Rückschreiben eines Registerwertes, bevor dieser von einem in Programmordnung nachfolgenden Befehl erneut überschrieben wird). Ohne Registerumbenennung könnten Ausgabeabhängigkeiten bei jedem Prozessor, der eine Beendigung der Befehlsausführung außerhalb der Programmordnung zulässt, das Ergebnis verfälschen. Gegenabhängigkeiten könnten in einem Superskalarprozessor mit Befehlszuweisung außerhalb der Programmordnung zu falschen Ergebnissen führen, wenn ein nachfolgender Befehl außerhalb der Programmordnung ausgeführt und beendet würde, bevor ein vorheriger Befehl seine Operanden gelesen hat.

Die Registerumbenennung kann auf statische Weise (durch den Compiler) oder auf dynamische Weise (per Hardware) erfolgen. Bei der dynamischen Registerumbenennung wird jedem im Befehl spezifizierten Zielregister ein noch nicht belegtes physikalisches Register zugeordnet. Falls das Zielregister bereits in einem vorhergehenden Befehl als Zielregister (eine Ausgabeabhängigkeit) oder als Quellregister (eine Gegenabhängigkeit) vorkommt, wird es auf ein anderes physikalisches Register abgebildet, wodurch Ausgabe- und Gegenabhängigkeiten zwischen Registeroperanden automatisch beseitigt werden. Nachfolgende Befehle, die auf dasselbe Architekturregister als Operandenregister zugreifen, erhalten bei der Registerumbenennung das zuletzt zugeordnete physikalische Register als Eingabeoperand.

Jedes physikalische Register wird nach seiner Zuordnung nur einmal beschrieben, da nachfolgende Schreibzugriffe auf dasselbe Architekturregister auf andere physikalische Register erfolgen. Falls ein anderer Befehl den Registerwert benötigt, also eine echte Datenabhängigkeit vorliegt, so muss dieser datenabhängige Befehl warten, bis der Registerwert vorhanden ist. Datenabhängigkeiten zwischen Registeroperanden können nach der Registerumbenennung einfach durch Vergleich der Registerbezeichner der physikalischen Register ermittelt werden, ohne dass die ursprüngliche Befehlsanordnung berücksichtigt werden muss. Dies ist eine Voraussetzung für die bei heutigen Superskalarprozessoren übliche Zuordnung auch außerhalb der Programmordnung, die die Befehle aus dem Befehlsfenster zuweist und dabei nur das Vorhandensein der Operanden, also echte Datenabhängigkeiten, aber keine Namensabhängigkeiten berücksichtigt.

Eine dynamische Registerumbenennung kann in der Mikroarchitektur auf zwei Arten implementiert werden:

- Im ersten Fall sind für jede Registerart (allgemeine Register, Gleitkomma- und Multimediaregister) zwei verschiedene Registersätze physikalisch auf dem Chip vorhanden: die Architekturregister, die genau dem Registermodell der Prozessorarchitektur entsprechen, und zusätzliche Umbenennungspufferregister. Bei der Registerumbenennung werden den Architekturregistern Umbenennungspufferregister zugeordnet. Die Umbenennungspufferregister nehmen nur temporäre Resultatwerte auf, also solche, die am Ende einer Ausführungsstufe erzeugt und weiteren nachfolgenden Befehlen als Operanden wieder zur Verfügung gestellt werden, jedoch noch nicht rückgeordnet sind. Die Architekturregister speichern die „gültigen“ Registerwerte. Nach der Rückordnung müssen die gültigen Resultatwerte aus den Umbenennungspufferregistern in die Architekturregister übertragen und anschließend die Umbenennungspufferregister freigegeben werden. Bei den PowerPC 604- und 620-Prozessoren sind solche getrennten Architektur- und Umbenennungspufferregister sowie in der Pipeline eine eigene Rückspeicherstufe vorhanden.

- Im zweiten Fall existiert für jede Registerart nur ein Satz von so genannten physikalischen Registern, die in den Maschinenbefehlen nicht ansprechbar sind. Die physikalischen Register speichern die temporären, noch nicht gültigen Resultate wie auch die bereits gültigen Werte. Die Architekturregister werden dynamisch auf die physikalisch vorhandenen Register abgebildet. Es gibt *nur* eine Abbildungstabelle pro Registerart, die Architekturregister sind als solche physikalisch nicht vorhanden. Bei der Rückordnung werden die Registerwerte gültig gemacht, ein Umspeichern ist nicht nötig. Ein bereits gültiges physikalisches Register kann freigegeben werden, sobald ein nachfolgender Befehl das entsprechende Architekturregister als Resultatregister bezeichnet.

Das letztere Verfahren wird beim MIPS R10000 und bei den Intel Pentium-Prozessoren ab PentiumPro angewandt. Üblicherweise gibt es mehr physikalische Register als Architekturregister. Zum Beispiel definiert das IA-32-Registermodell der Pentium-Prozessoren acht allgemein verwendbare Architekturregister, wohingegen die Pentium-Prozessoren ab PentiumPro über 40 physikalische Register zur Umbenennung der allgemeinen Register verfügen. Die MIPS R10000-Architektur definiert 33 Architekturregister als allgemeine Register (eingeschlossen sind die für die Resultatwerte einer Ganzzahldivision vorgesehenen „Hi"- und „Lo"-Register), verfügt aber über je 64 physikalische Register für die allgemeinen Register und die Gleitkommaregister.

Abbildung 7.14 zeigt einen Teil der Implementierung der Registerumbenennungslogik, welche die Bezeichner für Architekturregister in solche für physikalische Register umsetzt. Dabei müssen dem Resultatregister eines Befehls ein freies physikalisches Register und den Operandenregistern die bereits bestehenden Zuordnungen physikalischer Register zugewiesen werden. Diese Zuweisungen müssen für mehrere Befehle gleichzeitig durchgeführt werden.

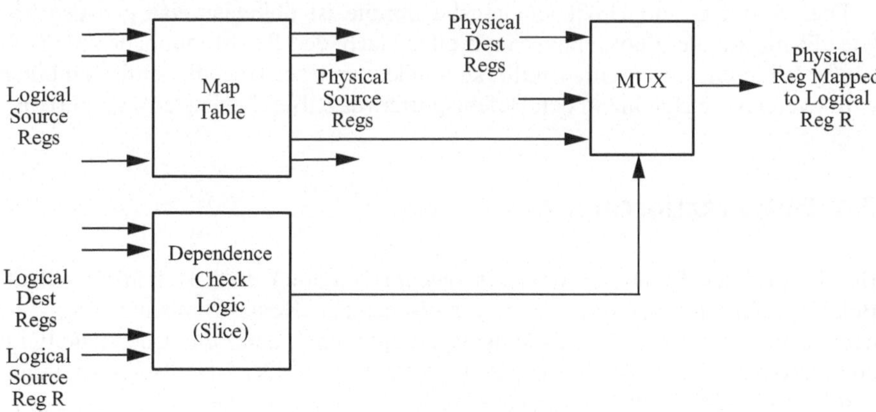

Abb. 7.14. Registerumbenennungslogik nach Palacharla et al. [1997]

Im Zentrum der Operandenregisterzuordnung steht eine Mehrkanalabbildungstabelle (*Map Table*), die für jeden Architekturregisterbezeichner eines Operandenregisters aus den Befehlen (*Logical Source Regs*) den Bezeichner des zugeordneten physikalischen Registers (*Physical Source Regs*) liefert. Gleichzeitig werden den Architekturregisterbezeichnern der Resultatregister jeweils freie physikalische Registerbezeichner zugeordnet.

Da mehrere Befehle gleichzeitig auf die Registerumbenennungslogik zugreifen, wird eine zusätzliche Hardware-Schaltung (die *Dependence Check Logic* in Abb. 7.14) benötigt, welche die Fälle entdeckt, in denen in ein Operandenregister durch einen in Programmordnung früheren Befehl der aktuellen Befehlsgruppe geschrieben wird. Falls eine solche echte Datenabhängigkeit innerhalb der aktuell auf die Umbenennungslogik zugreifenden Befehlsgruppe entdeckt wird, setzt die *Dependence Check Logic* den Ausgabemultiplexer (MUX) so, dass der richtige physikalische Registerbezeichner zugeordnet wird.

Am Ende jeder Umbenennungsoperation werden die Bezeichnerzuordnungen der Resultatregister in die Abbildungstabelle eingetragen. Palacharla et al. [1997] beschreiben weitere Implementierungsdetails für die Registerumbenennungslogik.

Da jedes physikalische Register innerhalb der aktuell in Ausführung befindlichen Befehlsgruppe nur einmal beschrieben wird, werden die scheinbaren Datenabhängigkeiten beseitigt.

Eine Alternative zur dynamischen Registerumbenennung ist, einen großen Registersatz (wie z.B. die 128 Ganzzahl- und die 128 Gleitkommaregister bei der Intel IA-64-Architektur) zu verwenden und eine statische Registerzuweisung (per Compiler) durchzuführen. Statische Registerumbenennung ist eine Compilertechnik, während die dynamische Registerumbenennung eine Mikroarchitekturtechnik ist. Auch werden für einen großen Registersatz mehr Bits für die Registerbezeichner im Befehl und damit längere Befehlsformate (als das übliche 32-Bit-Befehlsformat) benötigt. Weiterhin kann die Registerzugriffszeit auf dem kritischen Pfad liegen und die Pipeline-Taktrate beeinflussen. Allerdings wird die für eine dynamische Registerumbenennung notwendige Hardware gespart.

Die Decodier- und Umbenennungsbandbreite ist üblicherweise genauso groß wie die maximale Zuordnungsbandbreite. Nach der Registerumbenennung, die häufig keine eigene Pipeline-Stufe ist, sondern mit der Decodierstufe kombiniert wird, werden die Befehle in den Befehlspuffer (das „Befehlsfenster“) geschrieben.

7.4 Befehlszuordnung

Der Begriff des **Befehlsfensters** (*instruction window*) umfasst konzeptuell alle Befehlspufferplätze zwischen den Befehlsdecodier-/Registerumbenennungs- und den Ausführungsstufen. Das Befehlsfenster entkoppelt den Befehlsbereitstellungs- und Decodierteil vom Ausführungsteil des Prozessors. Der Befehlsbereitstellungs- und Decodierteil des Prozessors kann weiterarbeiten, ohne dass die vorherigen Befehle taktsynchron dazu ausgeführt werden müssen. Nach dem Decodieren und

Umbenennen der Registerbezeichner können die Befehle, solange dort noch Plätze frei sind, im Befehlsfenster gespeichert werden.

Die Befehle im Befehlsfenster sind durch die Sprungvorhersage frei von Steuerflussabhängigkeiten und durch die Registerumbenennung frei von Namensabhängigkeiten. Es müssen für die Zuordnung zu den Ausführungseinheiten nur noch die echten Datenabhängigkeiten geprüft und mögliche Ressourcenkonflikte beachtet werden. Die **Befehlszuordnung** (*instruction issue*) prüft, welche Befehle aus dem Befehlsfenster zugeordnet werden können und weist diese Befehle den Ausführungseinheiten zu. Die Überprüfung der wartenden Befehle im Befehlsfenster und die Zuweisung von Befehlen bis zur maximalen Zuordnungsbandbreite geschehen in einem Takt. Die Programmreihenfolge der zugewiesenen Befehle wird im Rückordnungspuffer vermerkt.

Wir benutzen den Begriff **Zuordnung** (*issue*) für die Zuordnung zu den Ausführungeinheiten oder, falls vorhanden, zu den Umordnungspuffern (*reservation stations*) vor einer Ausführungseinheit oder einer Gruppe von Ausführungseinheiten. Falls solche Umordnungspuffer vorhanden sind, so heißt die zweite Zuordnungsstufe *Dispatch*. Diese ist immer so organisiert, dass die Befehle auch außerhalb der Programmordnung zugeordnet werden können.

Die **Zuordnungsstrategie** (*instruction-issue policy*) beschreibt das Protokoll, mit dem Befehle für die Zuordnung ausgewählt werden. Je nach Prozessor können die Befehle nur in der sequenziellen Programmreihenfolge (*in order*) oder auch außerhalb der Reihenfolge (*out of order*) zugewiesen werden. Die **Vorausschaufähigkeit** (*lookahead capability*) ist dabei die Fähigkeit, wie viele Befehle im Befehlsfenster untersucht werden, um die als nächstes zuordenbaren Befehle zu untersuchen. Meist entspricht die Vorausschaufähigkeit der Größe des Befehlsfensters.

Hennessy und Patterson [1996] unterscheiden dynamische und statische Zuordnung sowie dynamisches und statisches Scheduling. Superskalarprozessoren sind in dieser Terminologie durch eine dynamische Zuordnung (*dynamic issue*) charakterisiert, d.h., es wird (dynamisch) von der Hardware entschieden, welche und wie viele Befehle pro Takt zugeordnet werden. Im Gegensatz dazu benutzen die VLIW-Prozessoren eine statische Zuordnung, d.h., pro Takt wird eine feste Anzahl von Befehlen den Ausführungseinheiten zugewiesen und diese Befehle sind vom Compiler festgelegt.

Die dynamische Zuordnung der Superskalarprozessoren kann mit einem statischen Scheduling (*statically scheduled*), d.h., die Zuordnungsreihenfolge entspricht der vom Compiler festgelegten Programmordnung, oder mit einem dynamischen Scheduling (*dynamically scheduled*) verknüpft werden. Bei letzterem kann die Zuordnungs-Hardware selbst entscheiden, in welcher Reihenfolge die Befehle zugeordnet werden. Die Befehlszuordnungslogik, die feststellt, welche Befehle ausführbereit sind, wird oft auch als **Scheduler** bezeichnet.

Hennessy und Patterson unterscheiden somit die dynamische, d.h. superskalare, Zuordnung von der statischen, also VLIW-Zuordnung, und das dynamische (*out-of-order*) vom statischen (*in-order*) Scheduling. Statisches Scheduling war bei den superskalaren Prozessoren bis Mitte der 90er Jahre die Regel. Ein dynamisches Scheduling erhöht die Ausführungsgeschwindigkeit, da mehr Befehle für eine mögliche Zuordnung einbezogen werden, und wird deshalb bei allen heutigen Superskalarprozessoren angewandt.

Bevor die Befehle den In-order-Teil der Befehls-Pipeline verlassen, muss die ursprüngliche Befehlsanordnung im Rückordnungspuffer eingetragen werden. Dies kann im Fall des dynamischen Scheduling bereits beim Eintragen in das Befehlsfenster geschehen. Bei Anwendung des statischen Scheduling mit einer Zuordnung in Programmordnung genügt es, die Befehle bei ihrer Zuordnung zu den Ausführungseinheiten bzw. den Umordnungspuffern in den Rückordnungspuffer einzutragen.

In jedem Takt müssen im Befehlsfenster die Operandenbits geändert, die Verfügbarkeit aller Eingabeoperanden eines Befehls geprüft, ausführbereite Befehle selektiert, die Verfügbarkeit der Ressourcen (Auffinden einer geeigneten Ausführungseinheit) geprüft und die Befehle zugeordnet werden.

Abbildung 7.15 zeigt die Implementierung der Aktivierungslogik (*wakeup logic*), die die Befehle im Befehlsfenster (inst0, ..., instN-1 in Abb. 7.15) verwaltet und ausführbereite Befehle selektiert.

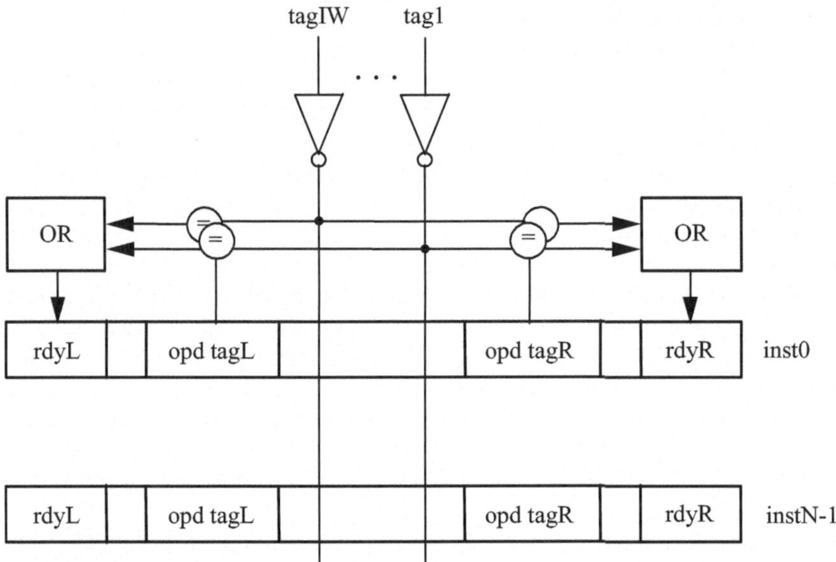

Abb. 7.15. Aktivierungslogik des Befehlsfensters nach Palacharla et al. [1997]

Eine Resultaterzeugung in einer Ausführungseinheit führt zu einem Broadcast des zugehörigen Resultattags an alle Befehle im Befehlsfenster. Jeder Befehlseintrag vergleicht den Resultattag mit den Tags für seine Operanden (opd tagL für den linken bzw. opd tagR für den rechten Operanden des Befehls). Falls der Tagvergleich eine Übereinstimmung zeigt, so wird das zugehörige Fertig-Flag (rdyL oder rdyR) gesetzt. Falls beide Flags eines Befehls gesetzt sind, also auf „bereit" stehen, so sind beide Operanden vorhanden und der Befehl könnte zugeordnet werden. Dazu wird ein req-Signal (*request*) zur Selektionslogik erzeugt. All dies geschieht natürlich für mehrere Resultate gleichzeitig (tag1, ..., tagIW; wobei IW für die Zuordnungsbandbreite – *Issue Width* – steht). Dafür benötigt der Befehlseintrag im Befehlsfenster 2 ∗ IW Vergleicher, um die Resultattags gegen die Operandentags zu vergleichen. Die OR-Logik in Abb. 7.15 führt eine Oder-Verknüpfung der Vergleichsresultate aus und setzt damit die rdyL- und rdyR-Flags [Palacharla et al. 1997].

Die Selektionslogik (s. Abb. 7.16) wird aktiv, wenn req-Signale anzeigen, dass ausführbereite Befehle im Befehlsfenster vorhanden sind. Ihre Aufgabe ist es, aus den ausführbereiten Befehlen den bzw. die als nächstes den Ausführungseinheiten zuzuordnenden Befehl(e) zu selektieren. Die Anzahl der ausführbereiten Befehle kann dabei die Anzahl der Ausführungseinheiten überschreiten. Die Befehlstypen müssen mit den zugeordneten Ausführungseinheiten zusammenpassen. Für jede Ausführungseinheit existiert eine solche, in Abb. 7.16 gezeigte Hierarchie von Arbitrierungszellen, die den nächsten Befehl selektieren, der der Ausführungseinheit zugewiesen wird.

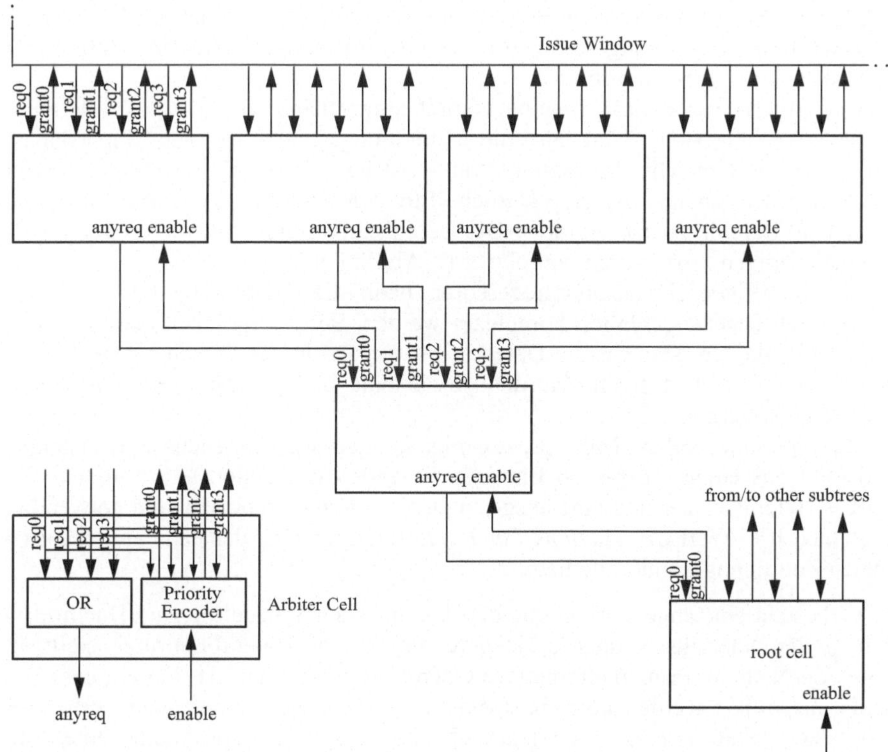

Abb. 7.16. Selektionslogik nach Palacharla et al. [1997]

Die baumartig angeordneten Arbitrierungszellen arbeiten in zwei Phasen. In der ersten Phase werden die req-Signale zur Wurzel des Baumes weitergeleitet, wobei jede Arbitrierungszelle an ihrem anyreq-Ausgang erneut ein req-Signal erzeugt, falls einer ihrer Eingänge ein req-Signal empfängt. Damit wird ein req-Signal zum Eingang der Vaterzelle geschickt. Falls ein oder mehrere Befehle ausführbereit sind, kommen entsprechend ein oder mehrere req-Signale an der Wurzelzelle (*root cell*) an. Die Wurzelzelle gewährt einem der Befehle die Zuordnung zur Ausführungseinheit, falls die Ausführungseinheit bereit ist (enable-Signal zur Wurzelzelle).

Die Selektion des zuzuordnenden Befehls geschieht in der zweiten Phase. Die Wurzelzelle beantwortet eines der req-Signale mit einem grant-Signal und dieses setzt sich für jede Hierarchieebene fort, so dass letzlich auf der untersten Ebene genau eines der req-Signale durch ein grant-Signal beantwortet wird. Damit ist der zuzuordnende Befehl selektiert.

In jeder Arbitrierungszelle wird eine Priorisierung der grant-Signale durch den *Priority Encoder* durchgeführt. Am einfachsten ist dabei die Priorisierung von „links nach rechts", was dazu führt, dass die in Abb. 7.16 am weitesten links stehenden Befehle des Befehlsfensters eher zugeordnet werden als die weiter rechts Stehenden. Unter der Annahme, dass nach der Entnahme der zugeordneten Befehle aus dem Befehlsfenster neue Befehle von rechts nach links nachgeschoben werden, wird eine Zuordnungsstrategie implementiert, die die „ältesten" Befehle im Befehlsfenster zuerst zuordnet.

Eine solche Zuordnungsstrategie kommt immer dann zum Tragen, falls mehr Befehle ausführbereit sind als die Zuordnungsbandbreite des Superskalarprozessors hergibt. Die Zuordnungsstrateie ist bei Superskalarprozessoren meist die hier beschriebene oder eine ähnliche Strategie, die die in Programmordnung „ältesten" Befehle zuerst zuordnet. Die Befehlszuordnungsstrategie ist bei simultan mehrfädigen Prozessoren komplexer (s. Abschn. 9.3.3).

In zukünftigen Superskalarprozessoren kann die Zuordnungsstrategie sogar noch durch Datenspekulation komplexer werden. Solche Spekulationen über Datenabhängigkeiten oder gar die Daten selbst werden in der Forschung in Zusammenhang mit mehrstufigen Zuordnungsschemata und großen Zuordnungsbandbreiten diskutiert.

Heutige superskalare Mikroprozessoren können vier bis sechs Anweisungen pro Takt aus einem 16 bis 56 Einträge fassenden Befehlsfenster zuordnen. Ein großes Befehlsfenster und eine ausgezeichnete Sprungvorhersage sind notwendig, um einen IPC-Wert (*Instructions Per Cycle*) zu erreichen, der nahe an der maximalen Zuordnungsbandbreite liegt.

Es besteht eine enge Verbindung des dynamischen Scheduling zum Datenflussprinzip der Datenflussrechner (s. [Ungerer 1993]). Das Datenflussprinzip stellt ein zum von-Neuman-Prinzip alternatives Operationsprinzip dar, das besagt, dass Befehle ausgeführt werden können, sobald alle ihre Eingabeoperanden vorhanden sind. Das Datenflussprinzip spiegelt sich in dem Maschinenprogramm eines Datenflussrechners wie auch in den Datenflusssprachen wieder. Die Programmordnung ist einzig durch die (echten) Datenabhängigkeiten gegeben, eine sequenzielle Ausführungsreihenfolge ist nicht vorhanden. Namensabhängigkeiten treten nicht auf, da Datenflusssprachen auf dem Einmalzuweisungsprinzip beruhen, also nur einmal eine Zuweisung von Werten an Variablen zulassen. Befehle bzw. Anweisungen in der Datenflusssprache können unabhängig davon, wo sie im Programm stehen, ausgeführt werden.

In Datenflussrechnern gibt es keinen Befehlszähler mehr und auch keine Sequenzialisierung des Steuerflusses. In den experimentellen Datenflussrechnern der 80er Jahre geschah die Feststellung der Ausführbereitschaft in einer Vergleichseinheit (*matching store*), die ähnlich wie die obige Aktivierungslogik aufgebaut war. Allerdings sollten potenziell sehr viele Befehle in der Vergleichseinheit Platz haben, was wegen des notwendigen assoziativen Zugriffs nie vollständig realisierbar war. Das dynamische Scheduling der Superskalarprozessoren kann als eine Art „lokales" oder „fensterorientiertes" Datenflussprinzip angesehen werden, da in der Zuordnungseinheit die Tagprüfung auf eine im Vergleich zu Datenflussrechnern kleine Anzahl von sequenziell geordneten Befehlen beschränkt ist. Im Gegensatz zum Superskalarprinzip ist beim Datenflussprinzip wegen des Einmalzuweisungsprinzips der Datenflusssprachen keine Registerumbenennung notwendig.

Die Prüfung der Datenabhängigkeiten und der Strukturkonflikte kann bei Superskalarprozessoren gleichzeitig in einer Stufe geschehen oder jeweils aufgeteilt auf eine eigene Stufe. Zur Organisation des Befehlsfensters gibt es die folgenden Alternativen:

- *Einstufige Zuweisung und zentrales Befehlsfenster* (s. Abb. 7.17): Alle Befehle werden nach dem Decodieren und Registerumbenennen in einem zentralen Befehlsfenster gepuffert und in einer Pipeline-Stufe aus diesem zugeordnet. Bei der Zuordnung werden Daten- und Strukturkonflikte im gleichen Takt geprüft. Eine solche einstufige Zuordnung aus einem einzigen Befehlsfenster geschieht bei den Pentium-II- und -III-Prozessoren. Die für die Zuordnung benötigte Hardware wird bei einer Vergrößerung des Befehlsfensters rasch so komplex, dass große Befehlsfenster die Taktrate des Prozessors beschränken würden.

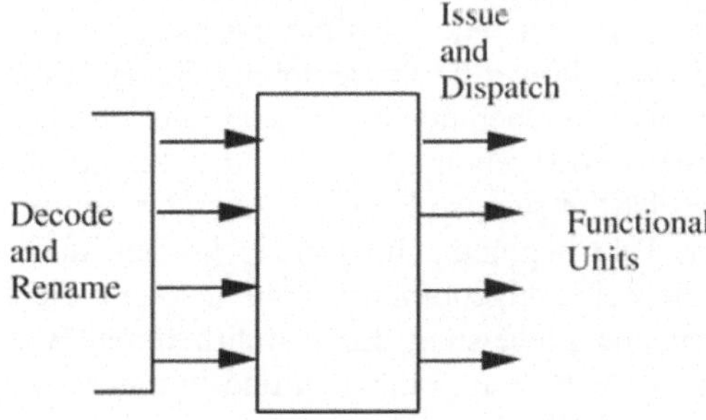

Abb. 7.17. Einstufige Zuordnung und zentrales Befehlsfenster

- *Einstufige Zuordnung und Entkopplung in verschiedene Befehlsfenster* (s. Abb. 7.18: Jedes Befehlsfenster führt zu einer Gruppe von Ausführungseinheiten, meist für gleichartige Befehle. Beim HP-PA-8000-Prozessor werden separate Befehlsfenster für Gleitkomma- und Ganzzahleinheiten verwendet, beim MIPS-R10000-Prozessor sind separate Befehlsfenster für Gleitkomma-, Ganzzahl- und Adresseinheiten vorhanden und beim Pentium-4-Prozessor gibt es jeweils ein Befehlsfenster für die Gleitkomma- und SSE-Einheiten sowie für die Integer- und Adressgenerierungseinheiten. Die Prüfung der Datenabhängigkeiten wird vereinfacht, da die Datenabhängigkeiten auf die Befehle eines Fensters beschränkt werden können. Die Prüfung der Daten- und Strukturkonflikte und die Zuordnung geschehen in einer Pipeline-Stufe.

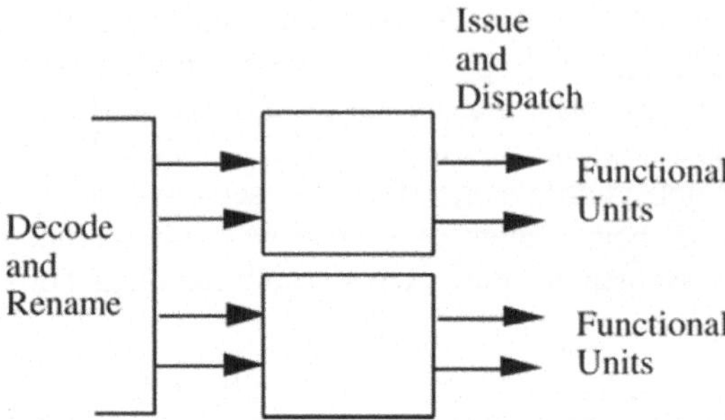

Abb. 7.18. Einstufige Zuordnung mit entkoppelten Befehlsfenstern

- *Mehrstufige Zuordnung und damit ein Befehlsfenster aus mehreren hintereinander gelagerten Befehlspuffern*: Die Prüfung der Operanden- und Ressourcenverfügbarkeit wird in zwei (oder mehr) getrennten Pipeline-Stufen durchgeführt. Dabei kann zuerst eine ressourcenabhängige Zuweisung zu Umordnungspuffern (*reservation stations*)[9] geschehen, die vor jeder Ausführungeinheit oder jeweils einer Gruppe von Ausführungseinheiten angeordnet sein können, und in der zweiten Zuordnungsstufe wird die Befehlsausführung in der Ausführungseinheit angestoßen, sobald die benötigten Operanden vorhanden sind. Abhängig vom Prozessor gehören die Umordnungspuffer zu einer Gruppe von Ausführungseinheiten (Pentium-Prozessoren) oder jede Ausführungseinheit hat einen eigenen Satz von Umordnungspuffern (PowerPC-Prozessoren). Ein Befehl wartet in einem Umordnungspuffer, bis alle Operanden verfügbar sind. Sollten bei der Zuweisung an den Umordnungspuffer schon alle Operanden verfügbar und die Ausführungseinheit nicht beschäftigt sein, so kann die Ausführung des Befehls schon direkt im folgenden Takt beginnen. Im Prinzip können die zwei Stufen auch in umgekehrter Reihenfolge angeordnet werden, also erst die Prüfung der Operandenverfügbarkeit und Zuweisung der ausführbereiten Befehle an die Umordnungspuffer vor den Ausführungseinheiten und in einer zweiten Stufe der Start der Ausführung, sobald eine Ausführungseinheit frei ist.
- *Kombination einer mehrstufigen Zuordnung und entkoppelter Befehlsfenster* (s. Abb. 7.19): Die Entkopplung kann sogar bis zu einer vollständigen Verteilung

[9] Wie im Tomasulo-Schema nimmt ein Umordnungspuffer einen einzelnen Befehl auf. Im Gegensatz zu dieser Definition wird der Umordnungspuffer manchmal in der Literatur als Mehrfacheintragspuffer definiert, der mehrere Befehlseinträge enthalten kann. Wir folgen jedoch der ursprünglichen Definition von Tomasulo [1967].

auf die Ausführungseinheiten wie bei den PowerPC-Prozessoren erweitert werden. Die Befehle werden dann in der ersten Zuordnungstufe auf die entsprechenden Ausführungseinheiten verteilt. Die Operandenverfügbarkeit, die in der zweiten Stufe geprüft wird, muss allerdings wieder Resultaterzeugungen von allen Ausführungseinheiten der Gruppe beachten. Die Zuordnung aus den Befehlsfenstern kann nun wieder in Programmordnung (statisches Scheduling) oder auch außerhalb der Programmordnung (dynamisches Scheduling) erlaubt sein. Beim zweistufigen Schema mit einer ressourcenabhängigen Zuweisung vor der Operandenverfügbarkeitsprüfung wird die erste Stufe in Programmreihenfolge durchgeführt, während die zweite Zuordnung auch außerhalb der Programmreihenfolge möglich ist. Falls nach der ersten Zuordnung die Operanden bereits vorhanden sind und die Ausführungseinheit frei ist, so wird die Ausführung aus den Umordnungspuffern sofort gestartet, ohne einen weiteren Takt zu benötigen. Abbildung 7.19 zeigt eine zweistufige Zuordnung mit einem zentralen Befehlsfenster auf der ersten Stufe und separate, auf die Ausführungseinheiten aufgeteilte Umordnungspuffer für die zweite Stufe (Beispiele: PowerPC 604 und 620).

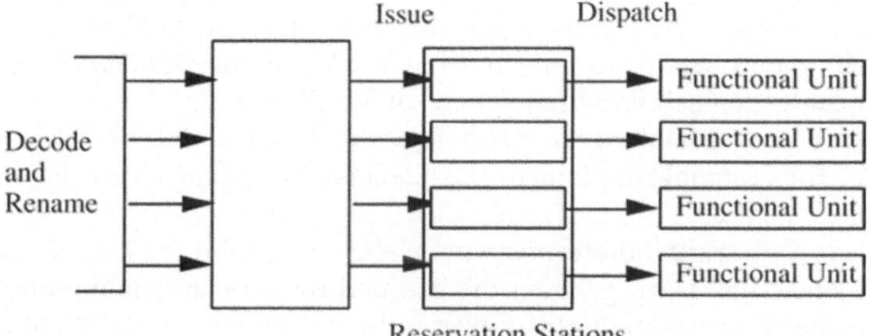

Abb. 7.19. Zweistufige Zuweisung mit verteilten Umordnungspuffern

7.5 Ausführungsstufen

In der oder den Ausführungsstufen werden die in den Opcodes der Befehle spezifizierten Operationen ausgeführt und die Resultate in Umbenennungspufferregistern oder physikalischen Registern gespeichert. Meist gibt es eine ganze Anzahl von spezialisierten Ausführungseinheiten auf dem Prozessor-Chip, die alle parallel zueinander arbeiten können. Die Ausführungseinheiten selbst können für die Ausführung einer Operation einen oder mehrere Taktzyklen benötigen. Je nach Operation kann die Ausführung ohne Pipelining geschehen oder eine Ausführungseinheit kann intern selbst wieder als Pipeline (arithmetische Pipeline oder Ausführungs-Pipeline genannt) organisiert sein.

Die einfachste Art der Ausführungseinheiten ist die der Einzykleneinheiten (Latenz von eins), die bereits im gleichen Takt, in dem die Befehlsausführung begonnen hat, das Resultat liefern und in der Regel auch pro Takt einen neuen Befehl ausführen können (Durchsatz von eins). Beispiele dafür sind einfache Ganzzahl- und Multimediaeinheiten.

Mehrtakteinheiten (Latenz größer eins) führen komplexe Operationen durch, die nicht in einer Pipeline-Stufe des Prozessors implementiert werden können. Mehrtakteinheiten können selbst wieder als (mehrstufige) Pipeline arbeiten und in jedem Takt oder jedem zweiten Takt eine neue Befehlsausführung starten (Durchsatz von eins oder 1/2). Beispiele für Mehrtakteinheiten mit Pipeline-Verarbeitung und Durchsatz eins sind komplexe Ganzzahl- und gleitkommaorientierte Multimediaeinheiten. Mehrtakteinheiten können aber auch ohne Pipelining arbeiten (Durchsatz = 1/Latenz) oder eine Pipeline mit variabler, von der Operation abhängiger Latenz haben. Mehrtakteinheiten ohne Pipeline-Verarbeitung und mit einer Latenz von weniger als eins sind die Divisions-, die Quadratwurzel- und komplexe Multimediaeinheiten.

Nach Beendigung der Befehlsausführung in der Ausführungseinheit (*completion* genannt) wird das Resultat in einem temporären Register (Umbenennungspufferregister oder physikalisches Register) gepuffert und der Resultattag an die Befehle im Befehlsfenster weitergeleitet. Das Resultat steht, obwohl noch nicht „gültig“ gemacht, damit bereits als Operand für die Ausführung datenabhängiger Befehle auch in anderen Ausführungseinheiten zur Verfügung.

Eine **einfache Ganzzahleinheit** (*simple integer unit*) enthält eine ALU, die alle 32-Bit- oder 64-Bit-Festpunktadditionen, die Schiebe-, Rotations- und die logischen Operationen ausführt.

Eine **komplexe Ganzzahleinheit** (*complex integer unit*) führt die komplexeren Ganzzahloperationen aus. Dazu gehören die 32- und 64-Bit-Ganzzahlmultiplikationen. Für solche Ganzzahlmultiplikationen gibt es üblicherweise Mehrtakteinheiten mit Pipeline-Verarbeitung mit einer Latenz von eins und einem Durchsatz von eins. Der Multiplizierer benutzt eine Teilprodukterzeugung nach Booth und einen Wallace-Baum um die Teilprodukte aufzusummieren.[10]

Für die ganzzahlige Division kann eine eigene **Divisionseinheit** vorhanden sein oder eine komplexe Ganzzahleinheit führt die Division aus. Divisionseinheiten nutzen üblicherweise einen SRT-Algorithmus (Sweeney-Robertson-Tosher) mit Wurzel vier (*radix-4*) oder Wurzel acht (*radix-8*)[11]. Die Latenz hängt vom Operandentyp und von der benötigten Genauigkeit ab und bewegt sich in der Größenordnung von 13 bis 17 für eine 32-Bit-Ganzzahldivision. Die Division wird ohne Pipelining implementiert. Die Divisionseinheit wird meist auch für die Quadratwurzelbildung benutzt, falls ein solcher Befehl wie beispielsweise beim MIPS R10000 im Befehlssatz vorhanden ist.

Gleitkommaeinheiten (*floating-point execution units*) sind als Pipeline implementiert und können eine Gleitkommaoperation nach einfach oder doppelt genau-

---

[10] Eine Beschreibung dieser Standardalgorithmen der Rechnerarithmetik findet sich in einschlägigen Büchern oder auch im Anhangskapitel bei [Hennessy und Patterson 1996].

[11] S. vorherige Fußnote.

em IEEE 754-Format ausführen. Typischerweise ist der Durchsatz gleich eins bei drei Takten Latenz. Die Rundung und Normalisierung der Gleitkommazahlen kann beim IEEE-Standard besonders komplex ausfallen. Deshalb wird häufig nicht der volle IEEE-Standard in Hardware implementiert.

Lade-/Speichereinheiten (*load/store units*) sind komplexe Einheiten, die hier nur kurz beschrieben werden. Sie benötigen für einen Zugriff auf den Primär-Daten-Cache-Speicher meist zwei oder drei Takte, haben also eine Ladelatenz von zwei oder drei im Falle eines Treffers im Primär-Cache-Speicher.

Für Lade- und für Speicherbefehle existieren meist zwei verschiedene Wartepuffer innerhalb der Lade-/Speichereinheit. Die Speicherbefehle benötigen zusätzlich zur Adressrechnung auch noch den zu speichernden Wert, der häufig von vorangehenden arithmetischen Operationen erst geliefert werden muss. Ein Ladebefehl gilt als von der Lade-/Speichereinheit beendet (*completed*), wenn der zu ladende Wert in einem Umbenennungspufferregister steht.

Bei einem Speicherbefehl ist dies komplizierter. Eine Speicheroperation kann nicht mehr rückgängig gemacht werden. Der Speicherbefehl kann damit erst „beendet" werden, also der Wert wirklich in den (Cache-)Speicher geschrieben werden, wenn er in der Rückordnungsstufe als „gültig" markiert (*committed*) wird. Bei manchen Prozessoren können deshalb die Ladebefehle, die nur die Adressrechnung benötigen, vor den Speicheroperationen ausgeführt werden, sofern nicht dieselbe Adresse betroffen ist. Als Beispiel betrachte man die Implementierung der Lade-/Speichereinheit in Abb. 7.20. Ladebefehle werden sofort ausgeführt. Speicherbefehle werden zunächst in einem internen, als FIFO organisierten Schreibpuffer (*write buffer*) der Lade-/Speichereinheit untergebracht.

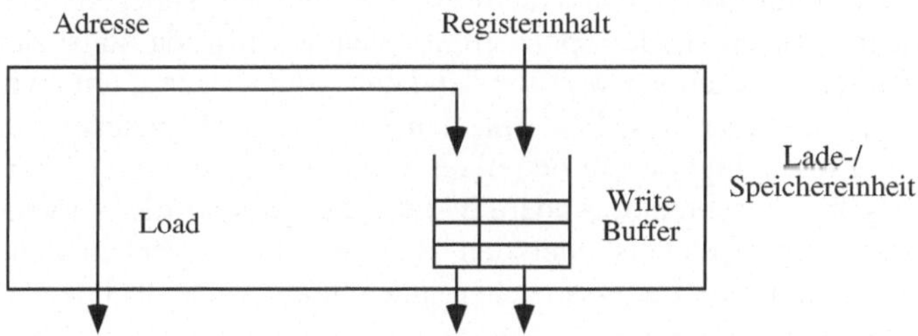

Abb. 7.20. Lade-/Speichereinheit

Während ein Speicherbefehl auf seinen Datenwert wartet, kann ein nachkommender Ladebefehl ihn überholen und vor ihm auf den Daten-Cache-Speicher zugreifen. Zuerst wird aber überprüft, dass der Lade- und der Speicherbefehl nicht dieselbe Zieladresse haben. Damit wird verhindert, dass statt eines abzuspeichernden Datenwerts, der im Schreibpuffer hängt und noch nicht geschrieben wurde, von einem in der Programmordnung nachfolgenden Lesebefehl fälschlicherweise ein veralteter Datenwert aus dem Cache-Speicher gelesen wird. Das Prinzip, dass Ladezugriffe vor Speicherzugriffe gezogen werden, sofern nicht dieselbe Adresse betroffen ist und kein Spezialbefehl (Synchronisationsbefehl, *swap*-Befehl oder markierter Befehl) dazwischen liegt, ist in vielen Mikroprozessoren verwirklicht.

Damit wird die Verarbeitungsgeschwindigkeit des Prozessors erheblich verbessert, allerdings führt dies zu einer abgeschwächten Speicherkonsistenz (s. Abschn. 8.4.8), da nun die nach außen sichtbare Befehlsausführungsreihenfolge nicht mehr derjenigen der Programmordnung entspricht.

Wenn beim Vorziehen eines Ladebefehls vor einen Speicherbefehl dieselbe Adresse betroffen ist, so gibt es zwei Möglichkeiten: Der zu ladende Wert wird aus dem Speicherpuffer entnommen oder der geladene Wert wird nachträglich gelöscht und die Ladeoperation wiederholt.

Natürlich kann ein Ladebefehl nur dann vor einen Speicherbefehl gezogen werden, wenn die Adresse des zu ladenden Werts und die Adresse des zu speichernden Werts bereits berechnet sind. Doch auch hier gibt es eine Lösung: Falls die Operandenadresse des Speicherbefehls noch nicht berechnet ist, so können Ladebefehle trotzdem diesen Speicherbefehl überholen, allerdings müssen die Operandenadressen der „spekulativ“ ausgeführten Ladebefehle in einen Adresspuffer ARB (*Address Resolution Buffer*) eingetragen werden. Sobald die Adresse des zu speichernden Werts berechnet ist, wird diese mit den Adressen im ARB verglichen und bei Übereinstimmung werden alle spekulativ ausgeführten Ladebefehle und die von den spekulativ geladenen Werten datenabhängigen Befehlsausführungen wiederholt. Dieses Verfahren der Spekulation auf die Nichtexistenz von Adressabhängigkeiten (*load dependence speculation*) wird allerdings erst in zukünftigen Prozessoren implementiert werden.

Meist ist nur eine Lade-/Speichereinheit in einem Prozessor vorhanden, da ein gleichzeitiger Zugriff von mehreren Lade-/Speichereinheiten auf den Daten-Cache die Cache-Speicherverwaltung noch mehr erschwert. Bei vielfach superskalaren Prozessoren sind jedoch mehrere Lade-/Speichereinheiten wichtig, da sonst der Prozessor nicht mit genügend Daten versorgt werden kann. Eine Lösung, um zwei Speichereinheiten zu ermöglichen, besteht darin, den Daten-Cache-Speicher mit doppelter Taktfrequenz wie die Pipeline zu betreiben. Damit wird jedoch die Taktfrequenz der Pipeline selbst beschränkt. Andere Möglichkeiten sind die Anwendung eines Mehrkanal-Cache-Speichers oder den Daten-Cache in verschiedene Speicherbänke zu zerlegen und die Lade-/Speichereinheiten auf verschiedene Cache-Bänke zugreifen zu lassen.

Multimediaeinheiten (heute oft auch **Vektoreinheiten** genannt) führen mehrere gleichartige Operationen auf Teilen von Registersätzen gleichzeitig aus. Damit kann eine sehr feinkörnige Parallelität genutzt werden, die man als *Subword Parallelism* oder als SIMD-Parallelität (*Single Instruction Multiple Data*) bezeichnet. Dieselbe Operation, wie sie durch den Opcode gegeben ist, wird auf mehreren Dateneinheiten gleichzeitig ausgeführt. Diese SIMD-Parallelität war vor der Einführung der Multimediaeinheiten bereits von den Feldrechnern[12] her bekannt.

Multimediaoperationen sind arithmetische oder logische Befehle auf gepackten Datentypen wie z.B. acht 8-Bit-, vier 16-Bit- oder zwei 32-Bit-Teilwörtern, die

[12] Feldrechner führen taktsynchron dieselbe Operation auf meist sehr vielen Verarbeitungseinheiten aus (s. [Ungerer 1997]).

jeweils in einem 64-Bit-Doppelwort untergebracht sind. Operationen sind das Packen und Entpacken in bzw. von Teilwörtern sowie Maskier-, Selektions-, Umordnungs-, Konversions-, Vergleichs-, arithmetische und logische Operationen auf diesen Teilwörtern. Natürlich sind die Teilwörter häufig zu klein, um die Resultate der arithmetischen Operationen aufnehmen zu können. Deshalb wird bei den arithmetischen Operationen eine Saturationsarithmetik angewandt, die keinen Über- oder Unterlauf des Zahlbereichs kennt, sondern solche Ergebnisse auf die größte oder die kleinste Zahl des Zahlbereichs abbildet.

Schon in den 90er Jahren wurden Multimediaerweiterungen für die Video-, die Audio- und die Sprachverarbeitung eingesetzt. Solche bitfolgenorientierten Multimediaerweiterungen bei Mikroprozessoren waren beispielsweise:

- der Visual Instruction Set (VIS) bei den Sun UltraSPARC-Prozessoren [Kohn et al. 1995], [Tremblay und O'Connor 1996] als eine der ersten Multimediaerweiterungen,
- die MAX-1 und MAX-2 genannten Prozessorerweiterungen für die HP PA-8000- und PA-8500-Prozessoren [Lee 1995 und 1996],
- die MMX und MMX2 (*Matrix Manipulation eXtensions*) genannten Erweiterungen für die Intel IA-32-Prozessoren Pentium II und III ([Peleg und Weiser 1996], [Peleg et al. 1997]),
- die AltiVec-Erweiterung für die Motorola/IBM PowerPC-Prozessoren,
- die MVI (*Motion Video Instructions*) genannte Erweiterung für die Alpha-Prozessoren und
- die MDMX (*MIPS Digital Media eXtensions*) für die MIPS-Prozessoren.

Beim Intel P55C und beim Pentium-II wurden die acht 64 Bit breiten Multimediaregister mit den Gleitkommaregistern überlappt, so dass Multimediabefehle und Gleitkommabefehle nicht gleichzeitig ausgeführt werden können. VIS, MVI und MDMX erweiterten 64-Bit-RISC-Prozessoren, die bereits 64 Bit breite allgemeine Register besitzen, die als Multimediaregister benutzt werden können.

Die Unterstützung der 2D- und 3D-Grafikverarbeitungen benötigt schnelle Gleitkommaoperationen sowie reziproke Operationen mit geringer Genauigkeit. Bei den heute üblichen grafikorientierten Multimediaerweiterungen werden bis zu acht 32-Bit-Gleitkommaoperationen gleichzeitig auf bis zu acht 32-Bit-Gleitkommazahlenpaaren, die in 128- oder 256-Bit-Multimediaregistern untergebracht sind, ausgeführt.

Solche grafikorientierten Multimediaerweiterungen wurden erstmals durch die 3DNow!-Erweiterung von AMD [Shriver und Smith 1998] und anschließend durch Intel's MMX-Erweiterung ISSE (*internet streaming SIMD extension*) zu MMX-2 implementiert [Diefendorff 1999, Raman et. al. 2000].

3DNow! definierte 21 neue Multimediabefehle, hauptsächlich als gepaarte 32-Bit-Gleitkommaoperationen. Der ISSE-Befehlssatz wurde erstmals 1999 im Intel Pentium-III-Prozessor implementiert. MMX-2 definierte 72 neue Befehle, die auf einem Satz von acht 128 Bit breiten Multimediaregistern arbeiten oder als „stromorientierte" Ladebefehle die Multimediadaten bereitstellen. Damit konnten vier 32-Bit-Gleitkommaoperationen parallel ausgeführt werden. Der heutige Stand In tel SSE4 arbeitet auf 256-Bit-Vektorregistern, die Gleitkommaregister und Multimediaregister vereinen. Die Befehle können bitfolgenorientiert sein, aber auch 32- oder 64-Bit breite Gleitkommaoperationen nach IIE-Standard durchführen.

Zukünftige Ausführungseinheiten werden wohl noch komplexer als die heutigen sein. Angedacht sind beispielsweise Gleitkommavektoreinheiten, hochgenaue Skalarprodukteinheiten oder ganze spezialisierte Multimediaeinheiten wie beispielsweise eine MPEG-Einheit oder eine 3D-Grafikeinheit.

7.6 Gewährleistung der sequenziellen Programmsemantik

7.6.1 Rückordnungsstufe

In der Rückordnungsstufe werden die Resultate der Befehlsausführungen gültig gemacht oder verworfen, das Rückrollen von falsch spekulierten Ausführungspfaden nach einem Sprung überwacht und präzise Unterbrechungen durchgeführt.

Man muss dabei die folgenden Begriffe unterscheiden, die konform zu Shriver und Smith [1998] sowie Šilc et al. [1999][13] definiert werden:

- Die Beendigung eines Befehls (*completion*), d.h., die Ausführungseinheit hat die Ausführung des Befehls abgeschlossen, das Resultat steht in einem Pufferregister und wird datenabhängigen Befehlen als Operand zur Verfügung gestellt. Diese geschieht unabhängig von der Programmordnung.
- Nach der Beendigung werden die Befehle in Programmordnung gültig gemacht (*commitment*), d.h. die Resultate können nicht mehr rückgängig gemacht werden und der Befehl wird aus dem Rückordnungspuffer entfernt.
- Das Löschen eines Befehls (*removement*) bedeutet, dass der Befehl aus dem Rückordnungspuffer entfernt wird, ohne dass der Resultatwert weiter verwendbar ist.
- Die Rückordnung (*retirement*) bedeutet das Entfernen des Befehls aus dem Rückordnungspuffer mit oder ohne das Gültigmachen des Resultats.

Ein Resultat wird dadurch gültig gemacht, dass entweder die Abbildung des Architekturregisters auf das physikalische Register „gültig" gemacht wird (falls keine von den Architekturregistern separate Umbenennungspufferregister existieren), oder durch Kopieren des Resultatwerts von seinem Umbenennungspufferregister in sein Architekturregister. Das Kopieren geschieht bei den PowerPC-Prozessoren in einer separaten Rückschreibstufe der Pipeline nach der Rückordnungsstufe und das Umbenennungspufferregister wird nach dem Kopieren wieder freigegeben.

[13] Leider werden die englischen Begriffe *Completion*, *Retirement* und *Commitment* in der Literatur häufig in vertauschten Bedeutungen verwendet.

7.6.2 Präzise Unterbrechungen

Eine Unterbrechung (*interrupt* oder *exception*) wird als **präzise** bezeichnet, wenn der bei Ausführung der Unterbrechungsroutine gesicherte Prozessorzustand mit dem sequenziellen Ausführungsmodell der von-Neumann-Architektur konform geht, bei dem eine Befehlsausführung vollständig beendet ist, bevor mit der nächsten Befehlsausführung begonnen wird.

Der bei einer präzisen Unterbrechung gesicherte Zustand muss die folgenden Bedingungen erfüllen [Smith und Pleskun 1988]:

- Alle Befehle, die in der Programmordnung *vor* dem Befehl stehen, der die Unterbrechung ausgelöst hat, sind vollständig ausgeführt worden und haben den Prozessorzustand entsprechend modifiziert.
- Alle Befehle, die in der Programmordnung *nach* dem Befehl stehen, der die Unterbrechung ausgelöst hat, sind nicht ausgeführt worden und haben den Prozessorzustand nicht beeinflusst.
- Falls die Unterbrechung von einem Ausnahmezustand bei der Befehlsausführung ausgelöst wurde, zeigt der Befehlszähler auf den Befehl, der die Unterbrechung ausgelöst hat. Je nach Art des Befehls sollte der auslösende Befehl noch vollständig ausgeführt oder vollständig aus der Pipeline gelöscht werden.

Falls der gesicherte Prozessorzustand nicht mit dem sequenziellen Ausführungsmodell übereinstimmt und die obigen Bedingungen nicht erfüllt, so wird die Unterbrechung als eine nicht präzise (*imprecise*) Unterbrechung bezeichnet.

Unterbrechungen gehören in die folgenden Klassen:

- Programmunterbrechungen oder Traps werden durch Ausnahmebedingungen während der Befehlsausführung in der Pipeline hervorgerufen. Diese Ausnahmen können durch nicht statthaften Code, Privilegienverletzungen oder durch numerische Fehler wie Überlauf, Unterlauf, Division durch Null hervorgerufen werden. Diese fatalen Ausnahmen führen meist zu einem kontrollierten Programmabbruch durch die aktivierte Trap-Routine. Wesentlich ist, dass beim Programmabbruch der Fehler und die auslösende Programmstelle angegeben werden kann. Ob die Unterbrechung präzise oder nicht präzise erfolgt, ist hier oft nicht so wesentlich und hängt vom Prozessor ab.
- Programmunterbrechungen können aber auch beispielsweise durch Seitenfehler oder TLB-Fehlzugriffe verursacht und damit Teil der normalen Ausführung sein. In diesen Fällen darf der Befehl nicht ausgeführt werden, sondern seine Ausführung muss nach der Ausführung der Trap-Routine wiederholt werden. Die Gewährleistung einer präzisen Unterbrechung ist für eine korrekte Programmausführung notwendig.
- Externe Unterbrechungen werden von Quellen außerhalb des Prozessors ausgelöst. Das sind beispielsweise Ein-/Ausgabe- oder Zeitgeber-Unterbrechungen. Bei diesen Unterbrechungen muss ein Weiterführen der Programmausführung durch Gewährleistung einer präzisen Unterbrechung vorhanden sein.

Externe Unterbrechungen und Unterbrechungen durch illegale Befehle oder Privilegienverletzungen, die in der Decodiereinheit erkannt werden, können in präziser Weise wie folgt implementiert werden: In Superskalarprozessoren bleiben die Befehle bis zum Befehlsfenster in Programmordnung. Die Ausnahme führt nun zum Anhalten der Befehlszuordnung. Weiterhin wartet der Prozessor, bis alle bereits zugeordneten Befehle aus dem Rückordnungspuffer entfernt worden sind. Dann befindet sich der Prozessor in einem klar definierten Zustand, wobei der Befehlszähler des obersten Befehls im Befehlsfenster den Aufsetzpunkt für die Programmweiterführung nach der Ausnahmebehandlung angibt. Natürlich müssen vor dem Starten der Ausnahmebehandlungs-Routine alle Befehle aus dem Befehlsfenster und den Puffern vor dem Befehlsfenster ebenfalls gelöscht werden [Smith und Pleskun 1988].

7.6.3 Rückordnungspuffer

Um die Rückordnung in Programmreihenfolge und präzise Unterbrechungen zu implementieren, wird bei heutigen Superskalarprozessoren meist ein **Rückordnungspuffer** (*reorder buffer*) eingesetzt. Dieser speichert die Programmordnung der Befehle nach ihrer Zuordnung und ermöglicht die Serialisierung der Resultate (*result serialization*) während der Rückordnungsstufe. Wenn ein Befehl seine Ausführung in einer Ausführungseinheit beendet hat, wird dieser Zustand im Rückordnungspuffer notiert. Das Gleiche gilt, wenn der Befehl auf eine Ausnahme gestoßen ist und eine Unterbrechung auslösen soll. Der Rückordnungspuffer wird als zyklischer FIFO-Puffer implementiert. Die Befehlseinträge im Rückordnungspuffer werden in der ersten Zuordnungsstufe belegt und durch die Rückordnung wieder freigegeben.

Während der Rückordnung wird entsprechend der Rückordnungsbandbreite eine Anzahl von Befehlseinträgen am Kopf des FIFO-Puffers untersucht. Meist ist die Bandbreite der Rückordnungseinheit dieselbe wie die Zuordnungsbandbreite. Ein Befehlsresultat wird gültig gemacht, wenn alle vorherigen Befehle gültig gemacht wurden oder im gleichen Takt gültig gemacht werden. Schon ausgeführte Befehle auf fehlspekulierten Ausführungspfaden werden aus dem Rückordnungspuffer gelöscht und die Umbenennungspufferregister oder physikalischen Register werden freigegeben. Das Gleiche passiert für alle nach der Fehlspekulation stehenden Befehle im Rückordnungspuffer. Die Befehlsholeeinheit wird angewiesen, die Befehle auf dem korrekten Ausführungspfad bereitzustellen.

Es gibt eine Anzahl von Organisationsvarianten für Rückordnungspuffer, die sich von dem in diesem Kapitel beschriebenen Rückordnungspuffer unterscheiden.

Ein Rückordnungspuffer kann auch so organisiert sein, dass er anstelle der Umbenennungspufferregister die Resultatwerte selbst enthält [Johnson 1991]. Dies ist bei unserem Rückordnungspuffer nicht der Fall, dieser enthält nur die Zustände der Befehlsausführungen in den außerhalb der Programmordnung arbeitenden Stufen der Pipeline. Ein ähnliches Verfahren wird ebenfalls von Johnson als Rückordnungspuffer in Verbindung mit einem sogenannten *Future File* beschrieben [Johnson 1991]. Der Future File entspricht einem Satz von Umbenennungspufferregistern, die separat zu den Architekturregistern vorhanden sind. Im Gegensatz dazu beschreiben [Smith und Pleskun 1988] einen Rückordnungspuffer in Kombination mit einem Future File, bei denen beide die Resultate speichern. Weiterhin kann das Befehlsfenster mit dem Rückordnungspuffer zu einer einzigen Puffereinheit vereint werden.

Um eine Wiederherstellung eines gültigen Prozessorzustands nach einer Ausnahme zu gewährleisten, gibt es neben der heute in der Regel benutzten Rückordnungspuffervariante weitere Verfahren (s. [Wang und Emnett 1993], [Smith und Pleskun 1988]), die im Folgenden kurz aufgeführt werden.

Beim *Checkpoint Repair-Verfahren* [Hwu und Patt 1987] gibt es auf dem Prozessor verschiedene logische Speicherbereiche, die jeweils aus einem vollen Registersatz und zusätzlichen Speicherplätzen bestehen. Ein Speicherbereich wird für den aktuellen Ausführungszustand benötigt, die anderen enthalten Back-up-Kopien des In-order-Zustandes an vorherigen Ausführungszeitpunkten. Zu verschiedenen Zeitpunkten der Ausführung wird ein Aufsetzpunkt durchgeführt, wobei der aktuell gesicherte Zustand in den Back-up-Bereich gespeichert wird. Das Wiederaufsetzen der Programmausführung nach einer Unterbrechung geschieht durch Laden des Back-up-Bereichs in die Register.

Der *History Buffer* wurde von [Smith und Pleskun 1988] zusammen mit den Ideen des Rückordnungspuffers und des Future File als mögliche Organisationsformen für das Rückrollen der Befehlsausführungen (*recovery organization*) beschrieben. Dabei gibt es keine Umbenennungspufferregister, sondern die Architekturregister enthalten die temporären Resultate und der History Buffer enthält die „alten" Registerwerte, die von den temporären Werten verdrängt wurden. Der History Buffer ist als Kellerspeicher organisiert und die alten Werte dienen dem Wiederherstellen der vorherigen Ausführungszustände nach einer Unterbrechung. Die History Buffer-Organisation wurde beispielsweise Anfang der 90er Jahre beim Motorola 88110-Mikroprozessor angewandt.

7.7 Verzicht auf die Sequenzialisierung bei der Rückordnung

Die Rückordnung geschieht immer strikt in Programmordnung, um die vom von-Neumann-Prinzip geforderte Resultatserialisierung zu gewährleisten. Die einzige Ausnahme davon ist das Vorziehen der Lade- vor die Speicherbefehle, das einige Prozessoren erlauben. Deshalb muss auch ein intern parallel arbeitender Superskalarprozessor nach außen hin wie ein einfacher von-Neumann-Rechner aus den 50er Jahren wirken.

Um das zu hinterfragen, sollte man sich überlegen, dass ein Algorithmus eigentlich eine halbgeordnete Menge von Aktionen darstellt. Manche dieser Aktionen sind voneinander abhängig, andere können unabhängig zueinander in beliebiger Reihenfolge ausgeführt werden. Die heute gängigen Programmiersprachen sind praktisch ausschließlich Sprachen, die auf einer Abstraktion des sequenziellen von-Neumann-Operationsprinzip beruhen und den Programmierer zwingen, die algorithmischen Schritte sequenziell darzulegen. Das sequenzielle Programm wird einem Compiler übergeben, der für seine Optimierungen versucht, möglichst viel Parallelität aufzufinden und in seiner Zwischensprache darzustellen. Die Codegenerierung für einen Superskalarprozessor durch den Compiler bedeutet erneut das Sequenzialisieren der Anweisungen zu einem Maschinenprogramm, denn auch Maschinenprogramme gehorchen dem durch das von-Neumann-Prinzip gegebenen Zwang zur Sequenzialisierung. Der Superskalarprozessor versucht nun erneut die Programmparallelität aus der Maschinenbefehlsfolge wiederzugewinnen, um die Ausführungsgeschwindigkeit zu erhöhen. Allerdings erzwingt die Rückordnung wiederum die Resultatserialisierung.

Man sieht, dass es genügend Stellen gibt, um die vom von-Neumann-Prinzip geforderte Sequenzialisierung abzustreifen. VLIW-/EPIC-Prozessoren ermöglichen es, parallel ausführbare Befehle in einem Befehlstupel unterzubringen. Sie durchbrechen damit die Restriktion des von-Neumann-Prinzips. Allerdings müssen die Befehlstupel in streng sequenzieller Weise hintereinander ausgeführt werden. Die Chip-Multiprozessoren und mehrfädigen Prozessoren ermöglichen es, mehrere parallele Kontrollfäden gleichzeitig auf dem Prozessor-Chip auszuführen. In Verbindung mit einem Thread-Konzept in Programmiersprachen wie Java oder in mehrfädigen Betriebssystemen kann damit grobkörnige Parallelität vom Prozessor genutzt werden.

Eine Rückordnung außerhalb der Programmordnung ist bei heutigen Superskalarprozessoren nicht zugelassen. Trotzdem wäre sie möglich. Man nehme an, eine Befehlsfolge A endet mit einem Sprungbefehl, der die Vorhersage der Befehlsfolge B auslöst. B sei von einer Befehlsfolge C gefolgt und C sei unabhängig von B. Damit kann C unabhängig von der Sprungrichtung des Sprungbefehls ausgeführt werden. Die Befehle in C könnten bereits rückgeordnet werden, bevor B ausgeführt ist. Falls zur Implementierung von B die Prädikation angewandt wird, so kann der Sprungbefehl entfernt werden. Auch dann könnten die Befehle von C vor den prädikativen Befehlen aus B rückgeordnet werden.

Es treten allerdings zwei Komplikationen auf: Eine Unterbrechung, die von einem Befehl aus B ausgelöst wird, kann nur schwer in präziser Weise behandelt werden, da nachfolgende Befehle auf C bereits rückgeordnet sein können (der History Buffer wäre dabei eventuell hilfreich). Das zweite Hindernis ist, dass die sequenzielle Programmordnung geopfert wird, die zwar ein Hindernis für die Ausnutzung der vorhandenen Parallelität ist, doch Korrektheitsbeweise des Programms erleichtert.

8 Speicherverwaltung

8.1 Speicherhierarchie

Heutige Mikroprozessoren müssen wegen ihrer hohen internen Parallelität und ihrer hohen Taktraten ihrem Befehlsbereitstellungs- und Decodierteil genügend Befehle als auch ihrem Ausführungsteil genügend viele Daten zuführen. Da die Daten nicht immer nur den Registern entnommen werden können, wächst mit der Erhöhung der Verarbeitungskapazität des Prozessors auch die Anforderungen an die Bandbreite, mit der dem Prozessor Daten zugeführt werden müssen.

Eine weitere Beobachtung ist, dass der Speicherbedarf eines Programms mit seinen während der Ausführung erzeugten Zwischendaten häufig sehr groß werden kann und selbst die Kapazität des Hauptspeichers sprengt. Ideal wäre ein einstufiges Speicherkonzept, bei dem mit jedem Prozessortakt auf jedes Speicherwort zugegriffen werden kann. Das ist technologisch für Prozessoren hoher Leistung nicht möglich, große Speicher existieren nur mit relativ langsamem Zugriff, während Speicherbausteine mit hoher Zugriffsgeschwindigkeit in ihrer Speicherkapazität beschränkt und teuer sind.

Technologisch klafft eine größer werdende Lücke zwischen der Verarbeitungsgeschwindigkeit des Prozessors und der Zugriffsgeschwindigkeit der DRAM-Speicherchips des Hauptspeichers. Die hohen Prozessortaktraten und die Fähigkeit superskalarer Mikroprozessoren, mehrere Operationen pro Takt auszuführen, erzeugen von Seiten des Prozessors einen immer größeren Hunger nach Code und Daten aus dem Speicher. Die Geschwindigkeit dynamischer Speicherbausteine hat hingegen über die Jahre hinweg deutlich weniger zugenommen. Eine Ausführung der Programme aus dem Hauptspeicher hätte zur Folge, dass der Prozessor nur mit einem Bruchteil seiner maximalen Leistung arbeiten könnte. Deshalb muss der Prozessor seine Befehle vorwiegend aus dem auf dem Chip befindlichen Code-Cache-Speicher und seine Daten aus den Registern und dem Daten-Cache-Speicher erhalten.

Das einer Speicherhierarchie zu Grunde liegende Prinzip ist das **Lokalitätsprinzip**, dem die Befehle und die Daten eines Programms weitgehend gehorchen. Man unterscheidet die zeitliche Lokalität (*temporal locality*) von der räumlichen Lokalität (*spatial locality*). Die Erste bedeutet, dass auf dasselbe Code- oder Datenwort während einer Programmausführung mehrfach zugegriffen wird. Räumliche Lokalität bedeutet, dass im Verlaufe einer Programmausführung auch die benachbarten Code- oder Datenwörter benötigt werden.

Bezogen auf eine Codefolge bedeutet dies, dass auf einen Befehl meist der durch den Befehlszähler adressierte nächste Befehl oder ein befehlszählerrelativ

U. Brinkschulte, T. Ungerer, *Mikrocontroller und Mikroprozessoren*, eXamen.press, 3rd ed.,
DOI 10.1007/978-3-642-05398-6_8,

adressierter, „kurzer“ Sprung folgt (räumliche Lokalität) und darüber hinaus die Anwendung von Schleifen zur vielfachen Ausführung derselben Codefolge führt (zeitliche Lokalität). Die gesamte Sprungvorhersage würde ohne zeitliche Lokalität in der Programmausführung genauso sinnlos sein wie die Verwendung von Code-Cache-Speichern.

Auf Daten bezogen bedeutet zeitliche Lokalität, dass auf ein Datenwort mehrfach zugegriffen wird, und räumliche Lokalität, dass darüber hinaus auch im Speicher benachbarte Datenwörter verwendet werden. Daten, auf die in wenigen Takten wieder zugegriffen wird, werden vom Compiler in Registern bereitgehalten (zeitliche Lokalität). Der Daten-Cache-Speicher nutzt sowohl zeitliche Lokalität – er verdrängt einmal geholte Daten erst wieder, wenn sie durch neuere Zugriffe ersetzt werden müssen, – als auch räumliche Lokalität, da nach einem Cache-Fehlzugriff nicht nur das 32- oder 64-Bit-Datenwort, sondern der gesamte meist 32 Byte große Cache-Block im Cache-Speicher bereitgestellt wird.

Es macht deshalb Sinn, räumliche und zeitliche Lokalität zu nutzen, um die Befehle und Daten, auf die wahrscheinlich als nächstes zugegriffen werden muss, nahe am Prozessor zu platzieren und solche Befehle und Daten, die wahrscheinlich in nächster Zeit nicht benötigt werden, auf entfernteren Speichermedien abzulegen. Nahe beim Prozessor bedeutet dabei auf kleinen, schnellen und häufig teuren Speichermedien.

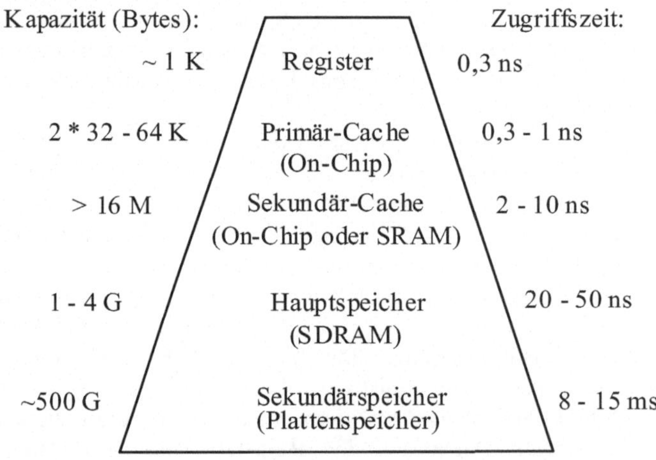

Abb. 8.1. Die Speicherhierarchie eines 3-GHz-PCs (Stand 2010)

Bei heutigen Rechnern existiert deshalb eine ganze **Speicherhierarchie**, die sich – nach absteigenden Zugriffsgeschwindigkeiten und aufsteigenden Speicherkapazitäten geordnet – aus Registern, Primär-Cache-Speicher, Sekundär-Cache-Speicher, Hauptspeicher und Sekundärspeicher zusammensetzen kann.

Abb. 8.1 gibt die Speicherhierarchie mit einigen beispielhaften Zugriffszeiten und Speicherkapazitäten wieder. Speichermedien in höheren Ebenen der Speicherhierarchie sind kleiner, schneller, aber auch pro Byte teuer als solche in den tiefer gelegenen Ebenen. Von einer tieferen zu einer höheren und damit prozessornäheren Speicherebene werden Speicherbereiche auf Anforderung übertragen, z.B. durch einen Ladebefehl, der einen Cache-Fehlzugriff auslöst. Meist sind die Speicherwörter in den höheren Ebenen Kopien der Speicherwörter in den unteren Ebenen, so dass sich eine hohe Redundanz ergibt. Eine grundlegende Speicherorganisationsfrage ist, ob und wann bei einem Schreibzugriff auf einen Speicher höherer Ebene auch eine Modifikation des Speicherwortes in einem der Speicher tieferer Ebene stattfindet. Ein sofortiges „Durchschreiben", das die Konsistenz in allen Kopien erhält, ist nicht immer effizient implementierbar.

Eine Technik, um die Zugriffsgeschwindigkeit auf den Hauptspeicher stärker an die Verarbeitungsgeschwindigkeit der CPU anzupassen, ist, den Hauptspeicher in n sogenannte **Speicherbänke** $M_0, ..., M_{n-1}$ zu unterteilen und jede Speicherbank mit einer eigenen Adressierlogik zu versehen. Falls nun k ($k>n$) sequenziell hintereinander ablaufende Befehle k fortlaufende, physikalische Speicherplätze mit den Adressen $A_0, ..., A_{k-1}$ benötigen (typische Beispiele sind Vektor- und Matrixoperationen), werden die einzelnen Speicherplätze nach der folgenden **Verschränkungsregel** (*interleaving rule*) auf die einzelnen Speicherbänke verteilt [Ungerer 1989]:

A_i wird auf die Speicherbank Mj gespeichert, genau dann wenn $j=i \bmod n$ gilt.

Auf diese Weise werden die Adressen $A_0, A_n, A_{2n}, ...$ der Speicherbank M_0, die Adressen $A_1, A_{n+1}, A_{2n+1}, ...$ der Speicherbank M_1 etc. zugeteilt.

Diese Technik heißt **Speicherverschränkung** (*memory interleaving*), und die Verteilung auf n Speicherbänke nennt man ***n*-fache Verschränkung**. Der Zugriff auf die Speicherplätze kann nun ebenfalls verschränkt, das heißt zeitlich überlappt, geschehen, so dass bei der n-fachen Verschränkung in ähnlicher Weise wie bei einer Verarbeitungs-Pipeline nach einer gewissen Anlaufzeit in jedem Speicherzyklus n Speicherworte geliefert werden können.

Eine Speicherverschränkung kann auf jeder Speicherhierarchieebene angewandt werden, insbesondere neben dem Hauptspeicher auch bei Cache-Speichern.

8.2 Register und Registerfenster

Register stellen die oberste Ebene der Speicherhierarchie dar. Ihre Inhalte können in einem Prozessortakt in die Pipeline-Register (*latches*) der Ausführungseinheiten geladen werden. Da die Register eines Registersatzes auf dem Prozessor-Chip untergebracht, im Befehl direkt adressiert und mit vielen Ein- und Ausgabekanälen versehen sein müssen, ist ihre Anzahl stark beschränkt. Üblicherweise sind acht (beim IA-32-Registermodell), 32 (bei den RISC-Prozessoren) oder 128 (beim IA-64-Registermodell) allgemeine Register und nochmals ebensoviele Gleitkommaregister sowie zusätzliche Multimediaregister vorhanden. Je mehr Register vorhanden sind, desto größer wird der Zeitaufwand für das Sichern der Register beim Unterprogrammaufruf, bei Unterbrechungen und beim Kontextwechsel, bzw. für das Wiederherstellen des Registerzustandes bei Rückkehr aus einem Unterprogramm, einer Unterbrechung oder einem Betriebssystem-Kontextwechsel.

Jeder Aufruf einer Prozedur oder Rücksprung aus einer Prozedur – Aktionen, die sehr häufig auftreten – ändert die lokale Umgebung eines Programmablaufs. Bei jedem Unterprogrammaufruf muss der Registersatz gesichert werden, so dass die Daten im Anschluss an die Unterprogrammbearbeitung vom aufrufenden Unterprogramm wieder verwendet werden können. Hinzu kommt die Übergabe von Parametern.

Die Lösung dieses Problems basiert auf zwei Feststellungen: Ein Unterprogramm besitzt typischerweise nur wenige Eingangsparameter und lokale Variablen. Ferner ist die Schachtelungstiefe der Unterprogrammaufrufe in der Regel relativ klein. Um diese Eigenschaften zu nutzen, werden mehrere kleine Registermengen, die **Registerfenster** genannt werden, benötigt, wobei jede dieser Mengen einem Unterprogramm in der momentanen Schachtelungshierarchie zugeordnet ist. Bei einem Unterprogrammaufruf wird auf ein neues Registerfenster umgeschaltet, anstatt die Register im Speicher zu sichern. Die Fenster von aufrufendem und aufgerufenem Unterprogramm überlappen sich, um die Übergabe von Parametern zu ermöglichen (Abb. 8.2). Zu jedem Zeitpunkt ist nur ein Registerfenster sichtbar und adressierbar, so als ob nur ein Registersatz vorhanden wäre.

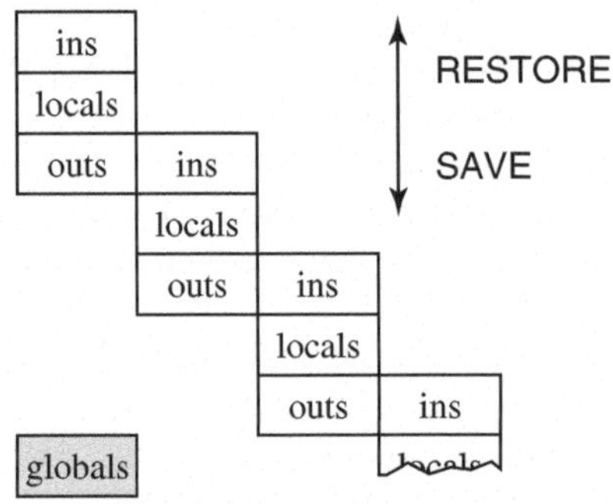

Abb. 8.2. Überlappende Registerfenster

Durch eine Registerorganisation mit Registerfenstern kann die Anzahl der Speicherzugriffe und der verbundene Zeitaufwand für das Sichern des Registersatzes bei Prozeduraufrufen verringert werden. Dieses zunächst beim Berkeley RISC eingeführte Verfahren wird im Folgenden am Beispiel der SPARC-Registerorganisation gezeigt. Es findet sich auch bei den superskalaren SPARC-Nachfolgern SuperSPARC und UltraSPARC in der Organisation der allgemeinen Register sowie in modifizierter Form beim IA-64-Registersatz des Itanium wieder.

Das Registerfenster bei der SPARC-Architektur ist in drei Bereiche aufgeteilt und besteht aus den folgenden 24 Registern: aus 8 `in`-Registern (*ins*), aus 8 lokalen Registern (*locals*) und aus 8 `out`-Registern (*outs*).[14] Die lokalen Register sind nur jeweils einer Unterprogrammaktivierung zugänglich. Die `in`-Register beinhalten sowohl die Parameter, die von dem aufrufenden Unterprogramm überge-

[14] Bei anderen RISC-Architekturen können die drei Bereiche auch von variabler Größe sein.

ben wurden, als auch die Parameter, die als Ergebnis des aufgerufenen Unterprogramms zurückgegeben werden. Die `out`-Register sind mit den `in`-Registern der nächsthöheren Schachtelungsebene identisch; diese Überlappung erlaubt eine Parameterübergabe, ohne Daten verschieben zu müssen.

Um jede mögliche Schachtelungstiefe handhaben zu können, müsste die Anzahl der Registerfenster unbegrenzt sein. Untersuchungen zeigen jedoch, dass etwa 8 bis 10 Registerfenster ausreichen. Sollte die Schachtelungstiefe die Anzahl der Registerfenster dennoch überschreiten, werden die ältesten Daten zwischenzeitlich im Hauptspeicher abgelegt und die frei werdenden Register erneut verwendet.

Daraus ergibt sich eine Umlaufspeicher-Organisation, wie sie in Abb. 8.3 am Beispiel eines SPARC-Prozessors mit acht Registerfenstern gezeigt ist. Die Registerfenster sind hier mit `w0` bis `w7` bezeichnet. Das augenblicklich aktive Registerfenster wird über den CWP (*Current Window Pointer*) referenziert, der in einem Feld des Prozessorstatuswortes untergebracht ist.

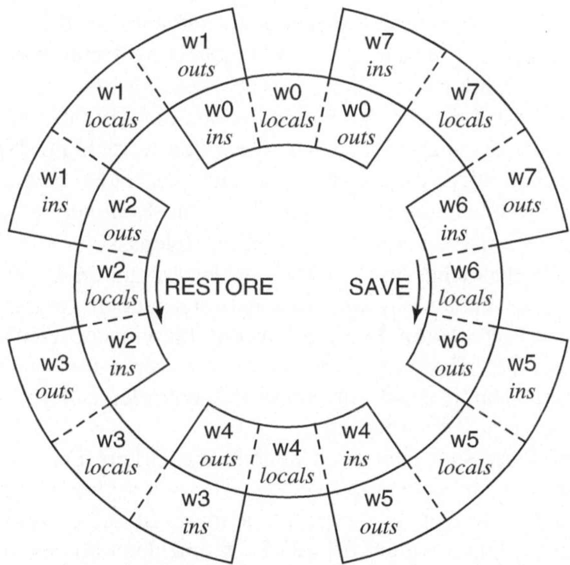

Abb. 8.3. Umlaufspeicher für überlappende Registerfenster

Der typische Ablauf bei einem Unterprogrammaufruf sieht dann so aus: Zunächst werden die Parameter für das Unterprogramm in die `out`-Register geschrieben. Dann wird mit einem `CALL`-Befehl in das Unterprogramm gesprungen. Am Anfang des Unterprogramms wird ein `SAVE`-Befehl ausgeführt, mit dem auf das nächste Fenster weitergeschaltet wird. Dabei wird der `CWP` dekrementiert. Im neuen Fenster können jetzt die Parameter aus den `in`-Registern gelesen und bearbeitet werden. Das Ergebnis bzw. die Ergebnisse der Berechnungen werden am Ende des Unterprogramms wieder in die `in`-Register geschrieben. Dann wird mit einem `RESTORE`-Befehl wieder auf das vorherige Fenster zurückgeschaltet (d.h. der `CWP` wird inkrementiert) und mit dem `RET`-Befehl in das aufrufende Programm zurückgesprungen. Von dort können die Ergebnisse wieder aus den `out`-Registern abgeholt werden.[15]

Da der Umlaufspeicher für Registerfenster nur eine begrenzte Größe hat, wird ein Mechanismus benötigt, der einen Fensterüberlauf (*window-overflow*) erkennen und bearbeiten kann. Ein Fensterüberlauf tritt auf, wenn mit einem `SAVE`-Befehl auf ein Registerfenster umgeschaltet wird, das sich mit einem bereits verwendeten Registerfenster überschneidet. In diesem Fall muss das zu überschreibende Fenster in den Hauptspeicher gesichert werden.

Ein Fensterrücklauf (*window underflow*) tritt auf, wenn gerade genau ein Registerfenster belegt ist, und es wird mit einem `RESTORE`-Befehl auf das vorherige Fenster zurückgeschaltet. In diesem Fall muss das vorherige Fenster aus dem Hauptspeicher nachgeladen werden.

Für die Erkennung eines Fensterüberlauf bzw. eines Fensterrücklaufs wird beim SPARC das WIM-Register (*Window-Invalid Mask*) verwendet. Im `WIM`-Register kann jedes Registerfenster durch Setzen des entsprechenden Bits als `invalid` markiert werden. Wenn der `CWP` durch `SAVE`- bzw. `RESTORE`-Befehle ein Fenster erreicht, das als `invalid` markiert ist, wird ein Trap ausgelöst. Die zugehörigen Trap-Routinen sind Teil des Betriebssystems und haben die Aufgabe, bei einem Fensterüberlauf ein Fenster auszulagern und bei einem Fensterrücklauf das vorherige Fenster wieder zurückzuholen. Es genügt dabei, nur die beiden Registerbereiche `ins` und `locals` zwischenzuspeichern. In den Trap-Routinen wird außerdem das `WIM`-Register jeweils an die veränderte Situation angepasst.

Man erkennt, dass ein Umlaufspeicher mit n Registerfenstern nur n-1 verschachtelte Unterprogrammaufrufe behandeln kann. Es hat sich jedoch gezeigt, dass bereits eine relativ kleine Anzahl von Registerfenstern für eine effiziente Prozedurbehandlung ausreicht. Der Berkeley-RISC-Prozessor verwendet acht Fenster mit jeweils 16 Registern. Damit ist in nur einem Prozent aller Unterprogrammaufrufe ein Hauptspeicherzugriff erforderlich.

Eine zu große Registerdatei kann sich aber auch negativ auswirken. Die Adressdecodierung für Register ist für eine größere Registermenge hardwareaufwändiger und kann eventuell mehr Zeit in Anspruch nehmen. In einer Multitasking-Umgebung, bei der der Programmablauf oft zwischen einzelnen Prozessen wechselt, wird mehr Zeit benötigt, um eine große Registerdatei im Hauptspeicher zu sichern. Die Frage der optimalen Anzahl an Registern ist also keineswegs trivial und hängt sicherlich auch vom Anwendungsgebiet ab.

Die Verwendung von Registerfenstern ermöglicht zwar eine effiziente Behandlung von lokalen Variablen, es werden dennoch auch globale Variablen benötigt, auf die mehrere Unterprogramme Zugriff haben müssen. Dafür ist bei der SPARC-Architektur ein Registerbereich vorgesehen, auf den alle Unterprogram-

[15] Man beachte, dass es beim SPARC für den Unterprogrammaufruf und das Weiterschalten des Fensters zwei verschiedene Befehle `CALL` und `SAVE` gibt. Beim Berkeley RISC-Prozessor dagegen sind diese beiden Befehle zu einem einzigen Befehl zusammengefasst.

me jederzeit Zugriff besitzen. Register `R0` bis `R7` sind die globalen Register, und Register `R8` bis `R31` beziehen sich auf das aktuelle Fenster. Der Compiler muss entscheiden, welche Variablen den einzelnen Registerbereichen zugewiesen werden sollen.

8.3 Virtuelle Speicherverwaltung

Mehrbenutzer-, Multitasking- und Multithreaded-Betriebssysteme stellen hohe Anforderungen an die Speicherverwaltung. Programme, die in einer Mehrprozessumgebung lauffähig sein sollen, müssen relozierbar (d.h. verschiebbar) sein. Das bedeutet, dass die geladenen Programme und ihre Daten nicht an festgelegte, physikalische Speicheradressen gebunden sein dürfen. Weiterhin sollen ein großer Adressraum für die einzelnen Prozesse und geeignete Schutzmechanismen zwischen den Prozessen bereitgestellt werden. Zur Durchführung der Schutzmechanismen wird zusätzliche Information über Zugriffsrechte und Gültigkeit der Speicherwörter benötigt.

Die **virtuelle Speicherverwaltung** unterteilt den physikalisch zur Verfügung stehenden Speicher in Speicherblöcke (als Seiten oder Segmente organisiert) und bindet diese an Prozesse. Damit ergibt sich ein Schutzmechanismus, der den Zugriffsbereich eines Prozesses auf seine Speicherblöcke beschränkt. Die Vorteile sind [Hennessy und Patterson 1996]:

- ein großer Adressraum mit einer Abbildung von beispielsweise 2^{32} bis 2^{64} virtuellen Adressen auf beispielsweise 2^{28} physikalische Adressen für physikalisch vorhandene Hauptspeicherplätze,
- eine einfache Relozierbarkeit (*relocation*), die es erlaubt, das Programm in beliebige Bereiche des Hauptspeichers zu laden oder zu verschieben,
- die Verwendung von Schutzbits, die beim Zugriff geprüft werden, und es ermöglichen unerlaubte Zugriffe abzuwehren,
- ein schneller Programmstart, da nicht alle Code- und Datenbereiche zu Programmbeginn im Hauptspeicher vorhanden sein müssen,
- eine automatische (vom Betriebssystem organisierte) Verwaltung des Haupt- und Sekundärspeichers, die den Programmierer von der früher üblichen *Overlay*-Technik entlastet.

Die Organisationsformen der virtuellen Speicherverwaltung und der Cache-Speicherverwaltung haben einiges gemeinsam. Cache-Blöcke korrespondieren mit den Speicherblöcken, d.h. den Seiten (*pages*) oder Segmenten der virtuellen Speicherverwaltung. Ein Cache-Fehlzugriff entspricht einem Seiten- oder Segmentfehlzugriff.

Allerdings wird die Cache-Speicherverwaltung vollständig in Hardware ausgeführt, während die virtuelle Speicherverwaltung vom Betriebssystem, also in Software, durchgeführt wird. Die virtuelle Speicherverwaltung erhält von der Hardware Unterstützung durch die sogenannte Speicherverwaltungseinheit (*Memory Management Unit MMU*) und durch spezielle Maschinenbefehle.

Die Adressbreite des Prozessors bestimmt die maximale Größe des virtuellen Adressraums und damit des virtuellen Speichers. Die Größe des oder der Cache-Speicher ist davon unabhängig. Die Cache-Speicherverwaltung verschiebt Cache-Blöcke zwischen den Cache-Speichern verschiedener Hierarchieebenen und dem Hauptspeicher. Die virtuelle Speicherverwaltung verschiebt Speicherblöcke zwischen Hauptspeicher und Sekundärspeicher, d.h. in der Regel einer Festplatte.

Auch die Größe und Zugriffsgeschwindigkeiten sind für die Cache- und die virtuelle Speicherverwaltungen sehr unterschiedlich. Tabelle 8.1 [Hennessy und Patterson 1996] gibt einen Überblick über die unterschiedlichen Größenordnungen verschiedener Parameter, bei denen sich Caches und virtuelle Speicher unterscheiden.

Tabelle 8.1. Typische Parameterbereiche für Caches und virtuelle Speicher

Parameter	Primär-Cache	virtueller Speicher
Block-/Seitengröße	16–128 Bytes	4 K–64 KBytes
Zugriffszeit	1–2 Takte	40–100 Takte
Fehlzugriffsaufwand	8-100 Takte	70000-6000 000 Takte
Fehlzugriffsrate	0.5-10%	0.00001-0.001%
Speichergröße	8 K–64 KBytes	16 M–8 GBytes

Aus den Speicherreferenzen in den Maschinenbefehlen des Objektcodes wird durch die Adressrechnung eine effektive Adresse berechnet. Diese wird als sogenannte **logische Adresse** durch die virtuelle Speicherverwaltung zuerst in eine **virtuelle Adresse** und dann in eine **physikalische Speicheradresse** transformiert. Häufig wird in der Literatur nicht zwischen logischen und virtuellen Adressen unterschieden. Die hier getroffene Unterscheidung wurde aus der Literatur zum PowerPC übernommen.

Die virtuelle Speicherverwaltung stellt während der Programmausführung fest, welche Daten gerade gebraucht werden, transferiert die angeforderten Speicherseiten zwischen Haupt- und Sekundärspeicher (z.B. Festplatte) und aktualisiert die Referenzen zwischen virtueller und physikalischer Adresse in einer Übersetzungstabelle. Falls eine Referenz nicht im physikalischen Speicher gefunden werden kann, wird dies als **Seitenfehler** (*page fault*) bezeichnet. Die Speicherseite muss dann durch eine Betriebssystemroutine nachgeladen werden. Das Benutzerprogramm bemerkt diese Vorgänge nicht. Die Zeit, die für den Umladevorgang benötigt wird, verringert jedoch die Verarbeitungsgeschwindigkeit. Die Lokalität von Code und Daten und eine geschickte Ersetzungsstrategie für jene Seiten, die im Hauptspeicher durch Umladen überschrieben werden, gewährleistet dennoch eine hohe Wahrscheinlichkeit, dass die Daten, die durch den Prozessor angefordert werden, im physikalischen Hauptspeicher zu finden sind.

Bei der Organisation einer virtuellen Speicherverwaltung stellen sich folgende Fragen [Hennessy und Patterson 1996]:

- *Wo kann ein Speicherblock im Hauptspeicher platziert werden?* Wegen dem außerordentlich hohen Fehlzugriffsaufwand (s. Tabelle 8.1), der linearen Adressierung des Hauptspeichers durch physikalische Adressen und der festen

Seitenlänge ist der Speicherort einer Seite im Hauptspeicher beliebig wählbar. Allerdings sollte bei den Segmenten wegen ihrer potenziell unterschiedlichen Segmentlängen auf eine möglichst große Verdichtung geachtet werden, um nicht durch Segmentierung des Freispeichers so kleine freie Hauptspeicherbereiche zu erhalten, dass diese nicht mehr belegt werden können.

- *Welcher Speicherblock sollte bei einem Fehlzugriff ersetzt werden?* Die übliche Ersetzungsstrategie ist die LRU-Strategie (*Least Recently Used*), die anhand von Zusatzbits für jeden Speicherblock feststellt, auf welchen Speicherblock am längsten nicht mehr zugegriffen worden ist und diesen ersetzt.

- *Wann muss ein verdrängter Speicherblock in den Sekundärspeicher zurückgeschrieben werden?* Falls der zu verdrängende Speicherblock im Hauptspeicher ungeändert ist, so kann dieser einfach überschrieben werden. Andernfalls muss der verdrängte Speicherblock in den Sekundärspeicher zurückgeschrieben werden.

- *Wie wird ein Speicherblock aufgefunden, der sich in einer höheren Hierarchiestufe befindet?* Eine Seiten- oder Segmenttabelle kann sehr groß werden. Um die Tabellengröße zu reduzieren, kann ein Hash-Verfahren auf den virtuellen Seiten-/Segmentadressen durchgeführt werden, was dazu führt, dass die Tabellengröße nur noch relativ der Zahl der physikalischen Seiten im Hauptspeicher ist. Diese ist meist sehr viel kleiner als die Zahl der virtuellen Seiten. Man spricht dann von einer invertierten Seitentabelle (*inverted page table*).

- *Welche Seitengröße sollte gewählt werden?* Es gibt gute Gründe für große Seiten: Die Größe der Seitentabelle ist umgekehrt proportional zur gewählten Seitengröße. Größere Seiten sparen Speicherplatz, da eine kleinere Seitentabelle genügt. Weiterhin kann ein Transport großer Seiten zwischen Haupt- und Sekundärspeicher effizienter organisiert werden als ein häufiger Transport kleiner Seiten. Die Zahl der Einträge im Adressumsetzungspuffer der Speicherverwaltungseinheit ist beschränkt. Große Seiten erfassen mehr Speicherplatz und führen damit zu weniger TLB-Fehlzugriffen (s. später in diesem Abschnitt). Für kleine Speicherseiten sprechen die geringere Fragmentierung des Speichers und ein schnellerer Prozessstart. Die Lösung ist meist eine Hybridtechnik, die es erlaubt mehrere unterschiedliche Seitengrößen zuzulassen oder Segmente und Seiten zu kombinieren.

Meist geschieht die Übersetzung einer logischen in eine physikalische Adresse nicht über *eine*, sondern über *mehrere* Übersetzungstabellen. Oft werden zwei Übersetzungstabellen – eine Segmenttabelle und eine Seitentabelle – benutzt.

Bei der Speichersegmentierung wird der gesamte Speicher in ein oder mehrere Segmente variabler Länge eingeteilt. Für jedes Segment können Zugriffsrechte getrennt vergeben werden, die dann bei der Adressübersetzung nachgeprüft werden. Ebenso wird beim Übersetzen einer logischen Adresse getestet, ob die erzeugte virtuelle Adresse überhaupt innerhalb des vom Betriebssystem reservierten Speicherbereichs liegt. Zusammen mit einer prozessspezifischen Festlegung der Zugriffsrechte kann ein Speicherschutzmechanismus realisiert werden.

Alternativ oder zusätzlich zur Speichersegmentierung wird die Seitenübersetzung eingesetzt. Dabei wird der Adressraum in Seiten fester Größe zerlegt (Größenordnung 1 bis 64 KByte, häufig 4 KByte). Die virtuelle Adresse wird in eine virtuelle Seitenadresse und eine Offset-Adresse aufgeteilt. Bei der Übersetzung einer virtuellen in eine physikalische Adresse wird die virtuelle Seitenadresse mit Hilfe von möglicherweise mehrstufigen Übersetzungstabellen in eine physikalische Seitenadresse umgewandelt, während die Offset-Adresse unverändert übernommen wird.

In Abb. 8.4 ist der Adressübersetzungsmechanismus der Intel-Prozessoren ab dem 80386 dargestellt, bei dem vor der Seitenübersetzung zusätzlich noch eine Segmentierung stattfindet. Bei den Intel-Prozessoren kann die Seitenübersetzung (*paging*) über ein Bit in einem Steuerregister ausgeschaltet werden.

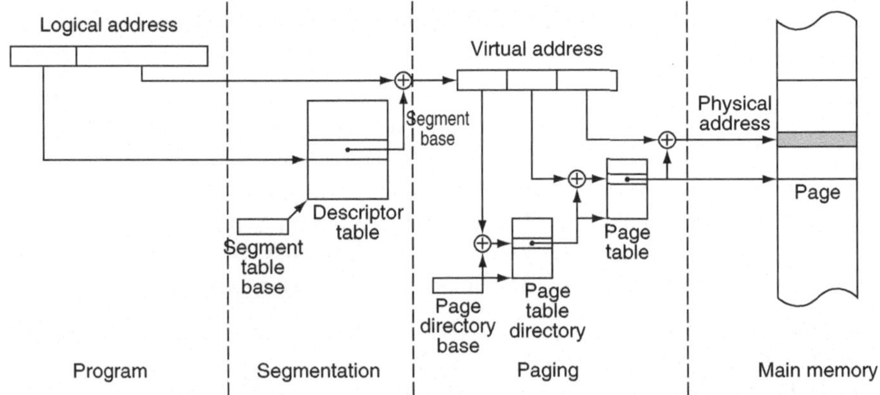

Abb. 8.4. Automatische Adressübersetzung bei den Intel-Prozessoren ab 80386

Bei den Intel-Prozessoren besteht eine logische Adresse aus einem Segmentselektor und einer Verschiebung (*offset*). Der Selektor steht in einem der Segmentregister `CS`, `DS`, `SS` etc. und wird meist implizit durch den Maschinenbefehl ausgewählt, während die Verschiebung explizit im Befehl spezifiziert wird.

In der ersten Phase der Adressübersetzung wird die logische Adresse in eine virtuelle Adresse übersetzt. Zu diesem Zweck wird der Segmentselektor als Zeiger in eine Deskriptortabelle verwendet, um einen Segmentdeskriptor auszuwählen. Dieser Deskriptor enthält die Informationen über die Basisadresse und die Länge des Segments und über die erforderlichen Zugriffsrechte. Die virtuelle 32-Bit-Adresse berechnet sich durch Addition von Segment-Basisadresse und Verschiebung. Falls die Verschiebung größer oder gleich der Segmentlänge ist oder wenn der Zugriff nicht erlaubt ist, wird eine Unterbrechung ausgelöst.

In der zweiten Phase wird aus der virtuellen Adresse in einem zweistufigen Verfahren die physikalische Adresse erzeugt. Dazu wird die virtuelle Adresse in drei Felder zerlegt. Mit den höchstwertigen 10 Bit wird ein Verzeichniseintrag aus dem Seitenverzeichnis (*Page table directory*) ausgewählt. Dieser Eintrag enthält die Adresse der zugehörigen Seitentabelle (*Page table*), aus der mit den nächsten

10 Bit der Tabelleneintrag mit der endgültigen physikalischen Seitennummer ausgewählt wird. Die restlichen 12 Bit der virtuellen Adresse werden unverändert an die physikalische Seitennummer angefügt und bilden zusammen mit dieser die physikalische Adresse. Jeder Eintrag im Seitenverzeichnis und in den Seitentabellen besteht aus einer 20 Bit breiten Seitennummer und einigen Verwaltungsbits. Insbesondere gibt es ein `PRESENT`-Bit, das anzeigt, ob die Seite im Hauptspeicher vorhanden ist. Ist dieses Bit nicht gesetzt, wird ein Seitenfehlzugriff (*page exception*) ausgelöst, welcher es dem Betriebssystem gestattet, die fehlende Seite nachzuladen.

Das softwaremäßige Durchlaufen der Übersetzungstabellen dauert verhältnismäßig lange, so dass eine Hardwareunterstützung unabdingbar ist. Eine schnelle Adressumsetzung wird durch eine Hardwaretabelle erreicht, die die wichtigsten Adressumsetzungen enthält und als **Adressübersetzungspuffer** (*Translation Look Aside Buffer TLB*) bezeichnet wird. Dieser ist ein meist nur 32 bis 128 Einträge großer Cache für die zuletzt durchgeführten Adressumsetzungen und wird vollassoziativ verwaltet. Meist ist der TLB um zusätzliche Logik zur Seitenverwaltung und für den Zugriffsschutz erweitert. Man spricht dann von einer **Speicherverwaltungseinheit** (*Memory Management Unit MMU*).

Ist ein gewünschter Eintrag im Adressübersetzungspuffer nicht vorhanden – also ein TLB-Fehlzugriff (*TLB miss*) –, so wird eine Unterbrechung ausgelöst, welche die Übersetzungstabellen der virtuellen Speicherverwaltung softwaremäßig durchläuft, um die physikalische Adresse herauszufinden, und dann das Adresspaar in den TLB einträgt.

Für den Befehls- und den Daten-Cache gibt es bei heutigen Mikroprozessoren auf dem Prozessor-Chip getrennte Speicherverwaltungseinheiten mit eigenen TLBs. Damit kann die Adressübersetzung für Code und Daten parallel zueinander durchgeführt werden. Die TLB-Zugriffe geschehen meist im gleichen Takt, in dem auch auf die Primär-Cache-Speicher zugegriffen wird. Ein TLB-Eintrag besteht aus einem Tag, der einen Teil der virtuellen Adresse enthält, einem Datenteil mit einer physikalischen Seitennummer (*physical page frame number*) sowie weiteren Verwaltungs- und Schutzbits für:

- Die Seite befindet sich im Hauptspeicher (*resident*),
- der Zugriff ist nur dem Betriebssystem erlaubt (*supervisor*),
- Schreibzugriff ist verboten (*read-only*),
- die Seite wurde verändert (*dirty*) oder
- ein Zugriff auf die Seite ist erfolgt (*referenced*).

Eine Erweiterung stellt der *Tagged* TLB dar, bei dem jeder TLB-Eintrag zusätzlich einen Prozesstag enthält, mit dem die Adressräume der verschiedenen Prozesse unterschieden werden können. Im Falle eines Prozesswechsels müssen die TLB-Einträge nicht gelöscht werden (*TLB flush*), sondern werden nach Bedarf verdrängt. Tagged TLBs finden sch beim MIPS R4000, während die TLBs bei den 486-, Pentium-, PowerPC- und Alpha-21064-Prozessoren keine Prozesstags verwenden und nach einem Prozesswechsel alle TLB-Einträge explizit löschen müssen [Hennessy und Patterson 1996].

8.4 Cache-Speicher

8.4.1 Grundlegende Definitionen

„Cache“ bedeutet in wörtlicher Übersetzung „Versteck“, und wo immer in einem Computersystem ein Cache vorkommt, gilt es etwas zu verstecken. Beim Prozessor-Cache ist dies ein zu langsamer Hauptspeicher [Schnurer 93].

Unter einem **Cache-Speicher** versteht man einen kleinen, schnellen Pufferspeicher, in dem Kopien derjenigen Teile des Hauptspeichers gepuffert werden, auf die aller Wahrscheinlichkeit nach vom Prozessor als nächstes zugegriffen wird.

Auf den Cache-Speicher soll der Prozessor fast so schnell wie auf seine Register zugreifen können. Er ist deshalb bei heutigen Mikroprozessoren als sogenannter **Primär-Cache** (*on-chip-*, *first-level-*, *primary-cache*) direkt auf dem Prozessor-Chip angelegt oder als **Sekundär-Cache** (*secondary-level-cache*, *L2-cache*) entweder ebenfalls auf dem Prozessor-Chip oder in der schnellen und teuren SRAM-Technologie realisiert. Meist werden heute als Primär-Caches getrennte **Code-** und **Daten-Cache-Speicher** mit jeweils eigenen Speicherverwaltungseinheiten angewandt, um die Zugriffe durch die Befehlsholeeinheit und die Lade-/Speichereinheit zu entkoppeln. Die Cache-Speicher besitzen nur einen Bruchteil der Kapazität des in DRAM-Technologie aufgebauten Hauptspeichers. Durch die Verwendung von Cache-Speichern wird die Lücke zwischen der hohen Zugriffsgeschwindigkeit auf Register und dem langsameren Zugriff auf den Hauptspeicher teilweise überbrückt. Hauptzweck eines Cache-Speichers ist es, die mittlere Zugriffszeit auf den Hauptspeicher zu verringern.

Die **Cache-Speicherverwaltung** sorgt dafür, dass der Inhalt des Cache-Speichers in der Regel das Speicherwort enthält, auf das der Prozessor als nächstes zugreift. Die Cache-Speicherverwaltung muss sehr schnell sein und ist deshalb vollständig in Hardware realisiert. Durch eine Hardwaresteuerung (*cache-controller*) werden automatisch die Speicherwörter in den Cache kopiert, auf die der Prozessor zugreift. Die Cache-Speicherverwaltung muss von der für die virtuelle Speicherverwaltung zuständigen Speicherverwaltungseinheit unterschieden werden, wenn auch beide meist ineinander greifen (s. Abschn. 8.4.6).

Man spricht von einem **Cache-Treffer** (*cache hit*), falls das angeforderte Speicherwort[16] im Cache-Speicher vorhanden ist, und von einem **Cache-Fehlzugriff** (*cach-miss*), falls das angeforderte Speicherwort nur im Hauptspeicher steht. Im Falle eines Cache-Fehlzugriffs wird eine bestimmte Speicherportion, die das angeforderte Speicherwort umfasst, aus dem Hauptspeicher in den Cache-Speicher geladen. Dies geschieht durch die Cache-Speicherverwaltung unabhängig vom Prozessor. Der Prozessor hat die Illusion, immer auf den Hauptspeicher zuzugreifen, und merkt den Unterschied nur daran, dass der Zugriff im Falle eines Cache-

[16] Im Folgenden wird der Einfachheit halber von „Speicherwort“ gesprochen, wenn allgemein ein Speicherzugriff des Prozessors gemeint ist. Der Zugriff kann in gleicher Weise ein in ein Register zu ladendes oder aus einem Register zu speicherndes Datenwort als auch einen bzw. im Falle der Superskalarprozessoren sogar gleich mehrere aufeinander folgende Befehle betreffen.

Fehlzugriffs länger dauert. Für das Anwenderprogramm bleibt die Verwendung eines Cache-Speichers transparent.

Die **Cache-Zugriffszeit** t_{hit} bei einem Treffer ist die Anzahl der Takte, die benötigt wird, um ein Speicherwort im Cache zu identifizieren, die Verfügbarkeit und Gültigkeit zu prüfen und das Speicherwort der nachfolgenden Pipeline-Stufe zur Verfügung zu stellen.

Die **Trefferrate** (*hit rate*) ist der Prozentsatz der Treffer beim Cache-Zugriff bezogen auf alle Cache-Zugriffe. Die **Fehlzugriffsrate** (*miss rate*) ist der Prozentsatz der Cache-Fehlzugriffe bezogen auf alle Cache-Zugriffe.

Der **Fehlzugriffsaufwand** (*miss penalty*) t_{miss} ist die Zeit, die benötigt wird, um einen Cache-Block von einer tiefer gelegenen Hierarchiestufe in den Cache zu laden und das Speicherwort dem Prozessor zur Verfügung zu stellen.

Die **Zugriffszeit** (*access time*) t_{access} zur unteren Hierarchiestufe ist abhängig von der Latenz des Zugriffs auf der unteren Hierarchiestufe.

Die **Übertragungszeit** (*transfer time*) $t_{transfer}$ ist die Zeit, um den Block zu übertragen, und hängt von der Übertragungsbandbreite und der Blocklänge ab.

Die **mittlere Zugriffszeit** (*average memory-access time*) $t_{average\text{-}access}$ ist definiert als (in ns oder Prozessortakten):

$$t_{average\text{-}access} = (\mathit{Trefferrate}) * t_{hit} + (1 - \mathit{Trefferrate}) * t_{miss}$$

$$= \text{Trefferrate} * \text{Cache-Zugriffsrate} + \text{Fehlzugriffsrate} * \text{Fehlzugriffsaufwand}$$

Je höher die Trefferquote, desto mehr verringert sich die mittlere Zugriffszeit. Dadurch beschleunigt sich sowohl der Zugriff auf den Programmcode – Programmschleifen stehen häufig vollständig im Cache – als auch der Zugriff auf die Daten.

8.4.2 Grundlegende Techniken

Bei einem Cache-Speicher versteht man unter einem **Blockrahmen** (*block frame*) eine Anzahl von Speicherplätzen, dazu ein Adressetikett und Statusbits. Ein **Cache-Block** (*cache block*, *cache line*) ist die Speicherportion, die in einen Blockrahmen passt. Dies ist gleichzeitig auch die Speicherportion, die auf einmal zwischen Cache- und Hauptspeicher übertragen wird. Unter **Blocklänge** (*block size*, *line size*) versteht man die Anzahl der Speicherplätze in einem Blockrahmen. Typische Blocklängen sind 16 oder 32 Byte.

Das **Adressetikett** (*address tag*, *cache tag*), das auch einfach **Tag** genannt wird, enthält einen Teil der Blockadresse, also einen Teil der Speicheradresse des ersten Speicherworts der aktuell im Blockrahmen gespeicherten Speicherwörter. Die Statusbits sagen aus, ob der Cache-Block „gültig" bzw. „ungültig" ist und ob ein Teil des Cache-Blocks geändert wurde (das *Dirty Bit* gesetzt).

Die Menge der Blockrahmen eines Cache-Speichers ist in **Sätze** (*sets*) unterteilt. Die Anzahl der Blockrahmen in einem Satz wird als **Assoziativität** (*associativity*, *degree of associativity*, *set size*) bezeichnet. Jeder Block kann nur in einem bestimmten Satz, aber dort in einem beliebigen Blockrahmen gespeichert werden. Die Gesamtzahl c der Blockrahmen in einem Cache-Speicher entspricht immer dem Produkt aus der Anzahl s der Sätze und der Assoziativität n, also $c = s * n$.

Die erste der vier wesentlichen Entscheidungen, die beim Entwurf einer (Cache-)Speicherhierarchie getroffen werden müssen, betrifft die Platzierung eines Blocks [Hennessy und Patterson 1996]: Hier besteht die Wahl zwischen vollassoziativ, satzassoziativ oder direkt-abgebildet. Ein Cache-Speicher heißt

- **vollassoziativ** (*fully-associative*), falls er nur aus einem einzigen Satz besteht ($s = 1, n = c$),
- **direkt-abgebildet** (*direct-mapped*), falls jeder Satz nur einen einzigen Blockrahmen enthält ($n = 1, s = c$) und
- ***n*-fach satzassoziativ** (*n-way set-associative*), sonst ($s = c/n$).

Abbildung 8.5 demonstriert diese Unterscheidung am Beispiel eines Cache-Speichers mit einer Kapazität von acht Cache-Blöcken ($c = 8$). Unter Annahme einer Abbildungsfunktion „Blockadresse modulo Anzahl Sätze" kann ein Block mit der Adresse 12 in einem der grau markierten Blockrahmen gespeichert werden. In Abb. 8.5 sind an den linken Seiten jeweils die Satznummern angegeben. Im Falle des vollassoziativen Cache-Speichers gibt es nur einen Satz und der Block kann an einer beliebigen Stelle abgelegt werden. Im Falle der zweifach satzassoziativen Verwaltung gibt es vier Sätze mit je zwei Blockrahmen. Der Cache-Block mit Adresse 12 muss also in einem der beiden Blockrahmen des Satzes 0 (0 = 12 mod 4) abgelegt werden. Im Falle der direkt-abgebildeten Organisation gibt es 8 Sätze mit je einem Blockrahmen. Der Block muss also im Satz 4 (4 = 12 mod 8) gespeichert werden.

Abb. 8.5. Vollassoziative, satzassoziative und direkt-abgebildete Cache-Speicher

Der prinzipielle Ablauf einer direkt-abgebildeten Cache-Speicherverwaltung ist in Abb. 8.6 dargestellt und geht folgendermaßen vor sich (s. [Ungerer 1995]): Die Adresse gliedert sich in einen Tagteil, einen Indexteil und eine Wortadresse. Tag- und Indexteil der Adresse ergeben die Blockadresse, während die Wortadresse das Speicherwort innerhalb des Blocks identifiziert. Jeder Blockrahmen besteht aus dem Tag (Adressteil des enthaltenen Blocks), einigen Statusbits und dem gespeicherten Cache-Block. Der Indexteil der angelegten Adresse selektiert den Cache-Blockrahmen. Dazu wird der Indexteil x einer Abbildungsfunktion f unterworfen und adressiert mit Hilfe des Satzdecoders einen Satz. Die meist verwendete Abbildungsfunktion ist f(x) = x mod s, wobei s eine Zweierpotenz ist. Ein Vergleicher überprüft die Gleichheit von Tagteil der angelegten Adresse und Tag (Adressteil des Blocks, der im selektierten Blockrahmen gespeichert ist). Bei Gleichheit wird noch der Status überprüft. Ist auch dieser in Ordnung, so haben wir einen Cache-Treffer und es wird anhand der Wortadresse das gesuchte Speicherwort aus dem Block ausgewählt. Im Falle eines Cache-Fehlzugriffs wird der Cache-Block verdrängt, der in dem ausgewählten Satz vorhanden ist.

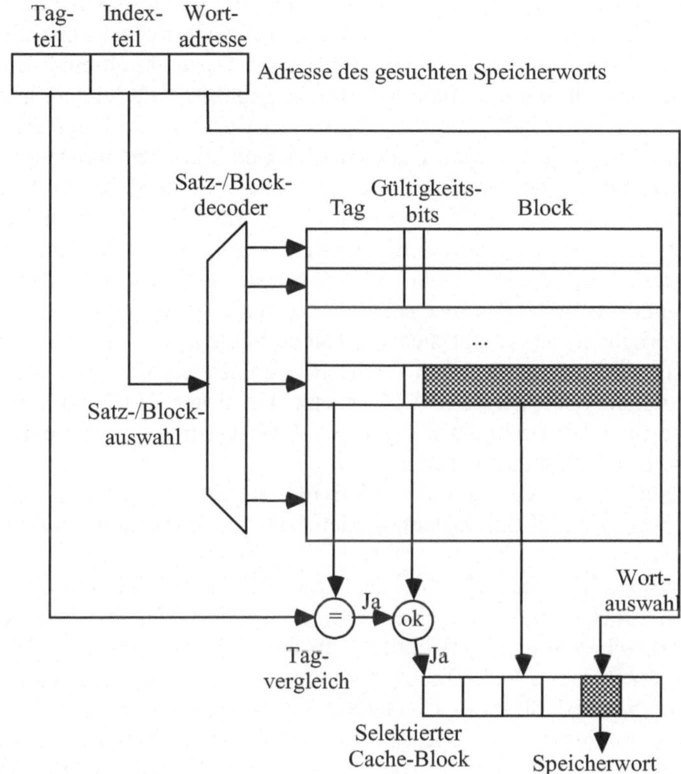

Abb. 8.6. Direkt-abgebildeter Cache-Speicher

Der direkt-abgebildete Cache-Speicher weist folgende Eigenschaften auf:

- Die Hardwarerealisierung ist einfach. Es werden pro Satz nur ein Vergleicher und nur ein Tagfeld benötigt.
- Der Zugriff erfolgt schnell, weil auf das Tagfeld parallel mit dem Block zugegriffen werden kann.
- Auch wenn an anderer Stelle im Cache noch Platz ist, erfolgt wegen der direkten Zuordnung eine Ersetzung, so dass die Speicherkapazität oft schlecht ausgenutzt wird.

- Das Ersetzungsverfahren ist einfacher als bei *n*-fach satzassoziativen Cache-Speichern, da bei einem direkt-abgebildeten Cache-Speicher jeder Satz nur *einen* Cache-Block enthält.
- Bei einem abwechselnden Zugriff auf Cache-Blöcke, deren Adressen den gleichen Indexteil haben, erfolgt laufendes Überschreiben des gerade geladenen Blocks. Es kommt zum **Flattern** (*thrashing*). Davon ist der direkt-abgebildete Cache-Speicher besonders häufig betroffen.

Der prinzipielle Ablauf einer *n*-fach satzassoziativen Cache-Speicherverwaltung ist vereinfacht in Abb. 8.7 dargestellt und geht folgendermaßen vor sich (s. [Ungerer 1995]): Die Adresse des gesuchten Speicherwortes sei durch eine Blockadresse und die Offset-Adresse innerhalb des Blocks gegeben. Die letztere adressiert das Speicherwort innerhalb des Cache-Blocks. Der Indexteil der Blockadresse *x* wird der Abbildungsfunktion f unterworfen und adressiert mit Hilfe des Satzdecoders einen Satz. Die Blockrahmen innerhalb des selektierten Satzes (Block[0],...,Block[n-1] in Abb. 8.7) werden nun nach dem gewünschten Block durchsucht. Dazu wird der Tagteil der Blockadresse mit den Cache-Tags aller Blöcke des selektierten Satzes verglichen. Wird der gesuchte Block gefunden, haben wir einen Cache-Treffer, falls festgestellt wird, dass der gesuchte Block in dem Satz nicht vorhanden ist, ergibt sich ein Cache-Fehlzugriff. Im Falle eines Cache-Fehlzugriffs wird automatisch ein Cache-Block nach der Ersetzungsstrategie durch den durch f(*x*) selektierten Block ersetzt. Ist dieser Block vorhanden, wird das verlangte Speicherwort gemäß der Block-Offset-Adresse vom Speicherwortselektor aus dem Block herausgesucht.

Bei Cache-Speichern mit geringer Assoziativität müssen nur wenige Blockrahmen pro Satz beim Zugriff durchsucht werden, was die Implementierung vereinfacht.

Die zweite Entscheidung betrifft, wie ein Cache-Block wieder aufgefunden wird. Jeder Cache-Block wird durch einen Tag identifiziert. Die Adresse eines Speicherworts setzt sich, wie in 8.7 ersichtlich, aus einem Tagteil, einem Indexteil und einer Wortadresse (oder Block-Offset) zusammen. Die Wortadresse bezeichnet das Speicherwort innerhalb eines Cache-Blocks, ist also von der Blocklänge und der Speicheradressierbarkeit abhängig. Im Falle eines byteadressierbaren Speichers und einer Blockgröße von 32 Bytes benötigt die Wortadresse fünf Bits. Der Indexteil wird benötigt um in einem direkt-abgebildeten oder n-fach satzassoziativen Cache-Speicher den Satz ausfindig zu machen. Seine Länge ist also von der Anzahl der Sätze im Cache-Speicher abhängig. Unter Annahme von 128 Cache-Sätzen benötigt der Indexteil sieben Bits der Speicherwortadresse. Der Rest der Adresse wird zum Tagteil, d.h., die Taglängen im Cache-Speicher hängen entscheidend von der Blocklänge, der Assoziativität und der Größe des Cache-Speichers ab. Bei gleich bleibender Cache-Größe verringert eine höhere Assoziativität die Indexlänge und vergrößert die Taglänge.

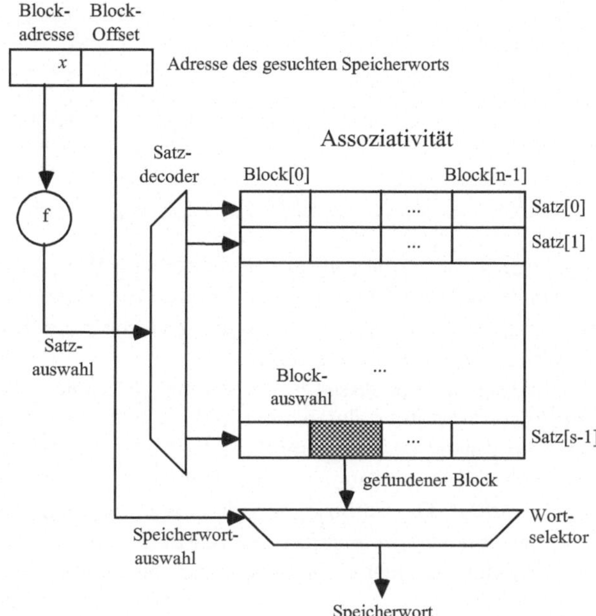

Abb. 8.7. *n*-fach satzassoziative Cache-Speicherverwaltung

Die dritte Entscheidung betrifft, welcher Block nach einem Fehlzugriff verdrängt wird. Die **Verdrängungsstrategie** bestimmt, welcher Block nach einem Cache-Fehlzugriff überschrieben wird. Sie ist in Hardware realisiert und muss sehr schnell reagieren. Für vollassoziative Cache-Speicher bietet sich eine Zufallsstrategie an, da diese den kleinsten Hardware-Aufwand verursacht. Ideal wäre die **LRU-Strategie** (*Least Recently Used*), die den Cache-Block verdrängt, auf den am längsten nicht mehr zugegriffen wurde. Meist wird jedoch die einfachere **Pseudo-LRU-Strategie** implementiert, die im Falle eines vierfach satzassoziativen Cache-Speichers mit drei Bits auskommt, jedoch gelegentlich auch den zweitletzten Cache-Block überschreibt [Schnurer 93].

Da vollassoziative Cache-Speicher technisch ab einer gewissen Größe nicht mehr realisierbar sind, ist diese Organisationsform meist nur bei den sehr kleinen TLBs (32 bis 128 Einträge) anzutreffen. Bei Primär-Cache-Speichern wird heute meist eine zwei- bis vierfach satzassoziativen Cache-Speicherorganisation angewandt.

Tabelle 8.2 [Hennessy und Patterson 1996] gibt die Prozentzahlen für die Fehlzugriffe bei verschiedenen Assoziativitäten und Verdrängungsstrategien wieder.

Tabelle 8.2. Prozentzahlen für die Fehlzugriffe

Assoziativität		2-way		4-way		8-way
Größe	LRU	Random	LRU	Random	LRU	Random
16 KB	5.18%	5.69%	4.67%	5.29%	4.39%	4.96%
64 KB	1.88%	2.01%	1.54%	1.66%	1.39%	1.53%
256 KB	1.15%	1.17%	1.13%	1.13%	1.12%	1.12%

Die vierte Entscheidung betrifft die Organisation der Schreibzugriffe des Prozessors auf den Cache-Speicher und die Methode, die Inhalte von Cache- und Hauptspeicher konsistent zu halten. Hier besteht die Wahl zwischen der Rückschreibe- und der Durchschreibestrategie mit Schreibpuffer.

Bei der **Durchschreibestrategie** (*write-through, store-through cache policy*) wird ein Speicherwort vom Prozessor immer gleichzeitig in den Cache- und in den Hauptspeicher geschrieben. Der Vorteil ist eine garantierte Konsistenz der Inhalte von Cache- und Hauptspeicher, da der Hauptspeicher immer die zuletzt geschriebene, also gültige Kopie enthält. Das ist besonders dann wichtig, wenn mehrere Verarbeitungselemente (beispielsweise mehrere Prozessoren) auf ein Speicherwort zugreifen wollen, das sich in einem Cache-Speicher befindet [Ungerer 1995].

Der Nachteil ist, dass der sehr schnelle Prozessor bei Schreibzugriffen mit dem langsamen Hauptspeicher synchronisiert werden muss und somit an Verarbeitungsgeschwindigkeit verliert. Um diesen Nachteil zu mildern, wird in Verbindung mit einer Durchschreibestrategie ein kleiner **Schreibpuffer** (*write buffer*) verwendet, der das zu schreibenden Speicherwort temporär aufnimmt und sukzessive in den Hauptspeicher überträgt, während der Prozessor parallel dazu mit weiteren Operationen fortfährt. Diese Technik wird als **gepufferte Durchschreibestrategie** (*buffered write-through*) bezeichnet.

Bei der **Rückschreibestrategie** (*store-in-cache, write-back, copy-back cache policy*) wird ein Speicherwort nur in den Cache-Speicher geschrieben und das Zustandsbit für „verändert", das sogenannte *Dirty Bit*, gesetzt. Der Hauptspeicher wird nur dann geändert, wenn das *Dirty Bit* gesetzt ist und der gesamte Block durch die Verdrängungsstrategie ersetzt wird. Diese Strategie, die einen höheren Verwaltungsaufwand bei einem Lesezugriff verlangt, benötigt beim Schreibzugriff durch den Prozessor keine Synchronisation mit dem Hauptspeicher. Die Strategie ist komplexer – aber vorteilhaft. Sie wird bei heutigen Rechnern vorwiegend angewandt.

Da die mittlere Zugriffszeit von der Fehlzugriffsrate, dem Fehlzugriffsaufwand und der Cache-Zugriffszeit bei einem Treffer abhängt, kann die Verarbeitungsleistung eines Cache-Speichers auf drei Arten verbessert werden:

- durch Verringern der Fehlzugriffsrate,
- durch Verringern des Fehlzugriffsaufwandes und
- durch Verringern der Cache-Zugriffszeit bei einem Treffer.

8.4.3 Verringern der Fehlzugriffsrate

Die Fehlzugriffsrate hängt entscheidend von einer Analyse der Ursachen für die Fehlzugriffe ab. Diese lassen sich in drei Klassen einteilen:

- **Erstzugriff** (*compulsory* – obligatorisch): Beim ersten Zugriff auf einen Cache-Block befindet sich dieser noch nicht im Cache-Speicher und muss erstmals geladen werden. Diese Art von Fehlzugriffen lässt sich auch als Kaltstartfehlzugriffe (*cold start misses*) oder Erstbelegungsfehlzugriffe (*first reference misses*) bezeichnen. Sie würden sogar in einem unendlich großen Cache-Speicher auftreten und sind unvermeidbar.
- **Kapazität** (*capacity*): Falls der Cache-Speicher nicht alle benötigten Cache-Blöcke aufnehmen kann, müssen Cache-Blöcke verdrängt und eventuell später wieder geladen werden. Fehlzugriffe wegen mangelnder Cache-Kapazität sind von der Cache-Speicherorganisation unabhängig und würden auch in einem vollassoziativen Cache mit entsprechend beschränkter Größe auftreten.
- **Konflikt** (*conflict*): Bei einer satzassoziativen oder direkt-abgebildeten Cache-Speicherorganisation können zusätzlich zu den ersten beiden Fehlzugriffsarten Konfliktfehlzugriffe auftreten, da ein Cache-Block potenziell verdrängt und später wieder geladen wird, falls zu viele Cache-Blöcke auf denselben Satz abgebildet werden. Diese Fehlzugriffe werden auch Kollisionsfehlzugriffe (*collision misses*) oder Interferenzfehlzugriffe (*interference misses*)[17] genannt. Kollisionsfehlzugriffe treten nur bei direkt-abgebildeten oder satzassoziativen Cache-Speichern beschränkter Größe auf.

Die Gesamtzahl der Fehlzugriffe hängt von den *3 Cs – Compulsory*, *Capacity*, *Conflict* – ab. Die Zahl der Fehlzugriffe, die durch einen Erstzugriff bedingt sind, kann nur durch die Wahl eines größeren Cache-Blocks und durch eine bessere Verteilung der Daten im Speicher durch den Compiler verringert werden. In beiden Fällen geht es darum, räumliche Lokalität auszunutzen und mit einem Speicherzugriff mehr erforderliche Daten bereitzustellen. Fehlzugriffe wegen mangelnder Cache-Speicherkapazität lassen sich nur durch größere Caches verringern. Unter der Annahme eines festen Budgets an Cache-Speicherplatz auf dem Chip kann jedoch die Anzahl der durch Konflikte ausgelösten Fehlzugriffe verringert werden. Die dafür möglichen Maßnahmen werden im Folgenden dargestellt (s. [Hennessy und Patterson 1996]):

1. *Größerer Cache-Block*: Größere Cache-Blöcke erhöhen die räumliche Lokalität und können somit die Zahl der Erstzugriffs- als auch der Konfliktfehlzugriffe verringern. Allerdings bedeutet das Laden größerer Cache-Blöcke auch einen größeren Fehlzugriffsaufwand und potenziell wiederum eher

[17] Der Begriff der Interferenz wird dabei analog zur Interferenz bei den Sprung-Prädiktoren angewandt, d.h., die als Index in die Tabelle gewählte Adressierung selektiert für mehrere Cache-Blöcke oder Sprungbefehle denselben Cache-Satz bzw. Sprungverlaufstabelleneintrag.

Konflikte, da der Cache weniger Cache-Blöcke umfasst. Simulationen zeigten, dass die optimale Blockgröße bei 32–128 Bytes liegt.

2. *Höhere Assoziativität*: Die Zahl der Konflikte lässt sich durch eine größere Assoziativität entscheidend verringern. Hennessy und Patterson formulieren die 2:1-Cache-Regel: Die Fehlzugriffsrate eines direkt-abgebildeten Cache-Speichers der Größe n entspricht grob derjenigen eines zweifach satzassoziativen Cache-Speichers der Größe $n/2$. Allerdings lässt sich die Assoziativität nicht beliebig steigern, da der Hardware-Aufwand und die Zugriffszeit ansteigen und im Falle eines On-Chip-Cache-Speichers die Taktrate des Prozessors beeinträchtigt wird. Üblich sind heute Assoziativitäten von vier- und achtfach.
3. *Victim Cache*: Im Falle eines direkt-abgebildeten Cache-Speichers tritt häufig das sogenannte Cache-Flattern ein, das durch mehrfache Speicherzugriffe auf zwei Cache-Blöcke, die auf denselben Cache-Satz abgebildet werden, bedingt ist. Die Folge ist, dass die Cache-Blöcke ständig zwischen dem Cache-Speicher und der nächsten Speicherhierarchieebene ausgetauscht werden. Die Fehlzugriffsrate kann in diesem Fall durch einen sogenannten Victim Cache verringert werden. Ein *Victim Cache* ist ein kleiner Pufferspeicher, auf den genauso schnell wie auf den Cache zugegriffen werden kann und der die zuletzt aus dem Cache geworfenen Cache-Blöcke aufnimmt. Jouppi [1990] konnte zeigen, dass ein vier Einträge großer Victim Cache 20% bis 95% der Konflikte eines 4 KByte großen direkt-abgebildeten Cache-Speichers lösen kann. Der Victim Cache wurde in Alpha- und HP-Prozessoren angewandt.
4. *Pseudo-Assoziativität*: Diese dient dazu, bei einem direkt-abgebildeten Cache-Speicher die Anzahl der Konflikte zu verringern. Der Cache wird in zwei Bereiche geteilt, auf die mit verschiedenen Geschwindigkeiten zugegriffen wird (s. Abb. 8.8). Im Fall eines Fehlzugriffs im ersten Cache-Bereich wird in zweiten Cache-Bereich gesucht. Falls das Speicherwort dort gefunden wird, so spricht man von einem Pseudo-Treffer.

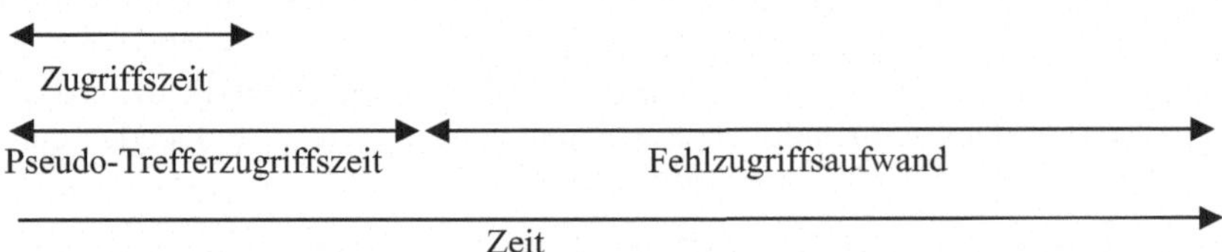

Abb. 8.8. Zeitverhalten bei Pseudo-Treffern

Das Verfahren eignet sich nicht gut für Primär-Cache-Speicher, da ein Cache-Zugriff, der ein oder zwei Takte benötigt, nur schwer in die Befehls-Pipeline eingebaut werden kann. Die Technik eignet sich jedoch für Sekundär-Cache-Speicher, da dann schon ein Cache-Fehlzugriff in der Prozessor-Pipeline ausgelöst wurde und sich nur die Zahl der Wartetakte erhöht. Die Technik wird bei den Sekundär-Cache-Speichern des MIPS R10000 und in ähnlicher Weise beim UltraSPARC angewandt.

5. *Vorabladen per Hardware* (*hardware prefetching*): Die Hardware lädt nach einem bestimmten Schema Speicherwörter spekulativ in den Cache-Speicher, ohne dass diese durch einen Fehlzugriff angefordert wurden. Spekulatives Laden benötigt, wie alle Arten von Spekulation, freie Ressourcen als Voraussetzung. Vorabladen macht nur dann Sinn, wenn zusätzliche Speicherbandbreite zur Verfügung steht, die durch eine normale Programmausführung nicht ausgenutzt wird. Die einfachste Form des spekulativen Vorabladens ist es, bei einem Cache-Fehlzugriff nicht einen, sondern gleich noch den darauf folgenden Cache-Block in den Cache-Speicher zu laden. Das geschieht bei einem Code-Cache-Fehlzugriff des Alpha-21064-Prozessors, der den zweiten Cache-Block allerdings in einen *Stream Buffer* genannten Pufferspeicher schreibt. Beim nächsten Cache-Fehlzugriff wird dann auf den Stream Buffer zugegriffen. Jouppi [1990] berichtet von 25% weniger Fehlzugriffen bei einem Stream Buffer und 43% weniger bei vier Stream Buffer unter Annahme eines 4 KByte großen Daten-Cache-Speichers. Palacharla und Kessler [1994] berichten für numerische Programme von 50% bis 70% weniger Fehlzugriffen bei acht Stream Buffers unter der Annahme von zwei 64 KByte großen vierfach satzassoziativen Cache-Speichern. Das Vorabladen per Hardware wird von vielen heutigen Prozessoren unterstützt. Beispielsweise erkennt der Pentium-4-Prozessor ständig wiederkehrende Zugriffsmuster und führt ein Vorabladen per Hardware durch seine Hardware-Dataprefetch-Einheit durch [Stiller 2000].
6. *Vorabladen per Software* (*software data prefetching*): Die Software lädt durch spezielle Vorabladebefehle (*cache prefetch*, *cache touch*) Daten spekulativ in den Daten-Cache-Speicher. Das Verfahren wird von vielen Prozessorarchitekturen unterstützt, wie beispielsweise bei den PowerPC-, SPARC-V9-, MIPS IV- und IA-64-Architekturen. Die Vorabladebefehle stellen eine Form der Software-Spekulation dar und erzeugen keine Ausnahmen. Zu beachten ist weiterhin, dass die Vorabladebefehle Befehle sind, die zusätzlich zum zugehörigen Ladebefehl in der Pipeline ausgeführt werden. Voraussetzung ist deshalb wiederum, dass ansonsten ungenutzte Ressourcen zur Verfügung stehen. Das betrifft neben der Speicherbandbreite auch die Befehlslade-, Zuordnungs- und Ausführungsbandbreite des Prozessors. Für heutige Superskalarprozessoren stellt die Verwendung von Vorabladebefehlen durch den Compiler neben der Sprungspekulation eine weitere Methode dar, um die Prozessorressourcen besser auszulasten.
7. *Compileroptimierungen*: Die Befehle und Daten werden vom Compiler so im Speicher angeordnet, dass Konflikte möglichst vermieden werden und die Kapazität besser ausgenutzt wird. Ziel ist es, dass möglichst nur Speicherwörter, die auch benötigt werden, in den Cache-Speicher geladen werden. Durch Hintereinanderanordnung von Daten, auf die nacheinander zugegriffen wird, lässt sich auch die Anzahl der Fehlzugriffe beim Erstzugriff verringern. Mögliche Techniken dafür sind das Zusammenfassen von Array-Datenstrukturen und die Manipulation der Schleifenanordnung: Beispiele dafür sind das Vertauschen genesteter Schleifen oder die Verschmelzung

von Schleifen, um auf die Daten in der gleichen Ordnung zuzugreifen, in der sie im Speicher stehen.

8.4.4 Verringern des Fehlzugriffsaufwandes

In ähnlicher Weise zeigen Hennessy und Patterson verschiedene Techniken, um den Fehlzugriffsaufwand zu verringern. Die Grundidee ist meist, dem Prozessor das zu ladende Speicherwort so schnell als möglich zur Verfügung zu stellen.

1. *Lade- vor Speicherzugriffen beim Cache-Fehlzugriff*: Im Falle einer Durchschreibestrategie werden die in den Speicher zu schreibenden Cache-Blöcke in einem Schreibpuffer zwischengespeichert. Dabei kann das Laden neuer Cache-Blöcke vor dem Speichern von Cache-Blöcken ausgeführt werden, um die Wartezeit des Prozessors auf die zu ladenden Speicherwörter zu verringern. Um sicherzugehen, dass bei einem vorgezogenen Laden keine Datenabhängigkeit zu einem der passierten Speicherwörter verletzt wird, müssen die Ladeadressen mit den Adressen der zu speichernden Daten verglichen werden. Im Falle einer Übereinstimmung muss die Ladeoperation ihren Wert aus dem Schreibpuffer und nicht aus der nächst tieferen Speicherhierarchieebene erhalten.
   Auch bei Rückschreib-Cache-Speichern wird bei einem Cache-Fehlzugriff der verdrängte „Dirty"-Block zurückgespeichert. Normalerweise würde das Rückspeichern vor dem Holen des neuen Cache-Blocks erfolgen. Um den zu ladenden Wert dem Prozessor so schnell als möglich zur Verfügung stellen zu können, wird der verdrängte Cache-Block ebenfalls im Schreibpuffer zwischengespeichert und erst der Ladezugriff vor dem anschließenden Rückschreibzugriff auf dem Speicher durchgeführt.
2. *Zeitkritisches Speicherwort zuerst* (*critical word first*): Das Laden eines Cache-Blocks in den Cache kann mehrere Takte dauern. Der Prozessor benötigt jedoch nur das Speicherwort dringend, dessen Ladezugriff den Fehlzugriff ausgelöst hat. Sobald dieses Speicherwort im Cache ankommt, wird es sofort dem Prozessor zur Verfügung gestellt und dieser kann weiterarbeiten (*early restart*). Darüber hinaus kann das angeforderte Speicherwort auch als erstes vom Speicher zum Cache übertragen werden (*critical word first, wrapped fetch*) und anschließend werden die nicht zeitkritischen, restlichen Speicherwörter des Cache-Blocks übertragen. Beide Verfahren sind nur bei einem großen Cache-Block effizient und bringen keinen Vorteil, wenn auch sofort auf die benachbarten Speicherwörter zugegriffen wird.
3. *Nichtblockierender Cache-Speicher* (*non-blocking cache*, *lockup-free cache*): Im Falle eines Cache-Fehlzugriffs können nachfolgende Ladeoperationen, die nicht denselben Cache-Block benötigen, auf dem Cache-Speicher durchgeführt werden, ohne dass auf die Ausführung der den Fehlzugriff auslösenden Lade- oder Speicheroperation gewartet werden muss. Ein Fehlzugriff blockiert damit keine nachfolgenden Ladebefehle. Konsequenterweise kann das Verfahren auch auf mehrere Cache-Fehlzugriffe ausgedehnt

werden, also Ladezugriffe bei mehreren ausstehenden Cache-Fehlzugriffen erlauben. Die Komplexität der Cache-Speicherverwaltung wird dadurch erheblich erhöht, da mehrere ausstehende Speicherzugriffe verwaltet werden müssen. Dennoch wird das Verfahren heute allgemein angewandt. Bereits der PentiumPro-Prozessor erlaubte beispielsweise vier ausstehende Speicherzugriffe. Probleme ergeben sich jedoch für die Speicherkonsistenz, falls Prozessoren mit nicht-blockierenden Cache-Speichern in Multiprozessorsystemen eingesetzt werden (s. Abschn. 8.4.8).

4. *Einsatz eines Sekundär-Cache-Speichers* (*L2 cache*): Wie schon erwähnt, befinden sich auf dem Prozessor-Chip getrennte Code- und Daten-Cache-Speicher als Primär-Caches. Auf diese kann mit der Taktrate des Prozessors zugegriffen werden. Sie sind deshalb mit 8 bis 64 KBytes verhältnismäßig klein. Durch die Trennung erreicht man einen parallelen Zugriff auf Programm und Daten, wodurch die hohen Anforderungen der heutigen Superskalar-Prozessoren an die Speicherbandbreiten erfüllt werden können. Dabei wird auf dem Chip eine Harvard-Architektur realisiert, bei der Programm und Daten in getrennten Speichern abgelegt werden (s. Abschn. 2.3.1). Falls nur ein einziger Cache-Speicher für Code und Daten vorhanden ist, spricht man dagegen von einem einheitlichen Cache-Speicher. Neben den Primär-Caches befindet sich häufig ein weiterer, heute etwa 1 bis 2 MByte großer Sekundär-Cache und eventuell sogar ein bis zu 16 MByte großer Tertiär-Cache auf dem Prozessor-Chip. Dieser sorgt dafür, dass bei einem Fehlzugriff auf den Primär-Cache die Daten schnell nachgeladen werden können. Beim Austausch von Daten zwischen Hauptspeicher und Sekundär-Cache bzw. Sekundär- und Primär-Cache werden komplette Blöcke oder Teilblöcke in einer Aktion (*burst*) übertragen. Beim Vorhandensein eines Sekundär-Cache-Speichers wird der Primär-Cache meist als Durchschreibespeicher betrieben, so dass alle Daten im Primär-Cache auch im Sekundär-Cache stehen (Inklusionsprinzip). Der Sekundär-Cache arbeitet dagegen in der Regel mit dem Rückschreibeverfahren.
   Der Sekundär-Cache kann als sogenannter *Look-aside Cache* parallel zum Hauptspeicher an den Bus angeschlossen werden. Der Prozessor kann so direkt auf Cache und Hauptspeicher zugreifen. Allerdings ist dies nur bei Ein-Prozessorsystemen sinnvoll, da es bei jedem Speicherzugriff zu einem Buszugriff und damit zu einer erheblichen Zusatzbelastung des Speicherbusses kommt.

8.4.5 Verringern der Cache-Zugriffszeit bei einem Treffer

Als weitere Cache-Optimierung kann die Zugriffszeit beim Cache-Treffer verringert werden.

1. *Primär-Cache-Speicher auf dem Prozessor-Chip*: Wie schon erwähnt, sollte der Primär-Cache-Speicher auf dem Prozessor-Chip untergebracht und klein sowie einfach genug strukturiert sein, um mit der Geschwindigkeit der Pro-

zessortaktrate zugreifen zu können. Bereits der Alpha-21164-Prozessor hatte beispielsweise je 8 KByte Primär-Caches für Befehle und Daten und einen Sekundär-Cache-Speicher von 96 KBytes auf dem Prozessor-Chip. Ein direkt-abgebildeter Cache ist im Zugriff schneller als ein mehrfach satzassoziativer Cache. Jedoch finden sich heute bis zu achtfach satzassoziative Daten-Caches als Primär-Caches auf dem Prozessor-Chip. Die Primär-Cache-Größen variieren von 8 KByte beim Pentium-4- über 16 KByte beim Pentium-III- bis zu 64 KByte beim Athlon-Prozessor.

2. *Virtueller Cache*: Die Zugriffszeit kann auch durch ein Vermeiden von Adressübersetzungen erhöht werden. Der Cache kann mit der virtuellen Adresse (virtueller Cache) statt mit der physikalischen Adresse (physikalischer Cache) angesprochen werden. Je nachdem, ob die Adressumsetzung durch eine Speicherverwaltungseinheit (MMU) vor oder hinter dem Cache vorgenommen wird (Abb. 8.9), spricht man von einem **virtuell** oder **physikalisch adressierten Cache-Speicher**.
   Der virtuell adressierte Cache hat den Vorteil, dass auf die Daten schneller zugegriffen werden kann, da bei einem Cache-Treffer keine Adressumsetzung notwendig ist. Jedoch muss bei einem virtuellen Cache bei jedem Prozesswechsel ein Löschen der Cache-Inhalte erfolgen, da ansonsten falsche Treffer geschehen. Die zusätzlichen Kosten sind dann die Zeit für das Leeren des Cache plus die Zeit für die Erstbelegungsfehlzugriffe, da nach einem Prozesswechsel immer mit einem leeren Cache gestartet wird. Eine Lösung dafür ist das Einführen von Prozessidentifikatoren, die zusätzlich zu den Cache-Tags für die Blockselektion verwendet werden.

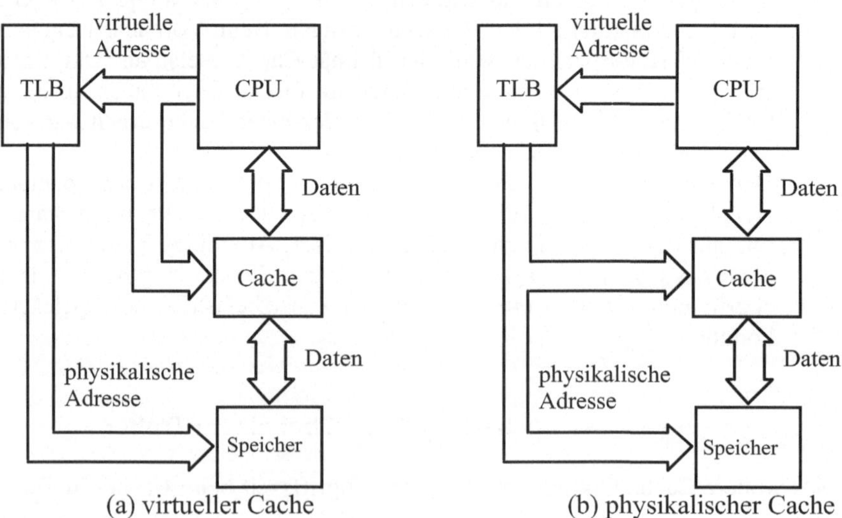

Abb. 8.9. Zwei Möglichkeiten der Cache-Adressierung

Weiterhin verursacht der virtuelle Cache ein Problem beim „Bus-Schnüffeln" (s. Abschn. 8.4.7), da die Cache-Tags virtuelle (bzw. logische) und nicht physikalische Adressen sind. Wenn eine Speicherzelle durch einen Ein-/Ausgabevorgang eines anderen Prozesses oder durch einen anderen Prozessor in einem Multiprozessorsystem verändert wird, so merkt der virtuell adressierte Cache diese Änderung nicht ohne Weiteres. Um zu verhindern, dass der Prozessor mit veralteten Daten arbeitet, wird zusätzlich zu den virtuellen Cache-Tags ein weiterer Satz von physikalischen Cache-Tags für das Bus-Schnüffeln benötigt.

Eine effiziente Lösung bietet die als *logically indexed* und *physically tagged* bezeichnete Cache-Organisation, die bereits beim 88110-Prozessor angewandt wurde [Diefendorf und Allen 1992]. TLB- und Cache-Zugriff werden parallel zueinander durchgeführt. Damit ist dieses Verfahren besonders effizient. Es wird nur ein Takt mehr als für einen Registerzugriff benötigt.

Der Cache-Tag ist eine physikalische Adresse, die durch Übersetzung der höchstwertigen Bits der logischen Adresse mit Hilfe eines TLBs erzielt wird (deshalb: *physically tagged*). Gleichzeitig selektiert der Indexteil der logischen Adresse den Cache-Satz (deshalb: *logically indexed*) und die niederwertigsten Bits der logischen Adresse selektieren das Speicherwort im Satz. Satzauswahl, Speicherwortselektion und TLB-Zugriff geschehen gleichzeitig. Die durch den TLB-Zugriff erzielte physikalische Tag-Adresse wird mit dem Cache-Tag des selektierten Cache-Blocks verglichen, um festzustellen, ob der Zugriff ein Treffer oder Fehlschlag ist.

3. *Pipeline-Verarbeitung für Schreibzugriffe auf den Cache*: Die Tag-Prüfung eines Cache-Zugriffs und die Cache-Modifikation durch den vorherigen Schreibzugriff können als separate Pipeline-Stufen implementiert und überlappt zueinander ausgeführt werden. Durch eine solche zusätzliche Pipeline-Verarbeitung wird die Zugriffsgeschwindigkeit bei hohen Prozessortaktraten erhöht.

In Tabelle 8.3 (s. [Hennessy und Patterson 1996]) werden die Cache-Optimierungsmöglichkeiten nochmals zusammengefasst und die Auswirkungen auf die Fehlzugriffsrate, den Fehlzugriffsaufwand und die Zugriffszeit bei einem Treffer miteinander verglichen (+ bedeutet positive, – bedeutet negative und kein Eintrag bedeutet ohne Auswirkung). Die Komplexitätsangabe misst den ungefähren Hardware-Aufwand für die entsprechende Optimierungsmaßnahme.

Tabelle 8.3. Cache-Optimierungsmöglichkeiten

Technik	*Fehlzugriffsrate*	*Fehlzugriffsaufwand*	*Zugriffszeit beim Treffer*	*Komplexität*
Verringern der Fehlzugriffsrate:				
Größerer Cache-Block	+	–		0
Größere Assoziativität	+		–	1
Victim Cache	+			2
Pseudo-Assoziativität	+			2
Vorabladen per Hardware	+			2
Vorabladen per Software	+			3
Umordnung durch den Compiler	+			0

Verringern des Fehlzugriffsaufwands:				
Laden vor Speichern		+		1
Zeitkritisches Wort zuerst		+		2
Nichtblockierender Cache		+		3
Sekundär-Cache		+		2
Verringern der Zugriffszeit beim Treffer:				
On-Chip-Cache	–		+	0
Virtueller Cache			+	2
Pipelining im Cache			+	1

8.4.6 Cache-Kohärenz und Speicherkonsistenz

Falls in einem Multiprozessorsystem mehrere Prozessoren mit jeweils eigenen Cache-Speichern unabhängig voneinander auf Speicherwörter des Hauptspeichers zugreifen können, entstehen Gültigkeitsprobleme. Mehrere Kopien des gleichen Speicherworts können sich in den Cache-Speichern der verschiedenen Prozessoren befinden und müssen miteinander in Einklang gebracht werden.

Eine Cache-Speicherverwaltung heißt **cache-kohärent,** falls ein Lesezugriff immer den Wert des zeitlich letzten Schreibzugriffs auf das entsprechende Speicherwort liefert. **Kohärenz** bedeutet das korrekte Voranschreiten des Systemzustands durch ein abgestimmtes Zusammenwirken der Einzelzustände [Hoffmann 1993]. Im Zusammenhang mit einem Cache-Speicher muss das System dafür sorgen, dass immer die aktuellen und nicht die veralteten Daten gelesen werden. Ein System ist **konsistent**, wenn alle Kopien eines Speicherworts im Hauptspeicher und den verschiedenen Cache-Speichern *identisch* sind. Dadurch ist auch die Kohärenz sichergestellt.

Eine Inkonsistenz zwischen Cache-Speicher und Hauptspeicher entsteht dann, wenn ein Speicherwort nur im Cache-Speicher und nicht gleichzeitig im Hauptspeicher verändert wird. Solche Inkonsistenzen entstehen bei Anwendung des Rückschreibeverfahrens im Gegensatz zur Anwendung des Durchschreibeverfahrens.

Um alle Kopien eines Speicherworts immer konsistent zu halten, müsste ein hoher Aufwand getrieben werden, der zu einer Leistungseinbuße führen würde. Es kann nun im begrenzten Umfang die Inkonsistenz der Daten zugelassen werden, wenn ein geeignetes **Cache-Kohärenzprotokoll** dafür sorgt, dass die Cache-Kohärenz gewährleistet ist. Das Protokoll muss sicherstellen, dass immer die aktuellen und nicht die veralteten Daten gelesen werden. Dabei gibt es zwei prinzipielle Ansätze für Cache-Kohärenzprotokolle:

- **Write-update-Protokoll**: Beim Verändern einer Kopie in einem Cache-Speicher müssen alle Kopien in anderen Cache-Speichern ebenfalls verändert werden, wobei die Aktualisierung auch verzögert (spätestens beim Zugriff) erfolgen kann.

- **Write-invalidate-Protokoll**: Vor dem Verändern einer Kopie in einem Cache-Speicher müssen alle Kopien in anderen Cache-Speichern für „ungültig“ erklärt werden.

Üblicherweise wird bei symmetrischen Multiprozessoren ein *Write-invalidate-*Cache-Kohärenzprotokoll mit Rückschreibeverfahren angewandt.

8.4.7 Busschnüffeln und MESI-Protokoll

Weiterhin wird bei symmetrischen Multiprozessoren, bei denen mehrere Prozessoren mit lokalen Cache-Speichern über einen Systembus an einen gemeinsamen Hauptspeicher angeschlossen sind, das sogenannte **Bus-Schnüffeln** (*bus-snooping*) angewandt. Die Schnüffel-Logik jedes Prozessors „hört“ am Speicherbus die Adressen mit, die von den anderen Prozessoren auf den Bus gelegt werden. Die Adressen auf dem Bus werden mit den Adressen der Cache-Blöcke im Cache-Speicher verglichen. Bei Übereinstimmung der auf dem Systembus erschnüffelten Adresse mit einer der Adressen der Cache-Blöcke im Cache-Speicher geschieht Folgendes:

- Im Fall eines erschnüffelten Schreibzugriffs wird der im Cache gespeicherte Cache-Block für „ungültig“ erklärt, sofern auf den Cache-Block nur lesend zugegriffen wurde.
- Wenn ein Lese- oder Schreibzugriff erschnüffelt wird und die Datenkopie im Cache-Speicher verändert wurde, dann unterbricht die Schnüffel-Logik die Bustransaktion. Die „schnüffelnde“ Hardware-Logik übernimmt den Bus und schreibt den betreffenden Cache-Block in den Hauptspeicher. Dann wird die ursprüngliche Bustransaktion erneut durchgeführt. Alternativ könnte auch ein direkter Cache-zu-Cache-Transfer durchgeführt werden (*Snarfing* genannt [Diefendorf und Allen 1992]).

Als Cache-Kohärenzprotokoll in Zusammenarbeit mit dem Bus-Schnüffeln hat sich das sogenannte **MESI-Protokoll** durchgesetzt (s. Abb. 8.10). Dieses ist als Write-invalidate-Kohärenzprotokoll einzuordnen.

Das MESI-Protokoll[18] ordnet jedem Cache-Block einen der folgenden vier Zustände zu:

- *Exclusive modified*: Der Cache-Block wurde durch einen Schreibzugriff geändert und befindet sich ausschließlich in diesem Cache.
- *Exclusive unmodified*: Der Cache-Block wurde für einen Lesezugriff übertragen und befindet sich nur in diesem Cache.
- *Shared unmodified*: Kopien des Cache-Blocks befinden sich für Lesezugriffe in mehr als einem Cache.
- *Invalid*: Der Cache-Block ist ungültig.

---

[18] Das Akronym „MESI“ wurde aus Anfangsbuchstaben der Zustände *exclusive Modified, Exclusive unmodified, Shared unmodified* und *Invalid* gebildet.

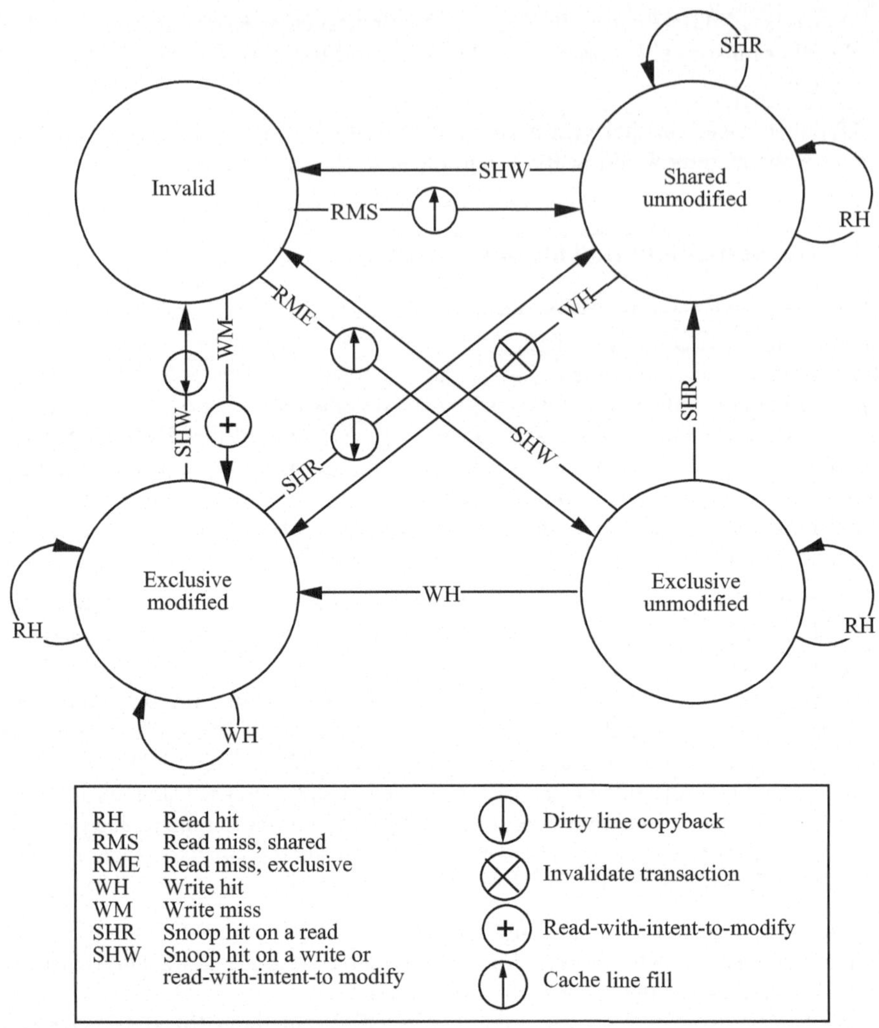

Abb. 8.10. MESI-Cache-Kohärenzprotokoll

Bei der Erläuterung der Funktionsweise des MESI-Protokolls beginnen wir mit einem Lesezugriff auf ein Datenwort in einem Cache-Block, der sich im Zustand *Invalid* befindet. Bei einem solchen Lesezugriff wird ein Cache-Fehlzugriff ausgelöst, und der Cache-Block, der das Datenwort enthält, wird aus dem Hauptspeicher in den Cache-Speicher des lesenden Prozessors übertragen.

Je nachdem, ob der Cache-Block bereits in einem anderen Cache-Speicher steht, muss man folgende Fälle unterscheiden:

- Der Cache-Block stand in keinem Cache-Speicher eines anderen Prozessors: Dann wird ein RME (*Read miss exclusive*) durchgeführt und der übertragene Cache-Block erhält das Attribut *Exclusive unmodified.* Dieses Attribut bleibt so lange bestehen, wie sich der Cache-Block in keinem anderen Cache-Speicher befindet und nur Lesezugriffe des einen Prozessors stattfinden (RH, *Read hit*).

- Falls beim Lesezugriff erkannt wird, dass der Cache-Block bereits in einem (oder mehreren) anderen Cache-Speichern steht und dort den Zustand *Exclusive unmodified* (bzw. *Shared unmodified*) besitzt, wird das Attribut auf *Shared unmodified* gesetzt (RMS, *Read miss shared*) und der andere Cache-Speicher ändert sein Attribut ebenfalls auf *Shared unmodified.* Das geschieht durch die Schnüffelaktion SHR (*Snoop hit on a read*).
- Falls beim Lesezugriff ein anderer Cache-Speicher den Cache-Block als *Exclusive modified* besitzt, so erschnüffelt dieser die Adresse auf dem Bus (SHR, *Snoop hit on a read*), er unterbricht die Bustransaktion, schreibt den Cache-Block in den Hauptspeicher zurück (*Dirty line copyback*) und setzt in seinem Cache-Speicher den Zustand auf *Shared unmodified.* Danach wird die Leseaktion auf dem Bus wiederholt.

Falls ein Prozessor ein Datenwort in seinen Cache-Speicher schreibt, so kann dies nur im Zustand *Exclusive modified* des betreffenden Cache-Blocks ohne Zusatzaktion geschehen (WH, *Write hit*). Der geänderte Cache-Block wird wegen des Rückschreibeverfahrens nicht sofort in den Hauptspeicher zurückgeschrieben.

Ist der vom Schreibzugriff betroffene Cache-Block nicht im Zustand *Exclusive modified,* so wird die Adresse des Code-Blocks auf den Bus gegeben. Dabei muss man folgende Fälle unterscheiden:

- Der Cache-Block war noch nicht im Cache vorhanden (Cache-Fehlzugriff, Zustand *Invalid*): Es wird ein *Read-with-intent-to-modify* auf den Bus gegeben, alle anderen Cache-Speicher erschnüffeln die Transaktion (SHW, *Snoop hit on a write*) und setzen ihren Cache-Blockzustand auf *Invalid,* falls dieser vorher *Shared unmodified* oder *Exclusive unmodified* war. In diesen Cache-Speichern kann nun nicht mehr lesend auf den Cache-Block zugegriffen werden, ohne dass ebenfalls ein Cache-Fehlzugriff ausgelöst wird. Der Cache-Block wird aus dem Hauptspeicher übertragen und erhält das Attribut *Exclusive modified.* War der Cache-Block jedoch in einem anderen Cache-Speicher mit dem Attribut *Exclusive modified,* so geschieht (wie im obigen Fall eines Lesezugriffs) ein Unterbrechen der Bustransaktion und Rückschreiben des Cache-Blocks in den Hauptspeicher.
- Der Cache-Block ist im Cache-Speicher vorhanden, aber im Zustand *Exclusive unmodified*: Hier genügt eine Änderung des Attributs auf *Exclusive modified.*
- Der Cache-Block ist im Cache-Speicher vorhanden, aber im Zustand *Shared Unmodified*: Hier müssen zunächst wieder über eine *Invalidate*-Transaktion der oder die anderen betroffenen Cache-Speicher benachrichtigt werden, dass ein Schreibzugriff durchgeführt wird, so dass diese ihre Kopien des Cache-Blocks invalidieren können.

Ein Cache-Block wird erst dann in den Hauptspeicher zurückgeschrieben, wenn er gemäß der Verdrängungsstrategie ersetzt wird oder einer der anderen Prozessoren darauf zugreifen will.

8.4.8 Speicherkonsistenz

Die Lade-/Speichereinheit eines Prozessors führt alle Datentransfer-Befehle zwischen den Registern und dem Daten-Cache-Speicher durch. Cache-Kohärenz wird erst dann wirksam, wenn ein Lade- oder Speicherzugriff durch die Lade-/Speichereinheit des Prozessors ausgeführt wird, also ein Zugriff auf den Cache-Speicher geschieht. Cache-Kohärenz sagt nichts über mögliche Umordnungen der Lade- und Speicherbefehle *innerhalb* der Lade-/Speichereinheit aus. Heutige Mikroprozessoren führen jedoch die Lade- und Speicherbefehle nicht mehr unbedingt in der Reihenfolge aus, wie sie vom Programm her vorgeschrieben sind.

Die Prinzipien der vorgezogenen Ladezugriffe (s. Abschn. 7.5) und des nichtblockierenden Cache-Speichers (s. Abschn. 8.4.4) steigern die Verarbeitungsgeschwindigkeit des Prozessors, da neue Daten so schnell wie möglich in die Register geladen werden, damit nachfolgende Verarbeitungsbefehle ausgeführt werden können – das Rückspeichern erscheint demgegenüber nicht so zeitkritisch. Wesentlich ist dabei bei beiden Prinzipien, dass aus Speichersicht die Programmordnung nicht mehr eingehalten wird. Unter der angegebenen Randbedingung – dem lokalen Adressabgleich der betroffenen Datenwerte – bleibt jedoch die Ausführung außerhalb der Programmreihenfolge ohne Auswirkung auf das Ergebnis, sofern nur ein einzelner Prozessor beteiligt ist.

Dies gilt jedoch nicht mehr bei einer parallelen Programmausführung auf einem Multiprozessor. Bei speichergekoppelten Multiprozessoren können im Prinzip zu jedem Zeitpunkt mehrere Zugriffe auf denselben Speicher erfolgen. Bei symmetrischen Multiprozessoren können trotz Cache-Kohärenz durch Verwendung von vorgezogenen Ladezugriffen oder durch nichtblockierende Cache-Speicher die Speicherzugriffsoperationen in anderer Reihenfolge als durch das Programm definiert am Speicher wirksam werden.

Das folgende abgewandelte Beispiel von Dekkers Algorithmus zeigt die möglicherweise auftretenden, unerwarteten Effekte:

```
y=0;
x=0;
...
process p1:   x=1;
             if (y==0)
             ... führe Aktion a2 aus

process p2:   y=1;
             if (x==0)
             ... führe Aktion a1 aus
```

Beim Programmablauf sind folgende vier Fälle möglich:

- `a1` wird ausgeführt, `a2` wird nicht ausgeführt;
- `a2` wird ausgeführt, `a1` wird nicht ausgeführt;
- `a1` und `a2` werden beide nicht ausgeführt;
- `a1` und `a2` werden beide ausgeführt.

Die Erwartungshaltung des Programmierers[19] würde hier den vierten Fall nicht in Betracht ziehen, da dieser nur dann auftreten kann, wenn die Programmordnungen der beiden Prozesse verletzt werden. Wenn jedoch vom Prozessor Lade- vor Speicherbefehle gezogen oder nichtblockierende Cache-Speicher verwendet werden, dann kann auch der vierte Fall eintreten. Auch Cache-Kohärenz ändert nichts an dieser Tatsache.

Aus Sicht des Programmierers ist weniger die implementierungstechnische Seite der Cache-Kohärenz interessant, sondern das zugrundeliegende **Konsistenzmodell**, das etwas über die zu erwartende Ordnung der Speicherzugriffe durch parallel arbeitende Prozessoren aussagt. Genauer gesagt:

Ein **Konsistenzmodell** spezifiziert die Reihenfolge, in der die Speicherzugriffe eines Prozesses von anderen Prozessen gesehen werden [Hwang 1993].

Im Normalfall setzt der Programmierer die **sequenzielle Konsistenz** voraus, die jedoch zu starken Einschränkungen bei der Implementierung führt. Ein Multiprozessorsystem ist **sequenziell konsistent**, wenn das Ergebnis einer beliebigen Berechnung dasselbe ist, als wenn die Operationen aller Prozessoren auf einem Einprozessorsystem in einer sequenziellen Ordnung ausgeführt würden. Dabei ist die Ordnung der Operationen der Prozessoren die des jeweiligen Programms.[20]

Insbesondere verbietet die sequenzielle Konsistenz die Prinzipien der vorgezogenen Ladezugriffe und des nichtblockierenden Cache-Speichers.

Die sequenzielle Konsistenz stellt zwar die korrekte Ordnung der Speicherzugriffe sicher, nicht jedoch die Korrektheit der Zugriffe auf gemeinsam benutzte Datenobjekte durch parallele Kontrollfäden. Letzteres ist durch geeignete Synchronisationen des Datenzugriffs (z.B. Definition kritischer Bereiche) oder des Prozessablaufs (z.B. Barrieren-Synchronisation) sicherzustellen, was nach dem heutigen Stand Sache des Programmierers ist und in Zukunft vielleicht Sache eines parallelisierenden Compilers sein wird.

Wenn sich der Programmierer über die Auswirkungen einer möglichen Verletzung der Zugriffsordnung nicht im Klaren ist, so wird er solche Verletzungen unter allen Umständen zu vermeiden suchen. Das heißt, er wird vom System die Einhaltung der sequenziellen Konsistenz fordern und dafür dann den dadurch entstehenden hohen, systemimmanenten Synchronisationsaufwand in Kauf nehmen müssen.

Weiß der Programmierer, dass in gewissen Phasen der Programmausführung eine Verletzung der Zugriffsordnung toleriert werden kann, so kann er die Forderung nach einer sequenziellen Konsistenz aufgeben und sich statt dessen mit einer **schwachen Konsistenz** (*weak consistency*) begnügen, um die Effizienz der Programmausführung zu steigern. Schwache Konsistenz heißt, dass die Konsistenz

---

[19] Man beachte, dass für ein korrektes Programm die Zugriffe auf die gemeinsamen Variablen x und y einen kritischen Bereich darstellen und durch Synchronisationsoperationen geschützt werden sollten.

[20] Die Originaldefinition ist durch die Formulierung "*... some sequential order ...*" etwas unklar gefasst [Lamport 1979]: "*The result of any execution is the same as if the operations of all the processors were executed in some sequential order, and the operations of each individual processor appear in this sequence in the order specified by its program.*"

des Speicherzugriffs nicht mehr zu allen Zeiten gewährleistet ist, sondern nur zu bestimmten vom Programmierer in das Programm eingesetzten Synchronisationspunkten. Praktisch bedeutet dies die Einführung von *kritischen Bereichen,* innerhalb derer Inkonsistenzen zugelassen werden. Die Synchronisationspunkte sind dabei die Ein- oder Austrittspunkte der kritischen Bereiche.

Für eine **schwache Konsistenz** müssen nur noch die folgenden drei Bedingungen erfüllt sein [Dubois et al. 1988]:

- Bevor ein Schreib- oder Lesezugriff bezüglich irgendeines anderen Prozessors ausgeführt werden darf, müssen alle vorhergehenden Synchronisationspunkte erreicht worden sein.
- Bevor eine Synchronisation bezüglich eines anderen Prozessors ausgeführt werden darf, müssen alle vorhergehenden Schreib- oder Lesezugriffe ausgeführt worden sein.
- Die Synchronisationspunkte müssen sequenziell konsistent sein.

Die Ordnung der Speicherzugriffe wird damit durch die sehr viel losere Ordnung der Synchronisationspunkte ersetzt. Der Preis für die dadurch erzielbare Leistungssteigerung besteht darin, dass der Programmierer sich jetzt nicht mehr auf eine vom System gewährleistete sequenzielle Ordnung der Speicherzugriffe verlassen kann, sondern selbst dafür verantwortlich ist, durch richtige Wahl der Synchronisationspunkte für die Einhaltung der intendierten Programmsemantik zu sorgen. Es gibt noch schwächere Konsistenzmodelle, die z.B. in [Ungerer 1997] ausführlich beschrieben werden.

9 Mehrfädige und Mehrkernprozessoren

9.1 Stand der Technik und Technologieprognosen

Die Entwicklung der Mikroprozessoren hat in den letzten drei Jahrzehnten überwältigenden Fortschritte gemacht und es ermöglicht, sehr leistungsfähige PCs, Server und eingebettete Rechnersysteme herzustellen. Neben Fortschritten in der Architektur und Mikroarchitektur wurde die Steigerung der Verarbeitungsleistung insbesondere durch Fortschritte in der VLSI-Technologie und der Chip-Herstellungsverfahren ermöglicht. Diese können durch das sogenannte Mooresche Gesetz approximiert werden.

Das oft zitierte „**Mooresche Gesetz**" aus der Mitte der 60er Jahre besagt, dass die Anzahl der Transistoren pro Prozessor-Chip etwa alle 24 Monate (manche Autoren schreiben alle 18 Monate) verdoppelt werden kann, und dass sich im gleichen Zeitraum auch die Verarbeitungsleistung der Mikroprozessoren verdoppelt. Diese Vorhersage hat sich für die Mikroprozessoren in den letzten drei Jahrzehnten weitgehend erfüllt.

In diesen drei Jahrzehnten der Mikroprozessorentwicklung seit Beginn der 80er Jahre traf die Prozessorarchitektur auf zwei grundlegende Hindernisse, im Englischen gerne als „Walls" bezeichnet. Zunächst zeigte sich bereits Ende der 80er Jahre der „Memory Wall", der durch die unterschiedlichen Taktraten von dynamischen Speicherbausteinen und Prozessor-Chips hervorgerufen wurde. Der Prozessor konnte ohne zusätzliche prozessor-externe Hardware nicht mit genügend Befehlen und Daten aus dem Speicher versorgt werden. Dieser „Memory Wall" wurde durch Mikroarchitekturtechniken, die feinkörnige und auch grobkörnige Parallelität nutzen, verschärft, da dadurch ein noch zusätzlich erhöhter Bedarf an Speicherzugriffen erzeugt wird. Der „Memory Wall" führte zu komplexen Speicherhierarchien, die sich auch auf dem Prozessor-Chip fortsetzen.

Die Erhöhung der Taktraten bei Mikroprozessoren setzte sich bis ca. zum Jahr 2005 auf etwa 3,6 GHz fort und es wurde bis dahin auch angenommen, dass eine Steigerung der Taktraten und damit eine ungebremste Steigerung der Verarbeitungsleistung noch für ein weiteres Jahrzehnt der Fall wäre. Der wesentliche Leistungsgewinn wurde bis dahin durch die enorme Erhöhung der Taktrate erzielt. So war der Pentium 4E zwar weniger breit superskalar als sein Vorgänger, dafür jedoch mit seiner 32-stufigen Pipeline auf hohe Taktraten hin optimiert. Intel sah noch 2004 eine Erhöhung der Taktrate auf bis zu 5 GHz vor, was auch die Motiva-

U. Brinkschulte, T. Ungerer, *Mikrocontroller und Mikroprozessoren*, eXamen.press, 3rd ed.,
DOI 10.1007/978-3-642-05398-6_9 © Springer-Verlag Berlin Heidelberg 2010

tion für die extrem lange Pipeline der Pentium 4E-Mikroarchitektur war. Die SIA Prognose von 1998 sah ebenfalls fälschlicherweise einen 6 GHz Taktrate für 2008 und 10 GHz für 2011 voraus.

Diese Prognosen wurden durch den „Power Wall“ durchkreuzt. Höhere Taktraten erzeugen eine höhere thermische Abstrahlung mit der Problematik einer möglichen Überhitzung des Prozessor-Chips. Die Taktraten können deshalb nur noch wenig erhöht werden, bzw. wurden für heutige PC-Prozessoren eher wieder erniedrigt, während die Erhöhung der Transistorzahlen pro Prozessor-Chip weiter geht. Wofür können nun die zusätzlichen Transistoren verwendet werden?

Aus Architektursicht zeigt sich, dass die Nutzung von noch mehr Befehlsebenenparallelität, höhere Grade der Spekulation und größere Sekundär-Caches auf dem Prozessor-Chip die Verarbeitungsleistung kaum noch erhöht. Die heutige Lösung, um eine hohe Verarbeitungsleistung ohne Erhöhung der Taktfrequenz zu erreichen, findet sich in **Mehrkernprozessoren** (auch **Multicore** oder **Chip-Multiprozessor CMP** genannt). Das bedeutet, dass auf einem Mikroprozessor-Chip nicht mehr nur ein, sondern mehrere Prozessoren („Cores“) gemeinsam mit Cache-Speichern und weiteren Peripherie-Controllern untergebracht werden. Die Verarbeitungsleistung lässt sich durch Mehrkernprozessoren für eine Last aus unabhängigen Prozessen oder parallelisierten Programmen weiter steigern, ohne dass die Taktrate erhöht werden muss. Darüberhinaus besitzen Mehrkernprozessoren eine besseres Verhältnis aus Verarbeitungsleistung zum Energieverbrauch („Performance/Watt Ratio“), da die Taktrate, und damit auch die Wärmeabstrahlung, verringert werden kann.

Die Fortsetzung des Mooreschen Gesetzes wird derzeit häufig auf die Anzahl der Kerne pro Prozessor-Chip übertragen. Unter der Annahme von acht als Allzweckprozessoren genutzten Kernen auf einem Prozessor-Chip im Jahre 2010 lässt uns die Zukunftsprognose 256 Kerne im Jahre 2020 erwarten. Diese Prognose kann angesichts heute bereit 512 Kernen auf Spezialprozessoren wie dem NVIDIA Fermi-Grafikprozessor [NVIDIA 2010] und der Projektion von bis zu tausenden von Kernen zukünftiger Prozessor-Chips [Asanovic 2006], [De Bosschere et al. 2007] weit unterschätzt, aber auch weit überschätzt sein.

Die VLSI-Technologie erzeugt immer kleinere Abmessungen der Strukturbreiten und der Transistoren auf dem Chip. Dabei wurde etwa alle drei bis vier Jahre eine Halbierung der Abmessungen erzielt. Durch die Halbierung der Transistorabmessungen wird nicht nur die Anzahl der auf einer gegebenen Halbleiterfläche unterzubringenden Transistoren vervierfacht, sondern bei den CMOS-Transistoren erhöht sich auch die Schaltgeschwindigkeit. Dies hat den folgenden Grund: Durch die Halbierung der Kanallängen fließt nur noch halb soviel Strom, während die Kapazität, die ja proportional zur Fläche ist, nur noch den vierten Teil beträgt. Damit steht der halbe Strom zum Umladen eines Viertels der Kapazität zur Verfügung, also doppelt soviel Strom pro Kapazitätseinheit wie zuvor. Als Folge halbiert sich die Schaltzeit, das ist die Zeit, die zum Umladen der Kapazität benötigt wird. Allerdings wird dieser Effekt durch größere Chips und damit erhöhter Stromverbrauch und einer Erwärmung, die die Grenzen der Wärmeableitung überschreitet, wieder zunichte gemacht.

Bei den dynamischen Speicherbausteinen konnte die Speicherkapazität von 0,25 MBit im Jahre 1983 bis hin zu 1 Gbit im Jahr 2010 gesteigert werden. Für Speicherbausteine gilt, dass die Adressdecodierung desto komplexer wird, je größer die Kapazität der Bausteine ist. Dadurch sind über die Jahre die Speicherbauteile zwar auch schneller geworden, aber in einem wesentlich geringeren Maße als die Prozessoren.

Die wichtigsten technologischen Prognosen für die Zukunft werden durch die amerikanische SIA (*Semiconductor Industry Association*) in ihrer *International Technology Roadmap for Semiconductors* [ITRS 2009] gegeben. Die heutige VLSI-Technologie ermöglicht es bis zu 3 Milliarden Transistoren auf einem Prozessor-Chip zu integrieren, wie in dem NVIDIA Fermi-Prozessor [NVIDIA 2010] geschehen. Die SIA Prognose von 2009 sieht für das Jahr 2020 eine weitere Erhöhung der Transistorzahl pro Prozessor-Chip auf 20,7 Milliarden Transistoren auf einem 280 mm^2 großen Chip voraus, jedoch ohne eine signifikante Erhöhung der Taktrate.

Die Steigerung der Transistorzahl durch die VLSI-Technologie wird sich nach Vorhersagen der SIA in den nächsten Jahren abschwächen. Neue, heute noch schwer absehbare VLSI-Technologien werden benötigt, und die Kosten für Chip-Fabriken werden Margen erreichen, die die Wirtschaftlichkeit überschreiten können. Man spricht von dem „More than Moore"- Effekt, und es wird eine Kombination von CMOS-Chiptechnologie mit Analog- oder Mixed-Signal-Elektronik vorhergesehen [Duranton et al. 2010].

9.2 Grenzen heutiger Prozessortechniken

Der Stand der Technik heutiger Mikroprozessoren ist geprägt durch eine entkoppelte, vielstufige Befehls-Pipeline sowie durch eine superskalare Befehlszuordnung auch außerhalb der Programmordnung. Die VLSI-Technologie ermöglicht es bereits heute, Mikroprozessoren mit höhen superskalaren Zuordnungsbandbreiten zu implementieren. Damit eine solch hohe Zuordnungsbandbreite einen Laufzeitgewinn erzielt, muss der Compiler oder die Hardware ein hohes Maß an Parallelität aus dem Befehlsstrom nutzbar machen. Die Befehlsebenen-Parallelität in einem sequenziellen Befehlsstrom ist jedoch insbesondere für nichtnumerische Anwendungen sehr beschränkt, was anhand der durchschnittlichen Befehlsausführungen pro Takt (*Instructions Per Cycle, IPC*) für Benchmark-Programme auf realen Prozessoren verdeutlicht werden kann.

Vielfach superskalare Prozessoren, also solche, die 8-, 16- oder 32-fach superskalar sind, stoßen in hohem Maße an die Grenzen der in einem sequenziellen Befehlsstrom enthaltenen feinkörnigen Parallelität. Die Frage, wie viel Parallelität sich im Zielcode eines Programms befindet, das aus einer sequenziellen imperativen Programmiersprache in einen RISC-Befehlssatz übersetzt wird, wurde häufig untersucht. Untersuchungen bereits von Wall [1991] sowie von Lam und Wilson [1992] kommen zu dem Schluss, dass Programme häufig etwa fünffache und selten mehr als siebenfache feinkörnige Parallelität besitzen. Höhere Parallelitätsgrade können jedoch erreicht werden, wenn sich ein Code mit sehr langen Grundblöcken (Befehlsfolgen ohne Verzweigungen) erzeugen lässt, was üblicherweise bei numerischen Programmen in Verbindung mit Compilertechniken, die Schleifen abrollen, der Fall ist.

Weitere Studien zeigen die Grenzen der Prozessorleistung bereits bei heutigen Superskalarprozessoren auf. So wurden für SPEC95-Benchmark-Programme auf einem PentiumPro-Prozessor IPC-Werte zwischen 0,6 und 2,0 berichtet [Bhandarkar und Ding 1997]. Messungen kommerzieller Datenbanktransaktionssysteme auf einem symmetrischen Multiprozessor mit vier PentiumPro-Prozessoren zeigten einen IPC-Wert von 0,29 [Keeton et al. 1998] und ähnliche Messungen auf einem Alpha-21164-Prozessor einen noch ungünstigeren IPC-Wert von nur 0,14 [Lo et al. 1998]. Die niedrigen IPC-Werte ergeben sich aus Fehlspekulationen sowie aus Taktverlusten, welche durch Cache-Fehlzugriffe entstehen, die insbesondere bei Datenbanktransaktionssystemen durch den großen Satz von Arbeitsdaten begründet sind.

Abbildung 9.1 veranschaulicht die Verluste, die durch nicht ausgefüllte Befehlsfächer (jedoch nicht die Verluste durch Fehlspekulationen) bei einem Superskalarprozessor entstehen. Falls wegen eines Cache-Fehlzugriffs über mehrere Takte hinweg überhaupt kein Befehl zugeordnet werden kann, so entstehen vertikale Verluste, die in Abb. 9.1 durch Zeilen mit leeren Kästchen veranschaulicht sind. Falls nicht die volle Zuordnungsbandbreite genutzt werden kann, entstehen horizontale Verluste, das sind die einzelnen leeren Kästchen in Abb. 9.1.

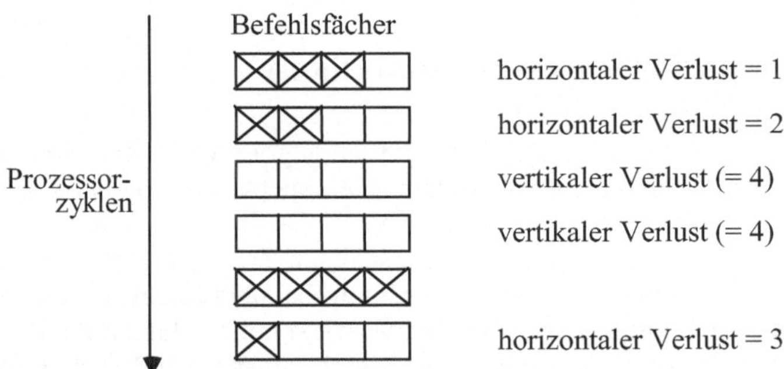

Abb. 9.1. Verluste durch nicht ausgefüllte Befehlsfächer

Bei der Weiterentwicklung der Superskalarprozessoren wird versucht, die leeren Befehlsfächer durch spekulative Befehle zu füllen. Es ist jedoch zweifelhaft, ob größere Zuordnungsbandbreiten, größere Befehlspuffer und die Nutzung von mehr spekulativer Parallelität bei der Weiterentwicklung heutiger Superskalarprozessoren zu einer wesentlich besseren Performance führen werden.

Eine weitere Möglichkeit, um die ungenutzten Befehlsfächer zu füllen und damit die Verarbeitungsleistung zu erhöhen, besteht jedoch darin, zusätzlich auch grobkörnigere Parallelität auf Task-/Prozessebene oder Thread-Ebene zu nutzen. Eine solche Verbesserung der Durchsatzerhöhung *mehrerer* Kontrollfäden unter

Nutzung von grobkörniger Parallelität kann durch die folgenden Prozessortechniken erreicht werden, die in den nächsten Abschnitten vorgestellt werden:

- Mehrfädige Prozessoren ermöglichen es Befehle mehrerer Prozesse oder Threads innerhalb einer Prozessor-Pipeline gleichzeitig auszuführen und erhöhen damit die Auslastung der Prozessor-Pipeline.
- Mehrkern- oder Chip-Multiprozessoren integrieren mehrere Prozessoren (Kerne genannt) auf einem Prozessor-Chip. Die Auslastung eines Kerns kann damit nicht erhöht werden, jedoch kann die Last auf mehrere ggf. einfachere Kerne verteilt werden.

Die mehrfädige Prozessortechnik wie auch Mehrkernprozessoren werden seit einigen Jahren eingesetzt und sind oft auch als Mehrkernprozesoren mit mehrfädigen Kernen kombiniert. So vereinte bereits der IBM Power-4-Prozessor zwei vollständige Prozessoren auf einem Chip [Kahle 1999] und der IBM PowerPC-Prozessor RS64 IV [Borkenhagen et al. 2000] war zweifädig. Der Sun-Prozessor UltraSPARC V, der IBM-Prozessor Power 5, der Intel Server-Prozessor Xeon MP (mit Codename FosterMP) und der Pentium IV waren simultan mehrfädige Prozessoren [Krewell 2001].

Doch die Erhöhung der Verarbeitungsleistung ist nicht mehr allein das vorrangige Entwurfsziel. Ein geringer Energiebedarf ist ein zunehmend wichtiger werdendes Optimierungsziel zukünftiger Prozessoren für tragbare, batteriegetriebene Geräte wie Laptops, PDAs und Handys.

9.3 Mehrfädige Prozessoren

9.3.1 Mehrfädigkeit

Eine wichtige Aufgabe beim Prozessorentwurf ist die Reduzierung von Untätigkeits- oder Latenzzeiten (*latencies*). Diese entstehen insbesondere bei Speicherzugriffen. Die Speicherlatenz, d.h. die Zeit, die vergeht, bis ein benötigtes Datum von einem Speicher geliefert wird, kann durch die Verwendung von Cache-Speichern, Speicherpuffern und breiten Verbindungswegen im Mittel stark verringert werden. Jedoch bleibt eine solche Latenzzeit bei Cache-Fehlzugriffen bestehen.

Im Fall eines Zugriffs auf einen nicht-lokalen Speicher bei einem speichergekoppelten Multiprozessorsystem wird die Speicherlatenz jedoch um die Übertragungszeit durch das Kommunikationsnetz oder über den Multiprozessorbus erhöht. Diese Übertragungszeit dauert bis zu einigen Zehnerpotenzen länger als die Zeit für die Ausführung eines Maschinenbefehls. Derart hohe Speicherlatenzen können durch Cache-Techniken nicht mehr überbrückt werden.

Latenzzeiten entstehen weiterhin bei der Synchronisation von parallelen Kontrollfäden, wenn eine Synchronisationsbedingung nicht erfüllt ist und einer der Kontrollfäden warten muss.

Die Zeit, die der Prozessor auf einen nicht-lokalen Speicherzugriff oder auf das Eintreten einer Synchronisationsbedingung warten muss, führt entweder zum Leerlauf des Prozessors, oder es muss auf einen anderen Kontrollfaden umgeschaltet werden. Leerlauf vergeudet bei längeren Wartezeiten wertvolle Ressourcen. Ein Wechsel des Kontrollfadens (Thread-Wechsel) führt durch den hohen Verwaltungsaufwand, den die meisten heute verfügbaren Mikroprozessoren benötigen, zu einem Effizienzverlust. Eine Lösung dafür bietet die mehrfädige Prozessortechnik.

Ein **mehrfädiger** (*multithreaded*) **Prozessor** speichert die Kontexte mehrerer Kontrollfäden in separaten Registersätzen auf dem Prozessor-Chip und kann Befehle verschiedener Kontrollfäden gleichzeitig (oder zumindest überlappt parallel) in der Prozessor-Pipeline ausführen. Insbesondere können Latenzzeiten, die durch Cache-Fehlzugriffe, lang laufende Operationen oder sonstige Daten- oder Steuerflussabhängigkeiten entstehen, durch Befehle eines anderen Kontrollfadens überbrückt werden. Die Prozessorauslastung steigt, und der Durchsatz einer Last aus mehreren Kontrollfäden wird erhöht.

9.3.2 Grundtechniken der Mehrfädigkeit

Nach der Art, wie Befehle, die aus mehreren Kontrollfäden stammen, auf einem Prozessor zur Ausführung ausgewählt werden, können bei der mehrfädigen Prozessortechnik zwei Grundtechniken unterschieden werden:

- Bei der **Cycle-by-cycle-Interleaving-Technik** (auch als *fine-grain multithreading* bezeichnet [Agarwal 1992]) wechselt der Kontext mit jedem Prozessortakt. Eine Anzahl von Kontrollfäden ist auf dem Prozessor geladen, ein Hardware-Scheduler wählt in jedem Takt einen der „ausführbereiten" Kontrollfäden aus. Von diesem wird der in der Programmreihenfolge nächste Befehl in die Befehls-Pipeline eingefüttert. In aufeinander folgenden Takten wird jeweils ein Befehl aus einem anderen Kontrollfaden ausgewählt. Ein Kontrollfaden ist erst dann wieder „ausführbereit", wenn keiner seiner Befehle sich noch in der Befehls-Pipeline befindet.
- Bei der **Block-Interleaving-Technik** (auch als *coarse-grain multithreading* bezeichnet) werden die Befehle *eines* Kontrollfadens so lange wie möglich direkt aufeinander folgend ausgeführt, bis ein Ereignis eintritt, das zum Warten des Prozessors zwingt. Ausgelöst durch ein solches Kontextwechselereignis (z.B. einen Cache-Fehlzugriff) wird ein Thread-Wechsel durchgeführt.

Abbildung 9.2 demonstriert die grundlegenden Unterschiede beider Techniken bei der Ausführung von vier Kontrollfäden auf einem vierfädigen skalaren Prozessor. Die Abbildung zeigt die „Befehlsfächer" (s. Abschn. 9.2) der Zuordnungsstufe einer hypothetischen Pipeline-Stufe. Die Zahlen in den Klammern bezeichnen Befehle verschiedener Kontrollfäden. Leere Fächer (leere Kästchen in Abb. 9.2) bedeuten Leertakte in der Pipeline. Wie man sieht, können Leertakte, die bei einem konventionellen Prozessor auftreten, bei mehrfädigen Prozessoren durch Ausführung von Befehlen anderer Kontrollfäden genutzt werden. Bei der Block-Interleaving-Technik ergibt sich jedoch ein kleiner Kontextwechselaufwand von in der Regel ein bis mehreren Takten, der in der Abbildung durch zwei leere Kästchen verdeutlicht ist.

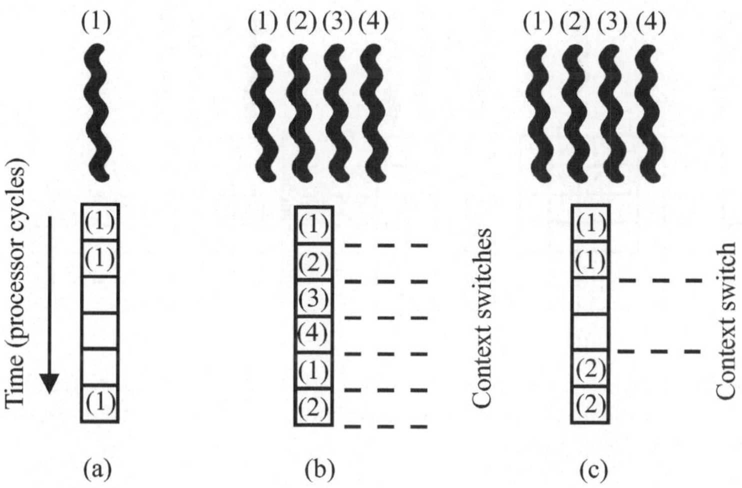

Abb. 9.2. (a) einfädiger und skalarer Prozessor, (b) skalarer Prozessor mit Cycle-by-cycle-Interleaving-Technik, (c) skalarer Prozessor mit Block-Interleaving-Technik

Die beiden Grundtechniken der Mehrfädigkeit sind jedoch nicht nur für skalare Prozessoren, sondern insbesondere auch für VLIW-Prozessoren anwendbar. Abbildung 9.3 zeigt die Cycle-by-cycle-Interleaving-Technik unter Annahme eines vierfach superskalaren bzw. eines vierfachen VLIW-Prozessors als Basisprozessoren. Falls in einem Prozessortakt kein Befehl zugeordnet werden kann, so bleiben die vier horizontal angeordneten Befehlsfächer frei (vertikaler Verlust). Allerdings kann es auch passieren, dass wegen eines Mangels an nicht gleichzeitig ausführbaren Befehlen nicht die gesamte Zuordnungsbandbreite genutzt werden kann. In diesem Fall bleiben beim Superskalarprozessor die zugehörigen Befehlsfächer frei oder werden beim VLIW-Prozessor durch Leerbefehle (N für Noop-Befehle in der Abbildung) aufgefüllt (horizontaler Verlust). Wie man sieht, kann die Cycle-by-cycle-Interleaving-Technik (wie auch die Block-Interleaving-Technik) zwar die vertikalen, jedoch nicht die horizontalen Verluste ausgleichen. Zur zusätzlichen Nutzung der horizontalen Verluste müsste der Prozessor pro Takt auch Befehle aus mehreren Kontrollfäden zuweisen können. Dies ist bei der im nächsten Abschnitt vorgestellten simultan mehrfädigen Prozessortechnik der Fall.

Block Interleaving benötigt für einen Thread-Wechsel meist einige Takte mehr als Cycle-by-cycle Interleaving. Der Vorteil der ersten Technik gegenüber der zweiten ist die höhere Leistung bei der Ausführung eines *einzelnen* Kontrollfadens, da dessen Befehle direkt aufeinander folgend ausgeführt werden, während beim Cycle-by-cycle Interleaving bei einer Befehls-Pipeline von n Stufen nur in jedem n-ten Takt ein Befehl desselben Kontrollfadens zur Ausführung kommt. Zur Überbrückung von Speicherlatenzen sollten demnach möglichst genauso viele Kontrollfäden wie die für den Speicherzugriff benötigte Taktzahl auf dem Prozessor zur Verfügung stehen.

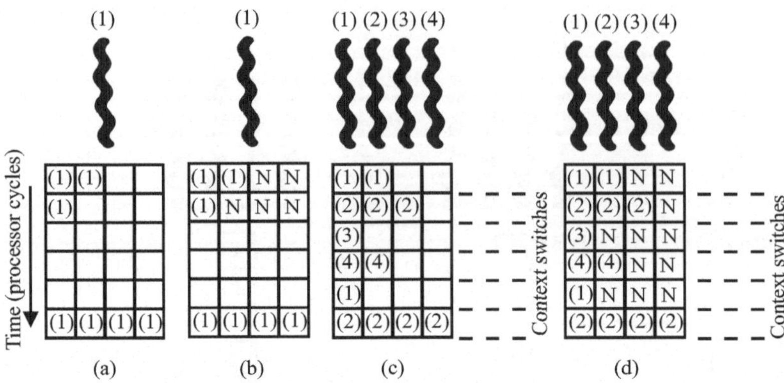

Abb. 9.3. (a) vierfach Superskalarprozessor, (b) vierfach VLIW-Prozessor, (c) vierfach Superskalarprozessor mit Cycle-by-cycle-Interleaving-Technik, (b) vierfach VLIW-Prozessor mit Cycle-by-cycle-Interleaving-Technik

Falls jedoch nicht genügend Kontrollfäden als Last vorhanden sind, bleibt ein Teil der Befehlsfächer eines Cycle-by-cycle-Interleaving-Prozessors leer. Falls überhaupt nur ein einziger Kontrollfaden als Last zur Verfügung steht, so entspricht die Ausführungszeit dieses Kontrollfadens derjenigen eines Prozessors ohne Pipelining. Eine *Explicit-dependence Lookahead* genannte Technik erlaubt es jedoch bei den Cycle-by-cycle-Interleaving-Prozessoren der Horizon- und Tera-Rechner, auch eine begrenzte Anzahl von Befehlen desselben Kontrollfadens überlappend auszuführen. Dabei kann der Compiler im Opcode jeden Befehls die Anzahl der von diesem Befehl unabhängigen Folgebefehle angeben. Diese Information wird vom Scheduler der Befehlsbereitstellung genutzt, um bei zu geringer Last auch unabhängige Befehle desselben Kontrollfadens in die Pipeline einzufüttern, ohne die Beendigung der Ausführung eines vorherigen Befehls des Kontrollfadens abwarten zu müssen.

Ein Vorteil des Cycle-by-cycle Interleaving gegenüber dem Block Interleaving ist der Thread-Wechsel nach jedem Takt. Ein Leeren der Pipeline entfällt beim Thread-Wechsel, und so kann auch eine Prozessor-Pipeline mit hoher Stufenzahl effizient genutzt werden. Da ein Nachfolgebefehl eines Kontrollfadens erst nach Beendigung seines Vorgängers in die Pipeline eingefüttert wird, wirken sich die Kontroll- und Datenabhängigkeiten einer Befehlsfolge nicht aus. Die komplexe Hardware-Logik zur Überwachung dieser Abhängigkeiten kann eingespart werden.

Die Cycle-by-cycle-Interleaving-Technik wurde bereits bei den Prozessoren der Multiprozessorsysteme HEP [Smith 1981 und 1985], Horizon [Thistle und Smith

1988] und Tera [Alverson et al. 1990 und 1995] sowie beim MediaProcessor von MicroUnity [Hansen 1996] angewandt. Der HEP-Multiprozessor bestand aus bis zu 16 und die Horizon- und Tera-Multiprozessoren aus bis zu 256 Prozessoren, wobei jeder der Prozessoren wiederum die Kontexte für 128 Threads bereitstellte. Der mehrfädige MediaProcessor arbeitete mit fünf Kontrollfäden. Forschungsprojekte über die Cycle-by-cycle-Interleaving-Technik führten zum Vorschlag des MASA-Prozessors [Halstead und Fujita 1988] sowie zum Multiprozessor SB-PRAM (SB steht für Saarbrücken) ([Formella 1996], [Bach et al. 1997]). Ziel des SB-PRAM-Entwurfs war es, dem theoretischen CRCW-PRAM-Maschinenmodell möglichst nahe zu kommen. Der SB-PRAM wurde als Prototyp mit 64 je 32-fädigen Prozessoren an der Universität Saarbrücken gebaut.

Vergleichende Untersuchungen zeigten, dass Block Interleaving dem Cycle-by-cycle Interleaving meist überlegen ist. Simulationen der Block-Interleaving-Technik zeigten, dass eine erhebliche Steigerung der Prozessorauslastung bei *zwei* bis *vier* Kontrollfäden pro Prozessor erreicht wird. Eine weitere Erhöhung der Anzahl der Kontrollfäden bringt nur noch wenig Gewinn oder gar eine Verschlechterung der Prozessorauslastung [Agarwal 1992].

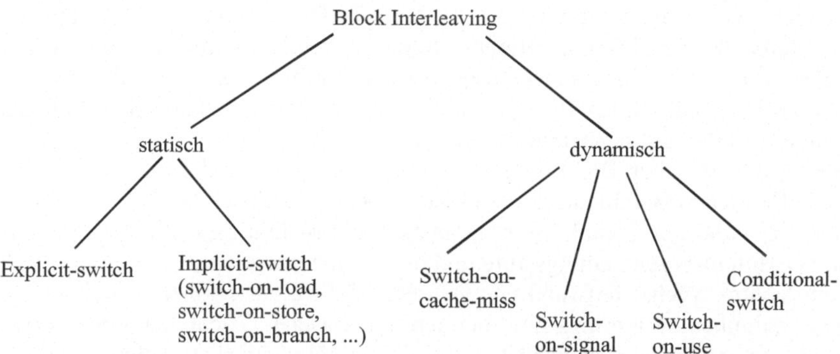

Abb. 9.4. Klassifizierung von Block-Interleaving-Techniken

Mehrfädige Prozessoren mit Block-Interleaving-Technik lassen sich gemäß der Auslösebedingung des Kontextwechsels folgendermaßen klassifizieren (siehe Abb. 9.4) [Kreuzinger und Ungerer 1999]:

- *Statisches Block Interleaving*: Ein Kontextwechsel wird in Abhängigkeit von bestimmten Befehlen bei jeder Ausführung eines solchen Befehls ausgelöst. Hier steht der Kontextwechsel bereits beim Übersetzen fest und ist im Befehl codiert. Dabei gibt es noch folgende Unterscheidungen:
  - *Explicit-switch*: Es existiert ein expliziter Kontextwechselbefehl, der den Kontextwechsel auslöst.
  - *Implicit-switch*: Die Zugehörigkeit zu einer Befehlsklasse löst den Kontextwechsel aus. In Abhängigkeit von der Befehlsart kann noch weiter in *switch-on-load*, *switch-on-branch* etc. unterschieden werden.

- *Dynamisches Block Interleaving*: Hier hängt das kontextwechselauslösende Ereignis vom dynamischen Programmablauf ab. Man unterscheidet:
  - *Switch-on-cache-miss*: Ein Kontextwechsel wird von einem Cache-Fehlzugriff ausgelöst.
  - *Switch-on-signal*: Ein Kontextwechsel wird von einem externen oder internen Signal (Interrupt oder Trap) ausgelöst.
  - *Switch-on-use*: Der Kontextwechsel wird nicht sofort ausgelöst, sondern erst wenn der Operand vom Befehl benötigt wird. Dies entspricht der Switch-on-cache-miss-Strategie mit verzögerter Ausführung.
  - *Conditional-switch*: Verknüpfung der Explicit-switch-Strategie mit einer Bedingung.

Der Vorteil der statischen Block-Interleaving-Technik ist, dass der Kontextwechsel bereits in der Befehlsbereitstellungsstufe der Pipeline erkannt und durchgeführt werden kann. Durch eine geschickte Codierung, die es erlaubt, kontextwechselauslösende Befehle bereits in der Befehlsbereitstellungsstufe als solche zu erkennen, kann der Kontextwechselaufwand verringert werden. Der Kontextwechselaufwand ist somit ein Takt, falls der Befehl, der den Kontextwechsel auslöst, selbst nicht weiter ausgeführt wird (z.B. bei *Explicit-switch*-Befehlen), und null Takte, falls der auslösende Befehl weiterverwendet wird (*Implicit-switch*-Befehle). Die Anwendung eines Kontextwechselpuffers, der die Adressen von kontextwechselauslösenden Befehlen zur Laufzeit speichert, kann den Aufwand auch im ersten Fall auf nahezu null drücken.

Bei der dynamischen Block-Interleaving-Technik müssen alle bereits in der Pipeline befindlichen Befehle nach dem kontextwechselauslösenden Befehl gelöscht werden. Im Falle der Switch-on-cache-miss-Technik sind dies alle Befehle zwischen der Befehlsbereitstellungsstufe und der Speicherzugriffsstufe. Daraus ergibt sich ein Kontextwechselaufwand von mehreren Takten, also höher als bei den statischen Techniken. Allerdings wird bei den dynamischen Techniken ein Kontextwechsel immer nur dann ausgelöst, wenn dieser notwendig ist, während bei den statischen Techniken Kontextwechsel prinzipiell ausgelöst werden.

Beim Sparcle- ([Agarwal 1992], [Agarwal et al. 1993 und 1995]) und beim MSparc-Prozessor [Mikschl und Damm 1996] wird bei einem Fehlzugriff auf den externen Cache-Speicher der Kontext gewechselt. Es handelt sich somit um eine dynamische Block-Interleaving-Technik mit Switch-on-cache-miss- und switch-on-signal-Strategie. Der Nachteil dieser Technik ist, dass Cache-Fehlzugriffe erst spät in der Pipeline erkannt werden und nachfolgende bereits in der Pipeline vorhandene Befehle nicht verwendet werden können. Daraus sowie aus der teilweisen Software-Implementierung des Kontextwechsels resultierte ein Kontextwechselaufwand von 14 Takten beim Sparcle-Prozessor. Der MSparc-Prozessor besaß einen ähnlichen Aufbau wie der Sparcle, verlegte jedoch den Kontextwechsel vollständig in Hardware. Anders als beim Sparcle und MSparc wurde beim Rhamma-Prozessor [Grünewald und Ungerer 1996 und 1997] eine statische Block-Interleaving-Technik zugrunde gelegt, die bereits in der Befehlsholephase der Pipeline erkennt, ob ein Kontextwechsel vorgenommen werden muss. Dadurch konnte der Aufwand für einen Kontextwechsel auf ein bzw. – unter Verwendung eines Kontextwechselpuffers – auf null Takte reduziert werden. Allerdings werden Kontextwechsel häufiger durchgeführt und müssen deshalb sehr schnell durchführbar sein.

Die beiden Multithreading-Techniken wurden für skalare Prozessoren entwickelt. Sie sind im Prinzip mit der Superskalar- oder der VLIW-Technik kombinierbar. Beispielsweise könnten durch den Hardware-Scheduler beim Cycle-by-cycle Interleaving pro Takt auch mehrere Befehle *eines* Kontrollfadens oder sogar mehrere Befehle aus *mehreren* Kontrollfäden ausgewählt und in die Befehls-Pipeline eingefüttert werden. Auch beim Block Interleaving könnten den Ausführungseinheiten Befehle aus mehreren Kontrollfäden gleichzeitig zugewiesen werden.

Sun stellte 1999 den Entwurf seines MAJC-5200-Prozessor ([Tremblay 1999], [Tremblay et al. 2000]) vor, der als Mehrkernprozessor mit zwei vierfach VLIW-Prozessoren mit Block-Interleaving-Technik eingeordnet werden kann. Spezielle, auf die Programmiersprache Java ausgerichtete Befehle führten zu dem Akronym MAJC für *Micro Architecture for Java Computing*. Neben der Multiprozessorparallelität und der expliziten Mehrfädigkeit (dem sogenannten *Vertical Multithreading*) wird auch implizite Mehrfädigkeit als sogenanntes *Speculative Multithreading* unterstützt. Das letztere geschieht durch spekulativ ausgeführte, sogenannte *Microthreads*, die in Abhängigkeit von nichtspekulativen Kontrollfäden ausgeführt und im Falle einer Fehlspekulation wieder gelöscht werden [Tremblay et al. 2000].

IBM entwickelte einen mehrfädigen, RS64 IV genannten PowerPC-Prozessor, der seit Ende 2000 in den IBM iSeries- und pSeries-Server-Rechnern eingesetzt wurde. Wegen der Ausrichtung auf kommerzielle Lastprogramme wie On-line-Transaktionssysteme, WEB-Server etc. wurde eine zweifädige Block-Interleaving-Technik mit Switch-on-cache-miss-Strategie eingesetzt. Ein Thread-Wechselpuffer enthält bis zu acht Befehle des gerade nicht in Ausführung befindlichen Kontrollfadens und reduziert damit den Kontextwechselaufwand. Borkenhagen et al. [2000] berichten von einer signifikanten Durchsatzerhöhung, obwohl die Mehrfädigkeit nur 5% zusätzliche Chip-Fläche benötigt.

9.3.3 Die simultan mehrfädige Prozessortechnik

Eine dritte mehrfädige Prozessortechnik ist jedoch die Zukunftsträchtigste: die Kombination der Mehrfädigkeit mit der Superskalartechnik. Ein **simultan mehrfädiger Prozessor** (*Simultaneous Multithreading*, *SMT*) [Tullsen, Eggers, Levy 1995] kann Befehle mehrerer Kontrollfäden in *einem* Taktzyklus den Ausführungseinheiten zuordnen. Wie bei der mehrfädigen Prozessortechnik üblich, ist jedem Befehlsstrom ein eigener Registersatz zugeordnet.

Vergleicht man die simultan mehrfädige Prozessortechnik mit den Mehrkernprozessoren (s. Abb. 9.5) so zeigt sich, dass die simultan mehrfädige Technik im Idealfall alle Latenzen durch Befehle anderer Kontrollfäden füllen kann, im Gegensatz zum Mehrkernprozessor, der in jedem Prozessor Latenzzeiten aufweist.

Nicht nur die vertikalen, sondern auch die horizontalen Verluste können verringert, im Idealfall sogar vollständig durch sinnvolle Befehle ausgeglichen werden.

Bei der simultan mehrfädigen Prozessortechnik werden alle Pipeline-Ressourcen bis auf die Registersätze und die Befehlszähler von den Kontrollfäden gemeinsam genutzt. Die einzelnen Befehle werden in der Pipeline mit Tags versehen, um ihre Zugehörigkeit zu den verschiedenen Kontrollfäden zu bezeichnen. Dadurch wird eine sehr geringe zusätzliche Hardware-Komplexität gegenüber einem Superskalarprozessor benötigt. Zusätzliche Komplexität ergibt sich insbesondere in der Befehlsbereitstellungsstufe, die fähig sein muss, Befehle verschiedener Kontrollfäden bereitzustellen, und in der Rückordnungsstufe, die eine den Kontrollfäden entsprechende selektive Rückordnung durchführen muss.

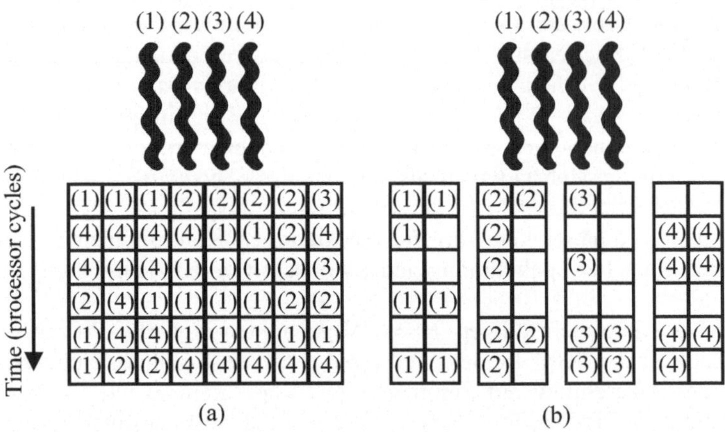

Abb. 9.5. Befehlszuordnungen *(Issue slots)* eines vierfädigen, achtfach superskalaren SMT-Prozessors (links) und eines Mehrkernprozessor aus vier je zweifach superskalaren Kernen (rechts); die Nummern stehen für die Kontrollfäden, leere Kästchen für ungenutzte Befehlsfächer der Zuordnungsbandbreite

Die Befehlsbereitstellungseinheit kann ihre Bandbreite auf zwei oder mehr Kontrollfäden aufteilen und z.B. zweimal vier Befehle verschiedener Kontrollfäden aus dem Code-Cache holen, oder sie kann mit jedem Takt Befehle eines anderen Kontrollfadens in die Pipeline laden. Tullsen et al. [1996] untersuchten mehrere selektive Befehlsholestrategien, wie z.B. diejenigen, die bevorzugt Befehle von Kontrollfäden laden, die keine Cache-Fehlzugriffe aufweisen oder deren Befehle nur eine geringe Spekulationstiefe aufweisen. Als beste Strategie hat sich dabei die ICOUNT genannte Kombinationssstrategie erwiesen, die den Füllstand verschiedener Befehlspuffer als entscheidendes Kriterium ausweist.

Im Gegensatz zur simultan mehrfädigen Technik (*simultaneous multithreading* SMT) geht die als **mehrfädig superskalar** bezeichnete Technik [Sigmund und Ungerer 1996] von einem mehrfach superskalaren Mikroprozessor aus, dessen Ausführungseinheiten durch *eine* Zuordnungseinheit nicht nur aus einem, sondern aus mehreren Befehlspuffern gefüttert werden. Alle internen Puffer werden für die vorgesehenen Kontrollfäden vervielfacht. Jeder Befehlspuffer zwischen zwei Pipeline-Stufen repräsentiert einen anderen Befehlsstrom. Wie bei der mehrfädigen Prozessortechnik üblich, ist jedem Befehlsstrom ein eigener Registersatz zugeordnet.

Bei dieser Organisationsform der Ressourcenreplizierung wird mehr Chip-Fläche als bei der simultan mehrfädigen Technik benötigt, jedoch sind die einzelnen Kontrollfäden stärker voneinander entkoppelt. Damit werden insbesondere die Zuordnungs- und die Rückordnungsstufen vereinfacht und potenziell zu höheren Taktraten fähig gemacht als bei den gemeinsamen, großen Puffern, die bei der simultan mehrfädigen Technik vorgesehen sind.

Ansonsten sind beide Techniken weitgehend gleichartig. Simulationen zeigen, dass die mehrfädig superskalare Prozessortechnik durch ihre Fähigkeit der Latenzzeitüberbrückung eine zwei- bis dreifache Performancesteigerung gegenüber vergleichbaren (einfädigen) Superskalarprozessoren erreichen kann [Sigmund und Ungerer 1996].

Simultan mehrfädige Prozessoren wurde auf der Basis eines hypothetischen achtfach superskalaren Alpha 21164- [Tullsen, Eggers, Levy 1995] und eines MIPS R10000 [Tullsen et al. 1996] simuliert. DEC/Compaq hatte Ende 1999 einen vierfädigen und achtfach superskalaren SMT-Prozessor 21464 mit EV8-Architektur [Emer 1999] für 2003 angekündigt. Der 21464-Prozessor sollte unter anderem einen großen Sekundär-Cache, eine Rambus-Schnittstelle und eine Routing-Hardware zur Unterstützung von CC-NUMA-Multiprozessoren auf einem 250-Millionen-Transistoren-Chip zur Verfügung stellen. Nach der Übernahme der Alpha-Entwicklung durch Intel wurde dieses Projekt gestoppt. Danach wurden jedoch der Sun UltraSPARC V, der Intel Server-Prozessor Xeon MP (mit Codename FosterMP) und der Pentium IV als simultan mehrfädige Prozessoren ausgelegt [Krewell 2001]. Für die Pentium IV-Prozessoren wird von *Hyperthreading* gesprochen, einem Begriff der mit der simultan mehrfädigen Prozessortechnik mit zwei Threads identisch ist. Auch der Intel Atom-Prozessor [Gerosa et al. 2008] ist ein zweifädiger SMT-Prozessor mit zweifacher superskalarer In-oder-Architektur.

Vergleicht man die simultan mehrfädigen Prozessoren mit den Mehrkernprozessoren, so wendet sich der Wettbewerb um die höhere Leistung den Multi-Core-Prozessoren zu, wobei die einzelnen Cores häufig selbst wieder zweifach simultan mehrfädige Prozessoren sind. Die simultan mehrfädige Prozessortechnik füllt die Befehlsfächer eines superskalaren Prozessors, überbrückt Cache-Latenzen sehr gut und bringt schon mit zwei Kontrollfäden einen deutlichen Gewinn. Sie ermöglicht bei acht Kontrollfäden und achtfacher Zuordnungsbandbreite eine bis zu dreifache Beschleunigung gegenüber einem superskalaren Basisprozessor. Der Latenzzeitnutzung bei mehrfädig superskalaren Prozessoren steht eine einfachere Implementierbarkeit der Mehrkernprozessoren gegenüber. Simulationen von Sigmund und Ungerer [1996] sowie von Krishnan und Torellas [1998] zeigten bereits sehr früh, dass eine solche Kombination der Mehrfädigkeit mit der Mehrkernprozessortechnik eine optimale Leistung aufweisen kann. Der Intel Larrabee [Seiler et al. 2008] (s. Abschn. 10.3) ist ein vierfädiger, zweifach superskalarer In-order-Prozessor.

Sohi [2000] erwartet, dass die Mehrfädigkeit mit der Mehrkernprozessortechnik mit der Zeit verschmelzen wird. Um eine weitere Erhöhung der Taktraten möglich zu machen, müssen dafür kritische Einheiten des Prozessors dezentralisiert werden, was den Mehrkernprozessoransatz bevorzugt, und andererseits soll die höhere Flexibilität der simultan mehrfädigen Prozessortechnik beibehalten werden.

9.3.4 Weitere Anwendungsmöglichkeiten der Mehrfädigkeit

Aus der Fähigkeit des schnellen Kontextwechsels ergeben sich weitere Anwendungsmöglichkeiten der Mehrfädigkeit: zur Verringerung des Energieverbrauchs [Seng et al. 2000], zur Ereignisbehandlung in Superskalarprozessoren [Keckler et al. 1999] und zum Einsatz für Echtzeitsysteme ([Brinkschulte et al. 1999], [Lüth et al. 1997]).

Seng et al. [2000] gehen von der Beobachtung aus, dass Fehlschläge bei spekulativer Ausführung in Superskalarprozessoren Energie kosten. Bei heutigen Superskalarprozessoren werden ca. 60% der geholten Befehle und 30% der ausgeführten Befehle wieder gelöscht. Daraus ergibt sich die Idee, die Befehlsfächer eines simultan mehrfädigen Prozessors nicht durch spekulative, sondern durch Befehle anderer Kontrollfäden zu füllen. Dies ist zwar nicht die beste Strategie, wenn es um einen möglichst hohen Durchsatz geht, doch kann die Spekulationstiefe eines simultan mehrfädigen Prozessors bei genügend Kontrollfäden gegenüber einem Superskalarprozessor verringert werden, da der Prozessor durch Mehrfädigkeit ausgelastet wird. Es werden weniger Ressourcen von spekulativen und später gelöschten Befehlsausführungen belegt. Mehr Parallelität führt außerdem zu besserer Ausnutzung der Ressourcen. Die Simulationen von Seng et al. [2000] zeigen, dass bei geeignetem Scheduling ein SMT-Prozessor bis zu 22% weniger Energie als ein Superskalarprozessor verbraucht. Brooks et al. [2000] machen darauf aufmerksam, dass diese Ersparnis mit den gegenüber einem Superskalarprozessor höheren Energiekosten durch die zusätzliche simultan mehrfädige Hardware aufgerechnet werden muss.

Das Konzept der Hilfskontrollfäden (*helper threads*) zur Ereignisbehandlung in Superskalarprozessoren wird von Keckler et al. [1999] und Zilles et al. [1999] vorgeschlagen. Diese Ansätze wenden die Mehrfädigkeit auf die Behandlung interner Ereignisse an, wobei Hilfskontrollfäden gestartet werden, die simultan zum Hauptkontrollfaden ausgeführt werden.

Der Vorschlag des *Simultaneous Subordinate Microthreading* (SSMT) [Chappell et al. 1999] modifiziert einen Superskalarprozessor so, dass Kontrollfäden als Mikrokontrollfäden (*microthreads*) parallel zueinander ablaufen. Ein neuer Mikrokontrollfaden wird entweder ereignisgesteuert oder mittels eines expliziten Spawn-Befehls gestartet. *Simultaneous Subordinate Microthreading* soll zur Verbesserung der Sprungvorhersage des Hauptkontrollfadens oder zum Vorabladen von Daten eingesetzt werden. Zilles und Sohi [2001] schlagen sogenannte spekulative *Slices* als Hilfskontrollfäden zum Vorabladen von Daten in den Daten-Cache und für Sprungvorhersagen vor, ohne dass der Ausführungszustand des Prozessors beeinflusst wird.

Die spekulative Vorausberechnungstechnik (*speculative precomputation*) [Collins et al. 2001] verwendet ungenutzte Thread-Kontexte eines mehrfädigen Prozessors um zukünftige Cache-Fehlzugriffe zu vermeiden. Vorabberechnungen führen zu zukünftigen Speicherzugriffen und die Daten werden spekulativ bereitgestellt. Das Ausführungsschema wird auf einem hypothetischen, simultan mehrfädigen Itanium-Prozessor simuliert. In ähnlicher Weise arbeitet die von Luk [2001] vorgeschlagene Technik der software-basierten Vorausberechnung von Adressen mit Vorabladen der Daten, wobei ungenutzte Kontrollfäden auf einem simulierten Alpha 21464-artigen, simultan mehrfädigen Prozessor genutzt werden.

Der Einsatz der Mehrfädigkeit für Echtzeitsysteme ist Ausgangspunkt der Forschungen beim EVENTS-Mechanismus und dem Komodo-Projekt. Der EVENTS-Mechanismus ([Lüth et al. 1997], [Metzner und Niehaus 2000]) ist ein prozessorexterner Thread-Scheduler, der entsprechend der Echtzeitanforderungen einen Kontextwechsel auf einem mehrfädigen MSparc-Prozessor [Mikschl und Damm 1996] auslöst. Im Gegensatz dazu integriert der bereits in Abschnitt 5 vorgestellte Komodo-Mikrocontroller nicht nur den mehrfädigen Prozessorkern, sondern auch die Controller-Schnittstellen auf dem Prozessor-Chip und führt ein Echtzeit-Scheduling zur Auswahl des nächsten auszuführenden Befehls bereits im Prozessorkern durch.

Der an der Universität Augsburg entworfene CarCore-Prozessor [Mische et al. 2010] zielt auf den Bereich der Echtzeitprozessoren, die in sicherheitskritischen Anwendungen (in Sinne der Safety) wie bei der Flugzeugsteuerung oder in der Steuerung der Motoreinspritzung im Auto eingesetzt werden. Dafür verzichtet er auf Sprungvorhersage und Caches, die eine Berechnung der WCET (Worst Case Execution Time) erschweren. Allerdings wird damit auch die Verarbeitungsleistung herabgesetzt, was durch eine vierfädige SMT-Technik mit in die Pipeline integriertem Echtzeit-Scheduler wett gemacht wird. Die SMT-Technik erhöht den Durchsatz, da die Latenzzeiten von anderen Echtzeit-Threads genutzt werden können.

9.4 Mehrkernprozessoren

Ein Chip-Multiprozessor (*Chip Multiprocessor, CMP*) vereint mehrere Prozessoren auf einem Chip. Statt Chip-Multiprozessor wird heute gleichbedeutend auch von Mehrkern- oder Multi-Core-Prozessor gesprochen, wobei mit *Core* ein einzelner Prozessor auf dem Multi-Core-Prozessor-Chip gemeint ist. Jeder der Cores oder Prozessoren kann die Komplexität eines heutigen Mikroprozessors besitzen und eigene Primär-Cache-Speicher für Code und Daten haben. Die Prozessoren auf dem Chip sind heute meist als speichergekoppelte Multiprozessoren mit gemeinsamem Adressraum organisiert. Abbildung 9.6 demonstriert die möglichen Organisationsformen.

Simulationen von Nayfeh et al. [1996] zeigten, dass die Organisationsform eines gemeinsamen Sekundär-Cache-Speichers denjenigen gemeinsamer Primär-Cache-Speicher oder gemeinsamer Hauptspeicher überlegen ist. Deshalb kommt meist die Organisationsform (b) in Abb. 9.6 mit einem großen gemeinsamen Sekundär-Cache-Speicher auf dem Prozessor-Chip zum Einsatz. Cache-Kohärenzprotokolle, wie sie bei symmetrischen Multiprozessoren verwendet werden (siehe z.B. das MESI-Protokoll in Abschn. 8.4.7), sorgen für einen korrekten Zugriff auf gemeinsame Speicherzellen durch die Prozessoren innerhalb und außerhalb des Prozessor-Chips.

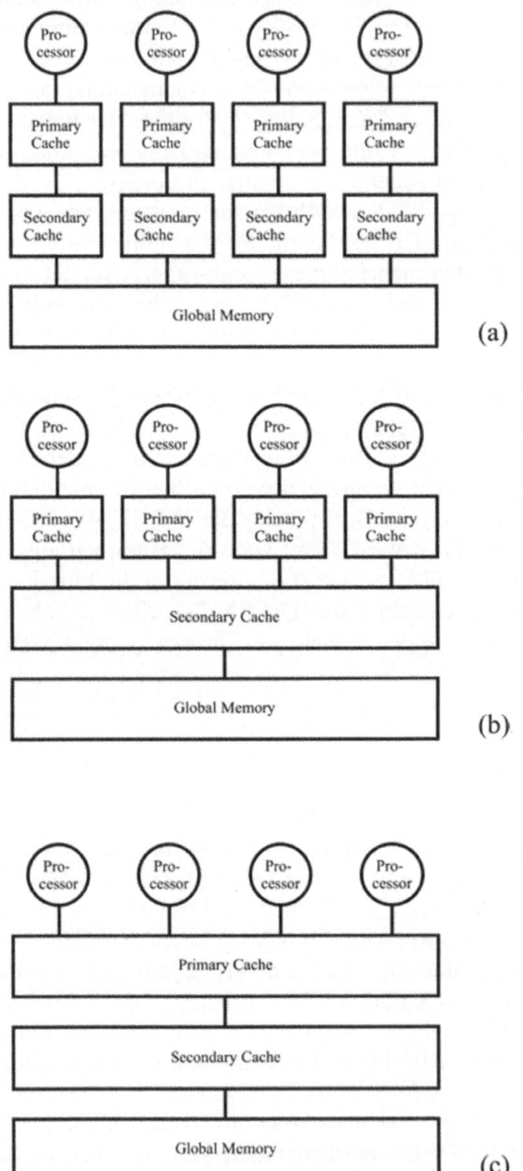

Abb. 9.6. Multiprozessor mit verteilten Caches (a), gemeinsamem Sekundär-Cache (b) und gemeinsamen Caches (c)

Ein frühes Beispiel eines Mehrkernprozessors ist der TMS320C80-Prozessor der Firma Texas Instruments [1994], der vier digitale Signalprozessoren und einen (skalaren) RISC-Prozessor auf einem Prozessor-Chip vereint. Der an der Universität Stanford entwickelte Hydra-Chip-Multiprozessor ([Olukotun et al. 1996], [Hammond und Olukotun 1998]) stellte die Forschungsgrundlage für die kommerziellen Mehrkernprozessoren dar. Der IBM Power4 ([Kahle 1999], [Diefendorff 1999], [Warnock et al. 2002]) war ein symmetrischer Multiprozessor mit zwei 64-Bit-Prozessoren mit jeweils 64 KByte Code- und 32 KByte Daten-Caches. Die zwei Prozessoren teilten sich einen einheitlichen 1,41 MByte großen Sekundär-Cache-Speicher auf dem Chip. Der Chip umfasst 174 Millionen Transistoren und arbeitet mit einer Taktrate von 1,6 GHz. Vier Power4-Chips wurden in einem Mehr-Chip-Modulgehäuse (*Multi-Chip Module MCM*) vereint. Vier MCMs konnten zu einem symmetrischen Multiprozessor mit 32 Prozessoren verbunden werden.

Die weitere Steigerung der Taktraten ist nur noch in geringem Maße möglich, jedoch lässt sich die Anzahl der Transistoren auf dem Prozessor-Chip weiterhin mit hoher Rate steigern. Derzeit (2010) sind bei den Mikroprozessor-Chips höchster Leistungsfähigkeit zwei bis acht Kernen Standard, wie z.B. beim den Prozessoren Intel Core 2 Duo und Core 2 Quad, AMD Opteron, Sun Niagara mit acht Kernen, IBM Power 5, IBM Power 6 und der angekündigte IBM Power 7 mit acht Hochleistungskernen.

Der für 2010 angekündigte Intel Larrabee [Seiler et al. 2009] (siehe auch Abschn. 10.3) vereint eine noch unbekannte Anzahl von vermutlich 16-32 Kernen mit konfigurierbaren Cache-Speichern und Spezial-Hardware zur Unterstützung von Grafikoperationen auf einem Chip. Es kommen vierfädige In-order-x86-Prozessorkerne zum Einsatz, die allerdings jeweils um eine breite und sehr leistungsfähige Vektoreinheit erweitert wurden. Diese kann in jedem Kern acht Gleitkommaoperationen in 64 Bit IEEE-Gleitkomma-Format in SIMD-Technik parallel ausführen. Die Datenzugriffstechniken sind den Vektorrechnern entlehnt und gehen über die üblichen Multimediaoperationen hinaus.

Während im Bereich der Allzweckrechner der Trend zu homogenen Multi-Core-Prozessoren vorherrscht, zeichnet sich bei eingebetteten Systemen ein Trend zu heterogenen Mehrkernprozessoren ab.

Ein wichtiger Vertreter dieser Chip-Generation ist der IBM Cell-Prozessor ([Kahle et al. 2005], [Pham et al. 2005], s. Abschn. 10.4), der einen zweifach mehrfädigen Power-Prozessorkern über einen Ringbus mit acht Signalprozessorkernen auf demselben Chip vereint. Die SPEs (Synergistic Processing Units) genannten Signalprozessorkerne besitzen eigene RAM-Speicher. Vor Programmausführung müssen mit DMA-Operationen die Befehle und Daten in die lokalen RAM-Speicher übertragen werden. Dieser ursprünglich für die Sony Playstation-3 entworfene Chip erfreut sich in verschiedensten Anwendungsgebieten großer Beliebtheit. Ein Hinderungsgrund für den Einsatz des Prozessors für numerische Anwendungen war der zunächst nur auf 32 Bit IEEE-Gleitkomma-Format ausgelegte Befehlssatz der SPEs. Dieser wurde jedoch in der neuesten Version des IBM Cell auf 64 Bit IEEE-Gleitkomma-Format erweitert.

Das Gebiet der eingebetteten Anwendungen geht über das Gebiet der Grafikrechner hinaus. Es umfasst insbesondere Handys, Set-Top-Boxen für den Fernsehempfang, aber auch sicherheitkritische (safety critical) Anwendungen wie das ABS und die Motoreinspritzungssteuerung im Auto, die Steuerungen im Flugzeug oder von Fertigungsanlagen. Im Bereich der Handy-Technologie werden anwendungspezifisch entworfene MPSoCs (Multiprocessor Systems-on-Chip) eingesetzt, die mehrere heterogene Kerne mit Spezialhardwareblöcken vereinen. Für sicherheitskritische Echtzeitanwendungen ist eine zeitliche Vorhersagbarkeit notwendig, die beim Einsatz von Mehrkernprozessoren auf die Problematik stoßen, dass die WCET (Worst-Case Execution Time) eines Threads von der Last auf den anderen Kernen abhängig sein kann. Hier ist eine vollständige Isolierung der Echtzeit-Threads untereinander und von den Nicht-Echtzeit-Threads notwendig. Techniken für den Entwurf von solchen Echtzeit-Mehrkernprozessoren werden derzeit in den EU-Projekten Predator [Predator 2010] und dem von Prof. Ungerer geleiteten EU-Projekt MERASA (Multi-Core Execution of Hard Real-Time Applications Supporting Analysability) [MERASA 2010] untersucht. Derzeit werden Mehrkernprozessoren noch nicht in sicherheitskritischen Anwendungen eingesetzt. Der Vorteil ihres Einsatzes läge neben der höheren Leistungsfähigkeit in einer Gewichtsersparnis (besonders wichtig für Flugzeuge und in der Raumfahrt) und in der Einsparung von Steuereinheiten in Autos. Die heute bis zu 80 Steuereinheiten in einen Mittelklasseauto könnten unter Verwendung von Multi-Cores auf ein Dutzend Verbundsteuereinheiten reduziert werden, was zum einen die Kosten und und zum anderen durch die Gewichtseinsparung und die höhere Leistungsfähigkeit auch den Spritverbrauch verringern könnte.

Der derzeitige Trend zu homogenen Mehrkernprozessoren bei Allzweckprozessoren und heterogenen Mehrkernprozessoren bei eingebetteten Systemen, d.h. insbesondere bei Grafikprozessoren für Spielkonsolen, kann sich auch ändern. Der homogene Mehrkernprozessor Intel Larrabee zielt ebenfalls auf das Einsatzgebiet der Spielkonsolen in Konkurrenz zu dem heterogenen Mehrkernprozessor IBM Cell. In der Forschung wird mit Kombinationen aus leistungsfähigen Kernen zur Verarbeitung sequentieller Prozessorlasten mit vielen weniger leistungsfähigen und dafür kleineren Kernen für parallele Anwendungen experimentiert.

Unter Mehrkern- oder Multi-Core-Prozessoren werden alle Prozessoren mit zwei oder mehr Kernen verstanden. Die Begriffe **Vielkernprozessor** oder **Many-Core** wird auf Multi-Cores mit 16 oder mehr Kernen angewandt. Oft sind damit jedoch auch Prozessoren mit mehreren hundert Kernen gemeint. An Vielkernprozessoren wird derzeit vielfach geforscht, unter anderem auch in dem 2010 gestarteten EU-Projekt Teraflux [Teraflux 2010], an dem der Autor Theo Ungerer beteiligt ist. Es gibt jedoch bereits einige schon kommerziell verfügbare Vielkernprozessoren, die jedoch meist auf den Bereich der Grafikunterstützung und nicht auf Allzweckprogramme zielen.

Die NVIDIA GPUs (Graphics Processing Units) mit dem derzeit verwendeten Tesla GT200 [Lindholm et al. 2005] mit 240 Kernen und dem kürzlich angekündigte NVIDIA Fermi-Prozessor [NVIDIA 2010] with 512 Kernen sind hier die Vorreiter der Many-Core-Technik. Der Tesla T10P-Chip umfasst 240 Stream Processors genannte Cores, die über einen 512-bit Speicherbus mit 4 GB externem

Speicher (800 MHz GDDR3) verbunden sind. Der Tesla T10P-Chip arbeitet mit 1.33 GHz Takt und umfasst 1,4 Milliarden Transistoren. Seine Verarbeitungsleistung wird mit einem TeraFLOPS angegeben. Programmiert werden die NVIDIA-Prozessoren mit der datenparallelen Sprache CUDA, die von NVIDIA für ihre Prozessoren entwickelt wurde.

Der Intel Polaris-Prozessor entstand in dem Intel Forschungsprojekt – Intel Tera-scale Computing Research Program – mit dem Ziel, einen Mikroprozessor mit hunderten von Kernen zu entwickeln. Der Polaris-Prozessor, auch Teraflops Research Chip, genannt, wird in Kacheln – den sogenannten Tiles – organisiert, wobei die meisten Kacheln allgemeine Rechenaufgaben wahrnehmen. Der Polaris-Prototyp-Chip besitzt 80 Cores/Kacheln mit je mit zwei Gleitkommaeinheiten. Diese sind in einem 10 x 8 zweidimensionales Netz verbunden. Er arbeitet mit einem 4 GHz Takt und benötigt etwa 100 Millionen Transistoren, wobei jede Kachel etwa 1,2 Millionen Transistoren umfasst. Die Verarbeitungsleistung wird mit mehr als einem TeraFLOPS angegeben. Der Polaris-Prozessor wird von Intel nicht vermarktet.

Der Tilera Tile64 besteht aus 64 Kernen in 8×8 zweidimensionaler Maschenvernetzung ähnlich dem Polaris-Prozessor. Die Einzelkerne bestehen jeweils aus einer dreifach parallelen VLIW-Pipeline mit lokalen Level-1- und Level-2-Caches. Fehlen einem Kern die angeforderten Daten im Level-2-Cache, fragt er die Cache-Speicher der anderen Kerne ab – nutzt jene also quasi wie einen Level-3-Cache. Der Tilera Tile64 wird von TSMC in 90-nm-Technologie gefertigt. Er besitzt eine Leistungsaufnahme von 170 bis 300 mW pro Einzelkern bei Taktfrequenzen von 600 bis 900 MHz. Der Chip umfasst weiterhin vier DDR2-Speichercontroller, zwei 10-GBit/s-, zwei 1-GBit/s-Ethernet-, zwei PCIe-x4-Anschlüsse sowie ein programmierbares, universelles I/O-Interface. Der Tilera Tile64 soll primär in Netzwerk- und Multimedia-Systemen zum Einsatz kommen. Der Hersteller gibt die Leistungsfähigkeit des Tile64 mit mehr als 20 GBit/s Durchsatz bei Verwendung als Firewall mit Iptables an. Der Prozessor soll in der Lage sein zwei High-Definition-Videos in 720p mit dem H.264-Codec bei 30 Frames pro Sekunde zu kodieren. Ein Nachfolgeprozessor Tile-GX mit 100 Kernen wurde von Tilera für 2010 angekündigt.

Der TRIPS-Prozessor besteht aus zwei Clustern mit je 16 Executions-Tiles, 4 Register- und Data-Tiles, 5 Instruktions-Tiles, 1 Control- sowie mehreren Memory- und Network-Tiles. Sein Operationsprinzip unterscheidet sich deutlich von demjenigen der GPUs oder der nachrichtengekoppelten Multiprozessoren.

Die heute noch nicht zu beantwortende Frage ist, wie der Trend bei den Mehrkernprozessoren weitergeht. Durch die Mehrfädigkeit der PC- und Server-Betriebssysteme lässt sich mit zwei bis vier Cores der Durchsatz erheblich steigern. Ab acht Cores werden wohl schon parallele Anwenderprogramme nötig sein. Hier ist die Software-Entwicklung gefordert entweder durch parallelisierende Compiler oder durch Entwicklung paralleler Anwenderprogramme die nötige Thread-Zahl herzustellen.

Die Erfahrung mit Multiprozessoren zeigt jedoch, dass häufig eine moderate Anzahl paralleler Threads eine hohe Leistungssteigerung bringt, jedoch die Anwendungen nicht unbegrenzt skalierbar sind und häufig ab vier bis acht parallelen Threads die weitere Leistungssteigerung dramatisch nachlässt. Bei acht Cores werden, außer bei besonders rechenaufwendigen Anwendungen, mehrere Cores häufig ohne Arbeit sein. Selbst bei genügend Lastprogrammen könnte sich bei Multi-Core-Prozessoren die Speicherbandbreite als Flaschenhals entwickeln. Wird die Core-Zahl bei Multi-Core-Prozessoren für Allzweckanwendungen plötzlich bei acht oder 16 Prozessoren stehen bleiben, da die Last nicht mehr Parallelität hergibt? Diese Unsicherheit über die weitere Erhöhung der Anzahl der Kerne wird bereits als „Parallelism Wall" vorhergesehen.

Derzeit ergeben sich wichtige Forschungsfragestellungen in den drei Bereichen der Mehrkernprozessorentwicklung, der Programmierwerkzeuge und der Anwendungen.

- **Mehrkernprozessorentwicklung**: Grundfragen für zukünftige Mehrkernarchitekturen betreffen die Verbindungsstrukturen der Cores, die Speicherhierarchie, die Bereitstellung einer genügenden Ein-/Ausgabe-Bandbreite und die fehlertolerante Befehlsausführung.

  Als neue Verbindungsstruktur für Vielkernprozessoren werden Gitterstrukturen auf dem Chip als Network-on-Chip-Strukturen neben die heutigen Cache-gekoppelten Mehrkernarchitekturen treten. Adaptive und rekonfigurierbare MPSoCs (Multi-Processor Systems-on-Chip) werden für eingebettete Systeme aber auch für Allzweckrechner an Bedeutung gewinnen.

  Cache-Speicher werden so rekonfigurierbar werden, dass sie je nach Bedarf verschiedenen Cores zuordnen werden können. Als neues Datenzugriffsverfahren kann das Verfahren des Transaktionsspeichers (Transactional Memory) [Harris et al. 2007] heutige Cache-Zugriffsverfahren ablösen. Dabei wird ähnlich wie bei Datenbanktransaktionen ein Datenzugriff als Transaktion implementiert, die entweder vollständig durchgeführt wird oder im Fehlerfall den ursprünglichen Zustand nicht ändert. Dafür wird Hardware-Unterstützung für die Konflikterkennung, für ein Checkpointing und ein Rollback-Verfahren für abgebrochene Transaktionen benötigt. Die Bereitstellung einer genügenden Ein-/Ausgabe-Bandbreite für durchsatzorientierte Programme auf einem Mehrkernprozessor ist ein ungelöstes Problem.

  Fehlertoleranz- und Dependability-Techniken werden ebenfalls an Bedeutung gewinnen, da mit der Verringerung der Transistorgrößen auch die spontane Fehlerhäufigkeit wächst [Borkar 2005 und 2007]. Das Power Management auf dem Prozessor-Chip ist bereits heute integraler Bestandteil bei der Entwicklung von Mikroprozessoren und wird auch in Zukunft seine Bedeutung behalten.

- **Programmierwerkzeuge für Mehrkernprozessoren:** Die Möglichkeit, mehrere bis viele Prozessoren auf einem Chip fertigen zu können, erfordern geeignete Konzepte, um diese Prozessoren sinnvoll zu nutzen. Derzeit werden Betriebssystemkonzepte aus dem Bereich der speichergekoppelten Multiprozessoren angewandt. Dabei ordnet der Scheduler des Betriebssystems nicht nur einen, sondern mehrere unabhängige Prozesse den zur Verfügung stehenden Prozessoren zu. Für parallel ausführbare Programme gilt bei heutigen Multiprozessoren, dass sehr viele Verarbeitungsbefehle wenigen Synchronisations- oder Kommunikationsanforderungen gegenüberstehen müssen, um eine effiziente parallele Ausführung zu erreichen. Gegenüber bisherigen Multiprozessoren hat sich jedoch durch die engere Core-Kopplung bei Mehrkernprozessoren dieses Verhältnis verschoben, so dass auch wesentlich feinkörnigere Parallelität nutzbar ist. Um diese zu nutzen fehlen derzeit geeignete Programmierwerkzeuge.

Parallelrechnen wird zum zukünftigen Standardprogrammiermodell werden. Die Anwenderprogrammierung wird die Möglichkeit berücksichtigen müssen, die Chip-interne Parallelität für eine Erhöhung der Ausführungsgeschwindigkeit zu nutzen. Der Großteil der existierenden Software ist nur sequentiell, also nur auf einem Core, ablauffähig. Die Ausführungsgeschwindigkeit sequentieller Software konnte in der Vergangenheit durch die stetige Erhöhung der Taktfrequenz und durch größere Cache-Speicher gesteigert werden. Das wird in Zukunft nur noch unwesentlich der Fall sein. Nur sequenziell ablauffähige Software kann, da nur auf einem der Cores eines Mehrkernprozessors ablauffähig, in ihrer Ausführungsgeschwindigkeit nicht weiter beschleunigt werden. Es müssen geeignete Programmiersprachen und Programmierwerkzeuge entwickelt werden, die die Nutzung der feinkörnigen Parallelität durch die Multi-Core-Prozessoren ermöglicht. Weiterhin werden Software Engineering-Techniken für die Entwicklung paralleler Programme benötigt, insbesondere auch für die Entwicklung sicherer paralleler Programme.

Fehlertoleranz- und Dependability-Techniken werden auch in der Software an Bedeutung gewinnen. Eine Virtualisierung auf Systemebene kann zum Verdecken der Parallelisierung, einer Heterogenität der Hardware und der Fehlertoleranzverfahren dienen. Geeignete Techniken fehlen jedoch heute noch. Eine Weiterführung der Virtualisierung wird im transparenten Zusammenschließen von mehreren Multi-Core-Prozessoren zu größeren Parallelrechnern und letztlich durch GRID-Techniken zu weltweiten Rechensystemen geschehen.

- **Zukünftige Anwendungen auf Mehrkernprozessoren:** In der zukünftigen Anwendungsentwicklung für Mehrkernprozessoren wird eine wesentlicher Markt für Informatiker gesehen. Dazu gehört die Fortentwicklung heutiger Anwendungen mit dem Ziel diese unter Nutzung der durch Parallelisierung erreichbaren höheren Verarbeitungsgeschwindigkeit in Zukunft komfortabler zu gestalten. Es werden jedoch auch neue, heute wegen der zu hohen Anforderungen an die Verarbeitungsleistung noch nicht realisierbare Anwendungen hinzukommen. Diese sind schwer vorhersehbar. Mögliche Anwendungen werden sich durch hohe Verarbeitungsanforderungen auszeichnen, die durch geeignete Parallelisierung der Programme erfüllbar sein müssen. Solche Anwendungen könnten in den Bereichen der Sprachverarbeitung wie z.B. der Stimm- und Spracherkennung, in der Bildverarbeitung, der Objekterkennung, im Data Mining, in Lernverfahren und in der Hardware-Synthese liegen.

10 Beispiele für Mikroprozessoren

10.1 Die Intel Pentium-Prozessoren

Die Liste der Intel-Prozessoren ist schwer zu überblicken, auch wenn diese die derzeit wichtigsten PC-Prozessoren auf dem Markt sind. Im Folgenden werden die älteren Prozessoren der Pentium-Familie mit 32-Bit-Architektur („IA-32-Architektur" oder „Intel x86-Architektur" genannt) vorgestellt, da diese von Seiten ihrer Mikroarchitektur teilweise sehr unterschiedlich sind und diese Mikroarchitekturprinzipien in heutigen Intel-Prozessoren variiert werden. So basiert der Intel Atom-Prozessor [Gerosa et al. 2008] grundlegend auf dem Intel Pentium-Prozessor. Er ist zweifach superskalar mit In-Order-Prinzip, erweitert aber den Pentium um zweifache Mehrfädigkeit und um einen aktuellen IA-32-Befehlssatz. Die Intel-Core-2-Architektur der Intel-Mehrkernprozessoren (siehe Abschn. 10.2) sind dem Pentium II näher als dem wesentlich komplexeren Nachfolger Pentium IV und auch der Core des Intel Larrabee-Prozessors (siehe Abschn. 10.3) wird als Pentium I ähnlich beschrieben, allerdings erweitert um Mehrfädigkeit und eine leistungsstarke Vektoreinheit.

Der Intel Pentium-Prozessor [Bekerman und Mendelson 1995] von 1993 war der superskalare Nachfolger der i486-Prozessoren. Er kann als zweifach superskalarer In-Order-Prozessor beschrieben werden, der die Reihe der Intel-Prozessoren mit 32-Bit-Architektur fortsetzt. Sein Nachfolger PentiumPro ([Colwell et al. 1995], [Papworth 1996], [Slater 1996]) und dessen Nachfolger Pentium II (Markteinführung 1997 mit 300 MHz) und Pentium III (Markteinführung 1999) sind Superskalarprozessoren mit Out-of-order-Prinzip und erweitern den PentiumPro um Multimediaeinheiten, die MMX- bzw. als Erweiterung von MMX ISSE-Befehle ausführen können. Der Pentium IV (Markteinführung 2000) erweiterte den ISSE-Befehlssatz des Pentium III um den SSE-2-Befehlssatz, der Multimedia- und Gleitkommabefehle im 128-Bit-Format vereinheitlicht. Die Wechsel sowohl von Pentium-Prozessor mit der sogenannten P5-Mikroarchitektur zu den Prozessoren PentiumPro, Pentium II und Pentium III mit P6-Mikroarchitektur als auch vom Pentium III zum Pentium-IV-Prozessor mit P7-Mikroarchitektur stellen nicht nur Architekturerweiterungen der IA-32-Architektur mit abwärtskompatiblen Befehlssätzen dar, sondern implementieren vollständig anders geartete Mikroarchitekturen.

U. Brinkschulte, T. Ungerer, *Mikrocontroller und Mikroprozessoren*, eXamen.press, 3rd ed.,
DOI 10.1007/978-3-642-05398-6_10, © Springer-Verlag Berlin Heidelberg 2010

Der Pentium III (siehe Abb. 10.1) wird im Folgenden kurz vorgestellt (Terminologie, Angaben bei den Puffergrößen und Verarbeitungseinheiten variieren in der Literatur). Er zeichnete sich durch eine superskalare Implementierung mit Zuweisung auch außerhalb der Programmreihenfolge (bei Intel *dynamic-execution* genannt) aus. Er besaß je 16 KByte nicht-blockierende Daten- und Code-Cache-Speicher, die durch einen 256 KByte großen Sekundär-Cache-Speicher erweitert werden. Der vierfach satzassoziativ organisierte Sekundär-Cache-Speicher befand sich beim Pentium II und den ersten Pentium-III-Versionen auf einem externen Chip, jedoch im gleichen Chip-Gehäuse (Multi-Chip-Module-Technik), was einen sehr schnellen Zugriff erlaubt. Die letzte Pentium-III-Version Xeon integrierte den Sekundär-Cache-Speicher auf dem Prozessor-Chip.

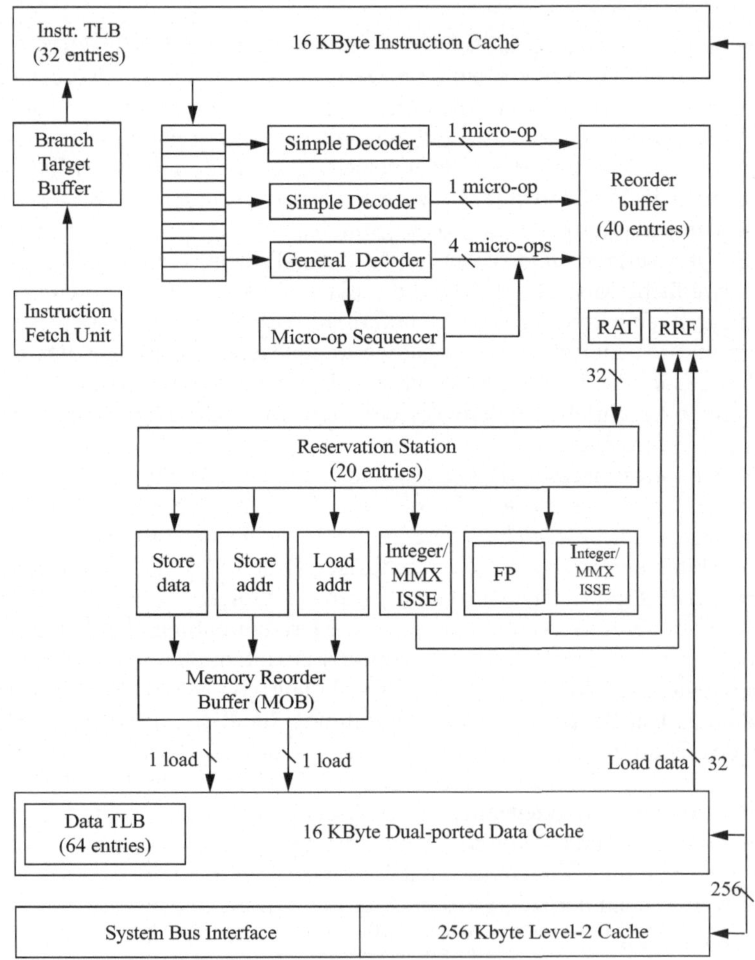

Abb. 10.1. Pentium III

Die Befehlsholeeinheit (*Instruction Fetch Unit*) lädt pro Takt 32 Bytes aus dem Code-Cache-Speicher in den Puffer der Decodiereinheit. Die Sprungvorhersagetechnik implementiert einen gshare-Algorithmus und umfasst dazu 512 Bytes große Tabellen im sogenannten *Branch Target Buffer*. Der Decodierpuffer kann mehrere 16-Byte-Blöcke aufnehmen, die so rotiert werden, dass die nächsten Befehle erkennbar sind (der IA-32-Befehlssatz hat unterschiedlich lange Befehlsformate). Die Decodiereinheit kann dann drei Befehle pro Takt decodieren. Bei der Decodierung werden bis zu 6 sogenannte *Micro-ops* erzeugt. Jedes Micro-op besitzt die Komplexität eines RISC-Befehls, ist jedoch beim Pentium III 118 Bits lang [Stiller 2000].

Die beiden einfachen Decodierer (*Simple Decoder*) setzen einfache IA-32-Befehle, die nur mit Registern arbeiten, direkt in Micro-ops um. Komplexe IA-32-Befehle sind dem einen allgemeinen Decodierer (*General Decoder*) vorbehalten und erzeugen pro Takt bis zu vier Micro-ops. Noch komplexere Befehle führen zum Aufruf eines im Prozessor gespeicherten Mikroprogramms, das einige Dutzend Micro-ops umfassen kann durch den *Micro-op Sequencer*.

Die Micro-ops kann man als RISC-Anteile zusammengesetzter CISC-Befehle ansehen. Alle heutigen IA-32-kompatiblen Prozessoren nutzen ähnliche Techniken, um die komplexen CISC-Befehle in interne „RISC-Befehle" umzusetzen und diese dann auf einem superskalaren RISC-Prozessorkern auszuführen. Durch eine ähnliche Technik wurden schon vor dem PentiumPro beim superskalaren AMD-K86-Mikroprozessor „komplexe" x86-Befehle in *R-ops* genannte RISC-Anteile zerlegt, die dann dynamisch den verschiedenen Ausführungseinheiten zugeordnet wurden.

Nach ihrer Erzeugung in der Decodierphase werden die Micro-ops der Registerumbenennung einer Registerabbildung (*Register Allocation Table* RAT) unterworfen, welche die im Befehl angegebenen Registernamen auf 40 physikalische Register abbildet. Damit werden Gegen- und Ausgabeabhängigkeiten entfernt. In dem 40 Micro-ops fassenden Rückordnungspuffer (*Reorder Buffer*) werden die Micro-ops gespeichert, bis die durch echte Datenabhängigkeiten benötigten Registerwerte vorhanden sind. Ausführbereite Micro-ops werden in einen 20 Einträge fassenden, allen Ausführungseinheiten gemeinsamen Zuordnungpuffer (*Reservation Station* genannt) transportiert, und von dort werden bis zu fünf Micro-ops pro Takt den insgesamt 11 Ausführungseinheiten zugeordnet, sobald eine entsprechende Ausführungseinheit frei ist [Slater 1996]. Nach einer anderen Darstellung von Papworth [1996] warten die Micro-ops in dem Zuordnungspuffer bis alle Operanden vorhanden sind und eine Ausführungseinheit frei ist.

Der Rückordnungspuffer speichert die ursprüngliche Programmordnung der Micro-ops. Die Rückordnungseinheit (*Retirement Register File* RRF genannt) macht die in ihrer Ausführung beendeten Micro-ops gültig und sorgt dafür, dass bei falsch vorhergesagten Sprüngen die spekulativ ausgeführten Micro-ops gelöscht werden.

Der Pentium III besitzt eine 10-stufige Pipeline für die Ganzzahlbefehle und eine mindestens 17-stufige Pipeline – die genaue Stufenzahl wurde nie bekannt gegeben – für die Gleitkommabefehle [Stiller 2000]. Der Pentium III benötigte im Jahr 2000 28,1 Millionen Transistoren.

Der Pentium IV [Intel 2002] mit der sogenannten P7-Mikroarchitektur und den Ausprägungen P4E Prescott und Pentium 4M stellt den Stand der Intel-Prozessortechnik in den Jahren 2002 bis 2004 dar. Diese implementiert eine IA-32-Architektur mit einem zum Pentium III kompatiblen, aber um die SSE2-Befehle erweiterten Befehlssatz. Die zusätzlichen 144 Befehle der *Internet Streaming SIMD Extensions 2* (SSE2 genannt) erweitern die grafikorientierten Multimediabefehle und kombinieren diese mit den Gleitkommabefehlen. Sie arbeiten auf 128 Bit breiten kombinierten Multimedia-/Gleitkomma-Registern, wobei mit einem SSE2-Befehl pro Takt die Ausführung von zwei einfach oder vier doppelt genauen Gleitkommabefehlen angestoßen wird. Die Gleitkommabefehle sind IEEE-754-konform und arbeiten mit 32- oder 64-Bit-Genauigkeit, im Gegensatz zu der 80 Bit erweiterten Genauigkeit aller früheren Pentium-Prozessoren.

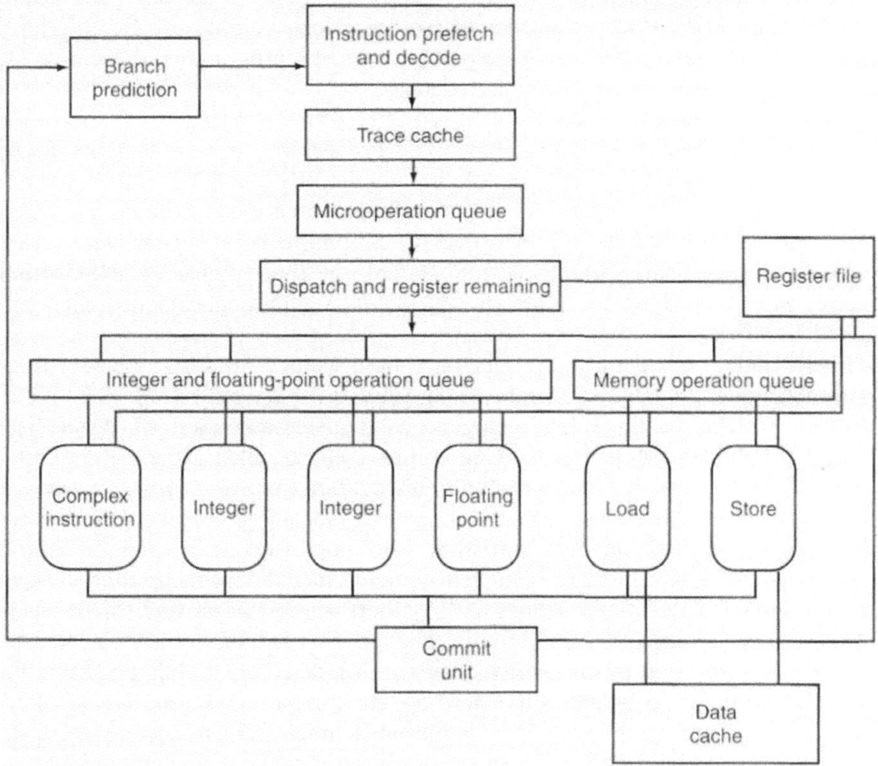

Abb. 10.2. Pentium IV

Der 2002 in 0,13-µm-Technologie gefertigte Pentium-IV-Prozessor benötigte 42 Millionen Transistoren und erreichte eine Taktrate von bis zu 2,4 GHz [Intel 2002]. Wesentliches Entwurfskriterium ist die lange Pipeline, die mit 20 Stufen allein für die Ganzzahlbefehle doppelt so lang wie die Pentium-III-Pipeline war.

Einer der Nachteile einer langen Pipeline ist die hohe Anforderung an die Sprungvorhersage. Beim Pentium IV können bis zu 126 Befehle „on-the-fly" in der Pipeline vorhanden sein. Das erfordert eine vielstufige Sprungvorhersage und bedingt einen hohen Aufwand nach einer Fehlspekulation. Über die Sprungvorhersagetechnik des Pentium IV ist leider nichts bekannt, außer dass eine „erweiterte" Sprungvorhersage auf Micro-ops-Basis mit 4 KByte großen Tabellen eingesetzt wird, welche die Fehlvorhersagen gegenüber der gshare-Technik des Pentium III um ein Drittel verringern soll.

Der Pentium-IV-Prozessor enthielt einen 8 KByte großen Daten-Cache-Speicher und einen 256 KByte großen, achtfach assoziativen Sekundär-Cache-Speicher (*Advanced Transfer Cache* genannt) auf dem Prozessor-Chip. Der Daten-Cache kann zwei Zugriffe pro Takt ausführen und besitzt eine Lese-Latenzzeit von zwei Takten. Er ist mit einer Hardware-Vorabladeeinrichtung versehen, die die Zugriffsmuster überwacht und bei einem regelmäßigen Zugriffsmuster Daten vorausschauend in den Daten-Cache lädt.

Der Sekundär-Cache enthält Code und Daten. Er arbeitet blockierungsfrei und ist mit einer 256 Bit breiten Schnittstelle zum Prozessorkern versehen. Der maximale Durchsatz zum Prozessorkern beträgt damit für einen 1,4 GHz-Prozessor ungefähr 45 GBytes pro Sekunde [Intel 2002]. Die Lese-Latenzzeit beträgt 7 Takte. Die Cache-Blöcke sind 128 Bytes groß. Um den Nachteil großer Cache-Blöcke beim Transfer in den Speicher nach einem Schreibzugriff abzumindern, sind die Cache-Blöcke in zwei 64 Byte breite Sektionen mit eigenen Cache-Tags unterteilt. Nach einem Schreibzugriff muss nur noch die betreffende Sektion zurückgeschrieben werden.

Der 400 MHz-Systembus ist ein sogenannter *Quad-pumped*-Bus, der durch ein spezielles Signalisierungsschema mit einer 100-MHz-Clock betrieben wird und eine Transferrate von 3,2 GBytes pro Sekunde erreicht. Dafür braucht der Pentium 4 zwei schnelle Rambus-Kanäle.

Ein neuer Bestandteil der Mikroarchitektur ist der Trace Cache (*Level 1 Execution Trace Cache* genannt), der nach der Decodierphase angesetzt ist und 12 K Micro-ops speichern kann. Der Trace Cache ersetzt den Code-Cache. IA-32-Befehle werden direkt aus dem Sekundär-Cache geladen, decodiert und in den Trace Cache eingefügt. Nach einer Anlaufphase werden dann die meisten Befehle im Trace Cache gefunden, so dass die Pipeline mit dem Befehleladen aus dem Trace Cache beginnt. Um Platz zu sparen speichert der Trace Cache für die komplexen Befehle nicht alle ihre Micro-ops, sondern nur den ersten davon. Den Rest erzeugt dann wieder ein Mikrocode-Sequenzer. Weiterhin können die Trace-Cache-Blöcke miteinander verkettet sein, so dass nach einem Trace-Cache-Block sofort der in dynamischer Programmordnung nächste zugeordnet werden kann. Der Trace Cache kann pro Takt drei Micro-ops liefern. Für die Registerumbenennung stehen 128 Allzweckregister zur Verfügung. Weiterhin können bis zu sechs Micro-ops pro Takt den Ausführungseinheiten aus zwei getrennten Umordnungspuffern, einem gemeinsamen für die Gleitkomma- und SSE-Einheiten und einem gemeinsamen für die Integer- und Adressgenerierungseinheiten, zugeordnet werden und es können drei Micro-ops pro Takt rückgeordnet werden.

Der Pentium IV besaß 11 Ausführungseinheiten (Art und Anzahl variieren je nach Publikation), wobei die sogenannte *Rapid Execution Engine* besagt, dass die zwei arithmetisch-logischen Einheiten (*Integer ALUs*) mit doppelter Prozessortaktrate betrieben werden, also in jedem Halbtakt jeweils eine Ganzzahloperation beenden können.

Als weitere Pentium-IV-Prozessoren wurde mit dem Intel Xeon ein multiprozessorfähiger Pentium-IV-Prozessor für Server-Rechner entwickelt. Der Intel XeonTM aus dem Jahre 2002 erweiterte die Pentium-IV-Mikroarchitektur um die „Hyperthreading Technology". Dies ist die Intel-Terminologie für die simultan mehrfädige Prozessortechnik (SMT, s. Abschn. 9.3.3). Ein mehrfädiger Prozessor speichert die Kontexte mehrerer Kontrollfäden in separaten Registersätzen auf dem Prozessor-Chip und kann Befehle verschiedener Kontrollfäden gleichzeitig in der Prozessor-Pipeline ausführen. Latenzzeiten, die durch Cache-Fehlzugriffe, lang laufende Operationen oder sonstige Daten- oder Steuerflussabhängigkeiten entstehen, können durch Befehle eines anderen Kontrollfadens überbrückt werden. Damit steigt die Prozessorauslastung, und der Durchsatz einer Last aus mehreren Kontrollfäden wird erhöht. Beim Simultaneous Multithreading (SMT) können Befehle mehrerer Threads in allen Stufen der Pipeline gleichzeitig vorhanden sein und insbesondere gleichzeitig der nächsten Pipeline-Stufe zugeordnet werde.

Intel's Hyperthreading [Marr et al. 2002] entspricht dem Simultaneous Multithreading mit zwei Threads. Oft wird auch von zwei „virtuellen" oder „logischen" Prozessoren gesprochen. Pro Thread werden meist eigene Puffer eingesetzt. Der „Execution Trace Cache" ist für beide Thread gemeinsam vorhanden, aber benötigt zwei verschiedene Befehlszähler. In jedem Takt kann nur einer der Threads auf den Trache Cache zugreifen. Die Trace-Cache-Einträge selbst sind mit der Thread-Nummer als Tag versehen. Der Trace Cache ist 8-fach satzassoziativ mit LRU-Ersetzungsstrategie organisiert. Der Microcode-Speicher wird gemeinsam genutzt, jedoch sind zwei Microcode-Befehlszeiger nötig. Der Befehls-TLB ist doppelt vorhanden, ebenso der Befehlspuffer („streaming buffer"). Für die Sprungvorhersage sind zwei, pro Thread getrennte BHTs, aber eine gemeinsame PHT-Tabelle vorhanden. Der Return Address Stack ist dupliziert, die Decodierung erfolgt alternierend zwischen den beiden Threads. Die „Uop Queue", die das Front-end vom Back-end der Prozessor-Pipeline entkoppelt, ist in zwei gleiche Teile partitioniert.

Die Registerumbenennungslogik des Pentium IV mit Hyperthreading nutzt zwei Register-Alias-Tabellen und sendet die Uops danach in die „Memory Instruction Queue" (MIQ) oder die „General Instruction Queue" (GIC), beide wiederum partitioniert sind. Pro Takt können bis zu 5 Uops von verschiedenen Threads zugeordnet warden.

Die Ausführungseinheiten arbeiten unabhängig von den Threads. Nach Ausführung werden die Uops im Reorder Buffer abgelegt. Dieser ist in zwei gleiche Teile partitioniert. Die Rückordnung geschieht alternierend zwischen den beiden Threads. Alle Cache-Speicher (L1-, L2- und beim XeonMP sogar ein vorhandener L3-Cache) werden von beiden Threads gemeinsam genutzt.

Mit dem Intel Pentium 4E Prescott vom Frühjahr 2004 wurde die Pipeline-Länge der ursprünglichen Pentium-IV-Prozessoren von 20 auf 32 Pipeline-Stufen verlängert, also fast verdoppelt, mit dem Ziel, die Taktrate auf bis zu 5 GHz steigern zu können. Dies scheiterte ab 2005 an thermischen Problemen, so dass derzeit der Weg zu höheren Transistorzahlen auf dem Chip bei annähernd gleich bleibender Taktfrequenz vorgezeichnet ist.

Weitere Eigenschaften des P4E Prescott waren 125 Mio Transistoren und bis zu 3,6 GHz Taktrate, 16 KB L1 Write-through Daten-Cache, 1 MB L2 Copy-back Cache, 12 K Uops Trace Cache (wie beim Pentium IV), SSE3 mit 13 neuen Multimedia-Befehlen und die LaGrande Sicherheitserweiterung für „Trusted Computing"-Betriebssysteme.

Wie in Abschnitt 9.1 bereits beschrieben, findet derzeit ein Umdenken statt. Die weitere Steigerung der Taktraten ist kaum noch möglich, so dass die lange Pipeline des Prescott obsolet wurde. Jedoch lässt sich die Anzahl der Transistoren auf dem Prozessor-Chip weiterhin mit hoher Rate steigern. Der derzeitige Trend geht hin zu Mehrkernprozessoren (siehe nächster Abschnitt).

10.2 Mehrkernprozessoren von Intel

Seit 2006 sind von Intel Zweikernprozessoren unter der Bezeichnung Core 2 Duo und seit 2007 Vierkermprozessoren als Core 2 Quad auf dem Markt.

Die Bezeichnung Core 2 steht dabei für die zweite Core-Generation. Der Core 2 implementiert die IA-64-Architektur mit SSE4 Multimedia-Befehlsatz. Es wird die Intel Virtualisierungsarchitektur VT unterstützt. Der Core besitzt eine 14-stufige Pipeline und kann kann bis zu 5 Micro-ops gleichzeitig ausführen. Durch Macro-Fusion werden zwei Micro-ops, d.h. ein Compare-und ein Jump-Micro-op zu einem Micro-op kombiniert, um den Durchsatz zu erhöhen.

Die SSE4-Erweiterung wird durch den Core-2-Kern gegenüber den Vorgängerprozessoren beschleunigt ausgeführt: statt einem SSE-Befehl pro zwei Takte kann jetzt ein SSE-Registerbefehl pro Takt abgearbeitet werden. Weiterhin wird eine spekulative Load-Adress-Berechnung mit Prefetching sowie eine spekulative Load-Ausführung (bei Load after Store) durchgeführt.

Mit dem Core 2 können Core-Taktraten von bis zu 3 GHz erreicht werden. Die integrierten Stromspar-Mechanismen umfassen das Pipeline-Gating, die Coreweise Abschaltung in einer Mehrkernimplementierung und eine zeilenweise Cache-Abschaltung.

Der Zweikernprozessor Intel Core 2 Duo besitzt zwei getrennte Prozessorkerne, die auf einen gemeinsamen L2-Cache mit 4 MB Umfang zugreifen. Die Intel Core 2 Quad-Prozessoren besitzen vier Prozessorkerne (zweimal 2 Cores). Sie umfassen bis zu 12 MB L2-Cache gemeinsam für alle Kerne und einen Front-Side-Bus mit bis zu 1333 MHz. Seit September 2008 existiert mit dem Xeon-7400-Chip auch ein Intel Mehrkernprozessor mit mit 6 Kernen.

Die aktuellen Nachfolger des Core 2 ergeben sich aus den Core-i-Serien Core i3, i5, und i7. Die in 32-nm-Technologie gefertigte Core-i3-Serie arbeitet mit bis zu 2,93 GHz und kann dank Hyper-Threading vier Threads parallel abarbeiten. Die Core-i5-Serie wird mit bis zu 3,73 GHz Taktrate angegeben. Die in den Core-i-Serien leistungsstärkste Core-i7-Serie („Bloomfield-Kern“) hat den Speichercontroller für DDR3-RAMs mit bis zu 1333 MHz Taktrate (DDR3-1066) direkt auf dem Prozessor-Chip. Der Intel Core i7-960 wird mit 3,2 GHz Takt, 130 Watt Leistungsverbrauch, 8 M Cache und als für Vierkernprozessoren geeignet angegeben. Trotz vieler Artikel im Internet sind genaue Architekturangaben zu dieser Vielzahl von Einzelprozessoren derzeit noch nicht veröffentlicht.

Der Prototyp eines 80-kernigen Intel Prozessor-Chips mit Namen Polaris (s. Abschn. 9.4) wird nicht in Serie gehen, jedoch sind für 2010 und 2011 Multi-/Many-Cores mit 32 bis 100 Cores für Universalchips vorgesehen. Der 2010 angekündigte „Cloud Computer“-Chip [Intel 2010] umfasst 24 Tiles mit zwei IA-Kernen pro Tile. Die Tiles sind ähnlich dem Polaris mit Routern in als zweidimensionalen Netzstruktur verknüpft.

10.3 Intel Larrabee

Der Mehr-/Vielkernprozessor Intel Larrabee wurde bereits im April 2007 angekündigt und soll 2010 verfügbar werden. Das Larrabee–Konzept [Seiler et al. 2009] besteht darin Dutzende von Pentium-P54C-Prozessoren auf dem Chip zu integrieren, wobei erste Implementierungen wohl eher 16-32 Cores umfassen werden. Der Larrabee zielt auf den Markt der Grafikprozessoren und soll ähnlich dem IBM Cell-Prozessor in Spielkonsolen eingesetzt werden. Er ist jedoch durch seine äußerst leistungsfähige 64-bit-Gleitkommahardware auch gleich so angelegt, dass er für numerische Anwendungen geeignet ist.

Vergleicht man den NVIDIA-Ansatz der Graphic Processing Unit GPU mit demjenigen des Intel Larrabee, so kann man den letzteren als „CPU-basierten“ homogenen Mehrkernprozessor mit leistungsstarken Allzweckkernen mit hoher Single-thread-Performanz charakterisieren. Beim GPU-Ansatz eines heterogenen Mehrkernprozessors wird ein leistungsstarker Kern für die Ablaufsteuerung des datenparallelen Programms mit einem als Hardware-Beschleuniger gesehenen Feld von vielen spezialisierten kleinen Kernen gekoppelt. Im Gegensatz dazu wird als Vorteil des Larrabee-Ansatzes angeführt, dass die Programmierung durch die Homogenität der Kerne, durch die Cache-Kohärenz und die Verwendung der IA64-Architektur vereinfacht wird. Für die GPUs von NVIDIA wie auch für den IBM Cell-Prozessor müssen parallele Programme geschrieben werden, die mittels prozessor-spezifischer Programmiersprachen Code und Daten auf die Kerne verteilen.

Der Larrabee versucht das Beste aus beiden Welten zu erreichen: die Kerne sind „kleiner“ als übliche Standardprozessoren von Intel, d.h. in-order, kein komplexer Mikrocode und eher dem Pentium-I als dem Pentium IV vergleichbar. Sie erweitern ihre Vorgänger aber um die IA64-Architektur, ein 4-fädiges Multithreading mit separaten Registersätzen, umfassendes Prefetching und um eine äußerst leistungsstarke SIMD-Vektoreinheit (Vector Processing Unit VPU genannt) pro Kern.

Die 512 Bit breite Vektoreinheit kann acht 64-Bit oder 16 32-Bit IEEE-Gleitkommaoperationen auf den 32 512 Bit breiten Vektorregistern parallel zueinander ausführen. Zusätzlich zu den SSE-Befehlen gibt es Befehle und Techniken, die den Vektorsupercomputern der 80er Jahre entlehnt sind. Solche Befehle sind Scatter-gather-Befehle, Multiply-add, Prädikations- und Maskierungsbefehle. Für die Maskierungen existieren acht 16-Bit-Maskenregister, die es erlauben bei Ausführung eines SIMD-Vektorbefehls einzelne Gleitkommaoperationen auszublenden.

Jeder Kern ist mit Primär-Caches (32 KB L1-Befehls-Cache und 32 KB L1-Daten-Cache) ausgestattet, die von den vier Kontrollfäden gemeinsam genutzt werden. Der globale Sekundär-Cache des Larrabee ist in 256 KB große Teile gegliedert, die vollständig cache-kohärent verwaltet werden. Jeder Kern besitzt einen dezidiert zugeordneten 256 KB großen Teil des globalen L2-Caches, zu dem ein eigener Zugriffspfad implementiert ist, der es dem Kern erlaubt, Zugriffe auf seinen Teil des Sekundär-Cache-Speichers parallel zu den Zugriffen anderer Kerne durchzuführen.

Mit einem bidirektionalen je 512 Bit breiten Ring-Network (siehe Abb. 10.3) werden alle Kerne über den L2-Cache miteinander sowie mit Hardware-Beschleunigern, Speicher und Ein-/Ausgabe-Schnittstellen verbunden. Falls mehr als 16 Kerne vorgesehen sind, sollen mehrere Ringe („multiple short linked rings") zum Einsatz kommen.

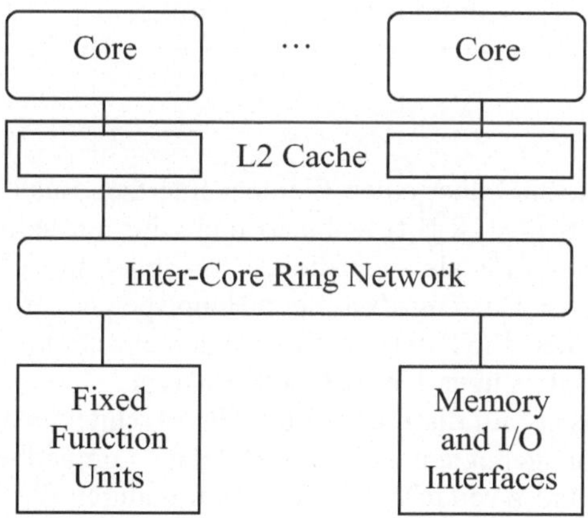

Abb. 10.3. Intel Larrabee

Die Hardware-Beschleuniger (Fixed Function Units) stehen allen Cores für Grafikanwendungen zur Verfügung. Sie beschleunigen die Texturfilterung, die Display-Verarbeitung, das Post-shader Alpha Blending, die Rasterung und Interpolation. Die Verwendung der Hardware-Beschleuniger im Larrabee Software Renderer ist in [Seiler et al. 2008] im Detail beschrieben.

10.4 IBM Cell

Prozessoren für eingebettete High-Performance-Anwendungen sind meist heterogene speichergekoppelte Multicores. Ein GPP-Core übernimmt die allgemeinen Verarbeitungsaufgaben und das Scheduling der Tasks auf den abhängigen Spezial-Cores. Die Spezial-Cores sind für spezifische Aufgaben optimiert, z.B. als Multimedia- oder Signalprozessor-Cores.

Ein wichtiger Vertreter dieser Chip-Generation ist der Cell-Prozessor ([Kahle et al. 2005], [Pham et al. 2005]) von IBM. Der Cell-Prozessor (siehe Abb. 10.4) besteht aus einem Steuerprozessor, PowerPC Processing Element (PPE) genannt, und acht abhängigen Synergistic Processing Elements (SPE) mit je einer DMA-Einheit, lokalem Speicher und Ausführungseinheit.

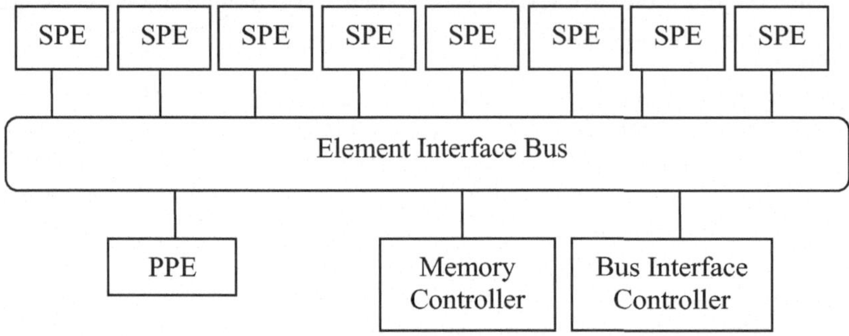

Abb.10.4. IBM Cell

Die einzelnen Prozessorkerne sind über einen Element Interface Bus (EIB) gekoppelt. Der EIB ist als Ringbus (4x128-Bit) realisiert und wird mit halbem Prozessor-Takt getaktet. Sowohl das PPE als auch die SPEs können pro CPU-Takt mit 8 Bytes auf den EIB zugreifen. Der Zugriff auf den Hauptspeicher erfolgt über einen Memory Interface Controller. Ein Adressraum wird gemeinsam für PPE und SPEs verwaltet. Die DMA-Transfers über den EIB sind kohärent.

Der Steuerprozessor PPE basiert auf der 64-Bit-PowerPC-Architektur von IBM und ist mit der in IBM-Servern genutzten Power-Architektur kompatibel. Er ist zweifach in-order-superskalar und zweifach mehrfädig, um dadurch die üblichen In-order-Nachteile durch blockierte Pipelines zu vermeiden. Vier Befehle werden pro Takt aus dem L1-Befehls-Cache geholt und decodiert. Der Fetch geschieht für die beiden Threads in alternierender Taktfolge. Zwei Befehle eines Threads werden in der Issue-Stufe zugeordnet – alternierend für die beiden Threads, wenn beide aktiv sind. Der Steuerprozessor ist damit als superskalarer Cycle-by-cycle-Interleaving-Prozessor charakterisierbar.

Der Steuerprozessor nutzt eine 23-stufige Pipeline, um die Geschwindigkeit der SPEs zu erreichen. Er umfasst je eine Sprungeinheit, Festpunkteinheit (ALU), Lade/Speichereinheit, Gleitkommaeinheit und Vektor-Media-Einheit (VMX). Dazu kommen L1-I- und D-Caches und 512 KByte L2-Cache. Einfache arithmetische

Operationen sowie Lade-Befehle benötigen zwei Takte, eine 64-Bit Gleitpunktoperation benötigt 10 Takte. Der Fehlspekulationsaufwand für Sprünge beträgt 23 Takte. Die Sprungverlauftabelle (Branch History Table BHT) umfasst 4 KB, mit je 2 Bit kombinierten und mit 6 Bit globalen History Registern pro Thread. Die SIMD-Architektur der Vektor-Media-Einheit wird von den Vector Media Extensions der PPE und dem Befehlssatz der SPEs gleichermaßen implementiert.

Das SPE besteht aus der Synergistic Processing Unit (SPU), einem lokalen SRAM-Speicher von 256 KByte, einem DMA-Controller und einem Bus-Controller.

Die SPU ist ein RISC-Prozessor mit 128 Bit breiten SIMD (Multimedia) Befehlen und einem großen Registersatz von 128 Registern, die jeweils 128 bit breit sind. Die Zuordnungbandbreite beträgt zwei Befehle pro Takt zu zwei Ausführungs-Pipelines, dabei ist ein Befehlsfach (Issue Slot) für Festkomma- und Gleitkommaoperationen, das andere für Lade-/Speicherbefehle, Byte-Permutationsoperationen und Sprünge reserviert. Es werden zwei Takte für einfache arithmetische Operationen und sechs Takte für Lade- und für 32-Bit-Gleitkommaoperationen benötigt. Der Fehlspekulationsaufwand für Sprünge beträgt 18 Takte.

Die SPU implementiert eine neue Befehlssatzarchitektur, die im Hinblick auf eine hohe Leistungsfähigkeit für berechnungsintensive Medienapplikationen optimiert ist. Alle Befehle sind im 128-bit SIMD Format mit variierenden Elementbreiten (2 × 64-bit, 4 × 32-bit, 8 × 16-bit, 16 × 8-bit und 128 × 1-bit) implementiert.

Das SPE arbeitet auf einem lokalen SRAM-Speicher, der sowohl Befehle als auch Daten enthält. Es gibt keinen Cache. Der lokale Speicher erlaubt es eine große Anzahl von Speichertransaktionen gleichzeitig laufen zu haben. Er ist die größte Komponente im SPE.

Daten und Instruktionen werden zwischen dem lokalen Speicher und dem Systemspeicher durch asynchrone kohärente DMA-Operationen transferiert. Speicheradressen können zwischen PPE und SPE problemlos ausgetauscht werden, da die kohärenten-DMA-Operationen dieselben Übersetzungs- und Schutzmechanismen wie das PPE nutzen.

Der DMA-Controller, auch Memory Flow Controller (MFC) genannt, steuert die DMA-Übertragungen zum Hauptspeicher oder zu anderen SPEs. Der DMA-Controller erlaubt 128-Byte-Zugriffe zum lokalen Speicher und besitzt eine 16-Byte-Schnittstelle für Lade- und Speicheroperationen zum EIB. Die typische DMA Lese- oder Schreiboperation benötigen 16 Takte, um die Daten oder Befehle über den Bus zu transportieren. DMA-Operationen haben die höchste Priorität. Befehls-Prefetch-Operationen können immer dann ausgeführt werden, wenn gerade ein Bustakt frei ist. Jedes SPE unterstützt bis zu 16 ausstehende DMA-Operationen.

Das komplette SPE ist nur 14.5 mm^2 groß und verbraucht nur wenige Watt Energie, sogar wenn es mit mehreren GHz läuft.

Der Cell Prozessor setzt Rambus XDR-DRAM Speicherbausteine ein. Dieser Speicher liefert 12.8 GB/s pro 32-bit Speicherkanal. Der Cell Prozessor unterstützt zwei solcher Kanäle und erreicht so eine Gesamtbandbreite von 25.6 GB/s.

Die Chipfläche des IBM Cell-Prozessors, also die Ausmaße des Die, beträgt rund 221 mm². Eine hohe Taktrate wird durch kleine Anzahl von Gatter erreicht, die pro Taktzyklus durchlaufen werden.

Die erste kommerzielle Verwendung fand der Cell-Prozesor im September 2005 in IBM Bladeservern mit acht SPEs. Der Prozessor wird weiterhin in Sonys Playstation 3 mit 3,2 GHz Taktung (entspricht ca. 180 GFlops bei einfach genauen Gleitkommazahlen) eingesetzt. Sollte sich in der Fertigung ein SPE als defekt herausstellen, so können auch *defekte* Chips mit nur sieben funktionierenden SPEs verbaut werden, wodurch die Kosten gesenkt werden können.

Seit 2008 werden auch Cell-Prozessoren mit Auslegung der SPEs auf doppelte Genauigkeit (double precision) verkauft. Diese sind allerdings nur in den Servern verbaut.

11 Zusammenfassung

Bei den Hochleistungsprozessoren erscheint Superskalartechnik wegen mangelnder Befehlsebenen-Parallelität schon heute weitgehend ausgereizt. Eine Alternative ist, den Durchsatz aus *mehreren* Kontrollfäden (Betriebssystem-Threads oder Prozesse) zu erhöhen. Die mehrfädige Prozessortechnik hat sich bei Hochleistungsprozessoren allgemein durchgesetzt, der Trend geht jedoch hin zu Multi-Core-Prozessoren.

Im Bereich der Mikrocontroller finden wir eine breite Palette verfügbarer Einheiten für nahezu alle nur erdenklichen Leistungsklassen. Hierbei ist zu beobachten, dass Architektur und Implementierung bei Prozessorkernen von industriellen Mikrocontrollern etwa 5 Jahre hinter dem Stand von Mikroprozessoren zurückliegen. Dies ist im Wesentlichen durch das Anwendungsspektrum sowie durch Kostenoptimierungen begründet.

Neue Forschungsansätze bei Mikrocontrollern konzentrieren sich im Wesentlichen auf Energiespartechniken, Systems-on-Chip, die eine Weiterentwicklung der Grundideen von Mikrocontrollern darstellen, Selbst-Organisation sowie auf den Einsatz innovativer Konzepte für Echtzeitanwendungen. Gerade Echtzeitanwendungen repräsentieren ein Kernanwendungsfeld von Mikrocontrollern, welches viel Spielraum für Forschung erlaubt, wie dies am Beispiel des Komodo-Mikrocontrollers gezeigt wurde.

Man sieht, dass noch viele Ideen zu Architektur- und Implementierungstechniken erforscht und für eine Leistungssteigerung in zukünftigen Mikroprozessoren und Mikrocontrollern eingesetzt werden können. Neue Denkanstöße werden sich zudem durch die Marktreife neuer, z.B. optischer Chip-zu-Chip-Übertragungstechnologien ergeben. Die in diesem Buch diskutierten Techniken sind somit nur eine kleine Auswahl, die wir in zukünftigen Mikroprozessoren und Mikrocontrollern erwarten können.

U. Brinkschulte, T. Ungerer, *Mikrocontroller und Mikroprozessoren*, eXamen.press, 3rd ed.,
DOI 10.1007/978-3-642-05398-6_11, © Springer-Verlag Berlin Heidelberg 2010

Literatur

Die für das Fachgebiet dieses Buchs wichtigsten Tagungen werden mit ihren Standardabkürzungen wie folgt zitiert:

ISCA-xy entspricht „The xy. Annual International Symposium on Computer Architecture"

ASPLOS-xy entspricht „The xy. International Conference on Architectural Support for Programming Languages and Operating Systems"

MICRO-xy entspricht „The xy. Annual International Symposium on Microarchitecture"

HPCA-xy entspricht „The xy. International Symposium on High-Performance Computer Architecture"

PACT'xy entspricht „xy. International Conference on Parallel Architecture and Compilation Techniques"

ICCD entspricht „IEEE International Conference on Computer Design"

ISORC-xy entspricht „xy. IEEE International Symposium on Object-Oriented Real-Time Computing"

Weitere Abkürzungen betreffen:

LNCS entspricht „Lecture Notes in Computer Science, Springer-Verlag"

J.UCS entspricht „Journal Universal Computer Science, Springer-Verlag"

Agarwal A (1992) Performance Tradeoffs in Multithreaded Processors. IEEE Transactions on Parallel and Distributed Systems, Band 3, Heft 5 September, 525–539

Agarwal A, Bianchini R, Chaiken D et al. (1995) The MIT Alewife Machine: Architecture and Performance. ISCA-22, Santa Margherita Ligure, Italien, 22.–24. Juni, 2–13.

Agarwal A, Kubiatowicz J, Kranz D et al. (1993) Sparcle: an Evolutionary Processor Design for Large-scale Multiprocessors. IEEE Micro, Band 13, Juni, 48–61

Agerwala T, Cocke J (1987) High Performance of Reduced Instruction Set Processors. IBM Tech. Rep., März

Aicas (2010) Jamaica. http://www.aicas.com

aJile Systems (2001) Real-Time Low-Power Java Processor aj-100. http://www.ajile.com

Akkary, H, Driscoll, M A (1998) A Dynamic Multithreading Processor. MICRO-31, Dallas, 30. November – 2. Dezember, 226–236

Allen F, Almasi G, Andreoni W et al. (2001) Blue Gene: a Vision for Protein Science Using a PetaFLOPS Supercomputer. IBM Systems Journal, Band 40, 310–326

Altherr R (2001) Maßnahmen zur Reduktion der Verlustleistung bei höchstintegrierten CMOS-Schaltungen. Universität Ulm, Institut für Mikroelektronik, http://mikro.e-technik.uni-ulm.de/research/research_projects.html

Alverson R et al. (1990) The Tera Computer System. 4th Intern. Conf. on Supercomputing, Amsterdam, 1. – 6. Juni

Alverson, G, Kahan, S, Korry, R et al. (1995) Scheduling on the Tera MTA. LNCS, 949, 19–44

U. Brinkschulte, T. Ungerer, *Mikrocontroller und Mikroprozessoren*, eXamen.press, 3rd ed.,
DOI 10.1007/978-3-642-05398-6, © Springer-Verlag Berlin Heidelberg 2010

Amdahl, G M, Blaauw, GH, Brooks, FP: Architecture of the IBM-System /360. IBM Journal for Research and Development, Band 8, Heft 2, April, 1967

Aonix (2010) PERC. http://www.aonix.com

ARM (2010) ARM Ltd. Web Pages. www.arm.com

Asanovic K et al. (2006) The Landscape of Parallel Computing Research: A View from Berkeley, EECS Department, University of California, Berkeley, Technical Report No. UCB/EECS-2006-183, December

ASCII Code (1968) American Standard Code for Information Interchange. Standard No. X3.4, American National Standards Institute

Asus (2010) P7H55D-M Pro Motherboard Manual. www.asus.com

Atmel (2010/1) Atmel Web Pages. www.atmel.com

Atmel (2010/2) ATmega128A Manual. www.atmel.com

Atmel (2010/3) ATmega128A Instruction Set. www.atmel.com

August DI, Connors DA, Mahlke SA, Sias JW, Crozier KM, Cheng B-C, Eaton PR, Olaniran QB, Hwu W-MW (1998) Integrated Predicated and Speculative Execution in the IMPACT EPIC Architecture. ISCA-25, Barcelona, Juni–Juli, 227–237

August DI, Hwu W-MW, Mahlke SA (1997) A Framework for Balancing Control Flow and Predication. MICRO-30, Research Triangle Park, NC, Dezember, 92–103

Bach P, Braun M, Formella A et al. (1997) Building the 4 Processor SB-PRAM Prototype. 30th Hawaii Int. Symp. Sys. Sc., 5. Januar, 14–23

Bähring H (1991) Mikrorechner-Systeme. Springer-Verlag, Berlin

Becker J et al (2003) An Industrial/Academic Configurable System-on-Chip Project (CSoC): Coarse-grain XPP-/Leon-based Architecture Integration. Design, Automation and Test in Europe Conference, DATE, München, März

Becker J et al (2006) Digital On-Demand Computing Organism for Real-Time Systems. 19th International Conference on Architecture of Computing Systems, ARCS, Workshop on Parallel Systems and Algorithms, GI-Edition, Frankfurt am Main

Beierlein T, Hagenbruch O (2001) Taschenbuch Mikroprozessortechnik. Carl Hanser Verlag, München, Wien

Bekerman M, Mendelson A (1995) A Performance Analysis of Pentium Processor Systems. IEEE Micro, Oktober, 72–83

Bermbach R (2001) Embedded Controller. Carl Hanser Verlag, München, Wien

Bhandarkar D, Ding J (1997) Performance Characterization of the Pentium Pro Processor. HPCA-3, San Antonio, Februar

Black B, Rychlik B, Shen J (1999) The Block-based Trace Cache. ISCA-26, Mai, 96–207

Blieberger J, Fahringer Z, Scholz B (2000) Symbolic Cache Analysis for Real-Time Systems. Real-Time Systems Journal, Band 18, Heft 2/3, Mai

Bluetooth (2010) Bluetooth Special Interest Group. www.bluetooth.com

Bollella G (2000) The Real-Time Specification for Java. Addison-Wesley, Boston, http://java.sun.com/docs/books/realtime

Bonfig KW (1995) Feldbussysteme. Expert Verlag, Renningen-Malmsheim, 2. Auflage

Borkar SY (2005) Designing reliable systems from unreliable components: The challenges of transistor variability and degradation. IEEE Micro, Band 25, Heft 6, 10–16

Borkar SY (2007) Thousand core chips: a technology perspective. In DAC '07: Proceedings of the 44th annual conference on Design automation, 746–749, New York, NY, USA. ACM

Borkenhagen JM, Eickemeyer RJ, Kalla, RN et al. (2000) A Multithreaded PowerPC Processor for Commercial Servers. IBM J. Research and Development, Band 44, 885–898

Brinkschulte U et al. (2001) A Microkernel Middleware Architecture for Distributed Embedded Real-Time Systems. IEEE Intern. Symp. on Reliable Distributed Systens SRDS 2001, New Orleans, USA

Brinkschulte U, Bechina A, Picioroaga F, Schneider E (2002) Distributed Real-Time Computing for Microcontrollers - the OSA+ Approach. ISORC-5, Washington, USA

Brinkschulte U et al. (2002/1) A Scheduling Technique Providing a Strict Isolation of Real-time Threads. Seventh IEEE International Workshop on Object-Oriented Real-Time Dependable Systems, San Diego, USA

Brinkschulte U, Krakowski C, Kreuzinger J et al. (1999) The Komodo Project: Thread-based Event Handling Supported by a Multithreaded Java Microcontroller. 25th Euromicro Conference, Mailand, 4.–7. September, 2:122–128

Brinkschulte, U, Krakowski, C, Kreuzinger, J, Ungerer, Th (1999/1) A Multithreaded Java Microcontroller for Thread-oriented Real-time Event-Handling. PACT '99, Newport Beach, Ca., Oktober, 34–39

Brinkschulte U, Krakowski C, Kreuzinger J, Ungerer Th (1999/2) Interrupt Service Threads – A New Approach to Handle Multiple Hard Real-Time Events on a Multithreaded Microcontroller. IEEE Intern. Real Time Systems Symp. RTSS99 – WIP Sessions, Phoenix, USA

Brinkschulte U, Pacher M (2005/1) Improving the Real-Time Behavior of a Multithreaded Java Microcontroller by Control Theory and Model Based Latency Prediction. Tenth IEEE International Workshop on Object-oriented Real-time Dependable Systems, WORDS, Sedona, Arizona, February

Brinkschulte U, Pacher M (2005/2) Implementing Control Algorithms within a Multithreaded Java Microcontroller. 18th International Conference on Architecture of Computing Systems, ARCS, Springer LNCS, Innsbruck

Brinkschulte U (2006) Scalable Online Feasibility Tests for Admission Control in a Java Real-Time System. Special Issue of Real-Time Systems Journal, 32, pp175-195, (Springer Pub.)

Brinkschulte U, Pacher M, von Renteln A (2008) An Artifical Hormone System for Self-organizing Real-time Task Allocation in Organic Middleware. Buchbeitrag zu Würz R.P (Hrsg.): Organic Computing, Springer Verlag

Brinkschulte U, Pacher M (2009) A Theoretical Examination of a Self-Adaptation Approach to Improve the Real-Time Capabilities in Multi-Threaded Microprocessors. SASO 2009 - Third IEEE International Conference on Self-Adaptive and Self-Organizing Systems, San Francisco, California, USA, September

Brinkschulte U, Lohn D, Pacher M (2009) Towards a Statistical Model of a Microprocessor's Throughput by Analyzing Pipeline Stalls. SEUS 2009 – Seventh IFIP Workshop on Software Technologies for Future Embedded and Ubiquitous Systems, Newport Beach, California, USA, November

Brinkschulte U, von Renteln A (2009) Analyzing the Behavior of an Artificial Hormone System for Task Allocation. 6th International Conference on Autonomic and Trusted Computing, Brisbane, QLD, Australia, July

Brooks D et al. (2000) Power-Aware Microarchitecture: Design and Modeling Challenges for Next-Generation Microprocessors. IEEE Micro, November-December

Brooks D, Tiwari V, Martonosi M (2000) Wattch: A Framework for Architectural-Level Power Analysis and Optimizations, ISCA-27, Los Alamitos, USA

Brooks D, Bose P, Schuster SE (2000) Power-Aware Microarchitecture: Design and Modeling Challenges for Next-Generation Microprocessors. IEEE Micro, November–Dezember, 26–44

Brooks D et al. (2003) New Methodology for Early-stage, Microarchitecture Level Power Peroformance Analysis of Microprocessors. IBM Journal of Research and Development, Vol. 47, Number 5/6

Burks AW, Goldstine HH, von Neumann J (1946) Preliminary Discussion of the Logical Design of an Electronic Computing Instrument. Report to the U.S. Army Ordnance Department. Nachgedruckt in: Aspray W, Burks A (Hrsg.) (1987) Papers of John von Neumann. The MIT Press, Cambridge, Mass., 97–146

Chang P-Y, Evers M, Patt Y (1996) Improving Branch Prediction Accuracy by Reducing Pattern History Table Interference. PACT'96, Oktober

Chappel, RS, Star, J, Kim SP et al. (1999) Simultaneous Subordinate Microthreading (SSMT). ISCA-26, Atlanta, GA, 2.–4. Mai, 186–195

Chen I-CK, Coffey JT, Mudge, TN (1996) Analysis of Branch Prediction via Data Compression. ASPLOS-VII, Cambridge, Ma., Oktober, 128–137

Chrysos, G.Z. and Emer, J.S. (1998) Memory Dependence Prediction Using Store Sets. ISCA-25, Barcelona, Spanien, 27. Juni – 1. Juli, 142–153

Codrescu L, Wills DS (2000) On Dynamic Speculative Thread Partitioning and the MEM-slicing Algorithm. J.UCS, Oktober

Collins JD, Wang, H, Tullsen DM et al. (2001) Speculative Precomputation: Long-range Prefetching of Delinquent Loads. ISCA-28, Göteborg, Schweden, 30. Juni – 4. Juli, 14–25

Colwell RP, Steck RL (1995) A 0.6 μm BiCMOS Processor with Dynamic Execution. Intern. Solid State Circuits Conference, Februar

Compaq Computer Corporation (Juli 1999) Alpha 21264 Microprocessor Hardware Reference Manual, http://ftp.digital.com/pub/Digital/info/semiconductor/literature/dsc-library.html

Culler DE, Singh JP and Gupta A (1999) Parallel Computer Architecture: A Hardware/Software Approach. Morgan Kaufmann Publishers, San Francisco.

Curnow HJ, Wichman BA (1976) A Synthetic Benchmark. Computer Journal, Band 19, Heft 1

De Bosschere K et al. (2007) High-Performance Embedded Architecture and Compilation Roadmap. Transactions on HiPEAC I, Lecture Notes in Computer Science Vol. 4050, Springer-Verlag, 5-29

Diefendorff K (1999) Pentium III = Pentium II + SSE. Microprocessor Report, Band 13, Heft 3, 8. März, 77–83

Diefendorff K (1999) Power4 Focuses on Memory Bandwidth. Microprocessor Report, Band 13, Heft 13, 6. Oktober

Diefendorff K, Allen M (1992) Organization of the Motorola 88110 Superscalar RISC Microprocessor. IEEE Micro, April, 40–63

Diefendorff K, Oehler R Hochsprung R (1994) Evolution of the PowerPC Architecture. IEEE Micro, April, 34–49

Driesen K, Hoelzle U (1998) Accurate Indirect Branch Prediction. ISCA-25, Barcelona, Juni–Juli, 167–177

Dubey PK, O'Brien K, O'Brien KM et al. (1995) Single-Program Speculative Multithreading (SPSM) Architecture: Compiler-assisted Fine-grain Multithreading. IBM Research Report RC 19928 (02/06/95), Yorktown Heights, New York

Dubois M, Scheurich C, Briggs FA (1988) Synchronization, Coherence, and Event Ordering in Multiprocessors. IEEE Computer, Februar, 9–21

Dulong C (1998) The IA-64 Architecture at Work. IEEE Computer, Band 31, Juli, 24–31

Duranton M et al. (2010) The HiPEAC Vision. http://www.hipeac.net/system/files/lr_3128_hipeac_roadmap-2009-v5.pdf

Eden AN, Mudge T (1998) The YAGS Branch Prediction Scheme. MICRO-31, Dallas, 30.11.–2.12.1998, 69–77

Emer J (1999) Simultaneous Multithreading: Multiplying Alpha's Performance. Microprocessor Forum 1999, San Jose, Ca., Oct. 1999

EU (2009) EU-Program FET – Complex Systems. http://www.cordis.lu/ist/fet/co.htm

Evers M, Chang P-Y Patt YN (1996) Using Hybrid Branch Predictors to Improve Branch Prediction Accuracy in the Presence of Context Switches. ISCA-23, Philadelphia, PA, Mai, 3–11

Ferdinand C (1997) Cache Behavior Prediction for Real-Time Systems. PhD Thesis, Universität des Saarlandes, Pirrot Verlag, Saarbrücken

Fisher JA (1983) Very Long Instruction Word Architectures and the ELI-52. ISCA-10, Stockholm, Juni, 140–150

Flanagan D (1997) Java in a Nutshell. O'Reilly, 2nd Edition

Fleischmann M (2001) LongRun Power Management – Dynamic Power Management for Crusoe Processors. Transmeta White Paper. http://www.transmeta.com/about/press/white_papers.html

Flik Th (2001) Mikroprozessortechnik. Springer-Verlag, Berlin

Föllinger O, Dörrscheidt F, Klittich M (1994) Regelungstechnik: Einführung in die Methoden und ihre Anwendung. Hüthig Verlag, Heidelberg, 8. Auflage

Formella A, Keller J, Walle T (1996) HPP: a High Performance PRAM. LNCS 1123, 425–434

Forte (2010) Cynthesizer. Forte Design Systems, www.ForteDS.com

Franklin M (1993) The Multiscalar Architecture. Computer Science Technical Report, Nr. 1196, University of Wisconsin-Madison

Freescale (2010/1) Freescale Web Pages. www.freescale.com

Freescale (2010/2) MC68332 Manual. www.freescale.com

Freescale (2010/3) MCore Processor Famliy. www.freescale.com

Fuhrmann S et al. (2001) Real-time Garbage Collection for a Multithreaded Java Microcontroller. ISORC-4, Magdeburg, Germany

Garney J et al. (1998) USB Hardware & Software. Annabooks, San Diego

Gerosa G, Curtis S, D'Addeo M, Bo J, Kuttanna B, Merchant F, Patel B, Taufique M, Samarchi H (2008) A Sub-1W to 2W Low-Power IA Processor for Mobile Internet Devices and Ultra-Mobile PCs in 45nm Hi-K Metal Gate CMOS. IEEE International Solid-State Circuits Conference (ISSCC), February

GI/VDE/ITG (Hrsg.) (2003) VDE/ITG/GI-Positionspapier Organic Computing: Computer und Systemarchitektur im Jahr 2010. GI, VDE, ITG

Glossner J, Vassiliadis S (1997) The Delft-Java Engine: An Introduction. 3rd Euro-Par, Passau, Germany, LNCS 1300, August

Gonzales RG (1999) Micro-RISC Architecture for the Wireless Market. IEEE Micro, Juli-August

Gopal S, Vijaykumar TN, Smith JE et al. (1998) Speculative Versioning Cache. HPCA-4, Las Vegas, NE, 31. Januar– 4. Februar, 195–205

Gosling J (1995) Java Intermediate Bytecodes. Sigplan Notices, 30, März

Graduiertenkolleg 1194 (2010) Selbstorganisierende Sensor-Aktor-Netzwerke. http://www.grk1194.uni-karlsruhe.de/home.php

Grant M (2006) Overview of the MPSoC Design Challenge. Design and Automation Conference DATE 2006, USA, 274-279

Grünewald W, Ungerer T (1996) Towards Extremely fast Context Switching in a Block-multithreaded Processor. 22nd EUROMICRO Conference: Hardware and Software Design Strategies, Prag, 2.–5. September, 592–599

Grünewald W, Ungerer T (1997) A Multithreaded Processor Designed for Distributed Shared Memory Systems. Intern. Conf. on Advances in Parallel and Distributed Computing, Shanghai, 19.–21. März, 206–213

Grunwald D, Klauser A, Manne S, Pleszkun A (1998) Confidence Estimation for Speculation Control. ISCA-25, Barcelona, Juni–Juli, 122–131

Gwennap L (1996) Digital 21264 Sets New Standard. Microprocessor Report, Oktober

Gwennap L (1996) Intel's P6 Uses Decoupled Superscalar Design. Microprocessor Report, Oktober

Gwennap L (1997) Dansoft Develops VLIW Design. Microprocessor Report, Band 11, Heft 2, 17. Februar, 18–22

Gwennap L (1999) MAJC Gives VLIW a New Twist. Microprocessor Report, 13. September

Halstead RH, Fujita T (1988) MASA: a Multithreaded Processor Architecture for Parallel Symbolic Computing. ISCA-15, Honolulu, HW, Mai – Juni, 443–451

Hammond L, Olukotun K (1998) Considerations in the Design of Hydra: a Multiprocessor-on-chip Microarchitecture. Technical Report CSL-TR-98-749, Computer Systems Laboratory, Stanford University

Hansen, C (1996) MicroUnity's MediaProcessor Architecture. IEEE Micro, Band 16, August, 34–41

Harris et al. (2007) Transactional Memory: An Overview. IEEE Micro Band 27, Heft 3, 8-29

Heil TH, Smith JE (1996) Selective Dual Path Execution. Technical Report, University of Wisconsin-Madison.

Hennessy JL et al. (1982) The MIPS Machine. IEEE COMPCON, Band 24, Heft 2

Hennessy JL, Patterson D (1996) Computer Architecture: A Quantitative Approach. Morgan Kaufmann Publishers, Inc., San Mateo, California, zweite Auflage

Hoffmann R (1993) Rechnerentwurf: Rechenwerke, Mikroprogrammierung, RISC. Oldenbourg-Verlag

Hwang K (1993) Advanced Computer Architecture. McGraw-Hill, New York

Hwu W-M, Patt Y (1987) Checkpoint Repair for High-Performance Out-of-Order Execution Machines. IEEE Trans. Computers, Band 36, Heft 12, Dezember, 1496–1514

Hwu WW (1998) Introduction to Predicated Execution. IEEE Computer, Band 31, Januar, 49–50

IBM (2010) Autonomic Computing. http://www.research.ibm.com/autonomic/

IEEE (2009) Organic Computing Task Force. http://www.organic-computing.org /ieeetaskforce/

Infineon (2010) Infineon Web Pages. www.infineon.com

Intel (1999) Intel's IA-64 Application Instruction Set Architecture Guide Rev. 1.0, Juni, http://developer.intel.com/design/ia-64/manuals/

Intel (2000) Itanium Processor Microarchitecture Reference for Software Optimization. Order Number: 245273-001

Intel (2001) Personal Internet Client Architecture White Paper. www.intel.com

Intel (2010) 5 Series Chipset Datasheet. www.intel.com

Intel (2010) Single Chip Cloud Computer. http://techresearch.intel.com/articles/Tera-Scale/1826.htm

ITRS (2009) International Technology Roadmap for Semiconductors, 2009 edition, http://www.itrs.net.

Jacobsen E, Rotenberg E, Smith JE (1996) Assigning Confidence to Control Conditional Branch Predictions. MICRO-28, Paris, 2.–4. Dezember, 142–152

Jacobson Q, Rotenberg E, Smith JE (1997) Path-Based Next Trace Prediction. MICRO-30, Research Triangle Park, North Carolina, 1. – 3.Dezember

Jeopard (2010) Java Environment for Paralell Real-Time Development. http://www.jeopard.org/

Jerraya A und Wolf W (2005), Editors, Multiprocessor Systems-on-Chip. San Francisco, USA

Jetschke G (1989) Mathematik der Selbstorganisation. Harry Deutsch Verlag, Frankfurt

Johnson M (1991) Superscalar Design. Englewood Cliffs, New Jersey; Prentice Hall

Jouppi N (1990) Improving Direct-Mapped Cache Performance by Addition of a Small Fully-Associative Cache and Prefetch Buffer. ISCA-17, Seattle, WA, Mai, 364–373

Jourdan S, Rappoport L, Almog Y, Erez M, Yoaz A, Ronen R (2000) Extended Block Cache. HPCA-6, Januar

Kahle J (1999) Power4: A Dual-CPU Processor Chip. Microprocessor Forum, Oktober

Kahle JA, Day MN, Hofstee HP et al. (2005) Introduction to the Cell Multiprocessor. IBM Journal Research and Development, Band 49, Heft 4/5, Juli/September 2005, 589-604

Karl W (1993) Parallele Prozessorarchitekturen. BI Wissenschaftsverlag, Mannheim

Keckler SW, Chang A, Lee WS, Dally WJ (1999) Concurrent Event Handling Through Multithreading. IEEE Transactions on Computers, Band 48, Heft 9, September, 903–916

Keeton K, Patterson DA, He YQ, Raphael RC, Baker WE (1998) Performance Characterization of a Quad Pentium Pro SMP Using OLTP Workloads. ISCA-25, Barcelona, Juni – Juli, 15–26

Kephart O, Chess D M (2003) The Vision of Autonomic Computing. IEEE Computer, January

Kessler R, McLellan E, Webb D (2002) The Alpha 21264 Microprocessor Architecture. http://www.compaq.com/hpc/ref/ref_systems.html

Klaiber A (2000) The Technology Behind Crusoe Processors. Transmeta White Paper. http://www.transmeta.com/about/press/white_papers.html

Klauser A, Austin T, Grunwald D et al. (1998) Dynamic Hammock Predication for Non-predicated Instruction Sets. PACT'98, Paris, 13.–17. Oktober, 278–285.

Klauser A, Paithankar A, Grunwald D (1998) Selective Eager Execution on the PolyPath Architecture. ISCA-25, Barcelona, Spanien, 30. Juni – 4. Juli, 250–259

Kluge F, Mische J, Uhrig S, Ungerer Th (2006) CAR-SoC – Towards an Autonomic SoC Node. 2nd International Summer School on Advanced Computer Architecture and Compilation for Embedded Systems, L'Aquila, Italy, July

Kluge F, Uhrig S, Mische J, Ungerer Th (2008) A Two-Layered Management Architecture for Building Adaptive Real-time Systems. 6th IFIP Workshop on Software Technologies for Future Embedded and Ubiquitous Systems, Capri, Italy, October

Kohn L, Maturana G, Tremblay M, Praghu A, Zyner G (1995) The Visual Instruction Set (VIS) in UltraSPARC. 40th IEEE Computer Society Intern. Conf. COMPCON 95, März, San Francisco, CA, 462–469

Kreuzinger J, Schulz A, Pfeffer M et al. (2000) Real-time Scheduling on Multithreaded Processors. 7th Int. Conf. Real-Time Computing Systems and Applications, Cheju Island, Südkorea, Dezember, 155–159.

Kreuzinger J, Ungerer T (1999) Context-switching Techniques for Decoupled Multithreaded Processors. 25th Euromicro Conf., Mailand, 4.–7. September, 1:248–251

Krewell K (2001) Intel Embraces Multithreading. Microprocessor Report, 17. September

Krishna CM, Lee YH (2000) Voltage-Clock-Scaling Adaptive Scheduling Techniques for Low Power in Hard Real-Time Systems. 6. Real-Time Technology and Applications Symp., Washington D.C., USA

Lam M, Wilson RP (1992) Limits of Control Flow on Parallelism. ISCA-18, Toronto, Kanada, 27.–30. Mai, 46–57

Lamport L (1979) How to Make a Multiprocessor Computer That Correctly Executes Multiprocess Programs. IEEE Transactions on Computers, Band 28, Heft 9, 690–691

Lee C-C, Chen I-CK, Mudge TN (1997) The Bi-Mode Branch Predictor. MICRO-30, Research Triangle Park, North Carolina, 1.–3. Dezember

Lee RB (1995) Accelerating Multimedia with Enhanced Microprocessors. IEEE Micro, Band 15, April, 22–32

Lee RB (1996) Subword Parallelism with MAX-2. IEEE Micro, Band 16, August, 51–59

Li Z., Tsai J-Y, Wang X et al. (1996) Compiler Techniques for Concurrent Multithreading with Hardware Speculation Support. LNCS 1239, 175–191

Lindholm E, Nickolls J, Oberman S, Montrym J (2008) NVIDIA Tesla: A unified graphics and computing architecture. IEEE Micro 28, 39–55

Lipasti MH, Shen J. (1997) Superspeculative Microarchitecture for Beyond AD 2000. IEEE Computer, Band 30, Heft 9, 59–66

Lipasti MH, Shen JP (1997) Superspeculative Microarchitecture for Beyond AD 2000. IEEE Computer, Heft 9, September, 59–66

Lipasti MH, Wilkerson CB Shen JP (1996) Value Locality and Load Value Prediction. ASPLOS-VII, Cambridge, MA, 1.–5. Oktober, 138–147

Lipsa G, Herkersdorf A, Rosenstiel W, Bringmann O, Stechele W (2005) Towards a Framework and a Design Methodology for Autonomic SoC. 2nd IEEE International Conference on Autonomic Computing, Seattle, USA

Lipsa G, Herkersdorf A, Rosenstiel W, Bringmann O, Stechele W (2005) Towards a Framework and a Design Methodology for Autonomic SoC. 18th International Conference on Architecture of Computing Systems, ARCS, Workshop on Self Organization and Emergence – Organic Computing and its Neighboring Disciplines, VDE Verlag, Innsbruck, Österreich

Liu CL, Layland JW (1973) Scheduling Algorithms for Multiprogramming in a Hard-Real-Time Environment. Journal of the Assoc. for Comput. Machinery, Band 20, Heft 1

Lo JL, Barroso LA, Eggers SJ, Gharachorloo K, Levy HM, Parekt SS (1998) An Analysis of Database Workload Performance on Simultaneous Multithreaded Processors. ISCA-25, Barcelona, Juni–Juli, 39–50

Luk, H-K (2001) Tolerating Memory Latency Through Software-controlled Pre-execution in Simultaneous Multithreading Processors. ISCA-28, Göteborg, Schweden, 30. Juni – 4. Juli, 40–51

Lüth K, Metzner A, Peikenkamp T, Risau J (1997) The EVENTS Approach to Rapid Prototyping for Embedded Control Systems. 14. ITG/GI Fachtagung Architektur von Rechensystemen, Workshop-Band, Rostock September, 45–54

Lutz H, Wendt W (2002) Taschenbuch der Regelungstechnik. Verlag Harri Deutsch

Mahlke SA, Hank RE, McCormick JE, August DI, Hwu W-MW (1995) A Comparison of Full and Partial Predicated Execution Support for ILP Processors. ISCA-22, Santa Margherita Ligure, Juni, 138–149

Marcuello P, Gonzales A, Tubella J (1998) Speculative Multithreaded Processors. Int. Conf. Supercomp., Melbourne, Australia, 13.–17. Juli, 77–84

Marr DT et al.: Hyper-Threading Technology Architecture and Microarchitecture, Intel 2002.

Märtin C (2001) Rechnerarchitektur. Hanser-Verlag, München

Marvell (2010) Marvell Web Pages. www.marvell.com

McFarling S (1993) Combining Branch Predictors. DEC WRL Technical Note TN-36, DEC Western Research Laboratory

MERASA (2010) EC project MERASA - Multi-Core Execution of Hard Real-Time Applications Supporting Analysability, www.merasa.org

Messmer H-P (2000) PC Hardwarebuch. Addison-Wesley, München.

Metzner A, Niehaus J (2000) MSPARC: Multithreading in Real-time Architectures. J.UCS, Band 6, 1034–1051

Meyer J, Downing T (1997) Java Virtual Machine. O'Reilly, Cambridge

Michaud P, Seznec A, Uhlig R (1997) Trading Conflict and Capacity Aliasing in Conditional Branch Predictors. ISCA-24, Mai

Mikschl A, Damm W (1996) MSparc: A Multithreaded Sparc. Europar 96 Conference, Lyon, 26.–29. August, Band 1, Springer-Verlag, LNCS 1123, 461–469

Mische J, Guliashvili I, Uhrig S, Ungerer Th (2010) Howto Enhance a Superscalar Processor to Provide Hard Real-Time Capable In-Order SMT. 23rd International Conference on Architecture of Computing Systems ARCS 2010, Hannover, February, Springer-Verlag, LNCS 5974, 2–14.

Mische J, Uhrig S, Kluge F, Ungerer Th (2009) IPC Control for Multiple Real-Time Threads on an In-Order SMT Processor. 4th International Conference on High Performance and Embedded Architectures and Compilers, Paphos, Cyprus, January

Moshovos, AI (1998) Memory Dependence Prediction. PhD thesis, University of Wisconsin-Madison

MPSoC Forum (2010) International Forum on MPSoC and Multicores, http://www.mpsoc-forum.org

Müller-Schloer C (2001) Ubiquitous Computing – Der allgegenwärtige Computer. it+ti Informationstechnik und Technische Informatik, Band 43, Heft 2, 57–59

Müller-Schloer C, Würtz R P (2004) Organic Computing. GI Informatiklexikon, http://www.gi-ev.de/service/informatiklexikon/informatiklexikon-detailansicht/meldung/58/

Myriad (2010) JBed, http://www.myriadgroup.com

Nayfeh BA, Hammond L, Olukotun K (1996) Evaluation of Design Alternatives for a Multiprocessor Microprocessor. ISCA-23, Philadelphia, PA, 22–24 Mai, 67–77

NEC (2010) NEC Web Pages. www.nec.com

Nickschas M, Brinkschulte U (2008) Guiding Organic Management in a Service Oriented Real-Time Middleware Architecture. 6th IFIP Workshop on Software Technologies for Future Embedded and Ubiquitous Systems, Capri, Italy, October

Nilson K (1996) Java for Real-Time. Real-Time Systems Journal, Band 11, Heft 2

NXP (2003) I2C Bus. http://www.nxp.com/documents/user_manual/UM10204.pdf

NVIDIA (2010) NVIDIA Whitepaper: NVIDIA's Next Generation CUDA Computer Architecture: Fermi. http://www.nvidia.com/content/PDF/fermi_white_papers/NVIDIA_Fermi_Compute_Architecture_Whitepaper.pdf, March

O'Conner JM, Tremblay M (1997) PicoJava-I: The Java Virtual Machine in Hardware. IEEE Micro, März/April

Oberschelp W, Vossen G (2000) Rechneraufbau und Rechnerstrukturen, Oldenbourg-Verlag, München

Oehring H, Sigmund U, Ungerer T (1999) MPEG-2 Video Decompression on Simultaneous Multithreaded Multimedia Processors. PACT '99, Newport Beach, Ca., Oktober, 11–16

Oehring H, Sigmund U, Ungerer T (2000) Performance of Simultaneous Multithreaded Multimedia-enhanced Processors for MPEG-2 Video Decompression. Journal of Systems Architecture, Band 46, 1033–1046

Olukotun K, Nayfeh BA, Hammond L et al. (1996) The Case for a Single-chip Multiprocessor. ASPLOS-VII, Cambridge, MA, 1.–5. Oktober, 2–11

Open System C Initiative (2010) SystemC. www.systemc.org

Palacharla S, Jouppi NP, Smith SE (1997) Complexity-Effective Superscalar Processors. ISCA-24, Denver, Juni, 206–218

Palacharla S, Kessler RE (1994) Evaluating Stream Buffers as a Secondary Cache Replacement. ISCA-21, Chicago, 18.–21. April, 24–33

Palnitkar S (1996) A Guide to Digital Design and Synthesis. Prentice Hall

Pan S-T, So K, Rahmeh JT (1992) Improving the Accuracy of Dynamic Branch Prediction Using Branch Correlation. ASPLOS-V, Boston, April, 76–84

Papworth DB (1996) Tuning the PentiumPro Microprocessor. IEEE Micro, April, 8–15

Patel S, Evers M, Patt Y (1998) Improving Trace Cache Effectiveness with Branch Promotion and Trace Packing. ISCA-25, Juni, 262–271

Patel S, Friendly D, Patt Y (1999) Evaluation of Design Options for the Trace Cache Fetch Mechanism. IEEE Transactions on Computers 48, Februar, 193–204

Patt YN, Patel SJ, Evers M, Friendly DH, Stark J (1997) One Billion Transistors, One Uniprocessor, One Chip. IEEE Computer Band 30, Heft 9, September, 51–57

Patterson DA, Ditzel DR (1980) The Case for the Reduced Instruction Set Computer. Computer Architecture News, Band 8, Heft 6, 25–33

Patterson DA, Anderson T, Cardwell N, Fromm R, Keeton K, Kozyrakis C, Thomas R, Yelick K (1997) A Case for Intelligent RAM. IEEE Micro, März-April, 34–43

Peleg A, Weiser U (1996) MMX Technology Extension to the Intel Architecture. IEEE Micro, Band 16, August, 42–50

Peleg A, Wilkie S, Weiser U (1997) Intel MMX for Multimedia PCs. Communications of the ACM Band 40, Heft 1, 25–38

Perry D (1998) VHDL. MacGraw-Hill, 3. Aufl.

Pfeffer M, Uhrig S, Ungerer Th, Brinkschulte U (2002) A Multithreaded Jave Microcontroller System for Embedded Real-Time Applications. ISORC-5, Washington, USA

Ploog H at al. (1999) A Two Step Approach in the Development of a Java Silicon Machine (JSM) for Small Embedded Systems. Workshop on Hardware Support for Objects and Microarchitectures for Java, ICCD'99, Austin, Texas, USA, October

Pham D et al. (2005) The design and implementation of a first-generation CELL processor; International Solid-State Circuits Conference, February, 184–185

Postiff M, Tyson G, Mudge T (1999) Performance Limits of Trace Caches. Journal of Instruction Level Parallelism, Heft 1

Power Architecture (2010) www.power.org

Predator (2010) EC project Predator - Design for predictability and efficiency, http://www.predator-project.eu

Radin G (1982) The 801 Minicomputer. ASPLOS, Palo Alto CA, März bzw. Computer Architecture News, Band 10, März, 39–47

RadiSys (2010) Microware OS-9. http://www.radisys.com/

Raman SK, Pentkovski V, Keshava J (2000) Implementing Streaming SIMD Extensions on the Pentium III Processor. IEEE Micro, Juli–August, 47–57

Ramírez A, Larriba-Pey J, Navarro C, Torella J, Valero M (1999) Software Trace Cache. The 1999 Intern. Conf. on Supercomputing, Juni

Ramírez A, Larriba-Pey J, Valero M (2000) Trace Cache Redundancy: Red & Blue Traces. HPCA-6, Januar

Rangan K, Wei G-Y, Brooks D (2009) Thread Motion: Fine-Grained Power Management for Multi-Core Systems, 36th International Symposium on Computer Architecture (ISCA-36), Austin, TX, June

Rau BR, Yen DWL, Yen W, Towle R (1989) The Cydra5 Departmental Supercomputer. IEEE Computer, Band 22, Januar, 112–125

Reddi V J et al. (2009) Voltage Noise: Why It's Bad, and What To Do About It. 5th IEEE Workshop on Silicon Errors in Logic - System Effects (SELSE), Palo Alto, CA March

Richter U, Mnif M, Branke J, Müller-Schloer C, Schmeck H (2006) Towards a Generic Observer/Controller Architecture for Organic Computing. Informatik 2006, Volume P-93, Lecture Notes in Informatics, Köllen Verlag

Rosner R, Mendelson A, Ronen R (2001) Filtering Techniques to Improve Trace Cache Efficiency. PACT, September, 37–48

Rotenberg E, Bennett S, Smith JE (1996) Trace Cache: A Low Latency Approach to High Bandwidth Instruction Fetching. MICRO-29, Paris, 1.–3. Dezember, 24–34

Rotenberg E, Jacobson Q, Sazeides Y, Smith JE (1997) Trace Processors. MICRO-30, Research Triangle Park, NC Dezember

RTSJ (2010) The Real-Time Specifications for Java. www.rtsj.org

Rychlik B, Faistl J, Krug B et al. (1998) Efficiency and Performance Impact of Value Prediction. PACT, Paris, France, 13.–17. Oktober, 148–154

Samadzadeh MH, Garalnabi LE (2002) Hardware/Software Cost Analysis of Interrupt Processing Strategies. IEEE Micro, Mai–Juni 2001, 69–76

Schlansker MS, Rau BR (2000) EPIC: Explicitly Parallel Instruction Computing. IEEE Computer, Februar

Schnurer G (1993) Ge-cached Dem Prozessor-Cache aufs Bit geschaut. c't, Heft 6, 230–234

Schoeberl M (2006) A Time Predictable Java Processor. Design, Automation and Test in Europe Conference, DATE, München, März

Schwerpunktprogramm 1183 (2005) Organic Computing. http://www.organic-computing.de/SPP

Schwerpunktprogramm 1500 (2010) Design and Architecture of Dependable Embedded Systems – A Grand Challenge in the Nano Age, http://www.dfg.de/foerderung/info_wissenschaft/info_wissenschaft_09_64/index.html

Scott J, Lee L, Arends J, Moyer B (1998) Designing the LowPower MCORE Architecture. Intern. Symp. on Computer Architecture Power Driven Microarchitecture Workshop, Barcelona, Spain, Juli

Seal D (2000) ARM Architecture Reference Manual. Addison-Wesley, 2nd Edition

Seng JS, Tullsen DM, Cai GZN (2000) Power-Sensitive Multithreaded Architecture. ICCD'2000. Austin, Texas, 17.–20. September, 199–206

Seiler L et al. (2009) Larrabee: A Many-Core x86 Architecture for Visual Computing. IEEE Micro 29, 10–21

Sharangpani H, Arora K (2000) Itanium Processor Microarchitecture. IEEE Micro, September/Oktober, 24– 43

Shaw GW (1995) PSC1000 Microprocessor Reference Manual. Patriot Scientific Corp., San Diego

Shepherd R, Thompson P (1988) Lies, Damned Lies and Benchmarks. INMOS, Technical Note 27

Shriver B, Smith B (1998) The Anatomy of a High-Performance Microprocessor, A Systems Perspective. IEEE Computer Society Press, Los Alamitos, CA

Sigmund U, Ungerer T (1996) Evaluating a Multithreaded Superscalar Microprocessor versus a Multiprocessor Chip. 4th PASA Workshop on Parallel Systems and Algorithms. Jülich, April 1996, 147–159

Sigmund U, Ungerer T (1996) Identifying Bottlenecks in Multithreaded Superscalar Multiprocessor. LNCS 1123, 797–800.

Šilc J, Robič B, Ungerer T (1999) Processor Architecture – From Dataflow to Superscalar and Beyond. Springer-Verlag, Berlin, Heidelberg, New York

Šilc J, Robič B, Ungerer T (2000) A Survey of New Research Directions in Microprocessors. Journal on Microprocesors and Microsystems, Band 24, 175–190

SimpleRTJ (2010) Simple RTJ. http://www.rtjcom.com

Singh H et al. (1998) MorphoSys: An Integrated Re-configurable Architecture. NATO Symposion on System Concepts and Integration, Monterey, CA, USA

Sites RL (1992) Alpha AXP Architecture. Digital Technical Journal, Band 4, Heft 4

Slater M (1996) The Microprocessor Today. IEE Micro, Dezember, 32–44

Smith BJ (1985) The Architecture of HEP. In Kowalik, J.S. (Hrsg.) Parallel MIMD Computation: HEP Supercomputer and Its Applications. MIT Press, Cambridge, MA.

Smith BJ (1981) Architecture and Applications of the HEP Multiprocessor Computer System. SPIE Real-Time Signal Processing IV, 298, 241–248.

Smith JE, Pleskun AR (Mai 1988) Implementation of Precise Interrupts in Pipelined RISC Processors. IEEE Trans. on Computers, Band 37, Heft 5, 562–573

Smith JE, Vajapeyam S (1997) Trace Processors: Moving to Fourth-generation Microarchitectures. IEEE Computer, Band 30, Heft 9, 68–74

Sohi GS (1997) Multiscalar: Another Fourth-generation Processor. IEEE Computer, Band 30, Heft 9, 72

Sohi GS (2000) Microprocessors: 10 Years Back, 10 Years Ahead. LNCS 2000, 208–218.

Sohi GS, Breach SE, Vijaykumar TN (1995) Multiscalar Processors. ISCA-22, Santa Margherita Ligure, Italien, 22.–24. Juli, 414–425

Sonderforschungsbereich 637 (2009) Selbststeuerung logistischer Prozesse. http://www.sfb637.uni-bremen.de

Sprangle E, Chappell RS, Alsup M, Patt YN (1997) The Agree Predictor: A Mechanism for Reducing Negative Branch History Interference. ISCA-24, Denver, Co., Juni, 284–291

Stankovich JA, Spuri M, Ramamritham K, Butazzo GC (1998) Deadline Scheduling for Real-Time Systems – EDF and Related Algorithms. Kluwer Academic Publishers, Boston, Dordrecht, London

Stiller A (2000) Bei Licht betrachtet. Die Architektur des Pentium 4 im Vergleich zu Pentium III und Athlon. c't, Heft 24, 134–141

Stiller A (2001) Architektur für ‚echte' Programmierer. IA-64, EPIC und Itanium. c't, Heft 13, 148–153

Stiller A (2004) Die 32 Stufen. c't, Heft 4, 166-169

Sun (1999) PicoJava-II Micorarchitecture Guide, Palo Alto

Sun (2010/1) Java MicroEdition. http://java.sun.com/javame/index.jsp

Sun (2010/2) Java StandardEdition Embedded. http://java.sun.com/javase/embedded/

Sun (2010/3) Java Card. http://java.sun.com/javacard/

Sun (2010/4) Java Real-Time. http://java.sun.com/javase/technologies/realtime/index.jsp

SystemC AMS (2010) www.systemc-ams.org

SystemVeriLog Organization (2010) SystemVeriLog. www.systemverilog.org

Tabak D (1995) Advanced Microprocessors. McGraw-Hill, New York

Texas Instruments (1994) TMS320C80 Technical Brief. Texas Instruments, Houston, TX.

Texas Instruments (1998) TMX320C6201 Digital Signal Processor Advance Information. Texas Instruments, Houston, Texas, März

Texas Instruments (2010) TI MSP430 Family. (http://focus.ti.com/mcu/docs/mcuprodoverview.tsp?sectionId=95&tabId=140&familyId=342)

Thistle M, Smith BJ (1988) A Processor Architecture for Horizon. Supercomputing Conference, Orlando, FL, November, 35–41

Thornton JE (1961) Parallel Operation in the Control Data 6600. The Fall Joint Conference, 26, 33–40

Thornton JE (1970) Design of a Computer: The Control Data 6600. Glenview, Il.

Tomasulo RM (1967) An Efficient Algorithm for Exploiting Multiple Aritmetic Units. IBM Journal of Research and Development, Band 11, Heft 1, 25–33

Tremblay M (1999) A VLIW Convergent Multiprocessor System on a Chip. Microprocessor Forum. San Jose, CA.

Tremblay M, Chan J, Chaudhry S et al. (2000) The MAJC Architecture: a Synthesis of Parallelism and Scalability. IEEE Micro, Band 20, November-Dezember, 12–25.

Tremblay M., O'Connor J.M. (1996) UltraSPARC I: A Four-Issue Processor Supporting Multimedia. IEEE Micro, Band 16, April, 42–50

Tsai J-Y, Ye P-C (1996) The Superthreaded Architecture: Thread Pipelining with Run-time Data Dependence Checking and Control Speculation. PACT, Boston, MA, October, 35–46

Tubella J, Gonzalez A (1998) Control Speculation in Multithreaded Processors Through Dynamic Loop Detection. HPCA-4, Las Vegas, NE, 31. Januar – 4. Februar, 14–23

Tullsen DE, Eggers SJ, Levy HM (1995) Simultaneous Multithreading: Maximizing On-Chip Parallelism. ISCA-22, Santa Margherita Ligure, 22.–24. Juni, 392–403

Tullsen DM, Eggers SJ, Levy HM, J, JL, Stamm RL (1996) Exploiting Choice: Instruction Fetch And Issue on an Implementable Simultaneous Multithreading Processor. ISCA-23, Philadelphia, Mai, 191–202

Tyson G, Lick K Farrens M (1997) Limited Dual Path Execution. Technical Report CSE-TR 346–97, University of Michigan

Uhrig S (2004) Optimierung des Energieverbrauchs in echtzeitfähigen, mehrfädigen Prozessoren. Dissertation, Universität Augsburg

Uhrig S, Maier S, Ungerer Th (2005) Toward a Processor Core for Real-Time Capable Autonomic Systems. Fifth IEEE International Symposium on Signal Processing and Information Technology

Uhrig S, Ungerer Th (2005) Energy Management for Embedded Multithreaded Processors with Integrated EDF Scheduling. 18th International Conference on Architecture of Computing Systems, Hall in Tirol/Innsbruck, Austria, März 2005.

Uhrig S, Wiese J (2007) Jamuth: an IP Processor Core for Embedded Java Real-time Systems. Fifth International Workshop on Java Technologies for real-time and Embedded Systems, Vienna, Austria

Uhrig S (2009) Evaluation of Different Multithreaded and Multicore Processor Configurations for SoPC. 9th International Workshop on Embedded Computer Systems: Architectures, Modeling, and Simulation, Samos, Greece

Uht AK, Sindagi V (1995) Disjoint Eager Execution: An Optimal Form of Speculative Execution. MICRO-28, November–Dezember, Ann Arbor; MI, 313–325

Uht AK, Sindagi V, Somanathan (1997) Branch Effect Reduction Techniques. IEEE Computer, Band 30, Mai, 71–81

Unger A (2002) Simultan Spekulatives Scheduling. Dissertation, Friedrich-Schiller-Universität Jena

Unger A, Ungerer T, Zehendner E (1998) Static Speculation, Dynamic Resolution. 7th Workshop Compilers for Parallel Computers, Linkoping, Schweden, Juni–Juli, 243–253

Unger A, Ungerer T, Zehendner E (1999) Simultaneous Speculation Scheduling. 11th Symp. Comp. Arch. and High Performance Computing, Natal, Brasilien, 29. September – 2. Oktober, 175–182

Ungerer T (1989) Innovative Rechnerarchitekturen — Bestandsaufnahme, Trends, Möglichkeiten. McGraw-Hill

Ungerer T (1993) Datenflußrechner. Teubner-Verlag

Ungerer T (1995) Mikroprozessortechnik. Thomson´s Aktuelle Tutorien, Thomson-Verlag

Ungerer T (1997) Parallelrechner und parallele Programmierung. Spektrum Akademischer Verlag, Heidelberg

Ungerer T (2001) Mikroprozessoren – Stand der Technik und Forschungstrends. Informatik-Spektrum, Band 24, Heft 1, Februar, 3–15.

Ungerer T, Šilc J, Robič B (2002) Multithreaded Processors. The Computer Journal, Band 45

Vajapeya S, Mitra T (1997) Improving Superscalar Instruction Dispatch and Issue by Exploiting Dynamic Code Sequences. ISCA-24, Denver, CO, 2.–4. Juni, 1–12

Vesa (2010) DisplayPort, http://www.displayport.org/

Vijaykrishnan N et al. (2000) Energy-Driven Integrated Hardware-Software Optimizations using SimplePower. ISCA-27, Los Alamitos, USA

Vijaykumar TN, Sohi GS (1998) Task Selection for a Multiscalar Processor. MICRO-31, Dallas, TX, 30. November – 2. Dezember, 81–92.

Wall D (1991) Limits of Instruction-level Parallelism. ASPLOS-IV, Santa Clara, CA, 8.–11. April, 176–188

Wallace S, Bagherzadeh N (1998) Modeled and Measured Instruction Fetching Performance for Superscalar Microprocessors. IEEE Transactions on Parallel and Distributed Systems, Band 9, Heft 6, 570–578

Wallace S, Calder B, Tullsen DM (1998) Threaded Multiple Pah Execution. ISCA-25, Barcelona, 27. Juni – 1. Juli, 238–249

Wang C-J, Emnett F (1993) Implementing Precise Interrupts in Pipelined RISC Processors. IEEE Micro, August, 36–43

Warnock JD, Keaty J, Petrovick J et al. (2002) The Circuit and Physical Design of the POWER4 Microprocessor. IBM J. Research and Development, Band 46, Heft 1

Wayner P (1992) Processor Pipelines. BYTE, Januar, 305–314

Wayner P (1996) Sun Gambles on Java Chips. BYTE, November

Weicker RP (1984) Dhrystone: A Synthetic Systems Programming Benchmark. Communications of the ACM, Band 27, Heft 10

Weiser M (1991) The Computer for the 21st Century. Scientific American, September, 94–104

Whitaker R (1995) Self-Organization, Autopoiesis, and Enterprises. http://www710.univ-lyon1.fr/~jmathon/autopoesis/Main.html

Wind River Systems (2010) VxWorks. http://www.windriver.com

Wörn H, Brinkschulte U (2005) Echtzeitsysteme. Springer Verlag

Yeager KC (1996) The MIPS R10000 Superscalar Microprocessor. IEEE Micro 16, April, 28–40

Yeh T-Y, Patt YN (1992) Alternative Implementation of Two-Level Adaptive Branch Prediction. ISCA-19, Gold Coast, Australien, Mai, 124–134

Yeh T-Y, Patt YN (1993) A Comparison of Dynamic Branch Predictors that Use Two Levels of Branch History. ISCA-20, San Diego, CA, Mai, 257–266

Young C, Gloy N, Smith MD (1995) A Comparative Analysis of Schemes for Correlated Branch prediction. ISCA-22, Santa Marguerita Ligure, Italien, 276–286

Young C, Smith M (1994) Improving the Accuracy of Static Branch Prediction Using Branch Correlation ASPLOS-VI, Oktober, San Jose, CA, 232–241

Zeppenfeld J, Bouajila A, Herkersdorf A, Stechele W (2010) Towards Scalability and Reliability of Autonomic Systems on Chip. 1st IEEE Workshop on Self-Organizing Real-Time Systems, held in conjunction with ISORC 2010, Carmora, Spain, May

Zhong L. et al. (2006) RTL-Aware Cycle-Accurate Functional Power Estimation. IEEE Transactions on Computer-Aided Design of Integrated Circuits and Systems. Volume: 25 Issue 10, 2103 - 2117

Zilles C, Sohi G (2001) Execution-based Prediction Using Speculative Slices. ISCA-28, Göteborg, Schweden, 30. Juni – 4. Juli, 2–13

Zilles CB, Emer JS, Sohi GS (1999) The Use of Multithreading for Exception Handling. MICRO-32, Haifa, Israel, 16.–18. November, 219–229

Zyuban V, Kogge P (2000) Optimization of High-Performance Superscalar Architectures for Energy Efficiency. IEEE Symp. on Low Power Electronics and Design, New York, USA

Zyuban V et al. (2004) Integrated Analysis of Power and Performance for pipelined Microprocessors. IEEE Transaction on Computers, Vol. 53, Number 8

Sachverzeichnis